普通高等教育化工类专业规划教材

"双一流"高校本科规划教材

化 工 热 力 学

（第三版）

施云海　主编

华东理工大学出版社
EAST CHINA UNIVERSITY OF SCIENCE AND TECHNOLOGY PRESS

·上海·

图书在版编目(CIP)数据

化工热力学 / 施云海主编. —3 版. —上海：华
东理工大学出版社,2022.2
ISBN 978 - 7 - 5628 - 6772 - 2

Ⅰ.①化⋯　Ⅱ.①施⋯　Ⅲ.①化工热力学-高等学校
-教材　Ⅳ.①TQ013.1

中国版本图书馆 CIP 数据核字(2021)第 238456 号

内容提要

本书针对化工热力学课程的特点,以吉布斯函数为主线,介绍了流体的 $p-V-T$ 关系,纯物质的热力学性质与计算,溶液热力学基础,相平衡热力学,化学反应平衡,高分子溶液热力学基础,电解质与聚电解质溶液热力学基础,界面吸附过程热力学,环境热力学概论,热力学第一、第二定律及其工程应用,蒸汽动力循环与制冷循环等内容。

本书可作为高等院校化工、化学、材料等相关专业的教材,也可供相关领域的科研人员、工程技术人员参考。

项目统筹 / 吴蒙蒙

责任编辑 / 陈　涵

责任校对 / 张　波

装帧设计 / 徐　蓉

出版发行 / 华东理工大学出版社有限公司
　　　　　　地址：上海市梅陇路 130 号,200237
　　　　　　电话：021 - 64250306
　　　　　　网址：www.ecustpress.cn
　　　　　　邮箱：zongbianban@ecustpress.cn

印　　刷 / 常熟市华顺印刷有限公司

开　　本 / 787 mm × 1092 mm　1/16

印　　张 / 29.25

字　　数 / 713 千字

版　　次 / 2007 年 8 月第 1 版
　　　　　　2013 年 8 月第 2 版
　　　　　　2022 年 2 月第 3 版

印　　次 / 2022 年 2 月第 1 次

定　　价 / 88.00 元

第三版前言

化工热力学作为化工类专业必修的一门重要的核心课程,其真正的目的在于实际的工程应用,本版教材在前两版教材的基础上,进一步突出与深化这一观点。

在内容体系上,将其分为三个模块:第一个模块为基础化工热力学,内容包括系统焓变、熵变的计算,即教材的第3章、第4章;第二个模块为工程热力学,内容为第11章、第12章和第13章;第三个模块为应用模块,内容为第5章、第6章、第7章、第8章和第9章。这三个模块的核心纽带与实质就是吉布斯函数的计算及其工程应用,第2章的内容是这三大模块演绎推理和学习的基础。随着人们对赖以生存的环境的重视,对化学品及污染物的排放控制,污染物在环境相中的分布、扩散、传输及在生物体内的累积规律,都需要化工热力学的知识加以解决,本教材在第10章中的环境热力学中也略有涉及。

在内容编排上,为便于读者自学,增加了"内容概要和学习方法"版块,介绍各章的知识点、学习方法和重点与难点。

本教材可作为高等院校化学、化工、材料等相关专业的教材,也可供相关的工程技术人员、科研人员参考。

教材中难免有不足之处,望广大读者予以批评指正。

编　者

2021 年 11 月于上海

第二版前言

本书是在《化工热力学》第一版基础上经过改编、增加章节修订而成的。相比于第一版,内容上增加了高分子溶液热力学基础和电解质溶液热力学基础两章。本书秉承第一版的特点,在内容上主要分为三大块:基础化工热力学、工程热力学和单元应用模块。这三部分内容紧密联系的纽带为吉布斯函数。基础化工热力学,重点解决实际系统的焓变和熵变的计算问题,实质是为后面两个模块的深入学习奠定基础。工程热力学,包括热力学第一定律、热力学第二定律等内容。热力学第一定律的实质是利用系统的状态函数变化量,如焓变(或热力学能的变化量)、动能和位能的变化量,来计算系统与环境间交换的热量与轴功量;同样的道理,热力学第二定律的实质是利用系统的状态函数变化量,如熵变及熵的流动量(其仅与系统和环境间所交换的热量———由热力学第一定律计算),来计算过程的不可逆性或熵的产生量,进而计算过程的损耗功和理想功,为实际过程的能量使用和消耗进行评价。这些是学习了物理化学、化工热力学课程中焓变、熵变之后的最终目的或应用之一,是当今社会节能减排的科学基础。单元应用模块,如相平衡、化学反应平衡、界面吸附过程、高分子溶液、电解质溶液等内容是前述两个模块在化工实际单元操作中的具体应用,这些内容可以分割成不同的知识点,针对不同的教学对象,进行菜单式模块法教学。

因学识所限,本书中的问题仍在所难免,衷心希望读者给予批评指正,以便进一步完善。

编　者

2013 年 7 月于上海

第一版前言

化工热力学是化学工程的基础学科和重要分支之一,是高等院校化学工程与工艺专业及其他相关专业的必修课程。为了适应当前化工热力学教学的需要,作者根据多年的教学经验,在校教材建设委员会的支持下,完成了本书的编写。为配合本书的出版,还出版了《化工热力学学习指导和模拟试题集萃》,作为辅导学习材料。

本书在编写过程中,编者力求内容上注重基本概念、热力学模型及其工程应用;叙述上由浅入深,并注意各章节之间的衔接。近年来计算机已广泛应用于化工热力学数据关联计算、理论模型的开发,与此同时热力学模型也是当今大型化工模拟软件 Aspen Plus, Pro/Ⅱ,ChemCAD 的设计与计算的基础。因此在教学中适当引用化工大型模拟软件求解热力学模型尤为必要,也是化工热力学课程适应时代发展的需要。本教材各章节中列举了较多的例题,以便读者更深入地理解和掌握所学的内容。附录中列出常用的物性数据与图表,以供查用。

全书共 10 章。第 1 章为绪论。第 2 章介绍流体的 $p - V - T$ 关系。第 3,4 章为纯物质(流体)的热力学性质与计算和溶液热力学基础,这是学习以后各章的基础。第 6,7 章为热力学第一定律与热力学第二定律及其工程应用。第 8 章为蒸汽动力循环与制冷循环,读者通过这三章课程的学习,能够综合运用热力学的基本定律和有效能分析法,剖析一些较为典型的化工过程的能量利用情况和热力过程。第 5,9 章为相平衡热力学和化学反应平衡,是为后续课程如分离工程、反应工程等的学习打基础的内容。第 10 章为界面吸附过程热力学,可供轻化工、高分子等专业学生学习选用。

本书第 1,4,5,6,7 章由施云海编写;第 2,3,9 章由王艳莉编写;第 8 章由彭阳峰编写,他还参与了第 6,7 章部分资料的整理工作;第 10 章由彭昌军编写。全书由施云海担任主编,并负责统稿工作。

本书的编写得到了华东理工大学教材建设委员会、教务处和刘洪来教授的大力支持,化工热力学教学组全体同志也给予很大的帮助,在此一并深表谢意。

由于编者水平所限,书中难免存在不足之处,衷心希望读者给予批评指正,以便进一步修改。

编 者

2007 年 5 月于上海

主要符号表

A	范拉尔方程参数;马居尔方程参数;立方型状态方程参数;亥姆霍兹函数	p_c	临界压力,kPa
ΔA	过程的亥姆霍兹函数变化	$p^\ominus$	参考态压力,环境状态压力,kPa
a	范德瓦耳斯方程参数,立方型状态方程参数	Q	热量,J
a_i	溶液中组分 i 的活度	Q_k	基团体积参数
B	第二位力系数	Q_L	制冷能力,J·h^{-1}
b	范德瓦耳斯方程参数,立方型状态方程参数	q_L	单位质量制冷剂的制冷能力,J·kg^{-1}
C	第三位力系数	q_i	纯物质 i 的体积参数
c	比热容,J·kg^{-1}·K^{-1};PT 方程参数	R	通用气体常数,m^3·Pa·kmol^{-1}·K^{-1}
c_V	摩尔等容比热容,J·mol^{-1}·K^{-1}	R	约束条件(相律)
c_p	摩尔等压比热容,J·mol^{-1}·K^{-1}	R_k	基团面积参数
c	浓度,mol·m^{-3}	r	压缩比
D	第四位力系数	r_i	纯物质 i 的面积参数
E	系统能量,J	r	独立反应数;高分子的链节数
E_k	动能,J·mol^{-1}	S	摩尔熵,J·mol^{-1}·K^{-1}
E_p	位能,J·mol^{-1}	S_g	不可逆过程熵产生量,J·mol^{-1}·K^{-1}
F	自由度(相律)	S_f	流动熵,J·mol^{-1}·K^{-1}
f_i	纯组分 i 的逸度,kPa	ΔS	过程的熵变
$\hat{f}_i$	混合物中组分 i 的逸度,kPa	T	绝对温度,K
G	吉布斯自由焓,J·mol^{-1}	$T^\ominus$	参考态温度,环境状态温度,K
ΔG	过程的吉布斯函数变化	T_c	临界温度,K
G_{ij}	NRTL 方程参数	U	摩尔热力学内能,J·mol^{-1}
g	重力加速度,m·s^{-2}	U_{ij}	UNIQUAC 方程中的相互作用能
g_{ij}	分子间相互作用能,J·mol^{-1}	u	速度,m·s^{-1}
H	摩尔焓,J·mol^{-1}	V	摩尔体积,m^3·mol^{-1}
ΔH	过程的焓变	V_c	临界体积,m^3·mol^{-1}
K	汽液平衡常数	W	功,J
K	化学反应平衡常数	W_{id}	理想功,J
k	亨利系数,kPa	W_s	轴功,J
k	绝热指数	W_L	损耗功,J
k_{ij}	组分 i,j 间相互作用参数	x	干度
M	相对分子质量	x	气体的液化量,kg
M	泛指的热力学函数	x_i	液相中组分 i 的物质的量分数
m	质量,kg	y_i	气相中组分 i 的物质的量分数
m	多方指数	Z	压缩因子
m_i	组分 i 的质量摩尔浓度,mol·kg^{-1}	Z	分子的配位数
N	组分数目	Z_i	混合物中组分 i 的摩尔压缩因子
n	物质的量,mol	Z_c	临界压缩因子
P	功率,kW	**希腊字符**	
p	压力,kPa	α	NRTL 方程的有序参数

1

α	相对挥发度	R	残余项
β	体积膨胀系数	V	蒸汽相
Γ	基团活度系数	is	理想溶液
Γ	表面吸附量	ig	理想气体
λ	威尔逊方程参数	sed	沉积物
γ	活度系数	soil	土壤
δ	溶解度参数	S	饱和状态
σ	表面张力，$N \cdot m^{-1}$	SL	饱和液体
ε	反应进度，汽化分数	SV	饱和蒸汽
ε_C	制冷系数	—	偏摩尔性质
ε_H	供热系数	^	混合物中组分的性质
η	效率因子	$\ominus$	参考态，环境状态
Θ	基团面积分数	∞	无限稀释
θ	平均面积分数	*	标准状态
κ	等温压缩系数	σ	界面相
π	相数（相律）		
μ	微分节流效应系数	**下标**	
μ	化学位	A	大气相
ν	化学计量系数	b	正常沸点
$\nu_k^{(i)}$	分子i中基团k的数目	bio	生物体
ξ	局部体积分数，界面化学位	c	临界性质
τ	NRTL方程参数；UNIQUAC方程参数	cut	生物体角质
ϕ	平均体积分数	in	输入
φ_i	纯物质i的逸度系数	$i,j,k,\cdots$	混合物中组分
$\hat{\varphi}_i$	混合物中组分i的逸度系数	lig	木质素
Ω	状态方程参数	lip	生物脂质体
Λ	威尔逊方程参数	m	混合物
ω	偏心因子	out	输出
		O	有机相
上标		prot	蛋白质
air	大气	r	对比性质
comp	环境相	S	固体相
C	组合项	t	总量
E	过量性质	sys	系统性质
G	气相	sur	环境性质
L	液相	W	水体相

目　　录

第1章　绪　论 ··· 1
　　内容概要和学习方法 ··· 1
　1.1　化工热力学的地位和作用 ······································ 1
　1.2　化工热力学的主要内容、主要方法与经典热力学的局限性 ···· 2
　1.3　化工热力学在化工研究与开发中的重要应用 ·················· 6
　1.4　如何学好化工热力学 ·· 7
　1.5　热力学基本概念 ··· 8
　1.6　本教材的结构和内容 ·· 9
　习　题 ··· 12

第2章　流体的 p-V-T 关系 ··· 14
　　内容概要和学习方法 ·· 14
　2.1　纯物质的 p-V-T 关系 ···································· 14
　2.2　流体的状态方程 ··· 16
　2.3　对应态原理及其应用 ·· 27
　2.4　流体的蒸气压、蒸发焓和蒸发熵 ······························ 34
　2.5　混合规则与混合物的 p-V-T 关系 ······················ 36
　2.6　液体的 p-V-T 关系 ······································· 41
　习　题 ··· 43

第3章　纯物质(流体)的热力学性质与计算 ··························· 47
　　内容概要和学习方法 ·· 47
　3.1　热力学性质间的关系 ·· 47
　3.2　用直接计算法计算单相纯组分系统的热力学性质 ·············· 50
　3.3　用残余性质间接法计算单相系统的热力学性质 ················ 53
　3.4　用状态方程计算纯组分的热力学性质 ························· 55
　3.5　纯气体热力学性质的普遍化计算方法 ························· 57
　3.6　纯组分的逸度与逸度系数 ······································ 67
　3.7　纯物质的饱和热力学性质计算 ································· 73
　3.8　纯组分两相系统的热力学性质及热力学图表 ················· 76
　习　题 ··· 81

第4章　溶液热力学基础 ··· 84
　　内容概要和学习方法 ·· 84

1

4.1　变组成系统的热力学关系 ···················· 84
4.2　偏摩尔量 ··························· 86
4.3　吉布斯-杜安方程 ······················ 91
4.4　混合物组分的逸度和逸度系数 ················· 93
4.5　理想溶液 ·························· 103
4.6　混合过程性质变化、体积效应与热效应 ············ 106
4.7　过量性质与活度系数 ···················· 109
4.8　活度系数的标准态 ····················· 111
4.9　液体混合物中组分活度系数的测定方法 ············ 114
4.10　活度系数模型 ······················ 119
习　题 ···························· 132

第5章　相平衡热力学 ······················· 137
内容概要和学习方法 ······················ 137
5.1　平衡性质与判据 ······················ 137
5.2　相律与吉布斯-杜安方程 ··················· 138
5.3　二元汽液平衡相图 ····················· 139
5.4　汽液相平衡类型及计算类型 ················· 143
5.5　由实验数据计算活度系数模型参数 ·············· 159
5.6　汽液相平衡实验数据的热力学一致性校验 ··········· 163
5.7　共存方程与稳定性 ····················· 165
5.8　液液相平衡关系及计算类型 ················· 169
5.9　固液相平衡关系及计算类型 ················· 173
5.10　含超临界组分的气液相平衡 ················ 176
习　题 ···························· 179

第6章　化学反应平衡 ······················· 185
内容概要和学习方法 ······················ 185
6.1　化学反应进度与反应计量学 ················· 185
6.2　化学反应平衡常数及其计算 ················· 188
6.3　温度对平衡常数的影响 ··················· 193
6.4　平衡常数与组成的关系 ··················· 194
6.5　单一反应平衡转化率的计算 ················· 200
6.6　反应系统的相律和杜安理论 ················· 202
6.7　复杂化学反应平衡的计算 ·················· 204
习　题 ···························· 206

第7章　高分子溶液热力学基础 ··················· 209
内容概要和学习方法 ······················ 209
7.1　高分子系统的特征 ····················· 209
7.2　高分子溶液理论 ······················ 211

7.3　高分子化合物的溶解 ……………………………… 229
7.4　高分子系统的相平衡 ……………………………… 236
7.5　聚合反应的热力学特征 …………………………… 244
习　题 …………………………………………………… 249

第 8 章　电解质与聚电解质溶液热力学基础 ………… 253
内容概要和学习方法 …………………………………… 253
8.1　电解质溶液的活度和活度系数 …………………… 253
8.2　渗透系数 …………………………………………… 259
8.3　过量性质 …………………………………………… 261
8.4　离子反应的平衡常数 ……………………………… 263
8.5　电解质溶液的分子热力学模型 …………………… 264
8.6　盐溶与盐析 ………………………………………… 271
8.7　含硼水盐系统的热力学 …………………………… 273
8.8　电解质水溶液的相平衡 …………………………… 277
8.9　聚电解质简介 ……………………………………… 285
8.10　高分子双水相分离系统 ………………………… 288
习　题 …………………………………………………… 290

第 9 章　界面吸附过程热力学 ……………………… 291
内容概要和学习方法 …………………………………… 291
9.1　界面现象的热力学基础 …………………………… 291
9.2　溶液界面吸附过程 ………………………………… 298
9.3　气固界面吸附过程 ………………………………… 303
习　题 …………………………………………………… 309

第 10 章　环境热力学概论 …………………………… 311
内容概要和学习方法 …………………………………… 311
10.1　环境相及其特征 ………………………………… 311
10.2　污染物在环境相间的分配平衡 ………………… 313
10.3　温度对分配系数的影响 ………………………… 315
10.4　有机溶剂在水体中的分配与溶解 ……………… 315
10.5　污染物质在大气-水体中的分配 ………………… 320
10.6　污染物质在土壤-水体中的分配 ………………… 322
10.7　污染物质在大气-土壤中的分配 ………………… 325
10.8　化学物质在环境中的分布规律 ………………… 327
习　题 …………………………………………………… 333

第 11 章　热力学第一定律及其工程应用 …………… 336
内容概要和学习方法 …………………………………… 336
11.1　通用的衡算方程 ………………………………… 337

11.2　敞开系统热力学第一定律 ·· 338

11.3　稳定流动过程与可逆过程 ·· 340

11.4　轴功的计算 ·· 343

11.5　喷管的热力学基础 ·· 349

11.6　喷射器 ·· 353

　　习　题 ·· 356

第12章　热力学第二定律及其工程应用 ································ 359

内容概要和学习方法 ·· 359

12.1　热力学第二定律的不同表述方法 ································ 359

12.2　熵衡算方程 ·· 361

12.3　热机效率 ·· 364

12.4　理想功、损耗功与热力学效率 ································ 365

12.5　熵分析法在化工单元过程中的应用 ································ 370

12.6　有效能及其计算方法 ·· 374

12.7　有效能衡算方程与有效能损失 ································ 382

12.8　化工过程能量分析方法及合理用能 ································ 384

12.9　㶲的概念及其在传热过程分析中的应用简介* ············ 391

　　习　题 ·· 395

第13章　蒸汽动力循环与制冷循环 ································ 398

内容概要和学习方法 ·· 398

13.1　蒸汽动力循环——兰金循环过程分析 ························ 398

13.2　内燃机热力过程分析* ·· 406

13.3　燃气轮机过程分析 ·· 408

13.4　制冷循环原理与蒸汽压缩制冷过程分析 ···················· 409

13.5　其他制冷循环* ·· 412

13.6　热泵及其应用 ·· 414

13.7　深冷循环与气体液化* ·· 416

　　习　题 ·· 418

附录 ·· 420

1　某些纯物质的物理性质表 ·· 420

2　三参数对应态普遍化热力学性质表 ································ 421

3　水的性质表 ·· 430

4　Freon-134a 热力学性质表 ·· 434

5　R12、R22、NH_3 和空气的热力学性质图 ···················· 440

6　UNIFAC 基团贡献法参数表 ·· 444

7　主要无机化合物和有机化合物的摩尔标准化学有效能 $E_{Xc}^{\ominus}$ ·········· 452

参考文献 ·· 453

第1章

绪　论

内容概要和学习方法

　　在学习本课程之前,必须要认识和搞清为什么要学习化工热力学、学习化工热力学的作用和如何学习化工热力学等基本问题。

　　归根结底,本课程就是在学习了基础化学热力学、物理化学课程等基础内容之后,进一步弄清为什么要学习焓函数 H、熵函数 S 及它们的用处,以及如何运用这两个函数来解决工程实际问题。

　　本章将重点阐述化工热力学在化工学科中的地位、作用和用途;突出化工热力学的研究方法,叙述以吉布斯函数($G = H - TS$)作为本课程主线的意义,并以此来规划、切割本课程教学的知识点,以及搭建本教材的框架结构,安排本课程教学内容。

1.1　化工热力学的地位和作用

　　热力学是物理学中的一个部分。由于热力学的基本定律含意深远,具有普遍性,可以适用于科学技术的各个领域。化工热力学是热力学应用于化学工程领域而形成的一门学科——从热力学第一定律及第二定律出发,研究化工过程中各种能量的相互转化和有效利用,以及研究化学变化过程达到平衡的理论极限、条件或状态。它是化学工程学的一个重要组成部分和基础分支学科,是化工过程开发、设计和生产的重要理论依据和有力工具,图1-1为化工热力学在化学工程学科中的作用和地位关系图。

　　自19世纪中叶科学家确立了主要的两个热力学基本定律——热力学第一、第二定律以来,热力学已逐步地发展成为严密的、强系统性的学科。在这个发展过程中,一方面热力学逐步应用在工程领域,如动力、制冷过程的工作介质热力学性质等研究,对能量利用效率的提高起了很大的作用,与此同时,形成了一个分支,就是工程热力学;另一方面,运用热力学来处理热化学、相平衡和化学反应平衡等化学领域中的问题,取得了进展,也形成了一个分支,就是化学热力学。随着化学工程技术的发展,热力学的应用越来越显示出它的重要性。从化学热力学和工程热力学中派生出独立的化工热力学,它既要解决过程进行的方向和限度问题,也要解决资源、能量有效利用问题。化工热力学的基础是建立在经典热力学(热力学三大定律)基础上的,并结合了分子热力学的最新研究成果。现代社会,各类技术,特别是计算机等信息技术的快速发展,已给世界带来了翻天覆地的变化。虽然热力学,特别是

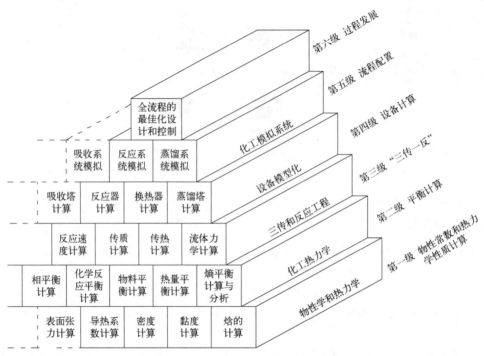

图 1-1　化工热力学在化学工程学科中的作用和地位关系图

经典热力学历经几百年的发展，曾有人怀疑它是否已经过时，但事实证明：热力学作为科技发展和社会进步的基石，从来没有被动摇过，并已逐渐深入到材料、生命、能源、信息、环境等前沿领域。热力学所处理的对象不单单是一般的无机、有机分子，还包含链状大分子、蛋白质分子、双亲分子、电解质分子和离子等，其状态也不局限于常见的汽（气）、液、固三态，还涉及高温高压、临界和超临界、微孔中的吸附态、液晶态、微晶多相态等，这一切都对化工热力学提出了新的要求，并向着连续热力学、带反应的热力学、高压与临界现象、界面现象、电解质溶液、膜过程、高分子系统、生物大分子、不可逆过程热力学、分子热力学、分子模拟、环境热力学等复杂系统发展。

1.2　化工热力学的主要内容、主要方法与经典热力学的局限性

化工热力学课程作为化学工程与工艺专业及其他相关专业学生的必修课，是学生从基础教育阶段走向专业教育阶段的纽带和桥梁。在本科教学中将侧重于解决三类重要的应用问题：① 过程进行的可行性分析和能量有效利用问题；② 平衡问题，特别是相平衡与化学反应平衡问题；③ 平衡状态下的热力学性质计算。流体的性质随着温度、压力、相态、组成等的变化关系，在解决实际问题中最为重要。

1.2.1　化工热力学研究的主要内容

化工热力学主要讨论热力学第一定律与第二定律在化工过程中的应用，以及与上述内

容有关的基础数据的确定方法。

热力学第一定律是能量的守恒与转化定律,在化学热力学中,侧重讨论热力学第一定律在封闭系统中的应用。封闭系统是指系统与环境之间只有能量交换,而没有物质交换的系统,不能涵盖各种化工过程。化工热力学则将热力学第一定律应用到系统与环境之间既有能量交换,又有物质交换的敞开系统中,如精馏(蒸馏)、吸收、萃取等化工单元操作过程,化学反应过程,压缩、冷冻循环热力过程等不同情况下,计算过程进行中所需要的热与功的数量。

热力学第二定律从研究蒸汽机效率开始,说明能量转换的特点,提出了一个判断过程进行方向和平衡的普遍准则。热力学第二定律,应用到化工传质分离过程的计算中,可以确定相平衡的条件,计算平衡各相的组成;应用到化学反应工程中,可以研究过程的工艺条件对平衡转化率的影响,选择最佳工艺条件;应用到化工过程的热力学分析中,可以确定能量损耗的数量、分布及其原因,提高能量的利用率。与化学热力学相比,化工热力学研究的对象更贴合工程实际。

1.2.2　化工热力学研究的主要方法

化工热力学的研究方法主要有经典热力学、分子热力学和分子模拟法等方法。

经典热力学建立在热力学第一、第二定律基础上,是人类大量实践经验的总结,是自然界和人类各种活动中的普遍规律。因此,经典热力学所给出的结论、宏观性质间关联式的正确性具有普遍的意义。但经典热力学不研究物质结构,不考虑过程机理,只从宏观角度研究大量分子组成的系统达到平衡时所表现出的宏观性质。它只能以实验数据为基础,进行宏观性质的关联,从某些宏观性质推测另外一些宏观性质。例如,由 p-V-T 的实验数据或关联式,计算热力学能(内能)U、焓 H、熵 S、亥姆霍兹函数(Helmholtz function)A、吉布斯函数 G 等。

分子热力学从微观角度,将经典热力学、统计物理、量子力学及有限的实验数据结合起来,通过建立数学模型、拟合模型参数,对实际系统热力学性质进行计算与预测。然而,通常情况下分子热力学所建立的模型只是物质实际结构的近似描写,应用于复杂分子、高压下的气体或液体等系统中困难较大,就工程应用而言,还有一定的局限性。

以上两种方法虽然不同,但是由于研究的对象相同,两者之间也有紧密的联系。这种联系的基础,就是热运动所具有的统计规律性。

分子模拟法[包括分子力学法、蒙特卡罗法(Monte Carlo method)、分子动力学法,以及分子动态法、密度泛函计算等]是用计算机以原子水平的分子模型来模拟分子的结构与行为,进而模拟分子体系的各种物理与化学性质的一种方法。分子模拟法不但可以模拟分子的静态结构,也可以模拟分子的动态行为(如分子链的弯曲运动、分子间氢键的缔合与离解行为、分子在表面的吸附行为、分子的扩散等)。

由热力学基本定律出发,建立宏观性质间普遍关系所采用的方法有状态函数法、演绎推理方法及理想化方法。

1.2.2.1　状态函数法

状态函数法是热力学的独特方法。关于过程的能量转换的方向与限度这两方面的问题,热力学都是以状态函数(宏观性质)关联式的形式给出答案的。例如:$\Delta A_{T,R} = -W'$

（下标 R 表示可逆过程，W' 为体积功），$W_{绝热} = \Delta U$ 等有关功的计算式；$Q_V = \Delta U$，$Q_p = \Delta H = \sum_i (\nu_i \Delta H^{\ominus}_{f,i})$ 等有关过程热效应的计算式，都是将特定条件下的功或热与某一状态函数的变化联系起来的。又如：$\Delta S_{孤立系统} \begin{cases} > 0 & 自发过程, \\ = 0 & 平衡过程, \end{cases}$ $\Delta G_{T,p} \begin{cases} < 0 & 自发过程, \\ = 0 & 平衡过程, \end{cases}$

$\sum_i \nu_i \mu_i \begin{cases} < 0 & 自发过程, \\ = 0 & 平衡过程, \end{cases}$ $(\mu_i^{\alpha} - \mu_i^{\beta}) \begin{cases} > 0 & 自发过程 \\ = 0 & 平衡过程 \end{cases}$ 等这些判据，都是将过程的方向和限度与系统的初、终态状态函数变化的比较联系起来的。

状态函数方法除了给出的类似上面列举的关系外，还给解决一些实际问题提供了简便的方法。因为状态函数的变化只与系统的初、终态有关，与过程进行的途径无关。因此，可以利用物质的热力学性质数据，去计算一些在实际中难以测量而需要获得的数据，如化学反应的热效应；也可以按易于计算的可逆过程状态函数变化来处理不可逆过程的状态函数变化，如对过程的不可逆程度（熵产）的计算等。

状态函数法是以热力学第一、第二定律为基础的热力学理论的必然方法。热力学第一定律、第二定律以及第三定律（热平衡定律）都是实践的总结，由这三个定律抽象出热力学能 U、熵 S、温度 T 三个基本的状态函数是人们对客观规律认识的较高层次。它们之所以成为热力学的基础，就在于它们都是状态函数。它们的微分是全微分，其变化值限定在指定的初、终态之间，并与所经历的途径无关。热和功虽然也是热力学中讨论能量转换时的重要物理量，但仅仅在热和功的基础上，是不可能发展出一门广泛适用的热力学学科的，因为热和功的大小与过程经历的具体途径密切相关。

由于 U、S、T 的微分都是全微分，这就导出了包括全部基本原理的方程式，由热力学第一定律，导出了 $dU = \delta Q - \delta W$；热力学第二定律定义了熵，$dS = \dfrac{\delta Q_R}{T}$，并由它导出了熵判据 $\Delta S \begin{cases} > 0 & 自发过程 \\ = 0 & 平衡过程 \end{cases}$（孤立系统）；由热力学第一、第二定律及辅助状态函数定义，导出了多元多相系统的热力学基本方程式 $dG_t = -S_t dT + V_t dp + \sum_i \mu_i dn_i (i = 1, 2, \cdots, N)$ 等。

1.2.2.2　演绎推理方法

演绎推理方法是热力学的基本方法。演绎推理方法的核心是以热力学定律作为公理，将它们应用于物理化学系统中的相变化和化学变化等过程，通过严密的逻辑推理，得出许多必然性的结论。演绎推理方法具有如下一些特点。

（1）以热力学定律作为基点：热力学定律指出了能量转换与过程的方向和限度的普遍规律，由此形成的热力学演绎系统，必然具有坚固的实践基础和完整的逻辑结构。相对而言，相变化、化学变化过程的能量转换与方向、限度的规律，就是具体规律。因而，从热力学定律出发，运用演绎推理方法，就有可能得到适用于相变化和化学变化的具体规律。

（2）以数学作为工具和手段：热力学定律虽然定义了 U、T、S 三个基本状态函数，并得到几个表达基本定律的方程或不等式。但热力学定律并不能说明这些函数是什么，也不能解释状态函数之间为什么有这样或那样的关系。将热力学定律应用于解决各类问题，实质上就是将函数的定义式、表达定律的方程或不等式应用于解决各类问题。但在分析各类具体问题时，须将这些方程、不等式中相关物理量代入特定的关系式（或确定的性质），经过数学演绎,得到适用于某类问题的结论。显然,这个结论也仍然是以方程或不等式来表示的,热力学同样也不能对这些结论做出任何解释。

在热力学理论中,必然自始至终运用数学演绎的方法,特别是采用了以多元函数微分为主要工具的函数演绎方法。

1.2.2.3　理想化方法

理想化方法是热力学的重要方法,包括系统状态变化过程的理想化和理想化的模型。

(1) 系统状态变化过程理想化的基础是可逆过程的概念。可逆过程的基本特点如下:在同样的条件下其正向、逆向过程都能任意进行,而且当逆向过程进行时,系统和环境在过程中每一步的状态,都是正向过程进行时状态的重演。

客观世界并不存在可逆过程。可逆过程是一种抽象的、假想的概念,实际过程只能无限趋近于它。可逆过程概念很重要,这可以从两方面来说明。从理论意义上讲,一方面,正是为了研究自发不可逆过程的规律性,才引入可逆过程的。1824 年卡诺(Carnot)将"理想过程"的概念引入热机研究中,而导出可逆热机效率 η_T 最大,即 $\eta_T = 1 - \dfrac{T_L}{T_H}$。克劳修斯(Clausius)在此基础上引入了熵概念,并定义 $dS = \dfrac{\delta Q_R}{T}$,建立克劳修斯不等式 $dS \geqslant \dfrac{\delta Q}{T}$,进而建立的熵判据 $\Delta S \geqslant 0$ 意义就是自发过程的规律。另一方面,只有在可逆过程中,才能将功和热两个过程变量用系统的状态函数表示出来,如 $\delta Q_R \approx T dS$,可逆体积功 $\delta W_R \approx p dV$ 等。这些关系对于推演热力学性质的关联式是至关重要的。从应用意义上讲,可逆过程效率最高,可逆过程中系统对环境做最大功,而环境对系统做最小功。这样将实际过程与可逆过程相比较,可以确定提高实际过程效率的限度和可能性。

(2) 热力学演绎推理方法中引入了两个理想化模型:理想气体和理想溶液。引入的目的不是用来解释系统的性质,而是在一定条件下,代替真实系统,以保证热力学演绎推理方法简捷易行和目的明确。在理想条件下得到的许多结论,可作为某些特定条件下实际问题的近似处理。如在高温、低压下将气体视为理想气体来计算它们的状态函数变化。引入理想系统的意义还在于为实际系统性质的研究建立纽带和桥梁。例如:实际系统的逸度、活度概念,就是基于类同于理想系统化学位表达式而引入的。理想气体的化学位为 $\mu_i = \mu_i^{\ominus} + RT \ln p_i$,而真实气体化学位为 $\mu_i = \mu_i^{\ominus} + RT \ln \hat{f}_i$。活度可理解为"有效浓度",它反映了组分在实际溶液与在理想溶液中的差异。

1.2.3　经典热力学的局限性

经典热力学理论建立在热力学第一、第二定律基础之上。热力学第一、第二定律是人类大量实践经验的总结,是存在于自然界和人类各种活动中的普遍规律。因此,经典热力学所给出的结论、宏观性质间关联式的正确性具有普遍的意义,且对于物质结构的理论具有相当大的独立性。正是由于经典热力学所给出的关联式是宏观性质的,所以其局限性是很难避免的。如 $\dfrac{dp^S}{dT} = \dfrac{\Delta H}{T \Delta V}$,只是表明蒸气压随温度的变化与蒸发焓变化 ΔH、摩尔体积变化 ΔV 之间的关系,但却不能给出在某指定条件下,某物质的饱和蒸气压究竟是多少。

经典热力学处理的对象是系统处于平衡时的状态特征,它不研究物质结构,不考虑过程机理和细节,也不能解决过程进行的阻力。速率等于推动力除以阻力,因此经典热力学不能解决过程进行的速率,速率要由化学动力学来解决。

需要指出的是,系统具体的状态方程,具体的相平衡及化学平衡的温度、压力、组成,系统某性质的具体数值,并不是宏观性质间的普遍联系,而是反映每一具体系统的特性,与该系统区别于其他系统的本质特性有关。因此,不应该也不能期望由不考虑系统具体特性的经典热力学来解决这些问题。

1.3 化工热力学在化工研究与开发中的重要应用

化工热力学就是运用经典热力学的原理,结合反映系统特征的模型,解决工业过程(特别是化工过程)中热力学性质的计算和预测、相平衡和化学平衡的计算、能量的有效利用等实际问题。这些运用包括以下几个方面。

1.3.1 物性数据的测定、关联和预测

化学工程师要处理大量的物质数据。据统计,现已有 10 万种以上的无机物和近 400 万种有机化合物(这里尚未将数不尽的混合物计算在内)。且就热力学性质而论,现已研究得十分透彻的元素和化合物只有 100 种左右。除了测定必要的数据之外,物质的热力学性质的估算、流体状态方程的研究以及普遍化方法计算热力学函数就成为化工热力学的基础工作。在化工生产的许多单元操作,如反应、精(蒸)馏、吸收、萃取以及物质传递中,温度和压力的变化范围如此宽广,所处理的流体有的是强极性的,有的是氢键缔合的,因而使得化学工程师不能仅限于理想气体和理想溶液的狭窄范围内进行简单计算,而必须置身于实际的生产过程中,对真实系统做出精确的定量描述以满足化工过程开发、研究和设计的需要。在分子间作用力的效应尚未完全搞清楚之前,不得不借用经验或半经验方法,这些方法正是化工热力学的方法之一。此外,对于绝大多数基于实际研究的系统,直接测定的实验数据往往是不完整的,因此如何利用有限的实验数据来预测整个系统的性质,也是化工热力学面临的任务,例如:需要利用化工热力学中有关平衡性质的理论来对系统性质进行关联与推算。而且,对某一研究系统,虽已有很多实验数据可以查得,但如果对其组成、压力和温度等变化的影响没有整理分析的话,这些数据也还是难以被采用,例如:查询到多套乙酸-水系统的气液平衡数据,在设计中究竟采用哪一套,不能凭个人的好恶来取舍,只能依据热力学一致性的理论来校验,从而对气液平衡数据做出评价以便从中挑选。

1.3.2 化工过程、装置设计与优化的理论基础

物料衡算和热量衡算是化工过程和生产装置研究开发与设计计算的基础。随着化工装置的大型化,化工工艺设计及操作分析也向着定量研究的方向发展,须借助电子计算机对复杂的工艺流程进行模拟计算,这就不可避免地要对真实系统提供可靠的平衡热力学数学模型以适应化工系统的模拟计算,如 Aspen Plus、Pro/Ⅱ、ChemCAD 等。近年来计算机

科学的飞速发展已将繁复的热力学计算变得简捷,新的计算工具引入了新的观点、新的方法和新的理论,反过来促进了化工热力学理论的发展。在许多化工设计软件中,热力学的计算可占计算机计算时间的 50% 以上,有的甚至高达 80%,可见化工热力学在化学工程学科中举足轻重的地位。

1.3.3 资源利用与解决环境问题的基础

当今世界人类面临着人口膨胀以及资源、能源短缺和有效利用的问题。可供人类直接使用的煤炭、石油、天然气和农林牧渔业的资源大多属于不可再生的物质资源,如何实现该类物质的高效转换,实现反应的高转化率和过程的高收率是化学工作者自始至终的努力方向。人们在生产的同时,对环境的影响也日益加剧,现面临的三大环境问题分别是温室气体效应、大气臭氧层的破坏、水资源和土壤的污染。污染物的控制释放、回收处理和资源化,以及开发新的替代物是治理环境问题的主要措施和手段。如上所述,化工热力学在这些问题的解决中将发挥越来越重要的作用,例如:新型制冷剂 Freons-134A、Freons-152A 等的开发、生产需要物性数据的测定与使用性能的评价;大气污染物二氧化硫和二氧化碳的回收治理过程中离不开吸收、吸附平衡数据的测定;生产工艺和装置节能需要有效能的计算和评价;等。

1.4 如何学好化工热力学

学好化工热力学的首要问题是突出课程的一条主线——吉布斯函数 G(图 1-2),其涵盖了热力学第一定律、热力学第二定律、热力学第三(或第零)定律。学生应理解与掌握热力学的基本概念、热力学解决问题的方法和实际应用的目的。

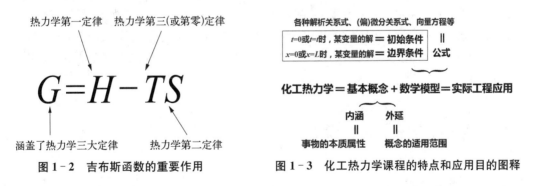

| 图 1-2 吉布斯函数的重要作用 | 图 1-3 化工热力学课程的特点和应用目的图释 |

化工热力学课程的教学目的在于实际应用,可表达为"化工热力学＝基本概念＋数学模型＝实际工程应用",其特点和应用目的如图 1-3 所示。热力学基本概念是物理量定性的表述,是热力学演绎与推理的基础。数学模型则在定量上对物理量进行表达,它反映了系统的数学特征。在逻辑上,基本概念具有内涵和外延两个基本的特征:内涵是反映事物(思维对象)的本质属性,所谓"本质属性"指的是一事物之所以为该事物而区别于其他任何事物所固有的根本属性,本质属性是唯一的;外延则反映了思维对象的范围,也就是该概念

的适用范围。因此学生在学习中要领会与理解热力学基本概念的内涵和外延双重要素。数学模型其实就是计算公式,通常包括初始条件和边界条件。因为热力学处理的对象主要是平衡过程,初始条件通常很少出现。数学模型的公式可以是常见的解析关系式、微分/偏微分关系式以及向量方程,乃至张量方程等。图 1-4 为焓函数变化量 ΔH（热力学第一定律 No.1) 及熵函数变化量 ΔS_g(热力学第二定律 No.2)的应用释解,或称为吉布斯函数的用途。

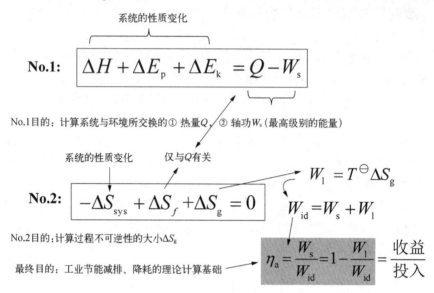

图 1-4 ΔH 和 ΔS_g 的应用释解

另外,热力学性质计算中引入了残余吉布斯函数 $G^R\left(\dfrac{G^R}{RT}=\dfrac{H^R}{RT}-\dfrac{S^R}{R}=\ln\varphi\right)$ 和过量吉布斯函数 $G^E\left(\dfrac{G^E}{RT}=\dfrac{H^E}{RT}-\dfrac{S^E}{R}=\sum_i x_i\ln\gamma_i\right)$,它们分别将逸度系数和活度系数与系统的残余吉布斯函数与过量吉布斯函数联系起来。相平衡、化学反应平衡与吉布斯函数的关系是系统达到平衡后总的吉布斯函数的变化量 $\Delta G_t=0$,而理想功与有效能则可被视为某种形式的系统状态 (T,p) 和环境状态 $(T^\ominus,p^\ominus)$ 的吉布斯函数变化量,即 $W_{id}=-(H_2-H_1)+T^\ominus(S_2-S_1)=-\Delta G(T,p,T^\ominus)$,$E_{X,ph}=(H-H^\ominus)-T^\ominus(S-S^\ominus)=\Delta G(T,p,T^\ominus,p^\ominus)$。

1.5 热力学基本概念

1.5.1 系统与环境

总是选择宇宙空间中的一部分作为热力学研究的对象,这一被选定的部分称为系统(system),其余部分则是环境(surroundings)。与环境之间有热量和功的交换,而无物质传递的系统称为封闭系统(closed system);与环境之间既有热量和功的交换,又有物质传递的系统称为敞开系统(opening system);与环境之间既无能量和功的交换,又无物质传递的系统称为孤立系统(isolated system)。

1.5.2　热力学性质

物质的性质通常分为热力学性质和传递性质。前者是指物质处于平衡状态下压力 p、体积 V、温度 T、物质的量 n_i 以及其他热力学函数,如热力学能 U、焓 H、熵 S、亥姆霍兹函数 A、吉布斯函数 G 和比热容 c_p（或 c_V）之间的变化规律。后者是指物质与能量传递过程的非平衡特性,如热导率 λ、扩散系数 D 和黏度 η。

与系统中物质的量（系统的尺寸）无关的性质称为强度性质,如系统的温度 T、压力 p 等。而与系统中物质的量有关的性质称为容量性质,如系统的总体积 V_t（下标 t 表示物系的总性质）、总热力学能 U_t 等。摩尔性质定义为容量性质除以物质的量,故摩尔性质为强度性质。

系统的状态是由系统的强度性质所决定的。将确定系统所需要的强度性质称为独立变量,其数目可由相律计算。例如:由相律知,纯物质的气液平衡系统和单相系统的自由度分别是 1 和 2,即只要给出一个强度性质（如饱和性质 T、p^S、V^{SL}、V^{SV} 等中的任何一个）,便可确定纯物质的气液平衡状态,但要确定纯物质的单相系统,就需要以两个强度性质来作为独立变量。

1.5.3　状态函数和过程函数

与系统状态变化的途径无关,仅取决于初态和终态的量称为状态函数。系统的性质都是状态函数。与系统状态变化途径有关的量称为过程函数,如热量 Q 和功 W。

1.5.4　平衡状态与可逆过程

平衡状态是一种相对静止的状态,此时,系统与环境之间净流（物质和能量）为零。

可逆过程是系统经过一系列平衡状态所完成的一种理想过程,其功耗与沿同路径逆向完成该过程所获得的功是等量的。实际过程都是不可逆过程。可逆过程是实际过程欲求而不可及的理想极限。可逆过程为不可逆过程提供了效率的标准。

1.5.5　热力学过程与循环

在经典热力学中,系统的变化总是从一个平衡状态到另一个平衡状态,这种变化被称为热力学过程。热力学过程可以不加任何限制,也可以使其按某一预先指定的路径进行。主要的热力学过程有等温过程、等压过程、恒容过程、等焓过程、等熵过程、绝热过程、可逆过程等,有时也可以是它们的组合。

热力学循环是指系统经过某些过程后,又回到了初态,如理想的热功转化循环——卡诺循环。工业上涉及热功转换的制冷循环、动力循环等过程具有实际意义,为了方便,将一个热力学循环看作若干个特定过程的组合。

1.6　本教材的结构和内容

图 1-5 为本教材的结构和内容概况,内容上分为 13 章,除本章"绪论"外,涵盖了三部

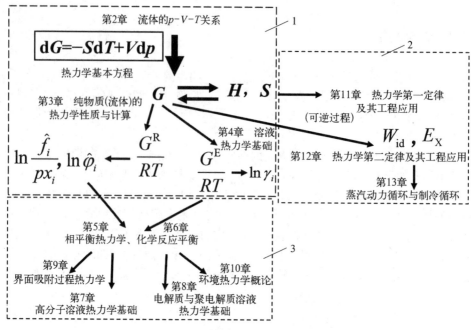

图 1-5　本教材的结构和内容概况

分：其一为基础热力学部分(虚框 1)；其二为工程热力学部分(虚框 2)；其三为应用热力学部分(虚框 3)。

1.6.1　基础热力学部分

1.6.1.1　流体的 p-V-T (x) 关系

理解流体的 p-V-T (x) 关系是计算流体热力学性质的基础，学会纯物质的 p-V-$T(x)$ 关系的三种表达方法：相图法、表格法和状态方程法。

1.6.1.2　纯物质(流体)的热力学性质与计算

学会使用一些辅助热力学函数。例如：将残余性质表达为 p-V-T (x) 的函数，并结合状态方程等来推算其他热力学性质的具体方法，包括从均相封闭系统的热力学基本方程出发，建立热力学函数(如 U、H、S、A、G、c_p 和 c_V 等)，特别是残余焓、残余熵(或残余吉布斯函数)与 p-V-T (x) 之间的普遍化依赖关系；了解逸度和逸度系数的概念，并学会相关的计算；应用 p-V-T (x) 对应状态原理，计算气体和气体混合物的热力学性质；认识热力学性质图表，并学会使用其进行纯物质的热力学性质计算；等。

1.6.1.3　溶液热力学基础

掌握敞开系统的热力学基本方程、偏摩尔量和化学位基本概念、偏摩尔量与总量(或物质的量)之间的关系、混合物中组分的逸度与逸度系数、吉布斯-杜安方程(Gibbs-Duhem equation)及其应用、溶液混合性质的变化和计算方法，以及理想溶液、过量函数与活度的概念及活度系数模型等。

1.6.2 工程热力学部分

1.6.2.1 热力学第一定律原理及应用

掌握敞开系统的热力学第一定律(能量衡算方程)的一般定量关系式及其对稳流过程的应用的一般关系式。学会稳流过程的能量衡算关系对管道内流体的理想流动、非理想流动、渐缩管、扩压管、热交换设备以及工程上的喷管等过程的实际应用。

1.6.2.2 热力学第二定律原理及应用

掌握热力学第二定律定性表述方式和熵衡算方程,弄清一些基本概念,如系统与环境、环境状态、可逆的热功转换装置(卡诺循环)、理想功与损耗功、有效能与无效能等,以及延伸的"㶲"。学会运用熵衡算方程、理想功与损耗功的计算及有效能衡算方法对化工单元过程进行热力学分析,会对能量的使用和消耗进行评价。

1.6.2.3 蒸汽动力循环及制冷循环

了解蒸汽动力循环的基本过程,掌握兰金循环(Rankine cycle)的热力学分析方法,以及热效率、汽耗率的概念与计算。在制冷循环中,了解逆卡诺循环与蒸汽压缩制冷循环的基本组成,掌握制冷系数和单位工质循环量的计算;了解热泵的基本概念和在工业生产中的应用;了解空气液化并掌握其计算方法。

1.6.3 应用热力学部分

1.6.3.1 相平衡热力学

掌握平衡的判据与相律、二元系统的汽液平衡相图、汽(气)液相平衡的计算类型与方法、汽液相平衡数据的热力学一致性检验、液液相平衡的类型与计算、液固相平衡的概念与特征。

1.6.3.2 化学反应平衡

了解化学反应的计量系数、反应进度、独立反应数的概念及其相互关系;掌握化学反应平衡的判据与反应平衡常数的计算方法,以及温度、压力、惰性气体含量对平衡常数、平衡组成的影响。

1.6.3.3 高分子溶液热力学

这是材料加工的基础理论知识。

1.6.3.4 界面吸附热力学

这是催化剂化学、轻工和化妆品等诸多专业的理论基础。

1.6.3.5 电解质溶液热力学基础

这是资源的合理利用、含盐废水处理、盐湖和卤水提盐、海水淡化等加工和深度处理的理论基础。

1.6.3.6 环境热力学

了解环境热力学的研究对象,认识污染物质的扩散、富集、迁移,以及治理方法和治理过程的代价评价等问题。

习 题

1.1 现有一杯加盖的饱和盐水,一个恒容、绝热、不透光、不导电的箱子和一个恒温槽,试用它们组成不同的组合,分别构成封闭系统、敞开系统和孤立系统。

1.2 已知决定一个纯物质的单相系统的状态需要两个强度变量,但在理想气体状态方程 $p = \dfrac{RT}{V}$,即 $p = f(V, T)$ 中只有一个强度变量,这是否与前述相互矛盾?

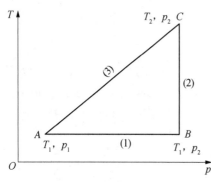

图 1-6 习题 1.3 附图

1.3 有 1 mol 理想气体 T_1,p_1 变成 T_2,p_2,如图 1-6 所示。设第一次的过程是沿(1)、(2),即 $A \rightarrow B \rightarrow C$ 进行的,第二次是沿(3),即 $A \rightarrow C$ 进行的。试计算这两个过程的 ΔV 及所做之功 W。已知理想气体的状态方程为 $pV = RT$,证明 AC 的斜率为 $\dfrac{\Delta T}{\Delta p} = \dfrac{T_2 - T_1}{p_2 - p_1} = \dfrac{T - T_1}{p - p_1}$。

1.4 一个绝热刚性容器,其总体积为 V_t,温度为 T,被一个体积可以忽略的隔板分为 A、B 两室,两室分别装有不同的理想气体。现突然将隔板移走,使容器内的气体自发达到平衡。计算下列两种条件下该过程的 Q、W、ΔU,以及最终的 T 和 p。

(1)两室初始压力均为 p_0;

(2)左室初始压力为 p_0,右室为真空。

1.5 一个 100 L 气瓶中贮有的 1 MPa、298 K 的高压气体通过一个半开的阀门放入一个压力恒定为 0.125 MPa 的气柜中,当气瓶中的压力降至 0.25 MPa 时,计算下列两种条件下从气瓶中流入气柜中的气体量。(假设气体为理想气体)

(1)气体流的足够慢以致可视为等温过程;

(2)气体流动很快以致可忽视热量损失(假设过程可逆,绝热指数 $k = 1.4$)。

1.6 基本概念题

1. 是非题

(1)凡是当系统的温度升高时,就一定吸热,而当温度不变时,系统既不吸热也不放热。 （ ）

(2)当 n mol 气体克服一定的压力做绝热膨胀时,其热力学能总是减少的。 （ ）

(3)封闭系统中有 α,β 两个相。在尚未达到平衡时,α,β 两个相都是均相敞开系统;在达到平衡时,α,β 两个相都等价于均相封闭系统。 （ ）

(4)理想气体的焓和摩尔比热容仅是温度的函数。 （ ）

(5)理想气体的熵和吉布斯函数仅是温度的函数。 （ ）

(6)封闭系统中 1 mol 气体进行了某一过程,其体积总是变化着的,但是初态和终态的体积相等,初态和终态的温度分别为 T_1 和 T_2,则该过程的 $\Delta U = \int_{T_1}^{T_2} c_V \mathrm{d}T$;同样,对于初、终态压力相等的过程有 $\Delta H = \int_{T_1}^{T_2} c_p \mathrm{d}T$。 （ ）

2. 选择题

(1) 对封闭系统而言,当过程的始态和终态确定后,下列不能确定其值的项是(　　)。

A. Q 　　　　　　　　　　　　　　　B. $Q + W$, U

C. $W(Q=0)$, U 　　　　　　　　　　D. $Q(W=0)$, U

(2) 对于热力学能是系统状态的单值函数概念的错误理解是(　　)。

A. 系统处于一定的状态,具有一定的热力学能

B. 对应于某一状态,热力学能且只能有一个数值,不能有两个以上的数值

C. 状态发生变化,热力学能也一定随之变化

D. 对于一个热力学能值,可以有多个状态

(3) 封闭系统中的 1 mol 理想气体由 T_1, p_1 和 V_1 可逆地变化至 p_2, 过程的 $W = -RT\ln\dfrac{p_1}{p_2}$, 此过程为(　　)。

A. 等容过程 　　　　　B. 等温过程 　　　　　C. 绝热过程

3. 填空题

(1) 1 MPa=＿＿＿＿＿＿Pa=＿＿＿＿＿＿bar=＿＿＿＿＿＿atm=＿＿＿＿＿＿mmHg。

(2) 1 kJ=＿＿＿＿＿＿J=＿＿＿＿＿＿cal=＿＿＿＿＿＿atm·cm^3=＿＿＿＿＿＿MPa·cm^3=＿＿＿＿＿＿Pa·m^3。

(3) 通用气体常数 R =＿＿＿＿＿＿MPa·cm^3·mol^{-1}·K^{-1} =＿＿＿＿＿＿kPa·m^3·$kmol^{-1}$·K^{-1} = ＿＿＿＿＿＿J·mol^{-1}·K^{-1} =＿＿＿＿＿＿cal·mol^{-1}·K^{-1}。

第 2 章
流体的 $p-V-T$ 关系

内容概要和学习方法

　　流体的压力 p、摩尔体积 V 和温度 T 都是物质的基本性质,并且都可以通过实验直接测量。而许多热力学性质,如焓 H、熵 S、热力学能 U、亥姆霍兹自由能 A、吉布斯自由能 G 等都不能直接测量,需要利用这些可测得的量和流体的比热容数据进行计算才能得到。例如:依据热力学基本方程之一的 $\mathrm{d}A=-S\mathrm{d}T+p\mathrm{d}V$ 知, $-\left(\dfrac{\partial S}{\partial V}\right)_T=\left(\dfrac{\partial p}{\partial T}\right)_V$,由此可得到 $\Delta S=$ $-\displaystyle\int_{V_1}^{V_2}\left(\dfrac{\partial p}{\partial T}\right)_V\mathrm{d}V$;也就是说根据该等式的右边 (p,V,T) 关系,可以计算所研究的过程熵的变化量 ΔS;同样,对于其他的热力学性质的计算,也具有类似的相应关系。因此,流体 $p-V-T$ 关系的研究是化工热力学的一项重要的基础工作。

　　本章的主要要求是在了解纯物质 $p-V-T$ 行为的基础上,掌握描述 $p-V-T$ 关系的两种方法:一是图示法,即平面几何和空间立体几何知识的应用,如 $p-V$ 图、$p-T$ 图等;二是解析法或公式法,即平面解析几何和立体解析几何知识的应用,如状态方程法和对应态原理法等。其中重点掌握 p,V,T 三个变量间的相互推算方法。

2.1　纯物质的 $p-V-T$ 关系

　　纯物质在平衡状态下的压力 p、摩尔体积 V 和温度 T 之间的关系,可以用三维曲面来表示,如图 2-1 所示。曲面上"固""液""气"分别代表固体、液体、气体的单相区;"固-气""固-液""气-液"分别表示固-气、固-液、气-液两相共存区。曲线 Ac 和曲线 Bc 分别代表气-液两相共存的边界线,它们相交于点 c。点 c 表示气-液两相能共存的最高温度和最高压力点,被称为临界点(critical point),它对应的温度、压力和摩尔体积分别被称为临界温度 T_c、临界压力 p_c 和临界体积 V_c。流体的临界参数是流体重要的基础数据,人们已经测定了大量的纯物质的临界参数。附录 1.1 给出了一些重要物质的临界性质。高于临界压力和温度的区域被称为超临界流体区(supercritical fluid region)。从液体到超临界流体或从气体到超临界流体的过程都是渐变过程,不存在突发的相变。超临界流体的性质非常特殊,既不同于液体,又不同于气体。它的密度和溶剂化能力可接近于液体,但是有类似气体的体积可变性质和传递性质(低黏度与高扩散系数),可作为特殊的萃取溶剂和反应介质来用。

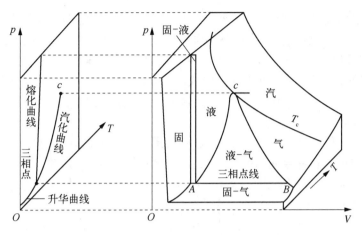

图 2-1　纯物质的 p-V-T 图

现已开发出许多利用超临界流体区特殊性质的分离技术和反应技术。

　　通过点 A、B 的直线是三个两相平衡区的交界线,被称为三相线。根据相律,对于三相平衡共存的纯物质系统,其自由度为零。也就是说,对于给定的纯物质,这种系统只能存在于一定的温度或者一定的压力下。

　　若将 p-V-T 曲面投影到平面上,则可以得到二维图形。图 2-1 在 p-T 平面和 p-V 平面投影、放大后分别得到图 2-2 和图 2-3。这些二维坐标图形清楚地表明了气体、液体和固体的压力 p 与温度 T、摩尔体积 V 间的关系。图 2-1 中的两相区在 p-T 图上的投影是三条相平衡曲线:升华曲线(固-气相平衡曲线)、熔化曲线(液-固相平衡曲线)和汽化曲线(气-液相平衡曲线)。三条相平衡曲线的交点是三相点(triple point)t,如水的三相点温度和压力分别为 0.01 ℃、610.75 Pa,汞的分别为 -38.83440 ℃、0.2 MPa。图 2-1 中的三相点线和临界点分别成为 p-T 图上的两个点,分别标记为 t 和 c,它们是汽化曲线的两个端点。汽化曲线起始于三相点 t 而终止于临界点 c,但熔化曲线可以向上延伸下去。

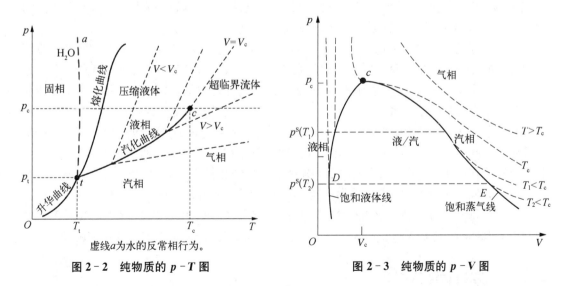

图 2-2　纯物质的 p-T 图　　　　　　图 2-3　纯物质的 p-V 图

　　图 2-3 表示以温度 T 为参变量的 p-V 图。该图包含了若干条等温线,高于临界温度 T_c 的等温曲线平滑且不与相平衡曲线 DcE 相交。小于临界温度 T_c 的等温曲线由三部分组

成。水平部分表示气-液平衡共存,在给定温度下对应一个确定不变的压力,即该纯物质的饱和蒸气压 p^S。水平线上各点表示不同含量的气、液平衡混合物,变化范围从100%饱和蒸气到100%饱和液体。包围气液平衡共存区的是饱和液体线(又称为泡点曲线,bubble point curve)和饱和蒸气线(又称为露点曲线,dew point curve),其左侧 $V<V_c$ 的曲线是饱和液体线 Dc,右侧 $V>V_c$ 的曲线是饱和蒸气线 cE。由于压力对液体体积变化的影响较小,故液相区等温线较陡。

从图2-3还可以看出:等温线在高温和低压区域变为简单的双曲线,可以用理想气体状态方程进行描述。随着温度的下降和压力的升高,气体的行为会偏离理想气体。临界点 c 是临界等温线的一个水平拐点,此处临界等温线的斜率和曲率都等于零,数学上表示为

$$\left(\frac{\partial p}{\partial V}\right)_{T=T_c} = 0 \tag{2-1}$$

$$\left(\frac{\partial^2 p}{\partial V^2}\right)_{T=T_c} = 0 \tag{2-2}$$

式(2-1)和式(2-2)提供了经典的临界点定义。根据上述两式,从状态方程式可以计算临界状态下的压力 p_c、摩尔体积 V_c 和温度 T_c。

2.2 流体的状态方程

从相律可知,对于单相纯流体而言,p,V,T 三者中的任意两者被确定后,就完全确定了其状态。描述流体 p-V-T 关系的函数表达式为

$$f(p, V, T) = 0 \tag{2-3}$$

式(2-3)称为状态方程(equation of state,EOS),用来关联平衡状态下流体的压力 p、摩尔体积 V 和温度 T 之间的关系。状态方程的重要价值在于它可以精确地表达相当广泛范围内的 p-V-T 数据,而且可推算不能直接测量的其他热力学性质。

状态方程的建立过程大都从纯物质着手,通过引入混合规则(mixing rule),使其可应用于混合物的热力学性质计算。状态方程的发展最初是从气体开始的,但现在已有许多状态方程不仅能用于气相,而且可以用于液相,甚至还在向固相发展,这为用一个数学模型计算多种热力学性质提供了条件。

到目前为止,已报道的状态方程有几百种,其中包括半经验半理论的状态方程,以及从统计热力学和分子动力学相结合导出的理论性状态方程。但由于其通用性差,尚没有一个状态方程能在整个 p-V-T 范围内准确地描述流体的相行为。

状态方程通常分为如下几类:第一类是立方型状态(cubic type)方程,展开后可表示为关于摩尔体积 V 或压缩因子 Z 的三次方程;第二类是多参数状态方程,形式上类似于泰勒级数(Taylor series)类型的展开式;第三类是理论性状态方程。本书主要介绍前两类。

2.2.1 立方型状态方程

立方型状态方程是指可展开为摩尔体积 V(或密度 ρ)或压缩因子 Z 的三次方形式的方

程。这类方程形式简单,能够用解析法求解,精确度较高,给工程应用带来方便。

2.2.1.1 范德瓦耳斯状态方程

1873 年范德瓦耳斯(J. D. van der Waals)提出了第一个适用于真实气体的状态方程——范德瓦耳斯状态方程(van der Waals equation of state)。该状态方程可写为

$$p = \frac{RT}{V-b} - \frac{a}{V^2} \tag{2-4}$$

式中,a,b 是各种物质特有的常数,与其临界参数有关。

范德瓦耳斯状态方程是最简单的立方型状态方程,该方程能定性地描述流体的 p-V-T 关系,能够同时描述气、液两相的性质,虽然精确度不高,但还是特别值得关注,因为它建立的方程推理方法对其他立方型状态方程、对比状态原理及后来与之类似的状态方程的开发有着巨大的贡献。

与理想气体状态方程相比,式(2-4)对压力增加了一项 $\frac{a}{V^2}$,这一项被称为压力校正项(或内压,internal pressure),这是由于存在分子间引力,气体分子施加于器壁的压力要低于理想气体状态下的压力;引入的体积校正项 b,是气体总体积中包含分子本身体积的部分,所以在气体总体积中应减去 b。当 $p \rightarrow 0$ 或 $V \rightarrow \infty$ 时,方程中的 $\frac{a}{V^2}$ 和 b 都可以忽略不计,因此状态方程又变成理想气体状态方程,即 $\lim\limits_{\substack{p \rightarrow 0 \\ (\text{或} V \rightarrow \infty)}} (pV) = RT$ 或简写为 $pV = RT$。

利用等温线通过临界点的斜率等于零,且临界点又是拐点的特殊条件,即满足式(2-1)和式(2-2)的条件,将式(2-4)分别代入式(2-1)和式(2-2)得

$$\left(\frac{\partial p}{\partial V}\right)_{T=T_c} = -\frac{RT_c}{(V_c-b)^2} + \frac{2a}{V_c^3} = 0 \tag{2-5}$$

$$\left(\frac{\partial^2 p}{\partial V^2}\right)_{T=T_c} = \frac{2RT_c}{(V_c-b)^3} - \frac{6a}{V_c^4} = 0 \tag{2-6}$$

联立求解式(2-5)和式(2-6),得

$$a = \frac{9}{8}RT_cV_c \tag{2-7a}$$

$$b = \frac{V_c}{3} \tag{2-7b}$$

将式(2-4)应用于临界点,并与式(2-7a)、式(2-7b)联立,得

$$p_c = \frac{RT_c}{V_c-b} - \frac{a}{V_c^2} = \frac{RT_c}{V_c-V_c/3} - \frac{9RT_cV_c/8}{V_c^2} = \frac{3RT_c}{8V_c} \tag{2-8}$$

故

$$Z_c = \frac{p_cV_c}{RT_c} = \frac{3}{8} = 0.375 \tag{2-9}$$

17

从式(2-7a)、式(2-7b)和式(2-9)还可得到

$$a = \frac{27R^2 T_c^2}{64 p_c} \qquad (2-10)$$

$$b = \frac{RT_c}{8 p_c} \qquad (2-11)$$

根据范德瓦耳斯状态方程，对于任何气体，Z_c 是一个固定值，即 $Z_c = 0.375$。事实上，Z_c 却是个变数，多数流体的 Z_c 在 0.23 至 0.29 范围内变化，如附录表 2.1 所示。由式(2-10)和式(2-11)可知，只要已知气体的临界参数，即可求出范德瓦耳斯常数 a，b，从而进行 p-V-T 关系的计算。

在范德瓦耳斯状态方程的基础上，后来又衍生出许多有实用价值的立方型状态方程。

2.2.1.2 雷德利希-邝(RK)方程

雷德利希-邝方程(Redlich - Kwong equation)由雷德利希和邝于 1949 年提出，简称 RK 方程，其形式为

$$p = \frac{RT}{V-b} - \frac{a}{\sqrt{T} V(V+b)} \qquad (2-12)$$

式中，a，b 为 RK 方程常数，与流体的特性有关。

RK 方程与范德瓦耳斯状态方程的区别仅仅在于压力修正项的形式不同。当 $p \to 0$ 或 $V \to \infty$ 时，方程又可变成理想气体方程。RK 方程参数也可根据临界点的特性，即式(2-1)和式(2-2)求得，其具体推导过程类似于范德瓦耳斯状态方程，结果为

$$a = \frac{1}{9 \times (\sqrt[3]{2} - 1)} \cdot \frac{R^2 T_c^{2.5}}{p_c} = 0.42748 \frac{R^2 T_c^{2.5}}{p_c} \qquad (2-13)$$

$$b = \frac{3\sqrt{2} - 1}{3} \cdot \frac{RT_c}{p_c} = 0.08664 \frac{RT_c}{p_c} \qquad (2-14)$$

同样可以得到 RK 方程的 $Z_c = 1/3 \approx 0.333$，它也是一个所有流体的通用常数。该数值尽管比范德瓦耳斯状态方程的 Z_c 小，但相较于实际流体仍然偏大。

RK 方程的计算准确度与范德瓦耳斯状态方程相比有较大的提高，可以比较成功地用于气相的 p-V-T 计算，但对液相的效果较差。1972 年，索阿韦(Soave)对 RK 方程进行了修正，将 RK 方程中与温度有关的 $a/\sqrt{T}$ 项改为 $a(T)$，使之成为一个与物质特性有关的温度函数式。

2.2.1.3 索阿韦-雷德利希-邝(SRK)方程

索阿韦-雷德利希-邝方程(Soave - Redlich - Kwong equation)简称 SRK 方程，其形式为

$$p = \frac{RT}{V-b} - \frac{a(T)}{V(V+b)} \qquad (2-15)$$

式中

$$a(T) = a_c \alpha(T_r) = 0.42748 \frac{R^2 T_c^2}{p_c} \alpha(T_r) \tag{2-16a}$$

$$b = 0.08664 \frac{RT_c}{8p_c} \tag{2-16b}$$

$$\sqrt{\alpha(T_r)} = 1 + F(1 - \sqrt{T_r}) \tag{2-17}$$

式(2-16a)中的 a_c 是与临界参数有关的常数。式(2-17)中 $\alpha(T_r)$ 是对比温度 T_r 的函数，其中的参数 F 可由纯物质的饱和蒸气压 p^S 与饱和液体的密度 ρ^S 关联得到，对于非极性或弱极性物质，F 亦可通过式(2-18)进行计算：

$$F = 0.48 + 1.574\omega - 0.176\omega^2 \tag{2-18}$$

式中，ω 为偏心因子。与 RK 方程相比，SRK 方程显示出很大的优越性，特别是用它来计算纯烃和烃类混合物系统的气液平衡具有较高的精度，该方程在烃加工应用方面做出了很大的贡献。

2.2.1.4 彭-罗宾森(PR)方程

RK 方程和 SRK 方程有一共同的不足，就是预测液相摩尔体积时精度较差。为了弥补这一不足，彭和罗宾森于 1976 年提出了如下形式的状态方程，被命名为彭-罗宾森方程(Peng-Robinson equation，简称 PR 方程)。

$$p = \frac{RT}{V-b} - \frac{a(T)}{V(V+b) + b(V-b)} \tag{2-19}$$

式中

$$a(T) = a_c \alpha(T_r) = 0.457235 \frac{R^2 T_c^2}{p_c} \alpha(T_r) \tag{2-20a}$$

$$b = 0.077796 \frac{RT_c}{p_c} \tag{2-20b}$$

$$\sqrt{\alpha(T_r)} = 1 + F(1 - \sqrt{T_r}) \tag{2-21}$$

式(2-20a)中的 $\alpha(T_r)$ 是对比温度 T_r 的函数。式(2-21)中的参数 F 可由纯物质的饱和蒸气压 p^S 与饱和液体的密度 ρ^S 关联得到，对于非极性或弱极性物质，F 亦可通过式(2-22)进行计算：

$$F = 0.37464 + 1.54226\omega - 0.26992\omega^2 \tag{2-22}$$

PR 方程的临界压缩因子 $Z_c = 0.307$，与 RK 方程的 0.333 相比有明显改进，但仍偏离真实流体的数值。PR 方程在饱和蒸气压 p^S、饱和液体密度 ρ^S 和气液平衡的计算中的准确度均高于 SRK 方程。值得指出的是，SRK 方程和 PR 方程在预测流体的蒸气压时显示突出优势，其主要原因在于对比温度函数 $\alpha(T_r)$ 的表达式。

2.2.1.5 Patel-Teja 方程

1982 年，由 Patel 和 Teja 导出的 Patel-Teja(简写为 PT)方程形式为

$$p = \frac{RT}{V-b} - \frac{a(T)}{V(V+b)+c(V-b)} \qquad (2-23)$$

式中

$$a(T) = \Omega_a \frac{R^2 T_c^2}{p_c} \cdot \alpha(T_r) \qquad (2-24a)$$

$$b = \Omega_b \frac{RT_c}{p_c} \qquad (2-24b)$$

$$c = \Omega_c \frac{RT_c}{p_c} \qquad (2-24c)$$

$$\sqrt{\alpha(T_r)} = 1 + F(1 - \sqrt{T_r}) \qquad (2-25)$$

式(2-24a)~式(2-24c)中，Ω_a，Ω_b，Ω_c 的计算方法如下：

$$\Omega_c = 1 - 3\xi_c \qquad (2-26a)$$

$$\Omega_a = 3\xi_c^2 + 3(1-2\xi_c)\Omega_b + \Omega_b^2 + \Omega_c \qquad (2-26b)$$

Ω_b 是下列方程的最小正根：

$$\Omega_b^3 + (2-3\xi_c)\Omega_b^2 + 3\xi_c^2\Omega_b - \xi_c^3 = 0 \qquad (2-26c)$$

式(2-25)~式(2-26c)中，F 与 ξ_c 两个参数由纯物质的饱和蒸气压 p^S 和饱和密度 ρ^S 关联求得，对非极性或弱极性物质也可由式(2-27a)、式(2-27b)求得：

$$F = 0.452413 + 1.30982\omega - 0.295937\omega^2 \qquad (2-27a)$$

$$\xi_c = 0.329032 - 0.076799\omega + 0.0211947\omega^2 \qquad (2-27b)$$

立方型状态方程还有很多，如 Harments - Knapp 方程等，它们各具特色，例如：采用的三参数立方型状态方程，若其 Z_c 可随物质的不同而变化，则能克服二参数状态方程在临界点上的不足。鉴于立方型状态方程的数量较多，在此不一一赘述。

2.2.1.6 立方型状态方程的通用形式

立方型状态方程可归纳成如下的通用形式：

$$p = \frac{RT}{V-b} - \frac{a(T)}{V^2 + mV + n} \qquad (2-28)$$

式中，对于不同的立方型状态方程，m，n 取不同的值，并且满足如下关系：

$$a(T) = a_c \alpha(T_r) \qquad (2-29a)$$

$$\alpha_c = \Omega_a \frac{(RT_c)^2}{p_c} \qquad (2-29b)$$

$$b = \Omega_b \frac{RT_c}{p_c} \qquad (2-29c)$$

$$c = \Omega_c \frac{RT_c}{p_c} \qquad (2-29\text{d})$$

$$\sqrt{\alpha(T_r)} = 1 + (d_1 + d_2\omega + d_3\omega^2)(1 - \sqrt{T_r}) \qquad (2-30)$$

式中，d_1，d_2，d_3 均为关联常数；Ω_a，Ω_b，Ω_c 均为与临界性质有关的参数。

各立方型状态方程的 m，n，$a(T)$ 如表 2-1 所示。

表 2-1　立方型状态方程中的参数值

名　　称	m	n	$a(T)$
范德瓦耳斯方程	0	0	a_c
RK 方程	b	0	$a_c/\sqrt{T}$
SRK 方程	b	0	$a_c\alpha(T_r)$
PR 方程	$2b$	$-b^2$	$a_c\alpha(T_r)$
PT 方程	$b+c$	$-bc$	$a_c\alpha(T_r)$

立方型状态方程的应用：

（1）用一个 EOS 即可精确地代表相当广泛范围内的实验数据，借此可以精确计算其他所需的数据；

（2）EOS 具有多功能性，除了 p-V-T 性质，还可用最少量的实验数据计算流体的其他热力学函数、纯物质的饱和蒸气压、混合物的气液相平衡、液液相平衡，尤其是高压下的相平衡计算；

（3）在相平衡计算中用一个 EOS 可进行两相、三相的平衡数据计算，在利用状态方程中的混合规则与相互作用参数对各相进行计算时，均使用同一形式或同一数值，可使计算过程简捷、方便。

2.2.1.7　立方型状态方程求解

虽然立方型状态方程可以用解析法求解三个体积根，但工程计算通常采用迭代法。下面具体介绍迭代过程，以 PR 方程为例进行讨论。

为便于迭代，将式（2-19）经恒等变形后得到

$$V^{(k+1)} = b + \cfrac{RT}{p + \cfrac{a}{[V^{(k)}]^2 + 2bV^{(k)} - b^2}} \qquad (2-31)$$

在利用式（2-31）进行迭代计算时，体积根的初值设定方法如下：对于气相，可取初值 $V^{(0)} = RT/p$，即以理想气体的值作为初值；对于液相，建议取初值 $V^{(0)} = 2b$。计算出初值后代入式（2-31）的右边，再迭代至收敛为止，即满足 $|V^{(k+1)} - V^{(k)}| < \varepsilon$ 后，可得到气相摩尔体积 V^V 或液相摩尔体积 V^L。

[**例 2.1**]　将 1 kmol 氮气压缩贮于容积为 0.04636 m^3、温度为 273.15 K 的钢瓶内。问此时氮气的压力为多少？分别用理想气体方程、RK 方程和 SRK 方程进行计算。氮气压力的实验值为 101.33 MPa。

解：从附录 1.1 中查得氮气的临界参数为

$$T_c = 126.2 \text{ K}, \quad p_c = 3.394 \text{ MPa}, \quad \omega = 0.040$$

氮气的摩尔体积为

$$V = 0.04636/1000 = 4.636 \times 10^{-5} \ (\text{m}^3 \cdot \text{mol}^{-1})$$

(1) 理想气体状态方程

$$p = \frac{RT}{V} = \frac{8.314 \times 273.15}{4.636 \times 10^{-5}} = 4.8986 \times 10^7 (\text{Pa})$$

相对误差：$\dfrac{\Delta p}{p_{\text{exp}}} = \dfrac{4.8986 \times 10^7 - 101.33 \times 10^6}{101.33 \times 10^6} \times 100\% = -51.7\%$

(2) RK 方程

将 T_c，p_c 的值代入式(2-13)和式(2-14)，得

$$a = 0.42748 \cdot \frac{R^2 T_c^{2.5}}{p_c} = 0.42748 \times \frac{8.314^2 \times 126.2^{2.5}}{3.394 \times 10^6} = 1.5577 (\text{Pa} \cdot \text{m}^6 \cdot \text{K}^{0.5} \cdot \text{mol}^{-2})$$

$$b = 0.08664 \cdot \frac{RT_c}{p_c} = 0.08664 \times \frac{8.314 \times 126.2}{3.394 \times 10^6} = 2.6784 \times 10^{-5} (\text{m}^3 \cdot \text{mol}^{-1})$$

代入式(2-12)得

$$p = \frac{8.314 \times 273.15}{(4.636 - 2.6784) \times 10^{-5}} - \frac{1.5577}{273.15^{0.5} \times 4.636 \times 10^{-5} \times (4.636 + 2.6784) \times 10^{-5}}$$
$$= 8.8213 \times 10^7 (\text{Pa})$$

相对误差：$\dfrac{\Delta p}{p_{\text{exp}}} = \dfrac{8.8213 \times 10^7 - 101.33 \times 10^6}{101.33 \times 10^6} \times 100\% = -12.9\%$

(3) SRK 方程

$$T_r = \frac{273.15}{126.2} = 2.1644$$

将 T_r，ω 的值代入式(2-17)和式(2-18)，得

$$\sqrt{\alpha(T_r)} = 1 + (0.48 + 1.57 \times 0.040 - 0.176 \times 0.040^2) \times (1 - \sqrt{2.1644}) = 0.7444$$

$$\alpha(T_r) = 0.5541$$

由式(2-16a)和式(2-16b)得

$$a = 0.42748 \cdot \frac{R^2 T_c^2}{p_c} \alpha(T_r) = 0.42748 \times \frac{8.314^2 \times 126.2^2}{3.394 \times 10^6} \times 0.5541$$
$$= 7.6830 \times 10^{-2} (\text{Pa} \cdot \text{m}^6 \cdot \text{mol}^{-2})$$

$$b = 0.08664 \cdot \frac{RT_c}{p_c} = 0.08664 \times \frac{8.314 \times 126.2}{3.394 \times 10^6} = 2.6784 \times 10^{-5} (\text{m}^3 \cdot \text{mol}^{-1})$$

将上述值代入式(2-15)，得

$$p = \frac{8.314 \times 273.15}{(4.636 - 2.6784) \times 10^{-5}} - \frac{7.6830 \times 10^{-2}}{4.636 \times 10^{-5} \times (4.636 + 2.678) \times 10^{-5}} = 9.3350 \times 10^7 (\text{Pa})$$

相对误差：$\dfrac{\Delta p}{p_{exp}} = \dfrac{9.3350 \times 10^7 - 101.33 \times 10^6}{101.33 \times 10^6} \times 100\% = -7.9\%$

上述计算结果说明，在高压、低温下，理想气体方程不适用，RK 方程也有较大误差，SRK 方程的计算精度则较好。

[例 2.2] 试用 PR 方程计算异丁烷在 300 K，0.3704 MPa 下饱和蒸气的摩尔体积。

解： 从附录 1.1 中查得异丁烷的临界参数为

$$T_c = 408.10 \text{ K}, \quad p_c = 3.648 \text{ MPa}, \quad \omega = 0.176$$

$$T_r = \frac{300}{408.10} = 0.7351$$

$$\sqrt{\alpha(T_r)} = 1 + (0.37464 + 1.54226\omega - 0.26992\omega^2)(1 - \sqrt{T_r})$$

$$= 1 + (0.37464 + 1.54226 \times 0.176 - 0.26992 \times 0.176^2) \times (1 - \sqrt{0.7351}) = 1.0910$$

$$\alpha(T_r) = 1.1902$$

$$a = 0.457235 \cdot \frac{R^2 T_c^2}{p_c} \cdot \alpha(T_r) = 0.457235 \times \frac{(8.314 \times 408.10)^2}{3.648} \times 1.1902$$

$$= 1.7173 \times 10^6 (\text{MPa} \cdot \text{cm}^6 \cdot \text{mol}^{-2})$$

$$b = 0.077796 \cdot \frac{RT_c}{p_c} = 0.077796 \times \frac{8.314 \times 408.10}{3.648} = 72.36 (\text{cm}^3 \cdot \text{mol}^{-1})$$

将上述值代入式(2-31)，得

$$V^{(k+1)} = b + \frac{RT}{p + \dfrac{a}{(V^{(k)})^2 + 2bV^{(k)} - b^2}} = 72.36 + \frac{2494.2}{0.3704 + \dfrac{1.7173 \times 10^6}{(V^{(k)})^2 + 144.72 V^{(k)} - 5235.97}}$$

取理想气体 $V^{(0)} = \dfrac{RT}{p} = \dfrac{8.314 \times 300}{0.3704} = 6733.80 (\text{cm}^3 \cdot \text{mol}^{-1})$ 为初值，用上式迭代，各次迭代值为 $V^{(1)} = 6193.4$，$V^{(2)} = 6094.8$，$V^{(3)} = 6074.3$，$V^{(4)} = 6070.0$，$V^{(5)} = 6069.0$，即 5 次迭代后已收敛，因此 $V^V = 6069.0 (\text{cm}^3 \cdot \text{mol}^{-1})$。

2.2.2 多参数状态方程

立方型状态方程是在范德瓦耳斯状态方程的基础上发展起来的，多参数状态方程是与位力方程紧密相连的。BWR 方程和 MH 方程是两个重要的多参数状态方程，实际中得到了较多的使用。

2.2.2.1 位力方程

1901 年，荷兰人昂内斯(H. K. Onnes)提出位力方程(virial equation)，该方程利用统计力学分析了分子间的相互作用力，具有坚实的理论基础。方程的形式有密度型

$$Z = \frac{pV}{RT} = 1 + \frac{B}{V} + \frac{C}{V^2} + \cdots \tag{2-32a}$$

和压力型

$$Z = \frac{pV}{RT} = 1 + B'p + C'p^2 + \cdots \tag{2-32b}$$

式(2-32a)和式(2-32b)中的 $B(B')$，$C(C')$，$\cdots$ 分别被称为第二、第三……位力系数，依此类推。

当式(2-32a)和式(2-32b)取无穷级数时，不同形式的位力系数之间存在下列关系：

$$B' = \frac{B}{RT} \tag{2-33a}$$

$$C' = \frac{C - B^2}{(RT)^2} \tag{2-33b}$$

$$D' = \frac{D - 3BC + 2B^2}{(RT)^3} \tag{2-33c}$$

位力系数具有明确的物理意义，第二位力系数 $(B$ 或 $B')$ 反映两个分子碰撞或相互作用导致的与理想性质行为的偏差，第三位力系数 $(C$ 或 $C')$ 则反映三个分子碰撞或相互作用导致的非理想行为。对于一个确定的物质，位力系数仅为温度的函数。

从工程实用上来说，式(2-32a)和式(2-32b)用于低压和中压的气体及蒸气时，一般两项或三项即可获得合理的近似值。式(2-32a)和式(2-32b)截至第二项的位力方程形式如下：

$$Z = \frac{pV}{RT} = 1 + \frac{B}{V} \tag{2-34a}$$

$$Z = \frac{pV}{RT} = 1 + B'p = 1 + \frac{Bp}{RT} \tag{2-34b}$$

$$V = B + \frac{RT}{p} \tag{2-35}$$

式(2-34a)～式(2-35)均可准确表示温度低于临界温度 T_c、压力不高于 1.5 MPa 时气体的 p-V-T 关系。其中式(2-35)为 V 的显函数，在实际使用中方便得多，所以式(2-35)更具有优越性。

第二位力系数 B 可以用统计热力学理论求得，也可以用实验测定，还可以用普遍化方法计算。由于用实验测定比较麻烦，而用理论计算精度不够，故目前工程计算大都采用比较简便的普遍化方法，这将在下一节中介绍。

当压力超过式(2-34a)和式(2-34b)的适用范围且在 5 MPa 以内时，需要用到第三位力系数，此时位力方程的近似截断式（以密度型为例）为

$$Z = \frac{pV}{RT} = 1 + \frac{B}{V} + \frac{C}{V^2} \tag{2-36}$$

当压力高于 5 MPa 时，需要用更高阶的位力方程。

位力系数也可以用 p-V-T 数据来确定。将式(2-32a)改写成如下形式：

$$V\left(\frac{pV}{RT} - 1\right) = B + \frac{C}{V} + \cdots \tag{2-37}$$

由等温下的实验数据，以 $V\left(\dfrac{pV}{RT} - 1\right)$ 对 $\dfrac{1}{V}$ 作图，在密度不太高的条件下应该是一条

近似直线,将该直线外推至 $\frac{1}{V} \to 0$,所得的截距和斜率就分别是该温度下的第二位力系数 B 和第三位力系数 C。

第二位力系数 B 已得到广泛的理论和实验研究,但第三或更高阶的位力系数则被研究得较少。尽管高阶位力系数数据的缺乏限制了位力方程的使用范围,但不能忽视位力方程的理论价值。高次型状态方程都与位力方程有一定的关系。

对于真实气体,在满足某一温度 T_B 时,当 $p \to 0$ 时,满足

$$\lim_{p \to 0} \left[\frac{\partial(pV)}{\partial p} \right]_{T_B} = 0 \quad \text{或} \quad \lim_{p \to 0} \left(\frac{\partial Z}{\partial p} \right)_{T_B} = 0 \qquad (2-38)$$

式中,Z 为气体的压缩因子,温度 T_B 称为玻意耳(Boyle)温度。将式(2-32b)代入式(2-38)并结合式(2-33a),可得

$$\lim_{p \to 0} \left(\frac{\partial Z}{\partial p} \right)_{T_B} = \lim_{p \to 0} (B' + 2C'p^2 + \cdots) = B' = 0 \quad \text{或} \quad B = 0 \qquad (2-39)$$

即表明对位力方程而言,在玻意耳温度时,第二位力系数 B 等于零。对于其他类型的状态方程,亦可依据式(2-38)导出相应的玻意耳温度。通常条件下,玻意耳温度为相应临界温度的 2~2.5 倍。

[例 2.3] 已知异丙醇在 200 ℃下的第二和第三位力系数分别为

$$B = -388 \ cm^3 \cdot mol^{-1}, \quad C = -26000 \ cm^6 \cdot mol^{-2}$$

试计算 200 ℃,1.0 MPa 时异丙醇蒸汽的 V 和 Z:(1)用理想气体方程;(2)用式(2-35);(3)用式(2-36)。

解:(1)用理想气体方程

$$V = \frac{RT}{p} = \frac{8.314 \times 473.15}{1.0} = 3933.8 (cm^3 \cdot mol^{-1})$$

(2)用式(2-35)

$$Z = \frac{pV}{RT} = 1 + \frac{Bp}{RT}$$

$$V = \frac{RT}{p} + B = 3933.8 - 388 = 3545.8 (cm^3 \cdot mol^{-1})$$

$$Z = \frac{pV}{RT} = \frac{3545.8}{8.314 \times 473.15} = 0.9014$$

(3)用式(2-36)

将式(2-36)写成

$$V^{(k+1)} = \frac{RT}{p} \left(1 + \frac{B}{V^{(k)}} + \frac{C}{[V^{(k)}]^2} \right) = 3933.8 \times \left(1 - \frac{388}{V^{(k)}} - \frac{26000}{[V^{(k)}]^2} \right)$$

取理想气体 $V^{(0)}$ 的值为初值,代入上式,则

$$V^{(1)} = 3933.8 \times \left(1 - \frac{388}{3933.8} - \frac{26000}{3933.8^2} \right) = 3539.2$$

如此反复迭代,得 $V^{(2)}=3494.4$,$V^{(3)}=3488.6$,$V^{(4)}=3487.9$,$V^{(5)}=3487.8$,即 5 次迭代后收敛,因此,$V=3487.8(\text{cm}^3 \cdot \text{mol}^{-1})$,$Z=\dfrac{V}{V^{(0)}}=\dfrac{3487.8}{3933.8}=0.8866$。

从以上三种方法的计算结果可知,用理想气体方程计算得到的值与用式(2-36)计算得到的值的相对误差为 $\dfrac{3487.8-3933.8}{3487.8}\times100\%=-12.8\%$,而用式(2-35)计算得到的值仅与用式(2-36)计算得到的值的相对误差 $\dfrac{3545.8-3487.8}{3487.8}\times100\%=1.7\%$。说明此时理想气体状态方程已不适用。

2.2.2.2 Benedict-Webb-Rubin(BWR)方程

BWR 方程的形式为

$$p=RT\rho+\left(B_0RT-A_0-\frac{C_0}{T^2}\right)\rho^2+(bRT-a)\rho^3+\alpha a\rho^6+\frac{c\rho^3}{T^2}(1+\gamma\rho^2)\exp(-\gamma\rho^2)$$

$$(2-40)$$

式中,ρ 为密度;A_0,B_0,C_0,a,b,c,α,γ 这 8 个参数可由纯物质的 p-V-T 数据和蒸气压数据拟合得到。

该方程是第一个能在高密度区表示流体 p-V-T 关系和气液平衡的多参数状态方程。在烃类热力学计算中,BWR 方程取得了较好的效果,在比临界密度大 1.8~2.0 倍的高压条件下,平均误差在 0.3%左右。为进一步提高 BWR 方程在低温区域的计算精度,斯塔林(Starling)等提出了 11 个参数的状态方程,这个状态方程被称为 BWRS 方程,其中所有参数都是 T_c、V_c 和 ω 的函数。BWRS 方程的应用范围大大扩大,对轻烃气体、CO_2、H_2S 和 N_2 等的体积预测精度均较高。

BWR 方程及 BWRS 方程广泛应用于工程计算中,计算结果的精度明显高于立方型状态方程。但上述方程的数学规律性不好,给方程的求解及其进一步改进和发展都带来一定程度的不便。

2.2.2.3 马丁-侯(MH)方程

马丁-侯方程(Martin-Hou equation)是 1955 年由我国学者侯虞钧和美国教授马丁(Martin)提出的,简称 MH 方程(常称为 MH-55 型方程)。为了提高其在较高密度区的精确度,1959 年马丁对该方程进一步改进,1981 年侯虞钧等又将方程的适用范围扩展到液相区。改进后的方程称为 MH-81 型方程。

MH 方程的通式为

$$p=\sum_{i=1}^{5}\frac{f_i(T)}{(V-b)^i} \qquad (2-41)$$

式中,$f_i(T)=RT$,$(i=1)$;$f_i(T)=A_i+B_iT+C_i\exp(-5.475T/T_c)$,$(2\leqslant i\leqslant5)$。其中 A_i,B_i,C_i,b 都为方程的常数,可以从纯物质的临界参数和饱和蒸气压曲线上一点的数据求得。对于 MH-55 型方程,常数 $B_4=C_4=A_5=C_5=0$;对于 MH-81 型方程,常数 $C_4=A_5=C_5=0$。

MH-81 型方程能够同时应用于气、液两相,准确度高,适用范围广,能用于非极性至强极性的化合物(如 NH_3、H_2O),对量子气体 H_2、He 等也适用。现 MH 方程已广泛应用于流体的 p-V-T 关系、气液平衡、液液平衡等热力学性质的推算,并被用于合成氨的设计和过程模拟中。

2.3　对应态原理及其应用

2.3.1　对应态原理

对比参数(reduced properties)包括对比温度 T_r、对比压力 p_r、对比摩尔体积 V_r,将它们分别定义如下:

$$T_r = \frac{T}{T_c} \tag{2-42}$$

$$p_r = \frac{p}{p_c} \tag{2-43}$$

$$V_r = \frac{V}{V_c} \tag{2-44}$$

将式(2-42)~式(2-44)代入范德瓦耳斯方程[式(2-4)],得

$$\left(p_r + \frac{3}{V_r^2}\right)(3V_r - 1) = 8T_r \tag{2-45a}$$

$$p_r = \frac{8T_r}{3V_r - 1} - \frac{3}{V_r^2} \tag{2-45b}$$

由式(2-45b)可以看出,不论是何种流体,只要其处在相同的 T_r,V_r 下,那么其 p_r 一定相同。对应态原理认为,在相同的对比状态下,所有的物质都表现出相同的性质。运用该原理研究气体的 p-V-T 关系就可得到普遍化(universal)的真实气体方程式。

式(2-45b)就是范德瓦耳斯提出的二参数对应态原理,式中除了量纲为 1 的对比参数外,没有任何其他的变量,因此该式成为对于任何气体都适用的方程式;换言之,对于不同的气体,只要具有相同的对比温度 T_r 和对比压力 p_r,其就具有相同的对比体积 V_r(或对比压缩因子 $Z_r = Z/Z_c$),在数学上可统一表示为

$$f(T_r, p_r, V_r) = 0 \tag{2-46}$$

又因为

$$Z = \frac{pV}{RT} = \frac{p_c V_c}{RT_c} \cdot \frac{p_r V_r}{T_r} = Z_c \frac{p_r V_r}{T_r} \tag{2-47}$$

若要使式(2-47)成立,则必须要求临界压缩因子 Z_c 是一固定常数,但大部分物质的 Z_c 在 0.2 至 0.3 范围内变动,并不是个常数。由此看来,二参数对应态原理只是一个近似的关系式,只能适用于较为简单的球形流体。

对应态原理是一种特别的状态方程,也是预测流体性质较为有效的方法之一。为了拓

宽对应态原理的应用范围和提高计算精度,研究者引入第三参数以建立普遍化的关系式,这是近年来的一个重要发展。

2.3.2 三参数对应态原理

2.3.2.1 以 Z_c 作为第三参数的对应态原理

莱德森(Lyderson)等以 Z_c 作为第三参数,将压缩因子表示为

$$Z = Z(T_r, p_r, Z_c) \qquad (2-48)$$

即认为 Z_c 相等的任意真实气体,若两个对比参数相等,则第三个对比参数必相等。他们根据包括烃、醇、醚、酯、硫醇、有机卤化物、部分无机物和水在内的 82 种不同物质的 p-V-T 性质和临界性质数据,按 Z_c 将所选物质分为 0.23,0.25,0.27,0.29 四组,分别绘制了各组的 Z 和其他对比热力学性质与 T_r 和 p_r 的数据图,这些图不仅可用于气相,还可用于液相。该项工作后来还得到了进一步的发展。

2.3.2.2 以 ω 作为第三参数的对应态原理

除了以 Z_c 作为第三参数外,还可以采用其他表示分子结构特性的参数作为第三参数,如皮策(Pitzer)提出的偏心因子 ω 获得了广泛应用。

纯态物质的偏心因子是根据其蒸气压定义的。实验发现,纯态流体对比饱和蒸气压 p_r^S 的对数与对比温度 T_r 的倒数近似线性关系,即满足

$$\lg p_r^S = a\left(1 - \frac{1}{T_r}\right) \qquad (2-49)$$

实验结果表明,对于不同的流体,a 具有不同的数值。但皮策发现,当将 $\lg p_r^S$ 对 $1/T_r$ 作图时,简单流体(Ar、Kr、Xe)的所有蒸气压数据都集中于同一条直线上,而且该直线还通过 $(T_r = 0.7, \lg p_r^S = -1)$ 这一点。然而其他流体(除 H_2、He 外)在 $T_r = 0.7$ 时的 $\lg p_r^S < -1$。考虑到一般流体与简单流体对比蒸气压的差别,提出了偏心因子 ω 的概念,定义为

$$\omega = [\lg p_r^S(简单流体) - \lg p_r^S(研究流体)]_{T_r=0.7} = -1 - \lg p_r^S|_{T_r=0.7} \qquad (2-50)$$

因此,任何流体的 ω 均可由该流体的临界温度 T_c、临界压力 p_c 以及 $T_r = 0.7$ 时的饱和蒸气压数据来确定。附录 1.1 列出了一些物质的 ω。

根据 ω 的定义,Ar、Kr、Xe 这类简单流体的 $\omega = 0$,而其他流体(除 H_2、He 外)的 $\omega > 0$。ω 表征了一般流体与简单流体分子间相互作用的差异。

皮策提出的三参数对应态原理可以表述为:对于所有 ω 相同的流体,若处在相同的 T_r 和 p_r 下,其压缩因子 Z 必定相等。压缩因子 Z 的关系式为

$$Z = Z^{(0)} + \omega Z^{(1)} \qquad (2-51)$$

式中,$Z^{(0)}$ 和 $Z^{(1)}$ 都是 T_r 和 p_r 的函数,ω 是第三参数。

根据实验数据得到的 $Z^{(0)}$ 和 $Z^{(1)}$ 与 T_r 和 p_r 的函数关系分别示于图 2-4 和图 2-5。并在后续的研究中又给出了其他对比热力学性质(如焓、熵、逸度系数)的图表。附录 2 分别给出了它们的数据表。

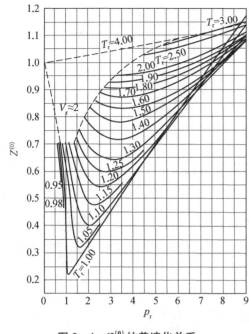

图 2-4　$Z^{(0)}$ 的普遍化关系　　　　图 2-5　$Z^{(1)}$ 的普遍化关系

对于非极性或弱极性的气体,皮策普遍化关系式能够提供可靠的结果,相对误差小于 3%;对于强极性气体,则相对误差达 5%~10%;而对于缔合气体和量子气体,相对误差较大,使用时应当特别注意。

李和凯斯勒推广了皮策提出的关联方法,并提出了三参数对应态原理的解析表达式:

$$Z = Z^{(0)} + \frac{\omega}{\omega^{(r)}} (Z^{(r)} - Z^{(0)}) \tag{2-52}$$

式中,Z 为流体的压缩因子,$Z^{(0)}$ 和 $Z^{(r)}$ 分别为简单流体和参考流体的压缩因子。该方程简称为 L-K 方程。

在 L-K 方程中,$Z^{(0)}$ 和 $Z^{(r)}$ 都可用修正的 BWR 对应态方程求得。简单流体的方程常数由 Ar、Kr 和 CH_4 的实验数据拟合得到,参考流体的方程常数由正辛烷的实验数据拟合得到,即 $\omega^{(r)} = 0.3978$。

可以预测,在 L-K 方程中,研究流体与参考流体的性质越接近,预测结果的准确性和可靠性就越高。因此采用两个非球性参考流体有可能使研究流体与参考流体的性质尽可能接近。1980 年,Teja 发展的三参数对应态原理就是采用两个非球性参考流体,式(2-53)称为 Teja 方程。

$$Z = Z^{(r_1)} + \frac{\omega - \omega^{(r_1)}}{\omega^{(r_2)} - \omega^{(r_1)}} (Z^{(r_2)} - Z^{(r_1)}) \tag{2-53}$$

式中,r_1 和 r_2 为两个非球形的参考流体,可以用不同的状态方程来描述它们。而且根据研究流体的性质,可以对参考流体进行适当的选择。

[例 2.4]　用皮策普遍化关系式计算甲烷在 323.16 K 时产生的压力。已知甲烷的摩尔体积为 1.25×10^{-4} $m^3 \cdot mol^{-1}$,压力的实验值为 1.875×10^7 Pa。

解：从附录 1.1 中查得甲烷的临界参数为

$$T_c = 190.58 \text{ K}, \quad p_c = 4.604 \text{ MPa}, \quad \omega = 0.011, \quad T_r = \frac{323.16}{190.58} = 1.696$$

因为 p_r 不能直接计算，须迭代求解。

$$p = \frac{ZRT}{V} = \frac{Z \times 8.314 \times 323.16}{1.25 \times 10^{-4}} = 2.149 \times 10^7 Z$$

将 $p = p_c p_r = 4.604 \times 10^6 p_r$ 代入上式，则

$$Z = \frac{4.604 \times 10^6}{2.149 \times 10^7} p_r = 0.214 p_r$$

根据式(2-51) $Z = Z^{(0)} + \omega Z^{(1)}$

假定 Z 的初值 $Z^{(0)} = 1$，则 $p_r = 4.67$，即可由 $p_r = 4.67$，$T_r = 1.696$ 的值从图 2-4、图 2-5 求得新的 $Z^{(0)}$，$Z^{(1)}$，结合式(2-51)，即 $Z = Z^{(0)} + \omega Z^{(1)}$ 求得新的 Z，如此重复以上计算直至迭代收敛为止。迭代结果为

$$Z = 0.877, \quad p_r = 4.06$$

$$p = \frac{ZRT}{V} = \frac{0.877 \times 8.314 \times 323.16}{1.25 \times 10^{-4}} = 1.885 \times 10^7 \text{ (Pa)}$$

计算结果与实验值的相对误差为 $\dfrac{1.885 \times 10^7 - 1.875 \times 10^7}{1.875 \times 10^7} \times 100\% = 0.53\%$，两者十分接近。

2.3.3 普遍化状态方程

普遍化状态方程就是以对比温度 T_r、对比压力 p_r 和对比体积 V_r 表达的状态方程，是对于所有的气体都适用的方程式。

2.3.3.1 普遍化第二位力系数

将 $T = T_r T_c$ 和 $p = p_r p_c$ 代入截至第二项的位力方程[式(2-35)]得到

$$Z = 1 + \frac{Bp}{RT} = 1 + \frac{Bp_c}{RT_c} \frac{p_r}{T_r} \tag{2-54}$$

式中，$\dfrac{Bp_c}{RT_c}$ 是量纲为 1 的准数，被称为普遍化第二位力系数。对于一定的气体，B 仅仅是温度的函数，与压力无关。因此，皮策等提出了如下的关联式：

$$\frac{Bp_c}{RT_c} = B^{(0)} + \omega B^{(1)} \tag{2-55}$$

式中，$B^{(0)}$ 和 $B^{(1)}$ 仅是对比温度 T_r 的函数，可用下列方程进行计算：

$$B^{(0)} = 0.083 - \frac{0.422}{T_r^{1.6}} \tag{2-56}$$

$$B^{(1)} = 0.139 - \frac{0.172}{T_r^{4.2}} \qquad (2-57)$$

式(2-51)和式(2-54)均将压缩因子 Z 表达成 T_r，p_r 和 ω 的函数,这两种方法的适用范围见图 2-6。在图线的上部,适用普遍化第二位力系数的关联式;在图线的下部,适用普遍化压缩因子式。若已知点 (T_r, p_r)，可根据这一点在图线的上方或下方决定选用何种普遍化关联式。若已知 V_r，也可根据 $V_r \geqslant 2$ 还是 $V_r < 2$ 来决定选用何种普遍化关联式,即 $V_r \geqslant 2$ 时用普遍化第二位力系数的关联式,而 $V_r < 2$ 时用普遍化压缩因子式。

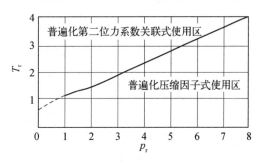

图 2-6　普遍化关系式的适用范围

由于普遍化位力系数关联式的计算简单,而且使用的温度和压力范围包含了大部分化工过程,因此该方法受到广泛的关注。和压缩因子关联式[式(2-51)]一样,此法对非极性物质的计算精度比较高,而对强极性物质和缔合分子的计算精度较低。

[**例 2.5**]　试用下列三种方法计算 510 K，2.5 MPa 下正丁烷的摩尔体积。已知实验值为 1.4807 $\text{m}^3 \cdot \text{kmol}^{-1}$。(1) 理想气体方程;(2) 普遍化压缩因子关联式;(3) 普遍化位力系数关联式。

解: 从附录 1.1 中查得正丁烷的临界参数

$$T_c = 425.2 \text{ K}, \quad p_c = 3.8 \text{ MPa}, \quad \omega = 0.193$$

则 $T_r = \dfrac{510}{425.2} = 1.20$，$p_r = \dfrac{2.5}{3.8} = 0.658$

(1) 理想气体方程

$$V = \frac{RT}{p} = \frac{8.314 \times 510}{2.5} = 1696.1 (\text{cm}^3 \cdot \text{mol}^{-1})$$

相对误差: $\dfrac{\Delta V}{V_{\text{exp}}} = \dfrac{1696.1 - 1480.7}{1480.7} \times 100\% = 14.6\%$

(2) 普遍化压缩因子关联式

查附录 2.1.1 和附录 2.1.2 的压缩因子表,用内插法算得

$$Z^{(0)} = 0.865, \quad Z^{(1)} = 0.038$$

代入式(2-49),得

$$Z = Z^{(0)} + \omega Z^{(1)} = 0.865 + 0.193 \times 0.038 = 0.872$$

$$V = \frac{ZRT}{p} = \frac{0.872 \times 8.314 \times 510}{2.5} = 1479.0 (\text{cm}^3 \cdot \text{mol}^{-1})$$

相对误差: $\dfrac{\Delta V}{V_{\text{exp}}} = \dfrac{1479.0 - 1480.7}{1480.7} \times 100\% = 0.11\%$

(3) 普遍化位力系数关联式

应用式(2-56)和式(2-57)计算得

$$B^{(0)} = 0.083 - \frac{0.422}{T_r^{1.6}} = 0.083 - \frac{0.422}{1.20^{1.6}} = -0.233$$

$$B^{(1)} = 0.139 - \frac{0.172}{T_r^{4.2}} = 0.139 - \frac{0.172}{1.20^{4.2}} = 0.059$$

代入式(2-55),得

$$\frac{Bp_c}{RT_c} = B^{(0)} + \omega B^{(1)} = -0.233 + 0.193 \times 0.059 = -0.222$$

再代入式(2-54),得

$$Z = 1 + \frac{Bp}{RT} = 1 + \frac{Bp_c}{RT_c} \cdot \frac{p_r}{T_r} = 1 - 0.222 \times \frac{0.658}{1.20} = 0.878$$

故 $V = \dfrac{ZRT}{p} = \dfrac{0.878 \times 8.314 \times 510}{2.5} = 1489.1 (\mathrm{cm^3 \cdot mol^{-1}})$

相对误差: $\dfrac{\Delta V}{V_{\mathrm{exp}}} = \dfrac{1489.1 - 1480.7}{1480.7} \times 100\% = 0.57\%$

用方法(2)、(3)计算的结果与实验值的相对误差均小于1%。

[例2.6] 将质量为0.5 kg的氨气贮存于容积为0.03 m³的密闭容器内,并将该容器放置在65℃的恒温水浴锅中。试分别用下列方程计算气体的压力。已知实验值为2.382 MPa。(1)理想气体状态方程;(2)RK方程;(3)用普遍化关联式。

解: 从附录1.1中查得氨的临界参数

$$T_c = 405.45 \text{ K}, \quad p_c = 11.318 \text{ MPa}, \quad \omega = 0.255$$

则 $T_r = \dfrac{65 + 273.15}{405.45} = 0.834$, $p_{r, \mathrm{exp}} = \dfrac{2.382}{11.318} = 0.210$

先求出氨的摩尔体积

$$V = \frac{V_t}{n} = \frac{V_t}{m/M} = \frac{0.03}{(0.5 \times 10^3)/17.02} = 1.0212 \times 10^{-3} (\mathrm{m^3 \cdot mol^{-1}})$$

(1)理想气体状态方程

$$p = \frac{RT}{V} = \frac{8.314 \times 338.15}{1.0212 \times 10^{-3}} = 2.753 \times 10^6 (\mathrm{Pa}) = 2.753 (\mathrm{MPa})$$

相对误差: $\dfrac{\Delta p}{p_{\mathrm{exp}}} = \dfrac{2.753 - 2.382}{2.382} \times 100\% = 15.6\%$

(2)RK方程

先用式(2-13)、式(2-14)求出 a 和 b:

$$a = 0.42748 \cdot \frac{R^2 T_c^{2.5}}{p_c} = 0.42748 \times \frac{8.314^2 \times 405.45^{2.5}}{11.318 \times 10^6} = 8.642 (\mathrm{Pa \cdot m^6 \cdot K^{0.5} \cdot mol^{-2}})$$

$$b = 0.08664 \cdot \frac{RT_c}{p_c} = 0.08664 \times \frac{8.314 \times 405.45}{11.318 \times 10^6} = 0.0258 \times 10^{-3} (\mathrm{m^3 \cdot mol^{-1}})$$

代入式(2-12)，得

$$p=\frac{8.314\times(273.15+65)}{(1.0212-0.0258)\times10^{-3}}-\frac{8.642}{(273.15+65)^{0.5}\times1.0212\times10^{-3}\times(1.0212+0.0258)\times10^{-3}}$$
$$=2.385\times10^{6}(\mathrm{Pa})=2.385(\mathrm{MPa})$$

相对误差：$\dfrac{\Delta p}{p_{\mathrm{exp}}}=\dfrac{2.385-2.382}{2.382}\times100\%=0.12\%$

（3）普遍化关联式

由于 $p_{\mathrm{r,exp}}=0.210$ 较小，故可采用普遍化位力系数关联式进行计算。

应用式(2-56)和式(2-57)求出

$$B^{(0)}=0.083-\frac{0.422}{T_{\mathrm{r}}^{1.6}}=0.083-\frac{0.422}{0.834^{1.6}}=-0.482$$

$$B^{(1)}=0.139-\frac{0.172}{T_{\mathrm{r}}^{4.2}}=0.139-\frac{0.172}{0.834^{4.2}}=-0.230$$

代入式(2-55)，得

$$\frac{Bp_{\mathrm{c}}}{RT_{\mathrm{c}}}=B^{(0)}+\omega B^{(1)}=-0.482+0.255\times(-0.230)=-0.541$$

$$B=-\frac{0.541RT_{\mathrm{c}}}{p_{\mathrm{c}}}=\frac{-0.541\times8.314\times405.45}{11.318\times10^{6}}=-0.1610\times10^{-3}(\mathrm{m^{3}\cdot mol^{-1}})$$

代入式(2-35)，即 $Z=\dfrac{pV}{RT}=1+\dfrac{Bp}{RT}$，则有

$$p=\frac{RT}{V-B}=\frac{8.314\times(273.15+65)}{(1.0212+0.1610)\times10^{-3}}=2.378\times10^{6}(\mathrm{Pa})=2.378(\mathrm{MPa})$$

相对误差：$\dfrac{\Delta p}{p_{\mathrm{exp}}}=\dfrac{2.378-2.382}{2.382}\times100\%=-0.17\%$

计算结果表明，理想气体方程计算结果较实验值大 15.6%，而其他两种方法计算的结果和实验值符合程度较好。

2.3.3.2　普遍化的真实气体状态方程

利用对应态原理，若将前面讨论的立方型状态方程以及多参数状态方程中的 p，V，T 参数改换为只含有对应态参数 T_{r}，p_{r}，V_{r} 的形式，则可得到相应的普遍化状态方程。

普遍化的范德瓦耳斯方程见式(2-45a)，即 $\left(p_{\mathrm{r}}+\dfrac{3}{V_{\mathrm{r}}^{2}}\right)(3V_{\mathrm{r}}-1)=8T_{\mathrm{r}}$。

利用同样的方法可以得到普遍化的 RK 方程：

$$p_{\mathrm{r}}=\frac{3T_{\mathrm{r}}}{V_{\mathrm{r}}-3\Omega_{b}}-\frac{9\Omega_{a}}{T_{\mathrm{r}}^{0.5}V_{\mathrm{r}}(V_{\mathrm{r}}+3\Omega_{b})} \tag{2-58}$$

式中，$\Omega_{a}=0.42748$，$\Omega_{b}=0.08664$。

[例 2.7]　试将以下形式的 RK 方程改写成普遍化形式。

$$Z = \frac{1}{1-h} - \frac{A}{B}\frac{h}{1+h}$$

式中，$h = B/Z$，$B = bp/RT$，$A/B = a/bRT^{1.5}$；a 和 b 为 RK 方程参数。

解：将式(2-13)、式(2-14)代入本题给出的 B 及 A/B 中，并令 $T = T_c T_r$，化简后得到

$$B = \frac{0.08664 p_r}{T_r}, \quad \frac{A}{B} = \frac{4.9340}{T_r^{1.5}}$$

分别将 B 及 A/B 值代入本题给的 RK 方程形式，则得到 RK 方程的另一普遍化形式为

$$Z = \frac{1}{1-h} - \frac{A}{B}\frac{h}{1+h} = \frac{1}{1-h} - \frac{4.9340}{T_r^{1.5}}\frac{h}{1+h}$$

$$h = \frac{0.08664 p_r}{Z T_r}$$

2.4　流体的蒸气压、蒸发焓和蒸发熵

2.4.1　蒸气压

纯物质在一定温度下，气-液两相处于平衡时的压力称为该温度下的饱和蒸气压(saturated vapor pressure)，简称蒸气压。克拉佩龙方程(Clapeyron equation)能用来描述纯物质气-液两相平衡时蒸气压与温度的变化关系，即

$$\frac{dp^S}{dT} = \frac{\Delta H^V}{T\Delta V^V} \tag{2-59}$$

式中：$\Delta H^V = H^{SV} - H^{SL}$ 是相变过程中摩尔蒸发焓的变化量，$\Delta V^V = V^{SV} - V^{SL}$ 是同一相变过程中摩尔体积的变化量。因为

$$V^{SV} = \frac{Z^V RT}{p^S}, \quad V^{SL} = \frac{Z^L RT}{p^S}$$

故

$$\Delta V^V = \frac{\Delta Z^V RT}{p^S}$$

代入式(2-59)，得

$$\frac{dp^S}{dT} = \frac{\Delta H^V}{(RT^2/p^S)\Delta Z^V} \quad 或 \quad \frac{d\ln p^S}{d(1/T)} = -\frac{\Delta H^V}{R\Delta Z^V} \tag{2-60}$$

上式被称为克拉佩龙-克劳修斯方程(Clapeyron-Clausius equation)，该方程的重要性在于它把摩尔蒸发焓直接与蒸气压、温度联系起来。若知道了蒸气压和温度的关系，则可将它用于蒸发焓的计算。描述蒸气压和温度关系的方程，称为蒸气压方程，对应图2-2中的汽化曲线。

假定 $\Delta H^{V}/R\Delta Z^{V}$ 是与温度无关的常数,将式(2-60)进行积分,得到

$$\ln p^{S} = A - \frac{B}{T} \tag{2-61}$$

式中,A 为积分常数,$B = \Delta H^{V}/R\Delta Z^{V}$。上式在较宽的温度范围内不宜采用。工程计算中广泛采用的是安托万方程(Antoine equation),为式(2-61)的改进形式:

$$\ln p^{S} = A - \frac{B}{T+C} \tag{2-62}$$

式中,A,B,C 为安托万常数,其值可由不同温度下的蒸气压数据回归求得。

大多常用物质的安托万常数可以从相关的化工数据手册中查到,在使用时应注意其所标明的适用温度范围,附录 1.2 列出了部分物质的安托万常数。

当缺乏安托万常数时,还可以采用普遍化的方法计算蒸气压。例如:可以采用皮策提出的三参数蒸气压关联式计算沸点和临界温度之间的蒸气压。

$$\ln p_{r}^{S} = f^{(0)}(T_{r}) + \omega f^{(1)}(T_{r}) \tag{2-63}$$

式中,$f^{(0)} = 5.92714 - \dfrac{6.09648}{T_{r}} - 1.28862\ln T_{r} + 0.169347 T_{r}^{6}$,$f^{(1)} = 15.2518 - \dfrac{15.6875}{T_{r}} - 13.4721\ln T_{r} + 0.43577 T_{r}^{6}$。

对于非极性及弱极性物质,式(2-63)的相对误差通常为 $1\%\sim2\%$。

2.4.2　蒸发焓和蒸发熵

当系统发生气-液相转变时,过程的焓变和熵变分别被称为蒸发焓和蒸发熵。其中,蒸发焓随温度的升高而降低,当达到临界温度时变为零。

式(2-59)可直接用来从蒸气压数据得到 $\mathrm{d}p^{S}/\mathrm{d}T$,从而求出 ΔH^{V}。

另外,利用蒸气压方程也可计算蒸发焓。将式(2-60)写成对应态形式

$$\mathrm{d}\ln p_{r}^{S} = -\frac{\Delta H^{V}}{RT_{c}\Delta Z^{V}}\mathrm{d}\frac{1}{T_{r}} \quad \text{或} \quad \frac{\Delta H^{V}}{RT_{c}\Delta Z^{V}} = -\frac{\mathrm{d}\ln p_{r}^{S}}{\mathrm{d}(1/T_{r})} \tag{2-64}$$

式中,$\Delta Z^{V} = Z^{SV} - Z^{SL} = \dfrac{p}{RT}(V^{SV} - V^{SL})$。

从上式可以看出,要确定 ΔH^{V} 值,除用蒸气压方程进行计算 $\dfrac{\Delta H^{V}}{RT_{c}\Delta Z^{V}}$ 外,还需要获得精确的 ΔZ^{V}。ΔZ^{V} 可以用对饱和气、液相都适用的状态方程进行计算,但通常使用的方法是经验关联式:

$$\Delta Z^{V} = \left(1 - \frac{p_{r}}{T_{r}^{3}}\right)^{1/2} \tag{2-65}$$

此式的适用范围为 $T_{r} < T_{br}$(正常沸点下的对比温度)。

若已知某一温度下的蒸发焓数据,则可由沃森公式计算另一温度下的蒸发焓值。

$$\frac{\Delta H_2^{V}}{\Delta H_1^{V}} = \left(\frac{1-T_{r_2}}{1-T_{r_1}}\right)^{0.38} \tag{2-66}$$

式中，ΔH_2^{V}，ΔH_1^{V} 分别为 T_{r_2} 和 T_{r_1} 下的蒸发焓。

蒸发熵的计算方法为

$$\Delta S^{V} = \frac{\Delta H^{V}}{T} \tag{2-67}$$

2.5　混合规则与混合物的 p-V-T 关系

在化工计算中，所遇到的物系往往是多组分的真实气体混合物。目前虽然有一些纯物质的 p-V-T 数据，但混合物的实验数据很少。因此，必须借助于关联的方法，用纯物质的 p-V-T 关系预测混合物的性质。通常采用的处理方法是将混合物看成虚拟的纯态物质，并具有虚拟的特征参数，把这些虚拟参数代入纯物质的 p-V-T 关系式中就能得到混合物的 p-V-T 关系。

2.5.1　混合规则

混合规则(mixing rule)是指混合物的虚拟参数与纯物质参数及混合物的组成之间的关系式。借助混合规则，便可以根据纯物质的参数及组成计算虚拟参数。

目前已有许多关于混合规则的报道，其中最简单的是 Kay 规则。该规则提出的混合物虚拟临界参数为

$$T_{c} = \sum_{i} y_i T_{ci} \tag{2-68a}$$

$$p_{c} = \sum_{i} y_i p_{ci} \tag{2-68b}$$

式中，T_c，p_c 分别为混合物的虚拟临界温度和虚拟临界压力；T_{ci}，p_{ci} 分别为混合物中组分 i 的临界温度和临界压力；y_i 为组分 i 的物质的量分数。若已经知道了虚拟临界参数，混合物则可作为假想的纯物质进行计算。

若混合物中所有组分的临界温度和临界压力之比在以下的范围内：

$$0.5 < T_{ci}/T_{cj} < 2,\ 0.5 < p_{ci}/p_{cj} < 2$$

则 Kay 规则与其他较复杂的规则相比，所得的数值差别小于 2%。对于虚拟临界压力，除非所有组分的 p_{ci} 或 V_{ci} 都比较接近，否则式(2-68a)、式(2-68b)的计算结果不能令人满意。普劳斯尼茨(Prausnitz)和冈恩(Gunn)提出了一个改进式

$$p_{c} = \frac{R\left(\sum_{i} y_i Z_{ci}\right) T_{c}}{\sum_{i} y_i V_{ci}} \tag{2-69}$$

式(2-68a)~式(2-69)中均没有涉及组分间的相互作用项,因此这些规则不能真正反映混合物的性质。对于组分性质差别很大的混合物,尤其是含有极性组分或可以缔合成二聚物的系统均不能适用。

2.5.2　混合物的状态方程

当将状态方程应用于混合物时,需要计算混合物的参数,这不仅需知道组成,还需知道组成与纯组分参数之间的关系。除位力方程外,大多数状态方程至今还没有从理论上建立这种关系,而主要依靠经验的混合规则。

把纯物质的 p-V-T 关系扩展到混合物时,其数学关系式为

$$f(p, V, T, X) = 0 \tag{2-70}$$

式中,$X = \{x_1, x_2, \cdots, x_N\}$,$N$ 为组分数。

2.5.2.1　混合物的位力方程

混合物的第二位力系数与组成的关系可用下式表示:

$$B = \sum_{i=1}^{N} \sum_{j=1}^{N} (y_i y_j B_{ij}) \tag{2-71}$$

式中,下标 i 和 j 表示组分,两者都可代表混合物中任一组分;y_i 为气体混合物中组分 i 的物质的量分数;位力系数 B_{ij} 表示组分 i 和组分 j 双分子之间的相互作用,且 $B_{ij} = B_{ji}$;总和符号计及所有可能的双分子之间的作用效应。对于二元混合物,式(2-71)的展开式为

$$B = y_1^2 B_{11} + 2y_1 y_2 B_{12} + y_2^2 B_{22} \tag{2-72}$$

式中,B_{11} 和 B_{22} 为纯物质的第二位力系数;B_{12} 为混合物的性质,称为交叉位力系数。它们都仅为温度的函数。纯物质的第二位力系数可按式(2-55)进行计算,交叉第二位力系数按以下的经验式进行计算:

$$B_{ij} = \frac{RT_{cij}}{p_{cij}} (B_{ij}^{(0)} + \omega_{ij} B_{ij}^{(1)}) \tag{2-73}$$

式中,$B_{ij}^{(0)}$ 和 $B_{ij}^{(1)}$ 用式(2-56)、式(2-57)进行计算,它们仅为对比温度 T_r 的函数。Prausnitz 对计算 T_{cij},p_{cij} 和 ω_{ij} 提出如下的混合规则:

$$T_{cij} = \sqrt{T_{ci} T_{cj}} (1 - k_{ij}) \tag{2-74}$$

$$V_{cij} = \left(\frac{V_{ci}^{1/3} + V_{cj}^{1/3}}{2} \right)^3 \tag{2-75}$$

$$Z_{cij} = \frac{Z_{ci} + Z_{cj}}{2} \tag{2-76}$$

$$\omega_{ij} = \frac{\omega_i + \omega_j}{2} \tag{2-77}$$

$$p_{cij} = \frac{Z_{cij} R T_{cij}}{V_{cij}} \tag{2-78}$$

式(2-74)为数学上的几何平均值,其中的 k_{ij} 称为可调节的二元相互作用参数,在近似计算中 k_{ij} 的值可取零;式(2-75)~式(2-77)为算术平均值。当 $i=j$ 时,这些方程式都简化成纯物质的形式;当 $i\neq j$ 时,这些方程式定义为虚拟参数,并没有明确的物理意义。对比温度采用 $T_{rij}=T/T_{cij}$ 来计算。

由式(2-73)计算 B_{ij},然后代入式(2-71)计算混合物的 B。混合物的压缩因子用式(2-35a),即 $Z=1+\dfrac{Bp}{RT}$ 进行计算。由上述可知,气体混合物计算虽然包含了许多步骤,但每一步都不复杂,整个计算过程可方便地编成程序,由计算机完成计算。

2.5.2.2　立方型状态方程

立方型方程中的常数 a 和 b 使用如下几何平均法和算术平均法的混合规则求得

$$a=\sum_{i=1}^{N}\sum_{j=1}^{N}(y_iy_ja_{ij}) \tag{2-79}$$

$$a_{ij}=\sqrt{a_ia_j}\,(1-k_{ij}) \tag{2-80}$$

$$b=\sum_{i=1}^{N}y_ib_i \tag{2-81}$$

式(2-79)中,a_{ij} 既包括 a 的纯组分系数(当 $i=j$ 时),也包括交叉系数(当 $i\neq j$ 时)。为了得到更符合实验数据的结果,在交叉相互作用项,即式(2-80)中引入了可调节的相互作用参数 k_{ij},其值一般从混合物的实验数据拟合得到。当混合物各组分性质相近时,可取 $k_{ij}=0$。式(2-81)中,b_i 是纯物质 i 的常数。

在通过上述关系式计算得到混合物常数 a 和 b 后,就可以用立方型状态方程计算混合物的 p-V-T 关系和其他热力学性质了。

2.5.2.3　BWR 方程

BWR 方程在应用于混合物时,8 个常数与组成的关系为

$$x=\Big(\sum_{i=1}^{N}y_ix_i^{1/r}\Big)^{r} \tag{2-82}$$

式中,x,r 的值分别如下表所示。

x	A_0	B_0	C_0	a	b	c	α	γ
r	2	1	2	3	3	3	3	2

2.5.2.4　MH 方程

MH 方程在用于混合物时主要采用温度函数混合规则。利用该混合规则,式(2-41)计算 MH 方程中的常数 b 和温度函数 $f_i(T)$ 分别为

$$b=\sum_{i=1}^{N}y_ib_i \tag{2-83}$$

$$f_k(T) = (-1)^{(k+1)} \left(\sum_{i=1}^N y_i \left| f_k(T) \right|_i^{\frac{1}{k}} \right)^k \quad (k = 1, 3, 4, 5) \qquad (2-84a)$$

对于第二项,温度函数

$$f_2(T) = -\sum_{i=1}^N \sum_{j=1}^N y_i y_j \sqrt{\left| f_2(T) \right|_i \left| f_2(T) \right|_j} (1 - Q_{ij}) \qquad (2-84b)$$

式中,Q_{ij} 是二元相互作用参数,一般从混合物的实验数据拟合得到。

对于二元系统,式(2-84b)的展开式为

$$f_2(T) = -y_1^2 \left| f_2(T) \right|_1 - 2y_1 y_2 \sqrt{\left| f_2(T) \right|_1 \left| f_2(T) \right|_2} (1 - Q_{12}) - y_2^2 \left| f_2(T) \right|_2$$
$$(2-85)$$

[例 2.8]　试求二氧化碳(1)和丙烷(2)在 311 K,1.378 MPa 下等分子混合物的摩尔体积。

解:计算所需的临界参数及偏心因子数据列表如下

ij	T_{cij}/K	p_{cij}/MPa	V_{cij}/(m^3 · mol^{-1})	Z_{cij}	ω_{ij}
11	304.2	7.376	0.0942	0.274	0.225
22	369.8	4.246	0.2030	0.281	0.145
12	335.4	5.471	0.1417	0.278	0.185

用式(2-55)、式(2-56)和式(2-57)及上表中的有关数据求出下列各第二位力系数 B 的值。

ij	T_{rij}	p_{rij}	$B_{ij}^{(0)}$	$B_{ij}^{(1)}$	B_{ij}/(m^3 · kmol^{-1})
11	1.0224	0.1868	−0.324	−0.018	−0.1125
22	0.8410	0.3245	−0.474	−0.217	−0.3660
12	0.9273	0.2519	−0.393	−0.097	−0.2095

由式(2-71)得

$$B = y_1^2 B_{11} + 2y_1 y_2 B_{12} + y_2^2 B_{22}$$
$$= 0.5^2 \times (-0.1125) + 2 \times 0.5 \times 0.5 \times (-0.2095) + 0.5^2 \times (-0.3660)$$
$$= -0.2244 (\text{m}^3 \cdot \text{kmol}^{-1})$$

$$Z = 1 + \frac{Bp}{RT} = 1 + \frac{(-0.2244) \times 1.378 \times 10^6}{8.314 \times 311 \times 10^3} = 0.88$$

$$V = \frac{ZRT}{p} = \frac{0.88 \times 8.314 \times 311}{1.378 \times 10^6} = 1.65 \times 10^{-3} \ (\text{m}^3 \cdot \text{mol}^{-1})$$

为了校验所用方法的适用性,计算虚拟临界温度和虚拟临界压力

$$T_c = y_1 T_{c_1} + y_1 T_{c_2} = 0.5 \times 304.2 + 0.5 \times 369.8 = 337.0 (\text{K})$$

$$p_c = y_1 p_{c_1} + y_1 p_{c_2} = 0.5 \times 7.376 + 0.5 \times 4.246 = 5.811 (\text{MPa})$$

$$T_r = \frac{311}{337} = 0.923, \quad p_r = \frac{1.378}{5.811} = 0.237$$

该状态点位于图 2-6 的曲线上方,采用普遍化第二位力系数法较为合适。

[**例2.9**] 试分别用下述计算二氧化碳(1)和丙烷(2)等分子混合物在 444 K, 13.78 MPa 下的摩尔体积。(1) RK 方程;(2) 普遍化压缩因子关系式。已知实验值为 $1.99 \times 10^{-4} \text{ m}^3 \cdot \text{mol}^{-1}$。

解:(1) RK 方程

临界性质由例 2.8 给出,将例 2.8 表中的有关数据代入式(2-13)和式(2-14),得到如下结果。

ij	$a_{ij}/(\text{Pa} \cdot \text{m}^6 \cdot \text{K}^{0.5} \cdot \text{mol}^{-2})$	$b_{ij}/(\text{m}^3 \cdot \text{mol}^{-1})$
11	6.466	2.97×10^{-5}
22	18.301	6.27×10^{-5}
12	10.878	—

混合物常数由式(2-79)和式(2-81)求出

$$a = y_1^2 a_{11} + 2y_1 y_2 a_{12} + y_2^2 a_{22} = 0.5^2 \times 6.466 + 2 \times 0.5 \times 0.5 \times 10.878 + 0.5^2 \times 18.301$$
$$= 11.63 (\text{Pa} \cdot \text{m}^6 \cdot \text{K}^{0.5} \cdot \text{mol}^{-2})$$

$$b = y_1 b_1 + y_2 b_2 = 0.5 \times 2.97 \times 10^{-5} + 0.5 \times 6.27 \times 10^{-5} = 4.62 \times 10^{-5} (\text{m}^3 \cdot \text{mol}^{-1})$$

$$B = \frac{bp}{RT} = \frac{4.62 \times 10^{-5} \times 13.78 \times 10^6}{8.314 \times 444} = 0.1725$$

$$\frac{A}{B} = \frac{a}{bRT^{1.5}} = \frac{11.63}{4.62 \times 10^{-5} \times 8.314 \times 444^{1.5}} = 3.24$$

用 RK 方程的普遍化形式 $Z = \frac{1}{1-h} - \frac{A}{B} \frac{h}{1+h}$,得

$$Z = \frac{1}{1-h} - 3.24 \frac{h}{1+h}$$

$$h = \frac{B}{Z} = \frac{0.1725}{Z}$$

联立求解上述两方程,得

$$h = 0.2513, \quad Z = 0.685$$

故混合物的摩尔体积为

$$V = \frac{ZRT}{p} = \frac{0.685 \times 8.314 \times 444}{13.78 \times 10^6} = 1.83 \times 10^{-4} (\text{m}^3 \cdot \text{mol}^{-1})$$

相对误差:$\dfrac{\Delta V}{V_{\text{exp}}} = \dfrac{1.83 \times 10^{-4} - 1.99 \times 10^{-4}}{1.99 \times 10^{-4}} \times 100\% = -8.04\%$

(2) 普遍化压缩因子关系式

虚拟临界参数的计算如例 2-8。

$$T_c = 337.0 \text{ K}, \quad p_c = 5.811 \text{ MPa}$$

所以虚拟临界对比参数为

$$T_r = \frac{444}{337} = 1.32, \quad p_r = \frac{13.78}{5.811} \doteq 0.237$$

根据 T_r，p_r 的值，从图 2-4 和图 2-5 中查得

$$Z^{(0)} = 0.680, \quad Z^{(1)} = 0.205$$

$$\omega = y_1\omega_{11} + y_2\omega_{22} = 0.5 \times 0.225 + 0.5 \times 0.145 = 0.185$$

代入式(2-51)，得

$$Z = Z^{(0)} + \omega Z^{(1)} = 0.680 + 0.185 \times 0.205 = 0.718$$

$$V = \frac{ZRT}{p} = \frac{0.718 \times 8.314 \times 444}{13.78 \times 10^6} = 1.92 \times 10^{-4} \ (\text{m}^3 \cdot \text{mol}^{-1})$$

相对误差：$\dfrac{\Delta V}{V_{\exp}} = \dfrac{1.92 \times 10^{-4} - 1.99 \times 10^{-4}}{1.99 \times 10^{-4}} \times 100\% = -3.52\%$

由计算结果可知，用这两种方法计算的结果很相近，并且与实验值相比，前者相对误差为 -8.04%，后者相对误差为 -3.52%。

2.6　液体的 p-V-T 关系

前面讨论的 SRK 方程、PR 方程、BWR 方程和 MH-81 方程等状态方程可用于汽、液相计算。虽然立方型状态方程能够定性地描述液体的 p-V-T 性质，但却不能进行精确地定量处理。尽管 BWR 方程可用于液体，但是其计算太复杂而且必须确定所有流体的 8 个常数。除状态方程外，工程上常采用经验关联式和普遍化关系式等方法进行估算。

2.6.1　液体状态方程

2.6.1.1　泰特(Tait)方程

$$V^L = V_0^L - D\ln\frac{p+E}{p_0+E} \tag{2-86}$$

式(2-86)中，D 和 E 是给定温度下的常数；V_0^L 和 p_0 是在所求温度下，该液体在参考状态时的摩尔体积和压力。当能够确定 D，E 的数值时，泰特方程可以给出等温线上液体的 V-p 关系。此方程可以计算很高压力下液体的体积，而且精度很高。

2.6.1.2　雷克特(Rackett)方程

$$V^{SL} = V_c Z_c (1-T_r)^{2/7} \tag{2-87}$$

式中，V^{SL} 是饱和液体的摩尔体积。只要有物质的临界参数，就可计算在不同温度下的饱和液体的摩尔体积。对大多数物质的计算误差在 2% 以内。

Spancer 和 Danner 曾对雷克特方程作了某些修正，其方程式为

$$V^{SL} = (RT_c/p_c)Z_{RA}^{1+(1-T_r)^{2/7}} \tag{2-88}$$

式中，Z_{RA} 常数一般需要由实验数据拟合得到，因为它与 Z_c 的差别不明显，在无 Z_{RA} 数据时可用 Z_c 代替，此时式(2-88)就变成初始的雷克特方程。但对于有缔合的物质，结果仍不理想。Chapbell 等将 Z_{RA} 改成如下温度的函数后，准确度大大提高。

$$Z_{RA} = \alpha + \beta(1 - T_r) \tag{2-89}$$

附录 1.3 给出了部分物质的 α 和 β 的值。

2.6.2 普遍化关联式

Lyderson 等提出了一个基于对应态原理的估算液体体积的普遍化方法。如同二参数的气体压缩因子法一样,它可用于任何液体。液体对比密度定义为

$$\rho_r = \frac{\rho}{\rho_c} = \frac{V_c}{V^L} \tag{2-90}$$

式中,ρ_c,V_c 是临界密度和临界摩尔体积。

液体的普遍化密度关系以对比密度 ρ_r 作为对比温度 T_r 和对比压力 p_r 的函数,如图 2-7 所示。若已知临界体积,则可用图 2-7 和式(2-90)直接确定液体体积 V^L。

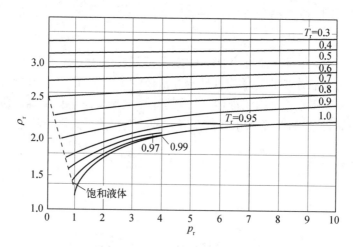

图 2-7 液体的普遍化密度关系

一般情况下,ρ_c 不易查到,这时可依据式(2-90)进行推导,得

$$V_2^L = V_1^L \frac{\rho_{r_1}}{\rho_{r_2}} \tag{2-91}$$

式中,V_2^L 是待求的液体体积;V_1^L 是已知的液体体积;ρ_{r_1} 和 ρ_{r_2} 分别是状态 1 和状态 2 下从图 2-7 查得的对比密度。

该方法所需要的仅仅是通常可以找到的实验数据,其结果也相当精确。但当接近临界点时,由于温度和压力对液体密度的影响大大增加,其结果的精确度也下降。

Hougen 等又把对比密度作为 p_r,T_r 和 Z_c 的函数,将其制成表格可查用。

[例 2.10] (1) 试估算 310.15 K 的饱和液态氨的摩尔体积;(2) 估算 310 K,10.13 MPa 下液态氨的摩尔体积。已知实验值为 2.914×10^{-5} m^3·mol^{-1}。

解: 由附录 1.1 查得氨的临界参数

$$T_c = 405.45 \text{ K}, \quad p_c = 11.318 \text{ MPa}, \quad Z_c = 0.242$$

$$V_c = \frac{Z_c R T_c}{p_c} = \frac{0.242 \times 8.314 \times 405.45}{11.318 \times 10^6} = 72.1 \times 10^{-6} (\text{m}^3 \cdot \text{mol}^{-1})$$

（1）采用修正的雷克特方程，计算得

$$T_r = \frac{310.15}{405.45} = 0.7650$$

查附录 1.3 得氨的 α, β 为

$$\alpha = 0.2463, \ \beta = 0.0027$$

$$Z_{RA} = \alpha + \beta(1 - T_r) = 0.2463 + 0.0027 \times (1 - 0.7650) = 0.2469$$

按式（2-88）计算，得

$$V^{SL} = (RT_c/p_c) Z_{RA}^{1+(1-T_r)^{2/7}} = \frac{8.314 \times 405.45}{11.318 \times 10^6} \times 0.2469^{[1+(1-0.7650)^{2/7}]}$$

$$= 2.916 \times 10^{-5} (\text{m}^3 \cdot \text{mol}^{-1})$$

相对误差：$\dfrac{\Delta V}{V_{exp}^L} = \dfrac{2.916 \times 10^{-5} - 2.914 \times 10^{-5}}{2.914 \times 10^{-5}} \times 100\% = 0.07\%$

（2）采用普遍化密度关系，计算得

$$T_r = \frac{310.15}{405.6} = 0.7647, \ p_r = \frac{10.13}{11.28} = 0.8980$$

根据 T_r, p_r 的值，查图 2-7 得到 $\rho_r = 2.38$，将 V_c 值代入式（2-90），可得

$$V = \frac{V_c}{\rho_r} = \frac{72.5 \times 10^{-6}}{2.38} = 30.5 \times 10^{-6} (\text{m}^3 \cdot \text{mol}^{-1})$$

相对误差：$\dfrac{\Delta V}{V_{exp}^L} = \dfrac{3.03 \times 10^{-5} - 2.914 \times 10^{-5}}{2.914 \times 10^{-5}} \times 100\% = 4.0\%$

若利用饱和液体在 310.15 K 时的实验值 0.02914 $\text{m}^3 \cdot \text{kmol}^{-1}$，则可用式（2-91）求出摩尔体积。从图 2-7 中查得饱和液体在 $T_r = 0.7650$ 时的 $\rho_r = 2.34$，将以上已知数值代入式（2-91），可得

$$V_2^L = V_1^L \frac{\rho_{r_1}}{\rho_{r_2}} = 2.914 \times 10^{-5} \times \frac{2.34}{2.38} = 2.856 \times 10^{-5} (\text{m}^3 \cdot \text{mol}^{-1})$$

此结果与实验值基本相符。

习　题

2.1　试用下列三种方法计算 673 K，4.053 MPa 下甲烷气体的摩尔体积，并比较其结果。（1）理想状态方程；（2）RK 方程；（3）普遍化关系式。

2.2　试用下列三种方法计算 382 K，21.5 MPa 下乙烷的 V 与 Z 值。（1）理想气体方程；（2）$Z = 1 + \dfrac{Bp}{RT}$；（3）RK 方程。已知乙烷的临界参数与偏心因子分别为 $T_c = 305.33$ K，$p_c = 4.870$ MPa，$\omega = 0.099$。

2.3　试用下列三种方法计算水蒸气在 10.3 MPa，643 K 下的摩尔体积，并与从水蒸气表中查得的数

据 ($V = 0.0232 \text{ m}^3 \cdot \text{kg}^{-1}$) 进行比较。(1) 理想气体方程;(2) RK 方程;(3) 普遍化关系式。已知水的临界常数与偏心因子分别为 $T_c = 647.30 \text{ K}$, $p_c = 22.064 \text{ MPa}$, $\omega = 0.344$。

2.4 已知氯甲烷在 60 ℃ 时的饱和蒸气压为 1.376 MPa,试用 RK 方程计算在此条件下氯甲烷的饱和蒸气及饱和液体的摩尔体积。已知氯甲烷的临界常数和偏心因子为 $T_c = 416.25 \text{ K}$, $p_c = 6.7 \text{ MPa}$, $\omega = 0.156$。

2.5 在 10 MPa 压力下,1 kg 丙烷的体积为 $7.81 \times 10^{-3} \text{ m}^3$,问丙烷的温度是多少?已知实验值为 526.4 K。试用下列三种方法计算:(1) 理想气体方程;(2) RK 方程;(3) 普遍化关联式。

2.6 在 563.15 K 下,实验测得的苯的蒸气压随着摩尔体积变化关系如附表所示,并已知 $p = p(V)$ 是非线性的,试变换坐标绘制出一条直线。假设数据服从截至第三项的位力方程,即 $Z = \dfrac{pV}{RT} = 1 + \dfrac{B}{V} + \dfrac{C}{V^2}$,试求 B 和 C 的值。

题 2.6 附表　563.15 K 下苯蒸气的摩尔体积

p/MPa	$V/(\text{m}^3 \cdot \text{kmol}^{-1})$	p/MPa	$V/(\text{m}^3 \cdot \text{kmol}^{-1})$	p/MPa	$V/(\text{m}^3 \cdot \text{kmol}^{-1})$
3.104	1.114	3.711	0.842	4.607	0.506
3.210	1.067	3.889	0.771	4.768	0.443
3.302	1.013	4.054	0.707	4.869	0.386
3.424	0.956	4.233	0.646		
3.563	0.900	4.415	0.591		

2.7 将 25 ℃,0.1 MPa 的液态水注满一密闭的容器。若将水加热到 60 ℃,则压力变为多少?已知水在 25 ℃ 时比容为 1.003 cm³·g⁻¹,25～60 ℃ 之间体积膨胀系数 β 的平均值为 $36.2 \times 10^{-5} \text{ K}^{-1}$,在 0.1 MPa、60 ℃ 时体积压缩系数 κ 为 $4.42 \times 10^{-4} \text{ MPa}^{-1}$,并可假设其与压力无关。

2.8 试用 PR 方程计算正丁烷在 50 ℃ 下的饱和气、液相的摩尔体积。已知:正丁烷的蒸汽压方程为 $\ln p^S/\text{MPa} = 6.8146 - \dfrac{2151.63}{T/\text{K} - 36.24}$,临界参数与偏心因子为 $T_c = 425.4 \text{ K}$, $p_c = 3.797 \text{ MPa}$, $\omega = 0.193$。

2.9 在体积为 58.75 mL 的容器中,装有组成为 66.9% H_2 和 33.1% CH_4 混合气 1 mol。若气体温度为 273 K,试求混合气体的压力。(均为物质的量分数)

2.10 某压缩机每小时处理 600 kg CH_4 及 C_2H_6 的等物质的量的混合物。气体在 5 MPa,149 ℃ 下离开压缩机。试问离开压缩机的气体体积流量为多少?

2.11 含有 30% 氮气和 70% 正丁烷的气体混合物 7 g,试计算其在 188 ℃ 和 6.888 MPa 条件下的体积。已知:$B_{11} = 14 \text{ cm}^3 \cdot \text{mol}^{-1}$, $B_{22} = -265 \text{ cm}^3 \cdot \text{mol}^{-1}$, $B_{12} = -9.5 \text{ cm}^3 \cdot \text{mol}^{-1}$。(均为物质的量分数)

2.12 某合成氨厂原料气的物质的量之比是 $n(\text{N}_2):n(\text{H}_2) = 1:3$,进合成塔前,先把混合气压缩到 40.532 MPa,并加热到 300 ℃。因混合气体的摩尔体积是合成塔尺寸设计的必要数据,试用 RK 方程计算之。已知文献值 $Z = 1.1155$。$\left(\text{提示:氢属于量子气体,其对比参数应用式 } T_r = \dfrac{T}{T_c + 8}, p_r = \dfrac{p}{p_c + 8} \text{ 计算较为准确。}\right)$

2.13 某气体的 p-V-T 行为可用下述状态方程式来描述:

$$pV = RT + \left(b - \frac{\theta}{RT}\right)p$$

式中,b 为常数,θ 只是 T 的函数。试证明此气体的等温压缩系数为

$$\kappa = -\frac{RT}{p\left[RT + \left(b - \dfrac{\theta}{RT}\right)p\right]}$$

2.14 1880 年克劳修斯提出的方程表达式为

$$\left[p + \frac{a}{T(V+c)^2}\right](V-b) = RT$$

试证明该式中常数 a,b 和 c 与临界常数间的关系是

$$a = \frac{27R^2T_c^3}{64p_c},\quad b = V_c - \frac{RT_c}{4p_c},\quad c = \frac{3RT_c}{8p_c} - V_c$$

2.15 试根据 RK 方程导出常数 a,b 与临界常数的关系,即式(2-13)和式(2-14)。式中:$a = \dfrac{1}{9\times(\sqrt[3]{2}-1)}\cdot\dfrac{R^2T_c^{2.5}}{p_c} \approx 0.42748\dfrac{R^2T_c^{2.5}}{p_c}$,$b = \dfrac{\sqrt[3]{2}-1}{3}\cdot\dfrac{RT_c}{p_c} \approx 0.08664\dfrac{RT_c}{p_c}$。

2.16 已知正常流体的饱和蒸气压可以用经验方程 $\lg p^S = A + \dfrac{B}{T}$ 来表示,其中 p 的单位为 MPa,T 的单位为 K,试推导出该流体的偏心因子表达式。

2.17 基本概念题

1. 是非题

(1) 纯物质由蒸气变成液体,必须经过冷凝的相变化过程。　　　　　　　( )

(2) 当压力大于临界压力时,纯物质就以液态存在。　　　　　　　　　( )

(3) 由于分子间相互作用力的存在,实际气体的摩尔体积一定小于同温同压下的理想气体的摩尔体积,所以,理想气体的压缩因子 $Z^{ig}=1$,实际气体的压缩因子 $Z<1$。( )

(4) 纯物质的三相点随着所处的压力或温度的不同而改变。　　　　　( )

(5) 在同一温度下,纯物质的饱和液体与饱和蒸气的吉布斯函数相等。( )

(6) 纯物质的平衡汽化过程,摩尔体积、焓、热力学能(内能)、吉布斯函数的变化值均大于零。( )

(7) 气体混合物的位力系数,如 B,C,…是温度和组成的函数。　　( )

(8) 纯物质由蒸气变成固体,必须经过液态。　　　　　　　　　　　( )

(9) 理想气体的 U,c_V,H,c_p 虽然与 p 无关,但与 V 有关。　　( )

(10) 纯物质的饱和液体的摩尔体积随着温度的升高而增大,饱和蒸气的摩尔体积随着温度的升高而减小。( )

(11) 在同一温度下,纯物质的饱和液体与饱和蒸气的热力学能(或称为内能)相等。( )

(12) 三参数对应态原理较二参数优越,因为前者适合于任何流体。　　( )

(13) 在压力趋于零的极限条件下,所有流体将成为简单流体。　　　　( )

(14) 压力低于所处温度下的饱和蒸气压的液体被称为过热液体。　　( )

(15) 压力高于同温度下的饱和蒸气压的气体被称为过冷蒸气。　　　　( )

2. 选择题

(1) 指定温度下的纯物质,当压力低于该温度下的饱和蒸气压时,则气体的状态为( )。

A. 饱和蒸气　　　　　　　　　　B. 超临界流体

C. 过热蒸气　　　　　　　　　　D. 压缩液体

(2) T 温度下的过热纯蒸气的压力 p( )。

A. $> p^S(T)$　　　　　B. $< p^S(T)$　　　　　C. $= p^S(T)$

(3) 要能表达流体在临界点的 p-V 等温线的正确趋势的位力方程,就( )。

A. 至少要用到第二位力系数　　　B. 至少要用到第三位力系数

C. 至少要用到无穷项　　　　　　D. 只需要理想气体方程

(4) 当 $p \to 0$ 时,纯气体的 $RT/p - V(T, p)$ 的值(　　)。

A. 为 0

B. 在很高的 T 时为 0

C. 与第三位力系数有关

D. 在 Boyle 温度时为 0

(5) 属于亚稳定状态的有(　　)。

A. 过热蒸气

B. 过热液体

C. 过冷蒸气

(6) 偏心因子的定义所根据的是(　　)。

A. 分子的对称性

B. 蒸气压性质

C. 分子的极性

(7) 纯物质的第二位力系数 B(　　)。

A. 仅是温度的函数

B. 是 T 和 p 的函数

C. 是 T 和 V 的函数

D. 是任何两强度性质的函数

(8) 指定温度下的纯物质,当压力高于该温度下的饱和蒸气压时,则物质的状态为(　　)。

A. 饱和蒸气

B. 超临界流体

C. 过热蒸气

D. 压缩液体

(9) T 温度下的过冷纯液体的压力 p(　　)。

A. $> p^s(T)$

B. $< p^s(T)$

C. $= p^s(T)$

3. 填空题

(1) 表达纯物质的汽液平衡的准则有_____、_____、_____。它们_____(能/不能)推广到其他类型的相平衡。

(2) 纯物质的临界等温线在临界点的斜率和曲率均为零,数学上可以表示为_____和_____。

(3) 对于纯物质,一定温度下的泡点压力与露点压力是_____(相同/不同)的;一定温度下的泡点与露点,在 p-T 图上是_____(重叠/分开)的,而在 p-V 图上是_____(重叠/分开)的。泡点的轨迹被称为_____,露点的轨迹被称为_____,饱和气、液相线与三相线所包围的区域被称为_____。纯物质气液平衡时的压力被称为_____,温度被称为_____。

(4) 对于三元混合物,展开 PR 方程常数 α 的表达式为 $a = \sum\limits_{i=1}^{3} \sum\limits_{j=1}^{3} y_i y_j \sqrt{a_{ii}a_{jj}}(1-k_{ij}) =$ _____,其中,下标相同的相互作用参数有_____,其值应为_____;下标不同的相互作用参数有_____,通常得到它们的值的方法是_____。

(5) 对于三元混合物,展开第二位力系数 $B = \sum\limits_{i=1}^{3} \sum\limits_{j=1}^{3} y_i y_j B_{ij} =$ _____,其中,涉及下标相同的位力系数有_____,它们表示_____;下标不同的位力系数有_____,它们表示_____。

(6) 正丁烷的偏心因子 $\omega = 0.193$,临界压力 $p_c = 3.797$ MPa,则在 $T_r = 0.7$ 时的蒸汽压为_____MPa。

(7) 对应态原理是_____。

(8) 偏心因子的定义是_____,其含义是_____。

(9) 纯物质的第二位力系数 B 与范德瓦耳斯方程常数 a,b 之间的关系是_____。

第3章

纯物质（流体）的
热力学性质与计算

内容概要和学习方法

纯物质的热力学性质是指纯组分在平衡状态下表现出来的性质,包括温度 T、压力 p、摩尔体积 V、焓 H、熵 S、热力学能（内能）U、亥姆霍兹自由能 A、吉布斯自由能 G、比热容 $c_p(c_V)$ 等。第 2 章已定量地探讨了温度 T、压力 p 与摩尔体积 V 的关系,本章的主要任务就是以热力学基本方程,特别是以吉布斯函数（$G=H-TS$）为本课程主线,将一些有用的、不能直接测量的热力学性质,如焓 H、熵 S 等表达成为（p-V-T）的函数,并结合状态方程,得到从 p-V-T 关系推算其他热力学性质的具体关系式。

本章主要介绍两种方法用以计算纯物质的热力学性质。（1）直接计算方法,即以热力学基本方程为基础导出的普遍化通用关系式,重点是系统状态变化过程中的焓变 ΔH、熵变 ΔS 的计算。（2）间接计算方法,即构建的残余性质,利用已经掌握的热力学性质,如以理想气体的焓变 ΔH、熵变 ΔS 的计算为基础,间接地求解真实系统的热力学性质。依据吉布斯函数,定义纯组分 i 的逸度 f_i 与逸度系数 φ_i,并解决其计算问题,并将其应用于纯组分气-液相平衡的计算。热力学性质的图表,指的是将系统的 p, V, T, H, S, x（干度）六个变量标绘于二维坐标中,并以此为基础计算系统状态变化过程的热力学性质。

3.1　热力学性质间的关系

3.1.1　热力学基本方程

对单位物质量,定组成的均相系统,在非流动条件下,其热力学性质之间存在着如下关系：

$$dU = TdS - pdV \tag{3-1}$$

$$dH = TdS + Vdp \tag{3-2}$$

$$dA = -SdT - pdV \tag{3-3}$$

$$dG = -SdT + Vdp \tag{3-4}$$

式（3-1）～式（3-4）被称为热力学基本方程,适用于均相封闭系统,也可用于单相或多相系统,其物理意义表达了系统与环境间热与功的传递规律。

3.1.2 状态函数间的数学关系式

热力学性质都是状态函数,状态函数的特点是其值仅与初始、终了的状态有关,而与达到这个状态的过程途径无关,实际上就是高等数学所描述的多元函数全微分。

如果 x,y,z 都是状态函数,而 z 是自变量 x,y 的连续函数,满足 $z=f(x,y)$,则存在下列关系式

(1)

$$dz = \left(\frac{\partial z}{\partial x}\right)_y dx + \left(\frac{\partial z}{\partial y}\right)_x dy \qquad (3-5)$$

或

$$dz = Mdx + Ndy \qquad (3-6)$$

式中

$$M = \left(\frac{\partial z}{\partial x}\right)_y, \quad N = \left(\frac{\partial z}{\partial y}\right)_x \qquad (3-7)$$

(2) 由于 dz 是全微分,因而其二阶混合偏导数与求导的顺序无关,满足

$$\left[\frac{\partial}{\partial y}\left(\frac{\partial z}{\partial x}\right)_y\right]_x = \left[\frac{\partial}{\partial x}\left(\frac{\partial z}{\partial y}\right)_x\right]_y \qquad (3-8)$$

或

$$\left(\frac{\partial M}{\partial y}\right)_x = \left(\frac{\partial N}{\partial x}\right)_y \qquad (3-9)$$

(3) 函数 z 的环积分等于零,即

$$\oint dz = 0 \qquad (3-10)$$

(4) 在状态函数与其导数之间还有另一种关系,被称为循环关系,即

$$\left(\frac{\partial z}{\partial x}\right)_y \left(\frac{\partial x}{\partial y}\right)_z \left(\frac{\partial y}{\partial z}\right)_x = -1 \qquad (3-11)$$

3.1.3 麦克斯韦关系式

鉴于 U,H,A,G 都是状态函数,将式(3-9)应用于式(3-1)~式(3-4)这四个热力学基本方程,则得到如下一组方程。

$$\left(\frac{\partial T}{\partial V}\right)_S = -\left(\frac{\partial p}{\partial S}\right)_V \qquad (3-12)$$

$$\left(\frac{\partial T}{\partial p}\right)_S = \left(\frac{\partial V}{\partial S}\right)_p \qquad (3-13)$$

$$\left(\frac{\partial S}{\partial V}\right)_T = \left(\frac{\partial p}{\partial T}\right)_V \qquad (3-14)$$

$$\left(\frac{\partial S}{\partial p}\right)_T = -\left(\frac{\partial V}{\partial T}\right)_p \qquad (3-15)$$

式(3-12)～式(3-15)这一组方程被称为麦克斯韦(Maxwell)关系式,也就是全微分性质——式(3-8)所说的交叉导数相等的规则。麦克斯韦关系式将熵 S 与 p-V-T 关系联系起来了,所以它们对于计算其他热力学函数有着重要的意义。

由式(3-1)～式(3-4)还可得到另一组方程,即

$$\left(\frac{\partial U}{\partial S}\right)_V = \left(\frac{\partial H}{\partial S}\right)_p = T \qquad (3-16)$$

$$\left(\frac{\partial U}{\partial V}\right)_S = \left(\frac{\partial A}{\partial V}\right)_T = -p \qquad (3-17)$$

$$\left(\frac{\partial H}{\partial p}\right)_S = \left(\frac{\partial G}{\partial p}\right)_T = V \qquad (3-18)$$

$$\left(\frac{\partial A}{\partial T}\right)_V = \left(\frac{\partial G}{\partial T}\right)_p = -S \qquad (3-19)$$

3.1.4　麦克斯韦关系式的应用

在实际应用中,麦克斯韦关系式的重要性在于从易于实测的某些数据来代替或计算那些难于实测的物理量,例如用式(3-14)的 $(\partial p/\partial T)_V$ 代替 $(\partial S/\partial V)_T$,用式(3-15)的 $-(\partial V/\partial T)_p$ 代替 $(\partial S/\partial p)_T$ 等。

下面列举麦克斯韦关系式的一些具体应用案例。

3.1.4.1　焓 H 在等温条件下随压力的变化率 $\left(\frac{\partial H}{\partial p}\right)_T$

在等温条件下将式(3-2)两边同时除以 $\mathrm{d}p$,得

$$\left(\frac{\partial H}{\partial p}\right)_T = T\left(\frac{\partial S}{\partial p}\right)_T + V \qquad (3-20)$$

代入式(3-15)得到

$$\left(\frac{\partial H}{\partial p}\right)_T = V - T\left(\frac{\partial V}{\partial T}\right)_p \qquad (3-21)$$

3.1.4.2　热力学能 U 在等温条件下随体积的变化率 $\left(\frac{\partial U}{\partial V}\right)_T$

在等温条件下,将式(3-1)两边同时除以 $\mathrm{d}V$,得

$$\left(\frac{\partial U}{\partial V}\right)_T = T\left(\frac{\partial S}{\partial V}\right)_T - p \qquad (3-22)$$

代入式(3-14)得到

$$\left(\frac{\partial U}{\partial V}\right)_T = T\left(\frac{\partial p}{\partial T}\right)_V - p \qquad (3-23)$$

3.1.4.3 比热容的计算式

等压比热容在等温条件下随压力的变化率可写为

$$\left(\frac{\partial c_p}{\partial p}\right)_T = \left[\frac{\partial}{\partial p}\left(\frac{\partial H}{\partial T}\right)_p\right]_T = \left[\frac{\partial}{\partial T}\left(\frac{\partial H}{\partial p}\right)_T\right]_p$$

代入式(3-21)得

$$\left(\frac{\partial c_p}{\partial p}\right)_T = -T\left(\frac{\partial^2 V}{\partial T^2}\right)_p \qquad (3-24)$$

用类似的方法,结合式(3-23)得到等容比热容 c_V 在等温条件下随摩尔体积的变化率为

$$\left(\frac{\partial c_V}{\partial V}\right)_T = T\left(\frac{\partial^2 p}{\partial T^2}\right)_V \qquad (3-25)$$

等压比热容 c_p 与等容比热容 c_V 之差也有意义,存在以下关系:

$$c_p - c_V = T\left(\frac{\partial V}{\partial T}\right)_p\left(\frac{\partial p}{\partial T}\right)_V \qquad (3-26)$$

3.2 用直接计算法计算单相纯组分系统的热力学性质

对由纯组分构成的单相系统来说,相律规定了系统只需两个自由度就可以确定其状态,也就是说其热力学函数(p, V, T, U, H, S, A, G, c_p 和 c_V 等)只需根据两个独立变量即可进行计算。本节首先利用麦克斯韦关系,结合热力学基本方程导出焓 H、熵 S、热力学能 U、吉布斯自由能 G 变化量的计算式,如图 3-1 所示。该法又称为直接计算法。

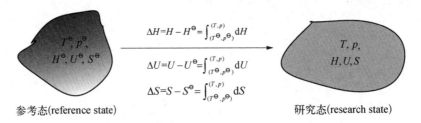

图 3-1　直接计算法计算纯组分的热力学性质

3.2.1　熵 S

将状态函数熵 S 表示为 T, V 的函数关系式,即 $S = S(T, V)$,则有

$$dS = \left(\frac{\partial S}{\partial T}\right)_V dT + \left(\frac{\partial S}{\partial V}\right)_T dV \qquad (3-27)$$

在等容条件下,将式(3-1)两边同时除以 dT,得

$$\left(\frac{\partial U}{\partial T}\right)_V = T\left(\frac{\partial S}{\partial T}\right)_V \tag{3-28}$$

又因 $\left(\dfrac{\partial U}{\partial T}\right)_V = c_V$,则

$$\left(\frac{\partial S}{\partial T}\right)_V = \frac{c_V}{T} \tag{3-29}$$

将式(3-14)、式(3-29)代入式(3-27),得

$$dS = \frac{c_V}{T}dT + \left(\frac{\partial p}{\partial T}\right)_V dV \tag{3-30}$$

同理,若把 S 表示为 T,p 的函数,即 $S = S(T, p)$,可得

$$dS = \frac{c_p}{T}dT - \left(\frac{\partial V}{\partial T}\right)_p dp \tag{3-31}$$

可见,利用麦克斯韦关系式,就将 S 表示成可直接测量的 p,V,T,c_p 和 c_V 的函数[式(3-30)、式(3-31)],利用这些方程式可以计算过程的熵变 ΔS。

[例 3.1]　试推导等压比热容 c_p 与等容比热容 c_V 之差有意义,即式(3-26)关系成立。

证明:等压比热容定义为 $c_p = \left(\dfrac{\partial H}{\partial T}\right)_p$,等容比热容定义为 $c_V = \left(\dfrac{\partial U}{\partial T}\right)_V$,结合式(3-30)与式(3-31)可得

$$T dS = c_V dT + T\left(\frac{\partial p}{\partial T}\right)_V dV, \quad T dS = c_p dT - T\left(\frac{\partial V}{\partial T}\right)_p dp$$

两者相减得到

$$(c_p - c_V)dT = T\left(\frac{\partial V}{\partial T}\right)_p dp - T\left(\frac{\partial p}{\partial T}\right)_V dV$$

当在恒容条件下,即 d$V = 0$ 时,则有

$$c_p - c_V = T\left(\frac{\partial V}{\partial T}\right)_p\left(\frac{\partial p}{\partial T}\right)_V$$

结果得证。

运用式(3-11)还知 $\left(\dfrac{\partial p}{\partial T}\right)_V = -\left(\dfrac{\partial V}{\partial T}\right)_p\left(\dfrac{\partial p}{\partial V}\right)_T$,代入上式可得

$$c_p - c_V = -T\left(\frac{\partial V}{\partial T}\right)_p^2\left(\frac{\partial p}{\partial T}\right)_V$$

3.2.2　热力学能 U

将热力学能 U 表示为 T,V 的函数关系式,即 $U = U(T, V)$,则有

$$dU = \left(\frac{\partial U}{\partial T}\right)_V dT + \left(\frac{\partial U}{\partial V}\right)_T dV \tag{3-32}$$

代入式(3-23)得

$$dU = c_V dT + \left[T\left(\frac{\partial p}{\partial T}\right)_V - p\right]dV \tag{3-33}$$

3.2.3 焓 H

将焓 H 表示为 T,p 的函数关系式,即 $H = H(T,p)$,则有

$$dH = \left(\frac{\partial H}{\partial T}\right)_p dT + \left(\frac{\partial H}{\partial p}\right)_T dp \tag{3-34}$$

将式(3-21)代入,得

$$dH = c_p dT + \left[V - T\left(\frac{\partial V}{\partial T}\right)_p\right]dp \tag{3-35}$$

对于理想气体,p-V-T 关系符合状态方程 $pV^{ig} = RT$,则

$$\left(\frac{\partial V^{ig}}{\partial T}\right)_p = \frac{R}{p} \tag{3-36}$$

将式(3-36)分别代入式(3-31)和式(3-35),得

$$dS^{ig} = \frac{c_p^{ig}}{T}dT - \frac{R}{p}dp \tag{3-37a}$$

$$dH^{ig} = c_p^{ig}dT \tag{3-37b}$$

[例3.2] 试证明下列关系式:

$$\left(\frac{\partial \beta}{\partial p}\right)_T = -\left(\frac{\partial \kappa}{\partial T}\right)_p$$

式中,β 和 κ 分别为等压体积膨胀系数和等温体积压缩系数,即

$$\beta = \frac{1}{V}\left(\frac{\partial V}{\partial T}\right)_p, \quad \kappa = -\frac{1}{V}\left(\frac{\partial V}{\partial p}\right)_T$$

证明:因 $V = V(T,p)$,即 V 是 T,p 的状态函数,故

$$dV = \left(\frac{\partial V}{\partial T}\right)_p dT + \left(\frac{\partial V}{\partial p}\right)_T dp \tag{a}$$

关系式中的两个偏微分系数与纯物质的两个热系数 β 和 κ 有直接关系,将它们的定义式代入式(a)中,即得

$$\frac{dV}{V} = \beta dT - \kappa dp \tag{b}$$

再将全微分性质(2),即式(3-9)应用于式(b)中,得 $\left(\frac{\partial \beta}{\partial p}\right)_T = -\left(\frac{\partial \kappa}{\partial T}\right)_p$,结果得证。

另外,对于理想气体这一特殊情况,$pV^{ig} = RT$,对其微分可得

$$\beta = \frac{1}{T}, \; \kappa = \frac{1}{p} \tag{c}$$

将式(c)代入式(b),则式(b)可写为

$$\frac{\mathrm{d}V}{V} = \frac{\mathrm{d}T}{T} - \frac{\mathrm{d}p}{p} \tag{d}$$

结果得证。

结合例 3.1 还知:

$$c_p - c_V = TV\frac{\beta^2}{\kappa} \tag{e}$$

[例 3.3]　试证明,以 T, V 为自变量时,焓变为

$$\mathrm{d}H = \left[c_V + V\left(\frac{\partial p}{\partial T}\right)_V\right]\mathrm{d}T + \left[T\left(\frac{\partial p}{\partial T}\right)_V + V\left(\frac{\partial p}{\partial V}\right)_T\right]\mathrm{d}V$$

证明: 因 $p = p(V, T)$,故

$$\mathrm{d}p = \left(\frac{\partial p}{\partial T}\right)_V\mathrm{d}T + \left(\frac{\partial p}{\partial V}\right)_T\mathrm{d}V \tag{a}$$

将式(a)与式(3-30)代入热力学基本方程[式(3-2)]中,并经整理得

$$\mathrm{d}H = \left[c_V + V\left(\frac{\partial p}{\partial T}\right)_V\right]\mathrm{d}T + \left[T\left(\frac{\partial p}{\partial T}\right)_V + V\left(\frac{\partial p}{\partial V}\right)_T\right]\mathrm{d}V$$

结果得证。

[例 3.4]　试从热力学基本关系出发,证明以下关系式:

$$\left[\frac{\partial(G/T)}{\partial T}\right]_p = -\frac{H}{T^2}, \; \left[\frac{\partial(G/T)}{\partial p}\right]_V = \frac{V}{T}$$

证明: 因 $G = G(T, p)$,故 $\mathrm{d}\left(\dfrac{G}{T}\right)_p = \left(\dfrac{T\mathrm{d}G - G}{T^2}\right)_p\mathrm{d}T$。在等压下代入式(3-4)及 $G = H - TS$,得

$$\left[\frac{\partial(G/T)}{\partial T}\right]_p = \frac{T\mathrm{d}G - G}{T^2} = \frac{T(-S) - (H - TS)}{T^2} = -\frac{H}{T^2}$$

又 $\mathrm{d}\left(\dfrac{G}{T}\right)_T = \dfrac{V}{T}\mathrm{d}p$,则 $\left[\dfrac{\partial(G/T)}{\partial p}\right]_T = \dfrac{V}{T}$,结果得证。

3.3　用残余性质间接法计算单相系统的热力学性质

计算热力学函数变化时,除直接从其导数关系式得到外,还可使用残余性质(residual property)间接法进行计算,方法如图 3-2 所示。

所谓残余性质 M^R,是指纯组分单相系统在真实状态下的热力学性质与在同温、同压下当其处于理想状态下时热力学性质之差,可写为

$$M^R = M(T, p) - M^{ig}(T, p) \tag{3-38}$$

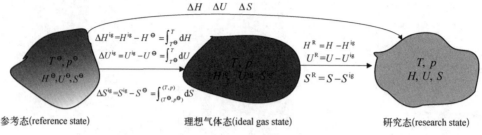

图 3 - 2　残余性质间接法计算纯组分的热力学性质

式中，M 和 M^{ig} 分别为处于同温、同压下单位物质量的真实状态与其所处理想状态的热力学容量性质，如 V、U、H、S、A、G 等。需要注意的是，残余性质是一个假想的概念，用这个概念可以表示出真实状态与假想的理想状态之间热力学性质间的差异，从而可以方便地计算出真实状态下气体的热力学性质。

为了计算热力学性质 M，将式(3-38)改写为

$$M = M^{ig} + M^{R} \tag{3-39}$$

由式(3-39)可知，M 的计算分为两部分，其中 M^{ig} 可以由理想状态性质来计算；M^{R} 可以看成是对理想状态性质偏差的校正量。因此，计算 M 的关键是计算 M^{R}。

在等温条件下，将式(3-38)对 p 微分得

$$\left(\frac{\partial M^{R}}{\partial p}\right)_{T} = \left(\frac{\partial M}{\partial p}\right)_{T} - \left(\frac{\partial M^{ig}}{\partial p}\right)_{T} \tag{3-40}$$

上式可进一步写为

$$dM^{R} = \left[\left(\frac{\partial M}{\partial p}\right)_{T} - \left(\frac{\partial M^{ig}}{\partial p}\right)_{T}\right]dp \tag{3-41}$$

从 $p^{\ominus}$ 到任意压力 p 积分，得

$$M^{R} = (M^{R})_{p^{\ominus}\to 0} + \int_{p^{\ominus}\to 0}^{p}\left[\left(\frac{\partial M}{\partial p}\right)_{T} - \left(\frac{\partial M^{ig}}{\partial p}\right)_{T}\right]dp \tag{3-42}$$

式中，$(M^{R})_{p^{\ominus}\to 0}$ 代表当压力为 $p^{\ominus}\to 0$ 时的残余性质。当 $p^{\ominus}\to 0$ 时，系统的热力学性质趋近于理想状态时相应的值，有 $(M^{R})_{p^{\ominus}\to 0}=0$。因此，式(3-42)可写为

$$M^{R} = \int_{p^{\ominus}\to 0}^{p}\left[\left(\frac{\partial M}{\partial p}\right)_{T} - \left(\frac{\partial M^{ig}}{\partial p}\right)_{T}\right]dp \tag{3-43}$$

因 $\left(\frac{\partial H^{ig}}{\partial p}\right)_{T}=0$，将式(3-21)代入式(3-43)，得

$$H^{R} = \int_{p^{\ominus}\to 0}^{p}\left[V - T\left(\frac{\partial V}{\partial T}\right)_{p}\right]dp \tag{3-44}$$

同理，$\left(\frac{\partial S^{ig}}{\partial p}\right)_{T}=-\frac{R}{p}$，$\left(\frac{\partial S}{\partial p}\right)_{T}=-\left(\frac{\partial V}{\partial T}\right)_{p}$，代入式(3-43)，得

$$S^{R} = \int_{p^{\ominus}\to 0}^{p}\left[\frac{R}{p} - \left(\frac{\partial V}{\partial T}\right)_{p}\right]dp \tag{3-45}$$

式(3-44)和式(3-45)分别是根据 p-V-T 关系计算的 H^R 和 S^R 的关系式。需要指出的是,以上关系式的积分都是在等温条件下进行的。

图 3-2 示出了利用残余性质法计算真实气体的焓 H 和熵 S 的方法。

先求出理想状态下的相应焓变 ΔH^{ig} 和熵变 ΔS^{ig}。分别将式(3-37a)、式(3-37b)积分,积分下限为理想气体参考态 $(T^\ominus, p^\ominus)$,上限为理想气体状态 (T, p),则

$$H^{ig} = (H^{ig})_{p^\ominus \to 0} + \int_{T^\ominus}^{T} c_p^{ig} dT \qquad (3-46)$$

$$S^{ig} = (S^{ig})_{p^\ominus \to 0} + \int_{T^\ominus}^{T} \frac{c_p^{ig}}{T} dT - R\ln\frac{p}{p^\ominus} \qquad (3-47)$$

再应用式(3-39),得到真实气体状态的焓和熵的方程式为

$$H = (H^{ig})_{p^\ominus \to 0} + \int_{T^\ominus}^{T} c_p^{ig} dT + H^R \qquad (3-48)$$

$$S = (S^{ig})_{p^\ominus \to 0} + \int_{T^\ominus}^{T} \frac{c_p^{ig}}{T} dT - R\ln\frac{p}{p^\ominus} + S^R \qquad (3-49)$$

式(3-48)、式(3-49)中的 H^R 和 S^R 分别由式(3-44)和(3-45)求出。

根据热力学第一定律和第二定律导出的热力学性质方程式不能计算焓 H 和熵 S 的绝对值,只能求其相对值。因此,参考态的 $(T^\ominus, p^\ominus)$ 可以根据计算的方便来选取,参考态的 $(H^{ig})_{p^\ominus \to 0}$ 和 $(S^{ig})_{p^\ominus \to 0}$ 是计算焓和熵的基准。式(3-48)和式(3-49)计算时仅需要理想气体等压比热容 c_p^{ig} 和真实气体的 p-V-T 数据。一旦计算出焓值和熵值,其他的性质便可以根据下列的定义式求得。

$$U = H - pV, \quad A = U - TS, \quad G = H - TS$$

如将式(3-44)、式(3-45)与上述定义式结合起来,分别得到

$$\frac{U^R}{RT} = 1 - Z + \frac{1}{RT}\int_{p^\ominus \to 0}^{p} \left[V - T\left(\frac{\partial V}{\partial T}\right)_p\right] dp \qquad (3-50)$$

$$\frac{A^R}{RT} = 1 - Z + \int_{p^\ominus \to 0}^{p} (Z-1)\frac{dp}{p} \qquad (3-51)$$

$$\frac{G^R}{RT} = \frac{H^R}{RT} - \frac{S^R}{R} = \int_{p^\ominus \to 0}^{p} (Z-1)\frac{dp}{p} \qquad (3-52)$$

其中,式(3-51)、式(3-52)非常重要,表达了真实气体偏离理想气体的程度,并直接与后续的逸度与逸度系数相关联。

3.4　用状态方程计算纯组分的热力学性质

从式(3-44)和式(3-45)可以看出,计算 H^R 和 S^R 的关键在于计算 $\left(\frac{\partial V}{\partial T}\right)_p$ 项。由于常用的状态方程中均把 p 表示为 V,T 的函数,如立方型状态方程,因此在计算热力学性质时,需先将 $\left(\frac{\partial V}{\partial T}\right)_p$ 转化为 $\left(\frac{\partial p}{\partial T}\right)_V$ 的形式。有两种方法可将 $\left(\frac{\partial V}{\partial T}\right)_p$ 转化为 $\left(\frac{\partial p}{\partial T}\right)_V$。

第一种方法：由式(3-11)得

$$\left(\frac{\partial p}{\partial T}\right)_V \left(\frac{\partial T}{\partial V}\right)_p \left(\frac{\partial V}{\partial p}\right)_T = -1 \tag{3-53}$$

得到

$$\left(\frac{\partial V}{\partial T}\right)_p = -\left(\frac{\partial p}{\partial T}\right)_V \left(\frac{\partial V}{\partial p}\right)_T \tag{3-54}$$

或

$$\left[\left(\frac{\partial V}{\partial T}\right)_p \mathrm{d}p\right]_T = \left[-\left(\frac{\partial p}{\partial T}\right)_V \mathrm{d}V\right]_T \tag{3-55}$$

又因

$$\mathrm{d}(pV) = p\mathrm{d}V + V\mathrm{d}p \tag{3-56}$$

且 $(pV)^\ominus = RT$，将式(3-55)和式(3-56)代入式(3-44)，整理得

$$
\begin{aligned}
H^R &= \int_{p^\ominus \to 0}^{p} V\mathrm{d}p - \int_{p^\ominus \to 0}^{p} T\left(\frac{\partial V}{\partial T}\right)_p \mathrm{d}p \\
&= \int_{(pV)^\ominus \to RT}^{(pV)} \mathrm{d}(pV) - \int_{V^\ominus \to \infty}^{V} p\mathrm{d}V + \int_{V^\ominus \to \infty}^{V} T\left(\frac{\partial p}{\partial T}\right)_V \mathrm{d}V \\
&= pV - RT + \int_{V \to \infty}^{V} \left[T\left(\frac{\partial p}{\partial T}\right)_V - p\right]_T \mathrm{d}V
\end{aligned}
\tag{3-57}
$$

同理，将式(3-55)代入式(3-45)，得

$$S^R = R\ln Z + \int_{V^\ominus \to \infty}^{V} \left[\left(\frac{\partial p}{\partial T}\right)_V - \frac{R}{V}\right]\mathrm{d}V \tag{3-58}$$

式(3-57)和式(3-58)适合于以 p 为显函数的状态方程。

第二种方法：由 $\mathrm{d}(pV) = p\mathrm{d}V + V\mathrm{d}p$ 知

$$\int_{p^\ominus \to 0}^{p} \frac{\mathrm{d}p}{p} = \int_{(pV)^\ominus \to RT}^{(pV)} \frac{\mathrm{d}(pV)}{pV} - \int_{V^\ominus \to \infty}^{V} \frac{\mathrm{d}V}{V} = \ln Z - \int_{V^\ominus \to \infty}^{V} \frac{\mathrm{d}V}{V} \tag{3-59}$$

现以 RK 方程 $p = \dfrac{RT}{V-b} - \dfrac{a}{T^{0.5}V(V+b)}$ 为例，在 V 不变的条件下对 T 求偏导数得

$$\left(\frac{\partial p}{\partial T}\right)_V = \frac{R}{V-b} + \frac{a}{2T^{1.5}V(V+b)} \tag{a}$$

将 RK 方程、式(a)代入式(3-57)并整理得

$$H^R = pV - RT - \frac{3a}{2T^{0.5}b}\ln\left(1 + \frac{b}{V}\right) \tag{b}$$

同理，将式(a)代入式(3-58)可得

$$S^R = R\ln\frac{p(V-b)}{RT} - \frac{a}{2T^{1.5}b}\ln\left(1 + \frac{b}{V}\right) \tag{c}$$

为便于使用,表 3-1 列出了常用状态方程的残余焓、残余熵表达式。

表 3-1　常用状态方程的残余焓、残余熵表达式

	(1) RK 方程,式(2-12)
$\dfrac{H^{\mathrm{R}}}{RT}$	$Z-1-\dfrac{1.5a}{bRT^{1.5}}\ln\left(1+\dfrac{b}{V}\right)$
$\dfrac{S^{\mathrm{R}}}{R}$	$\ln\dfrac{p(V-b)}{RT}-\dfrac{a}{2bRT^{1.5}}\ln\left(1+\dfrac{b}{V}\right)$
	(2) SRK 方程,式(2-15)
$\dfrac{H^{\mathrm{R}}}{RT}$	$Z-1-\dfrac{1}{bRT}\left[a-T\dfrac{\mathrm{d}a}{\mathrm{d}T}^{\mathrm{a}}\right]\ln\left(1+\dfrac{b}{V}\right)$,其中 $\dfrac{\mathrm{d}a}{\mathrm{d}T}=-F\left(\dfrac{aa_{\mathrm{c}}}{TT_{\mathrm{c}}}\right)^{0.5}$
$\dfrac{S^{\mathrm{R}}}{R}$	$\ln\dfrac{p(V-b)}{RT}+\dfrac{1}{bR}\dfrac{\mathrm{d}a}{\mathrm{d}T}\ln\left(1+\dfrac{b}{V}\right)$
	(3) PR 方程,式(2-19)
$\dfrac{H^{\mathrm{R}}}{RT}$	$Z-1-\dfrac{1}{2^{1.5}bRT}\left(a-T\dfrac{\mathrm{d}a}{\mathrm{d}T}\right)\ln\dfrac{V+(\sqrt{2}+1)b}{V-(\sqrt{2}-1)b}$,其中 $\dfrac{\mathrm{d}a}{\mathrm{d}T}=-F\left(\dfrac{aa_{\mathrm{c}}}{TT_{\mathrm{c}}}\right)^{0.5}$
$\dfrac{S^{\mathrm{R}}}{R}$	$\ln\dfrac{p(V-b)}{RT}+\dfrac{1}{2^{1.5}bR}\dfrac{\mathrm{d}a}{\mathrm{d}T}\ln\dfrac{V+(\sqrt{2}+1)b}{V-(\sqrt{2}-1)b}$
	(4) MH 方程,式(2-41)
$\dfrac{H^{\mathrm{R}}}{RT}$	$Z-1+\dfrac{1}{RT}\sum\limits_{i=2}^{5}\dfrac{f_i(T)-T\dfrac{\mathrm{d}f_i(T)}{\mathrm{d}T}}{(i-1)(V-b)^{i-1}}$,其中 $\dfrac{\mathrm{d}f_i(T)}{\mathrm{d}T}=B_i-\dfrac{5.475}{T_{\mathrm{c}}}c_i\exp\left(-\dfrac{5.475}{T}\right)$
$\dfrac{S^{\mathrm{R}}}{R}$	$\ln\dfrac{p(V-b)}{RT}-\dfrac{1}{R}\sum\limits_{i=2}^{5}\dfrac{\dfrac{\mathrm{d}f_i(T)}{\mathrm{d}T}}{(i-1)(V-b)^{i-1}}$

注:^{a} 对于混合物,$\dfrac{\mathrm{d}a}{\mathrm{d}T}=\sum\limits_{i}\sum\limits_{j}y_iy_j\dfrac{1-k_{ij}}{2}\left(\sqrt{\dfrac{a_i}{a_j}}\dfrac{\mathrm{d}a_j}{\mathrm{d}T}+\sqrt{\dfrac{a_j}{a_i}}\dfrac{\mathrm{d}a_i}{\mathrm{d}T}\right)$。

3.5　纯气体热力学性质的普遍化计算方法

本节利用第 2 章所述的普遍化方法对 3.4 节定义的残余性质进行计算。

由于 $V=Z(T,p)RT/p$,则

$$\left(\frac{\partial V}{\partial T}\right)_p=\frac{R}{p}\left[Z+T\left(\frac{\partial Z}{\partial T}\right)_p\right] \tag{3-60}$$

将以上两式代入式(3-44)和(3-45),得

$$\frac{H^{\mathrm{R}}}{RT}=-T\int_{p^{\ominus}\to 0}^{p}\left(\frac{\partial Z}{\partial T}\right)_p\frac{\mathrm{d}p}{p} \tag{3-61}$$

$$\frac{S^{\mathrm{R}}}{R}=-\int_{p^{\ominus}\to 0}^{p}\left[(Z-1)+T\left(\frac{\partial Z}{\partial T}\right)_p\right]\frac{\mathrm{d}p}{p} \tag{3-62}$$

式(3-62)和式(3-63)的右端均在等温条件下积分,可由真实气体状态方程或普遍化压缩因子关系式算出 H^R 和 S^R。

3.5.1 普遍化位力系数法

截至第二项的位力方程为 $Z=\dfrac{pV}{RT}=1+\dfrac{Bp}{RT}$,该式在 p 不变的条件下对 T 求偏导数,得

$$\left(\frac{\partial Z}{\partial T}\right)_p=\frac{p}{R}\left(\frac{1}{T}\frac{\mathrm{d}B}{\mathrm{d}T}-\frac{B}{T^2}\right) \tag{3-63}$$

将 Z 和 $\left(\dfrac{\partial Z}{\partial T}\right)_p$ 代入式(3-61)和式(3-62),得

$$\frac{H^R}{RT}=-\frac{1}{R}\int_{p^\ominus\to0}^{p}\left(\frac{\mathrm{d}B}{\mathrm{d}T}-\frac{B}{T}\right)\mathrm{d}p \tag{3-64}$$

$$\frac{S^R}{R}=-\frac{1}{R}\int_{p^\ominus\to0}^{p}\frac{\mathrm{d}B}{\mathrm{d}T}\mathrm{d}p \tag{3-65}$$

由于 B 仅是温度的函数,在等温条件下积分,可得

$$\frac{H^R}{RT}=-\frac{p}{R}\left(\frac{\mathrm{d}B}{\mathrm{d}T}-\frac{B}{T}\right) \tag{3-66}$$

$$\frac{S^R}{R}=-\frac{p}{R}\frac{\mathrm{d}B}{\mathrm{d}T} \tag{3-67}$$

由式(2-55)知

$$B=\frac{RT_c}{p_c}(B^{(0)}+\omega B^{(1)}) \tag{3-68}$$

则

$$\frac{\mathrm{d}B}{\mathrm{d}T}=\frac{RT_c}{p_c}\left(\frac{\mathrm{d}B^{(0)}}{\mathrm{d}T}+\omega\frac{\mathrm{d}B^{(1)}}{\mathrm{d}T}\right) \tag{3-69}$$

将式(3-68)、式(3-69)分别代入式(3-66)和式(3-67),得

$$\frac{H^R}{RT}=-\frac{pT_c}{p_c}\left[\left(\frac{\mathrm{d}B^{(0)}}{\mathrm{d}T}+\omega\frac{\mathrm{d}B^{(1)}}{\mathrm{d}T}\right)-\left(\frac{B^{(0)}}{T}+\omega\frac{B^{(1)}}{T}\right)\right] \tag{3-70}$$

$$\frac{S^R}{R}=-\frac{pT_c}{p_c}\left(\frac{\mathrm{d}B^{(0)}}{\mathrm{d}T}+\omega\frac{\mathrm{d}B^{(1)}}{\mathrm{d}T}\right) \tag{3-71}$$

由 $p=p_cp_r$,$T=T_cT_r$ 和 $\mathrm{d}T=T_c\mathrm{d}T_r$,将式(3-70)、式(3-71)写成对应态形式:

$$\frac{H^R}{RT}=-p_r\left[\left(\frac{\mathrm{d}B^{(0)}}{\mathrm{d}T_r}-\frac{B^{(0)}}{T_r}\right)+\omega\left(\frac{\mathrm{d}B^{(1)}}{\mathrm{d}T_r}-\frac{B^{(1)}}{T_r}\right)\right] \tag{3-72}$$

$$\frac{S^R}{R}=-p_r\left(\frac{\mathrm{d}B^{(0)}}{\mathrm{d}T_r}+\omega\frac{\mathrm{d}B^{(1)}}{\mathrm{d}T_r}\right) \tag{3-73}$$

式(3-72)和式(3-73)是用普遍化第二位力系数法计算 H^R 和 S^R 的表达式,其适用范围也

由图 2-6 规定。

由于 $B^{(0)} = 0.083 - \dfrac{0.422}{T_r^{1.6}}$，$B^{(1)} = 0.139 - \dfrac{0.172}{T_r^{4.2}}$，则

$$\frac{\mathrm{d}B^{(0)}}{\mathrm{d}T_r} = \frac{0.675}{T_r^{2.6}} \tag{3-74}$$

$$\frac{\mathrm{d}B^{(1)}}{\mathrm{d}T_r} = \frac{0.722}{T_r^{5.2}} \tag{3-75}$$

3.5.2　普遍化压缩因子法

将式(3-61)和式(3-62)化成 $Z = Z(T_r, p_r, \omega)$，得

$$\frac{H^R}{RT_c} = -T_r^2 \int_{p_r^{\ominus} \to 0}^{p_r} \left(\frac{\partial Z}{\partial T_r}\right)_{p_r} \frac{\mathrm{d}p_r}{p_r} \tag{3-76}$$

$$\frac{S^R}{R} = -T_r \int_{p_r^{\ominus} \to 0}^{p_r} \left(\frac{\partial Z}{\partial T_r}\right)_{p_r} \frac{\mathrm{d}p_r}{p_r} - \int_{p_r^{\ominus} \to 0}^{p_r} (Z-1) \frac{\mathrm{d}p_r}{p_r} \tag{3-77}$$

式(3-76)、式(3-77)所涉及的变量只有 Z，T_r，p_r，对于任何给定的 T_r 和 p_r，根据普遍化压缩因子 Z 的数据，就可以由上述两式求出 H^R/RT_c 和 S^R/R。

对于 Z 的关联式，因 $Z = Z^{(0)} + \omega Z^{(1)}$，在等 p_r 下，对 T_r 求偏导数，得

$$\left(\frac{\partial Z}{\partial T_r}\right)_{p_r} = \left(\frac{\partial Z^{(0)}}{\partial T_r}\right)_{p_r} + \omega \left(\frac{\partial Z^{(1)}}{\partial T_r}\right)_{p_r} \tag{3-78}$$

将式(2-51)的 Z 和式(3-78)的 $\left(\dfrac{\partial Z}{\partial T_r}\right)_p$ 代入式(3-76)、式(3-77)，得

$$\frac{H^R}{RT_c} = -T_r^2 \int_{p_r^{\ominus} \to 0}^{p_r} \left(\frac{\partial Z^{(0)}}{\partial T_r}\right)_{p_r} \frac{\mathrm{d}p_r}{p_r} - \omega T_r^2 \int_{p_r^{\ominus} \to 0}^{p_r} \left(\frac{\partial Z^{(1)}}{\partial T_r}\right)_{p_r} \frac{\mathrm{d}p_r}{p_r} \tag{3-79}$$

$$\frac{S^R}{R} = -\int_{p_r^{\ominus} \to 0}^{p_r} \left[T_r \left(\frac{\partial Z^{(0)}}{\partial T_r}\right)_{p_r} + Z^{(0)} - 1\right] \frac{\mathrm{d}p_r}{p_r} - \omega \int_{p_r^{\ominus} \to 0}^{p_r} \left[T_r \left(\frac{\partial Z^{(1)}}{\partial T_r}\right)_{p_r} + Z^{(1)}\right] \frac{\mathrm{d}p_r}{p_r} \tag{3-80}$$

式(3-79)和式(3-80)中的 $\left(\dfrac{\partial Z^{(0)}}{\partial T_r}\right)_{p_r}$ 与 $\left(\dfrac{\partial Z^{(1)}}{\partial T_r}\right)_{p_r}$ 可根据普遍化压缩因子图 $Z^{(0)} - T_r$，$Z^{(1)} - T_r$ 用数值积分或图解积分求得。若将此两式中的第一项积分值分别用 $\dfrac{(H^R)^{(0)}}{RT_c}$ 和 $\dfrac{(S^R)^{(0)}}{R}$ 表示，第二项积分值相应地用 $\dfrac{(H^R)^{(1)}}{RT_c}$ 和 $\dfrac{(S^R)^{(1)}}{R}$ 表示，则可写成

$$\frac{H^R}{RT_c} = \frac{(H^R)^{(0)}}{RT_c} + \omega \frac{(H^R)^{(1)}}{RT_c} \tag{3-81}$$

$$\frac{S^R}{R} = \frac{(S^R)^{(0)}}{R} + \omega \frac{(S^R)^{(1)}}{R} \tag{3-82}$$

算出不同 T_r 和 p_r 下的 $\dfrac{(H^R)^{(0)}}{RT_c}$，$\dfrac{(H^R)^{(1)}}{RT_c}$，$\dfrac{(S^R)^{(0)}}{R}$，$\dfrac{(S^R)^{(1)}}{R}$，以 T_r 和 p_r 作参数，即可绘出相应的普遍化关系图，见图 3-3～图 3-6。它们适用于 $V_r < 2$ 或图 2-6 曲线下方的 T_r 和 p_r。

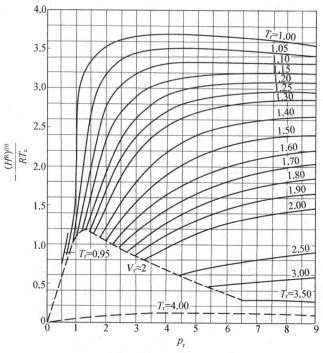

图 3-3　普遍化焓差 $(H^R)^{(0)}/(RT_c)$ - $(T_r,\ p_r)$ 关系图

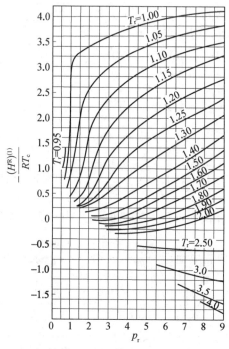

图 3-4　普遍化焓差 $(H^R)^{(1)}/(RT_c)$ - $(T_r,\ p_r)$ 关系图

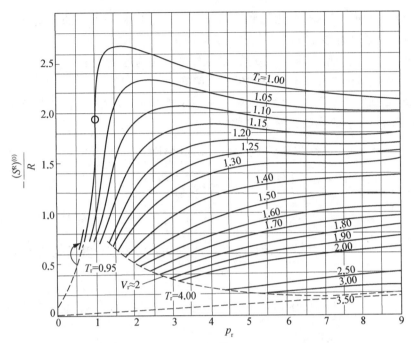

图 3-5 普遍化熵差 $(S^R)^{(0)}/R-(T_r,\ p_r)$ 关系图

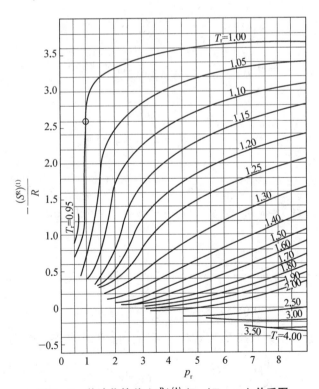

图 3-6 普遍化熵差 $(S^R)^{(1)}/R-(T_r,\ p_r)$ 关系图

采用图 3-3~图 3-6 所示的 $\dfrac{H^R}{RT_c}$，$\dfrac{S^R}{R}$ 压缩因子的普遍化关系式以及式(3-72)、式(3-73)截至第二项的普遍化位力方程就可计算任何温度和压力下的真实气体的焓 H 和熵 S。若要取得更精确的数值,参见附录 2.2 和附录 2.3。

上述这些关系式的精确度与三参数对应态关系式的准确性有关,因此同样仅对非极性、非缔合分子或微极性分子的计算结果较为精确。

[例 3.5] 试用普遍化方法计算丙烷气体在 378 K，0.507 MPa 下的残余焓和残余熵。

解: 由附录 1.1 查得丙烷的临界参数为

$$T_c = 369.85\,\text{K}, \quad p_c = 4.249\,\text{MPa}, \quad \omega = 0.152$$

则

$$T_r = \frac{T}{T_c} = \frac{378}{369.85} = 1.022, \quad p_r = \frac{p}{p_c} = \frac{0.507}{4.249} = 0.119$$

此状态位于图 3-6 曲线上方,故采用普遍化第二位力系数方程计算丙烷气体的残余焓和残余熵。

$$B^{(0)} = 0.083 - \frac{0.422}{T_r^{1.6}} = 0.083 - \frac{0.422}{1.022^{1.6}} = -0.325$$

$$B^{(1)} = 0.139 - \frac{0.172}{T_r^{4.2}} = 0.139 - \frac{0.172}{1.022^{4.2}} = -0.018$$

$$\frac{dB^{(0)}}{dT_r} = \frac{0.675}{T_r^{2.6}} = \frac{0.675}{1.022^{2.6}} = 0.638$$

$$\frac{dB^{(1)}}{dT_r} = \frac{0.722}{T_r^{5.2}} = \frac{0.722}{1.022^{5.2}} = 0.645$$

由式(3-72)得

$$\frac{H^R}{RT} = -p_r\left[\left(\frac{dB^{(0)}}{dT_r} - \frac{B^{(0)}}{T_r}\right) + \omega\left(\frac{dB^{(1)}}{dT_r} - \frac{B^{(1)}}{T_r}\right)\right]$$

$$= -0.119 \times \left[0.638 + \frac{0.325}{1.022} + 0.152 \times \left(0.645 + \frac{0.018}{1.022}\right)\right] = -0.126$$

$$H^R = -0.126 \times 8.314 \times 378 = -396(\text{J} \cdot \text{mol}^{-1})$$

由式(3-73)得

$$\frac{S^R}{R} = -p_r\left(\frac{dB^{(0)}}{dT_r} + \omega\frac{dB^{(1)}}{dT_r}\right) = -0.119 \times (0.638 + 0.152 \times 0.645) = -0.088$$

$$S^R = -0.088 \times 8.314 = -0.732(\text{J} \cdot \text{mol}^{-1} \cdot \text{K}^{-1})$$

设某物系从状态 1 变到状态 2,用式(3-47)写出这两个状态的焓值

$$H_2 = (H^{ig})_{p\ominus\to0} + \int_{T^\ominus}^{T_2} c_p^{ig}dT + H_2^R \tag{3-83}$$

$$H_1 = (H^{ig})_{p\ominus\to0} + \int_{T^\ominus}^{T_1} c_p^{ig}dT + H_1^R \tag{3-84}$$

过程的焓变为式(3-83)与式(3-84)之差

$$\Delta H = H_2 - H_1 = \int_{T_1}^{T_2} c_p^{ig} dT + H_2^R - H_1^R \tag{3-85}$$

同样,也有

$$\Delta S = \int_{T_1}^{T_2} \frac{c_p^{ig}}{T} dT - R\ln\frac{p_2}{p_1} + S_2^R - S_1^R \tag{3-86}$$

式(3-85)与式(3-86)右边各项可以利用设计从初态到终态的变化路径的方式来计算。图 3-7 中,从状态 1 到状态 2 的真实途径可设想用三步计算途径来实现。

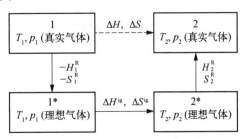

图 3-7　ΔH 与 ΔS 的计算途径

首先,1→1* 表示在 T_1, p_1 下由真实气体转化为理想气体,这是虚拟的,其焓变和熵变分别为

$$H_1^{ig} - H_1 = -H_1^R, \quad S_1^{ig} - S_1 = -S_1^R \tag{3-87}$$

其次,1*→2* 是理想气体从状态 1*(T_1, p_1)到达状态 2*(T_2, p_2),此过程的焓变和熵变为

$$\Delta H^{ig} = H_2^{ig} - H_1^{ig} = \int_{T_1}^{T_2} c_p^{ig} dT \tag{3-88}$$

$$\Delta S^{ig} = S_2^{ig} - S_1^{ig} = \int_{T_1}^{T_2} \frac{c_p^{ig}}{T} dT - R\ln\frac{p_2}{p_1} \tag{3-89}$$

最后,2*→2,在 T_2, p_2 下由理想气体到真实气体的过程,这也是虚拟的过程,其焓变和熵变分别为

$$H_2 - H_2^{ig} = H_2^R, \quad S_2 - S_2^{ig} = S_2^R \tag{3-90}$$

将三个过程的焓变和熵变相加,即为式(3-85)和式(3-86)。

[例3.6]　已知 633 K, 9.8×10^4 Pa 下水的焓为 57497 J·mol^{-1},运用 RK 方程计算 633 K, 9.8 MPa 下水的焓。已知文献值为 53359 J·mol^{-1},RK 方程中,$a=\Omega_a\dfrac{R^2 T_c^{2.5}}{p_c}$, $b=\Omega_b\dfrac{RT_c}{p_c}$,其中 $\Omega_a=0.43808$, $\Omega_b=0.08143$。

解:设 $T=633$ K, $p_1=9.8\times10^4$ Pa 下水的焓为 H_1。该温度下,$p_2=9.8$ MPa 时水的焓为 H_2。始态 1 与终态 2 间的焓变为 ΔH,则

$$H_2 = H_1 + \Delta H$$

式中,ΔH 用残余焓式(3-44)来计算。设计如图 3-7 所示的计算途径,由式(3-48)知

$$\Delta H = \int_{T_1}^{T_2} c_p^{ig} dT + H_2^R - H_1^R \tag{a}$$

式中,H_1^R 为 $p_1=9.8\times10^4$ Pa 时的残余焓,因为此时压力低,故 H_1^R 可以忽略,$H_1^R=0$。又

在等温条件下，$\int_{T_1}^{T_2} c_p^{ig} dT = 0$，则式(a)变为

$$\Delta H = H_2^R = \int_{p^{\ominus} \to 0}^{p_2} \left[V - T \left(\frac{\partial V}{\partial T} \right)_p \right] dp$$

将例 3.2 式(b)代入，得

$$\Delta H = H^R = pV - RT - \frac{3a}{2T^{0.5}b} \ln \left(1 + \frac{b}{V} \right) \qquad (b)$$

查附录 1.1 得水的临界参数为 $T_c = 647.30\,\text{K}$，$p_c = 220.64 \times 10^5\,\text{Pa}$，则

$$T_r = \frac{T}{T_c} = \frac{633}{647.30} = 0.978$$

计算 RK 方程参数：

$$a = \Omega_a \frac{R^2 T_c^{2.5}}{p_c} = 0.43808 \times \frac{8.314^2 \times 647.30^{2.5}}{220.64 \times 10^5} = 14.63 (\text{Pa} \cdot \text{m}^6 \cdot \text{K}^{0.5} \cdot \text{mol}^{-2})$$

$$b = \Omega_b \frac{RT_c}{p_c} = 0.08143 \times \frac{8.314 \times 647.30}{220.64 \times 10^5} = 1.99 \times 10^{-5}\ (\text{m}^3 \cdot \text{mol}^{-1})$$

利用迭代法计算当 $T = 633\,\text{K}$，$p_2 = 9.8 \times 10^6\,\text{Pa}$ 时的摩尔体积 V，则

$$V = b + \frac{RT}{p + \dfrac{a}{T^{0.5}V(V+b)}} = 1.99 \times 10^{-5} + \frac{5262.76}{9.8 \times 10^6 + \dfrac{0.5815}{V(V+1.99 \times 10^{-5})}}$$

以 $V^{(0)} = \dfrac{RT}{p} = \dfrac{8.314 \times 633}{9.8 \times 10^6} = 5.370 \times 10^{-4}(\text{m}^3 \cdot \text{mol}^{-1})$ 作为初值，各次迭代值为 $V^{(1)} = 4.680 \times 10^{-4}$、$V^{(2)} = 4.461 \times 10^{-4}$、$V^{(3)} = 4.377 \times 10^{-4}$、$V^{(4)} = 4.342 \times 10^{-4}$，已收敛。因此，$V = 4.342 \times 10^{-4}\,\text{m}^3 \cdot \text{mol}^{-1}$。

将 $T = 633\,\text{K}$，$p_2 = 9.8 \times 10^6\,\text{Pa}$ 及 $V = 4.342 \times 10^{-4}\,\text{m}^3 \cdot \text{mol}^{-1}$ 代入式(b)中，有

$$\begin{aligned} \Delta H = H^R &= pV - RT - \frac{3a}{2T^{0.5}b} \ln \left(1 + \frac{b}{V} \right) \\ &= 9.8 \times 10^6 \times 4.342 \times 10^{-4} - 8.314 \times 633 \\ &\quad - \frac{3 \times 14.63}{2 \times \sqrt{633} \times 1.99 \times 10^{-5}} \times \ln \left(1 + \frac{1.99 \times 10^{-5}}{4.342 \times 10^{-4}} \right) = -2972 (\text{J} \cdot \text{mol}^{-1}) \end{aligned}$$

则

$$H_2 = H_1 + \Delta H = 57497 - 2972 = 54525 (\text{J} \cdot \text{mol}^{-1})$$

相对误差：$\dfrac{\Delta H}{H_{\text{lit.}}} = \dfrac{H_2 - H_{\text{lit.}}}{H_{\text{lit.}}} = \dfrac{54525 - 53359}{53359} \times 100\% = 2.2\%$

[例 3.7] 计算 1-丁烯在 477.4 K 和 6.89 MPa 时的 V，U，H 和 S。设饱和液态的 1-丁烯在 273 K 时的 H 和 S 为零。已知 1-丁烯的物性为 $T_c = 420\,\text{K}$，$p_c = 4.02\,\text{MPa}$，$\omega = 0.187$，$T_b = 267\,\text{K}$。理想气体等压摩尔比热容为 $c_p^{ig} = 16.36 + 2.63 \times 10^{-1} T - 8.212 \times 10^{-5} T^2 (\text{J} \cdot \text{mol}^{-1} \cdot \text{K}^{-1})$。

解：$T_r = \dfrac{477.4}{420} = 1.14$，$p_r = \dfrac{6.89}{4.02} = 1.71$

由图 2-4 和图 2-5 查得

$$Z^{(0)} = 0.51,\ Z^{(1)} = 0.13$$

根据式(2-51)得

$$Z = Z^{(0)} + \omega Z^{(1)} = 0.51 + 0.187 \times 0.13 = 0.53$$

因此

$$V = \frac{ZRT}{p} = \frac{0.53 \times 8.314 \times 10^3 \times 477.4}{6.89 \times 10^6} = 0.305(\text{m}^3 \cdot \text{kmol}^{-1})$$

用图 3-8 的计算途径计算 H 和 S。初态为 273 K 时 1-丁烯饱和液体，其 H 和 S 为零。终态为 477.4 K 和 6.89 MPa 时 1-丁烯蒸气。共设四步计算(参见图 3-8)：

(1) 在 T_1，p_1 下汽化($p_1 =$ 饱和蒸气压)；

(2) 在 T_1，p_1 下从饱和蒸气转变为理想气体状态；

(3) 在理想气体状态时从 $(T_1,\ p_1)$ 变到 T_2，p_2；

(4) 在 T_2，p_2 理想气体状态下转变为真实气体状态。

始态与终态间的焓变和熵变分别为 ΔH 和 ΔS，则

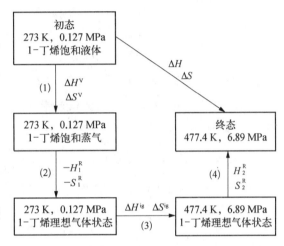

图 3-8　ΔH 与 ΔS 的计算途径

$$\Delta H = \Delta H^V - H_1^R + \Delta H^{ig} + H_2^R \tag{a}$$

$$\Delta S = \Delta S^V - S_1^R + \Delta S^{ig} + S_2^R \tag{b}$$

(1) 1-丁烯在 273 K 时汽化。用下式估算饱和蒸气压 p^S

$$\ln p^S = A - \frac{B}{T} \tag{c}$$

式(c)中 A 和 B 为物性参数。可利用正常沸点和临界点的数据求出 A 和 B 的值。

$$\ln 0.1013 = A - \frac{B}{267} \tag{d}$$

$$\ln 4.02 = A - \frac{B}{420} \tag{e}$$

联立求解式(d)和(e)得出 $A = 7.8149$ 和 $B = 2697.9$，再将其代入式(c)，求得 273 K 时的饱和蒸气压 $p^S = 0.1265$ MPa。

估算汽化热可用 Riedel 推荐的公式

$$\frac{\Delta H_b^V}{T_b R} = \frac{1.092(\ln p_c + 1.2896)}{0.930 - T_{br}} \tag{f}$$

式中，T_b 为正常沸点，ΔH_b^V 为正常沸点下的汽化热，p_c 为临界压力(单位用 MPa)，T_{br} 为正常沸点下的对比温度，$T_{br} = 267/420 = 0.636$。将有关数据代入式(f)，得

$$\frac{\Delta H_b^V}{T_b R} = \frac{1.092(\ln p_c + 1.2896)}{0.930 - T_{br}} = \frac{1.092 \times (\ln 4.02 + 1.2896)}{0.930 - 0.636} = 9.958$$

因此，$\Delta H_b^V = 9.958 \times 8.314 \times 267 = 22105(\text{J} \cdot \text{mol}^{-1})$

已知正常沸点下的汽化热求 273 K 时的汽化热可以用式(2-66)计算：

$$T_{r_1} = \frac{273}{420} = 0.65$$

$$\frac{\Delta H^V}{\Delta H_b^V} = \left(\frac{1 - T_{r_1}}{1 - T_{br}}\right)^{0.38} = \left(\frac{1 - 0.65}{1 - 0.636}\right)^{0.38} = 0.9852$$

$$\Delta H^V = 0.9852 \times 22105 = 2.18 \times 10^4 (\text{J} \cdot \text{mol}^{-1})$$

$$\Delta S^V = \Delta H^V / T = 2.18 \times 10^4 / 273 = 79.85(\text{J} \cdot \text{mol}^{-1} \cdot \text{K}^{-1})$$

(2) 在 T_1，p_1 下将 1-丁烯饱和蒸气转变为理想气体状态。利用式(3-72)和式(3-73)计算 H^R 和 S^R。

在 T_1，p_1 时，$T_{r_1} = 0.650$，$p_{r_1} = \dfrac{p}{p_c} = \dfrac{0.1265}{4.02} = 0.0315$

由式(2-56)、式(3-74)，以及式(2-57)、式(3-75)分别得

$$B^{(0)} = 0.083 - \frac{0.422}{T_{r_1}^{1.6}} = 0.083 - \frac{0.422}{0.650^{1.6}} = -0.758$$

$$\frac{dB^{(0)}}{dT_r} = \frac{0.675}{T_{r_1}^{2.6}} = \frac{0.675}{0.650^{2.6}} = 2.07$$

$$B^{(1)} = 0.139 - \frac{0.172}{T_{r_1}^{4.2}} = 0.139 - \frac{0.172}{0.650^{4.2}} = -0.91$$

$$\frac{dB^{(1)}}{dT_r} = \frac{0.722}{T_{r_1}^{5.2}} = \frac{0.722}{0.650^{5.2}} = 6.78$$

把上述值代入式(3-72)和式(3-73)，得

$$\frac{H_1^R}{RT} = -p_{r_1}\left[\left(\frac{dB^{(0)}}{dT_r} - \frac{B^{(0)}}{T_r}\right) + \omega\left(\frac{dB^{(1)}}{dT_r} - \frac{B^{(1)}}{T_r}\right)\right]$$

$$= -0.0315 \times \left[\left(2.07 - \frac{-0.758}{0.65}\right) + 0.187 \times \left(6.78 - \frac{-0.91}{0.65}\right)\right] = -0.150$$

$$\frac{S_1^R}{R} = -p_{r_1}\left(\frac{dB^{(0)}}{dT_r} + \omega\frac{dB^{(1)}}{dT_r}\right) = -0.0315 \times (2.07 + 0.187 \times 6.78) = -0.1051$$

因此

$$H_1^R = (-0.150) \times 8.314 \times 273 = -340.5(\text{J} \cdot \text{mol}^{-1})$$

$$S_1^R = (-0.1051) \times 8.314 = -0.87(\text{J} \cdot \text{mol}^{-1} \cdot \text{K}^{-1})$$

(3) 在理想气体状态下,从(273 K, 0.1265 MPa)时变到(477.4 K, 6.89 MPa)。

ΔH^{ig} 和 ΔS^{ig} 可用式(3-37b)和(3-37a)积分得到

$$\Delta H^{ig} = \int_{273}^{477.4} c_p^{ig} dT = \int_{273}^{477.4} (16.36 + 2.63 \times 10^{-1} T - 8.212 \times 10^{-5} T^2) dT$$
$$= 2.11 \times 10^4 (\text{J} \cdot \text{mol}^{-1})$$

$$\Delta S^{ig} = \int_{273}^{477.4} \frac{c_p^{ig}}{T} dT + R \ln \frac{p_1}{p_2}$$
$$= \int_{273}^{477.4} \left(\frac{16.36}{T} + 2.63 \times 10^{-1} - 8.212 \times 10^{-5} T \right) dT + 8.314 \times \ln \frac{0.1265}{6.89}$$
$$= 23.37 (\text{J} \cdot \text{mol}^{-1} \cdot \text{K}^{-1})$$

(4) 在 T_2, p_2 下将 1-丁烯从理想气体状态转变为真实气体状态。

终态的 $T_{r_2} = \dfrac{T_2}{T_c} = \dfrac{477.4}{420} = 1.14$, $p_{r_2} = \dfrac{p_2}{p_c} = \dfrac{6.89}{4.02} = 1.71$

将以 (T_{r_2}, p_{r_2}) 数据查图 3-3～图 3-6 所得的值代入式(3-81)和(3-82),得

$$\frac{H_2^R}{RT_c} = \frac{(H^R)^{(0)}}{RT_c} + \omega \frac{(H^R)^{(1)}}{RT_c} = -2.04 + 0.187 \times (-0.51) = -2.14$$

$$\frac{S_2^R}{R} = \frac{(S^R)^{(0)}}{R} + \omega \frac{(S^R)^{(1)}}{R} = -1.34 + 0.187 \times (-0.58) = -1.45$$

因此

$$H_2^R = -2.14 RT_c = -2.14 \times 8.314 \times 420 = -7473 (\text{J} \cdot \text{mol}^{-1})$$

$$S_2^R = -1.45 R = -1.45 \times 8.314 = -12.06 (\text{J} \cdot \text{mol}^{-1} \cdot \text{K}^{-1})$$

以上四步的焓变和熵变的总和即为从初态(H 和 S 为零)到终态的焓变和熵变:

$$H = \Delta H = \Delta H^V - H_1^R + \Delta H^{ig} + H_2^R = 2.18 \times 10^4 - (-340.5) + 2.11 \times 10^4 + (-7473)$$
$$= 3.58 \times 10^4 (\text{J} \cdot \text{mol}^{-1})$$

$$S = \Delta S = \Delta S^V - S_1^R + \Delta S^{ig} + S_2^R = 79.85 - (-0.87) + 23.37 + (-12.06)$$
$$= 92.03 (\text{J} \cdot \text{mol}^{-1} \cdot \text{K}^{-1})$$

$$U = H - pV = 3.58 \times 10^4 - 6.89 \times 10^6 \times 0.305 \times 10^{-3} = 3.37 \times 10^4 (\text{J} \cdot \text{mol}^{-1})$$

3.6　纯组分的逸度与逸度系数

3.6.1　逸度和逸度系数的定义

对于单位物质量的纯物质,由热力学基本关系式(3-4)可知,在等温条件下,

$$dG = V dp \quad (\text{等温}) \tag{3-91}$$

对于理想气体,$V = RT/p$ 代入式(3-91),得

$$dG = \frac{RT}{p}dp = RT d\ln p \quad (\text{等温}) \tag{3-92}$$

式(3-92)形式简单,但不适用于真实气体。若将真实气体状态方程代入式(3-91)进行计算,得到的 dG 将十分复杂。为了保持类似与式(3-92)相同的简单形式,同时又能用于真实气体,Lewis 等提出了用一个新的函数 f 来代替此式中 p:

$$dG = RT d\ln f \quad (\text{等温}) \tag{3-93}$$

式(3-93)中 f 称为纯物质的逸度(fugacity),其单位与压力的单位相同。此式只定义了逸度的相对变化值,无法确定其绝对值。为此,规定

$$\lim_{p \to 0} \frac{f}{p} = 1 \tag{3-94}$$

作为逸度的补充定义。式(3-93)、式(3-94)构成了逸度的完整定义。

式(3-94)表明,理想气体的逸度与压力相等。

将逸度与压力的比值定义为逸度系数(fugacity coefficient)φ,即

$$\varphi = \frac{f}{p} \tag{3-95}$$

根据式(3-94),显然有

$$\lim_{p \to 0} \varphi = 1 \tag{3-96a}$$

$$f = p\varphi \tag{3-96b}$$

式(3-96a)表明,理想气体的逸度系数等于 1。真实气体的逸度系数是温度、压力的函数,它可大于 1,也可小于 1。由式(3-96b)可知,逸度系数实际上可以理解为压力的校正系数。

引入逸度和逸度系数的概念,对研究相平衡等非常有用。当纯组分的气、液二相达到平衡时,饱和气相和饱和液相的吉布斯自由能相等,即

$$G^{SV} = G^{SL} \tag{3-97}$$

式(3-97)给出了以吉布斯自由能表示的气液平衡准则,但应用此式计算并不方便。对式(3-93)从理想气体到真实状态进行积分,得

$$G - G^{ig} = RT \ln \frac{f}{p} \tag{3-98}$$

结合式(3-95),得到以逸度和逸度系数表示的气液平衡准则:

$$f^{SV} = f^{SL} \tag{3-99a}$$

$$\varphi^{SV} = \varphi^{SL} \tag{3-99b}$$

式(3-99a)和式(3-99b)是计算纯物质气液相平衡的基础。

3.6.2　纯气体的逸度及逸度系数的计算

纯气体逸度、逸度系数的计算有如下几种方法：(1) 以真实气体状态方程的解析法，(2) 以对应态原理为基础的普遍化方法，(3) 以 p-V-T 数据通过残余体积的图解积分法等。工程上广泛采用的是前两种方法。

3.6.2.1　利用状态方程计算逸度系数

结合式(3-91)、式(3-93)有

$$RT\mathrm{d}\ln f = V\mathrm{d}p \quad (等温) \tag{3-100}$$

式(3-100)等号两边同时减去 $RT\mathrm{d}\ln p$，得

$$RT\mathrm{d}\ln \frac{f}{p} = \left(V - \frac{RT}{p}\right)\mathrm{d}p \tag{3-101}$$

结合式(3-95)，对式(3-101)进行积分，得

$$\ln \varphi = \ln \frac{f}{p} = \frac{1}{RT}\int_{p^{\ominus}\to 0}^{p}\left(V - \frac{RT}{p}\right)\mathrm{d}p = \frac{1}{RT}\int_{p^{\ominus}\to 0}^{p}V\mathrm{d}p - \int_{p^{\ominus}\to 0}^{p}\frac{\mathrm{d}p}{p} \tag{3-102}$$

将式(3-102)右边的第一项改写成

$$\int_{p^{\ominus}\to 0}^{p}V\mathrm{d}p = \Delta(pV) - \int_{V^{\ominus}\to\infty}^{V}p\mathrm{d}V \tag{3-103}$$

现以 RK 方程 $p = \dfrac{RT}{V-b} - \dfrac{a}{T^{0.5}V(V+b)}$ 为例进行求解：

$$\int_{V^{\ominus}\to\infty}^{V}p\mathrm{d}V = RT\int_{V^{\ominus}\to\infty}^{V}\frac{\mathrm{d}V}{V-b} - \frac{a}{T^{0.5}}\int_{V^{\ominus}\to\infty}^{V}\frac{\mathrm{d}V}{V(V+b)}$$

$$= RT\ln\frac{V-b}{V^{\ominus}-b} - \frac{a}{bT^{0.5}}\ln\left(\frac{V}{V^{\ominus}}\frac{V^{\ominus}+b}{V+b}\right) \tag{3-104}$$

将式(3-103)、式(3-104)代入式(3-102)，得

$$\ln\frac{f}{p} = \frac{pV - p^{\ominus}V^{\ominus}}{RT} - \ln\frac{V-b}{V^{\ominus}-b} + \frac{a}{bRT^{1.5}}\ln\left(\frac{V}{V^{\ominus}}\frac{V^{\ominus}+b}{V+b}\right) - \ln\frac{p}{p^{\ominus}} \tag{3-105}$$

因为 $pV = ZRT$，$p^{\ominus}V^{\ominus} = RT$，则

$$\ln\frac{f}{p} = Z - 1 - \ln\frac{pV - pb}{RT - p^{\ominus}b} + \frac{a}{bRT^{1.5}}\ln\left(\frac{V}{V^{\ominus}}\frac{V^{\ominus}+b}{V+b}\right) \tag{3-106}$$

当 $p^{\ominus}\to 0$ 时，$RT - p^{\ominus}b \to RT$，$(V^{\ominus}+b)/V^{\ominus} \to 1$，式(3-106)又可写为

$$\ln\frac{f}{p} = Z - 1 - \ln\left(Z - \frac{pb}{RT}\right) - \frac{a}{bRT^{1.5}}\ln\left(1 + \frac{b}{V}\right) \tag{3-107}$$

式(3-107)给出了用 RK 方程计算纯气体或定组成混合物的逸度系数关系式。

为便于使用,表3-2列出了某些利用状态方程计算逸度系数的表达式。

表3-2 常用状态方程的逸度系数表达式

状 态 方 程	逸 度 系 数 表 达 式
RK 方程,式(2-12)	$\ln\dfrac{f}{p}=Z-1-\ln\dfrac{p(V-b)}{RT}-\dfrac{a}{bRT^{1.5}}\ln\left(1+\dfrac{b}{V}\right)$
SRK 方程,式(2-15)	$\ln\dfrac{f}{p}=Z-1-\ln\dfrac{p(V-b)}{RT}-\dfrac{a}{bRT}\ln\left(1+\dfrac{b}{V}\right)$
PR 方程,式(2-19)	$\ln\dfrac{f}{p}=Z-1-\ln\dfrac{p(V-b)}{RT}-\dfrac{a}{2^{1.5}bRT}\ln\dfrac{V+(\sqrt2+1)b}{V-(\sqrt2-1)b}$
MH 方程,式(2-41)	$\ln\dfrac{f}{p}=Z-1-\ln\dfrac{p(V-b)}{RT}+\dfrac{1}{RT}\sum\limits_{i=2}^{5}\dfrac{f_i(T)}{(i-1)(V-b)^{i-1}}$

3.6.2.2 利用对应态原理计算逸度系数

从式(3-102),并结合式(3-52)可知:

$$\ln\varphi=\ln\frac{f}{p}=\frac{1}{RT}\int_{p^\ominus\to0}^{p}\left(\frac{ZRT}{p}-\frac{RT}{p}\right)\mathrm{d}p=\int_{p^\ominus\to0}^{p}(Z-1)\frac{\mathrm{d}p}{p}=\frac{G^{R}}{RT} \tag{3-108}$$

式(3-108)表明,纯物质的逸度或逸度系数直接与量纲为1的残余吉布斯函数相关联,并将其写成对应态形式:

$$\ln\varphi=\ln\frac{f}{p}=\int_{p_r^\ominus\to0}^{p_r}\left(\frac{Z-1}{p_r}\right)\mathrm{d}p_r \tag{3-109}$$

式(3-109)表明,φ 是 p_r 和 Z 的函数,而 Z 的普遍化计算中有以 T_r 和 p_r 为变量的二参数法和以 T_r,p_r 和 ω 为变量的三参数法。

(1) 二参数法

以二参数普遍化压缩因子图为基础,结合式(3-109),可制成二参数普遍化逸度系数图。只要已知 T_r 和 p_r 的值,便可从图中直接查出相应的逸度系数值,从而计算出逸度或逸度系数。

(2) 三参数法

采用第三参数普遍化关联式,可以提高对应态原理计算气相逸度系数的精度。如2.3节所述,当流体所处状态的 T_r,p_r 的值落在图2-6曲线上方或 $V_r\geqslant2$ 时,应采用普遍化第二位力系数的计算方法。

$$Z=1+\frac{Bp}{RT}=1+\frac{Bp_c}{RT_c}\left(\frac{p_r}{T_r}\right)$$

式中,$\dfrac{Bp_c}{RT_c}=B^{(0)}+\omega B^{(1)}$。将式(2-54)、式(2-55)代入式(3-109),得

$$\ln\frac{f}{p}=\frac{p_r}{T_r}(B^{(0)}+\omega B^{(1)}) \tag{3-110}$$

当气体所处状态的 T_r,p_r 的值落在图2-6曲线下方或 $V_r<2$ 时,可采用压缩因子 Z

的关系式 $Z=Z^{(0)}+\omega Z^{(1)}$，即式(2-51)计算得到逸度系数的普遍化压缩对应态关系式：

$$\ln\frac{f}{p}=\ln\left(\frac{f}{p}\right)^{(0)}+\omega\ln\left(\frac{f}{p}\right)^{(1)} \qquad (3-111)$$

式中，$\ln\left(\frac{f}{p}\right)^{(0)}$ 和 $\ln\left(\frac{f}{p}\right)^{(1)}$ 分别为简单流体的逸度系数的对数和逸度系数的校正项。两者都是 T_r，p_r 的函数，现已制成表供查用，参见附录2.4.1 和2.4.2。只要已知 T_r，p_r 就可以查出 $\ln\left(\frac{f}{p}\right)^{(0)}$ 和 $\ln\left(\frac{f}{p}\right)^{(1)}$ 的数值，再由式(3-111)计算出逸度系数。

[例3.8]　试估算 1-丁烯在 473.15 K 及 7 MPa 下的逸度。

解： 1-丁烯的物性参数见例3.8，即

$$T_c=420\text{ K}, \ p_c=4.02\text{ MPa}, \ \omega=0.187$$

$$T_r=\frac{473.15}{420}=1.13, \ p_r=\frac{7}{4.02}=1.74$$

查附录 2.4 逸度系数表知

$$\lg\left(\frac{f}{p}\right)^{(0)}=-0.205, \ \lg\left(\frac{f}{p}\right)^{(1)}=0.039$$

根据式(3-112)得

$$\lg\frac{f}{p}=\lg\left(\frac{f}{p}\right)^{(0)}+\omega\lg\left(\frac{f}{p}\right)^{(1)}=-0.205+0.187\times0.039=-0.198$$

则

$$\frac{f}{p}=0.634, \ f=p\varphi=0.634\times7=4.44(\text{MPa})$$

[例3.9]　用普遍化方法计算正丁烷在 460 K 和 1.52 MPa 下的逸度。

解： 从附录1.1 查得正丁烷的物性参数为

$$T_c=425.40\text{ K}, \ p_c=3.797\text{ MPa}, \ \omega=0.193$$

则

$$T_r=\frac{460}{425.40}=1.081, \ p_r=\frac{p}{p_c}=\frac{1.52}{3.797}=0.40$$

根据式(3-111)

$$\ln\frac{f}{p}=\frac{p_r}{T_r}(B^{(0)}+\omega B^{(1)})$$

$$B^{(0)}=0.083-\frac{0.422}{T_r^{1.6}}=0.083-\frac{0.422}{1.081^{1.6}}=-0.29$$

$$B^{(1)}=0.139-\frac{0.172}{T_r^{4.2}}=0.139-\frac{0.172}{1.081^{4.2}}=0.015$$

则

$$\ln\frac{f}{p}=\frac{p_r}{T_r}(B^{(0)}+\omega B^{(1)})=\frac{0.40}{1.081}\times(-0.29+0.193\times0.015)=-0.106$$

$$\frac{f}{p}=0.899,\ f=p\varphi=0.899\times1.52=1.37(\text{MPa})$$

3.6.3 温度和压力对逸度的影响

3.6.3.1 温度对逸度的影响

根据吉布斯自由能的定义：

$$G=H-TS$$

对于理想气体,则有

$$G^{ig}=H^{ig}-TS^{ig}$$

上述二式相减得

$$G-G^{ig}=H-H^{ig}-T(S-S^{ig}) \qquad (3-112)$$

积分式(3-93),得

$$G-G^{ig}=RT\ln f-RT\ln f^{ig}$$

因为 $f^{ig}=p$,所以

$$G-G^{ig}=RT\ln\frac{f}{p} \qquad (3-113)$$

比较式(3-112)和式(3-113),得

$$\ln\frac{f}{p}=\frac{H-H^{ig}}{RT}-\frac{(S-S^{ig})}{R} \qquad (3-114a)$$

或

$$R\ln f=R\ln p+\frac{H-H^{ig}}{T}-(S-S^{ig}) \qquad (3-114b)$$

在等 p 下,将上式对 T 求偏导数,得

$$R\left(\frac{\partial\ln f}{\partial T}\right)_p=\frac{1}{T}\left[\left(\frac{\partial H}{\partial T}\right)_p-\left(\frac{\partial H^{ig}}{\partial T}\right)_p\right]-\frac{H-H^{ig}}{T^2}-\left[\left(\frac{\partial S}{\partial T}\right)_p-\left(\frac{\partial S^{ig}}{\partial T}\right)_p\right]$$
$$(3-115)$$

由于 $\left(\frac{\partial H}{\partial T}\right)_p=c_p$, $\left(\frac{\partial S}{\partial T}\right)_p=\frac{c_p}{T}$,则

$$\left(\frac{\partial\ln f}{\partial T}\right)_p=-\frac{H-H^{ig}}{RT^2} \qquad (3-116)$$

式(3-116)就是纯物质的逸度随 T 变化的微分式。用状态方程或普遍化焓差图就能

计算等 p 下温度对逸度的影响。

3.6.3.2　压力对逸度的影响

将式(3-93)代入式(3-18)，得到等 T 下逸度随压力的变化关系为

$$\left(\frac{\partial \ln f}{\partial p}\right)_T = \frac{V}{RT} \tag{3-117}$$

因此，只要有状态方程或普遍化压缩因子图，就可以计算压力对逸度的影响。

3.6.4　纯液体的逸度

式(3-102)不仅适用于纯气体，也可应用于纯液体及纯固体。为计算纯液体在给定温度 T 和压力 p 下的逸度，将该式改写为

$$RT\ln \varphi = RT\ln \frac{f^{L}}{p} = \int_{p\ominus\to0}^{p^{S}}\left(V-\frac{RT}{p}\right)\mathrm{d}p + \int_{p^{S}}^{p}\left(V^{L}-\frac{RT}{p}\right)\mathrm{d}p \tag{3-118}$$

式(3-118)右边第一项计算的是处于系统温度 T、饱和蒸气压 p^{S} 下饱和蒸气的逸度 f^{S}，当气液处于平衡状态时，饱和蒸气逸度和饱和液体逸度相等，即 $f^{V}=f^{L}=f^{S}$；第二项积分计算的是液体从 p^{S} 压缩至液体压力 p 时逸度的校正值。则

$$RT\ln \frac{f^{L}}{p} = RT\ln \frac{f^{S}}{p^{S}} + \int_{p^{S}}^{p}V^{L}\mathrm{d}p - RT\ln \frac{p}{p^{S}} \tag{3-119}$$

式(3-119)变形后得

$$f^{L} = f^{S}\exp\left(\int_{p^{S}}^{p}\frac{V^{L}}{RT}\mathrm{d}p\right) \tag{3-120}$$

在式(3-119)、式(3-120)中，V^{L} 是纯液体的摩尔体积；f^{S} 是饱和蒸气的逸度。

虽然液体的摩尔体积为温度和压力的函数，但液体在远离临界点时可视为不可压缩，此种情况下式(3-120)可简化为

$$f^{L} = p^{S}\varphi^{S}\exp\left(\int_{p^{S}}^{p}\frac{V^{L}}{RT}\mathrm{d}p\right) = p^{S}\varphi^{S}\exp\left[\frac{V^{L}(p-p^{S})}{RT}\right] \tag{3-121}$$

式中，φ^{S} 为饱和蒸气的逸度系数，$\varphi^{S}=f^{S}/p^{S}$；$\exp\left[\dfrac{V^{L}(p-p^{S})}{RT}\right]$ 称为坡印亭因子(Poynting factor)。在低压条件下坡印亭因子 $(T,p)\approx1$，则有 $f^{L}=p^{S}\varphi^{S}$。若蒸气相可视为理想气体，则 $\varphi^{S}\approx1$ 及坡印亭因子 $(T,p)\approx1$，则有 $f^{L}=p^{S}$。

3.7　纯物质的饱和热力学性质计算

纯物质处于汽液平衡状态时只有1个自由度——温度或者压力。因此，只要指定其中任意一个强度性质，即温度 $T(T<T_c)$ 或压力 $p(p<p_c)$，系统的性质就确定下来了。纯物

质蒸汽压 p^S 与温度 T 之间的关系是最重要的相平衡关系,即图2-2纯物质的 p-T 图中的汽化曲线。作为饱和性质,除 T,p^S 外,还包括各相的其他热力学性质,如 M^{SV},M^{SL} ($M=V$,U,H,S,G,A,c_p,c_V,f,φ,$H-H^{ig}$,$S-S^{ig}$ 等)及相变过程性质变化量,如 ΔZ^V,ΔH^V,ΔS^V 等。

3.7.1 纯组分的气液平衡原理

当纯组分气、液两相达到平衡时,满足气液平衡准则,即式(3-99b) $\varphi^{SV}=\varphi^{SL}$,此式等价于图3-9中的等面积规则($S_{①-②-③-①}=S_{③-④-⑤-③}$,见例3.10中给出的证明)。

式(3-99b)既是纯组分气液平衡准则,又是纯组分气液平衡计算的最基本公式。气、液两相的逸度系数均可通过状态方程式来计算,关键在于有一个能同时适用于气、液两相的状态方程。纯物质处于气液平衡状态时,共有4个性质,即 T,p,V^{SV},V^{SL},而独立变量只有1个,因此需要3个方程方可求解。但适用于气、液两相的状态方程可理解为两个状态方程,即 $p=p(T,V^{SV})$ 和 $p=p(T,V^{SL})$,结合式(3-99a)共3个方程

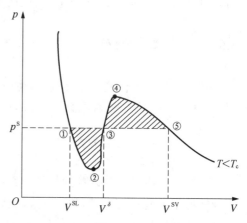

图3-9 纯物质 p-V 图上的等温线和气液平衡

式,求解条件得到满足。具体计算过程需要迭代试差,因此需要借助计算机来完成。

[例3.10] 试从热力学基本关系和相平衡准则出发,证明图3-9中由曲线①-②-③-①组成的阴影部分面积与曲线③-④-⑤-③组成的阴影部分面积相等,即 $S_{①-②-③-①}=S_{③-④-⑤-③}$。

证明:纯组分的相平衡关系需满足三个条件,即气、液两相的温度相等、压力相等以及逸度相等,即

$$\begin{cases} T^{SL}=T^{SV}=T \\ p^{SL}=p^{SV}=p^S \\ f^{SL}=f^{SV} \end{cases} \tag{a}$$

其中气、液两相的逸度可由式(3-102)、式(3-103)计算,合并式(3-102)、式(3-103)两式可得

$$\ln\frac{f}{p}=Z-1-\frac{1}{RT}\int_{V^{\ominus}\to\infty}^{V}p\,\mathrm{d}V-\int_{p^{\ominus}\to0}^{p}\frac{\mathrm{d}p}{p} \tag{b}$$

将式(b)分别应用于气、液两相得

$$\ln\frac{f^{SL}}{p^S}=Z^{SL}-1-\frac{1}{RT}\int_{V^{\ominus}\to\infty}^{V^{SL}}p\,\mathrm{d}V-\int_{p^{\ominus}\to0}^{p^S}\frac{\mathrm{d}p}{p} \tag{c}$$

$$\ln\frac{f^{SV}}{p^S}=Z^{SV}-1-\frac{1}{RT}\int_{V^{\ominus}\to\infty}^{V^{SV}}p\,\mathrm{d}V-\int_{p^{\ominus}\to0}^{p^S}\frac{\mathrm{d}p}{p} \tag{d}$$

结合式(b)、式(c)、式(d),有

$$Z^{\text{SV}} - Z^{\text{SL}} = \frac{1}{RT}\int_{V^\ominus \to \infty}^{V^{\text{SV}}} p\,\mathrm{d}V - \frac{1}{RT}\int_{V^\ominus \to \infty}^{V^{\text{SL}}} p\,\mathrm{d}V \tag{e}$$

式(e)可以恒等变形为 $p^{\text{S}}(V^{\text{SV}} - V^{\text{SL}}) = \int_{V^{\text{SL}}}^{V^{\text{SV}}} p\,\mathrm{d}V$,结合图 3-9 可知:由曲线①-②-③-①组成的阴影部分面积与曲线③-④-⑤-③组成的阴影部分面积相等,结果得证。

3.7.2　饱和热力学性质计算

如前所述,纯物质的气、液平衡系统只有一个独立变量,通常取 T 或 p,因此计算过程有两类:

(1) 已知系统温度 T,求蒸气压 p^{S} 及其他的饱和热力学性质;

(2) 已知蒸气压 p^{S},求沸点温度 T 及其他的饱和热力学性质。

以求解(1)类的蒸气压 p^{S} 为例,如采用 PR 方程

$$p = \frac{RT}{V-b} - \frac{a(T)}{V(V+b)+b(V-b)}$$

其逸度系数表达式见表 3-2,即

$$\ln\varphi = Z - 1 - \ln\frac{p(V-b)}{RT} + \frac{a}{2^{1.5}bRT}\ln\frac{V+(\sqrt{2}+1)b}{V-(\sqrt{2}-1)b}$$

结合气液平衡关系式(3-99b)知

$$\begin{aligned}\ln\frac{\varphi^{\text{SV}}}{\varphi^{\text{SL}}} &= \frac{p(V^{\text{SV}}-V^{\text{SL}})}{RT} - \ln\frac{V^{\text{SV}}-b}{V^{\text{SL}}-b} - \frac{a}{2^{1.5}bRT}\ln\frac{\left[V^{\text{SV}}+(\sqrt{2}+1)b\right]/\left[V^{\text{SV}}-(\sqrt{2}+1)b\right]}{\left[V^{\text{SL}}+(\sqrt{2}+1)b\right]/\left[V^{\text{SL}}-(\sqrt{2}+1)b\right]} \\ &= 0\end{aligned} \tag{3-122}$$

求解由式(3-122)和式(2-19)组成的方程组,得到 p^{S}, V^{SV}, V^{SL}。由此可进一步得到汽化过程的性质变化,如

$$\Delta Z^{\text{V}} = \frac{p^{\text{S}}(V^{\text{SV}}-V^{\text{SL}})}{RT}$$

$$\frac{\Delta H^{\text{V}}}{RT} = \left(\frac{H-H^{\text{ig}}}{RT}\right)^{\text{SV}} - \left(\frac{H-H^{\text{ig}}}{RT}\right)^{\text{SL}}$$

$$\frac{\Delta S^{\text{V}}}{R} = \left(\frac{S-S^{\text{ig}}}{R}\right)^{\text{SV}} - \left(\frac{S-S^{\text{ig}}}{R}\right)^{\text{SL}} \quad \text{或} \quad \Delta S^{\text{V}} = \frac{\Delta H^{\text{V}}}{T}$$

计算流程图如图 3-10 所示。

先估算给定温度 T 下的 p 初值,然后按照图 3-10 进行计算,判断式(3-122)是否满足收敛条件,若不满足,则假设的 p^{S} 值必须进行调整,直至 $|\ln(\varphi^{\text{SV}}/\varphi^{\text{SL}})| \leqslant \varepsilon$(如 $\varepsilon = 10^{-5}$)收敛。最后一次计算所得的 p^{S}, V^{SV}, V^{SL} 就是方程式(3-122)和式(2-19)的解。

利用式(2-19)计算时,需要假设 p^{S} 值。可采用 $\ln p^{\text{S}} = A - \dfrac{B}{T}$[式(2-61)]表达简单的

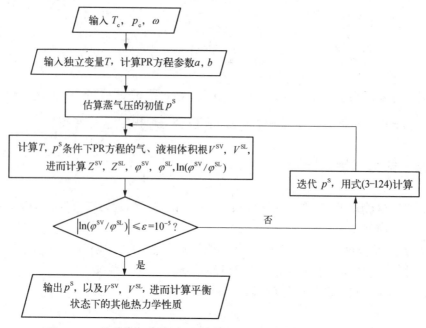

图 3-10 状态方程计算纯物质的蒸气压及其他的饱和热力学性质

蒸气压方程进行计算。同时结合临界点的条件 $p_r^S|_{T_r=1}=p_c$ 以及偏心因子的定义式 $\omega=-1-\lg p_r^S|_{T_r=0.7}$，确定式(2-61)的系数 A 和 B，然后根据 ω 和 T_c 利用式(3-123)计算 p^S 的初值：

$$p^S=p_c \cdot 10^{\frac{7(1-\omega)}{3}\left(1-\frac{T_c}{T}\right)} \tag{3-123}$$

p^S 的迭代式可采用牛顿(Newton)法，即式(3-124)计算。

$$p_{(n+1)}^S=p_{(n)}^S\left[1-\frac{\ln(\varphi^{SV}/\varphi^{SL})_{(n)}}{(Z^{SV}-Z^{SL})_{(n)}}\right] \tag{3-124}$$

3.8 纯组分两相系统的热力学性质及热力学图表

3.8.1 纯组分两相系统的热力学性质

若系统是气、液两相共存，且互成平衡，则根据相律只有 1 个自由度。这一区域在 p-T 图中是介于三相点和临界点之间的汽化曲线，如图 2-2 所示。

纯组分系统气液平衡的两相混合物的性质，与各相的性质和各相的相对量有关。由于热力学能 U、焓 H 和熵 S 等都是容量性质，因而气、液混合物的相应值是两相数值之和。对单位质量混合物有

$$U=U^L(1-x)+U^V x \tag{3-125}$$

$$H=H^L(1-x)+H^V x \tag{3-126}$$

$$S=S^L(1-x)+S^V x \tag{3-127}$$

式(3-125)~式(3-127)中,x 为汽相的质量分数或物质的量分数(通常称为干度或品质)。

以上计算式可以概括地用一个式子表示：

$$M = M^L(1-x) + M^V x \qquad (3-128)$$

式中,M 泛指二相混合物的热力学容量性质。

3.8.2　热力学性质图表

如前所述,焓 H 和熵 S 等热力学函数都可以根据理想气体比热容和 p-V-T 关系直接计算。为了能够方便地获得多种热力学性质,人们将化工过程中的一些常用物质,如水、氨、二氧化碳、氟利昂(Freon)以及氟利昂替代物等的热力学性质制成了专用的图和表。它们除了可以在一张图上同时读取物质的 p, V, T, H, S 和 x 等热力学性质外,还能形象地表示热力学性质的变化规律和过程进行的路径等信息。通常使用的热力学性质图有：T-S(温熵)图、$\ln p$-H(压焓)图和 H-S(焓熵)图,如图 3-11~图 3-13 所示。

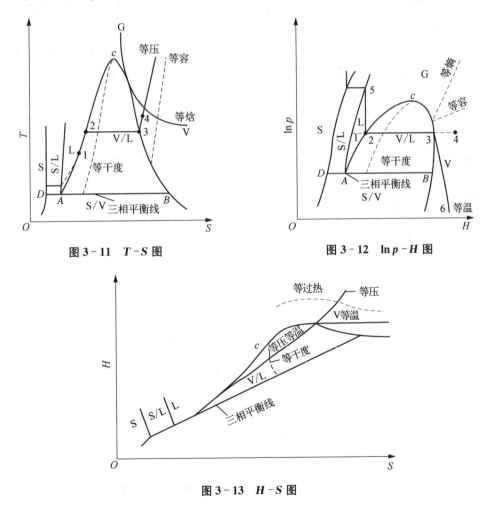

图 3-11　T-S 图　　　　图 3-12　$\ln p$-H 图

图 3-13　H-S 图

在图 3-11 的 T-S 图和图 3-12 的 $\ln p$-H 图中,c 点为临界点,曲线 Ac 和 Bc 分别为饱和液体线和饱和蒸气线,包络线 AcB 之内的区域为气-液共存区。在饱和液体线左侧,临界温度以下的区域为液相区;在饱和蒸气线右侧,临界温度以下的区域为蒸气区;临界温度以上的区域为气相区。点1、点2、点3、点4分别代表纯物质处于某一等压线时所处的各种状态:点1是等压下低于点2沸点 T_2 时的状态,并在点2时开始汽化,在蒸发过程中压力和温度 T_2 均保持不变,直到点3时完全汽化,等压下继续加热时蒸气将沿点3到点4的路径变为过热蒸气。在 T-S 图中,因液体的可压缩性小,液相区的等压线和饱和液体线十分接近。在 $\ln p$-H 图中,低压下,等温线实际上是近似竖直的,原因在于实际气体在这里可近似看成理想气体,因而等温线与等焓线重合。

图3-13中 H-S 图的纵坐标为焓 H,横坐标为熵 S。H-S 图又被称为莫里尔图(Mollier diagram)。化工计算中常常利用莫里尔图分析流动过程中的能量变化。

另外,图3-11~图3-13中的等变量线也很重要,如 $\ln p$-H 图中标注5-2-3-6所示的等温线、等熵线;T-S 图中标注1-2-3-4所示的等压线、等焓线、等比体积线和等干度线;H-S 图中标注的等过热度线(定义为在相同的压力下,气体的温度和其饱和温度的差值)。

T-S 图是最有用的热力学性质图之一,对于可逆过程,输入或输出的热量在图3-11的 T-S 图上表现为一面积,因为 $Q_R = \int_1^2 \delta Q_R = \int_{S_1}^{S_2} T \mathrm{d}S$。此外,在 T-S 图上还可以用面积表示热力学能 U 和焓 H 的变化值,因为 $\delta Q_R = T \mathrm{d}S$,而 $\delta Q_{R,V} = \mathrm{d}U$,$\delta Q_{R,p} = \mathrm{d}H$。

热力学性质也可以用表格的形式提供,用这种形式虽然经常需要使用内插,但相比于图形来说更为准确。水蒸气表是收集最广泛、最完善的一种热力学性质表。目前常用的水蒸气表分为三类。一类是过热水蒸气表(参见附录3.2)和过冷液体水表(参见附录3.3);另两类是分别以温度为序和以压力为序的饱和水蒸气表(参见附录3.1)。在水蒸气表中焓 H 和熵 S 是以液态水的三相点(在0℃和0.6112 kPa时)的焓和熵为零计算得到。

[例3.11] 某一刚性的容器中装有1 kg水,其中气相体积分数为90%,压力为0.1985 MPa,加热使液体水刚好汽化完毕,试确定终态的温度和压力,并计算所需的热量 Q,以及热力学能 U、焓 H、熵 S 的变化量 ΔU_t,ΔH_t,ΔS_t。

解: 初态是气-液共存的平衡状态,初态的压力就是饱和蒸汽压,$p^S = 0.2$ MPa,由此查饱和水性质表(附录3.1)得初态条件下的有关性质如表3-3所示。

表3-3 例3.11查得的初态水蒸气性质表

性 质	p^S/MPa	U/(J·g^{-1})	H/(J·g^{-1})	S/(J·g^{-1}·K^{-1})	V/(cm^3·g^{-1})	质量 m/g
饱和液体		503.50	503.71	1.5276	1.0603	989.41
饱和蒸汽	0.2	2529.3	2706.3	7.1296	891.9	10.59
初态的总性质		524953(J)	527035(J)	1586.93(J·K^{-1})	—	1000

由 $\dfrac{0.1 V_t}{1.0603} + \dfrac{0.9 V_t}{891.9} = 1000$,得

$$V_t = \frac{1000}{0.1/1.0603 + 0.9/891.9} = 10490.76 (\mathrm{cm}^3)$$

$$m^{SL} = \frac{0.1 \times 10490.75}{1.0603} = 989.41(\mathrm{g}) \quad m^{SV} = 1000 - 989.41 = 10.59(\mathrm{g})$$

总性质的计算式是 $M_t = M^{SV} m^{SV} + M^{SL} m^{SL}$,初态的总性质结果列于表3-3中。

由于终态处于刚刚汽化完毕状态,故是饱和水蒸气,其比容是

$$v = \frac{V_t}{m_t} = \frac{10490.76}{1000} \approx 10.5 (\mathrm{cm^3 \cdot g^{-1}})$$

这也就是饱和蒸汽的比容,即 $v^{SV} = 10.5 \mathrm{cm^3 \cdot g^{-1}}$,并由此查出终点有关性质如表 3-4(为了方便,查附录 3.1 的 $v^{SV} = 10.8 \mathrm{cm^3 \cdot g^{-1}}$ 一行的数据),并根据 $M_t = M^{SV} m^{SV} = 1000 M^{SV}$ 计算终态的总性质,也列于表 3-4 中。

表 3-4　例 3.11 计算结果表

性　质	沸点或水蒸气压	$U/(\mathrm{J \cdot g^{-1}})$	$H/(\mathrm{J \cdot g^{-1}})$	$S/(\mathrm{J \cdot g^{-1} \cdot K^{-1}})$
饱和水蒸气	340 ℃或 14.59 MPa	2464.5	2622.0	5.3359
终态的总性质		2464500(J)	2622000(J)	5335.9(J·K⁻¹)

所以,$\Delta U_t = 2464500 - 524953 = 1939547(\mathrm{J})$,$\Delta H_t = 2622000 - 527035 = 2094965(\mathrm{J})$,$\Delta S_t = 5335.9 - 1586.93 = 3549(\mathrm{J \cdot K^{-1}})$。

因为这是一个等容过程,故需要吸收的热为

$$Q_V = \Delta U_t = 1939547 \ \mathrm{J}$$

[例 3.12]　压力是 3 MPa 的饱和水蒸气置于 1000 cm³ 的容器中,需要导出多少热量方可使一半的蒸汽冷凝?(可忽略液体水的体积)

解: 等容过程,$Q_V = \Delta U_t = U_{t2} - U_{t1}$

初态:由附录 3.1 水蒸气表查得 3 MPa 下饱和水蒸气物性为

$$V_1^{SV} = 67.17 \ \mathrm{cm^3 \cdot g^{-1}}, \quad U_1^{SV} = 2603.9 \ \mathrm{J \cdot g^{-1}}$$

水的总质量为

$$m_t = \frac{V_t}{V_1^{SV}} = \frac{1000}{67.17} = 14.89(\mathrm{g})$$

则

$$U_{t1} = m_t U_1^{SV} = 14.89 \times 2603.9 = 38772.1(\mathrm{J})$$

冷凝的水量为

$$0.5 m_t = 0.5 \times 14.89 = 7.445(\mathrm{g})$$

终态:气-液共存系统,若忽略液体水的体积,则终态的气相质量体积是

$$V_2^{SV} = 2 V_1^{SV} = 2 \times 67.17 = 134.34(\mathrm{cm^3 \cdot g^{-1}})$$

由此查表可知

$$U_2^{SV} = 2593.7 \ \mathrm{J \cdot g^{-1}}, \quad U_2^{SL} = 840.05 \ \mathrm{J \cdot g^{-1}}$$

$$U_{t2} = 0.5 m_t U_2^{SV} + 0.5 m_t U_2^{SL} = 7.445 \times (2593.7 + 840.05) = 25564.3(\mathrm{J})$$

因为是封闭系统,恒体积,所以 $Q - W = \Delta U$,又 $W = 0$

$$Q = \Delta U = U_{t2} - U_{t1} = 25564.3 - 38772.1 = -13207.8(\mathrm{J})$$

则移出的热量为 13207.8 J。

[例 3.13]　过热水蒸气的状态为 1.034 MPa 和 533 K,通过喷嘴膨胀,出口压力为

2.067 MPa,如果是可逆绝热过程,并达到平衡,问水蒸气在喷嘴出口的状态如何?

解:因为由附录 3.2 过热水蒸气表对状态 1 内插求得:

$$T_1 = 533 \text{ K}, \quad p_1 = 1.034 \text{ MPa}$$

$$S_1 = 6.95 \text{ kJ} \cdot \text{kg}^{-1} \cdot \text{K}^{-1}, \quad H_1 = 2970 \text{ kJ} \cdot \text{kg}^{-1}$$

水蒸气由状态 1 可逆绝热膨胀至状态 2 为等熵过程,即 $S_2 = S_1$。由附录 3.1 饱和水蒸气表查得

$$H^L = 508 \text{ kJ} \cdot \text{kg}^{-1}, \quad S^L = 1.54 \text{ kJ} \cdot \text{kg}^{-1} \cdot \text{K}^{-1}$$

$$H^V = 2710 \text{ kJ} \cdot \text{kg}^{-1}, \quad S^V = 7.12 \text{ kJ} \cdot \text{kg}^{-1} \cdot \text{K}^{-1}$$

$S_2 = S_1 = 6.95 \text{ kJ} \cdot \text{kg}^{-1} \cdot \text{K}^{-1}$,其值介于 S^L 和 S^V 之间,故状态 2 必在两相区域,根据式 (3-127) 得

$$S = S^L(1-x) + S^V x$$

即

$$1.54(1-x) + 7.12x = 6.95$$

代入数据,求得 $x = 0.970$,则

$$H_2 = H^L(1-x) + H^V x = 508 \times (1-0.970) + 2710 \times 0.970 = 2643.9 (\text{kJ} \cdot \text{kg}^{-1})$$

3.8.3 热力学性质图表制作原理

以 T-S 图为例,简述热力学性质图表的计算方法与步骤,如图 3-14 所示。

(1) 首先选定基准状态点 $1(p_1, T_1)$,并规定在该状态下,饱和液体的焓 H 和熵 S 的值均为零,即 $H_1 = 0$, $S_1 = 0$。

(2) 计算点 2 的焓 H 和熵 S 的值。点 2 与点 1 呈平衡状态,则

$$H_2 = H_1 + \Delta H_1^V \quad (3-129)$$

$$S_2 = S_1 + \frac{\Delta H_1^V}{T_1} \quad (3-130)$$

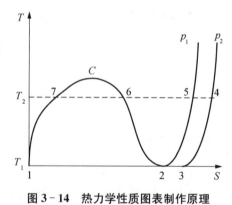
图 3-14 热力学性质图表制作原理

式中,ΔH_1^V 为 T_1, p_1 下的蒸发焓,利用克拉佩龙方程即可得到。

(3) 计算点 3 的焓 H 和熵 S 的值。由 $H_3 = H_2 + \Delta H$, $S_3 = S_2 + \Delta S$,其中,ΔH 可由式 (3-21) 积分得到

$$\Delta H = \int_{p_1}^{p_2} \left[V - T \left(\frac{\partial V}{\partial T} \right)_p \right] \mathrm{d}p \quad (3-131)$$

ΔS 可由式 (3-15) 积分得到

$$\Delta S = -\int_{p_1}^{p_2} \left(\frac{\partial V}{\partial T} \right)_p \mathrm{d}p \quad (3-132)$$

通过选择合适的状态方程,可以求出等温过程的焓差和熵差。

(4) 计算点 4 的焓 H 和熵 S 的值。若点 4 的压力足够低,可以看成理想气体来处理,则 $H_4 = H_3 + \Delta H^{ig}$, $S_4 = S_3 + \Delta S^{ig}$。

以上两式中的 ΔH^{ig} 和 ΔS^{ig} 分别由式(3-47)、式(3-46)积分得到:

$$\Delta H^{ig} = \int_{p_1}^{p_2} c_p^{ig} \, dT \tag{3-133}$$

$$\Delta S^{ig} = \int_{p_1}^{p_2} \frac{c_p^{ig}}{T} \, dT \tag{3-134}$$

(5) 同理,点 4 与点 5、点 5 与点 6、点 6 与点 7 的焓差和熵差的计算方法与以上方法相同。

(6) 两相区内的焓和熵值可由式(3-126)和式(3-127)计算得到。

根据以上计算所得结果即可制成热力学性质图。显然,制作热力学性质图是一个非常复杂的过程。但利用已制成的性质图进行过程热力学分析与计算是十分方便的。

习　题

3.1　某理想气体借活塞之助装于钢瓶中,压力为 34.45 MPa,温度为 366 K,反抗某一恒定的外压力 3.45 MPa 而等温膨胀,直到 2 倍于其初始容积为止,试计算此过程的 ΔU, ΔH, ΔS, ΔA, ΔG, $\int T dS$, $\int p dV$, Q 和 W。

3.2　将 10 kg 水在 100 ℃,0.1013 MPa 下的恒定压力下汽化,试计算此过程中 ΔU, ΔH, ΔS, ΔA 和 ΔG。

3.3　从热力学基本关系出发,推导以下关系式:

$$\left[\frac{\partial(A/T)}{\partial T}\right]_V = -\frac{U}{T^2}, \quad \left[\frac{\partial(A/T)}{\partial V}\right]_T = -\frac{p}{T}$$

3.4　用以下方法计算二氧化碳在 473.15 K, 30 MPa 下的焓值与熵值。已知在相同条件下,二氧化碳处于理想状况的焓为 83777 J·mol^{-1},熵为 -25.86 J·mol^{-1}·K^{-1}。(1) RK 方程;(2) PR 方程;(3) 截至第二项的位力系数方程。

3.5　采用 RK 方程计算丙烷从 0.507 MPa, 125 ℃ 的初态变化到 2.535 MPa, 190 ℃ 的终态过程变化的 ΔH, ΔS。已知丙烷在理想气体状态下的等压摩尔比热容为 $c_p^{ig} = 22.99 + 0.1775T$ (J·mol^{-1}·K^{-1})。

3.6　设 Cl$_2$ 在 27 ℃,0.1 MPa 下的 H, S 为零,求 227 ℃,10 MPa 下 Cl$_2$ 的 H, S。已知 Cl$_2$ 的临界参数为 $T_c = 417$ K, $p_c = 7.701$ MPa, $\omega = 0.073$;在理想气体状态下的等压摩尔比热容为 $c_p^{ig} = 31.696 + 10.144 \times 10^{-3} T - 4.038 \times 10^{-6} T^2$ (J·mol^{-1}·K^{-1})。

3.7　采用 PR 状态方程计算从 $p_1 = 0.1013$ MPa, $t_1 = 0$ ℃ 压缩到 $p_2 = 20.26$ MPa, $t_2 = 200$ ℃ 时 1 mol CH$_4$ 的焓变。已知 CH$_4$ 在 $p=0.1013$ MPa 时的 c_p 数据如下:

$t/℃$	0	50	100	150	200
c_p/(J·g^{-1}·K^{-1})	2.151	2.351	2.548	2.732	2.900

3.8　计算 CH$_4$(1) - N$_2$(2) 的二元气体混合物(CH$_4$ 的物质的量分数为 0.60),在 200 K,压力从零增加到 4.86 MPa 过程中焓变。

3.9　用 RK 方程式及普劳斯尼茨混合规则(设 $k_{12} = 0.06$),计算 H$_2$S(1)- C$_2$H$_6$(2) 的二元气体混合物 ($y_1 = 0.3$) 在 413.15 K, 8 MPa 时的残余焓和残余熵。

3.10 (1) 10.13×10^5 Pa 的饱和气态 NH_3，以 25 kg·min^{-1} 的流速进入冷凝器，成为饱和液态 NH_3，问每分钟需从冷凝器移出的热量是多少？(2) 欲将 4 kg 1.013×10^5 Pa，150 K 的空气等压加热至 225 K，试求需要消耗的热量。

3.11 计算 360 K 异丁烷饱和蒸气的 H 和 S。已知条件为(1) 360 K 异丁烷的饱和蒸气压为 1.541 MPa；(2) 异丁烷在 300 K，0.1 MPa 理想气体参考态时，$(H^{ig})_{p\ominus\to0}=18115.0$ J·mol^{-1}，$(S^{ig})_{p\ominus\to0}=295.976$ J·mol^{-1}·K^{-1}；(3) 在相关的温度范围内，异丁烷理想气体的等压摩尔比热容为 $c_p^{ig}/R=1.7765+33.037\times10^{-3}T$，$T$/K；(4) 异丁烷蒸气压缩因子 Z 的实验数据如下：

p/MPa	340 K	350 K	360 K	370 K	380 K
0.01	0.99700	0.99719	0.99737	0.99753	0.99767
0.05	0.98745	0.98830	0.98907	0.98977	0.99040
0.2	0.95895	0.96206	0.96483	0.96730	0.96953
0.4	0.92422	0.93069	0.93635	0.94132	0.94574
0.6	0.88742	0.89816	0.90734	0.91529	0.92223
0.8	0.84575	0.86218	0.87586	0.88745	0.89743
1.0	0.79659	0.82117	0.84077	0.85695	0.87061
1.2	—	0.77310	0.80103	0.82315	0.84134
1.4	—	—	0.75506	0.78531	0.80923
1.541	—	—	0.71727	—	—

3.12 推导下列关系式：

$$\left(\frac{\partial S}{\partial V}\right)_T=\left(\frac{\partial p}{\partial T}\right)_V,\quad \left(\frac{\partial U}{\partial V}\right)_T=T\left(\frac{\partial p}{\partial T}\right)_V-p$$

式中，T，V 为独立变量。

3.13 试证明由范德瓦耳斯方程推得的残余焓、残余熵的表达式分别为

$$H^R=RT-pV+\frac{a}{V}$$

$$S^R=-R\ln\frac{p(V-b)}{RT}$$

3.14 试证明同一理想气体在 T-S 图上，(1) 任何两条等压线在相同温度时有相同斜率；(2) 任何两条等容线在相同温度时有相同斜率；(3) 如温度相同，则其等容线的斜率大于等压线的斜率，而两斜率之比值为 γ。

3.15 试推导残余体积 V^R 的表达式，将它表示成 T，p 和 V 的位力方程 $Z=1+\frac{B}{V}+\frac{C}{V^2}+\frac{D}{V^3}+\cdots$ 的位力系数的函数，并对结果进行讨论。

3.16 基本概念题

1. 是非题

(1) 热力学基本关系式 $dH=TdS+Vdp$ 只适用于可逆过程。 ( )

(2) 当压力趋于零时，$M(T,p)-M^{ig}(T,p)\equiv0$（$M$ 是摩尔容量性质）。 ( )

(3) 纯物质逸度的完整定义是：在等温条件下，$dG=RTd\ln f$。 ( )

(4) 当 $p\to0$ 时，$\frac{f}{p}\to\infty$。 ( )

(5) 因为 $\ln\varphi = \dfrac{1}{RT}\displaystyle\int_{p^{\ominus}\to 0}^{p}\left(V - \dfrac{RT}{p}\right)\mathrm{d}p$，当 $p^{\ominus}\to 0$ 时，$\varphi = 1$，所以 $V - \dfrac{RT}{p} = 0$。　　　(　)

(6) 吉布斯函数与逸度系数的关系是 $G(T,p) - G^{\mathrm{ig}}(T,p=1) = RT\ln\varphi$。　　　(　)

(7) 由于残余函数是两个等温状态的热力学性质之差，故不可能用残余函数来计算热力学性质随着温度的变化。　　　(　)

(8) 系统经历一绝热可逆过程，其熵没有变化。　　　(　)

(9) 吸热过程一定使系统熵增。反之，熵增过程也是吸热的。　　　(　)

(10) 如 $\mathrm{d}U = T\mathrm{d}S - p\mathrm{d}V$ 等热力学方程只能用于气相，不能用于液相或固相。　　　(　)

(11) $\left[S - (S^{\ominus})^{\mathrm{ig}}\right](T,p) + R\ln\dfrac{p}{p^{\ominus}}$ 与参考态的压力无关。　　　(　)

(12) 理想气体的状态方程是 $pV = RT$，其中的压力 p 用逸度 f 代替后就成为真实流体的状态方程。　　　(　)

(13) 逸度与压力的单位是相同的。　　　(　)

(14) 由于残余函数是在均相系统中引出的概念，故不能用残余函数来计算汽化过程的热力学性质的变化。　　　(　)

(15) 用一个相当精确的状态方程，就可以计算所有的均相热力学性质随着状态的变化。　　　(　)

2. 选择题

(1) 对于一均相系统，$T\left(\dfrac{\partial S}{\partial T}\right)_p - T\left(\dfrac{\partial S}{\partial T}\right)_V$ 等于(　)。

A. 0　　　　　　　B. c_p/c_V　　　　　　　C. R　　　　　　　D. $T\left(\dfrac{\partial p}{\partial T}\right)_V\left(\dfrac{\partial V}{\partial T}\right)_p$

(2) 一气体符合 $p = RT/(V-b)$ 的状态方程，若其从 V_1 等温可逆膨胀至 V_2，则系统的 ΔS 为(　)。

A. $RT\ln\dfrac{V_2 - b}{V_1 - b}$　　　　B. 0　　　　C. $R\ln\dfrac{V_2 - b}{V_1 - b}$　　　　D. $R\ln\dfrac{V_2}{V_1}$

(3) 吉布斯函数变化与 p-V-T 关系为 $G^{\mathrm{ig}}(T,p) - G^x = RT\ln p$，则 G^x 的状态应该为(　)

A. T 和 p 下纯理想气体　　　　　　　B. T 和零压的纯理想气体

C. T 和单位压力的纯理想气体

(4) 对于一均相的物质，其 H 和 U 的关系为(　)。

A. $H \leqslant U$　　　　B. $H > U$　　　　C. $H = U$　　　　D. 不能确定

(5) $\left(\dfrac{\partial p}{\partial V}\right)_T\left(\dfrac{\partial T}{\partial p}\right)_S\left(\dfrac{\partial S}{\partial T}\right)_p = (　)$。

A. $\left(\dfrac{\partial S}{\partial V}\right)_T$　　　B. $\left(\dfrac{\partial p}{\partial T}\right)_V$　　　C. $\left(\dfrac{\partial V}{\partial T}\right)_S$　　　D. $-\left(\dfrac{\partial p}{\partial T}\right)_V$

3. 填空题

(1) 状态方程 $p(V-b) = RT$ 的残余焓和残余熵分别是_____和_____；若要计算 $H(T_2,p_2) - H(T_1,p_1)$ 和 $S(T_2,p_2) - S(T_1,p_1)$，则还需要_____(填性质)。其计算式分别是 $H(T_2,p_2) - H(T_1,p_1) = $_____和 $S(T_2,p_2) - S(T_1,p_1) = $_____。

(2) 对于混合物系统，残余函数中参考态是_____。

(3) 对于范德瓦耳斯方程，$\left(\dfrac{\partial p}{\partial V}\right)_T = $_____；$\mu_J = \left(\dfrac{\partial T}{\partial p}\right)_S = $_____；$c_p = c_V + $_____。

(4) 某一流体服从范德瓦耳斯方程，在 $T_r = 1.5$，$p_r = 3$ 时，$V_r = $_____，$V = $_____，$T = $_____，$p = $_____。

(5) 由范德瓦耳斯方程 $p = RT/(V-b) - a/V^2$ 计算从 (T,p_1) 压缩至 (T,p_2) 的焓变为_____；其中残余焓是_____。

第4章

溶液热力学基础

内容概要和学习方法

　　狭义上,溶液主要是指液体混合物;而广义上,溶液涵盖了自然界物质所存在的所有状态,包括固态、凝聚态以及等离子体态等。研究溶液理论的目的在于,用分子间力以及由其决定的溶液结构来表达溶液的性质。分子间力对所有流体,不论气体或液体,都是基本的因素,而结构的问题对于液体则更为突出。从微观来看,液体是近程有序、远程无序的,液体的结构接近于固体而不是气体。因此结构因素的影响相对于气体来说要显著得多,必须加以足够的重视,一个完善的溶液理论(如密度泛函理论等)必须建立在完善的分子间力理论和结构理论的基础上,它应该能从分子参数预测溶液的宏观性质,也可从纯物质的性质预测混合物的性质。然而,现有的理论还远远不能做到这一点,解决溶液性质的问题还都依据经验和半经验的关联式来解决。

　　本章将在第3章内容的基础上,介绍物质偏摩尔量的物理意义以及化学位(偏摩尔吉布斯函数)在物质传递规律中的作用,并要求掌握表述溶液组分的偏摩尔性质的计算;构建虚拟的理想溶液概念,并要求掌握表达溶液组分偏离理想行为的数学模型——活度系数方程。

4.1　变组成系统的热力学关系

　　对于均相只做体积功的变组成的多元系统,其热力学状态函数总是可以表示为变量(p, V, T)中任意2个独立变量与各组分i物质的量n_i的函数,拓展式(3-1)~式(3-4)所表达的封闭系统结果可知:

$$U_t = U_t(S_t, V_t, n_1, n_2, \cdots, n_N) \tag{4-1}$$

$$H_t = H_t(S_t, p, n_1, n_2, \cdots, n_N) \tag{4-2}$$

$$A_t = A_t(T, V_t, n_1, n_2, \cdots, n_N) \tag{4-3}$$

$$G_t = G_t(T, p, n_1, n_2, \cdots, n_N) \tag{4-4}$$

式中,下标 t 表示系统的总量(total),$n = n_1 + n_2 + \cdots + n_N$。 由状态函数性质知:

$$dU_t = \left(\frac{\partial U_t}{\partial S_t}\right)_{V_t, n} dS_t + \left(\frac{\partial U_t}{\partial V_t}\right)_{S_t, n} dV_t + \sum_{i=1}^{N} \left(\frac{\partial U_t}{\partial n_i}\right)_{S_t, V_t, n_{j[i]}} dn_i$$

$$= T\mathrm{d}S_t - p\mathrm{d}V_t + \sum_{i=1}^{N} \left(\frac{\partial U_t}{\partial n_i}\right)_{S_t, V_t, n_{j[i]}} \mathrm{d}n_i \tag{4-5}$$

式中,下标 $j[i]$ 表示 $j \neq i$。 同理:

$$\mathrm{d}H_t = T\mathrm{d}S_t + V_t\mathrm{d}p + \sum_{i=1}^{N} \left(\frac{\partial H_t}{\partial n_i}\right)_{S_t, p, n_{j[i]}} \mathrm{d}n_i \tag{4-6}$$

$$\mathrm{d}A_t = -S_t\mathrm{d}T - p\mathrm{d}V_t + \sum_{i=1}^{N} \left(\frac{\partial A_t}{\partial n_i}\right)_{T, V_t, n_{j[i]}} \mathrm{d}n_i \tag{4-7}$$

$$\mathrm{d}G_t = -S_t\mathrm{d}T + V_t\mathrm{d}p + \sum_{i=1}^{N} \left(\frac{\partial G_t}{\partial n_i}\right)_{T, p, n_{j[i]}} \mathrm{d}n_i \tag{4-8}$$

不难证明:

$$\left(\frac{\partial U_t}{\partial n_i}\right)_{S_t, V_t, n_{j[i]}} = \left(\frac{\partial H_t}{\partial n_i}\right)_{S_t, p, n_{j[i]}} = \left(\frac{\partial A_t}{\partial n_i}\right)_{T, V_t, n_{j[i]}} = \left(\frac{\partial G_t}{\partial n_i}\right)_{T, p, n_{j[i]}} = \mu_i \tag{4-9}$$

式中, μ_i 称为组分 i 的化学位(chemical potential)。 由式(4-5)~式(4-8)可写出变组成敞开系统的热力学基本方程:

$$\mathrm{d}U_t = T\mathrm{d}S_t - p\mathrm{d}V_t + \sum_{i=1}^{N} \mu_i\mathrm{d}n_i \tag{4-10}$$

$$\mathrm{d}H_t = T\mathrm{d}S_t + V_t\mathrm{d}p + \sum_{i=1}^{N} \mu_i\mathrm{d}n_i \tag{4-11}$$

$$\mathrm{d}A_t = -S_t\mathrm{d}T - p\mathrm{d}V_t + \sum_{i=1}^{N} \mu_i\mathrm{d}n_i \tag{4-12}$$

$$\mathrm{d}G_t = -S_t\mathrm{d}T + V_t\mathrm{d}p + \sum_{i=1}^{N} \mu_i\mathrm{d}n_i \tag{4-13}$$

显然,对于不发生化学反应的封闭系统,式(4-10)~式(4-13)中的 $\mathrm{d}n_i = 0$,此时其还原成封闭系统的热力学基本方程式(3-1)~式(3-4)。对于敞开系统的热力学基本方程式(4-10)~式(4-13),它们在物理意义上均反映了系统与环境间的热量交换、功交换和物质的传递规律。

将上述的均相物系的热力学关系式拓展至多相物系,对于含有 N 个组分、π 个相的物系,若各项之间均已达到温度、压力平衡,则对于任一相 α 有:

$$\mathrm{d}U^\alpha = T\mathrm{d}S^\alpha - p\mathrm{d}V^\alpha + \sum_{i=1}^{N} \mu_i^\alpha\mathrm{d}n_i^\alpha \tag{4-14}$$

则系统总的热力学能 U_t 为

$$U_t = \sum_{\alpha=1}^{\pi} U^\alpha \tag{4-15}$$

因此,满足

$$\mathrm{d}U_t = T\mathrm{d}S_t - p\mathrm{d}V_t + \sum_{\alpha=1}^{\pi}\sum_{i=1}^{N} \mu_i^\alpha\mathrm{d}n_i^\alpha \tag{4-16}$$

4.2 偏摩尔量

对于一个均相系统的任一容量性质 M_t 可以表示为

$$M_t = M_t(T, p, n_1, n_2, \cdots, n_N) \tag{4-17}$$

当 T, p 一定时,有

$$dM_t = \sum_{i=1}^{N} \left(\frac{\partial M_t}{\partial n_i} \right)_{T, p, n_{j[i]}} dn_i \quad (j \neq i) \tag{4-18}$$

令

$$\overline{M_i} \equiv \left(\frac{\partial M_t}{\partial n_i} \right)_{T, p, n_{j[i]}} \tag{4-19}$$

则称 $\overline{M_i}$ 为偏摩尔量,其物理意义是在 T, p 一定时,除组分 i 以外其他组分的物质的量都保持不变的条件下,加入微量的组分 i 时所引起的系统容量性质的增量。亦可理解为,在有限的系统中,加入 dn_i 物质的量的组分 i,引起系统中任一容量性质的变化值与 dn_i 的比值。

需要强调的是 $\overline{M_i}$ 是研究多元系容量性质时重要的热力学量,只有在同一个相内才有偏摩尔量的概念,且只有容量性质的状态函数在 T, p 一定的条件下,对某组分 dn_i 的偏微分才是偏摩尔量。

根据偏摩尔量的定义,可得多元系容量性质的加和性:

$$M_t = \sum_{i=1}^{N} n_i \overline{M_i} \tag{4-20}$$

或

$$M = \sum_{i=1}^{N} x_i \overline{M_i} \tag{4-21}$$

式(4-20)表达了系统总性质与各组分偏摩尔性质之间的关系。式(4-21)则表达了系统的摩尔性质 M 为各组分的偏摩尔性质 $\overline{M_i}$ 关于其物质的量分数 x_i 的加权平均值。

偏摩尔量之间的函数关系与纯物质性质的函数关系类似,只须把纯物质性质的函数关系式中的容量性质的函数换成组分的偏摩尔量即可。例如存在下列关系式:

$$\overline{H_i} = \overline{U_i} + p\overline{V_i}, \quad \overline{A_i} = \overline{U_i} - T\overline{S_i}, \quad \overline{G_i} = \overline{H_i} - T\overline{S_i} \tag{4-22}$$

$$\left[\frac{\partial(\overline{G_i}/T)}{\partial T} \right]_{p, n} = -\frac{\overline{H_i}}{T^2} \tag{4-23}$$

$$\left[\frac{\partial(\overline{G_i}/T)}{\partial p} \right]_{T, n} = \frac{\overline{V_i}}{T} \tag{4-24}$$

需要指出的是,根据偏摩尔性质的定义,在处理相平衡和化学平衡问题时,通常指的是在等温、等压的条件下,化学位往往仅仅只是理解为偏摩尔自由焓,即 $\mu_i = \overline{G_i} =$

$\left(\dfrac{\partial G_t}{\partial n_i}\right)_{T,\,p,\,n_{j[i]}}$。

显然,由式(4-21)可知,$\overline{M_i}$ 与 M 一样,也是强度性质。强度性质一般是温度 T、压力 p 和组成 $\{x_i\}$ 的函数,即 $\overline{M_i}=\overline{M_i}(T,\,p,\,\{x_i\})$,故强度性质与系统的大小尺寸无关。对于纯物质,$\overline{M_i}$ 等于纯物质 i 的摩尔性质 M_i。

如果所讨论的是系统中组分的质量(而不是讨论其物质的量),那么式(4-19)~式(4-21)中,只须用 m_i 代替 n_i,用 m 代替 n。在这种情况下,x_i 是组分 i 的质量分数,$\overline{M_i}$ 被称为偏比性质。概括地,这三类性质在溶液热力学中可用下列符号加以区分。

(1) 溶液性质:M,如 U,H,S,G 等;

(2) 偏摩尔性质:$\overline{M_i}$,如 $\overline{U_i}$,$\overline{H_i}$,$\overline{S_i}$,$\overline{G_i}$ 等;

(3) 纯组分性质:M_i,如 U_i,H_i,S_i,G_i 等。

表 4-1 列出了部分摩尔性质关系式以及与之相对应的偏摩尔性质关系式。

表 4-1　摩尔性质关系式与偏摩尔性质关系式

摩尔性质关系式	偏摩尔性质关系式	摩尔性质关系式	偏摩尔性质关系式
$H=U+pV$	$\overline{H_i}=\overline{U_i}+p\overline{V_i}$	$\left(\dfrac{\partial H}{\partial p}\right)_T=V-T\left(\dfrac{\partial V}{\partial T}\right)_p$	$\left(\dfrac{\partial \overline{H_i}}{\partial p}\right)_T=\overline{V_i}-T\left(\dfrac{\partial \overline{V_i}}{\partial T}\right)_p$
$A=U-TS$	$\overline{A_i}=\overline{U_i}-T\overline{S_i}$	$c_p=\left(\dfrac{\partial H}{\partial T}\right)_p$	$\overline{c_{pi}}=\left(\dfrac{\partial \overline{H_i}}{\partial T}\right)_p$
$G=H-TS$	$\overline{G_i}=\overline{H_i}-T\overline{S_i}$	...	...

[**例 4.1**]　证明每一个关联定组成溶液摩尔热力学性质的方程式都对应一个关联溶液中某一组分 i 的相应偏摩尔性质的方程式。

证明:(1) 以摩尔焓为例,根据焓的定义式

$$H=U+pV$$

对于含 n mol 混合物的溶液,$nH=nU+p(nV)$,在 T,p 和 $n_{j[i]}$ 一定时,对 n_i 微分,得

$$\left[\frac{\partial(nH)}{\partial n_i}\right]_{T,\,p,\,n_{j[i]}}=\left[\frac{\partial(nU)}{\partial n_i}\right]_{T,\,V,\,n_{j[i]}}+p\left[\frac{\partial(nV)}{\partial n_i}\right]_{T,\,p,\,n_{j[i]}}$$

按式(4-19)定义,上式可写为

$$\overline{H_i}=\overline{U_i}+p\overline{V_i}$$

(2) 以等压摩尔比热容为例,在等压、组成不变的情况下成立

$$c_p=\left(\frac{\partial H}{\partial T}\right)_p$$

对于 n mol 的混合物,有

$$nc_p=\left[\frac{\partial(nH)}{\partial T}\right]_{p,\,\{x\}}$$

在 T,p 和 $n_{j[i]}$ 一定时,对 n_i 微分,得

$$\left[\frac{\partial(nc_p)}{\partial n_i}\right]_{T,\,p,\,n_{j[i]}}=\left\{\frac{\left[\partial(nH)/\partial T\right]_{p,\,\{x\}}}{\partial n_i}\right\}_{T,\,p,\,n_{j[i]}}$$

或表达为

$$\overline{c_p} = \left(\frac{\partial \overline{H_i}}{\partial T}\right)_{p,\{x\}}$$

（3）以定组成溶液为例，根据热力学基本方程式

$$dG = -SdT + Vdp$$

对于 n mol，有

$$d(nG) = -(nS)dT + (nV)dp$$

由于 n 为常数，$nG = nG(T, p)$，根据式（4-20），$nG = \sum_i n_i \overline{G_i}$

当 n_i 不变时，$\overline{G_i} = \overline{G_i}(T, p)$，因此

$$d\overline{G_i} = \left(\frac{\partial \overline{G_i}}{\partial T}\right)_{p,n} dT + \left(\frac{\partial \overline{G_i}}{\partial p}\right)_{T,n} dp$$

由式（4-9）给出的最后一项可知，μ_i 与 $\overline{G_i}$ 是一致的，于是

$$\mu_i = \overline{G_i} \tag{4-25}$$

根据热力学基本方程式（4-5）～式（4-8），对于定组成混合物，必存在关系

$$\left(\frac{\partial \mu_i}{\partial T}\right)_{p,n} = \left(\frac{\partial \overline{G_i}}{\partial T}\right)_{p,n} = -\overline{S_i} \tag{4-26}$$

及

$$\left(\frac{\partial \mu_i}{\partial p}\right)_{T,n} = \left(\frac{\partial \overline{G_i}}{\partial p}\right)_{T,n} = \overline{V_i} \tag{4-27}$$

将上式代入 $d\overline{G_i}$ 方程式中，得

$$d\overline{G_i} = -\overline{S_i}dT + \overline{V_i}dp$$

这三个例子说明一个事实：每一个关联定组成溶液摩尔热力学性质的方程式，均存在一个与之对应的相似方程式，即关联溶液中某组分相应的偏摩尔性质的方程式。因此，凭观察还可以写出许多关联偏摩尔性质的关联式：

$$\left.\begin{array}{l}d\overline{U_i} = Td\overline{S_i} - pd\overline{V_i} \\ d\overline{H_i} = Td\overline{S_i} + \overline{V_i}dp \\ d\overline{A_i} = -\overline{S_i}dT - pd\overline{V_i}\end{array}\right\}(\text{定 } x) \tag{4-28}$$

依据定义表达的偏摩尔量与 n 和 n_i 关系，即式（4-19）进行实验数据的处理与数值计算时并不是很方便。由于实验得到的数据往往是以单位物质的量或以单位质量为基准的，组成是用物质的量分数或质量分数表示的，因此须建立一个能将偏摩尔性质与溶液摩尔性质和物质的量分数关联起来的关系式。

定义式（4-17）改写为强度量 M 和 x_i 来表达，并微分得

$$\left[\frac{\partial (nM)}{\partial n_i}\right]_{T,\,p,\,n_{j[i]}} = M\left(\frac{\partial n}{\partial n_i}\right)_{T,\,p,\,n_{j[i]}} + n\left(\frac{\partial M}{\partial n_i}\right)_{T,\,p,\,n_{j[i]}}$$

由于 $\left(\dfrac{\partial n}{\partial n_i}\right)_{T,\,p,\,n_{j[i]}} = 1$，因此式（4-19）为

$$\overline{M_i} = M + n\left(\frac{\partial M}{\partial n_i}\right)_{T,\,p,\,n_{j[i]}} \tag{4-29}$$

现有 N 元系的混合物，其强度性质 M 是 T，p 以及 $(N-1)$ 个独立的物质的量分数的函数。由此在 T，p 一定时，可写出：

$$\mathrm{d}M = \sum_{\substack{k=1\\(k\neq i)}}^{N}\left(\frac{\partial M}{\partial x_k}\right)_{T,\,p,\,x_{l[k,\,i]}}\mathrm{d}x_k \quad (T,\ p\ 一定) \tag{4-30}$$

式（4-30）中，在 k 上的加和不包括组分 i，下标 $x_{l[k,\,i]}$ 表示在所有的组分物质的量分数中除 x_k 和 x_i 之外均保持不变。因此以 $\mathrm{d}n_i$ 除该式，并限制 n_j 不变，得到

$$\left(\frac{\partial M}{\partial n_i}\right)_{T,\,p,\,n_{j[i]}} = \sum_{\substack{k=1\\(k\neq i)}}^{N}\left(\frac{\partial M}{\partial x_k}\right)_{T,\,p,\,x_{l[k,\,i]}}\left(\frac{\partial x_k}{\partial n_i}\right)_{n_{j[i]}} \tag{4-31}$$

由于 $x_k = \dfrac{n_k}{n}\ (k\neq i)$，那么

$$\left(\frac{\partial x_k}{\partial n_i}\right)_{n_{j[i]}} = -\frac{n_k}{n^2} = -\frac{x_k}{n} \quad (k\neq i) \tag{4-32}$$

联立式（4-30）～式（4-32），得到

$$\overline{M_i} = M - \sum_{\substack{k=1\\(k\neq i)}}^{N}x_k\left(\frac{\partial M}{\partial x_k}\right)_{T,\,p,\,x_{l[k,\,i]}} \tag{4-33}$$

式（4-33）仅是式（4-19）的另一种形式，是直接从式（4-19）推导而来，因其使用的是摩尔性质 M（而非 M_i），故可广泛地应用于实验数据的处理中。

对于二元系，运用式（4-33）可得

$$\overline{M_1} = M - x_2\left(\frac{\mathrm{d}M}{\mathrm{d}x_2}\right) \tag{4-34a}$$

$$\overline{M_2} = M - x_1\left(\frac{\mathrm{d}M}{\mathrm{d}x_1}\right) \tag{4-34b}$$

[**例 4.2**]　运用式（4-34a）、式（4-34b）关系，说明如何由 M 对 x_i（等 T，等 p 下）的曲线图来求取二元系统的 $\overline{M_i}$。

解：图 4-1 是一典型的 M 对 x_1 的曲线图，任一组成 x_1 的 $\dfrac{\mathrm{d}M}{\mathrm{d}x_1}$ 可对曲线作切线求得，该切线与 M 轴相交于 I_2（在 $x_1=0$ 处）和 I_1（在 $x_1=1$ 处），从而可写出两个关于 $\dfrac{\mathrm{d}M}{\mathrm{d}x_1}$ 的表达式：

$$\frac{\mathrm{d}M}{\mathrm{d}x_1} = \frac{M-I_2}{x_1}, \ \frac{\mathrm{d}M}{\mathrm{d}x_2} = I_1 - I_2$$

由此解得 I_1 和 I_2：

$$I_1 = M + (1-x_1)\frac{\mathrm{d}M}{\mathrm{d}x_1}, \quad I_2 = M - x_1\frac{\mathrm{d}M}{\mathrm{d}x_1}$$

将此两个式子与式(4-34a)、式(4-34b)做比较,可得

$$I_1 = \overline{M_1} \quad 和 \quad I_2 = \overline{M_2}$$

所以,对于二元溶液的两个组分的 $\overline{M_i}$ 值,等于其在相应组成处对 M-x_1 曲线所作的切线在 M 轴上的截距,如图4-1所示。很明显,据此作图,当 $x_1 = 1$ 时,由所作的切线可得 $\overline{M_1} = M_1$(定义 $M_i = \lim\limits_{x_i \to 1} \overline{M_i}$);当 $x_1 = 0$ 时,由所作的切线可得 $\overline{M_2} = M_2$。 根据这两条切线的另一端与相对应的 M 轴相交,可分别得出该组分在无限稀释条件下的偏摩尔性质 $\overline{M_i^\infty}$(定义为 $\overline{M_i^\infty} = \lim\limits_{x_i \to 0} \overline{M_i}$),因此在 $x_1 \to 1$,即 $x_2 \to 0$ 时,$\overline{M_2} = \overline{M_2^\infty}$,而在 $x_1 \to 0$,即 $x_2 \to 1$ 时,$\overline{M_1} = \overline{M_1^\infty}$,如图4-2所示。

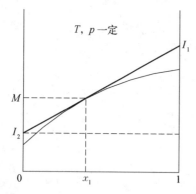 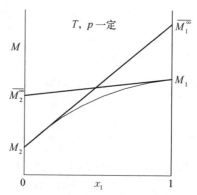

图4-1 热力学性质 M-x_1 间的关系   图4-2 组分 i 的 M_i 和 $\overline{M_i^\infty}$ 在 M-x 图上的确定方法

图4-3表示20℃,101.33 kPa下的酒精溶液比容($v = 1/\rho$)随着乙醇质量分数的变化曲线。在 $x_{乙醇} = 0.5$ 处作切线,得到分别表示 $\overline{v_{乙醇}}$ 和 $\overline{v_水}$ 的值的截距,由此计算得到 $\overline{v_{乙醇}} = 1.235\,\mathrm{dm^3 \cdot kg^{-1}}$,$\overline{v_水} = 0.963\,\mathrm{dm^3 \cdot kg^{-1}}$。 上述曲线对全浓度范围内所得到的 $\overline{v_i}$ 如图4-4所示。

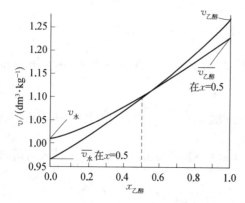 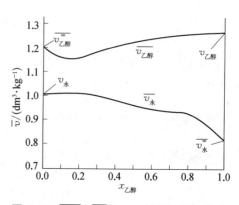

图4-3 酒精溶液 v-$x_{乙醇}$(质量)间的关系   图4-4 $\overline{v_{乙醇}}$ 和 $\overline{v_水}$ 与 $x_{乙醇}$(质量)间的关系

[**例 4.3**]　某二元液体混合物在固定 T，p 下的焓可用下式表示：

$$H = 400x_1 + 600x_2 + x_1x_2(40x_1 + 20x_2)$$

式中，H 的单位为 $\mathrm{J \cdot mol^{-1}}$。试确定在该 T，p 状态下：(1) 用 x_1 表示的 $\overline{H_1}$ 和 $\overline{H_2}$；(2) 纯组分的焓 H_1 和 H_2 的数值；(3) 无限稀释下液体的偏摩尔焓 $\overline{H_1^{\infty}}$ 和 $\overline{H_2^{\infty}}$ 的数值。

解： 将混合物焓值表达式恒等变形得

$$nH = 400n_1 + 600n_2 + \frac{n_1 n_2}{n^2}(40n_1 + 20n_2)$$

$$(1) \quad \overline{H_1} = \left[\frac{\partial(nH)}{\partial n_1}\right]_{n_2} = 400 + 40\frac{n_1 n_2}{n^2} + (40n_1 + 20n_2)\frac{n^2 n_2 - 2n_1 n_2 n}{n^4}$$

$$= 420 - 60x_1^2 + 40x_1^3$$

同理可得

$$\overline{H_2} = \left[\frac{\partial(nH)}{\partial n_2}\right]_{n_1} = 600 + 20\frac{n_1 n_2}{n^2} + (40n_1 + 20n_2)\frac{n^2 n_1 - 2n_1 n_2 n}{n^4} = 600 + 40x_1^3$$

$$(2) \quad H_1 = \lim_{x_1 \to 1}\overline{H_1} = \lim_{x_1 \to 1}(420 - 60x_1^2 + 40x_1^3) = 400(\mathrm{J \cdot mol^{-1}})$$

$$H_2 = \lim_{x_2 \to 1}\overline{H_2} = \lim_{x_1 \to 0}(600 + 40x_1^3) = 600(\mathrm{J \cdot mol^{-1}})$$

$$(3) \quad \overline{H_1^{\infty}} = \lim_{x_1 \to 0}\overline{H_1} = \lim_{x_1 \to 0}(420 - 60x_1^2 + 40x_1^3) = 420(\mathrm{J \cdot mol^{-1}})$$

$$\overline{H_2^{\infty}} = \lim_{x_2 \to 0}\overline{H_2} = \lim_{x_1 \to 1}(600 + 40x_1^3) = 640(\mathrm{J \cdot mol^{-1}})$$

4.3　吉布斯-杜安方程

偏摩尔量之间还存在另一个重要的关系——吉布斯-杜安方程（Gibbs - Duhem equation）。式(4-20)是均相流体在平衡态时的普遍关系，对其微分，得

$$\mathrm{d}M_t = \mathrm{d}(nM) = \sum_{i=1}^{N}(n_i\mathrm{d}\overline{M_i}) + \sum_{i=1}^{N}(\overline{M_i}\mathrm{d}n_i) \qquad (4-35)$$

式中，全微分 $\mathrm{d}M_t$ 代表了由于 T，p 或 n_i 的变化而引起的 M_t 的变化。

通常，M_t 可以写成

$$M_t = M_t(T, p, n_1, n_2, \cdots, n_N) \qquad (4-36)$$

$$\mathrm{d}M_t = \left(\frac{\partial M_t}{\partial T}\right)_{p,n}\mathrm{d}T + \left(\frac{\partial M_t}{\partial p}\right)_{T,n}\mathrm{d}p + \sum_{i=1}^{N}\overline{M_i}\mathrm{d}n_i \qquad (4-37a)$$

或

$$\mathrm{d}(nM) = n\left(\frac{\partial M}{\partial T}\right)_{p,x}\mathrm{d}T + n\left(\frac{\partial M}{\partial p}\right)_{T,x}\mathrm{d}p + \sum_{i=1}^{N}\overline{M_i}\mathrm{d}n_i \qquad (4-37b)$$

式中,下角标 x 表示所有组分的物质的量分数都保持不变。比较式(4-35)与式(4-37a)或(4-37b)可得

$$\left(\frac{\partial M_t}{\partial T}\right)_{p,n} \mathrm{d}T + \left(\frac{\partial M_t}{\partial p}\right)_{T,n} \mathrm{d}p - \sum_{i=1}^{N} n_i \mathrm{d}\overline{M_i} = 0 \qquad (4-38\mathrm{a})$$

或

$$\left(\frac{\partial M}{\partial T}\right)_{p,x} \mathrm{d}T + \left(\frac{\partial M}{\partial p}\right)_{T,x} \mathrm{d}p - \sum_{i=1}^{N} x_i \mathrm{d}\overline{M_i} = 0 \qquad (4-38\mathrm{b})$$

值得注意的是,当 T,p 一定时,式(4-38b)可简化为

$$\sum_{i=1}^{N} x_i \mathrm{d}\overline{M_i} = 0 \qquad (4-39)$$

这就是通常所述的吉布斯-杜安方程,它在偏摩尔性质的评判和相平衡计算中得到了广泛的应用。

[例 4.4] 有人提出用下列方程组来表示等温、等压下二元系的偏摩尔体积:

$$\overline{V_1} - V_1 = a + (b-a)x_1 + bx_1^2$$
$$\overline{V_2} - V_2 = a + (b-a)x_2 + bx_2^2$$

式中,V_1 和 V_2 是纯组分的摩尔体积,a,b 只是 T,p 的函数。试从热力学角度分析这些方程是否合理?

解: 根据吉布斯-杜安方程,该二元系的偏摩尔体积应满足

$$x_1 \mathrm{d}\overline{V_1} + x_2 \mathrm{d}\overline{V_2} = 0$$

因 $\mathrm{d}x_1 = -\mathrm{d}x_2$,故

$$x_1 \frac{\mathrm{d}\overline{V_1}}{\mathrm{d}x_1} - x_2 \frac{\mathrm{d}\overline{V_2}}{\mathrm{d}x_2} = 0$$

将例中所给出的方程微分,得

$$\frac{\mathrm{d}(\overline{V_1}-V_1)}{\mathrm{d}x_1} = \frac{\mathrm{d}\overline{V_1}}{\mathrm{d}x_1} = b - a + 2bx_1$$
$$\frac{\mathrm{d}(\overline{V_2}-V_2)}{\mathrm{d}x_2} = \frac{\mathrm{d}\overline{V_2}}{\mathrm{d}x_2} = b - a + 2bx_2$$

则

$$x_1 \frac{\mathrm{d}\overline{V_1}}{\mathrm{d}x_1} - x_2 \frac{\mathrm{d}\overline{V_2}}{\mathrm{d}x_2} = (3b-a)(x_1-x_2)$$

因此,当 $b = \frac{a}{3}$ 时,$x_1 \frac{\mathrm{d}\overline{V_1}}{\mathrm{d}x_1} - x_2 \frac{\mathrm{d}\overline{V_2}}{\mathrm{d}x_2} = 0$,例中所给出的方程合理;当 $b \neq \frac{a}{3}$ 时,$x_1 \frac{\mathrm{d}\overline{V_1}}{\mathrm{d}x_1} - x_2 \frac{\mathrm{d}\overline{V_2}}{\mathrm{d}x_2} \neq 0$,例中所给出的方程不合理。

4.4　混合物组分的逸度和逸度系数

溶液或混合物中组分 i 的逸度与逸度系数的定义与 3.4 节纯物质相类似：

$$\left.\begin{aligned}
\mathrm{d}\overline{G_i} &= RT\mathrm{d}\ln \hat{f}_i \\
\lim_{p \to 0} \frac{\hat{f}_i}{y_i p} &= 1 \\
\hat{\varphi}_i &= \frac{\hat{f}_i}{y_i p}
\end{aligned}\right\} (T, y_i \text{ 一定}) \tag{4-40}$$

而溶液或混合物作为虚拟纯组分，其逸度与逸度系数定义与 3.4 节相同，即

$$\left.\begin{aligned}
\mathrm{d}G_\mathrm{m} &= RT\mathrm{d}\ln f_\mathrm{m} \\
\lim_{p \to 0} \frac{f_\mathrm{m}}{p} &= 1 \\
\varphi_\mathrm{m} &= \frac{f_\mathrm{m}}{p}
\end{aligned}\right\} (T \text{ 一定}) \tag{4-41}$$

至此，共有如下三种逸度和逸度系数：（1）纯物质的逸度 f_i 和逸度系数 φ_i；（2）混合物组分的逸度 $\hat{f}_i$ 和逸度系数 $\hat{\varphi}_i$；（3）混合物的逸度 f_m 和逸度系数 φ_m。当混合物组成极限 $x_i \to 1$ 时，$\hat{f}_i$ 和 f_m 均等于 f_i，而 $\hat{\varphi}_i$ 和 φ_m 均等于 φ_i。

4.4.1　混合物逸度与逸度系数的计算方法

气体混合物中组分 i 的逸度 $\hat{f}_i$ 和逸度系数 $\hat{\varphi}_i$ 均可以由"状态方程＋混合规则"进行计算。

$$\ln \hat{\varphi}_i = \int_{p^\ominus \to 0}^{p} (\overline{Z}_i - 1) \frac{\mathrm{d}p}{p} \quad (T, y_i \text{ 一定}) \tag{4-42a}$$

或

$$\ln \hat{\varphi}_i = \frac{1}{RT} \int_{p^\ominus \to 0}^{p} \left(\overline{V}_i - \frac{RT}{p}\right) \frac{\mathrm{d}p}{p} \tag{4-42b}$$

即

$$\ln \hat{\varphi}_i = \frac{1}{RT} \int_{p^\ominus \to 0}^{p} \left[\left(\frac{\partial V_\mathrm{t}}{\partial n_i}\right)_{T, p, n_{j[i]}} - \frac{RT}{p}\right] \frac{\mathrm{d}p}{p} \tag{4-42c}$$

式（4-42a）～式（4-42c）都是计算混合物中组分 i 逸度系数 $\hat{\varphi}_i$ 的基本关系式，对液体混合物或溶液都适用。其中 $\overline{Z}_i$，$\overline{V}_i$ 分别为组分 i 的偏摩尔压缩因子和偏摩尔体积，V_t 为系统的总体积。式（4-42c）亦可写为

$$\ln \hat{\varphi}_i = \frac{1}{RT} \int_{V_\mathrm{t}^\ominus \to \infty}^{V_\mathrm{t}} \left[\frac{RT}{V_\mathrm{t}} - \left(\frac{\partial p}{\partial n_i}\right)_{T, V_\mathrm{t}, n_{j[i]}}\right] \mathrm{d}V_\mathrm{t} - \ln Z_\mathrm{m} \tag{4-43}$$

式中，Z_m 为混合物的压缩因子。通常条件下，状态方程大多表达为压力的显函数，在实际

使用中,特别是在相平衡的计算中使用式(4-43)将会更便捷一些。该式的推导方法如下:

由式(4-3)可得

$$\left(\frac{\partial F_t}{\partial V_t}\right)_{T,n} = -p \tag{4-44a}$$

$$F_t - F_t^\ominus = -\int_{V_t^\ominus \to \infty}^{V_t} p\,dV_t \tag{4-44b}$$

在式(4-44b)右边分别加、减 $\int_{V_t^\ominus \to \infty}^{V_t} \frac{nRT}{V_t}dV_t$ 项并积分,得

$$F_t - F_t^\ominus = -\int_{V_t^\ominus \to \infty}^{V_t}\left(p - \frac{nRT}{V_t}\right)dV_t - nRT\ln\frac{V_t}{V_t^\ominus} \tag{4-44c}$$

当 T, V_t, $n_{j[i]}$ 为常数时,对式(4-44c)中的 n_i 微分,得

$$\left(\frac{\partial F_t}{\partial n_i}\right)_{T,V_t,n_{j[i]}} - \left(\frac{\partial F_t^\ominus}{\partial n_i}\right)_{T,V_t,n_{j[i]}} = -\int_{V_t^\ominus \to \infty}^{V_t}\left[\left(\frac{\partial p}{\partial n_i}\right)_{T,V_t,n_{j[i]}} - \frac{RT}{V_t}\right]dV_t - RT\ln\frac{V_t}{V_t^\ominus} \tag{4-44d}$$

由式(4-9)可知

$$\left(\frac{\partial F_t}{\partial n_i}\right)_{T,V_t,n_{j[i]}} = \left(\frac{\partial G_t}{\partial n_i}\right)_{T,p,n_{j[i]}} = \overline{G_i} \tag{4-45}$$

$$\left(\frac{\partial F_t^\ominus}{\partial n_i}\right)_{T,V_t,n_{j[i]}} = \left(\frac{\partial G_t^\ominus}{\partial n_i}\right)_{T,p,n_{j[i]}} = \overline{G_i^\ominus} \tag{4-46}$$

因 $\ln\frac{V_t}{V_t^\ominus} = \ln\frac{Z_m nRT/p}{nRT/p^\ominus} = \ln Z_m - \ln\frac{p}{p^\ominus}$,将其与式(4-45)、式(4-46)一并代入式(4-44d),得

$$\overline{G_i} - \overline{G_i^\ominus} = -\int_{V_t \to \infty}^{V_t}\left[\left(\frac{\partial p}{\partial n_i}\right)_{T,V_t,n_{j[i]}} - \frac{RT}{V_t}\right]dV_t - \ln Z_m + RT\ln\frac{p^\ominus}{p} \tag{4-47}$$

代入逸度的定义式,得

$$RT\ln\frac{\hat{f}_i/p}{\hat{f}_i^\ominus/p^\ominus} = RT\ln\frac{\hat{f}_i}{py_i} = -\ln Z_m + \int_{V_t \to \infty}^{V_t}\left[\frac{RT}{V_t} - \left(\frac{\partial p}{\partial n_i}\right)_{T,V_t,n_{j[i]}}\right]dV_t \tag{4-48a}$$

或

$$\ln\hat{\varphi}_i = \frac{1}{RT}\int_{V_t^\ominus \to \infty}^{V_t}\left[\frac{RT}{V_t} - \left(\frac{\partial p}{\partial n_i}\right)_{T,V_t,n_{j[i]}}\right]dV_t - \ln Z_m \tag{4-48b}$$

[例4.5] 位力方程具有坚实的理论基础,但该方程在应用中有很大的局限性,这是因为较缺乏位力系数。人们除了对第二位力系数有较多的理解和掌握之外,对高阶位力系数的掌握很少,这就影响了该方程的实际应用。目前在工程上应用得较多的是截至第二项的位力方程,即式 $Z = \frac{pV_m}{RT} = 1 + \frac{B_m p}{RT}$。式中,$V_m$ 为混合物的摩尔体积,$B_m = \sum_{i=1}^{N}\sum_{j=1}^{N}x_i x_j B_{ij}$ 为混合物第二位力系数。试根据位力方程导出混合物的逸度系数计算式。

解:对于 n mol 的混合气体,有

$$V_t = \frac{nRT}{p} + \frac{n^2 B_m}{n} \tag{4-49}$$

式中, $n^2 B = \sum\limits_{i=1}^{N} \sum\limits_{j=1}^{N} n_i n_j B_{ij}$。

在 T, p 和 $n_{j[i]}$ 不变的条件下对 n_i 微分, 得

$$\overline{V_i} = \left(\frac{\partial V_t}{\partial n_i}\right)_{T, p, n_{j[i]}} = \frac{RT}{p} + \left(2\sum_{j=1}^{N} y_i B_{ij} - B_m\right) \tag{4-50}$$

将式(4-50)代入式(4-42c)并积分, 得

$$\ln\hat{\varphi}_i = \frac{p}{RT}\left(2\sum_{j=1}^{N} y_i B_{ij} - B_m\right) \tag{4-51}$$

式(4-51)展开后亦可以写为

$$\ln\hat{\varphi}_i = \frac{p}{RT}\left[B_{ii} + \frac{1}{2}\sum_{j=1}^{N}\sum_{k=1}^{N} y_j y_k (2\delta_{ji} - \delta_{jk})\right] \tag{4-52}$$

式中, $\delta_{ji} = 2B_{ji} - B_{jj} - B_{ii}$; $\delta_{jk} = 2B_{jk} - B_{jj} - B_{kk}$, 并满足 $\delta_{ii} = \delta_{jj} = \delta_{kk} = 0$, 且 $\delta_{jk} = \delta_{kj}$。 B_{ij} 采用式(2-73)~式(2-78) 进行计算:

$$B_{ij} = \frac{RT_{cij}}{p_{cij}}(B_{ij}^{(0)} + \omega_{ij} B_{ij}^{(1)})$$

式中, $\omega_{ij} = \frac{1}{2}(\omega_i + \omega_j)$, $p_{cij} = \frac{Z_{cij} RT_{cij}}{V_{cij}}$。 其中 $V_{cij} = \left(\frac{V_{ci}^{1/3} + V_{cj}^{1/3}}{2}\right)^3$, $T_{cij} = (T_{ci} T_{cj})^{1/2}(1 - k_{ij})$, $Z_{cij} = \frac{1}{2}(Z_{ci} + Z_{cj})$。

对于二元系, 式(4-52)可简化为

$$\ln\hat{\varphi}_1 = \frac{p}{RT}(B_{11} + y_2^2 \delta_{12}) \tag{4-53a}$$

$$\ln\hat{\varphi}_2 = \frac{p}{RT}(B_{22} + y_1^2 \delta_{12}) \tag{4-53b}$$

在处理气液相平衡数据时, 常需要进行气相非理想性的校正, 解决这一问题的关键是求算气液组分的逸度系数。例如: 在 101.325 kPa 压力下, 丙酸(1)-甲基异丁基酮(2) 二元系的气液相平衡数据计算表明, 当丙酸量很少时, $\hat{\varphi}_1$ 和 $\hat{\varphi}_2$ 均接近于1, 随着丙酸量的增加, $\hat{\varphi}_1$ 变小, 而 $\hat{\varphi}_2$ 增大; 当丙酸的物质的量分数接近于1时, $\hat{\varphi}_1$ 小于0.6, 而 $\hat{\varphi}_2$ 接近于1.5。由此可见, 该二元系在常压下气相非理想性程度是相当大的, 若不进行气相校正, 则会带来很大的偏差。因此对一些极性系统, 特别是在其中的气相组分发生缔合作用时更要引起注意。当然, 用位力系数来进行一般的极性物质的气相非理想性校正还是合适的。但对于具有气相缔合作用的系统, 就不能采用此法, 而需要借助于缔合系统热力学或"似化学处理", 即将缔合作用看作是组分间发生的某种化学反应进行处理的方法。

当气体混合物的密度比较高时, 位力方程就不再适用, 而要用半经验半理论的状态方程, 如立方型状态方程、BWR 方程等来计算逸度系数。由于计算的是气体混合物的逸度系数, 故首先要考虑混合物的状态方程参数的求取, 值得注意的是, 所选用的混合规则对逸度系数的计算非常重要。

现在以 PR 和 PT 方程为例来计算组分的逸度系数。将式(2-79)和式(2-80)所表示的混合规则分别代入式(2-19)、式(2-23)，通过微分求取 $\left(\dfrac{\partial p}{\partial n_i}\right)_{T, V_t, n_{j[i]}}$，再将其代入(4-48b)，积分即可求得。

对于 PR 方程：

$$\ln\hat{\varphi}_i = \frac{b_i}{b_m}(Z_m - 1) - \ln(Z_m - B) - \frac{A}{2\sqrt{2}B}\left(\frac{2}{a_m}\sum_{j=1}^{N} x_j a_{ij} - \frac{b_i}{b_m}\right)\ln\frac{Z_m + (\sqrt{2}+1)B}{Z_m - (\sqrt{2}-1)B}$$

$$(4-54)$$

式中，$a_m = \displaystyle\sum_{i=1}^{N}\sum_{j=1}^{N} y_i y_j a_{ij}(1-k_{ij})$；$b_m = \displaystyle\sum_{i=1}^{N} y_i b_i$；$a_{ii}$，$a_{jj}$，$b_i$，$b_j$ 分别为组分 i，j 的 PR 方程参数，k_{ij} 为二元可调节的相互作用参数。

$$A = \frac{a_m p}{(RT)^2} \qquad (4-55a)$$

$$B = \frac{p b_m}{RT} \qquad (4-55b)$$

对于 PT 方程：

$$\ln\hat{\varphi}_i = \frac{b_i}{V_m - b_m} - \ln\frac{p(V_m - b_m)}{RT} - \frac{\displaystyle\sum_{j=1}^{N} y_j a_{ij}}{dRT}\ln\frac{Q+d}{Q-d} + \frac{a_m(b_i + c_i)}{2RT(Q^2 - d^2)}$$
$$+ \frac{a_m}{8dRT}\left[c_i(3b_m + c_m) + b_i(3c_m + b_m)\right]\left(\ln\frac{Q+d}{Q-d} - \frac{2Qd}{Q^2 - d^2}\right) \qquad (4-56)$$

式中，$a_m = \displaystyle\sum_{i=1}^{N}\sum_{j=1}^{N} y_i y_j \sqrt{a_i a_j}(1-k_{ij})$；$b_m = \displaystyle\sum_{i=1}^{N} y_i b_i$；$c_m = \displaystyle\sum_{i=1}^{N} y_i c_i$；$Q = V_m + \dfrac{b_m + c_m}{2}$，$d = \sqrt{b_m c_m + \dfrac{(b_m + c_m)^2}{4}}$。

图 4-5 为采用式(4-53a)、式(4-53b)和式(4-54)计算的正丁烷(1)-CO_2(2)二元系在 171.1 ℃，$y_1 = 0.85$ 时 CO_2 的气相逸度系数 $\hat{\varphi}_2$，以及其与实验值的比较。

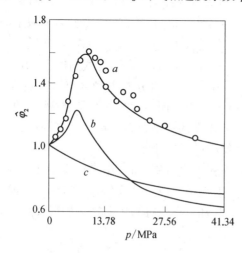

○—实验值，曲线 a—$k_{12} = 0.18$ 时的计算值，曲线 b—$k_{12} = 0$ 时的计算值，曲线 c—路易斯-兰德尔规则(Lewis-Randall rule)。

图 4-5 正丁烷(1)-CO_2(2) 的二元系中 CO_2 的气相逸度系数

计算结果如图 4-5 所示。从该图中可以看出，如果在混合规则中引入可调节的相互作用参数 k_{12}，能获得比较好的结果。

表 4-2 列出了几种常用的状态方程计算混合物中组分 i 逸度 $\hat{f}_i$ 与逸度系数 $\hat{\varphi}_i$ 的计算式。

表 4-2　状态方程法计算混合物组分 i 的逸度或逸度系数计算式

状 态 方 程	计　算　式
(1) 范德瓦耳斯方程	$\ln \hat{\varphi}_i$ 或 $\ln \dfrac{\hat{f}_i}{py_i} = \dfrac{b_i}{V_m - b_m} - \ln \dfrac{p(V_m - b_m)}{RT} - \dfrac{2}{RTV_m} \sum\limits_{j=1}^{N} y_j a_{ij}$
(2) RK 方程	$\ln \hat{\varphi}_i$ 或 $\ln \dfrac{\hat{f}_i}{py_i} = \dfrac{b_i}{b_m}(Z_m - 1) - \ln \dfrac{p(V_m - b_m)}{RT} - \dfrac{a_m}{b_m RT^{1.5}} \left(\dfrac{2}{a} \sum\limits_{j=1}^{N} y_j a_{ij} - \dfrac{b_i}{b_m} \right) \ln \left(1 + \dfrac{b_m}{V_m} \right)$
(3) SRK 方程	$\ln \hat{\varphi}_i$ 或 $\ln \dfrac{\hat{f}_i}{py_i} = \dfrac{b_i}{b_m}(Z_m - 1) - \ln \dfrac{p(V_m - b_m)}{RT} - \dfrac{a_m}{b_m RT} \left(\dfrac{2}{a_m} \sum\limits_{j=1}^{N} y_j a_{ij} - \dfrac{b_i}{b_m} \right) \ln \left(1 + \dfrac{b_m}{V_m} \right)$
(4) PR 方程	$\ln \hat{\varphi}_i$ 或 $\ln \dfrac{\hat{f}_i}{py_i} = \dfrac{b_i}{b_m}(Z_m - 1) - \ln \dfrac{p(V_m - b_m)}{RT}$ $\qquad - \dfrac{a_m}{2\sqrt{2} b_m RT} \left(\dfrac{2}{a_m} \sum\limits_{j=1}^{N} y_j a_{ij} - \dfrac{b_i}{b_m} \right) \ln \dfrac{V_m + (\sqrt{2}+1)b_m}{V_m - (\sqrt{2}-1)b_m}$
(5) PT 方程	$\ln \hat{\varphi}_i$ 或 $\ln \dfrac{\hat{f}_i}{py_i} = \dfrac{b_i}{V_m - b_m} - \ln \dfrac{p(V_m - b_m)}{RT} - \dfrac{\sum\limits_{j=1}^{N} y_j a_{ij}}{dRT} \ln \dfrac{Q+d}{Q-d} + \dfrac{a_m(b_i + c_i)}{2RT(Q^2 - d^2)}$ $\qquad + \dfrac{a_m}{8dRT} [c_i(3b_m + c_m) + b_i(3c_m + b_m)] \left(\ln \dfrac{Q+d}{Q-d} - \dfrac{2Qd}{Q^2 - d^2} \right)$ 式中，$Q = V_m + \dfrac{b_m + c_m}{2}$，$d = \sqrt{b_m c_m + \dfrac{(b_m + c_m)^2}{4}}$
(6) 位力方程	$\ln \hat{\varphi}_i$ 或 $\ln \dfrac{\hat{f}_i}{py_i} = \dfrac{2 \sum\limits_{j=1}^{N} y_j B_{ij}}{V_m} - \ln Z_m$ 或 $\dfrac{p}{RT} \left(2 \sum\limits_{j=1}^{N} y_j B_{ij} - B_m \right)$

注：混合规则使用式(2-79)～式(2-80)关系式。

4.4.2　混合物逸度与组分逸度之间的关系

为建立混合物逸度 f_m、逸度系数 φ_m 与组分逸度 $\hat{f}_i$、逸度系数 $\hat{\varphi}_i$ 之间的关系，在相同的温度、压力和组成条件下对式(4-36)进行积分，积分限从假想混合的理想气体状态变化到真实的溶液状态，由于理想气体的逸度就等于压力，因此

$$\int_{G_m^{ig}}^{G_m} \mathrm{d}G_m = RT \int_{f^{ig}}^{f_m} \mathrm{d}\ln f \quad \text{或} \quad G_m - G_m^{ig} = RT \ln f_m - RT \ln p \qquad (4\text{-}57a)$$

式(4-57a)两边同时乘以 n mol，得

$$nG_m - nG_m^{ig} = RT(n\ln f_m) - RT(n\ln p) \qquad (4\text{-}57b)$$

在 T，p 和 $n_{j[i]}$ 不变的条件下，对式(4-57b)的 n_i 微分，得

$$\left[\frac{\partial(nG_{\mathrm{m}})}{\partial n_i}\right]_{T,p,n_{j[i]}} - \left[\frac{\partial(nG_{\mathrm{m}}^{\mathrm{ig}})}{\partial n_i}\right]_{T,p,n_{j[i]}} = RT\left[\frac{\partial(n\ln f_{\mathrm{m}})}{\partial n_i}\right]_{T,p,n_{j[i]}} - RT\ln p$$

$$(4-57\mathrm{c})$$

根据偏摩尔量的定义，左边两项为偏摩尔吉布斯函数，因此上式可写为

$$\overline{G_i} - \overline{G_i^{\mathrm{ig}}} = RT\left[\frac{\partial(n\ln f_{\mathrm{m}})}{\partial n_i}\right]_{T,p,n_{j[i]}} - RT\ln p \qquad (4-58\mathrm{a})$$

对式(4-40)积分，得

$$\overline{G_i} - \overline{G_i^{\mathrm{ig}}} = RT\ln \hat{f}_i - RT\ln \hat{f}_i^{\mathrm{ig}} \qquad (5-58\mathrm{b})$$

对于理想气体混合物，组分 i 的逸度就等于分压，即 $\hat{f}_i^{\mathrm{ig}} = py_i$，因此

$$\overline{G_i} - \overline{G_i^{\mathrm{ig}}} = RT\ln \frac{\hat{f}_i}{py_i} \qquad (4-58\mathrm{c})$$

比较式(4-58a)，式(4-58c)，得

$$\ln\frac{\hat{f}_i}{y_i} = \left[\frac{\partial(n\ln f_{\mathrm{m}})}{\partial n_i}\right]_{T,p,n_{j[i]}} \qquad (4-59)$$

又 $\ln p = \left[\dfrac{\partial(n\ln p)}{\partial n_i}\right]_{T,p,n_{j[i]}}$，式(4-59)两边同时减去 $\ln p$，得

$$\ln\frac{\hat{f}_i}{y_i p} = \left\{\frac{\partial[n\ln(f/p)]}{\partial n_i}\right\}_{T,p,n_{j[i]}} \qquad (4-60\mathrm{a})$$

即

$$\ln\hat{\varphi}_i = \left[\frac{\partial(n\ln\varphi_{\mathrm{m}})}{\partial n_i}\right]_{T,p,n_{j[i]}} \qquad (4-60\mathrm{b})$$

依据偏摩尔量的定义，从式(4-59)，式(5-59b)可看出 $\ln\dfrac{\hat{f}_i}{y_i}$，$\ln\hat{\varphi}_i$ 分别是 $\ln f_{\mathrm{m}}$ 和 $\ln\varphi_{\mathrm{m}}$ 的偏摩尔量。

[例4.6]　常压下三元气体混合物的 $\ln\varphi_{\mathrm{m}} = 0.2y_1y_2 - 0.3y_1y_3 + 0.15y_2y_3$，求等物质的量的混合物的 $\hat{f}_1$，$\hat{f}_2$，$\hat{f}_3$。

解： 由题意知 $n\ln\varphi_{\mathrm{m}} = 0.2\dfrac{n_1n_2}{n} - 0.3\dfrac{n_1n_3}{n} + 0.15\dfrac{n_2n_3}{n}$，且满足 $y_1 + y_2 + y_3 = 1$，有

$$\ln\hat{\varphi}_1 = \left[\frac{\partial(n\ln\varphi_{\mathrm{m}})}{\partial n_1}\right]_{n_2,n_3} = 0.2\frac{n_2n - n_1n_2}{n^2} - 0.3\frac{n_3n - n_1n_3}{n^2} + 0.15\frac{-n_2n_3}{n^2}$$

$$= 0.2y_2(1-y_1) - 0.3y_3(1-y_1) - 0.15y_2y_3 = 0.2y_2^2 - 0.25y_2y_3 - 0.3y_3^2$$

同理

$$\ln\hat{\varphi}_2=\left[\frac{\partial(n\ln\varphi_{\mathrm{m}})}{\partial n_2}\right]_{n_1,n_3}=0.2y_1(1-y_2)+0.3y_1y_3+0.15y_3(1-y_2)$$

$$=0.2y_1^2+0.65y_1y_3+0.15y_3^2$$

$$\ln\hat{\varphi}_3=\left[\frac{\partial(n\ln\varphi_{\mathrm{m}})}{\partial n_3}\right]_{n_1,n_2}=-0.2y_1y_2-0.3y_1(1-y_3)+0.15y_2(1-y_3)$$

$$=-0.3y_1^2-0.35y_1y_2+0.15y_2^2$$

对于等物质的量的三元混合物,有 $y_1=y_2=y_3=\dfrac{1}{3}$,则

$$\ln\hat{\varphi}_1=-0.03889,\hat{\varphi}_1=0.9619,\hat{f}_1=py_1\hat{\varphi}_1=0.101325\times\frac{1}{3}\times0.9619=0.03249(\mathrm{MPa})$$

同理

$$\ln\hat{\varphi}_2=0.11111,\hat{\varphi}_2=1.1175,\hat{f}_2=py_2\hat{\varphi}_2=0.101325\times\frac{1}{3}\times1.1175=0.03774(\mathrm{MPa})$$

$$\ln\hat{\varphi}_3=-0.05556,\hat{\varphi}_3=0.9460,\hat{f}_3=py_3\hat{\varphi}_3=0.101325\times\frac{1}{3}\times0.9460=0.03195(\mathrm{MPa})$$

[例 4.7]　某三元混合物中各组分物质的量分数分别为 0.25,0.3 和 0.45,在 6.858 MPa 和 348 K 下的各组分的逸度系数分别是 0.72,0.65 和 0.91,求该混合物的逸度。

解: $\ln\varphi_{\mathrm{m}}=\sum_i x_i\ln\varphi_i=x_1\ln\hat{\varphi}_1+x_2\ln\hat{\varphi}_2+x_3\ln\hat{\varphi}_3$

$$=0.25\times\ln0.72+0.3\times\ln0.65+0.45\times\ln0.91=-0.2538$$

得到

$$\varphi_{\mathrm{m}}=0.7758$$
$$f_{\mathrm{m}}=p\varphi_{\mathrm{m}}=6.858\times0.7758=5.320(\mathrm{MPa})$$

[例 4.8]　用 PR 方程计算 2026.5 kPa,344.05 K 的丙烯(1)-异丁烷(2) 二元系在下列条件下的摩尔体积、组分逸度和总逸度。(1) $x_1=0.5$ 的液相;(2) $y_1=0.6553$ 的气相(设 $k_{12}=0$)。

解: 查附录 1.1 知,丙烯和异丁烷的物性参数分别为

丙烯: $T_{\mathrm{c1}}=364.80\,\mathrm{K}$, $p_{\mathrm{c1}}=4.610\,\mathrm{MPa}$, $\omega_1=0.148$, $T_{\mathrm{r1}}=\dfrac{T}{T_{\mathrm{c1}}}=\dfrac{344.05}{364.80}=0.9431$

异丁烷: $T_{\mathrm{c2}}=408.10\,\mathrm{K}$, $p_{\mathrm{c2}}=3.648\,\mathrm{MPa}$, $\omega_2=0.176$, $T_{\mathrm{r2}}=\dfrac{T}{T_{\mathrm{c2}}}=\dfrac{344.05}{408.10}=0.8431$

PR 方程纯物质参数的计算:

组分丙烯(1):

$$a_{\mathrm{c1}}=0.457235\frac{(RT_{\mathrm{c1}})^2}{p_{\mathrm{c1}}}=0.457235\times\frac{(8.314\times364.80)^2}{4.610}$$

$$=9.1236\times10^5(\mathrm{MPa\cdot cm^6\cdot mol^{-2}})$$

$$\sqrt{\alpha(T_{\mathrm{r1}})}=1+(0.37646+1.54226\omega_1-0.26992\omega_1^2)(1-\sqrt{T_{\mathrm{r1}}})$$

$$=1+(0.37646+1.54226\times0.148-0.26992\times0.148^2)\times(1-\sqrt{0.9431})=1.01729$$

$$\alpha(T_{r1}) = 1.0349$$

$$a_1 = a_{c1}\alpha(T_{r1}) = 9.1236 \times 10^5 \times 1.0349 = 9.442 \times 10^5 \, (\text{MPa} \cdot \text{cm}^6 \cdot \text{mol}^{-2})$$

$$b_1 = 0.077796 \frac{RT_{c1}}{p_{c1}} = 0.077796 \times \frac{8.314 \times 364.80}{4.610} = 51.18 \, (\text{cm}^3 \cdot \text{mol}^{-1})$$

组分异丁烷(2):

$$a_{c2} = 0.457235 \frac{(RT_{c2})^2}{p_{c2}} = 0.457235 \times \frac{(8.314 \times 408.10)^2}{3.648}$$

$$= 1.4430 \times 10^6 \, (\text{cm}^6 \cdot \text{mol}^{-2})$$

$$\sqrt{\alpha(T_{r2})} = 1 + (0.37646 + 1.54226\omega_2 - 0.26992\omega_2^2)(1 - \sqrt{T_{r2}})$$

$$= 1 + (0.37646 + 1.54226 \times 0.176 - 0.26992 \times 0.176^2) \times (1 - \sqrt{0.8431}) = 1.0523$$

$$\alpha(T_{r2}) = 1.1073$$

$$a_2 = a_{c2}\alpha(T_{r2}) = 1.4430 \times 10^6 \times 1.1073 = 1.598 \times 10^6 \, (\text{MPa} \cdot \text{cm}^6 \cdot \text{mol}^{-2})$$

$$b_2 = 0.077796 \frac{RT_{c2}}{p_{c2}} = 0.077796 \times \frac{8.314 \times 408.10}{3.648} = 72.36 \, (\text{cm}^3 \cdot \text{mol}^{-1})$$

(1) 在 $x_1 = 0.5$，$k_{12} = 0$ 时：

$$a = a_1 x_1^2 + 2\sqrt{a_1 a_2}(1 - k_{12})x_1 x_2 + a_2 x_2^2$$

$$= 9.442 \times 10^5 \times 0.5^2 + 2 \times 0.5^2 \times \sqrt{9.442 \times 10^5 \times 1.598 \times 10^6} + 1.598 \times 10^6 \times 0.5^2$$

$$= 1.24972 \times 10^6 \, (\text{MPa} \cdot \text{cm}^6 \cdot \text{mol}^{-2})$$

$$b = b_1 x_1 + b_2 x_2 = 51.18 \times 0.5 + 72.36 \times 0.5 = 61.77 \, (\text{cm}^3 \cdot \text{mol}^{-1})$$

混合物的 PR 方程为 $p = \dfrac{RT}{V-b} - \dfrac{a}{V^2 + 2bV - b^2}$，对于液相根，迭代式为

$$V = b + \frac{RT}{p + \dfrac{a}{V^2 + 2bV - b^2}} = 61.77 + \frac{2860.43}{2.0265 + \dfrac{1.24967 \times 10^6}{V^2 + 123.54V - 3815.53}}$$

取 $V^{(0)} = 2b = 123.54 \, \text{cm}^3 \cdot \text{mol}^{-1}$ 为初值，则 $V^{(1)} = 120.37$，$V^{(2)} = 117.91$，$V^{(3)} = 116.03$，$V^{(4)} = 114.61$，$V^{(5)} = 113.54$，$V^{(6)} = 112.74$，经 6 次迭代后得 $V = 112.74 \, \text{cm}^3 \cdot \text{mol}^{-1}$。

$$Z = \frac{pV}{RT} = \frac{2.0265 \times 112.74}{8.314 \times 344.05} = 0.07987$$

当 $i = 1$ 时：

$$\sum_j x_j a_{ij} = x_1 a_{11} + x_2 a_{12} = 0.5 \times 9.442 \times 10^5 + 0.5 \times \sqrt{9.442 \times 10^5 \times 1.598 \times 10^6}$$

$$= 1.08627 \times 10^6 \, (\text{MPa} \cdot \text{cm}^6 \cdot \text{mol}^{-1})$$

代入式(4-54)，得

$$\ln \hat{\varphi}_1 = \frac{b_1}{b}(Z-1) - \ln \frac{p(V-b)}{RT} + \frac{a}{2\sqrt{2}bRT}\left(\frac{b_1}{b} - \frac{2}{a}\sum_j x_j a_{ij}\right)\ln \frac{V+(\sqrt{2}+1)b}{V-(\sqrt{2}-1)b}$$

$$= \frac{51.18}{61.77} \times (0.07987 - 1) - \ln \frac{2.0265 \times (112.74 - 61.77)}{8.314 \times 344.05} + \frac{1.24967 \times 10^6}{2\sqrt{2} \times 61.77 \times 8.314 \times 344.05}$$

$$\times \left(\frac{51.18}{61.77} - \frac{2 \times 1.08623 \times 10^6}{1.24967 \times 10^6} \right) \times \ln \frac{112.74 + (\sqrt{2} + 1) \times 61.77}{112.74 - (\sqrt{2} - 1) \times 61.77}$$

$$= -0.76238 + 3.32118 + 2.50058 \times (-0.90987) \times 1.10016 = 0.05571$$

则

$$\hat{\varphi}_1 = 1.057$$

同理，当 $i = 2$ 时：

$$\sum_j x_j a_{ij} = x_1 a_{21} + x_2 a_2 = 0.5 \times \sqrt{9.442 \times 10^5 \times 1.598 \times 10^6} + 0.5 \times 1.598 \times 10^6$$

$$= 1.41317 \times 10^6 (\text{MPa} \cdot \text{cm}^6 \cdot \text{mol}^{-1})$$

$$\ln \hat{\varphi}_2 = \frac{b_2}{b}(Z - 1) - \ln \frac{p(V - b)}{RT} + \frac{a}{2\sqrt{2}bRT} \left(\frac{b_2}{b} - \frac{2}{a} \sum_j x_j a_{ij} \right) \ln \frac{V + (\sqrt{2} + 1)b}{V - (\sqrt{2} - 1)b}$$

$$= \frac{72.36}{61.77} \times (0.07987 - 1) - \ln \frac{2.0265 \times (112.74 - 61.77)}{8.314 \times 344.05} + \frac{1.24967 \times 10^6}{2\sqrt{2} \times 61.77 \times 8.314 \times 344.05}$$

$$\times \left(\frac{72.36}{61.77} - \frac{2 \times 1.41310 \times 10^6}{1.24967 \times 10^6} \right) \times \ln \frac{112.74 + (\sqrt{2} + 1) \times 61.77}{112.74 - (\sqrt{2} - 1) \times 61.77}$$

$$= -1.07788 + 3.32118 + 2.50058 \times (-1.09011) \times 1.10016 = -0.7556$$

则

$$\hat{\varphi}_2 = 0.4670$$

因此

$$\hat{f}_1^{\text{L}} = p x_1 \hat{\varphi}_1 = 2.0265 \times 0.5 \times 1.057 = 1.071 (\text{MPa})$$

$$\hat{f}_2^{\text{L}} = p x_2 \hat{\varphi}_2 = 2.0265 \times 0.5 \times 0.4670 = 0.4732 (\text{MPa})$$

$$\ln f^{\text{L}} = x_1 \ln \frac{\hat{f}_1^{\text{L}}}{x_1} + x_2 \ln \frac{\hat{f}_2^{\text{L}}}{x_2} = 0.5 \times \ln \frac{1.071}{0.5} + 0.5 \times \ln \frac{0.4732}{0.5} = 0.3533$$

$$f^{\text{L}} = 1.424 \text{ MPa}$$

(2) 在 $y_1 = 0.6553$，$k_{12} = 0$ 时：

$$a = a_1 y_1^2 + 2\sqrt{a_1 a_2} y_1 y_2 (1 - k_{12}) + a_2 y_2^2 = 9.442 \times 10^5 \times 0.6553^2 + 2 \times 0.6553 \times 0.3447$$

$$\times \sqrt{9.442 \times 10^5 \times 1.598 \times 10^6} + 0.3447^2 \times 1.598 \times 10^6$$

$$= 1.1502 \times 10^6 (\text{MPa} \cdot \text{cm}^6 \cdot \text{mol}^{-1})$$

$$b = b_1 y_1 + b_2 y_2 = 51.18 \times 0.6553 + 72.36 \times 0.3447 = 58.48 \ (\text{cm}^3 \cdot \text{mol}^{-1})$$

对于汽相混合物，PR 方程迭代式为

$$V = b + \frac{RT}{p + \dfrac{a}{V^2 + 2bV - b^2}} = 58.48 + \frac{2860.43}{2.0265 + \dfrac{1.1502 \times 10^6}{V^2 + 116.96V - 3419.91}}$$

取初值 $V^{(0)} = \dfrac{RT}{p} = \dfrac{8.314 \times 344.05}{2.065} = 1385.2(\text{cm}^3 \cdot \text{mol}^{-1})$，$V^{(1)} = 1167.1$、$V^{(2)} = 1081.6$、$V^{(3)} = 1039.4$、$V^{(4)} = 1016.4$、$V^{(5)} = 1003.2$、$V^{(6)} = 995.4$、$V^{(7)} = 990.7$、$V^{(8)} = 988.0$、$V^{(9)} = 986.0$、$V^{(10)} = 984.9$、$V^{(11)} = 984.3$，经过 11 次迭代后，已收敛。因此

$$V = 984.32 \text{ cm}^3 \cdot \text{mol}^{-1}, \quad Z = \frac{pV}{RT} = \frac{2.065 \times 984.3}{8.314 \times 344.05} = 0.7106$$

当 $i = 1$ 时：

$$\sum_j y_j a_{ij} = y_1 a_1 + y_2 a_{12} = 0.6553 \times 9.442 \times 10^5 + 0.3447 \times \sqrt{9.442 \times 10^5 \times 1.598 \times 10^6}$$
$$= 1.0421 \times 10^6 (\text{MPa} \cdot \text{cm}^6 \cdot \text{mol}^{-1})$$

$$\ln \hat{\varphi}_1 = \frac{b_1}{b}(Z-1) - \ln \frac{p(V-b)}{RT} + \frac{a}{2\sqrt{2}\,bRT}\left(\frac{b_1}{b} - \frac{2}{a}\sum_j y_j a_{ij}\right) \ln \frac{V + (\sqrt{2}+1)b}{V - (\sqrt{2}-1)b}$$
$$= \frac{51.18}{58.48} \times (0.7106 - 1) - \ln \frac{2.0265 \times (984.3 - 58.48)}{8.314 \times 344.05} + \frac{1.1502 \times 10^6}{2\sqrt{2} \times 58.48 \times 8.314 \times 344.05} \times$$
$$\left(\frac{51.18}{58.48} - \frac{2 \times 1.0421 \times 10^6}{1.1502 \times 10^6}\right) \ln \frac{984.3 + (\sqrt{2}+1) \times 58.48}{984.3 - (\sqrt{2}-1) \times 58.48}$$
$$= -0.25327 + 0.42174 + 2.43102 \times (-0.93686) \times 0.15895 = -0.19354$$

则

$$\hat{\varphi}_1 = 0.8240$$

同理，当 $i = 2$ 时：

$$\sum_j y_j a_{ij} = y_1 a_{21} + y_2 a_2$$
$$= 0.6553 \times \sqrt{9.442 \times 10^5 \times 1.598 \times 10^6} + 0.3447 \times 1.598 \times 10^6$$
$$= 1.3558 \times 10^6 (\text{MPa} \cdot \text{cm}^6 \cdot \text{mol}^{-1})$$

$$\ln \hat{\varphi}_2 = \frac{b_2}{b}(Z-1) - \ln \frac{p(V-b)}{RT} + \frac{a}{2\sqrt{2}\,bRT}\left(\frac{b_2}{b} - \frac{2}{a}\sum_j y_j a_{ij}\right) \ln \frac{V + (\sqrt{2}+1)b}{V - (\sqrt{2}-1)b}$$
$$= \frac{51.18}{58.48} \times (0.7106 - 1) - \ln \frac{2.0265 \times (984.3 - 58.48)}{8.314 \times 344.05} + \frac{1.1502 \times 10^6}{2\sqrt{2} \times 58.48 \times 8.314 \times 344.05} \times$$
$$\left(\frac{51.18}{58.48} - \frac{2 \times 1.3557 \times 10^6}{1.1502 \times 10^6}\right) \times \ln \frac{984.3 + (\sqrt{2}+1) \times 58.48}{984.3 - (\sqrt{2}-1) \times 58.48}$$
$$= -0.25327 + 0.42174 + 2.43102 \times (-1.48216) \times 0.15895 = -0.40425$$

则

$$\hat{\varphi}_2 = 0.6675$$

$$\hat{f}_1^V = p y_1 \hat{\varphi}_1 = 2.0265 \times 0.6553 \times 0.8240 = 1.0942(\text{MPa})$$
$$\hat{f}_2^V = p y_2 \hat{\varphi}_2 = 2.0265 \times 0.3447 \times 0.6675 = 0.4663(\text{MPa})$$
$$\ln f^V = y_1 \ln \frac{\hat{f}_1^V}{y_1} + y_2 \ln \frac{\hat{f}_2^V}{y_2} = 0.6553 \times \ln \frac{1.0942}{0.6553} + 0.3447 \times \ln \frac{0.4663}{0.3447} = 0.4401$$
$$f^V = 1.553 \text{ MPa}$$

4.4.3　组分逸度与温度、压力间的关系

4.4.3.1　温度对逸度的影响

由式(4-23)可知,温度对混合物中组分 i 逸度的影响具有如下的关系:

$$\left(\frac{\partial \ln \hat{f}_i}{\partial T}\right)_{p,x} = -\frac{\overline{H_i} - H_i^{\text{ig}}}{RT^2} \tag{4-61}$$

式中, $\overline{H_i}$ 为混合物中组分 i 的偏摩尔焓。

4.4.3.2　压力对逸度的影响

由式(4-24)可知,压力对混合物中组分 i 逸度的影响具有如下的关系:

$$\left(\frac{\partial \ln \hat{f}_i}{\partial p}\right)_{T,x} = \frac{\overline{V_i}}{RT} \tag{4-62}$$

式中, $\overline{V_i}$ 为混合物中组分 i 的偏摩尔体积。

4.5　理想溶液

理想溶液是一种"假想""虚拟"的概念,但其性质在一定条件下能够近似地反映某些真实溶液的性质。以理想溶液为基础,可更为方便地研究真实溶液,如同研究真实气体时引入理想气体概念一样,可大大简化复杂的计算过程,因此了解与掌握理想溶液是十分有用和必要的。

4.5.1　理想溶液与标准态

在同温、同压下,组分 i 在纯态时和在混合物中的逸度系数关系分别由式(3-102)、式(4-41b)表达,将两式相减得

$$\ln \frac{\hat{\varphi}_i}{\varphi_i} = \ln \frac{\hat{f}_i}{f_i x_i} = \frac{1}{RT}\int_{p^{\ominus}\to 0}^{p}\left[\left(\overline{V_i} - \frac{RT}{p}\right) - \left(V_i - \frac{RT}{p}\right)\right]\mathrm{d}p = \frac{1}{RT}\int_{p^{\ominus}\to 0}^{p}(\overline{V_i} - V_i)\mathrm{d}p \tag{4-63}$$

若 $\overline{V_i} = V_i$,即组分 i 在混合物中的偏摩尔体积与纯态时摩尔体积相同,这就是所说的混合物处于理想溶液(ideal solution)状态,并有

$$\hat{f}_i = f_i x_i \tag{4-64a}$$

或

$$\hat{\varphi}_i = \varphi_i \tag{4-64b}$$

式(4-64a)表明溶液中组分 i 的逸度与其物质的量分数 x_i 呈正比例关系,或称之为路易斯-兰德尔规则。

理想溶液的定义：凡是符合路易斯-兰德尔规则的溶液均称为理想溶液,以逸度表达的数学关系为

$$\hat{f}_i^{is} = f_i^{\ominus} x_i \qquad (4-65)$$

式中,$f_i^{\ominus}$ 称为组分 i 的标准态逸度,x_i 为组分 i 的物质的量分数,其取值范围为 $x_i \in [0,1]$,理想溶液的种类有无穷种。因此,$f_i^{\ominus}$ 的选取应便于实际问题的处理,通常情况下,选择 x_i 的两个端点,即 $x_i \to 0$ 或 $x_i \to 1$ 作为其标准态逸度。

$$f_i^{\ominus}(\mathrm{LR}) = \lim_{x_i \to 1} \frac{\hat{f}_i}{x_i} = f_i^{\mathrm{L}} \qquad (4-66)$$

该式表达的标准态是以路易斯-兰德尔规则为基础的,即为溶液同温、同压下纯物质的逸度 f_i^{L}。另一种是以亨利定律(Henry law)为基础的,即

$$f_i^{\ominus}(\mathrm{HL}) = \lim_{x_i \to 0} \frac{\hat{f}_i}{x_i} = k_i \qquad (4-67)$$

式中,k_i 称为亨利常数,即为溶液同温、同压下纯物质的理想稀溶液逸度 f_i^*。

图 4-6 为真实溶液的逸度 $\hat{f}_i$ 与 x_i 的关系,其中在曲线的两个端点 $x_i \to 0$ 和 $x_i \to 1$ 的切线分别表示了亨利定律和路易斯-兰德尔规则两个理想化的模型。理想化的模型提供了两个用途:第一,在适当的组成范围内,提供了一个近似的 $\hat{f}_i$ 的值;第二,提供了可与实际 $\hat{f}_i$ 的值比较的标准值。若一个实际溶液在全浓度范围内都是理想的,则图 4-6 中的三条线将完全重合,此时式(4-66)与式(4-67)相同。若溶液在 T,p 下纯组分均能以相同的液体状态稳定存在,则其标准态 $f_i^{\ominus}(\mathrm{LR})$ 是物质的实际状态;若溶液在 T,p 下纯组分 i 不能以液态稳定存在,则不能得到图 4-6 上的整条 $\hat{f}_i$-x_i 曲线,这时可采用对 $\hat{f}_i$-x_i 曲线外推求取 $f_i^{\ominus}(\mathrm{LR})$ 的方式,或者采用亨利定律为参考的标准态逸度 $f_i^{\ominus}(\mathrm{HL})$ 的方式。标准态逸度 $f_i^{\ominus}(\mathrm{HL})$ 在数值上等于亨利常数 k_i。与 $f_i^{\ominus}(\mathrm{LR})$ 不同,$f_i^{\ominus}(\mathrm{HL})$ 是溶液在 T,p 下纯组分 i 的假想状态的逸度,其值与组分 i 所在的溶液性质有关,这种标准态常用于气体组分 i 在液体溶液中溶解度很小的情况,比如常温、常压下 N_2、O_2、CO、CO_2、SO_2、H_2S 等难溶气体溶于水或其他溶剂中的情况。

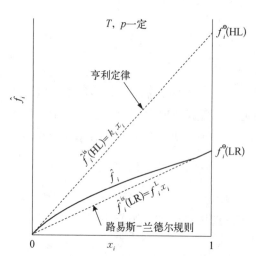

图 4-6 真实溶液的逸度 $\hat{f}_i$ 与 x_i 的关系

溶液中组分 i 的上述标准态,是溶液 T,p 下纯组分 i 的实际状态或假想状态。当 T 或 p 改变时,标准态逸度也将随之改变。但 $f_i^{\ominus}$ 与 T,p 的函数关系一旦确定,标准态的其他性质,如体积 $V_i^{\ominus}$、焓 $H_i^{\ominus}$、熵 $S_i^{\ominus}$ 的数值就可通过计算得到。

4.5.2 理想溶液的特性

微观上,对路易斯-兰德尔理想溶液而言,各个组分的分子间作用力相等,分子体积相

同。由理想溶液定义可导出各组分偏摩尔性质与纯物质摩尔性质之间的关系为

$$\left.\begin{aligned}
\overline{V_i^{is}} &= V_i \\
\overline{U_i^{is}} &= U_i \\
\overline{H_i^{is}} &= H_i \\
\overline{c_{Vi}^{is}} &= c_{Vi} \quad \overline{c_{pi}^{is}} = c_{pi} \\
\overline{S_i^{is}} &= S_i - R\ln x_i \\
\overline{A_i^{is}} &= A_i + RT\ln x_i \\
\overline{G_i^{is}} &= G_i + RT\ln x_i
\end{aligned}\right\} \quad 或 \quad \left.\begin{aligned}
\Delta V^{is} &= 0 \quad \Delta U^{is} = 0 \\
\Delta H^{is} &= 0 \\
\Delta c_V^{is} &= 0 \quad \Delta c_p^{is} = 0 \\
\Delta S^{is} &= -R\sum_{i=1}^{N}(x_i\ln x_i) \\
\Delta A^{is} &= RT\sum_{i=1}^{N}(x_i\ln x_i) \\
\Delta G^{is} &= RT\sum_{i=1}^{N}(x_i\ln x_i)
\end{aligned}\right\} \qquad (4-68)$$

对于非理想溶液,不存在式(4-68)的关系。理想溶液同理想气体一样,为真实溶液的热力学性质计算提供了一个可供比较的标准。

[例 4.9]　试从式(4-64a)关系推导出理想溶液的性质,即式(4-68)关系。

解:(1) 由式(4-40),在等温、恒组成下,压力从 $p^\ominus$ 积分到 p,得

$$\overline{G_i^{is}} - \overline{G_i^\ominus} = RT\ln\frac{\hat{f}_i}{p^\ominus y_i} \qquad (a)$$

对于纯组分 i 在等温下,从 $p^\ominus$ 积分到 p,得

$$G_i - G_i^\ominus = RT\ln\frac{f_i}{p^\ominus} \qquad (b)$$

式(a)减去式(b),得

$$(\overline{G_i^{is}} - G_i) - (\overline{G_i^\ominus} - G_i^\ominus) = RT\ln\frac{\hat{f}_i}{f_i y_i} \qquad (c)$$

对于理想溶液,由式(4-64a)知式(c)等号右边项等于 0,因此 $\overline{G_i^{is}} - G_i = \overline{G_i^\ominus} - G_i^\ominus$。

在等温 T、等压 $p^\ominus$ 下,对组分 i 将式(4-40)从纯态积分到溶液态,并考虑到理想溶液 $\hat{f}_i = y_i f_i$ 及 $f_i = p^\ominus$(低压下),得

$$\overline{G_i^\ominus} - G_i^\ominus = RT\ln(y_i p_i^\ominus) - RT\ln p_i^\ominus = RT\ln y_i \qquad (d)$$

联立式(c)与式(d),得

$$\overline{G_i^{is}} - G_i = RT\ln y_i \qquad (e)$$

(2) 在等温 T、恒组成下,对式(4-64a)两边取对数,再对 p 微分,得

$$\left(\frac{\partial\ln\hat{f}_i}{\partial p}\right)_{T,\{y_i\}} = \left(\frac{\partial\ln f_i}{\partial p}\right)_T \qquad (f)$$

式(f)中,$\{y_i\}$ 表示溶液中所有的组分的量不变(下同)。由于 $\left(\dfrac{\partial\ln\hat{f}_i}{\partial p}\right)_{T,\{y_i\}} = \dfrac{\overline{V_i^{is}}}{RT}$,$\left(\dfrac{\partial\ln f_i}{\partial p}\right)_T = \dfrac{V_i}{RT}$,代入式(f),得

$$\overline{V_i^{\text{is}}} = V_i \tag{g}$$

（3）在等压 p、恒组成下，对式(4-64a)两边取对数，再对 T 微分，得

$$\left(\frac{\partial \ln \hat{f}_i}{\partial T}\right)_{p,\{y_i\}} = \left(\frac{\partial \ln f_i}{\partial T}\right)_p \tag{h}$$

根据关系 $\left[\frac{\partial(G/T)}{\partial T}\right]_p = -\frac{H}{T^2}$，得 $\left(\frac{\partial \ln \hat{f}_i}{\partial T}\right)_{p,\{y_i\}} = -\frac{\overline{H_i^{\text{is}}} - H_i^\ominus}{RT^2}$，$\left(\frac{\partial \ln f_i}{\partial T}\right)_p = -\frac{H_i - H_i^\ominus}{RT^2}$，将其代入式(h)，得

$$\overline{H_i^{\text{is}}} = H_i \tag{i}$$

在一定压力 p 下，由定义 $H = U + pV$ 结合式(i)得 $\overline{U_i^{\text{is}}} + p\overline{V_i^{\text{is}}} = U_i + pV_i$，根据式(g)的结论，必有 $\overline{U_i^{\text{is}}} = U_i$。

（4）在等压 p、恒组成下，对式(i)求偏微分，得 $\left(\frac{\partial \overline{H_i^{\text{is}}}}{\partial T}\right)_{p,\{y_i\}} = \left(\frac{\partial H_i}{\partial T}\right)_p$，即

$$\overline{c_{pi}^{\text{is}}} = c_{pi} \tag{j}$$

又因为 $c_p = c_V + R$，则必有 $\overline{c_{Vi}^{\text{is}}} = c_{Vi}$。

（5）由式(4-22)知 $\overline{G_i^{\text{is}}} = \overline{H_i^{\text{is}}} - T\overline{S_i^{\text{is}}}$，减去纯组分的 $G_i = H_i - TS_i$，并结合式(e)的结果，得

$$\overline{S_i^{\text{is}}} - S_i = -R\ln y_i \tag{k}$$

（6）同理，$\overline{A_i^{\text{is}}} = \overline{U_i^{\text{is}}} - T\overline{S_i^{\text{is}}}$ 减去纯组分的 $A_i = U_i - TS_i$，并结合式(k)的结果，得

$$\overline{A_i^{\text{is}}} - A_i = RT\ln y_i \tag{l}$$

4.5.3　理想溶液标准态之间的关系

吉布斯-杜安方程[式(4-39)]提供了路易斯-兰德尔规则和亨利定律之间的关系。对于二元系而言，当亨利定律在某范围内对组分 1 来说适用时，路易斯-兰德尔规则也必定在相同的组成范围内对组分 2 适用；反之，当亨利定律在某范围内对组分 2 适用时，路易斯-兰德尔规则也必定在相同的组成范围内适用于组分 1。

4.6　混合过程性质变化、体积效应与热效应

由纯组分经混合过程得到的溶液可用图 4-7 所示。

在等温 T、等压 p 下，把各个纯组分混合组成溶液时常会出现体积膨胀或收缩、吸热或放热等现象，这说明了混合过程中系统的体积和焓都发生了变化。在化工设计和化工生产管理中常需要知道混合性质的变化，以断定混合过程中溶液的体积是否膨胀、装置内容器是否留有余地、是否需要供热或冷却等。

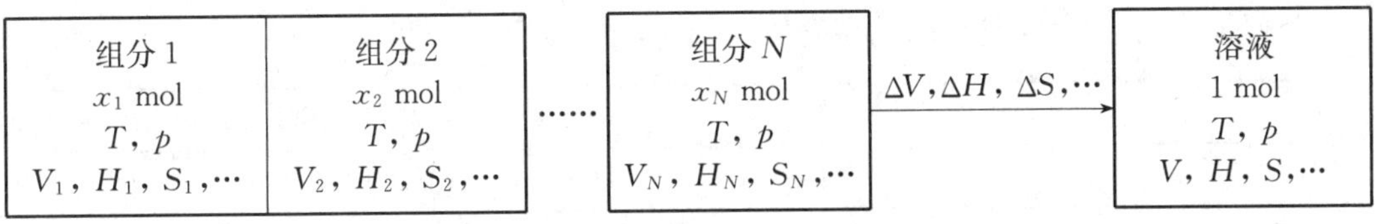

图 4-7　溶液混合性质变化计算示意图

在等温 T、等压 p 条件下,将纯组分混合成溶液时系统容量性质 M(如 $M=V$, H, S, $\cdots$)的变化称为溶液混合性质 ΔM 的变化,即

$$\Delta M = M - \sum_{i=1}^{N} x_i M_i \quad (M=V, H, S, \cdots) \tag{4-69}$$

结合式(4-21)得

$$\Delta M = \sum_{i=1}^{N} x_i (\overline{M_i} - M_i) = \sum_{i=1}^{N} x_i \overline{\Delta M_i} \tag{4-70}$$

式中,$\overline{\Delta M_i} = \overline{M_i} - M_i$,因此 $\overline{\Delta M_i}$ 为 ΔM 的偏摩尔量,亦符合式(4-19)、式(4-21)、式(4-38b)和式(4-39)的关系。图 4-7 示出了 N 个纯物质混合为 1 mol 溶液的混合性质变化计算方法,其中工业上应用得最多的混合性质变化是混合体积效应和混合热效应。

4.6.1　混合体积效应与混合热效应

混合体积效应定义为纯组分混合前后溶液体积的变化,可由下式计算:

$$\Delta V = V - \sum_{i=1}^{N} x_i V_i = \sum_{i=1}^{N} x_i (\overline{V_i} - V_i) \tag{4-71}$$

式中,V_i, $\overline{V_i}$ 分别为组分 i 的摩尔体积与偏摩尔体积。

对于二元系,有

$$\Delta V = V - (x_1 V_1 + x_2 V_2) = x_1 (\overline{V_1} - V_1) + x_2 (\overline{V_2} - V_2) \tag{4-72}$$

[**例 4.10**]　实验测得 293 K 时甲醇(1)-水(2)的混合物密度如下表所示。

x_1	0.0000	0.1233	0.2727	0.4576	0.6923	1.0000
$\rho/(\text{g} \cdot \text{cm}^{-3})$	0.9982	0.9666	0.9345	0.8946	0.8469	0.7850

求混合体积变化。

解:由题中所给条件知 $\rho_1 = 0.7850 \, \text{g} \cdot \text{cm}^{-3}$, $\rho_2 = 0.9982 \, \text{g} \cdot \text{cm}^{-3}$,且 $M_1 = 32.04 \, \text{g} \cdot \text{mol}^{-1}$, $M_2 = 18.02 \, \text{g} \cdot \text{mol}^{-1}$。则根据式(4-71),求得 $x_1 = 0.1233$ 时的混合体积变化为

$$\begin{aligned}
\Delta V &= V - (x_1 V_1 + x_2 V_2) \\
&= \frac{x_1 M_1 + x_2 M_2}{\rho} - \left(\frac{x_1 M_1}{\rho_1} + \frac{x_2 M_2}{\rho_2} \right) \\
&= \frac{0.1233 \times 32.04 + 0.8767 \times 18.02}{0.9666} - \left(\frac{0.1233 \times 32.04}{0.7850} + \frac{0.8767 \times 18.02}{0.9982} \right) \\
&= -0.4281 (\text{cm}^3 \cdot \text{mol}^{-1})
\end{aligned}$$

类似地,可算出其他组成时的混合体积变化,结果如下表所示。

x_1	0.0000	0.1233	0.2727	0.4576	0.6923	1.0000
$\Delta V/(\mathrm{cm^3 \cdot mol^{-1}})$	0.0000	-0.4281	-0.8856	-1.1542	-1.0729	0.0000

4.6.2 混合热效应

对于与工程有关的混合过程和分离过程来说,最有用的性质图就是焓-质量分数图(或称为 H-c 图)。图 4-8 为 NH_3-H_2O 系统的焓-质量分数图,其中的参考态选择为 0 ℃时的液态 H_2O 和 -77 ℃时的纯液态 NH_3 为基准。需要指出的是这些参考态的选择是任意的,对任何系统,都需要为每个组分指定一个参考状态。

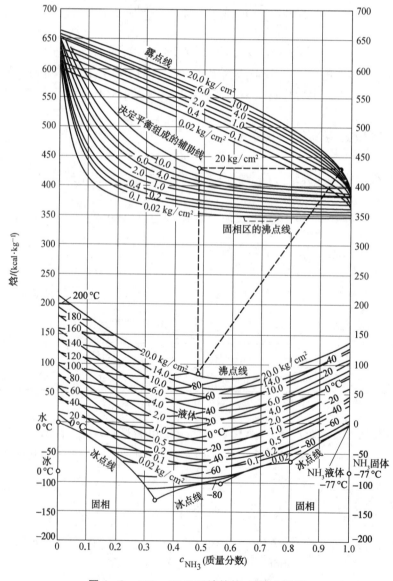

图 4-8　NH_3-H_2O 系统的焓-质量分数图

制作焓-质量分数图所需要的数据通常采用热量测量的方法得到。例如：图 4 - 9 为流动态量热计示意图，可表示 NH_3 (1) 和 H_2O (2) 在压力保持不变的情况下，在流动态量热计中混合的过程。为了保持混合物(m)的温度与初态纯物质混合前的温度一致，为此需要给系统提供或移走热量 Q_m，这个热量称为混合热。应用稳定系统的能量衡算关系[参见式(11 - 18)]，则有

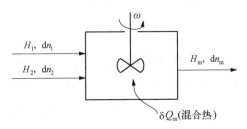

图 4 - 9　流动态量热计示意图

$$H_1 dn_1 + H_2 dn_2 - H_m dn_m + \delta Q_m = 0 \qquad (4 - 73a)$$

$$x_1 = \frac{n_1}{n_m}, \ x_2 = 1 - x_1 \qquad (4 - 73b)$$

式(4 - 73a)、式(4 - 73b)中，H_1，H_2，H_m 均表示单位质量的焓，其变形后得

$$\Delta H = H_m - (x_1 H_1 + x_2 H_2) = \frac{\delta Q_m}{dn_m} = \dot{Q}_m \qquad (4 - 74)$$

式(4 - 74)表明，在流动态量热计中测得的热效应 $\dot{Q}_m$ 正好等于混合过程的焓变 ΔH，即混合热。

［例 4.11］　在 298 K，10^6 Pa 下，组分 1 和组分 2 的混合热与混合物的组成间的关系式为

$$\Delta H = x_1 x_2 (10 x_1 + 5 x_2)$$

在相同的温度和压力下，纯液体的摩尔焓分别为 $H_1 = 418$ J · mol^{-1}，$H_2 = 628$ J · mol^{-1}。求 298 K，10^6 Pa 下无限稀释偏摩尔焓 $\overline{H_1^\infty}$ 和 $\overline{H_2^\infty}$。

解：由题意知 $n\Delta H = \dfrac{n_1 n_2}{n^2}(10 n_1 + 5 n_2)$，根据偏摩尔量的定义式(4 - 19)可求得

$$\Delta \overline{H_1} = \overline{H_1} - H_1 = \left[\frac{\partial (n\Delta H)}{\partial n_1}\right]_{n_2} = \frac{n_2 - 2 n_1 n_2}{n^3}(10 n_1 + 5 n_2) + 10 \frac{n_1 n_2}{n^2} = 5(1 - 3 x_1^2 + 2 x_1^3)$$

$$\Delta \overline{H_2} = \overline{H_2} - H_2 = \left[\frac{\partial (n\Delta H)}{\partial n_2}\right]_{n_1} = \frac{n_1 - 2 n_1 n_2}{n^3}(10 n_1 + 5 n_2) + 5 \frac{n_1 n_2}{n^2} = 10 x_1^3$$

因此

$$\overline{H_1} = 418 + 5(1 - 3 x_1^2 + 2 x_1^3), \ \overline{H_2} = 628 + 10 x_1^3$$

$$\overline{H_1^\infty} = \lim_{x_1 \to 0} \overline{H_1} = 423 \text{ J} \cdot mol^{-1}, \ \overline{H_2^\infty} = \lim_{x_2 \to 0} \overline{H_2} = 638 \text{ J} \cdot mol^{-1}$$

4.7　过量性质与活度系数

与 3.3 节的真实气体的热力学性质计算类似，对于非理想溶液的热力学性质的计算，引入过量函数 M^E (excess properties)。其定义为真实溶液摩尔性质 M 与相同温度、压力和组

成的理想溶液的摩尔性质 Mis 之差,即

$$M^E = M - M^{is} \qquad (4-75)$$

实际上,过量性质就等于真实溶液的混合性质与理想溶液混合性质之差,式(4-75)又可写作

$$\Delta M^E = \Delta M - \Delta M^{is} \qquad (4-76)$$

式(4-75)、式(4-76)中,Mis,ΔM^{is} 分别为理想溶液的摩尔性质及其变化量。

当 $M=(V,U,H,Z\cdots)$ 时,$M^E=\Delta M^E=\Delta M$,溶液混合性质的变化即为其过量性质,因 $\Delta M^{is}=0$。

当 $M=(S,A,G)$ 时,因 $\Delta M^{is}\neq0$,即式(4-68),溶液的过量性质并不等于混合性质的变化。

对于吉布斯函数而言,由纯组分混合而成的溶液的吉布斯函数变化量为

$$\Delta G = \sum_i x_i(\overline{G_i}-G_i) = RT\sum_i x_i(\ln\hat{f}_i - \ln f_i) = RT\sum_i x_i \ln\frac{\hat{f}_i}{f_i} \qquad (4-77)$$

活度(activity)定义为溶液中组分 i 的逸度 $\hat{f}_i$ 对该组分在纯态时逸度 $f_i^\ominus$ 之比,用 $\hat{a}_i$ 表示:

$$\hat{a}_i = \frac{\hat{f}_i}{f_i} \qquad (4-78a)$$

结合式(4-64a)知,对理想溶液而言,有 $\hat{a}_i=x_i$。式(4-77)可写为

$$\Delta G = RT\sum_i x_i \ln\hat{a}_i \qquad (4-78b)$$

对于过量吉布斯函数,则有

$$G^E = \Delta G - \Delta G^{is} = RT\sum_i x_i \ln\frac{\hat{f}_i}{f_i} - RT\sum_i x_i \ln x_i = RT\sum_i x_i \ln\frac{\hat{f}_i}{f_i x_i} \qquad (4-79)$$

活度系数(activity coefficient)定义为溶液中组分 i 的逸度 $\hat{f}_i$ 与该组分在理想溶液中的逸度 $\hat{f}_i^{is}$ 之比,用 γ_i 表示,结合式(4-79),有

$$\gamma_i = \frac{\hat{f}_i}{\hat{f}_i^{is}} = \frac{\hat{f}_i}{f_i^\ominus x_i} = \frac{\hat{a}_i}{x_i} \qquad (4-80)$$

由式(4-80)知,γ_i 是量纲为1的变量。结合式(4-65),活度 $\hat{a}_i$、活度系数 γ_i 均与标准态 $f_i^\ominus$ 的选取有关。此外,将式(4-80)代入式(4-79),得

$$\frac{G^E}{RT} = \sum_{i=1}^N x_i \ln\gamma_i = F(T,p,x_1,x_2,\cdots,x_N) \qquad (4-81)$$

式(4-81)表明,$\ln\gamma_i$ 是 $\dfrac{G^E}{RT}$ 的偏摩尔量,且是温度 T、压力 p 和组成 $\{x_i\}$ 的函数,并满足关系式:

$$\ln \gamma_i = \left[\frac{\partial (nG^{\mathrm{E}}/RT)}{\partial n_i} \right]_{T, p, n_{j[i]}} \tag{4-82}$$

$\ln \gamma_i$ 也必须满足式(4-19)～式(4-21)、式(4-38b)、式(4-39)的关系。

从式(4-80)还知

$$\hat{f}_i = f_i^{\ominus} x_i \gamma_i \tag{4-83}$$

在等温 T、等压 p 下,式(4-39)可写为

$$\sum_{i=1}^{N} x_i \mathrm{d}\ln \gamma_i = 0 \tag{4-84}$$

对于二元混合物,上式变为

$$x_1 \mathrm{d}\ln \gamma_1 + x_2 \mathrm{d}\ln \gamma_2 = 0 \quad (\text{等温 } T \text{、等压 } p) \tag{4-85}$$

或

$$\frac{x_1}{\gamma_1} \frac{\mathrm{d}\gamma_1}{\mathrm{d}x_2} = -\frac{x_2}{\gamma_2} \frac{\mathrm{d}\gamma_2}{\mathrm{d}x_2} \quad (\text{等温 } T \text{、等压 } p) \tag{4-86}$$

因在式(4-85)中,$x_i > 0$,$\gamma_i > 0$,则从式(4-86)可以看出:

(1) 不论系统组成如何,$\dfrac{\mathrm{d}\gamma_1}{\mathrm{d}x_2}$ 和 $\dfrac{\mathrm{d}\gamma_2}{\mathrm{d}x_2}$ 符号必定相反,即 γ_1 和 γ_2 随组成的变化率是反号的。当 γ_1 大于1(正偏差)时,γ_2 也必定大于1(正偏差);反之亦然。

(2) 当 $x_2 \to 0$ 或 $x_2 \to 1$ 时,$\dfrac{\mathrm{d}\gamma_1}{\mathrm{d}x_2} = \dfrac{\mathrm{d}\gamma_2}{\mathrm{d}x_2} = 0$。

(3) 当某一组分(如组分1)的活度系数-组成关系曲线($\gamma_1 - x_2$ 曲线)出现最高点或最低点 $\left(\dfrac{\mathrm{d}\gamma_1}{\mathrm{d}x_2} = 0 \right)$ 时,另一组分(如组分2)的 $\gamma_2 - x_2$ 曲线也必定同时出现最低或最高点 $\left(\dfrac{\mathrm{d}\gamma_2}{\mathrm{d}x_2} = 0 \right)$。

根据上述规律可以预测二元混合物对理想溶液偏离的不同类型,实验也证实了不同类型偏差的二元混合物的存在。

与式(3-116)、式(3-117)相类似,对式(4-81)在恒组成下分别对温度 T 和压力 p 求偏导数,可得出组分 i 的活度系数随温度 T 和压力 p 的变化关系式:

$$\left(\frac{\partial \ln \gamma_i}{\partial T} \right)_{p, \{x\}} = -\frac{\overline{H_i^{\mathrm{E}}}}{RT^2} = -\frac{\overline{H_i} - H_i}{RT^2} \tag{4-87}$$

$$\left(\frac{\partial \ln \gamma_i}{\partial p} \right)_{T, \{x\}} = \frac{\overline{V_i^{\mathrm{E}}}}{RT} = \frac{\overline{V_i} - V_i}{RT} \tag{4-88}$$

4.8　活度系数的标准态

式(4-80)已经表明活度系数与标准态的选取有关,且处理方法和过程类似。

4.8.1 以路易斯-兰德尔规则为标准态

由式$(4-40)$ $\mathrm{d}\overline{G_i}=RT\mathrm{d}\ln\hat{f}_i$ 可知

$$\int_{\overline{G_i^{\mathrm{is}}}(T,\,p,\,\{x\})}^{\overline{G_i}(T,\,p,\,\{x\})}\mathrm{d}\overline{G_i}=RT(\ln\hat{f}_i-\ln\hat{f}_i^{\mathrm{is}})=RT\ln\hat{a}_i \qquad (4-89\mathrm{a})$$

结合式$(4-66)$,则式$(4-89\mathrm{a})$可写为

$$\overline{G_i}(T,\,p,\,\{x\})-\overline{G_i^{\mathrm{is}}}(T,\,p,\,\{x\})=RT\ln\frac{\hat{f}_i}{f_i^{\mathrm{L}}x_i} \qquad (4-89\mathrm{b})$$

或

$$\overline{G_i}(T,\,p,\,\{x\})-\overline{G_i^{\mathrm{is}}}(T,\,p,\,\{x\})=RT\ln\gamma_i \qquad (4-89\mathrm{c})$$

式$(4-89\mathrm{c})$也可进一步写为

$$\ln\gamma_i=\ln\hat{f}_i-\ln f_i^{\mathrm{L}}x_i \qquad (4-90\mathrm{a})$$

或

$$\gamma_i=\frac{\hat{f}_i}{f_i^{\mathrm{L}}x_i} \qquad (4-90\mathrm{b})$$

式$(4-90\mathrm{a})$、式$(4-90\mathrm{b})$表明,活度系数的对数值大小反映了组分i的逸度的对数在真实溶液中和其在同温、同压、同组成理想溶液之间大小的偏离程度。

对于正偏差溶液,$\gamma_i>1$,$\hat{f}_i>\hat{f}_i^{\mathrm{is}}$,式$(4-89\mathrm{c})$可写为

$$\overline{G_i}(T,\,p,\,\{x\})-\overline{G_i^{\mathrm{is}}}(T,\,p,\,\{x\})>0 \qquad (4-91)$$

对于负偏差系统,$\gamma_i<1$,$\hat{f}_i<\hat{f}_i^{\mathrm{is}}$,式$(4-89\mathrm{c})$又可写为

$$\overline{G_i}(T,\,p,\,\{x\})-\overline{G_i^{\mathrm{is}}}(T,\,p,\,\{x\})<0 \qquad (4-92)$$

对于理想溶液,$\gamma_i^{\mathrm{is}}=1$;对于纯物质,则有$\lim\limits_{x_i\to1}\gamma_i=1$。若在系统温度、压力下,溶液中所有组分均有纯液体存在,则所有组分逸度均符合路易斯-兰德尔规则,并联立式$(3-121)$,有

$$\hat{f}_i^{\mathrm{L}}=f_i^{\mathrm{L}}x_i\gamma_i=p_i^{\mathrm{S}}\varphi_i^{\mathrm{S}}\exp\left(\int_{p_i^{\mathrm{S}}}^{p}\frac{V_i^{\mathrm{L}}}{RT}\mathrm{d}p\right)x_i\gamma_i \qquad (4-93)$$

式中,f_i^{L}为混合物同温同压下的纯液体i的逸度。在低压和低蒸气压情况下,有$f_i^{\mathrm{L}}\approx p_i^{\mathrm{S}}$。

4.8.2 以亨利定律为标准态

系统温度、压力下溶液中有些没有纯液体存在的组分,符合理想稀溶液的条件。该组分以理想稀溶液为参考态,则有

$$\int_{G_i^{\mathrm{is}*}(T,\,p,\,\{x\})}^{G_i(T,\,p,\,\{x\})}\mathrm{d}\overline{G_i}=RT(\ln\hat{f}_i-\ln\hat{f}_i^{\mathrm{is}*})=RT\ln\hat{a}_i^{*} \qquad (4-94\mathrm{a})$$

结合式(4-67),式(4-94a)可写为

$$\overline{G_i}(T,\ p,\ \{x\}) - \overline{G_i^{\mathrm{is}*}}(T,\ p,\ \{x\}) = RT\ln\frac{\hat{f}_i}{k_i x_i} \qquad (4-94\mathrm{b})$$

或

$$\overline{G_i}(T,\ p,\ \{x\}) - \overline{G_i^{\mathrm{is}*}}(T,\ p,\ \{x\}) = RT\ln\gamma_i^* \qquad (4-94\mathrm{c})$$

式(4-94c)也可进一步写为

$$\ln\gamma_i^* = \ln\hat{f}_i - \ln(k_i x_i) \qquad (4-95\mathrm{a})$$

或

$$\gamma_i^* = \frac{\hat{f}_i}{k_i x_i} \qquad (4-95\mathrm{b})$$

对于理想稀溶液,有 $\lim\limits_{x_i \to 0}\gamma_i^* = 1$,与式(4-93)类似:

$$\hat{f}_i^{\mathrm{L}} = k_i x_i \gamma_i \qquad (4-96)$$

对液相溶液,组分逸度必只能有一部分组分符合亨利定律,而其余组分符合路易斯-兰德尔规则。

4.8.3　两种活度系数 γ_i 与 γ_i^* 之间的关系

对溶液中同一组分,可同时采用两种活度系数 γ_i 与 γ_i^*,分别由式(4-90b)、式(4-95b)进行计算,然而其只有一个数值。因此 $\hat{f}_i^{\mathrm{L}} = f_i^{\mathrm{L}} x_i \gamma_i = k_i x_i \gamma_i^*$,并将其展开为温度 T、压力 p、组成 $\{x\}$ 的函数,即

$$\frac{\gamma_i(T,\ p,\{x\})}{\gamma_i^*(T,\ p,\{x\})} = \frac{k_i(T,\ p)}{f_i^{\mathrm{L}}(T,\ p)} \qquad (4-97)$$

式(4-97)的右边仅为温度 T、压力 p 的函数,与组成 $\{x\}$ 无关。因此当 $x_i \to 0$ 时,有 $\lim\limits_{x_i \to 0}\gamma_i = \gamma_i^\infty$,$\lim\limits_{x_i \to 0}\gamma_i^* = 1$,则

$$\ln\gamma_i^* = \ln\gamma_i - \ln\gamma_i^\infty (T,\ p,\ x_i \to 0) \qquad (4-98\mathrm{a})$$

或

$$\gamma_i^* = \frac{\gamma_i}{\gamma_i^\infty(T,\ p,\ x_i \to 0)} \qquad (4-98\mathrm{b})$$

同理,当 $x_i \to 1$ 时,有 $\lim\limits_{x_i \to 1}\gamma_i = 1$,$\lim\limits_{x_i \to 1}\gamma_i^* = \gamma_i^*(T,\ p,\ x_i \to 1)$,则

$$\ln\gamma_i = \ln\gamma_i^* - \ln\gamma_i^*(T,\ p,\ x_i \to 1) \qquad (4-99\mathrm{a})$$

或

$$\gamma_i = \frac{\gamma_i^*}{\gamma_i^*(T,\ p,\ x_i \to 1)} \qquad (4-99\mathrm{b})$$

4.9 液体混合物中组分活度系数的测定方法

4.9.1 气液平衡法

实验测得的一定的温度下平衡系统中的液相组成 x_i 和气相组成 y_i 以及系统的总压 p。如果实验在低压下进行,气相可视为理想气体,则根据式(4-100)计算组分 i 的活度系数:

$$\gamma_i = \frac{p y_i}{p_i^S x_i} = \frac{p_i}{p_i^S x_i} \qquad (4-100)$$

式中,p_i^S 为纯液体 i 在指定温度下的饱和蒸气压。

[例 4.12] 在 298 K 下,测得不同组成的异丙醇(1)-苯(2)二元系液体混合物的蒸气总压 p 和分压 p_1 如下表所示。

x_1	0.000	0.059	0.146	0.362	0.521	0.700	0.836	0.924	1.000
p_1 /kPa	0.000	1.720	2.986	3.680	4.066	4.853	5.266	5.626	5.866
p /kPa	12.585	13.892	14.532	14.452	14.105	13.305	11.199	8.852	5.866

求当 $x_1 = 0.2, 0.5$ 和 0.8 时的 γ_1 和 γ_2。

解: 由式(4-89)可得

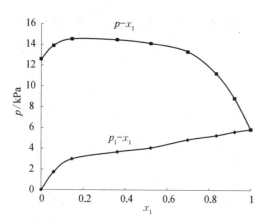

图 4-10 异丙醇(1)-苯(2)二元系 $p-x_1$ 与 p_1-x_1 图

$$\gamma_1 = \frac{p_1}{p_1^S x_1}, \quad \gamma_2 = \frac{p - p_1}{p_2^S (1 - x_1)}$$

依题意 $p_1^S = 5.866$ kPa, $p_2^S = 12.585$ kPa。根据表中数据可绘制该二元系的 $p-x_1$ 图和 p_1-x_1 图,如图 4-10 所示。从图中查出当 $x_1 = 0.2, 0.5$ 和 0.8 时各点的 p 和 p_1,并计算得到 γ_1 和 γ_2 的数据如下表所示。

x_1	p_1 /kPa	p /kPa	γ_1	γ_2
0.2	3.487	14.735	2.972	1.117
0.5	3.998	14.170	1.363	1.616
0.8	5.139	11.936	1.095	2.700

4.9.2 吉布斯-杜安方程法

将(4-85)改写为

$$\mathrm{d}\ln\gamma_1 = -\left(\frac{x_2}{1 - x_2} \frac{\mathrm{d}\ln\gamma_2}{\mathrm{d}x_2} \right) \mathrm{d}x_2 \qquad (4-101a)$$

对式(4-101a)进行积分,得

114

$$\ln \gamma_1 = -\int_0^{x_2} \left(\frac{x_2}{1-x_2} \frac{\mathrm{d}\ln \gamma_2}{\mathrm{d}x_2} \right) \mathrm{d}x_2 \qquad (4-101\mathrm{b})$$

只须知道在 $[0, x_2]$ 范围的 γ_2 就可以计算 γ_1，式(4-101b)在等温 T、等压 p 条件下成立。通常，由气液相平衡实验测得的不同组成下的数据，要么是等温数据，要么是等压数据。式(4-88)表明：一般条件下压力对活度系数影响较小。因此，等温数据比较适合于这种情况的计算。

4.9.3　溶剂与溶质的活度系数

由于溶液中各组分分子的对称性，将组分区分为溶剂和溶质只是人为的，其目的在于使用方便。溶液中溶剂的活度 $\hat{a}_\mathrm{A}$ 与活度系数 γ_A 分别定义为

$$\begin{cases} \hat{a}_\mathrm{A} = \dfrac{\hat{f}_\mathrm{A}}{f_\mathrm{A}^{\ominus}} \\[3mm] \gamma_\mathrm{A} = \dfrac{\hat{f}_\mathrm{A}}{f_\mathrm{A}^{\ominus} x_\mathrm{A}} \end{cases} \qquad (4-102)$$

溶质的活度 $\hat{a}_\mathrm{B}$ 与活度系数 γ_B 可依据溶液浓度表达方式的不同而采用不同的单位，可按下列任何一组方程式来定义：

$$\begin{cases} \hat{a}_\mathrm{B} = \dfrac{\hat{f}_\mathrm{B}}{f_\mathrm{B}^{\ominus}} \\[3mm] \gamma_\mathrm{B} = \dfrac{\hat{f}_\mathrm{B}}{f_\mathrm{B}^{\ominus} x_\mathrm{B}} \end{cases} \qquad (4-103\mathrm{a})$$

或

$$\begin{cases} \hat{a}_\mathrm{B} = \dfrac{\hat{f}_\mathrm{B}^{*}}{f_\mathrm{B}^{\ominus *}} \\[3mm] \gamma_\mathrm{B}^{*} = \dfrac{\hat{f}_\mathrm{B}^{*}}{f_\mathrm{B}^{\ominus *} m_\mathrm{B}} \end{cases} \qquad (4-103\mathrm{b})$$

或

$$\begin{cases} \hat{a}_\mathrm{B} = \dfrac{\hat{f}_\mathrm{B}^{**}}{f_\mathrm{B}^{\ominus **}} \\[3mm] \gamma_\mathrm{B}^{**} = \dfrac{\hat{f}_\mathrm{B}^{**}}{f_\mathrm{B}^{\ominus **} c_\mathrm{B}} \end{cases} \qquad (4-103\mathrm{c})$$

式(4-103a)～式(4-103c)中，x_B，m_B 和 c_B 分别表示溶质 B 的物质的量分数、质量摩尔浓度（$\mathrm{mol \cdot kg^{-1}}$）和物质的量浓度（$\mathrm{kmol \cdot m^{-3}}$）；$f_\mathrm{B}^{\ominus}$，$f_\mathrm{B}^{\ominus *}$ 和 $f_\mathrm{B}^{\ominus **}$ 是相应的溶质 B 的标准态逸度。

溶剂和溶质活度标准态选取的原则是使稀溶液中溶剂和溶质的活度系数都等于 1，即满足下列各式：

$$\lim_{\substack{x_A \to 1 \\ x_B \to 0}} \frac{\hat{f}_A}{f_A^\ominus x_A} = 1 \qquad (4-104a)$$

$$\lim_{\substack{x_A \to 1 \\ x_B \to 0}} \frac{\hat{f}_B}{f_B^\ominus x_B} = 1 \qquad (4-104b)$$

或

$$\lim_{\substack{x_A \to 1 \\ m_B \to 0}} \frac{\hat{f}_B^*}{f_B^{\ominus*} m_B} = 1 \qquad (4-105a)$$

或

$$\lim_{\substack{x_A \to 1 \\ c_B \to 0}} \frac{\hat{f}_B^{**}}{f_B^{\ominus**} c_B} = 1 \qquad (4-105b)$$

依据上述原则,选择相同温度和压力下纯溶剂为标准态,即溶剂符合路易斯-兰德尔规则。在稀溶液中,可表达为

$$\lim_{\substack{x_A \to 1 \\ x_B \to 0}} \gamma_A = 1$$

$$\hat{f}_A = \hat{f}_A^\ominus x_A = f_A^L x_A$$

在稀溶液中,溶质遵循亨利定律,即

$$\hat{f}_B = \hat{f}_B^\ominus x_B = k_B x_B \qquad (4-106)$$

或

$$\hat{f}_B = \hat{f}_B^{\ominus*} m_B = k_B^* m_B \qquad (4-107)$$

或

$$\hat{f}_B = \hat{f}_B^{\ominus**} c_B = k_B^{**} c_B \qquad (4-108)$$

式中,k_B,k_B^* 和 k_B^{**} 分别代表溶质 B 采用不同浓度单位时的亨利系数,因此其对应的溶质 B 的各种标准态如下:

(1) 当溶质 B 的浓度用物质的量分数 x_B 表示时,选取 $x_B^\ominus = 1$ 且又遵循亨利定律($f_B^\ominus = k_B$)的假想态。

(2) 当溶质 B 的浓度用质量摩尔浓度 m_B 表示时,选取 $m_B^\ominus = 1 \text{ mol} \cdot \text{kg}^{-1}$ 且 $\gamma_B^* = 1$ 的假想溶液。

(3) 当溶质 B 的浓度用物质的量浓度 c_B 表示时,选取 $c_B^\ominus = 1 \text{ kmol} \cdot \text{m}^{-3}$ 且 $\gamma_B^{**} = 1$ 的假想溶液。

上述三种溶质的标准态示于图 4-11 中。

根据上述溶质的标准态的选取,溶质的活度和活度系数表达式如下:

$$\hat{a}_B = \frac{\hat{f}_B}{k_B}, \quad \gamma_B = \frac{\hat{f}_B}{k_B x_B} = \frac{\hat{a}_B}{x_B} \qquad (4-109a)$$

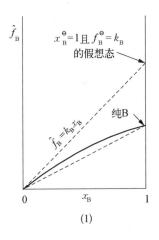 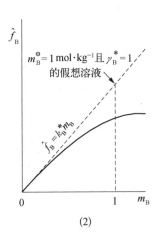 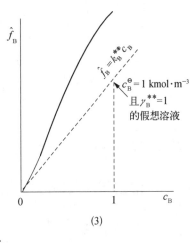

| (1) | (2) | (3) |

图 4 – 11　三种溶质的标准态

$$\hat{a}_B^* = \frac{\hat{f}_B}{m_B}, \quad \gamma_B^* = \frac{\hat{f}_B}{k_B^* m_B} = \frac{\hat{a}_B^*}{m_B} \tag{4-109b}$$

$$\hat{a}_B^{**} = \frac{\hat{f}_B}{c_B}, \quad \gamma_B^{**} = \frac{\hat{f}_B}{k_B^{**} c_B} = \frac{\hat{a}_B^{**}}{c_B} \tag{4-109c}$$

由化学位的定义式 $\mathrm{d}\mu_B = RT \mathrm{d}\ln \hat{f}_B$ 得，对于溶质 B 选择三种不同的标准态有如下关系：

$\mathrm{d}\mu_B(T, p, x_B) = RT \mathrm{d}\ln \hat{f}_B$，积分后得

$$\mu_B(T, p, x_B) = \mu_B^\ominus(T, p, x_B = 1) + RT \mathrm{d}\ln \frac{\hat{f}_B}{k_B} \tag{4-110a}$$

式中，$\mu_B^\ominus(T, p, x_B = 1)$ 是溶质 B 的浓度用 x_B 表示时，活度标准态的化学位，满足关系式

$$\mu_B^\ominus(T, p, x_B = 1) = \mu_B^\ominus(T) + RT \ln f_B^\ominus = \mu_B^\ominus(T) + RT \ln k_B \tag{4-110b}$$

因此

$$\mu_B(T, p, x_B) = \mu_B^\ominus(T) + RT \ln k_B + RT \mathrm{d}\ln(\gamma_B x_B) \tag{4-111a}$$

同理

$$\mu_B(T, p, m_B) = \mu_B^\ominus(T) + RT \ln k_B^* + RT \mathrm{d}\ln(\gamma_B^* m_B) \tag{4-111b}$$

$$\mu_B(T, p, c_B) = \mu_B^\ominus(T) + RT \ln k_B^{**} + RT \mathrm{d}\ln(\gamma_B^{**} c_B) \tag{4-111c}$$

在恒组成下，溶剂 A、溶质 B 的活度系数分别对温度 T 和压力 p 求偏导数，可得出活度系数随温度 T 和压力 p 的变化关系式。

对于溶剂 A，有：

$$\left(\frac{\partial \ln \gamma_A}{\partial T}\right)_{p,\{x\}} = -\frac{\overline{H_A^E}}{RT^2} = -\frac{\overline{H_A} - H_A}{RT^2} \tag{4-112a}$$

$$\left(\frac{\partial \ln \gamma_A}{\partial p}\right)_{T,\{x\}} = \frac{\overline{V_A^E}}{RT} = \frac{\overline{V_A} - V_A}{RT} \tag{4-112b}$$

对于溶剂 B,有:

$$\left(\frac{\partial \ln \gamma_B}{\partial T}\right)_{p,\{x\}} = -\frac{\overline{H_B^E}}{RT^2} = -\frac{\overline{H_B} - \overline{H_B^\infty}}{RT^2} \qquad (4-113a)$$

$$\left(\frac{\partial \ln \gamma_B}{\partial p}\right)_{T,\{x\}} = \frac{\overline{V_B^E}}{RT} = \frac{\overline{V_B} - \overline{V_B^\infty}}{RT} \qquad (4-113b)$$

式(4-113a)、式(4-113b)中,$\overline{H_B^\infty}$ 和 $\overline{V_B^\infty}$ 为溶质 B 在稀溶液中的偏摩尔焓和偏摩尔体积。

4.9.4　溶剂与溶质的活度系数测定法

4.9.4.1　蒸气压法

低压下,蒸气相可视为理想气体,由式(4-100)、式(4-109a)得

$$\gamma_A = \frac{p_A}{p_A^S x_A} = \frac{p y_A}{p_A^S x_A} \qquad (4-114a)$$

$$\gamma_B = \frac{p_B}{k_B x_B} = \frac{p y_B}{k_B x_B} \qquad (4-114b)$$

测定不同溶液浓度下蒸气相的总压和组成,由式(4-114a)、式(4-114b)计算溶剂和溶质的活度系数,其中所需的亨利系数 k_B 可按下法求出:在较低的浓度范围内,测定不同溶液浓度 x_B 时的溶质蒸气分压 p_B,作 $\dfrac{p_B}{x_B}$ - x_B 图,外推至 $x_B = 0$,即得到亨利系数 k_B,如图 4-12 所示。

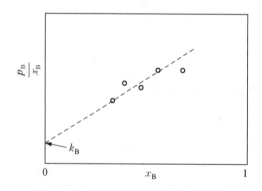

图 4-12　蒸气压作图法求取亨利系数

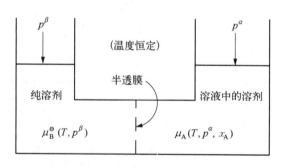

图 4-13　渗透平衡示意图

4.9.4.2　渗透平衡法

此法适合于溶剂,纯溶剂通过半透膜和溶液达到渗透平衡时(见图 4-13),纯溶剂和溶液中的溶剂化学位相等,即

$$\mu_A^\ominus(T, p^\beta) = \mu_A(T, p^\alpha, x_A) \qquad (4-115a)$$

渗透压:

$$\pi = p^{\alpha} - p^{\beta} \tag{4-115b}$$

根据化学位定义式,可得

$$\mu_A(T, p^{\alpha}, x_A) = \mu_A^{\ominus}(T, p^{\alpha}) + RT\ln(\gamma_A x_A) \tag{4-115c}$$

则

$$\mu_A^{\ominus}(T, p^{\beta}) - \mu_A^{\ominus}(T, p^{\alpha}) = -\pi V_A^{\ominus} = RT\ln(\gamma_A x_A)$$

式中,$V_A^{\ominus}$ 是纯溶剂 A 的摩尔体积。因此

$$\pi = \frac{RT}{V_A^{\ominus}} \ln \frac{1}{\gamma_A x_A} \tag{4-116}$$

注:此处特别需要指出的是,渗透压的概念是针对溶剂而言的,对于电解质溶液及高分子溶液也是如此的。

4.9.4.3　分配系数法

分配系数法适用于溶质。设溶质 B 在 α 和 β 两个溶剂中分配,达分配平衡时满足:

$$\mu_B^{\alpha}(T, p, x_B^{\alpha}) = \mu_B^{\beta}(T, p, x_B^{\beta})$$

将式(4-109a)代入上式并整理,得

$$\hat{a}_B^{\beta} = \hat{a}_B^{\alpha} \frac{k_B^{\alpha}}{k_B^{\beta}} \quad \text{或} \quad \gamma_B^{\beta} = \gamma_B^{\alpha} \frac{x_B^{\alpha}}{x_B^{\beta}} \frac{k_B^{\alpha}}{k_B^{\beta}} \tag{4-117}$$

利用该式,已知 B 在 α 相的活度系数,就可计算出 B 在 β 相中的活度系数。两相的亨利系数的比值 $\dfrac{k_B^{\alpha}}{k_B^{\beta}}$ 可用下列方法确定,将式(4-117)改写为

$$\frac{k_B^{\alpha}}{k_B^{\beta}} = \frac{\gamma_B^{\beta}}{\gamma_B^{\alpha}} \frac{x_B^{\beta}}{x_B^{\alpha}}$$

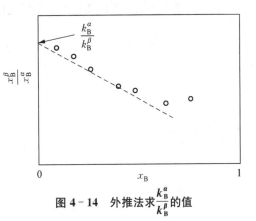

图 4-14　外推法求 $\dfrac{k_B^{\alpha}}{k_B^{\beta}}$ 的值

在低浓度范围内测定一系列的 x_B^{α} 和 x_B^{β} 值,以 $\dfrac{x_B^{\beta}}{x_B^{\alpha}}$-$x_B$ 作图,外推至 $x_B = 0$,即得 $\dfrac{k_B^{\alpha}}{k_B^{\beta}}$ 的值$\left(\text{因为} \lim\limits_{x_B \to 0} \dfrac{\gamma_B^{\beta}}{\gamma_B^{\alpha}} = 1\right)$,见图 4-14。

4.10　活度系数模型

目前活度系数方法主要用于液体混合物,而状态方程则没有这种限制。相比较而言,近年来状态方程发展很快。尽管如此,在有些情况下,活度系数方法仍不失为状态方程法的一种有效补充,对高度非理想系统(如电解质溶液、生物系统、高分子溶液等),活度系数法的结果有时会更令人满意。

活度系数方程一般由液体混合物过量吉布斯自由能 (G^E/RT) 方程给出,分为三种类型:

(1) 理论型:由严格的液体混合物理论模型导出,方程中的参数具有明确的物理意义,而且利用纯物质的物性数据就能确定参数的数值,如 Scatchard - Hildebrand 方程和弗洛里-哈金斯(Flory - Huggins)方程。这类方程虽然适用范围并不是很广,但可作为发展其他活度系数方程的基础。

(2) 经验型:方程的形式与参数的数目完全凭经验确定,有较大的任意性,参数的数值要通过拟合活度系数 (G^E/RT) 的实验数据来确定。

(3) 半经验半理论型:由一定的理论为基础推导得到的方程,这类方程目前应用最广,如沃尔(Wohl)型方程和基于局部组成概念的威尔逊方程、NRTL 方程等均属于此类。方程的参数大都有相应的物理意义,但参数的数值仍要通过拟合活度系数 (G^E/RT) 的实验数据来确定,不能完全从理论上导出。

依据热力学关系,有

$$\frac{G^E}{RT} = \frac{H^E}{RT} - \frac{S^E}{R} \tag{4-118}$$

当 $S^E = 0$ 时,称为正规溶液,满足 $G^E = H^E$。沃尔型方程、Scatchard - Hamer 方程、马居尔方程、范拉尔方程等都是在正规溶液基础上建立起来的。当 $H^E = 0$ 时,称为无热溶液,满足 $G^E = -TS^E$。威尔逊方程、NRTL、UNIQAQC、弗洛里-哈金斯方程、ASOG、UNIFAC 等模型都是在无热溶液的基础上推导得出的,它们也可适用于多元系相平衡数据的关联和计算。

4.10.1 正规混合物与 Scatchard - Hildebrand 方程

二元正规混合物的过量吉布斯自由能可表达为

$$\frac{G^E}{RT} = \frac{V\phi_1\phi_2}{RT}(\delta_1 - \delta_2)^2 \tag{4-119}$$

式中,$V = x_1V_1 + x_2V_2$;V_1、V_2,ϕ_1、ϕ_2 以及 δ_1、δ_2 分别为组分 1 和组分 2 的摩尔体积、体积分数与溶解度参数。

$$\phi_1 = \frac{x_1V_1}{x_1V_1 + x_2V_2} \tag{4-120a}$$

$$\phi_2 = \frac{x_2V_2}{x_1V_1 + x_2V_2} \tag{4-120b}$$

$$\delta_i = \left(\frac{\Delta U_i^V}{V_i}\right)^{1/2} \tag{4-121}$$

式中,ΔU_i^V 是纯液体的摩尔蒸发热力学能。根据式(4-82)求得的组分 1 和组分 2 的活度系数为

$$\ln\gamma_1 = \frac{V_1\phi_2^2}{RT}(\delta_1 - \delta_2)^2 \tag{4-122a}$$

$$\ln \gamma_2 = \frac{V_2 \phi_1^2}{RT} (\delta_1 - \delta_2)^2 \qquad (4-122b)$$

式(4-122a)和式(4-122b)即为 Scatchard-Hildebrand 方程,其适用于分子大小和形状相近的正偏差类型(正规)混合物。

4.10.2　无热溶液与弗洛里-哈金斯方程

对某些由分子的大小相差甚远,而相互作用力很相近的组分所构成的混合物,如高分子聚合物(polymer)和其单体(monomer)的混合物,其混合热几乎为零,混合物的非理想性主要取决于熵的贡献,这类混合物称为无热(athermal)溶液。计算无热溶液的过量吉布斯自由能的方程为弗洛里-哈金斯方程:

$$\frac{G^{\mathrm{E}}}{RT} = x_1 \ln \frac{\phi_1}{x_1} + x_2 \ln \frac{\phi_2}{x_2} \qquad (4-123)$$

$$\ln \gamma_1 = \ln \frac{\phi_1}{x_1} + 1 - \frac{\phi_1}{x_1} \qquad (4-124a)$$

$$\ln \gamma_2 = \ln \frac{\phi_2}{x_2} + 1 - \frac{\phi_2}{x_2} \qquad (4-124b)$$

式(4-124a)、式(4-124b)中的 ϕ_1,ϕ_2 为式(4-120a)、式(4-120b)所定义的体积分数。因此,对无热溶液而言,只需知道纯组分的摩尔体积就可以计算出活度系数。

4.10.3　沃尔方程

沃尔在归纳一些活度系数方程的基础上,提出了一个总包性的过量吉布斯自由能函数:

$$\frac{G^{\mathrm{E}}}{RT} = \sum_i q_i x_i \left(\sum_i \sum_j Z_i Z_j a_{ij} + \sum_i \sum_j \sum_k Z_i Z_j Z_k a_{ijk} + \sum_i \sum_j \sum_k \sum_l Z_i Z_j Z_k Z_l a_{ijkl} + \cdots \right)$$

$$(4-125)$$

式中,q_i 为有效摩尔体积,Z_i 为有效体积分数。

$$Z_i = \frac{q_i x_i}{\sum_j q_j x_j} \qquad (4-126)$$

a_{ij},a_{ijk},a_{ijkl},$\cdots$ 分别为描述相应下标的二分子对、三分子基团、四分子基团……相互作用参数,其中 $a_{ii} = a_{iii} = a_{iiii} = \cdots = 0$。

若略去四分子以上基团的相互作用项,将式(4-114)用于二元系,则有

$$\frac{G^{\mathrm{E}}}{RT} = (q_1 x_1 + q_2 x_2)(2 Z_1 Z_2 a_{12} + 3 Z_1^2 Z_2 a_{112} + 3 Z_1 Z_2^2 a_{122}) \qquad (4-127)$$

令 $A_{12} = q_1(2 a_{12} + 3 a_{122})$,$A_{21} = q_2(2 a_{12} + 3 a_{112})$,并代入式(4-82)得二参数活度系数方程为

$$\ln \gamma_1 = Z_2^2 \left[A_{12} + 2 Z_1 \left(A_{21} \frac{q_1}{q_2} - A_{12} \right) \right] \qquad (4-128a)$$

$$\ln \gamma_2 = Z_1^2 \left[A_{21} + 2Z_2 \left(A_{12} \frac{q_2}{q_1} - A_{21} \right) \right] \qquad (4-128b)$$

给予式(4-128a)、式(4-128b)中的 q_i 以各种不同的数值，经简化后可得到不同的活度系数方程。

4.10.3.1 马居尔方程

令 $\dfrac{q_1}{q_2} = 1$，则 $Z_i = x_i$，代入式(4-127)、式(4-128a)和式(4-128b)得马居尔方程(Margules equation)：

$$\frac{G^{\mathrm{E}}}{RTx_1x_2} = A_{12} + (A_{21} - A_{12})x_1 \qquad (4-129)$$

$$\ln \gamma_1 = x_2^2 \left[A_{12} + 2(A_{21} - A_{12})x_1 \right] \qquad (4-130a)$$

$$\ln \gamma_2 = x_1^2 \left[A_{21} + 2(A_{12} - A_{21})x_2 \right] \qquad (4-130b)$$

式(4-129)还表明，马居尔方程的特征是 $G^{\mathrm{E}}/RTx_1x_2 - x_1$ 图为一直线，由直线的斜率和截距可确定方程式中的两个参数 A_{12} 和 A_{21}。另外，$A_{12} = \ln \gamma_1^{\infty}$，$A_{21} = \ln \gamma_2^{\infty}$。

4.10.3.2 范拉尔方程

令 $\dfrac{A_{12}}{A_{21}} = \dfrac{q_1}{q_2}$，则 $Z_1 = \dfrac{x_1 A_{12}}{x_1 A_{12} + x_2 A_{21}}$，$Z_2 = \dfrac{x_2 A_{21}}{x_1 A_{12} + x_2 A_{21}}$，代入式(4-127)、式(4-128a)和式(4-128b)得范拉尔方程(van Laar equation)：

$$\frac{1}{G^{\mathrm{E}}/RTx_1x_2} = \frac{1}{A_{12}} + \left(\frac{1}{A_{21}} - \frac{1}{A_{12}} \right) x_1 \qquad (4-131)$$

$$\ln \gamma_1 = A_{12} \left(\frac{x_2 A_{21}}{x_1 A_{12} + x_2 A_{21}} \right)^2 \qquad (4-132a)$$

$$\ln \gamma_2 = A_{21} \left(\frac{x_1 A_{12}}{x_1 A_{12} + x_2 A_{21}} \right)^2 \qquad (4-132b)$$

将式(4-132a)乘以 x_1，式(4-132b)乘以 x_2，并将相乘后的结果相除，得

$$\frac{x_1 \ln \gamma_1}{x_2 \ln \gamma_2} = \frac{x_2 A_{21}}{x_1 A_{12}} \qquad (4-133a)$$

式(4-132a)和式(4-132b)可分别改写为

$$\frac{A_{12}}{\ln \gamma_1} = \left(1 + \frac{x_1 A_{12}}{x_2 A_{21}} \right)^2 \qquad (4-133b)$$

$$\frac{A_{21}}{\ln \gamma_2} = \left(1 + \frac{x_2 A_{21}}{x_1 A_{12}} \right)^2 \qquad (4-133c)$$

联立式(4-133a)、式(4-133b)和式(4-133c)，可得到

$$A_{12}=\ln\gamma_1\left(1+\frac{x_2\ln\gamma_2}{x_1\ln\gamma_1}\right)^2 \tag{4-134a}$$

$$A_{21}=\ln\gamma_2\left(1+\frac{x_1\ln\gamma_1}{x_2\ln\gamma_2}\right)^2 \tag{4-134b}$$

式(4-134a)、式(4-134b)表明,原则上如果测得一对 γ_1 和 γ_2 的数据,就可以通过上式求出范拉尔方程的两个参数 A_{12} 和 A_{21}。 同时,式(4-131)还表明范拉尔方程的特征是 RTx_1x_2/G^E-x_1 图为一直线,由直线的斜率和截距也可确定方程式中的两个参数 A_{12} 和 A_{21}。 另外,与马居尔方程类似, $A_{12}=\ln\gamma_1^{\infty}$, $A_{21}=\ln\gamma_2^{\infty}$ 。

4.10.4　基于局部组成概念的活度系数方程

4.10.4.1　局部组成概念

局部组成概念是威尔逊(M. Wilson)在1964年提出的,并在此基础上导出了著名的威尔逊方程(Wilson equation),它是局部组成型溶液活度系数模型。

在二元混合物中,由于 1-1、1-2 和 2-2 分子对的相互作用力不同,在任何一个分子的近邻,其局部的组成(局部分子分数)和混合物的总体组成(混合物的分子分数即物质的量分数)不一定相同。图 4-15 表示液体中 15 个分子 1 和 15 个分子 2 混合的情形。若分子 1 和分子 2 之间的吸引力小于同种分子间的吸引力,则分子 1 周围基本上是分子 1,分子 2 周围则由分子 2 所包围。反之,若分子 1 和分子 2 之间的吸引力大于同种分子之间的吸引力,则 1、2 两种物质混合后,将形成尽可能多的 1、2 相邻分子。图 4-15 所示就属于后一种情况,在分子 1 的周围,分子 1 的局部分数为 3/8,分子 2 的局部分数为 5/8,而不等于混合物的总体组成的一半。

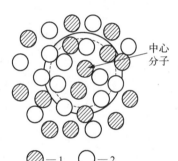

中心分子

▨—1　○—2

图 4-15　液体中分子排序示意图

用 X_{ji} 代表 i 分子周围 j 分子的局部分子分数,定义二元混合物为

$$X_{11}=\frac{\text{和中心分子1紧邻的分子1的分子数}}{\text{和中心分子1紧邻的总分子数}} \tag{4-135a}$$

$$X_{12}=\frac{\text{和中心分子1紧邻的分子2的分子数}}{\text{和中心分子1紧邻的总分子数}} \tag{4-135b}$$

同理可写出 X_{21} 和 X_{22} 的类似关系式:

$$X_{21}=\frac{\text{和中心分子2紧邻的分子1的分子数}}{\text{和中心分子2紧邻的总分子数}} \tag{4-135c}$$

$$X_{22}=\frac{\text{和中心分子2紧邻的分子2的分子数}}{\text{和中心分子2紧邻的总分子数}} \tag{4-135d}$$

显然存在关系: $X_{11}+X_{12}=1$ 和 $X_{21}+X_{22}=1$ 。 二元系统虽有 4 个局部分子分数,但独立变量只有 2 个。图 4-15 给出的结果是 $X_{12}\neq X_{11}\neq 1/2$, $X_{12}\approx 5/8$, $X_{11}\approx 3/8$ 。

为了将局部分子分数 X_{ij} 和可测量的宏观物质的量分数 x_j 关联起来,威尔逊引入了

一个能量参数 g_{ij}，以表示 i-j 分子间的相互作用能。对于二元溶液，X_{ij} 和 x_j 间的关联式为

$$\frac{X_{ij}}{x_j} = \exp\frac{-g_{ij}}{RT} \qquad (4-136)$$

$$\frac{X_{12}}{X_{11}} = \frac{x_2}{x_1}\exp\frac{-(g_{12}-g_{11})}{RT} \qquad (4-137\text{a})$$

$$\frac{X_{21}}{X_{22}} = \frac{x_1}{x_2}\exp\frac{-(g_{21}-g_{22})}{RT} \qquad (4-137\text{b})$$

式中，g_{ij}（$i=1,2$；$j=1,2$）为组分 i 与组分 j 组分间的相互作用能参数，且 $g_{12}=g_{21}$。

4.10.4.2　威尔逊方程

威尔逊将部组成概念引入弗洛里-哈金斯对无热溶液表述的过量吉布斯自由能模型，即式(4-112)中。其中的 ϕ_i 称为局部体积分数，对于二元系可写为

$$\phi_1 = \frac{X_{11}V_1^{\text{L}}}{X_{11}V_1^{\text{L}}+X_{12}V_2^{\text{L}}} = \frac{1}{1+\dfrac{X_{12}}{X_{11}}\dfrac{V_2^{\text{L}}}{V_1^{\text{L}}}} \qquad (4-138\text{a})$$

$$\phi_2 = \frac{X_{22}V_2^{\text{L}}}{X_{21}V_1^{\text{L}}+X_{22}V_2^{\text{L}}} = \frac{1}{\dfrac{X_{21}}{X_{22}}\dfrac{V_1^{\text{L}}}{V_2^{\text{L}}}+1} \qquad (4-138\text{b})$$

将式(4-137a)、式(4-137b)分别代入式(4-138a)、式(4-138b)，得

$$\phi_1 = \frac{x_1}{x_1+x_2\lambda_{12}} \qquad (4-139\text{a})$$

$$\phi_2 = \frac{x_2}{x_2+x_1\lambda_{21}} \qquad (4-139\text{b})$$

式中，$\lambda_{12}=V_2^{\text{L}}/V_1^{\text{L}}\exp[-(g_{12}-g_{11})/RT]$，$\lambda_{21}=V_1^{\text{L}}/V_2^{\text{L}}\exp[-(g_{21}-g_{22})/RT]$ 为威尔逊方程参数，其值由实验数据拟合得到，并满足 $\lambda_{ji}>0$，$\lambda_{ii}=\lambda_{jj}=1$，$\lambda_{ji}\neq\lambda_{ij}$。由此得到的威尔逊方程过量吉布斯自由能函数为

$$\frac{G^{\text{E}}}{RT} = -x_1\ln(x_1+x_2\lambda_{12})-x_2\ln(x_2+x_1\lambda_{21}) \qquad (4-140)$$

式(4-140)即威尔逊方程，可以推广至多元系统：

$$\frac{G^{\text{E}}}{RT} = -\sum_i\left[x_i\ln(\sum_j x_j\lambda_{ij})\right] \qquad (4-141\text{a})$$

$$\lambda_{ji} = \frac{V_i^{\text{L}}}{V_j^{\text{L}}}\exp\frac{-(g_{ji}-g_{jj})}{RT} \qquad (4-141\text{b})$$

应用式(4-130)导出的活度系数方程为

$$\ln \gamma_i = 1 - \ln\left(\sum_j x_j \lambda_{ij}\right) - \sum_k \frac{x_k \lambda_{ki}}{\sum_j x_j \lambda_{kj}} \tag{4-142}$$

对于二元系统,则有

$$\ln \gamma_1 = -\ln(x_1 + x_2\lambda_{12}) + x_2\left(\frac{\lambda_{12}}{x_1 + x_2\lambda_{12}} - \frac{\lambda_{21}}{x_2 + x_1\lambda_{21}}\right) \tag{4-143a}$$

$$\ln \gamma_2 = -\ln(x_2 + x_1\lambda_{21}) - x_1\left(\frac{\lambda_{12}}{x_1 + x_2\lambda_{12}} - \frac{\lambda_{21}}{x_2 + x_1\lambda_{21}}\right) \tag{4-143b}$$

当溶液成为无限稀释溶液时,活度系数用 γ_i^∞ 表示,则有

$$\ln \gamma_1^\infty = -\lambda_{21} - \ln\lambda_{12} + 1 \tag{4-144a}$$
$$\ln \gamma_2^\infty = -\lambda_{12} - \ln\lambda_{21} + 1 \tag{4-144b}$$

以上各式表明,二元系统的威尔逊方程是两参数 λ_{12},λ_{21} 的方程,其值须由二元气液平衡的实验数据确定。通常采用多点组成下的实验数据,用非线性最小二乘法回归求取参数最优值。威尔逊方程具有如下几个突出的优点:

(1) 对二元溶液,它是一个两参数方程。故只要有一组数据即可计算,并且精度较范拉尔方程和马居尔方程高。

(2) 二元交互作用能量参数 $(g_{ji} - g_{jj})$ 受温度影响较小,在较小的温度范围内可视作常数。而威尔逊参数 λ_{ij} 随溶液温度的变化而变化,因此该方程能反映温度对活度系数的影响,且具有半理论的物理意义。

(3) 仅由二元系统数据可预测多元系统的行为,而无需多元参数。

上述优点使得威尔逊方程在工程设计中获得了广泛的应用,对含烃、醇、醚、酮、脂、酯,以及含水、硫、卤素的互溶系统均能获得较好的结果。威尔逊方程在气液平衡研究领域中曾独步一时,其后一段时间所发表的许多活度系数的计算方法均是对威尔逊方程的修正和改进。

当然,范拉尔、马居尔等方程在关联二元系统数据方面是有用的,但在预测多元气液平衡方面却显出粗略而无力。

然而,威尔逊方程的应用也有其局限性:

(1) 该方程不能用于部分互溶系统;

(2) 该方程不能用于活度系数有最大值的溶液。

[例 4.13]　已知 328 K 的氯仿(1)-乙醇(2) 系统最初和最终的一组数据如下:

x_1	x_2	$p/$ MPa
0.0331	0.9669	0.0407
0.9852	0.0348	0.0848

已知在此温度下,$p_1^S = 0.0821$ MPa,$p_2^S = 0.0372$ MPa。 试由这些数据计算马居尔参数 A_{12} 和 A_{21} 与威尔逊参数 λ_{12} 和 λ_{21}。

解:根据低压下气液平衡关系得 $p = p_1^S \gamma_1 x_1 + p_2^S \gamma_2 x_2$。 当 x_1 很小时,$\gamma_2 \to 1$;当 x_2 很小时,$\gamma_1 \to 1$。 因此可得到

$$\gamma_1^{\infty} \cong \frac{1}{p_1^{S}}\left(\frac{p-p_2^{S}}{x_1}+p_2^{S}\right) = \frac{1}{0.0821}\times\left(\frac{0.0407-0.0372}{0.0331}+0.0372\right) = 1.741$$

$$\gamma_2^{\infty} \cong \frac{1}{p_2^{S}}\left(\frac{p-p_1^{S}}{x_2}+p_1^{S}\right) = \frac{1}{0.0372}\times\left(\frac{0.0846-0.0821}{0.0348}+0.0821\right) = 4.138$$

因而,马居尔方程参数为

$$A_{12}=\ln\gamma_1^{\infty}=0.554, \quad A_{21}=\ln\gamma_2^{\infty}=1.420$$

威尔逊方程参数为

$$\ln\gamma_1^{\infty}=-\ln\lambda_{21}-\lambda_{12}+1=0.554 \tag{a}$$

$$\ln\gamma_2^{\infty}=-\ln\lambda_{12}-\lambda_{21}+1=1.420 \tag{b}$$

取初值 $\lambda_{12}=1$,采用试差法联立求解式(a)、式(b)得 $\lambda_{12}=1.30$, $\lambda_{21}=0.176$。

4.10.4.3　NRTL 方程

NRTL 方程(non-random two-liquid equation)的理论依据和威尔逊方程类似,但需要三个参数计算多元系统的活度系数方程式。但这两个方程也有所区别:对于液液互不相溶系统,NRTL 方程适用,而威尔逊方程则不适用;对于互溶系统,威尔逊方程比 NRTL 方程精度要高一些,且计算较简单。二元系统的 NRTL 方程过量的吉布斯函数形式为

$$\frac{G^{E}}{RT}=x_1 x_2\left(\frac{\tau_{21}G_{21}}{x_1+x_2 G_{21}}+\frac{\tau_{12}G_{12}}{x_2+x_1 G_{12}}\right) \tag{4-145}$$

式中, $\tau_{12}=(g_{12}-g_{22})/RT$, $\tau_{21}=(g_{21}-g_{11})/RT$, $g_{12}=g_{21}$; $G_{12}=\exp(-a_{12}\tau_{12})$, $G_{21}=\exp(-a_{12}\tau_{21})$,其物理意义与威尔逊方程类同。根据式(4-120)导出的 NRTL 方程为

$$\ln\gamma_1=x_2^2\left[\frac{\tau_{21}G_{21}^2}{(x_1+x_2 G_{21})^2}+\frac{\tau_{12}G_{12}}{(x_2+x_1 G_{12})^2}\right] \tag{4-146a}$$

$$\ln\gamma_2=x_1^2\left[\frac{\tau_{12}G_{12}^2}{(x_2+x_1 G_{12})^2}+\frac{\tau_{21}G_{21}}{(x_1+x_2 G_{21})^2}\right] \tag{4-146b}$$

上述 NRTL 方程是一个三参数方程,对每一对二元系有三个可调参数,即 $g_{12}-g_{22}$, $g_{21}-g_{11}$, $\alpha_{12}(\alpha_{12}=\alpha_{21})$,其值需由二元气液平衡数据确定。另外,参数也可用无限稀释活度系数进行估算,二元系时满足 $\ln\gamma_1^{\infty}=\tau_{21}+\tau_{12}G_{12}$, $\ln\gamma_2^{\infty}=\tau_{12}+\tau_{21}G_{21}$。 若能够选定 α_{12},则该方程成为两参数方程。一般认为 α_{12} 与温度及溶液的组成无关,而决定于溶液的类型,是溶液的特征参数。Renon 等根据似化学理论将溶液的 α_{12} 值定为 $0.2\sim0.47$,并将溶液分为七种类型,根据不同类型, α_{12} 值选取不同值,见表4-3。

表 4-3　Renon 对各类二元溶液的 α_{12} 推荐值

溶液类别	α_{12}	溶液类别	α_{12}	溶液类别	α_{12}
I$_A$	0.30	II	0.20	V	0.47
I$_B$	0.30	III	0.40	VI	0.30
I$_C$	0.30	IV	0.47	VII	0.47

其中各类溶液说明如下：

Ⅰ类：包括那些和理想溶液偏离不大（正或负偏差）的系统，其 $|G_{max}^E/RT| < 0.35$。 具体又分为三小类。

Ⅰ$_A$ 包括大部分非极性组分的混合物，如烃类和四氯化碳，但烷烃和烃的氧化物的系统除外。

Ⅰ$_B$ 包括一些非极性和非缔合极性液体的混合物，如正庚烷-丁酮、苯-丙酮和四氯化碳-硝基乙烷等。

Ⅰ$_C$ 包括一些极性液体的混合物，其中某些具有负的 G^E 值，如丙酮-氯仿、氯仿-二噁烷，也可以是具有正的但不大的 G^E 值，如丙酮-乙酸甲酯、乙醇-水等。

Ⅱ类：包括饱和烃-非缔合极性系统，如正己烷-丙酮、异辛烷-硝基乙烷等，这些系统具有较小的非理想性，但能分层，α_{12} 值较小。

Ⅲ类：包括烷烃和全氟化碳同系物的溶液，如正己烷-全氟正己烷等。

Ⅳ类：包括强缔合物质-非极性物质的系统，如醇类-烃类系统。

Ⅴ类：包括极性物质（乙酸或硝基甲烷）和四氯化碳系统，这些系统的 α_{12} 较高（0.47）。

Ⅵ类：包括水和非缔合极性物质的混合物，如水-丙酮和水-二氧六环等。

Ⅶ类：包括水和缔合极性物质的混合物，如水-丁二醇和水-吡啶等。

Renon 对各类二元溶液所推荐的 α_{12} 值具有一定的任意性，且已指出某些系统 α_{12} 的选取对数据拟合精度有明显影响，因此，在关联实验数据时，NRTL 方程仍按三参数方程进行处理为宜。对于多元系统，NRTL 方程的过量吉布斯函数和活度系数方程形式为

$$\frac{G^E}{RT} = \sum_i x_i \frac{\sum_j \tau_{ji} G_{ji} x_j}{\sum_k G_{ki} x_k} \tag{4-147}$$

$$\ln \gamma_i = \frac{\sum_j \tau_{ij} G_{ij} x_j}{\sum_k G_{ik} x_k} + \sum_j \frac{x_j G_{ji}}{\sum_k G_{jk} x_k} \left(\tau_{ji} - \frac{\sum_k x_k \tau_{jk} G_{jk}}{\sum_k G_{jk} x_k} \right) \tag{4-148}$$

式中，$\tau_{ji} = (g_{ji} - g_{ii})/RT$，$G_{ji} = -\alpha_{ji} \tau_{ji}$。

对含有 n 个组分的多元系统，共有 $n(n-1)/2$ 种二元组合方式，因此应有 $3n(n-1)/2$ 个二元参数。所有这些参数 $g_{ij} - g_{jj}$，$g_{ji} - g_{ii}$，$\alpha_{ij}(\alpha_{ij} = \alpha_{ji})$ 可由相应二元系的气液平衡数据确定，并由此可推算多元系数据，其优点如下：

（1）具有与威尔逊方程大致相同的拟合和预测精度；

（2）只要有二元数据的拟合参数，就可预测多元系的活度系数；

（3）克服了威尔逊方程的不足之处，可应用于部分互溶的系统，能使液液平衡与气液平衡统一关联。

4.10.4.4 UNIQUAC 模型

1975 年 Abrams 和 Prausnitz 采用 Guggenheim 的似化学溶液模型，结合威尔逊的局部组成概念和统计力学方法建立了 UNIQUAC 模型（universal quasi - chemical correlation activity coefficient model）。该模型可应用于非极性和各类极性组分的多元混合物，并能预测气液平衡和液液平衡数据。

UNIQUAC 模型的过量吉布斯函数由两部分组成：

$$G^{\mathrm{E}} = G_{\mathrm{C}}^{\mathrm{E}} + G_{\mathrm{R}}^{\mathrm{E}} \tag{4-149}$$

式中，$G_{\mathrm{C}}^{\mathrm{E}}$ 为组合部分贡献项(combinatorial term)，反映了分子大小和形状对 G^{E} 的影响；而 $G_{\mathrm{R}}^{\mathrm{E}}$ 则是残余部分贡献项(residual term)，反映了分子间交互作用的影响，其函数形式如下：

$$\frac{G_{\mathrm{C}}^{\mathrm{E}}}{RT} = \sum_i \left(x_i \ln \frac{\phi_i}{x_i} \right) + \frac{Z}{2} \sum_i \left(q_i x_i \ln \frac{\theta_i}{\phi_i} \right) \tag{4-150}$$

$$\frac{G_{\mathrm{R}}^{\mathrm{E}}}{RT} = - \sum_i \left[q_i x_i \ln \left(\sum_j \theta_j \tau_{ji} \right) \right] \tag{4-151}$$

式中，x_i 为溶液中组分 i 的物质的量分数；ϕ_i 为组分 i 的平均体积分数；θ_i 为组分 i 的平均表面积分数，q_i 与 r_i 为组分 i 的结构参数；$\phi_i = \dfrac{r_i x_i}{\sum\limits_j r_j x_j}$，$\theta_i = \dfrac{q_i x_i}{\sum\limits_j q_j x_j}$；$\tau_{ij} = \exp\left(-\dfrac{U_{ij} - U_{jj}}{RT} \right)$，其中 $U_{ij} - U_{jj}$ 为二元交互作用能量参数，$\mathrm{J \cdot mol^{-1}}$；$Z$ 为晶格配位数，一般取 $Z = 10$。

按式(4-149)，活度系数 γ_i 也可以表示为两部分组成，即

$$\ln \gamma_i = \ln \gamma_i^{\mathrm{C}} + \ln \gamma_i^{\mathrm{R}} \tag{4-152}$$

式中，$\ln \gamma_i^{\mathrm{C}}$ 为组合活度系数，反映了分子大小和形状对 γ_i 的影响；而 $\ln \gamma_i^{\mathrm{R}}$ 则是残余活度系数，反映了分子间交互作用对 γ_i 的影响。

$$\ln \gamma_i^{\mathrm{C}} = \ln \frac{\phi_i}{x_i} + \frac{Z}{2} q_i \ln \frac{\theta_i}{\phi_i} + l_i - \frac{\phi_i}{x_i} \sum_j x_j l_j \tag{4-153}$$

$$\ln \gamma_i^{\mathrm{R}} = q_i \left[1 - \ln \sum_j \theta_j \tau_{ji} + \sum_j \left(\frac{\theta_j \tau_{ij}}{\sum\limits_k \theta_k \tau_{kj}} \right) \right] \tag{4-154}$$

$$l_i = \frac{Z}{2} (r_i - q_i) - (r_i - 1) \tag{4-155}$$

对二元系统，组分 1 的活度系数为

$$\ln \gamma_1 = \ln \frac{\phi_1}{x_1} + \frac{Z}{2} q_1 \ln \frac{\theta_1}{\phi_1} + \phi_2 \left(l_1 - \frac{r_1}{r_2} l_2 \right) - q_1 \ln(\theta_1 + \theta_2 \tau_{21}) + \theta_2 q_1 \left(\frac{\tau_{21}}{\theta_1 + \theta_2 \tau_{21}} - \frac{\tau_{12}}{\theta_2 + \theta_1 \tau_{12}} \right) \tag{4-156a}$$

在计算组分 2 的活度系数 γ_2 时，仅需将式(4-156a)中的下标 1 与 2 互换即可：

$$\ln \gamma_2 = \ln \frac{\phi_2}{x_2} + \frac{Z}{2} q_2 \ln \frac{\theta_2}{\phi_2} + \phi_1 \left(l_2 - \frac{r_2}{r_1} l_1 \right) - q_2 \ln(\theta_2 + \theta_1 \tau_{12}) + \theta_1 q_2 \left(\frac{\tau_{12}}{\theta_2 + \theta_1 \tau_{12}} - \frac{\tau_{21}}{\theta_1 + \theta_2 \tau_{21}} \right) \tag{4-156b}$$

虽然 UNIQUAC 模型较 NRTL 方程和威尔逊方程更为复杂，但它具有以下优点：

(1) 仅用两个可调参数便可应用于液液系统(NRTL 方程则需三个参数)；

(2) 随温度的变化，其参数值的变化较小；

(3) 由于其主要浓度变量是表面积分数(而非物质的量分数)，因此该模型可应用于大

分子(聚合物)溶液。

　　除了上述基于局部组成概念的方程式之外,在化工计算中比较广泛使用的还有 ASOG (analytical solutions of group contribution)和 UNIFAC(universal quasi-chemical functional group activity coefficient)模型两种基团贡献模型。基团贡献模型的优点是使物性的预测大为简化,在缺乏实验数据的情况下,通过利用含有同种基团的其他系统的实验数据来预测未知系统的活度系数。

4.10.4.5　基团贡献法

　　UNIFAC 模型吸取了 ASOG 模型和 UNIQUAC 模型各自的优点,并把两者很好地结合起来。

　　(1) 组分 i 的活度系数由两部分组成

$$\ln \gamma_i = \ln \gamma_i^C + \ln \gamma_i^R \tag{4-157}$$

式中,γ_i^C、γ_i^R 分别是组合部分和残余部分的活度系数。γ_i^C 对于 UNIQUAC 模型取决于分子的大小与形状,但对于 UNIFAC 模型则取决于溶液中各种基团的形状与大小。例如 UNIQUAC 模型中 r_i 与 q_i 分别为纯组分 i 的体积参数与表面积分数,而 UNIFAC 模型则根据基团体积参数 R_k 与基团表面积分数 Q_k 的加和性来计算纯组分 i 的结构参数。

$$r_i = \sum_k \nu_k^{(i)} R_k \tag{4-158}$$

$$q_i = \sum_k \nu_k^{(i)} Q_k \tag{4-159}$$

式中,$\nu_k^{(i)}$ 是分子 i 中基团 k 的数目,基团参数可查附录表 6.1。

　　(2) 基团相互作用表现为组分活度系数的残余部分 $\ln \gamma_i^R$,UNIFAC 模型假设此残余部分是溶液的组分 i 中每一个基团所起的作用减去其在纯组分中所起的作用的总和,即

$$\ln \gamma_i^R = \sum_k \nu_k^{(i)} (\ln \Gamma_k - \ln \Gamma_k^{(i)}) \tag{4-160}$$

式中

$$\ln \Gamma_k = Q_k \left[1 - \ln \left(\sum_m \Theta_m \psi_{mk} \right) - \sum_m \frac{\Theta_m \psi_{km}}{\sum_n \Theta_n \psi_{nm}} \right] \tag{4-161a}$$

式(4-161a)亦可表达为

$$\ln \Gamma_k = Q_k (1 - \ln E_k - F_k) \tag{4-161b}$$

式中,E_k 为基团 k 加权相互作用参数。

$$E_k = \sum_m \Theta_m \psi_{mk} = \Theta_1 \psi_{1k} + \Theta_2 \psi_{2k} + \Theta_3 \psi_{3k} + \cdots \tag{4-161c}$$

而 F_k 可视为一辅助函数

$$F_k = \sum_m \frac{\Theta_m \psi_{km}}{\sum_n \Theta_n \psi_{nm}} = \frac{\Theta_1 \psi_{k1}}{E_1} + \frac{\Theta_2 \psi_{k2}}{E_2} + \frac{\Theta_3 \psi_{k3}}{E_3} + \cdots \tag{4-161d}$$

式中,Θ_m 为基团 m 的表面积分数,定义为

$$\Theta_m = \frac{\Theta_m X_m}{\sum\limits_n \Theta_n X_n} \tag{4-162a}$$

式中，Q_m 是基团 m 的表面积分数；X_m 是基团 m 的物质的量分数，定义为

$$X_m = \frac{\sum\limits_i (x_i \nu_m^{(i)})}{\sum\limits_i (x_i \sum\limits_m \nu_m^{(i)})} \tag{4-162b}$$

ψ_{mn} 与 ψ_{nm} 是 m 与 n 基团相互作用参数。

$$\psi_{mn} = \exp\left(-\frac{U_{mn} - U_m}{RT}\right) = \exp\left(-\frac{a_{mn}}{T}\right) \tag{4-163a}$$

$$\psi_{nm} = \exp\left(-\frac{U_{nm} - U_{mm}}{RT}\right) = \exp\left(-\frac{a_{nm}}{T}\right) \tag{4-163b}$$

式中，U_{mn} 和 U_{nm} 表征配偶基团 m 与 n 之间的相互作用，称为基团配偶参数；a_{mn} 和 a_{nm} 是基团配偶能量参数，它们由气液平衡数据确定。注意：a_{mn} 的单位是 K，且 $a_{mn} \neq a_{nm}$，该参数可查附录 6.2 可得。

[**例4.14**] 用 UNIFAC 基团贡献法计算乙醇(1)-苯(2) 二元系在 345 K，$x_1 = 0.2$ 时的活度系数。

解：基团的分解如下表所示：

	ν_{ij}		R_k	Q_k
	乙醇	苯		
CH$_3$	1	0	0.9011	0.843
CH$_2$	1	0	0.6744	0.540
OH	1	0	1.0000	1.200
ArCH	0	6	0.5313	0.400

$a_{12} = 0$ $\qquad$ $a_{21} = 0$

$a_{23} = a_{13} = 986.5$ $\qquad$ $a_{32} = a_{31} = 156.4$

$a_{24} = a_{14} = 61.13$ $\qquad$ $a_{42} = a_{41} = -11.12$

$a_{34} = 89.60$ $\qquad$ $a_{43} = 636.1$

$\psi_{12} = 1$ $\qquad$ $\psi_{21} = 1$

$\psi_{23} = \psi_{13} = 0.0573$ $\qquad$ $\psi_{32} = \psi_{31} = 0.6355$

$\psi_{24} = \psi_{14} = 0.8376$ $\qquad$ $\psi_{42} = \psi_{41} = 1.0328$

$\psi_{34} = 0.7713$ $\qquad$ $\psi_{43} = 0.1582$

$r_1 = 0.9011 + 0.6744 + 1 = 2.5755$

$r_2 = 6 \times 0.5313 = 3.1878$

$q_1 = 0.848 + 0.540 + 1.200 = 2.588$

$q_2 = 6 \times 0.400 = 2.40$

$\phi_1 = \dfrac{0.20 \times 2.5755}{0.2 \times 2.5755 + 0.8 \times 3.1878} = 0.1680$

$$\phi_2 = 0.8320$$

$$\theta_1 = \frac{0.20 \times 2.588}{0.2 \times 2.588 + 0.8 \times 2.40} = 0.2123$$

$$\theta_2 = 0.7877$$

$$l_1 = 5 \times (2.5755 - 2.588) + 1 - 2.5755 = -1.6380$$

$$l_2 = 5 \times (3.1878 - 2.40) + 1 - 3.1878 = 1.7512$$

$$\ln \gamma_1^R = \ln \frac{0.168}{0.2} + 5 \times 2.588 \times \ln \frac{0.2123}{0.168} + 0.832 \times \left(-1.638 - \frac{2.5755 \times 1.7512}{3.1878} \right) = 0.3141$$

$$\ln \gamma_1^R = \ln \frac{0.832}{0.8} + 5 \times 2.40 \times \ln \frac{0.7877}{0.832} + 0.168 \times \left[1.7512 - \frac{3.1878 \times (-1.638)}{2.5755} \right] = 0.0175$$

$$\overline{X_m} = \frac{0.2\nu_m^{(1)} + 0.8\nu_m^{(2)}}{0.2 \times 3 + 0.8 \times 6}$$

		混合物	乙 醇	苯
CH$_3$	$\overline{X_1}$	0.037	1/3	0
CH$_2$	$\overline{X_2}$	0.037	1/3	0
OH	$\overline{X_3}$	0.037	1/3	0
ArCH	$\overline{X_4}$	0.8889	0	1

$$\Theta_m = \frac{\overline{X_m} Q_m}{0.037 \times (0.848 + 0.540 + 1.200) + 0.8889 \times 0.40} = \frac{\overline{X_m} Q_m}{0.4513}$$

	混合物	乙 醇	苯
Θ_1	0.0695	0.3277	—
Θ_2	0.0443	0.2087	—
Θ_3	0.0984	0.4637	—
Θ_4	0.7879	—	1

$$E_k = \Theta_1 \phi_{1k} + \Theta_2 \phi_{2k} + \Theta_3 \phi_{3k} + \Theta_4 \phi_{4k}$$

	混合物	乙 醇	苯
E_1	0.9901	0.8311	0
E_2	0.9901	0.8311	0
E_3	0.226	0.4944	0
E_4	0.9591	—	1

$$F_k = \frac{\Theta_1 \psi_{k1}}{E_1} + \frac{\Theta_2 \psi_{k2}}{E_2} + \frac{\Theta_3 \psi_{k3}}{E_3} + \frac{\Theta_4 \psi_{k4}}{E_4}$$

	混合物	乙 醇	苯
F_1	0.8276	0.6992	0
F_2	0.8276	0.6992	0

续　表

	混合物	乙　醇	苯
F_3	1.1352	1.3481	0
F_4	1.0158	—	1

$$\ln \Gamma_k = Q_k(1 - \ln E_k - F_k)$$

	混合物	乙　醇	苯
$\ln \Gamma_1$	0.1546	0.4120	0
$\ln \Gamma_2$	0.09856	0.2623	0
$\ln \Gamma_3$	1.6035	0.4276	0
$\ln \Gamma_4$	0.0104	—	1

$$\ln \gamma_1 = 0.3141 + 1 \times (0.1546 - 0.4120) + 1 \times (0.0985 - 0.2623) + 1 \times (1.6035 - 0.4276)$$
$$= 1.0688$$

$$\gamma_1 = 2.9119$$

$$\ln \gamma_2 = 0.0175 + 6 \times 0.0104 = 0.0799$$

$$\gamma_2 = 1.0832$$

习　题

4.1　在 293.2 K, 0.103 MPa 时,乙醇(1)-水(2)所形成的溶液其体积可用下式表示:

$$V = 58.36 - 32.46x_2 - 42.98x_2^2 + 58.77x_2^3 - 23.45x_2^4$$

试将乙醇和水的偏摩尔体积 $\overline{V_1}$, $\overline{V_2}$ 表达为浓度 x_2 的函数。

4.2　某二元混合物在一定 T, p 下的焓可用下式表示:

$$H = x_1(a_1 + b_1x_1) + x_2(a_2 + b_2x_2)$$

其中 a_1, b_1 为常数,试求组分 1 的偏摩尔焓 $\overline{H_1}$ 的表示式。

4.3　在 25 ℃下水(1)和乙二醇(2)混合物的过量焓可用下式表示

$$H^E = x_1x_2 \left[-2431.9 + 1925(x_1 - x_2) - 1467.6(x_1 - x_2)^2 + 385.9(x_1 - x_2)^3 \right] (\text{J} \cdot \text{mol}^{-1})$$

试导出水和乙二醇的偏摩尔焓变化量 $\Delta \overline{H_1}$、$\Delta \overline{H_2}$ 的关系式。

4.4　在 303 K, 1×10^5 Pa 下,苯(1)-环己烷(2)的液体混合物的体积数据可用二次方程 $V = (109.4 - 16.8x_1 - 2.64x_1^2) \times 10^{-3}$ 来表示。式中 x_1 是苯的物质的量分数,V 的单位为 $\text{cm}^3 \cdot \text{mol}^{-1}$。试求 303 K, 1×10^5 Pa 下 $\overline{V_1}$, $\overline{V_2}$ 和 ΔV 的表达式(以路易斯-兰德尔规则为标准态)。

4.5　在 298 K 和 0.1 MPa 下,由组分 1 和组分 2 所组成的二元溶液的混合过程的焓变是组成的函数,并可用下式表示:

$$\Delta H = 20.9x_1x_2(2x_1 + x_2)$$

式中,ΔH 的单位是 $\text{J} \cdot \text{mol}^{-1}$,$x_1$, x_2 是物质的量分数。在同样的温度和压力下的纯液体的焓 H_1 和 H_2 分别为 418 $\text{J} \cdot \text{mol}^{-1}$ 和 627 $\text{J} \cdot \text{mol}^{-1}$。试求 298 K, 0.1 MPa 下,无限稀释时的偏摩尔焓。

4.6　已知在 298 K 时乙醇(1)-甲基叔丁基醚(2)二元系统的过量体积为

$$V^E = x_1 x_2 [-1.026 + 0.22(x_1 - x_2)] (cm^3 \cdot mol^{-1})$$

纯物质的体积 $V_1 = 58.63\ cm^3 \cdot mol^{-1}$，$V_2 = 118.46\ cm^3 \cdot mol^{-1}$，试问当 $1000\ cm^3$ 的乙醇与 $500\ cm^3$ 的甲基叔丁基醚在 $298\ K$ 下混合时体积为多少？

4.7　有一单效蒸发器，将 $10000\ kg \cdot h^{-1}$ 的 10% NaOH 溶液浓缩为 50%。加料温度为 293 K，蒸发器操作压力为 $1.013 \times 10^4\ Pa$。在这种条件下，50% NaOH 溶液的沸点为 361 K。试问设计该蒸发器时应采用多大传热速率？

已知：10% NaOH 溶液在 20 ℃时的焓为 $79\ kJ \cdot kg^{-1}$，50% NaOH 溶液在 58 ℃时的焓为 $499\ kJ \cdot kg^{-1}$。

4.8　在固定 T, p 下，某二元液体混合物的摩尔体积为

$$V = 90x_1 + 50x_2 + (6x_1 + 9x_2)x_1 x_2$$

式中，V 的单位为 $cm^3 \cdot mol^{-1}$。试在该温度、压力状态下：(1) 用 x_1 表示的 $\overline{V_1}$ 和 $\overline{V_2}$；(2) 无限稀释下液体的偏摩尔体积 $\overline{V_1^\infty}$ 和 $\overline{V_2^\infty}$ 的值，根据 (1) 所导出的方程式及 V，计算 $\overline{V_1}$，$\overline{V_2}$ 和 V 的值，然后对 x_1 作图，并标出 V_1，V_2，$\overline{V_1^\infty}$，$\overline{V_2^\infty}$ 对 x_1 的坐标。

4.9　在 25 ℃，0.1013 MPa 下，n_2 mol 的 NaCl (2) 溶于 1 kg H_2O (1) 中所形成的溶液的总体积 V_t(cm^3) 与 n_2 的关系为 $V_t = 1001.38 + 16.625n_2 + 1.77n_2^{3/2} + 0.1194n_2^2$。试求 $n_2 = 0.5$ mol 时，H_2O 和 NaCl 的偏摩尔体积 $\overline{V_1}$ 和 $\overline{V_2}$。

4.10　试分别用下列方法计算正丁烷气体在 500 K 和 1.620 MPa 下的 φ 和 f 的值：(1) 普遍化关系式；(2) RK 状态方程。

4.11　已知乙腈(1)-乙醛(2)二元系的第二位力系数的近似关系式为

$$B_{11} = -8.55 \left(\frac{1}{T} \times 10^3\right)^{5.5}, \quad B_{12} = -21.5 \left(\frac{1}{T} \times 10^3\right)^{3.25}, \quad B_{22} = -1.74 \left(\frac{1}{T} \times 10^3\right)^{7.35}$$

式中，T 的单位为 K，B 的单位为 $J \cdot mol^{-1}$，试计算上述等摩尔蒸气混合物在 0.079 MPa，353 K 时的组分逸度 $\hat{f}_1$ 和 $\hat{f}_2$。

4.12　试计算液体异丁烷在 360.8 K 和 10.333 MPa 条件下的逸度。已知饱和异丁烷蒸气在 360.8 K（$p^S = 1.570$ MPa）时的 φ^S 为 0.782，液体体积数据如下：

p/MPa	V/(m$^3 \cdot$ kg^{-1})				
	327.5 K	344.2 K	360.8 K	377.4 K	394.0 K
1.722	0.001934	0.002035	0.002083	—	—
3.444	0.001912	0.002006	0.002132	0.002295	0.002560
6.888	0.001879	0.001960	0.002060	0.002175	0.002330
10.333	0.001850	0.001920	0.002005	0.002100	0.002215

4.13　由实验测得在 1.013×10^5 Pa 下，物质的量分数为 0.582 的甲醇(1)和物质的量分数为 0.418 的水(2)的混合物的露点温度为 81.48 ℃，查得第二位力系数的值如下表所示。

y_1	B_{11}/(cm$^3 \cdot$ mol^{-1})	B_{22}/(cm$^3 \cdot$ mol^{-1})	B_{12}/(cm$^3 \cdot$ mol^{-1})
0.582	−981	−559	−784

试求混合蒸汽中的甲醇与水的逸度系数。

4.14　试用 RK 方程和 Prausnitz 混合规则（令 $k_{12} = 0.1$）来计算 CO_2(1)-C_3H_8(2) 以物质的量之比为 3.5：6.5 的混合物在 400 K，3.78 MPa 下的 $\hat{\varphi}_1$，$\hat{\varphi}_2$ 和 φ。

4.15　312 K，20 MPa 条件下二元溶液中组分 1 的逸度为

$$\hat{f}_1 = 6x_1 - 9x_1^2 + 4x_1^3$$

式中，x_1是组分1的物质的量分数，$\hat{f}_1$的单位为MPa。试求在上述温度和压力下(1)纯组分1的逸度与逸度系数；(2)组分1的亨利系数k_1；(3)活度系数γ_1与x_1的关系式。（组分1的标准状态是以路易斯-兰德尔规则为基准）

4.16　在一定的T，p下，某二元混合溶液的过量吉布斯自由能模型为

$$\frac{G^E}{RT} = (-1.5x_1 - 1.8x_2)x_1x_2 \tag{A}$$

式中，x_1为物质的量分数，试求：(1)$\ln\gamma_1$及$\ln\gamma_2$的表达式；(2)$\ln\gamma_1^\infty$及$\ln\gamma_2^\infty$的值；(3)将(1)所求出的表达式与式$\dfrac{G^E}{RT} = \sum(x_i\ln\gamma_i)$相结合，证明可重新得到式(A)。

4.17　已知两组分分子体积相差不大，化学上没有太大区别的二元液体溶液在等温、等压条件下的过量吉布斯自由能表示为组成的函数：

$$\frac{G^E}{RT} = Ax_1x_2$$

式中，A与x_1，x_2无关，其标准态以路易斯-兰德尔规则为基准，即为在T，p时纯组分1和2实际存在的状态。试导出$\ln\gamma_1$和$\ln\gamma_2$的表达式。

4.18　试求在360.8 K和10.336 MPa下液体异丁烷的逸度。已知：360.8 K的饱和异丁烷蒸气（$p^S = 1.571$ MPa）的残余焓$H^R = 41400$ J·kg^{-1}，残余熵$S^R = 79.7$ J·kg^{-1}·K^{-1}；在360.8 K下，从1.723 MPa到10.336 MPa的液体异丁烷比容的算术平均值为0.002044 m^3·kg^{-1}。

4.19　在344.75 K时，由氢和丙烷组成的二元气体混合物，其中丙烷的物质的量分数为0.792，混合物的压力为3.7974 MPa。试用RK方程计算混合物中氢的逸度系数。已知氢(1)-丙烷(2)系统$k_{12} = 0.07$，$\hat{\varphi}_{H_2}$的实验值为1.439。

4.20　试计算液态水在30℃下，压力分别为(a)饱和蒸气压，(b)10 MPa下的逸度系数。

已知：(1)水在30℃时饱和蒸气压$p^S = 4.24\times10^3$ Pa；

(2)在30℃时，0～10 MPa范围内将液态水的摩尔体积视为常数，其值为0.01809 m^3·kmol^{-1}；

(3)1×10^5 Pa以下的水蒸气可以认为是理想气体。

4.21　基本概念题

1. 是非题

(1)偏摩尔体积的定义可表示为$\overline{V_i} = \left(\dfrac{\partial nV}{\partial n_i}\right)_{T,p,n_{j[i]}} = \left(\dfrac{\partial V}{\partial x_i}\right)_{T,p,n_{j[i]}}$。　　（　）

(2)对于理想溶液，所有的混合过程性质变化均为零。　　（　）

(3)对于理想溶液所有的过量性质均为零。　　（　）

(4)系统混合过程的性质变化与该系统相应的过量性质是相同的。　　（　）

(5)理想气体有$f^{ig} = p^{ig}$，而理想溶液有$\hat{\varphi}_i^{is} = \varphi_i^{is}$。　　（　）

(6)温度和压力相同的两种理想气体混合后，则温度和压力不变，总体积为原来两气体体积之和，总热力学能为原来两气体热力学能之和，总熵为原来两气体熵之和。　　（　）

(7)因G^E（或活度系数）模型是温度和组成的函数，故理论上γ_i与压力无关。　　（　）

(8)纯流体的气液平衡准则为$f^V = f^L$。　　（　）

(9)混合物系统达到气液平衡时，总是有$\hat{f}_i^V = \hat{f}_i^L$，$f^V = f^L$，$f_i^V = f_i^L$。　　（　）

(10)理想溶液一定符合路易斯-兰德尔规则和亨利规则。　　（　）

(11)在一定的温度和压力下的理想溶液的组分与其物质的量分数成正比。　　（　）

(12)理想气体混合物就是一种理想溶液。　　（　）

(13)理想溶液中所有组分的活度系数均为零。　　（　）

(14) 对于理想溶液的某一容量性质 M，有 $M_i = \overline{M_i}$。 （　　）

(15) 在常温、常压下，将 $10\ \text{cm}^3$ 的液体水与 $20\ \text{cm}^3$ 的液体甲醇混合后，其总体积为 $30\ \text{cm}^3$。 （　　）

(16) 均相混合物的总性质与纯组分性质之间的关系总是有 $M_t = \sum n_i M_i$。 （　　）

(17) 对于某二元混合物系统，当在某浓度范围内的组分 2 符合亨利定律，则在相同浓度范围内的组分 1 符合路易斯-兰德尔规则。 （　　）

(18) 当 $x_1 \to 0$ 时，二元混合物 $\gamma_1^* \to 1$，$\gamma_1 \to \gamma_1^\infty$；$\gamma_2 \to 1$，$\gamma_2^* \to 1/\gamma_2^\infty$。 （　　）

(19) 符合路易斯-兰德尔规则或亨利定律的溶液一定是理想溶液。 （　　）

(20) 等温、等压下的二元混合物的吉布斯-杜安方程也可表示为 $x_1 \mathrm{d}\ln \gamma_1 + x_2 \mathrm{d}\ln \gamma_2^* = 0$ （　　）

(21) 二元溶液的吉布斯-杜安方程可以表示为

$$\left.\begin{array}{c} \displaystyle\int_{x_1=0}^{x_1=1} \ln \frac{\gamma_1}{\gamma_2}\mathrm{d}x_1 = \int_{T(x_1=0)}^{T(x_1=1)} \frac{H^{\mathrm{E}}}{RT^2}\mathrm{d}T \quad (p\ 为常数) \\[3mm] \displaystyle\int_{p(x_1=0)}^{p(x_1=1)} -\frac{V^{\mathrm{E}}}{RT}\mathrm{d}p \quad (T\ 为常数) \end{array}\right\}$$

（　　）

(22) 因为 $\Delta H = H^{\mathrm{E}}$，所以 $\Delta G = G^{\mathrm{E}}$。 （　　）

(23) 二元溶液的亨利常数只与 T，p 有关，与组成无关；而多元溶液的亨利常数与 T，p 和组成都有关。 （　　）

2. 选择题

(1) 由混合物的逸度的表达式 $\overline{G_i} = G_i^{\mathrm{ig}} + RT\ln \hat{f}_i$ 知，G_i^{ig} 的状态为（　　）。

A. 系统温度、$p=1$ 的纯组分 i 的理想气体状态

B. 系统温度、系统压力的纯组分 i 的理想气体状态

C. 系统温度、$p=1$ 的纯组分 i

D. 系统温度、系统压力、系统组成的温度的理想混合物

(2) 已知某二元系统的 $\dfrac{G^{\mathrm{E}}}{RT} = \dfrac{x_1 x_2 A_{12} A_{21}}{x_1 A_{12} + x_2 A_{21}}$，则以路易斯-兰德尔规则为标准态的活度系数 $\ln \gamma_1$ 是（　　）。

A. $A_{12}\left(\dfrac{A_{12} x_2}{A_{12} x_1 + A_{21} x_2}\right)^2$ 　　　　　　B. $A_{21}\left(\dfrac{A_{12} x_1}{A_{12} x_1 + A_{21} x_2}\right)^2$

C. $A_{12} A_{21} x_1^2$ 　　　　　　D. $A_{21} A_{12} x_2^2$

(3) 亨利定律（　　）。

A. 适用于理想溶液的溶质和溶剂 　　　　B. 仅适用于溶质组分

C. 适用于稀溶液的溶质组分 　　　　D. 阶段适用于稀溶液的溶剂

(4) 二元非理想溶液在极小浓度的条件下，其溶质组分和溶剂组分分别遵循（　　）。

A. 亨利定律和亨利定律 　　　　B. 亨利定律和路易斯-兰德尔规则

C. 路易斯-兰德尔规则和路易斯-兰德尔规则 　　　　D. 亨利定律和路易斯-兰德尔规则

(5)（多选）下列方程式成立的是（　　）。

A. $\dfrac{\overline{G_1} - G_1}{RT} = \ln \hat{f}_1 - \ln f_1$ 　　　　　　B. $\dfrac{\overline{G_1^{\mathrm{L}}} - G_1^{\mathrm{L}}}{RT} = \ln x_1 + \ln \gamma_1$

C. $\dfrac{\overline{G_1^{\mathrm{L}}} - \overline{G_1^{\mathrm{V}}}}{RT} = \ln \hat{f}_1^{\mathrm{L}} - \ln \hat{f}_1^{\mathrm{V}}$ 　　　　　　D. $f_1 = \lim\limits_{x_1 \to 1} \dfrac{\hat{f}_1}{x_1}$

E. $k_1 = \lim\limits_{x_1 \to 0} \dfrac{\hat{f}_1}{x_1}$

3. 填空题

（1）填表

偏摩尔性质，$\overline{M_i}$	溶液性质，M	关系式，$M = \sum x_i M_i$
	$\ln f$	
	$\ln \varphi$	
$\ln \gamma_i$		

（2）有人提出，一定温度下二元液体混合物的偏摩尔体积的模型是 $\overline{V_1} = V_1(1+ax_2)$，$\overline{V_2} = V_2(1+bx_1)$，其中 V_1，V_2 为纯组分的摩尔体积，a，b 为常数，他提出的模型_____（有/没有）问题。若模型改为 $\overline{V_1} = V_1(1+ax_2^2)$，$\overline{V_2} = V_2(1+bx_1^2)$，则情况又如何？请简要分析：_____。

（3）常温、常压条件下二元液相系统的溶剂组分的活度系数为 $\ln \gamma_1 = \alpha x_2^2 + \beta x_2^3$（$\alpha$，$\beta$ 是常数），则溶质组分的活度系数表达式是 $\ln \gamma_2 = $_____。

（4）等温、等压下的二元液体混合物的活度系数之间的关系为

$$\underline{\hspace{3cm}} + x_2 \mathrm{d}\ln \gamma_2 = 0$$

（5）某二元混合物中组分的偏摩尔焓可表示为 $\overline{H_1} = a_1 + b_1 x_2^2$ 和 $\overline{H_2} = a_2 + b_2 x_1^2$，则 b_1 和 b_2 的关系是_____。

（6）二元混合物的焓的表达式为 $H = x_1 H_1 + x_1 H_1 + \alpha x_1 x_2$，则和 $\overline{H_1} = $_____，$\overline{H_2} = $_____。

第 5 章

相平衡热力学

内容概要和学习方法

相平衡是分离技术及分离设备开发、设计的理论基础。工程上广泛应用的分离技术如精(蒸)馏、吸收、萃取、吸附、结晶等就是以汽-液、气-液、液-液、气-固、液-固相平衡等为设计依据的。在 3.7 节中已经讨论了纯组分的气-液相平衡关系及其计算方法。本章在此基础上,进一步研究混合物的相平衡关系。混合物的相平衡理论是论述达到平衡时系统 T、p 和各相组成,以及其他热力学函数之间的关系及其相互间的推算。在对混合物相平衡进行计算时,须将混合物的相平衡准则与反映混合物特征的模型(如状态方程＋混合规则或活度系数模型)结合起来使用。

本章主要介绍以下两种表达多元系相平衡的两种方式:一是图解法,在图解法中,与第 2 章的纯物质相比,由于多了组成变量,混合物的相图要复杂得多。二是解析法,在解析法中重要的是解决平衡时处于一定温度 T,压力 p 下的互成平衡时的各相组成的计算问题。另外,吉布斯-杜安方程反映了混合物中各组分的偏摩尔性质的约束关系,它不仅在检验偏摩尔性质模型时非常有用,而且因某些偏摩尔性质,如 $\ln\gamma_i$,$\ln\hat{\varphi}_i$ 等,与混合物的相平衡紧密联系,在相平衡数据的检验和推算中也有着非常重要的应用。

5.1 平衡性质与判据

相平衡指的是溶液中形成若干相,这些相之间保持着物理平衡而处于多相共存的状态。在热力学上,它意味着整个物系吉布斯自由能为极小的状态,即 $\mathrm{d}\Delta G_t(T,p,n_1,n_2,\cdots,n_N)=0$;从传递速度的观点来看,又是表观速度为零的状态。

根据混合物或溶液中各相种类的不同,相平衡通常可分为汽-液、液-液、液-液-汽、气(难溶性气体)-液、气-固、液-固平衡等。对于不发生化学反应的物系而言,由处于平衡时物系的吉布斯自由能为最小原则导出相平衡的判据为"各相的温度相等,压力相等,各组分在各相的化学位相等"。因此,对于由 N 个组分,π 个相构成的平衡系统,上述平衡条件的数学表达式为

$$\begin{cases} T^{\alpha}=T^{\beta}=\cdots=T^{\pi} \\ p^{\alpha}=p^{\beta}=\cdots=p^{\pi} \\ \mu_i^{\alpha}=\mu_i^{\beta}=\cdots=\mu_i^{\pi} \quad (i=1,2,\cdots,N) \end{cases} \tag{5-1}$$

式中，μ_i^π 表示在 π 相中组分 i 的化学位，即 $\mu_i = \overline{G_i} = \left[\dfrac{\partial(nG)}{\partial n_i}\right]_{T,\,p,\,n_{j[i]}}$。

根据逸度的定义式(4-40)，式(5-1)可改写为更为实用的以组分 i 分逸度的表达式。

$$\hat{f}_i^\alpha = \hat{f}_i^\beta = \cdots = \hat{f}_i^\pi \quad (i=1,\,2,\,\cdots,\,N) \tag{5-2}$$

式(5-2)就是常用的相平衡关系，即在一定温度 T，压力 p 下处于平衡状态的多元多相系统中，任一组分 i 在各相中的分逸度 $\hat{f}_i$ 必定相等。式(5-2)也说明，逸度作为一个重要的热力学变量，它在相平衡热力学中具有非常重要的应用。

5.2　相律与吉布斯-杜安方程

对于有 π 个相 N 个组分的多元多相系统，其强度变量有 T，p 和各相组成，总变量数应为 $\pi(N-1)+2$。系统在处于平衡状态时，这些强度变量并非全都是独立的，也就是说，描述系统的平衡状态无须使用全部变量，只要指定其中有限数目的强度变量，其余变量也就随之确定了，这个确定平衡状态所需的最少独立变量数就是系统的自由度 F，其值可通过相律确定：

$$F(自由度) = N(组分数) - \pi(相数) + 2 \tag{5-3}$$

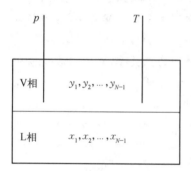

图 5-1　混合物的汽液平衡系统示意图

对于如图 5-1 所示的汽相 V 和液相 L 两相的 N 元系，在一定 T，p 下达到汽液平衡。该两相平衡系统的强度性质为 T，p；汽相组成 y_1，y_2，$\cdots$，y_{N-1}；液相组成 x_1，x_2，$\cdots$，x_{N-1} 共有 $2N$ 个。根据相律，对 N 个组分的两相系统，其自由度 F 为 N。若给定了 N 个独立变量数，则其他的 N 个强度性质就被确定了下来，因此相平衡问题在数学上是完全可解的，这也是汽液相平衡计算的主要任务，并进而计算各相的其他热力学性质。

[例 5.1]　试以简单的二元汽液平衡系统为例，求解系统的独立方程数目。

解：对于二元汽液平衡系统，其自由度为 $F = N - \pi + 2 = 2 - 2 + 2 = 2$。

由式(5-2)可以写出下列两个独立方程式：

$$\hat{f}_1^V = \hat{f}_1^L$$
$$\hat{f}_2^V = \hat{f}_2^L \tag{a}$$

若取路易斯-兰德尔规则为标准态，则 $\hat{f}_i^L = x_i f_i^\ominus$，其中 $f_i^\ominus$ 就是系统在 T，p 条件下纯液体 i 的逸度，因此

$$f_i^\ominus = f_i^L = p_i^S \frac{f_i^S}{p_i^S} \frac{f_i^L}{f_i^S} = p_i^S \varphi_i^S \frac{f_i^L}{f_i^S} \tag{b}$$

式中，$\dfrac{f_i^{\mathrm{L}}}{f_i^{\mathrm{S}}}$ 是同一温度下压力分别为 p 和 p_i^{S} 时的逸度之比，可由式(3-120)知：

$$\ln \frac{f_i^{\mathrm{L}}}{f_i^{\mathrm{S}}}=\int_{p_i^{\mathrm{S}}}^{p} \frac{V_i^{\mathrm{L}}}{RT}\mathrm{d}p \tag{c}$$

在低压下，式(c)等号右边一般很小，近似于零，因此

$$f_i^{\mathrm{L}}=f_i^{\mathrm{S}} \tag{d}$$

若将气体视为理想气体，则 $\varphi_i^{\mathrm{S}}=1$，$f_i^{\mathrm{L}}=p_i^{\mathrm{S}}$，有

$$\hat{f}_i^{\mathrm{L}}=x_i f_i^{\ominus}=x_i p_i^{\mathrm{S}} \tag{e}$$

组分 i 的汽相分逸度 $\hat{f}_i^{\mathrm{V}}$ 为

$$\hat{f}_i^{\mathrm{V}}=\hat{\varphi}_i^{\mathrm{V}} p y_i \tag{f}$$

使用理想气体的性质，并假设 $\hat{\varphi}_i^{\mathrm{V}}=1$，则

$$\hat{f}_i^{\mathrm{V}}=p y_i \tag{g}$$

由式(e)、式(g)得，对于完全理想的二元汽液平衡系统的计算方程为

$$\begin{cases} p y_1 = p_1^{\mathrm{S}} x_1 \\ p y_2 = p_2^{\mathrm{S}} x_2 \end{cases} \tag{h}$$

5.3　二元汽液平衡相图

　　完全互溶系统的汽液平衡在化学工业中具有很重要的意义和应用。这些系统可大体上分为四类：① 一般理想系统；② 一般非理想系统；③ 具有正偏差的非理想系统（通常具有最低温度共沸点）；④ 具有负偏差的非理想系统（通常具有最高温度共沸点）。前两类系统通常由同系物中互相邻近的物质组成，如甲醇-乙醇、正庚烷-正辛烷、苯-甲苯等。

　　对于二元汽液混合物系统，其基本的强度性质是 T，p，x_1 和 y_1，系统的自由度 $F=4-\pi$。系统的最小相数 $\pi=1$，因此最大自由度 $F=3$，这表明要由 3 个强度性质来确定系统，二元系统的相图要表达成三维立体曲面形式，如图 5-2 所示。该图是第一、二类系统的三维相图。但在等 T 或等 p 条件下，系统状态可以表示在二维平面上，当汽-液两相共存时 $\pi=2$，$F=1$，因此汽液平衡关系就能表示为曲线。

　　在等 p 下，单相区的状态可表示在 T-x-y 的平

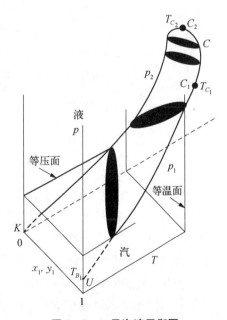

图 5-2　二元汽液平衡图

面上,汽液平衡关系可表示成 T-x_1 和 T-y_1 的曲线,如图5-3(a)所示。其中 T_1 和 T_2 是纯组分在给定压力 p 下的沸点,V,L 和 V/L 分别表示汽相区、液相区和汽/液共存区。汽相区与共存区的交线为露点线,表示了汽液平衡状态下温度与汽相组成的关系 T-y_1;而液相区与共存区的交线是泡点线,表示平衡状态下温度与液相组成的关系 T-x_1。

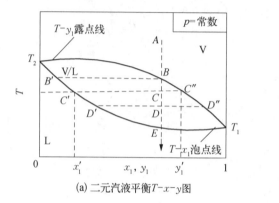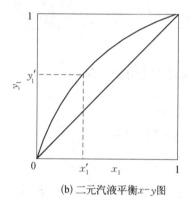

(a) 二元汽液平衡 T-x-y 图   (b) 二元汽液平衡 x-y 图

图5-3 等压二元汽液平衡相图

在等 T 下,单相区的状态可表示在 p-x-y 的平面上,汽液平衡关系可表示成 p-x_1 和 p-y_1 的曲线,如图5-4(a)所示。其中 p_1^S 和 p_2^S 是纯组分在给定温度 T 下的饱和蒸气压,p_1^S 和 p_2^S 的斜虚线实际上代表了理想系统(汽相是理想气体混合物、液相是理想溶液)的泡点线,其泡点线方程为

$$p = p_1^S x_1 + p_2^S x_2 = p_2^S + (p_1^S - p_2^S) x_1 \qquad (5-4)$$

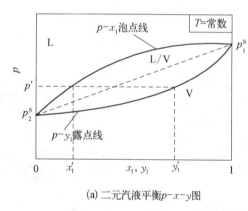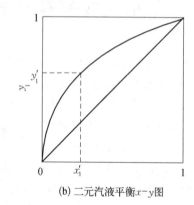

(a) 二元汽液平衡 p-x-y 图   (b) 二元汽液平衡 x-y 图

图5-4 等温二元汽液平衡相图

若泡点线位于理想系统泡点线上方,且不产生极大值,称之为一般正偏差系统(组分 i 的 $\gamma_i > 1$)。 若泡点线位于理想系统泡点线下方,且不产生极小值,称之为一般负偏差系统(组分 i 的 $\gamma_i < 1$)。 若泡点线产生了极值点,称为共沸点(azeotropic point)。在共沸点处,泡点线与露点线相切,汽、液两相组成相等,被称为共沸组成,即 $x_i^{az} = y_i^{az}$($i = 1, 2$),共沸点的压力与温度分别被称为共沸压力(p^{az})和共沸温度(T^{az}),不能通过简单蒸馏方法来提纯分离共沸混合物。共沸点分为两种,即最高压力共沸点和最低压力共沸点。对于 p-x-y 图上的最高压力共沸点,一般也会表现为 T-x-y 图上的最低温度共沸点。同样,p-x-y

图上的最低压力共沸点，一般也会表现为 $T\text{-}x\text{-}y$ 图上的最高温度共沸点。

根据真实系统与理想系统偏差的不同，常见的四种类型汽液平衡系统的泡点线和露点线，如表 5-1 所示。

表 5-1 四种真实汽液平衡系统的类型

偏差类型	一般正偏差	一般负偏差	最高压力共沸点	最低压力共沸点
$p\text{-}x\text{-}y$ 图	如图 5-4(a)所示	（图：L、$p\text{-}x_1$、V、$p\text{-}y_1$；坐标 x_1,y_1）	（图：L、$p\text{-}x_1$、V、$p\text{-}y_1$）	（图：L、$p\text{-}x_1$、V、$p\text{-}y_1$）
$T\text{-}x\text{-}y$ 图	（图：V、$T\text{-}y_1$、L、$T\text{-}x_1$；坐标 0 x_1,y_1 1）	（图：V、$T\text{-}y_1$、L、$T\text{-}x_1$）	（图：V、$T\text{-}y_1$、L、$T\text{-}x_1$）	（图：V、$T\text{-}y_1$、L、$T\text{-}x_1$）
$x\text{-}y$ 图	如图 5-4(b)所示	（图：y_1 对 x_1）	（图：y_1 对 x_1）	（图：y_1 对 x_1）
$p\text{-}x\text{-}y$ 图上的特征	泡点线位于理想系统泡点线之上，但没有极值 $p>\sum p_i^S x_i$ $\gamma_i\geqslant 1$	泡点线位于理想系统泡点线之下，但没有极值 $p<\sum p_i^S x_i$ $\gamma_i\leqslant 1$	泡点线位于理想系统泡点线之上，并有极大值 $p>\sum p_i^S x_i$ $p^{az}=p_{max}$ $x_i^{az}=y_i^{az}$	泡点线位于理想系统泡点线之下，并有极小值 $p<\sum p_i^S x_i$ $p^{az}=p_{min}$ $x_i^{az}=y_i^{az}$

若同种分子间的相互作用大大超过异种分子间的相互作用，汽液平衡系统中的液相可能出现部分互溶或分为两个液相的情况，此时，系统实际上是汽-液-液三相平衡（VLLE）。图 5-5(a)为液相部分互溶系统的相图，图中直线 $a\text{-}c\text{-}b$ 代表了汽-液-液三相平衡温度；图 5-5(b)是汽-液-液三相平衡的 $x\text{-}y$ 曲线。

二元系统定组成混合物的 $p\text{-}T$ 相图如图 5-6 所示，图中两条倾斜的曲线 MLC 和 $NWZC$ 在混合物的临界点 C 处平滑连接（C 点仅是二元混合物临界点轨迹 C_1CC_2 曲线上的一点），而曲线 UC_1 和 KC_2 分别代表了纯组分 1、2 的饱和蒸气压；点 C_1 和点 C_2 为纯组分 1、2 的临界点。临界点 C 左下方的曲线 MLC 为饱和液相线（泡点轨迹），饱和液相线上方是过冷液体；C 点下方的另一条曲线 $NWZC$ 为饱和气相线（露点轨迹），饱和液相线下方是过热气体。而由 $MLCZWN$ 所围成的区域为汽液共存区。若二元混合物最初时处于液

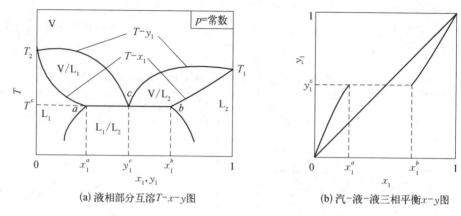

图 5-5　二元部分互溶系统的汽-液平衡等压相图

(a) 液相部分互溶 T-x-y 图　　(b) 汽-液-液三相平衡 x-y 图

态 L,在等 p 下升温到泡点(L 点)温度液体开始汽化,液体不断地汽化,液相的含量也随之改变,系统的温度也不断升高,一直到该压力下露点(Z 点)温度才全部汽化。在等温下压力的变化也有类似情况,L 点为泡点,W 点为露点。

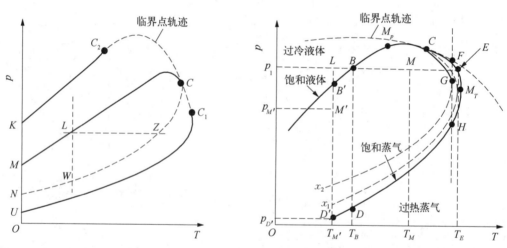

图 5-6　二元系统定组成混合物 p-T 图　　　图 5-7　二元系统定组成临界点附近区域的部分 p-T 图

图 5-7 为二元系统定组成混合物临界点附近区域的部分 p-T 图。图中 C 点是二元混合物的临界点,但 C 点未必是汽液两相共存的最高温度和最高压力(M_T 点是两相共存的最高温度,称为临界冷凝温度。M_p 点是两相共存的最高压力,称为临界冷凝压力)。图中虚曲线是指汽液两相混合物中液相的含量线,也称湿度线。

当系统处于临界点 C 两边做减压操作时系统状态的变化是不同的。例如在左侧,沿着 BD 线降低压力,在泡点 B 时开始汽化,到露点 D 时完全变为蒸气。但在临界点的右侧,当压力降低时会产生液相的含量增加的异常现象。例如:沿着 FGH 线降低压力,F 点为饱和蒸气,减压后并不会汽化,反而发生液化,直到 G 点达到最大。再继续减压才开始汽化,直到露点 H 时完全汽化,这种现象称逆向冷凝(retrograde condensation)。逆向冷凝的原理与现象在三次石油开采中有重要的应用。

5.4　汽液相平衡类型及计算类型

由于溶液混合物中各组分的分子大小及分子间作用力的差异造成了溶液混合物对理想溶液的偏离,而这偏离程度的不同构成了不同形态的相图,主要有以下几种类型。

5.4.1　汽液相平衡类型

5.4.1.1　具有正偏差而无共沸物系统

此类系统是溶液中各组分的分压均大于由路易斯-兰德尔规则的计算值,而溶液的蒸气总压介于两纯组分蒸气压之间。此类的相图如表 5-1 中第 2 列相图所示。甲醇(1)-水(2)、呋喃(1)-四氯化碳(2) 等系统均属于此类型。

5.4.1.2　具有负偏差而无共沸物系统

此类系统是溶液中各组分的分压均小于由路易斯-兰德尔规则的计算值,而溶液的蒸气总压介于两纯组分蒸气压之间。此类的相图如表 5-1 中第 3 列相图所示。氯仿(1)-苯(2)、四氯化碳(1)-四氢呋喃(2) 等系统均属于此类型。

5.4.1.3　具有正偏差而形成最高压力共沸物系统

此类系统组分呈现出较大的正偏差以致溶液的总压在 $p\text{-}x$ 曲线上出现最高点,其值均大于两纯组分的蒸气压。相应在 $T\text{-}x$ 曲线上为最低点。该点 $y_i = x_i (i=1, 2)$ 被称为共沸点。在 $x\text{-}y$ 图上,共沸点便是 $y\text{-}x$ 曲线与对角线的交点。此类的相图如表 5-1 中第 4 列相图所示。乙醇(1)-水(2)、乙醇(2)-苯(2) 等系统均属于此类型。

5.4.1.4　具有负偏差而形成最低压力共沸物系统

此类系统组分呈现较大的负偏差以致溶液的总压在 $p\text{-}x$ 曲线上出现最低点,其值均小于两纯组分的蒸气压。相应在 $T\text{-}x$ 曲线上为最高点,同样此点为共沸点,该点汽相与液相组成相同。此类的相图如表 5-1 中第 5 列相图所示。氯仿(1)-丙酮(2)、三氯甲烷(1)-四氢呋喃(2) 等系统均属于此类型。

5.4.1.5　液相呈现部分互溶的系统

如果溶液组分表现出更大的正偏差,即同分子间的吸引力大大超过异分子间的吸引力,溶液组分会在某浓度范围内出现分层现象而产生两个液相,即液相为部分互溶的系统,此类相图如图 5-5 所示。正丁醇(1)-水(2)、异丁醛(1)-水(2) 等系统均属于此类型。此类系统必须同时考虑汽液平衡与液液平衡的问题。

5.4.2　汽液相平衡计算的准则与方法

5.4.2.1　汽液平衡计算准则

将相平衡的判据式(5-2)应用于含 N 组分的多元系汽液平衡,平衡准则可表达为

$$\hat{f}_i^{\text{V}} = \hat{f}_i^{\text{L}} \quad (i = 1, 2, \cdots, N) \tag{5-5}$$

若汽、液两相的组分逸度均采用逸度系数计算,即 $\hat{f}_i^{\text{V}} = p y_i \hat{\varphi}_i^{\text{V}}$,$\hat{f}_i^{\text{L}} = p x_i \hat{\varphi}_i^{\text{L}}$,则汽液平衡准则变化以组分的逸度系数来表达:

$$y_i \hat{\varphi}_i^{\text{V}} = x_i \hat{\varphi}_i^{\text{L}} \quad (i = 1, 2, \cdots, N) \tag{5-6}$$

式中,汽、液相的组分逸度系数 $\hat{\varphi}_i^{\text{V}}$、$\hat{\varphi}_i^{\text{L}}$ 可用一个同时适用于汽、液两相的状态方程及其混合规则来计算,这种方法被称为状态方程法或 EOS 法。

若液相中的组分逸度用活度系数来计算,即 $\hat{f}_i^{\text{L}} = f_i^{\ominus} x_i \gamma_i$ 或 $\hat{f}_i^{\text{L}} = k_i x_i \gamma_i^*$,则汽液平衡准则为

$$p y_i \hat{\varphi}_i^{\text{V}} = f_i^{\ominus} x_i \gamma_i \quad (i = 1, 2, \cdots, N) \tag{5-7a}$$

或

$$p y_i \hat{\varphi}_i^{\text{V}} = k_i x_i \gamma_i^* \quad (i = 1, 2, \cdots, N) \tag{5-7b}$$

这种用状态方程和活度系数两个模型来处理汽液平衡的方法被称为状态方程＋活度系数法或 EOS＋γ 法。

式(5-7a)中 $f_i^{\ominus}$ 为以路易斯-兰德尔规则为基准的标准态,即纯液体 i 在系统温度 T、压力 p 下的逸度 f_i^{L}。

$$f_i^{\text{L}} = p_i^{\text{S}} \varphi_i^{\text{S}} \exp\left(\int_{p_i^{\text{S}}}^{p} \frac{V_i^{\text{L}}}{RT} dp\right)$$

指数项 $\Phi_i = \exp\left(\int_{p_i^{\text{S}}}^{p} \dfrac{V_i^{\text{L}}}{RT} dp\right)$ 称为坡印亭因子,其意义是压力对 f_i^{L} 影响的校正。结合式(3-121)得到

$$p y_i \hat{\varphi}_i^{\text{V}} = p_i^{\text{S}} \varphi_i^{\text{S}} x_i \gamma_i \Phi_i \tag{5-8}$$

EOS 法与 EOS＋γ 法各有优缺点,应根据不同的情况加以选用。通常 EOS 法对高压汽-液平衡计算特别有利,而在低、中压范围内常采用 EOS＋γ 法。

由式(5-6)或式(5-7a)还可定义汽液平衡比与相对挥发度:

汽液平衡比:
$$K_i = \frac{y_i}{x_i} \tag{5-9}$$

相对挥发度:
$$\alpha_{ij} = \frac{y_j / x_j}{y_i / x_i} = \frac{K_j}{K_i} \tag{5-10}$$

5.4.2.2 汽液平衡的计算类型

从相律式(5-3)可知:N 元系统的汽液平衡的自由度为 N,故必须指定 N 个强度性质作为独立变量,汽液平衡才能确定下来。汽液平衡的计算目的是对已指定的 N 个独立变量的汽液平衡方程式(5-5),或由式(5-6)、式(5-7a)组成的方程组进行求解,确定其余的 N 个从属变量。

由于指定的 N 个独立变量的方案不同,构成了不同的汽液平衡计算类型,其中最重要的两种类型就是泡(露)点的计算问题。在图 5-7 中,过冷液相区的任一点液体 L,在等压加热时,其状态以水平方向右移,当到达饱和液相点 $B(T_B, p_1)$ 时开始汽化,当刚产生第一个小气泡时,液相组成几乎没有变化,此时小气泡与液相互成汽液平衡状态,求等压条件下与已知液相互成平衡的小气泡的组成和温度就是等压泡点计算(bubble point calculation at constant pressure)问题。若在等压条件下继续升温(随着汽化过程的进行,系统温度不断上升,这与纯物质的汽化不同),系统状态仍沿水平方向右移,到达点 $M(T_M, p_M = p_1)$ 时,液体逐渐被汽化为气体,在这过程中不但汽、液相的量,而且汽、液相的组成都是在不断地变化的(但系统的总组成不变)。当液体被汽化到只剩下最后一小滴液体时,即到达 E 点 (T_E, p_1),汽相 E 点(饱和汽相)的组成等于原来液相(L 点)的组成,且汽相的量也等于原来液相(L 点)的量,但最后一小滴液体的组成与原来液相的组成完全不同,此时汽相与小液滴互成汽液平衡,求在等压条件下与已知汽相成平衡的小液滴的组成和平衡温度就是等压露点计算(dew point calculation at constant pressure)问题。若饱和气体继续升温,则进入过热气体区。

同样,若 L 点液体沿等温条件进行减压操作,B' 点的汽液平衡就是等温泡点计算(bubble point calculation at constant temperature)问题,D' 点的汽液平衡就是等温露点计算(dew point calculation at constant temperature)问题。表 5-2 列出了五种常见的汽液平衡计算类型。

表 5-2　五种常见的汽液平衡计算类型

计　算　类　型		独　立　变　量	待确定的基本从属变量
泡点计算	Ⅰ 等温泡点计算	$T, x_1, x_2, \cdots, x_{N-1}$	$p, y_1, y_2, \cdots, y_{N-1}$
	Ⅱ 等压泡点计算	$p, x_1, x_2, \cdots, x_{N-1}$	$T, y_1, y_2, \cdots, y_{N-1}$
露点计算	Ⅲ 等温露点计算	$T, y_1, y_2, \cdots, y_{N-1}$	$p, x_1, x_2, \cdots, x_{N-1}$
	Ⅳ 等压露点计算	$p, y_1, y_2, \cdots, y_{N-1}$	$T, x_1, x_2, \cdots, x_{N-1}$
Ⅴ 闪蒸计算		$T, p, z_1, z_2, \cdots, z_{N-1}$	$x_1, x_2, \cdots, x_{N-1}; y_1, y_2, \cdots, y_{N-1}; \varepsilon$

在表 5-2 的五种汽液平衡计算类型中,第Ⅰ、Ⅱ类型是泡点计算,即已知某一组成的液体混合物求其在一定压力下的泡点(沸点)或一定温度下的蒸气压,以及与之平衡的汽相组成,简记为 $(T, p)x \rightarrow (p, T)y$,其中的汽相组成 y 必须满足归一化 $\sum_i y_i = 1$(求和 $i = 1, 2, \cdots, N$,下同)的要求,其中 $x = \{x_1, x_2, \cdots, x_i, \cdots, x_{N-1}\}$,$y = \{y_1, y_2, \cdots, y_i, \cdots, y_{N-1}\}$,下同。

与此类似,表 5-2 所示的第Ⅲ、Ⅳ类型是露点计算,即已知某一组成的汽相混合物求其在一定压力下的泡点(沸点)或一定温度下的蒸气压力,以及与之平衡的液相组成,简记为 $(T, p)y \rightarrow (p, T)x$,其中的液相组成 x 必须满足归一化 $\sum_i x_i = 1$ 的要求。

表 5-2 中第Ⅴ类型是闪蒸计算(flash calculation)。在图 5-7 中,若某系统处于泡点线与露点线之间的某个状态点,如 $M(T_M, p_M = p_1)$ 或 $M'(T_{M'}, p_{M'})$,即某定组成的混合物,在一定的温度、压力下,部分汽化(或部分冷凝)的情况,闪蒸计算的目的是确定汽化(或冷凝)分数 ε 和平衡时汽、液相的组成。简记为 $(T, p)z \rightarrow x, y, \varepsilon$,其中的汽、液相组成 y, x 必须满足归一化 $\sum_i y_i = 1$,$\sum_i x_i = 1$ 的要求,ε 需符合物料衡算方程 $z_i = (1-\varepsilon)x_i + \varepsilon y_i$ $(i = 1, 2, \cdots, N)$ 的限制。

5.4.2.3　EOS 法计算汽液平衡

对于 N 元系混合物,有 T, p,以及 x_i 和 $y_i (i = 1, 2, \cdots, N-1)$ 共 $2N$ 个基本的强度性质,当指定 N 个独立变量后,其余的 N 个强度性质可通过求解式(5-6)与 T 或 p 组成的 N 元方程组来得到。由于 EOS 法计算的汽、液相逸度系数 $\hat{\varphi}_i^V(T, p, y_1, y_2, \cdots, y_i, \cdots, y_N)$,$\hat{\varphi}_i^L(T, p, x_1, x_2, \cdots, x_i, \cdots, x_N)$ 都是 T, p,汽相组成 y 或液相组成 x 的

非线性函数,求解过程必须采用借助于计算机由数值计算完成。现以 $(p, x) \rightarrow (T, y)$ 的泡点法为例说明计算过程。式(5-6)可写作:

$$y_i = \frac{\hat{\varphi}_i^L}{\hat{\varphi}_i^V} x_i \quad (i=1, 2, \cdots, N) \tag{5-11a}$$

或

$$y_i = \frac{\hat{\varphi}_i^L(T, p, x_1, x_2, \cdots, x_i, \cdots, x_N)}{\hat{\varphi}_i^V(T, p, y_1, y_2, \cdots, y_i, \cdots, y_N)} x_i = F(T, y_i) x_i \quad (i=1, 2, \cdots, N) \tag{5-11b}$$

式(5-11b)表明,由 $(p, x) \rightarrow (T, y)$ 泡点法计算求解的 y_i $\left(i=1, 2, \cdots, N-1,$ 因 $y_N = 1 - \sum_{i=1}^{N-1} y_i\right)$ 是未知温度 T 和未知汽相组成 y_i 的函数,是个隐函数。数学上求解采用的是双重循环的迭代法,双重循环的目的在于将未知变量 T 和 y_i 进行解耦,内层循环为组成 y_i 的迭代循环,外层为温度 T 迭代循环,迭代计算过程的算法可采用牛顿法、牛顿-拉弗森法、布罗伊登法等。图5-8示出了以PR状态方程为例,计算汽液两相逸度系数的等压泡点法汽

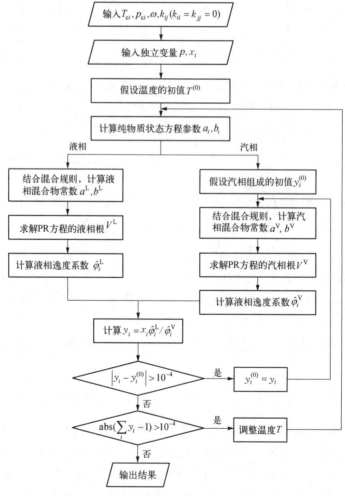

图5-8 PR状态方程等压泡点法计算汽液平衡流程图

液平衡计算流程图。而露点计算的方法与步骤与泡点计算法极为类似,在此不再赘述。

状态方程计算混合物汽液平衡的主要有以下几个步骤。

(1) 选定一个能同时适用于汽液两相的状态方程,如 RK、SRK、PR、PT 等方程,以及其与混合规则相结合的逸度系数 $\hat{\varphi}_i^V$ 表达式。

(2) 由纯物质有关参数(如临界性质 T_{ci},p_{ci},偏心因子 ω 等)得到的各组分的状态方程常数。

(3) 采用迭代法求解式(5-6)。

[例5.2]　假定 2026.5 kPa 下的丙烯(1)-异丁烷(2)系统在整个组成范围内的汽液平衡都可以用 SRK 状态方程来描述,试计算其泡点温度及组成。

已知丙烯、异丁烷的物性如下:

组　分	T_c/K	p_c/kPa	V_c /(cm³·mol⁻¹)	Z_c	ω
C_3H_6	364.8	4620	181	0.275	0.148
i-C_4H_{10}	408.1	3648	263	0.285	0.176

有关公式为

$$Z^3 - Z^2 + (A - B - B^2)Z - AB = 0 \tag{a}$$

$$A = \frac{\alpha a p}{R^2 T^2}$$

$$B = \frac{bp}{RT}$$

$$k_{12} = 0$$

混合规则为

$$\alpha a = (y_1\sqrt{a_1\alpha_1} + y_2\sqrt{a_2\alpha_2})^2;\ b = y_1 b_1 + y_2 b_2$$

逸度系数按表4-2中 SRK 方程进行计算。

解:输入丙烯、异丁烷物性数据 T_{ci},p_{ci},V_{ci},Z_{ci} 和 ω_i;输入已知的 p,x_i 数据,假设一个温度 $T^{(0)}$ 和组成 $y_i^{(0)}$;根据 SRK 状态方程,计算各组分的纯物质的参数 a_i,b_i,由混合规则分别计算汽相混合物的 a^V,b^V 和液相混合物的 a^L,b^L,进而由方程(a)求解压缩因子,对汽相(采用组成 $y_i^{(0)}$)取最大根,对液相(采用组成 x_i)取最小根;按表4-2中 SRK 方程计算组分的逸度系数,并计算新的 $y_i = x_i\hat{\varphi}_i^L/\hat{\varphi}_i^V$,比较 y_i 与 $y_i^{(0)}$,并进行迭代试差求解,需要注意的是返回去试差之前应该将新的 y_i 归一化,用 $\sum_i y_i = 1$ 检查其是否收敛。如果 $\left|\sum_i y_i - 1\right| > \varepsilon$,则调整温度重新试差,直至收敛为止。整个迭代过程的计算流程图与图5-8相仿,只是将 PR 状态方程改写为 SRK 状态方程即可。下表是列出的部分计算结果:

x_1	T	y_1	Z^V	Z^L	$\hat{\varphi}_1^V$	$\hat{\varphi}_2^V$	$\hat{\varphi}_1^L$	$\hat{\varphi}_2^L$
0	373.42	0	0.6636	0.1026	0.9005	0.7538	1.5060	0.7538
0.1	367.00	0.1606	0.6793	0.0993	0.8823	0.7403	1.4165	0.6904

x_1	T	y_1	Z^V	Z^L	$\hat{\varphi}_1^V$	$\hat{\varphi}_2^V$	$\hat{\varphi}_1^L$	$\hat{\varphi}_2^L$
0.2	360.84	0.3067	0.6924	0.0963	0.8664	0.7281	1.3286	0.6311
0.3	354.93	0.4376	0.7024	0.0935	0.8525	0.7168	1.2434	0.5759
0.4	349.34	0.5535	0.7100	0.0909	0.8401	0.7063	1.1626	0.5256
0.5	344.05	0.6553	0.7154	0.0885	0.8290	0.6962	1.0866	0.4799
0.6	339.06	0.7445	0.7190	0.0862	0.8187	0.6865	1.0157	0.4385
0.7	334.39	0.8221	0.7211	0.0839	0.8093	0.6772	0.9504	0.4016
0.8	330.00	0.8898	0.7246	0.0817	0.8003	0.6687	0.8901	0.3683
0.9	325.89	0.9486	0.7215	0.0796	0.7920	0.6590	0.8348	0.3387
1.0	322.02	1.0	0.7202	0.0775	0.7840	0.6502	0.7839	0.3121

其中液相组成 $x_1=0.5$ 对应的温度 344.05 K 和汽相组成 $y_1=0.6553$ 的计算结果与例 4.8 的计算结果一致，只是所采用的状态方程不同而已。

5.4.2.4 EOS+γ 法计算汽液平衡

EOS+γ 法分别采用两个模型分别计算汽、液相组分的分逸度，即汽相采用状态方程法，液相采用活度系数法，可供选用的状态方程除立方型状态方程外，截至第二项或截至第三项的位力方程、BWR 方程、MH 方程等均可选用。

若液相采用路易斯-兰德尔规则为基准的标准态，则从式(5-7a)可知：

$$py_i\hat{\varphi}_i^V = p_i^S\varphi_i^S x_i\gamma_i\Phi_i \quad (i=1, 2, \cdots, N) \tag{5-12}$$

根据系统压力的高低，式(5-12)可进一步简化成以下两种形式。

(1) 低压下认为 $\hat{\varphi}_i^V=1$，$\varphi^S\approx1$。这种情况对于非极性(或微极性)溶液，在温度接近或高于高沸点组分正常沸点，压力低于几个大气压时适用。然而，对于强缔合的羧酸混合物，如醋酸(1)-水(2) 系统，即使在 25 ℃时，比大气压低得多的压力下，计算的 $\hat{\varphi}_i^V$ 与1也有明显的偏差，不适用。

① 因低压下，压力对液相摩尔体积影响较小，且 $V_i^L\ll RT$，指数项 $\Phi_i = \exp\left(\int_{p_i^S}^{p}\frac{V_i^L}{RT}\mathrm{d}p\right)\approx1$，式(5-12)简化为

$$py_i = p_i^S x_i\gamma_i \quad (i=1, 2, \cdots, N) \tag{5-13}$$

式(5-13)仅对溶液的非理想性做了校正，又称为低压下非理想溶液的汽液平衡关系式。

② 对于近似理想系统，视汽相为理想气体，即 $\hat{\varphi}_i^V=\varphi_i^S\approx1$；视液相为理想溶液，即 $\gamma_i\approx1$，则有

$$py_i = p_i^S x_i \quad (i=1, 2, \cdots, N) \tag{5-14}$$

对于二元系统，利用式(5-14)满足的总压关系 $p=p_1^S x_1+p_2^S(1-x_1)$，可求得

$$x_1 = \frac{p-p_2^S}{p_1^S-p_2^S}, \quad y_1 = \frac{p_1^S}{p}x_1$$

[例 5.3]　试作出环己烷(1)-苯(2) 系统在 40 ℃时的 p-x-y 关系图。假设汽相符合理想气体，系统的过量吉布斯函数为 $G^E/RT = 0.458 x_1 x_2$，40 ℃时组分的饱和蒸气压为 $p_1^S = 24.6\ \text{kPa}$，$p_2^S = 24.4\ \text{kPa}$。

解：由过量吉布斯函数与活度系数 $\ln\gamma_i$ 关系 $\ln\gamma_i = \left(\dfrac{\partial \dfrac{nG^E}{RT}}{\partial n_i}\right)_{n_{j[i]}}$，得

$$\ln\gamma_1 = 0.458 x_2^2,\quad \ln\gamma_2 = 0.458 x_1^2$$

汽相为理想气体，液相为非理想溶液的汽液平衡关系式为

$$p y_1 = p_1^S x_1 \gamma_1,\quad p y_2 = p_2^S x_2 \gamma_2$$

两式相加得

$$p = p_1^S x_1 \gamma_1 + p_2^S x_1 \gamma_2 = 24.6 x_1 \exp[0.458(1-x_1)^2] + 24.4(1-x_1)\exp(0.458 x_1^2)$$

将不同的 x_1 代入上式，计算得到总压 p 和 $y_1 = p_1^S x_1 \gamma_1 / p$，结果如下表所示，根据表中数据作出的环己烷(1)-苯(2) 二元系 p-x_1-y_1 相图，如图 5-9 所示。

x_1	γ_1	γ_2	p /kPa	y_1
0.00	1.581	1.000	24.40	0.000
0.10	1.449	1.005	25.63	0.139
0.20	1.341	1.018	26.48	0.249
0.30	1.252	1.042	27.04	0.342
0.40	1.179	1.076	27.36	0.424
0.50	1.121	1.121	27.47	0.502
0.60	1.076	1.179	27.39	0.580
0.70	1.042	1.252	27.11	0.662
0.80	1.018	1.341	26.59	0.754
0.90	1.005	1.449	25.78	0.863
1.00	1.000	1.581	24.60	1.000

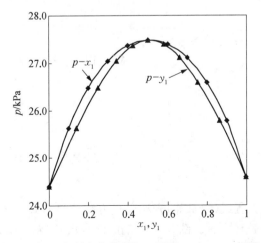

图 5-9　环己烷(1)-苯(2) 二元系 p-x_1-y_1 相图

(2) 中等压力实质上是指远离临界点区域的中低压的范围。在该范围内汽液平衡关系式 (5-7a) 可做如下简化。

① 由于 $\left(\dfrac{\partial \ln \gamma_i}{\partial p}\right)_{T,x} = \dfrac{\Delta \overline{V_i}}{RT}$，$\left(\dfrac{\partial \ln f_i^{\ominus}}{\partial p}\right)_T = \dfrac{V_i^{\mathrm{L}}}{RT}$

混合过程的偏摩尔体积变化值 $\Delta \overline{V_i}$ 与纯组分 i 的标准态摩尔体积 V_i^{L} 均是液相的性质，在此范围内上述两个等式中的偏导数值都很小，再加上压力不是很高，压力与相同温度下饱和蒸汽压相差也不是很大，可忽略坡印亭因子 Φ_i 以及压力对 γ_i 和 $f_i^{\ominus}$ 的影响，即认为 $\Phi_i \approx 1$。在系统温度、压力下纯液体 i 的逸度近似等于该组分 i 在系统温度和相应饱和蒸汽压时的逸度，因此

$$f_i^{\mathrm{L}} = f_i^{\mathrm{S}} \tag{5-15a}$$

② 选取路易斯-兰德尔规则作为标准态逸度

$$f_i^{\mathrm{L}} = f_i^{\ominus} = p_i^{\mathrm{S}} \frac{f_i^{\mathrm{S}}}{p_i^{\mathrm{S}}} \frac{f_i^{\mathrm{L}}}{f_i^{\mathrm{S}}} = p_i^{\mathrm{S}} \varphi_i^{\mathrm{S}} \tag{5-15b}$$

将式(5-15a)、式(5-15b)代入式(5-7a)，得

$$p y_i \hat{\varphi}_i^{\mathrm{V}} = p_i^{\mathrm{S}} \varphi_i^{\mathrm{S}} x_i \gamma_i \quad (i = 1, 2, \cdots, N) \tag{5-16}$$

在实际应用中，式(5-16)中 p_i^{S} 由安托万方程计算，气相逸度系数 $\hat{\varphi}_i^{\mathrm{V}}$ 是 T，p，y 的函数，可选用截至第二项的位力状态方程式(4-50)计算。纯组分 i 的逸度系数 φ_i^{S} 仅是 T 的函数，由式(4-50)可得

$$\ln \varphi_i^{\mathrm{S}} = \frac{B_i p_i^{\mathrm{S}}}{RT} \tag{5-17}$$

式中，B_i 为纯组分 i 的第二位力系数。

活度系数 γ_i 因可忽略压力对 γ_i 的影响，认为其仅是 T，x 的函数，可根据系统的特征选用适当的活度系数模型计算。

对中压汽液平衡泡点、平衡露点的计算问题，则需要通过联立求解下列方程得到。

泡点计算：

$$\begin{cases} p y_i \hat{\varphi}_i^{\mathrm{V}} = p_i^{\mathrm{S}} \varphi_i^{\mathrm{S}} x_i \gamma_i \\ \sum_i y_i = 1 \end{cases} \quad (i = 1, 2, \cdots, N) \tag{5-18a}$$

露点计算：

$$\begin{cases} p y_i \hat{\varphi}_i^{\mathrm{V}} = p_i^{\mathrm{S}} \varphi_i^{\mathrm{S}} x_i \gamma_i \\ \sum_i x_i = 1 \end{cases} \quad (i = 1, 2, \cdots, N) \tag{5-18b}$$

式(5-18a)表达的泡点方程或(5-18b)表达露点方程均具有式(5-11b)所说的特征，计算求解时需采用双重循环迭代求解。图 5-10 给出了 EOS$+\gamma$ 法由 p，$x \rightarrow T$，y 的泡点计算流程图。计算步骤为

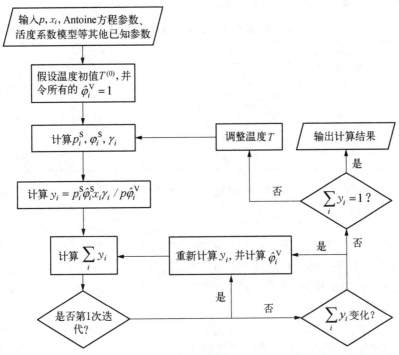

图 5-10 EOS+γ 法泡点温度与组成计算流程图

① 输入压力 p 和组成 $\{x_i\}$，安托万方程参数，适合的活度系数模型，如威尔逊、NRTL、UNIQUAC、UNIFAC、Scatchard - Hildebrand、马居尔和范拉尔方程等参数等已知条件。

② 估算迭代初温 $T^{(0)}$，并令各组分的 $\hat{\varphi}_i^{\mathrm{V}}=1$。

③ 根据安托万方程和活度系数模型计算 p_i^{S}，φ_i^{S} 和 γ_i 值，并计算 $y_i = \dfrac{p_i^{\mathrm{S}}\varphi_i^{\mathrm{S}}\gamma_i}{p\hat{\varphi}_i^{\mathrm{V}}}x_i$，第一次计算的各组分的 $\sum\limits_i y_i$ 显然难以满足 $\sum\limits_i y_i = 1$ 的要求，为了使第一次迭代计算满足 $\sum\limits_i y_i = 1$ 的要求，在计算 $\hat{\varphi}_i^{\mathrm{V}}$ 前需先对 y_i 计算值进行归一化处理，即算出 $y_i = \dfrac{y_i}{\sum\limits_i y_i}$，而后以 T，p 和归一化后的 y_i 选定合适的状态方程，计算各组分的逸度系数 $\hat{\varphi}_i^{\mathrm{V}}$。

④ 由式 $y_i = \dfrac{p_i^{\mathrm{S}}\varphi_i^{\mathrm{S}}\gamma_i}{p\hat{\varphi}_i^{\mathrm{V}}}x_i$ 再次计算 y_i 与 $\sum\limits_i y_i$，将新的 $\sum\limits_i y_i$ 与上一次计算得到的 $\sum\limits_i y_i$ 进行比较，如果 $\sum\limits_i y_i$ 有变化，则重新计算 $\hat{\varphi}_i^{\mathrm{V}}$ 而开始新的迭代，该过程可重复进行，直至相邻两次迭代所得 $\sum\limits_i y_i$ 之差满足一定的精度为止。

⑤ 判别 $\sum\limits_i y_i = 1$ 条件是否成立，若不满足，重新调整温度，再次循环计算，整个迭代过程在新的温度下进行，循环计算中 $\hat{\varphi}_i^{\mathrm{V}}$ 采用上次迭代的计算值，依此循环，直到 $\left|\sum\limits_i y_i - 1\right|$ 收敛至预定的精度为止。此时的温度和组成就是平衡温度和平衡的汽相组成 y_i。

表 5-3 给出的是用式(5-18a)结合截至第二项位力方程和威尔逊方程计算正己烷-乙醇-甲基环己烷-苯四元系统的结果，所给压力为 $p=101.33\ \mathrm{kPa}$。表中将求得的泡点温度、

物质的量分数与实验值进行了比较,同时也给出了其他热力学函数的最终计算值。

表 5 - 3　正己烷-乙醇-甲基环己烷-苯四元系统泡点温度及组成的计算结果 ($p = 101.33$ kPa)

组　分	液相物质的量分数 x_i	汽相物质的量分数		p_i^S/kPa	φ_i^S	$\hat{\varphi}_i^V$	γ_i
		y_i (计算)	y_i (实验)				
正己烷	0.731	0.610	0.597	82.124	0.9603	0.9512	1.0179
乙醇	0.035	0.212	0.221	51.686	0.9831	0.9664	1.6742
甲基环己烷	0.111	0.085	0.086	74.646	0.9678	0.9565	1.0300
苯	0.123	0.093	0.096	56.377	0.9779	0.9602	1.3351

(3) 在常压、减压条件下,汽相可视为理想气体,液相为非理想溶液,由式(5 - 7a)简化得到

$$py_i = p_i^S x_i \gamma_i \quad (i=1,\ 2,\ \cdots,\ N) \tag{5 - 19}$$

在这种情况下,计算时只需一个活度系数模型和蒸气压方程,已经不需要使用状态方程,因计算过程较为简便而被广泛使用。在实际计算中,活度系数模型主要采用威尔逊模型、NRTL 模型和 UNIQUAC 模型,p_i^S 的计算采用安托万方程。图 5 - 11 是采用威尔逊模型进行等压泡点计算的流程图。

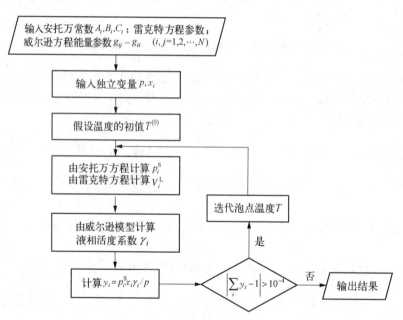

图 5 - 11　采用威尔逊模型的等压泡点计算流程图

因威尔逊、NRTL、UNIQUAC 等活度系数模型都能适用于多元系统,原则上能从二元系统的能量参数(或模型参数)来计算出多元系统的活度系数,进而推算出多元系统的汽液平衡。这是一项有意义的工作,汽液平衡是化工精馏提纯、蒸馏操作的理论基础,也是当前较为流行的大型化工模拟软件 Aspen Plus、PRO/II 和 ChemCAD 等物性数据模块与应用的基础。

[例 5.4]　丙酮(1)-己烷(2) 系统在 101.325 kPa 下,液相可用威尔逊方程表示其非理想性,方程参数 $(g_{12} - g_{22})/R = 582.075$ K,$(g_{21} - g_{11})/R = 132.219$ K,试求液相组成 $x_1 = 0.25$ 时的沸点及汽相组成。已知丙酮和己烷的摩尔体积分别为 73.52 cm³ · mol⁻¹ 和

$130.77\ \mathrm{cm}^3 \cdot \mathrm{mol}^{-1}$,其饱和蒸气压可用安托万方程 $\lg(p_i^{\mathrm{S}}/\mathrm{kPa})=A_i-B_i/[(T/\mathrm{K})+C_i]$ 表示,安托万方程常数分别为

丙酮:$A_1=6.24204$,$B_1=1210.595$,$C_1=-43.486$

己烷:$A_2=6.03548$,$B_2=1189.640$,$C_2=-46.870$

解: 在 $101.325\ \mathrm{kPa}$ 下,丙酮(1)-己烷(2)系统的汽相可当作理想气体处理,则汽液平衡方程为

$$py_1=p_1^{\mathrm{S}}x_1\gamma_1,\ py_2=p_2^{\mathrm{S}}x_2\gamma_2 \tag{a}$$

$$p=p_1^{\mathrm{S}}x_1\gamma_1+p_2^{\mathrm{S}}x_2\gamma_2 \tag{b}$$

其中活度系数用威尔逊方程计算:

$$\ln\gamma_1=-\ln(x_1+\lambda_{12}x_2)+x_2\left(\frac{\lambda_{12}}{x_1+\lambda_{12}x_2}-\frac{\lambda_{21}}{x_2+\lambda_{21}x_1}\right) \tag{c}$$

$$\ln\gamma_2=-\ln(x_2+\lambda_{21}x_1)-x_1\left(\frac{\lambda_{12}}{x_1+\lambda_{12}x_2}-\frac{\lambda_{21}}{x_2+\lambda_{21}x_1}\right) \tag{d}$$

式(c)和式(d)中参数 λ_{12} 和 λ_{21} 为

$$\lambda_{12}=\frac{V_2^{\mathrm{L}}}{V_1^{\mathrm{L}}}\exp\left(-\frac{g_{12}-g_{11}}{RT}\right)=1.7787\exp\left(\frac{-582.075}{T}\right) \tag{e}$$

$$\lambda_{21}=\frac{V_1^{\mathrm{L}}}{V_2^{\mathrm{L}}}\exp\left(-\frac{g_{21}-g_{22}}{RT}\right)=0.56221\exp\left(\frac{-132.219}{T}\right) \tag{f}$$

饱和蒸汽压可用安托万方程表示,即

$$\lg p_1^{\mathrm{S}}=6.24204-\frac{1210.595}{T-43.486} \tag{g}$$

$$\lg p_2^{\mathrm{S}}=6.03548-\frac{1189.640}{T-46.870} \tag{i}$$

采用试差法解出沸点温度 T,具体方法是给定一个初值 $T^{(0)}$,由式(c)和式(d)计算出 γ_1 和 γ_2,由式(g)和式(i)得到饱和蒸汽压的值,再由式(b)计算出总压 p。若计算出的总压 $p>101.33\ \mathrm{kPa}$,则说明 $T^{(0)}$ 太大;反之,若计算出的 $p<101.33\ \mathrm{kPa}$,则说明 $T^{(0)}$ 太小。试差过两个 T 后,可用线性插入得到后面的试差值,即

$$T^{(i+1)}=T^{(i)}+(101.325-p^{(i)})\frac{T^{(i)}-T^{(i-1)}}{p^{(i)}-p^{(i-1)}} \tag{j}$$

以 $T^{(0)}=331\ \mathrm{K}$ 和 $T^{(1)}=330\ \mathrm{K}$ 开始计算,计算过程各变量值如下:

i	$T^{(i)}$	γ_1^i	γ_2^i	$p_1^{\mathrm{S}(i)}$	$p_2^{\mathrm{S}(i)}$	$p^{(i)}$
0	331.00	2.40686	1.12894	107.518	70.554	124.43
1	330.00	2.41065	1.12945	103.940	68.192	120.40
2	325.30	2.42870	1.13193	88.372	57.917	102.83
3	324.90	2.43025	1.13214	87.137	57.103	101.43
4	324.87	2.43036	1.13216	87.047	57.043	101.33

因此,丙酮(1)-己烷(2)系统在液相浓度为 $x_1=0.25$ 时的沸点 $T=324.87$ K,其汽相组成可由式(a)求得

$$y_1 = p_1^S \gamma_1 x_1/p = 87.047 \times 2.43036 \times 0.25/101.33 = 0.5219$$

5.4.2.5 高压汽液相平衡

高压范围或接近临界区域的相平衡,称为高压相平衡。

在高压汽液平衡中,必须考虑压力对液相热力学函数的影响,即 $\left(\dfrac{\partial \ln \gamma_i}{\partial p}\right)_{T,x} = \dfrac{\Delta \overline{V_i}}{RT} = \dfrac{\overline{V_i} - V_i^L}{RT} \neq 0$。 如果压力处于临界点附近的区域,还必须考虑临界现象,包括逆向冷凝现象。因此,高压汽液平衡的计算远较低压或中低压汽液平衡复杂得多。当前,高压汽液相平衡的计算方法和模型,主要是基于前述的 EOS 法。表 5-4 为 EOS 法和 EOS+γ 法计算汽液平衡方法的比较。

表 5-4 EOS 法和 EOS+γ 法计算汽液平衡方法的比较

	优　　点	不　足　之　处
EOS 法	① 不需要设定标准态; ② 有 p-V-T-x 数据就足够了,从原理上讲甚至不需要相平衡数据; ③ 易于应用对应态原理; ④ 可应用于临界区	① 实际上很难找到同时适用计算所有相密度(体积)的状态方程; ② 对混合规则常常很敏感; ③ 应用于极性化合物、大分子物质或电解质溶液比较困难
EOS+γ 法	① 简单液体混合物模型常常可以取得满意的结果; ② 温度的影响主要表现在对 $\hat{f}_i^l$ 的影响,对 γ_i 影响不大; ③ 可用于各种混合物,包括聚合物和电解质溶液	① 需要有另外的方法计算 $\overline{V_i}$; ② 处理超临界组分比较麻烦; ③ 很难用于超临界区

[例 5.5] 用 PR 状态方程关联计算下表甲醇(1)-水(2)系统在 150 ℃时汽液平衡数据。

实　验　值			实　验　值		
x_1	y_1	总压/ MPa	x_1	y_1	总压/ MPa
0.009	0.060	0.5056	0.578	0.731	1.107
0.022	0.135	0.5452	0.748	0.832	1.223
0.044	0.213	0.5908	0.893	0.929	1.335
0.079	0.286	0.6475	0.913	0.943	1.341
0.186	0.459	0.7924	0.936	0.960	1.355
0.374	0.610	0.9636	0.953	0.972	1.363
0.459	0.662	1.024	0.969	0.982	1.374

解: 查出所需纯物质的参数如下表所示

组　分	p_c/MPa	T_c/K	ω
甲醇(1)	8.096	512.6	0.559
水(2)	22.05	647.3	0.344

列出所需的计算式如下

PR 方程
$$p = \frac{RT}{V-b} - \frac{a(T)}{V^2 + 2bV - b^2} \tag{2-19}$$

式中

$$a(T) = 0.457235 \frac{(RT_c)^2}{p_c} \alpha(T_r, \omega) \tag{2-20a}$$

$$b = 0.077796 \frac{RT_c}{p_c} \tag{2-20b}$$

$$\sqrt{\alpha(T_r, \omega)} = 1 + F(1 - \sqrt{T_r}) \tag{2-21}$$

$$F = 0.37464 + 1.54226\omega - 0.26992\omega^2 \tag{2-22}$$

PR 方程中组分 i 的逸度系数计算式为式(4-53)~式(4-54b)，混合规则如式(2-79)、式(2-80)所示。

采用泡点法(露点法亦类似)计算过程和流程图见图 5-8，关联计算时，以汽液平衡的实验值(T, p, x_1, y_1)根据各组分 i 在汽、液两相中的逸度相等原则，采用单纯性最优化方法估算混合规则中的可调相互作用参数，得到的 $k_{12} = -0.07916$。根据该关联值进行泡点、露点计算，结果如下表所示。

实　验　值			泡点计算结果		露点计算结果	
x_1	y_1	总压 p / MPa	y_1	总压 p / MPa	x_1	总压 p / MPa
0.009	0.060	0.5056	0.05924	0.4935	0.00913	0.4938
0.022	0.135	0.5452	0.1288	0.5276	0.0233	0.5308
0.044	0.213	0.5908	0.2174	0.5778	0.0427	0.5751
0.079	0.286	0.6475	0.3143	0.6432	0.0672	0.6228
0.186	0.459	0.7924	0.4766	0.7822	0.170	0.7652
0.374	0.610	0.9636	0.6321	0.9489	0.342	0.9236
0.459	0.662	1.024	0.6885	1.015	0.418	0.9838
0.578	0.731	1.107	0.7623	1.107	0.527	1.067
0.748	0.832	1.223	0.8617	1.237	0.696	1.197
0.893	0.929	1.335	0.9424	1.351	0.869	1.331
0.913	0.943	1.341	0.9533	1.366	0.894	1.351
0.936	0.960	1.355	0.9657	1.385	0.925	1.376
0.953	0.972	1.363	0.9749	1.398	0.948	1.394
0.969	0.982	1.374	0.9835	1.411	0.966	1.409
最大绝对偏差			0.0313	0.037	0.0518	0.0402

5.4.2.6 闪蒸计算

闪蒸是一级单元的平衡分离过程。高于泡点压力的液体混合物，如果压力降低到泡点

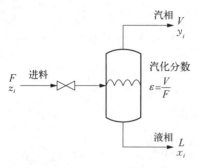

图 5-12 闪蒸、部分冷凝示意图

压力与露点压力之间,就会产生部分汽化现象,称为闪蒸(flash distillation)。闪蒸操作的示意图如图 5-12 所示。

闪蒸计算的模型除了满足相平衡关系外,还必须受到物料平衡关系的约束。在给定的 T,p 下,流量为 F mol/s,总组成为 z_i 的汽、液混合物进入闪蒸器分离为平衡的汽、液两相,汽相的流量为 V mol/s,组成为 y_i,液相的流量为 L mol/s,组成为 x_i,定义汽化分数 $\varepsilon = V/F$,则组分 i 的物料衡算关系为

$$Fz_i = Vy_i + Lx_i \tag{5-20a}$$

总物料衡算关系为

$$F = V + L \tag{5-20b}$$

将式(5-20b)代入式(5-20a),得

$$z_i = \varepsilon y_i + (1-\varepsilon)x_i \quad (i=1,\ 2,\ \cdots,\ N) \tag{5-21}$$

以汽液平衡比,即式(5-9)表示的组分 i 相平衡关系:

$$y_i = K_i x_i \tag{5-22}$$

联立式(5-21)、式(5-22),以及汽相、液相物质的量分数 y_i 或 x_i 的归一化方程,得到闪蒸计算模型为

$$\begin{cases} x_i = \dfrac{z_i}{1+\varepsilon(K_i-1)} \\ \sum_i y_i = 1, \sum_i x_i = 1 \quad \text{或} \quad \sum_i y_i - \sum_i x_i = 0 \end{cases} \tag{5-23}$$

式(5-9)表达的汽液平衡比 K_i 是温度 T、压力 p,以及汽相组成 y_i、液相组成 x_i 的函数,计算时需采用试差迭代法求解,解出汽相、液相组成 y_i、x_i 及汽化分数 ε。

5.4.3 气液平衡过程

气体在液体中的溶解平衡(气液平衡)是汽液平衡的一种特殊情况,混合物中的轻组分不一定能以纯的液态存在(混合物的温度可能超过气体组分的临界温度),即轻组分以超临界状态存在。气液平衡(gas liquid equilibrium)过程是化工吸收过程的理论基础,广泛应用于煤的汽化、天然气与合成气的净化、环境污染控制、生化发酵技术等过程;在地球化学、生物物理和生物医学工程中也有非常重要的应用。工业上着重考虑的是气体组分在溶剂中的溶解度,以及溶解度随 T,p 的变化规律。式(5-7b)表达的多元系统的气液平衡关系为

$$py_i\hat{\varphi}_i^{\mathrm{V}} = k_i x_i \gamma_i^* \quad (i=1,\ 2,\ \cdots,\ N) \tag{5-7b}$$

式中,k_i 为亨利系数,γ_i^* 是以亨利定律为基准的活度系数。对于二元系统,认为组分 1 为溶剂,组分 2 为溶质,则低压下(5-7b)可简化为

$$py_1 = p_1^{\mathrm{S}} x_1 \tag{5-23}$$

$$py_2 = k_2 x_2 \tag{5-24}$$

由式(5-23)、式(5-24)可得

$$x_2 = \frac{p - p_1^S}{k_2 - p_1^S}, \quad y_2 = \frac{k_2}{p} x_2 \tag{5-25}$$

[例5.6]　由组分 A、B 构成的二元混合物在 80 ℃的气液平衡数据表明,在 $0 < x_B \leqslant 0.02$ 的范围内,B 组分符合亨利定律,且 B 的分压可表示为 $p_B = 66.66 x_B$ kPa。组分 A、B 的饱和蒸气压为 $p_A^S = 133.32$ kPa, $p_B^S = 33.33$ kPa。(1) 求 80 ℃和 $x_B = 0.01$ 时的平衡压力和气相组成;(2) 若该液相是理想溶液,气相是理想气体,求 80 ℃和 $x_B = 0.01$ 时的平衡压力和气相组成。

解: (1) 因 $0 < x_B = 0.01 < 0.02$,故 B 组分符合亨利规则,即

$$p_B = k_B x_B = 66.66 x_B = 66.66 \times 0.01 = 0.6666 (\text{kPa})$$

因为 $\lim\limits_{x_B \to 0} \gamma_B^* = 1$, $\lim\limits_{x_A \to 1} \gamma_A = 1$

$$p_A = p_A^S x_A = 133.32 \times (1 - 0.01) = 131.9868 (\text{kPa})$$

$$p = p_A + p_B = 0.6666 + 131.9868 = 132.6534 (\text{kPa})$$

低压下, $\hat{\varphi}_A^V = \hat{\varphi}_B^V = 1$,所以

$$py_B = 66.66 x_B, \quad y_B = 66.66 \times 0.01 / 132.6534 = 0.005, \quad y_A = 1 - y_B = 0.995$$

(2) $p = p_A^S x_A + p_B^S x_B = 133.32 \times (1 - 0.01) + 33.33 \times 0.01 = 132.3201 (\text{kPa})$

$py_A = p_A^S x_A, \quad y_A = p_A^S x_A / p = 133.32 \times (1 - 0.01) / 132.3201 = 0.997, \quad y_B = 1 - y_A = 0.003$

5.4.3.1　温度对气体溶解度的影响

考虑纯溶质气体与溶液呈平衡的过程,即满足平衡关系 $\overline{G}_2 = G_2^G$;又有 $\overline{G}_2 - G_2^G = f(T, p, x_2)$,在等压下微分,得

$$d(\overline{G}_2 - G_2^G) = \left[\frac{\partial(\overline{G}_2 - G_2^G)}{\partial T}\right]_{p, x_2} dT + \left[\frac{\partial(\overline{G}_2 - G_2^G)}{\partial \ln x_2}\right]_{T, p} d\ln x_2 = 0 \tag{5-26}$$

即

$$\left[\frac{\partial(\overline{G}_2 - G_2^G)}{\partial T}\right]_{p, x_2} + \left[\frac{\partial(\overline{G}_2 - G_2^G)}{\partial \ln x_2}\right]_{T, p} \left(\frac{\partial \ln x_2}{\partial T}\right)_p = 0 \tag{5-27}$$

由于

$$\left[\frac{\partial(\overline{G}_2 - G_2^G)}{\partial T}\right]_{p, x_2} = -(\overline{S}_2 - S_2^G), \quad \left(\frac{\partial \ln \hat{a}_2}{\partial \ln x_2}\right)_{p, T} = 1 \tag{5-28}$$

$$\overline{G}_2 - G_2^G = (\overline{G}_2 - G_2^L) + (G_2^L - G_2^G) = (\mu_2 - G_2^L) + (G_2^L - G_2^G)$$
$$= RT\ln \hat{a}_2 + (G_2^L - G_2^G) \tag{5-29}$$

式中,第二项为纯溶质液体与纯溶质气体摩尔自由焓,与混合物组成无关,由式(5-28)与

157

（5-29）可得

$$\left(\frac{\partial \ln x_2}{\partial \ln T}\right)_p = \frac{\overline{S_2} - S_2^G}{R} \tag{5-30}$$

式中，$\overline{S_2} - S_2^G$ 称为溶解熵。在温度变化范围不大的情况下，式（5-30）积分后得

$$\ln x_2 = a + b\ln T + \frac{c}{T} \tag{5-31a}$$

$$\ln x_2 = a + b\ln T + \frac{c}{T} + dT \tag{5-31b}$$

5.4.3.2 压力对溶解度的影响

考虑多种溶质在单一溶剂中的溶解情况，由于 $\left(\frac{\partial \ln \hat{f}_i}{\partial p}\right)_{T,x} = \frac{\overline{V_i}}{RT}$，当 $x_i \to 0$，$\gamma_i^* = \gamma_i^\infty \to 1$ 时，知 $\hat{f}_i = k_i x_i$，因此

$$\left(\frac{\partial \ln k_i}{\partial p}\right)_{T,x} = \frac{\overline{V_i^\infty}}{RT} \tag{5-32}$$

积分后得

$$\ln k_i = \ln k_i^{(p_1^S)} + \frac{\overline{V_i^\infty}(p - p_1^S)}{RT} \tag{5-33}$$

式中，$k_i^{(p_1^S)}$ 是溶质 i（2）在温度 T 时于单一溶剂（1）饱和蒸气压 p_1^S 下的亨利系数，在用于高压下难溶气体无限稀溶液溶解度的计算时有很高的精度，但在偏离无限稀溶液时，应考虑活度系数的影响。假设溶剂的活度系数采用马居尔活度系数模型计算，即 $\ln \gamma_1 = \frac{A}{RT} x_2^2$，则 $\ln \gamma_2^* = \frac{A}{RT}(x_1^2 - 1)$，由 $\hat{f}_2^L = k_2 x_2 \gamma_2^*$ 与式（5-33）得

$$\ln \frac{\hat{f}_2}{x_2} = \ln k_2^{(p_1^S)} + \frac{\overline{V_2^\infty}(p - p_1^S)}{RT} + \frac{A}{RT}(x_1^2 - 1) \tag{5-34}$$

高压下，气体在溶剂中的溶解度增加，采用状态方程法计算气液平衡将更为方便。需要指出的是，采用状态方程计算气液平衡时 $(T, p) \to (x, y)$，这点与前述的气液相平衡计算略有不同。

［例 5.7］ 假设溶解在轻油中的 CH_4 的逸度可由亨利定律求得。在 200 K，3040 kPa 时，CH_4 在油（液态）中的亨利常数 $k_i = 20265$ kPa。在相同条件下，与油成平衡的气相中含有 0.95（物质的量分数）的 CH_4。经此合理假设后，求 200 K，3040 kPa 时 CH_4 在液相中的溶解度。（200 K 时纯 CH_4 的第二位力系数为 $B = -105$ $cm^3 \cdot mol^{-1}$）

解：假定与油成平衡的气相中的 CH_4 符合路易斯-兰德尔规则，于是有

$$\hat{f}_2^G = f_2^G y_2 = p y_2 \hat{\varphi}_2 \tag{a}$$

其中纯 CH_4 气体的逸度系数可由位力方程求得。截至第二项的位力方程为 $Z=1+\dfrac{Bp}{RT}$，由式 $(2-35)$ 可以得到逸度系数为

$$\ln\hat{\varphi}_2=\int_{p^{\ominus}\to0}^{p}\left(\frac{Z-1}{p}\right)\mathrm{d}p=\int_{p^{\ominus}\to0}^{p}\frac{B}{RT}\mathrm{d}p=\frac{Bp}{RT}=\frac{3040\times(-105\times10^{-3})}{8.314\times200}=-0.192,\ \hat{\varphi}_2=0.825$$

因假设 CH_4 在轻油中的溶解符合亨利定律，故

$$\hat{f}_2^{\mathrm{G}}=f_2^{\mathrm{G}}y_2=k_2x_2 \tag{b}$$

结合式 (a) 和式 (b)，可以得到 CH_4 在液相中的溶解度：

$$x_2=\frac{\hat{f}_2^{\mathrm{G}}}{k_2}=\frac{py_2\hat{\varphi}_2}{k_2}=\frac{3040\times(1-0.95)\times0.825}{20265}=0.00619$$

5.5　由实验数据计算活度系数模型参数

通常条件下，实验大多是在低压或中压下进行的，利用式 $(5-7a)$ 可得

$$\ln\gamma_i=\ln\frac{py_i}{p_i^{\mathrm{S}}x_i}+\ln\hat{\varphi}_i^{\mathrm{V}}-\ln\hat{\varphi}_i^{\mathrm{S}} \tag{5-35}$$

低压下，气相近似为理想气体，式 $(5-35)$ 可简化为

$$\gamma_i=\frac{py_i}{p_i^{\mathrm{S}}x_i} \tag{5-36}$$

从式 $(5-36)$ 可看出，须由实验测得 T，p，$\{x_i\}$，$\{y_i\}$ 数据，计算得到 γ_i 数值。

液相活度系数模型中的参数，可采用直接测定气、液相的平衡组成来获得。对仅含两个参数的关联式，原则上只要一个实验点的数据就足够了，即由实验得到的 T，p，以及平衡组成 $\{x_i\}$，$\{y_i\}$，利用式 $(5-35)$ 计算出该气、液相浓度下的逸度系数和活度系数，将其代入相应的活度系数方程，联立解出方程参数，进而求出全浓度范围内气液平衡数据。实际上，由于一个实验点的随机误差会导致计算结果有很大的偏差，一般都采用较多实验点数据，通过最优化方法求出模型参数，以期获得较可靠的计算结果。

对于二元共沸系统，因在共沸点处满足 $x_1=y_1$，$x_2=y_2$，式 $(5-36)$ 可进一步简化为

$$\gamma_1=\frac{p}{p_1^{\mathrm{S}}} \tag{5-37a}$$

$$\gamma_2=\frac{p}{p_2^{\mathrm{S}}} \tag{5-37b}$$

使用式 $(5-37a)$、式 $(5-37b)$ 的共沸点 γ_1，γ_2，同样可确定两参数活度系数方程中的参数。

定义无限稀释液相活度系数 γ_i^{∞} 为当组分 i 的浓度为无限稀释的情况下的活度系数，即 $\gamma_i^{\infty}=\lim\limits_{x_i\to0}\gamma_i$。

无限稀释活度系数对确定活度系数方程中的参数特别有用。对范拉尔方程与马居尔方程，可得到 $A=\ln\gamma_1^\infty$，$B=\ln\gamma_2^\infty$；对于威尔逊方程，则有

$$\ln\gamma_1^\infty=-\lambda_{21}-\ln\lambda_{12}+1 \tag{4-143a}$$

$$\ln\gamma_2^\infty=-\lambda_{12}-\ln\lambda_{21}+1 \tag{4-143b}$$

由此可见，只要知道 γ_1^∞，γ_2^∞ 的值，就可以算出液相活度系数方程中参数。对于 NRTL 方程，同样可得

$$\ln\gamma_1^\infty=\tau_{21}+\tau_{12}\exp(-\alpha_{12}\tau_{12}) \tag{5-38a}$$

$$\ln\gamma_2^\infty=\tau_{12}+\tau_{21}\exp(-\alpha_{12}\tau_{21}) \tag{5-38b}$$

在给定 T 和 α_{12} 的情况下，由一组 γ_1^∞，γ_2^∞ 的值即可确定 τ_{12}，τ_{21} 的值。但这样求得的 τ_{12}，τ_{21} 并不一定是 NRTL 方程的最佳值。

通过实验确定无限稀释活度系数 γ_i^∞ 的方法有以下几种：① 用气液色谱法测定 γ_i^∞，此法具有用量少、速度快、操作简便、易于推广等优点，是研究溶液热力学的有效方法之一，但缺陷是局限于组分间沸点相差较大的二元系统，且只能测定低沸点组分的无限稀释活度系数；② 测定较稀浓度范围内活度系数作图后外推求取 γ_i^∞；③ 利用测得的沸点曲线进行计算；等。

[例 5.8] 甲醇(1)-甲乙酮(2) 二元系在 64.3℃，101.33 kPa 时形成 $x_1=0.842$ 的共沸物。用这些已知数据求威尔逊方程参数，并用威尔逊方程计算此二元系在 101.33 kPa 下的 $T-x-y$ 数据。已知安托万方程 $\ln p_i^S=A-B/(T+C)$，T 的单位为 K，p_i^S 的单位为 mmHg[①]，其常数如下表所示：

组 分	A	B	C
甲醇(1)	18.5875	3626.55	-34.29
甲乙酮(2)	16.5986	3150.42	36.65

解：64.3℃时，由安托万方程计算得到

$$p_1^S=753.71\text{ mmHg}=100.49\text{ kPa}, \quad p_2^S=457.20\text{ mmHg}=60.96\text{ kPa}$$

$x_1^{az}=0.842$ 时共沸点的活度系数为

$$\gamma_1^{az}=\frac{p}{p_1^S}=\frac{101.33}{100.49}=1.0084, \quad \gamma_2^{az}=\frac{p}{p_2^S}=\frac{101.33}{60.96}=1.662$$

将 γ_1^{az}，γ_2^{az} 代入威尔逊活度系数方程式(4-143a)、式(4-143b)中，联立求解得其中的两个参数为 $\lambda_{12}=1.01818$，$\lambda_{21}=0.3778$。

甲醇与甲乙酮的常压下沸点分别为 64.7℃ 和 79.65℃，而共沸点温度为 64.3℃，因温度范围不广，可不考虑温度对参数 λ_{12} 和 λ_{21} 的影响。利用以下方程式进行求解：

$$p=p_1^S x_1\gamma_1+p_2^S x_2\gamma_2, \quad y_1=\frac{p_1^S x_1\gamma_1}{p}$$

① 1 mmHg = 133.33 Pa。

已知 $p = 101.33$ kPa 下的 x_1，联立迭代试差求解可得到 t，y_1，结果如下表所示。

x_1	y_1		t /℃	
	实验值	计算值	实验值	计算值
0.076	0.193	0.185	75.3	75.6
0.197	0.377	0.377	70.7	71.3
0.356	0.528	0.536	67.5	67.8
0.498	0.622	0.637	65.9	66.0
0.622	0.695	0.711	65.1	65.0
0.747	0.777	0.782	64.4	64.3
0.829	0.832	0.833	64.3	64.3
0.936	0.926	0.921	64.4	64.4

[例 5.9]　实验测得常压下甲醇(1)-碳酸二甲酯(2) 二元系气液相平衡数据如下表所示。

$t/℃$	实　验　值		威尔逊模型计算值		NRTL 模型计算值	
	x_1	y_1	$t/℃$	y_1	$t/℃$	y_1
64.84	1.0000	1.0000	64.51	1.0000	64.51	1.0000
63.84	0.8283	0.8402	63.67	0.8424	63.67	0.8436
63.85	0.8522	0.8534	63.65	0.8557	63.64	0.8559
63.88	0.8761	0.8679	63.65	0.8707	63.65	0.8707
64.00	0.9358	0.9187	63.83	0.9185	63.83	0.9184
64.37	0.9794	0.9686	64.21	0.9690	64.21	0.9690
64.34	0.6756	0.7669	64.24	0.7790	64.24	0.7797
64.72	0.6214	0.7874	64.57	0.7605	64.58	0.7611
65.30	0.5610	0.7264	65.03	0.7404	65.06	0.7406
65.73	0.4967	0.7071	65.63	0.7187	65.67	0.7180
66.34	0.4439	0.6844	66.29	0.6977	66.35	0.6968
67.61	0.3854	0.6472	67.66	0.6621	67.62	0.6505
70.02	0.2610	0.5810	70.05	0.5966	70.14	0.5944
71.18	0.2254	0.5493	71.26	0.5660	71.34	0.5638
75.98	0.1319	0.4282	75.86	0.4471	75.88	0.4460
79.83	0.0815	0.3297	79.73	0.3399	79.70	0.3402
83.19	0.0447	0.2258	83.60	0.2236	83.54	0.2248
90.15	0.0000	0.0000	90.20	0.0000	90.20	0.0000

（1）已知安托万方程 $\ln p_i^S = A - B/(T+C)$，T 的单位为 K，p_i^S 的单位为 mmHg，常数如下表所示。

组　分	A	B	C
甲醇(1)	18.5875	3626.55	−34.29
碳酸二甲酯(2)	16.8294	3253.55	−44.25

(2) 预测实验数据可采用威尔逊活度系数模型,即式(4-143a)、式(4-143b);NRTL 活度系数方程,即式(4-146a)、式(4-146b),用活度系数模型关联计算。

解: 低压下,气相近似为理想气体,由相平衡关系式(5-19)得

$$py_1 = p_1^S x_1 \gamma_1, \quad py_2 = p_2^S x_2 \gamma_2$$

式中,p_i^S 由已知条件给出的安托万方程计算,γ_i 由威尔逊、NRTL 活度系数模型计算。在已知的实验测得的完整相平衡数据(T, p, $\{x_i\}$, $\{y_i\}$),可依据气液相平衡准则,即例 5.1 中式(a)中各组分在两相中的逸度相等,将活度系数中的模型参数关联出来,取目标函数为

$$\sum_{j=1}^{m} \sum_{i=1}^{2} \left| f_{j,i}^{V} / f_{j,i}^{L} - 1 \right| \to \min \ (m \ \text{为实验点数}),$$ 参数关联计算可选用单纯形优化方法等方法进行计算。由此求得的模型参数如下表所示。

活度系数模型	模　型　参　数　值
威尔逊,式(4-143a, b)	$\lambda_{12} = 771.98$, $\lambda_{21} = 202.44$
NRTL,式(4-146a, b)	$\tau_{12} = 238.56$, $\tau_{21} = 382.08$, $\alpha_{12} = -1.0231$

采用泡点计算方法,应用已关联出来的活度系数模型参数,预测出每个实验点数据计算结果,其中的计算流程图如图 5-11 所示,预测的结果见甲醇(1)-碳酸二甲酯(2) 二元系气液相平衡数据表。

计算结果表明,甲醇(1)-碳酸二甲酯(2) 二元系具有共沸点,采用共沸点条件,由威尔逊模型计算出的共沸点温度为 63.64 ℃,$x_1 = 0.8610$;由 NRTL 模型计算出的共沸点温度为 63.64 ℃,$x_1 = 0.8613$。

[例 5.10] 由组分 A、B 组成的二元溶液,气相可看作理想气体,液相为非理想溶液,液相活度系数与组成的关联式用下式表示:$\ln \gamma_1 = 0.5 x_2^2$,$\ln \gamma_2 = 0.5 x_1^2$。 80 ℃时,组分 A、B 的饱和蒸气压分别为 $p_A^S = 120 \ kPa$,$p_B^S = 80 \ kPa$。 问此溶液在 80 ℃时气液平衡是否有共沸物形成? 若有,则共沸压力及共沸物的物质的量分数分别为多少?

解: 对于汽相为理想气体,液相为非理想溶液的系统,相平衡关系为 $py_i = p_i^S x_i \gamma_i$,组分 A、B 间的相对挥发度:

$$\alpha_{AB} = \frac{y_B / x_B}{y_A / x_A} = \frac{p_B^S \gamma_B}{p_A^S \gamma_A}$$

当 $x_A = 0$ 时,$\gamma_A = \gamma_A^\infty = 1.648$;当 $x_B = 1$ 时,$\gamma_B = 1$,则

$$\alpha_{AB} = \frac{p_B^S \gamma_B}{p_A^S \gamma_A} = \frac{80 \times 1}{120 \times 1.648} = 0.4045$$

当 $x_A = 1$ 时,$\gamma_A = 1$;当 $x_B = 0$ 时,$\gamma_B = \gamma_B^\infty = 1.648$,则

$$\alpha_{AB} = \frac{p_B^S \gamma_B}{p_A^S \gamma_A} = \frac{80 \times 1.648}{120 \times 1} = 1.0987$$

由于 α_{AB} 是 x_A 的连续函数,当 α_{AB} 由 $x_A=0$ 时的 0.4045 变到 $x_A=1$ 时的 1.0987 时,中间必通过 $\alpha_{AB}=1$ 的点,即在某组成时一定存在共沸点。由于 γ_A, γ_B 均大于 1,所以此溶液在 80 ℃ 时气液平衡形成最大压力共沸物。

共沸点时,$p_A^S\gamma_A = p_B^S\gamma_B$,即 $\ln\gamma_A - \ln\gamma_B = \ln p_B^S - \ln p_A^S$,$x_A + x_B = 1$,解得 $x_A = 0.905$。

共沸点压力:

$$p = p_A^S\gamma_A = 120 \times \exp(0.5 \times 0.095^2) = 120.5(\text{kPa})$$

5.6　汽液相平衡实验数据的热力学一致性校验

所有的汽液平衡关系,包括第 4.7 节中活度系数和组成间的普遍关系式都有严格的热力学推导。然而,热力学目前发展的水平还不能离开实测数据,只凭热力学关系尚不能推导出正确、可靠的定量关系。热力学基本方程是普遍适用的规律,正是因为它的普遍性,不可能具体表达特定系统的汽液平衡关系。但是普遍规律对具体的个别平衡关系却有着指导意义,也就是说特定系统的汽液平衡关系一定要服从普遍的热力学关系式,若不符合,则说明实验测定的具体的汽液平衡数据不正确,必须重新测量。所谓汽液平衡数据的热力学校验,就是用热力学的普通关系式来校验实验数据的可靠性。如果测定的汽液平衡数据能够符合热力学的普遍规律,则称这套数据符合热力学一致性要求。因此,对实验测定的完整汽液平衡数据 $T-p-x-y$ 在应用之前必须对其可靠性使用热力学方法进行检验。检验的基础就是吉布斯-杜安方程,该方程确立了混合物中所有组分的逸度(或活度系数)之间的相互关系,而组分 i 的逸度是系统温度 T,压力 p 及其组成 $\{x_i\}$ 的函数。第 4.7 节已述及混合物中各组分的活度系数 $\ln\gamma_i$ 是过量吉布斯函数 (G^E/RT) 的偏摩尔量,并符合偏摩尔性质关系式(4-38a)、式(4-38b)的特性:

$$\sum_{i=1}^{N}\left[x_i\left(\frac{\partial\ln\gamma_i}{\partial T}\right)_{p,x}\right]dT + \sum_{i=1}^{N}\left[x_i\left(\frac{\partial\ln\gamma_i}{\partial p}\right)_{T,x}\right]dp - \sum_{i=1}^{N}(x_i d\ln\gamma_i) = 0 \quad (5-39)$$

结合式(4-87)、式(4-88),对二元系有

$$x_1 d\ln\gamma_1 + x_2 d\ln\gamma_2 = \frac{H^E}{RT^2}dT - \frac{V^E}{RT}dp \quad (5-40a)$$

$$x_1 d\ln\gamma_1 + x_2 d\ln\gamma_2 = \frac{\Delta H}{RT^2}dT - \frac{\Delta V}{RT}dp \quad (5-40b)$$

5.6.1　等温二元汽液平衡数据热力学一致性校验

在等温条件下,$dT=0$,式(5-40b)右边第一项为零,对于液相而言,右边第二项数值很小,可近似为零,则

$$x_1 d\ln\gamma_1 + x_2 d\ln\gamma_2 \approx 0 \quad \text{或} \quad x_1\frac{d\ln\gamma_1}{dx_1} + x_2\frac{d\ln\gamma_2}{dx_1} \approx 0 \quad (5-41)$$

将活度系数 γ_1 和 γ_2 与汽液相平衡关系式(5-7a)联系起来,即

$$\gamma_1 = \frac{py_1\hat{\varphi}_1^{\mathrm{V}}}{p_1^{\mathrm{S}}x_1}, \quad \gamma_2 = \frac{p(1-y_1)\hat{\varphi}_2^{\mathrm{V}}}{p_2^{\mathrm{S}}(1-x_1)} \tag{5-42a}$$

式(5-41)实际上就是汽液平衡数据之间的相互约束关系,这种约束关系用于检验汽液平衡数据的质量,称为微分检验法。E. F. G. Herington 将式(5-41)从 $x_1=0$ 至 $x_1=1$ 积分,得

$$\int_{x_1=0}^{x_1=1} \ln\frac{\gamma_1}{\gamma_2} \mathrm{d}x_1 = 0 \tag{5-43a}$$

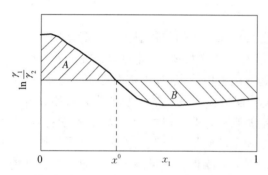

用式(5-43a)进行热力学一致性检验的方法称为积分检验法(或面积检验法),将其标绘于图5-13中,曲线与坐标轴所包围的面积的代数和应等于零(图中面积 $S_A = S_B$)。但由于实验存在误差,对于中等非理想性的系统,满足关系:

$$\left|\frac{S_A - S_B}{S_A + S_B}\right| < 0.02 \tag{5-43b}$$

图5-13 汽液平衡数据的面积校验法

即可认为等温汽液平衡数据符合热力学一致性校验。

[例5.11] 证明图5-14(a)、图5-14(b)中的两条曲线 $\ln\gamma_1 - x_1$,$\ln\gamma_2 - x_1$ 与 x_1 和坐标轴所包围的面积相等。

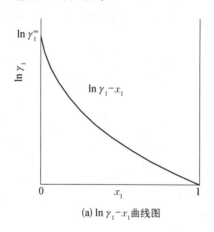

(a) $\ln\gamma_1 - x_1$曲线图

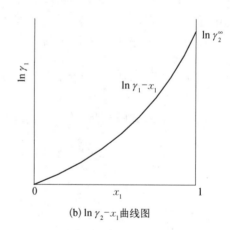

(b) $\ln\gamma_2 - x_1$曲线图

图5-14 例5.11附图

证明:曲线 $\ln\gamma_1 - x_1$,$\ln\gamma_2 - x_1$ 如图5-14(a)与图5-14(b)所示,其各自所包围的面积分别为 $\int_{x_1=0}^{x_1=1}\ln\gamma_1\mathrm{d}x_1$ 和 $\int_{x_1=0}^{x_1=1}\ln\gamma_2\mathrm{d}x_1$。

因 $\ln\gamma_1\mathrm{d}x_1 = \mathrm{d}(x_1\ln\gamma_1) - x_1\mathrm{d}\ln\gamma_1$,故积分得

$$\int_{x_1=0}^{x_1=1}\ln\gamma_1\mathrm{d}x_1 = x_1\ln\gamma_1\Big|_{x_1=0}^{x_1=1} - \int_{x_1=0}^{x_1=1}x_1\mathrm{d}\ln\gamma_1$$

当 $x_1 = 0$ 时，$x_1 \ln \gamma_1 = 0$；当 $x_1 = 1$ 时，$\ln \gamma_1 = 0$，所以 $x_1 \ln \gamma_1 \big|_{x_1=0}^{x_1=1} = 0$

所以

$$\int_{x_1=0}^{x_1=1} \ln \gamma_1 \mathrm{d}x_1 = -\int_{x_1=0}^{x_1=1} x_1 \mathrm{d}\ln \gamma_1$$

同理可得

$$\int_{x_2=0}^{x_2=1} \ln \gamma_2 \mathrm{d}x_2 = -\int_{x_2=0}^{x_2=1} x_2 \mathrm{d}\ln \gamma_2$$

即

$$\int_{x_1=0}^{x_1=1} \ln \gamma_1 \mathrm{d}x_1 - \int_{x_1=0}^{x_1=1} \ln \gamma_2 \mathrm{d}x_1 = -\int_{x_1=0}^{x_1=1} x_1 \mathrm{d}\ln \gamma_1 + \int_{x_2=0}^{x_2=1} x_2 \mathrm{d}\ln \gamma_2 = -\int_{x_1=0}^{x_1=1} (x_1 \mathrm{d}\ln \gamma_1 + x_2 \mathrm{d}\ln \gamma_2)$$

根据吉布斯-杜安方程，等温、等压下 $\sum_i (x_i \mathrm{d}\ln \gamma_i) = 0$，对于二元系统有

$$x_1 \mathrm{d}\ln \gamma_1 + x_2 \mathrm{d}\ln \gamma_2 = 0$$

因此 $\int_{x_1=0}^{x_1=1} \ln \gamma_1 \mathrm{d}x_1 - \int_{x_1=0}^{x_1=1} \ln \gamma_2 \mathrm{d}x_1 = \int_{x_1=0}^{x_1=1} \ln \frac{\gamma_1}{\gamma_2} \mathrm{d}x_1 = 0$，即如图 5-13 所示的两条曲线 $\ln \gamma_1 - x_1$，$\ln \gamma_2 - x_1$ 与 x_1 和坐标轴所包围的 A、B 两部分面积相等。

5.6.2 等压二元汽液平衡数据热力学一致性校验

对于等压二元系统，从 (5-40b) 可得

$$\int_{x_1=0}^{x_1=1} \ln \frac{\gamma_1}{\gamma_2} \mathrm{d}x_1 = -\int_{x_1=0}^{x_1=1} \frac{\Delta H}{RT^2} \mathrm{d}T \tag{5-42b}$$

对极性-非极性系统及极性-极性系统，H^E 或 ΔH 的影响不可忽略，由于混合热随组成变化的数据一般难以获得，上式右边的积分值实际上很难确定。Herington 给出了半经验的方法，即先计算图 5-12 中 A、B 的面积，并计算

$$D = 100 \times \left| \frac{S_A - S_B}{S_A + S_B} \right| \quad \text{和} \quad J = 150 \times \frac{T_{max} - T_{min}}{T_{min}} \tag{5-43c}$$

式中，T_{max} 和 T_{min} 分别是实验系统的最高和最低温度，其中的经验常数 150 是 Herington 在分析典型有机溶液混合热数据后提出的。Herington 认为：$D - J < 10$（更严格的为 $D - J < 0$）的等压汽液平衡数据满足热力学一致性。

需要特别指出的是，汽液平衡数据热力学一致性检验只是检验实验数据质量的必要条件，而非充分条件。

5.7 共存方程与稳定性

5.7.1 溶液相分裂的热力学条件

图 5-15 为 β-甲基吡啶(1)-水(2)二元系统液液平衡相图。如欲在 125.7 ℃时制备含

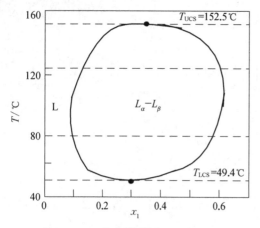

图 5-15　β-甲基吡啶(1)-水(2)二元系统液液平衡相图

$x_1 = 0.40$ 的 β-甲基吡啶水溶液,那么得到的将是互成平衡的两个液相溶液,即一个液相含有 $x_1^{\alpha} = 0.127$ 的 β-甲基吡啶溶液,另一相则含有 $x_1^{\beta} = 0.597$ 的 β-甲基吡啶溶液。

液液平衡是液体组分相互到达饱和溶解度时液相和液相之间的平衡,一般出现在与理想溶液有较大正偏差的溶液中,从分子角度看,则是构成溶液的同分子间吸引力明显大于异分子间吸引力出现的相分裂。对于等温 T、等压 p 条件下,二元液体混合物的吉布斯函数仅是组成的函数。对于某一理想的二元混合物,其吉布斯自由能

$$G^{is} = x_1 G_1 + x_2 G_2 + RT(x_1 \ln x_1 + x_2 \ln x_2) \tag{5-44}$$

由于 x_1,x_2 都不大于 1,故 $\ln x_1$,$\ln x_2$ 都小于零,因此,式(5-44)最后一项是负的,所以,理想混合物的吉布斯自由能往往小于纯组分吉布斯自由能关于其物质的量分数的加权平均值。如图 5-16 中曲线 a 所示。对于某一真实混合物,系统总的吉布斯自由能

$$G = G^{is} + G^{E} \tag{5-45}$$

式中,过量吉布斯自由能 G^{E} 由实验测定,或由液体溶液模型计算。现以单参数马居尔模型表述,即

$$G^{E} = A x_1 x_2 \tag{5-46}$$

当 $A > 0$ 时,式(5-45)写为

$$G = x_1 G_1 + x_2 G_2 + RT(x_1 \ln x_1 + x_2 \ln x_2) + A x_1 x_2 \tag{5-47}$$

对若干个 A 值的系统吉布斯函数进行了计算,如图 5-16 中的曲线 b 和 c 所示。

等温 T、等压 p 的封闭系统中自发过程的判据是 $\Delta G_t < 0$,即平衡时溶液的混合吉布斯自由能达到最小值。对于曲线 c 的混合物在 x_1^{α} 和 x_1^{β} 之间的整个组成内,G 的最小值是当混合物分离成两相时得到的:其中一个组成为 x_1^{α},另一个组成为 x_1^{β}。此时混合物的吉布斯自由能是两相吉布斯自由能的线性组合并用虚线表示,见图 5-16 曲线 c 所示。然而如果组分 1 的总物质的量分数小于 x_1^{α} 或大于 x_1^{β},那么只有一个单相存在。

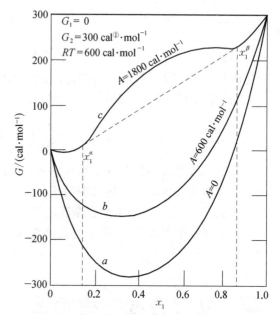

图 5-16　相分离不发生(实线)和发生相分离(虚线)时的理想($A=0$)与非理想($A \neq 0$)二元系统的吉布斯自由能

① 1 cal = 4.18 J。

液液分离的温度范围,即临界共溶温度(critical solution temperature,CST)范围,可用前述的流体稳定性必要条件求得,即

$$\mathrm{d}^2 G > 0 \quad (恒组成 \ x_i,等 \ T,等 \ p \ 下) \tag{5-48}$$

在数学上,在给定 T 和 x_1 条件下,由均相溶液分裂为两相的热力学条件为 $\left(\dfrac{\partial^2 G}{\partial x_1^2}\right)_{T,p} < 0$;若 $\left(\dfrac{\partial^2 G}{\partial x_1^2}\right)_{T,p} > 0$,则均相溶液是稳定的;若 $\left(\dfrac{\partial^2 G}{\partial x_1^2}\right)_{T,p} = 0$,则表示 G 对 x_1 曲线上有拐点,为该温度下单相区稳定的极限。

如果存在某一上临界共溶温度 T_{UCS},并满足关系式:

$$\left(\frac{\partial^2 G}{\partial x_1^2}\right)_{T,p} \begin{cases} =0 & 在 \ T = T_{UCS} \ 下的某 \ x_1 \\ >0 & 在 \ T > T_{UCS} \ 下的所有 \ x_1 \end{cases} \tag{5-49}$$

那么单相区就是稳定的。

同样,如果存在一个下临界共溶温度 T_{LCS},并满足关系式:

$$\left(\frac{\partial^2 G}{\partial x_1^2}\right)_{T,p} \begin{cases} =0 & 在 \ T = T_{LCS} \ 下的某 \ x_1 \\ >0 & 在 \ T < T_{LCS} \ 下的所有 \ x_1 \end{cases} \tag{5-50}$$

那么单相区就是稳定的。

为了求得单参数马居尔模型的混合物的临界共溶温度,对式(5-47)求二阶偏导数得

$$\left(\frac{\partial^2 G}{\partial x_1^2}\right)_{T,p} = \frac{RT}{x_1 x_2} - 2A \tag{5-51}$$

① 若 $T > \dfrac{2A x_1 x_2}{R}$,则 $\left(\dfrac{\partial^2 G}{\partial x_1^2}\right)_{T,p} > 0$,单液相是稳定的平衡态;② 若 $T < \dfrac{2A x_1 x_2}{R}$,则 $\left(\dfrac{\partial^2 G}{\partial x_1^2}\right)_{T,p} < 0$,相分离;③ 稳定极限的上临界共溶温度为 $T_{UCS} = \dfrac{2A x_1 (1-x_1)}{R}$,当 $x_1 = x_2 = \dfrac{1}{2}$ 时,则有 $T_{UCS} = \dfrac{A}{2R}$。

[例 5.12]　试证明威尔逊方程不能适用于液液分层系统。

证明:二元系统过量吉布斯自由能的威尔逊方程(4-140)为

$$\frac{G^E}{RT} = -x_1 \ln(x_1 + \lambda_{12} x_2) - x_2 \ln(x_2 + \lambda_{21} x_1)$$

因此系统的吉布斯函数变化为

$$\frac{\Delta G}{RT} = \frac{\Delta G^{is}}{RT} + \frac{\Delta G^E}{RT} = x_1 \ln \frac{x_1}{x_1 + \lambda_{12} x_2} + x_2 \ln \frac{x_2}{x_2 + \lambda_{21} x_1} \tag{a}$$

由相分离的条件知:当 $\left[\dfrac{\partial^2 (\Delta G / RT)}{\partial x_1^2}\right]_{T,p} > 0$,溶液是稳定的,不会发生相分离过程。

对式(a)求二阶偏导数,得

$$\left[\frac{\partial^2(\Delta G/RT)}{\partial x_1^2}\right]_{T,p}=\frac{\lambda_{12}^2}{x_1(x_1+\lambda_{12}x_2)^2}+\frac{\lambda_{21}^2}{x_2(x_2+\lambda_{21}x_1)^2}>0 \qquad (b)$$

所以,威尔逊方程不适用于液液分层系统。

5.7.2 液液平衡相图及类型

根据相律二元系统最大自由度是3,对于液液平衡而言,因液体的不可压缩性,压力对液体的密度等影响较小,故其自由度最多为2。因此可在二维坐标平面 $T-x_1$ 上进行表达,图 5-17 为二元系统液液平衡相图的主要类型。其中(a)部分互溶区为环形(loop),且具有上、下两个临界共溶点,分别用 UCST(upper critical solution point)、LCST(lower critical solution point)表示,其温度分别称为上临界共溶温度 T_{UCST} 和下临界共溶温度 T_{LCST};(b)仅有上临界共溶点;(c)仅有下临界共溶点。图中液液平衡线(曲线 $A-UCST-B$ 和曲线 $A-LCST-B$)称为双结线(binodals),数学上满足式(5-54)的关系;两个互成平衡的 α 相与 β 相(图中的 A 点与 B 点)的连线称为结线(tie line)。三元或三元以上的多元系统的相图更复杂一些。

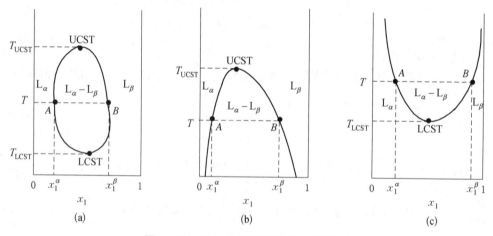

图 5-17　二元系统液液相图的主要类型

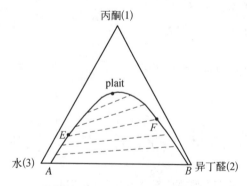

图 5-18　丙酮(1)-异丁醛(2)-水(3) 三元系
在 25℃的液液平衡相图

三元系统的液液平衡相图是液液萃取分离的基础,通常以等边三角形或直角三角形来表示。图 5-18 是具有一对部分互溶系统——丙酮(1)-异丁醛(2)-水(3) 三元系在 25 ℃时的液液平衡相图。三角形的三顶点分别表示 3 个纯组分, $A-E-plait-F-B$ 曲线为双结线,双结线所包围的内侧部分为两液相区,直线 EF 是连接处于互成平衡的两液相组成的结线。在二元系统的相图中,因两相的温度相同,所以,结线必然是水平的。而在三元相图中,由于组分的性质变化,结线可有不同的斜率,随着两液相区的减小,结线的长度也变小,最后变为一点,该点称为共溶点或褶点(plait point),即图中的 plait 点。在褶点处,两个互成平衡的液相变为一个液相。由于结线不一定互相平行,故褶点不一定位于双结线的顶端。

三元系统的液液相图除了上述具有一对部分互溶系统外,还有具有两对部分互溶系统的,如图 5 - 19 所示;以及具有三对部分互溶系统的,如图 5 - 20 所示。

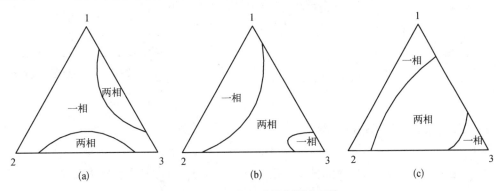

图 5 - 19　三元两对部分互溶系统

图 5 - 19(b)、(c)相图是当两对部分互溶区范围较大且相互重叠合并成一个两相的区域。图 5 - 19(a)表示两对部分互溶区差异不大,而图 5 - 19(b)、(c)表示两对部分互溶区中可能有一对占优势。

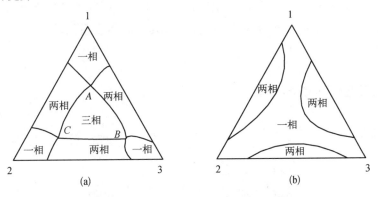

图 5 - 20　三元三对部分互溶系统相图

图 5 - 20 中(a)表示三对部分互溶区均较大,以致相互重叠。此相图出现三个一相区,三个两相区和一个三相区。在三相区 ABC 中的任意三元混合物,在给定的 T, p 下将分层为三个液相,其组成分别以 A, B, C 三点表示。在液液萃取中,此类型很少见到。

三元混合物构成相图的类型主要取决于组分的性质及给定的温度条件。由于温度对液体互溶度影响较大,即使同一组成的三元系统,由于温度的不同亦可改变相图的类型。

5.8　液液相平衡关系及计算类型

5.8.1　液液相平衡准则

有 α、β 两个液相互成平衡,如图 5 - 21 所示。图中 x_i^α,γ_i^α 分别代表组分 i 在 α 相中的

物质的量分数和活度系数;同样,x_i^β,γ_i^β 则分别代表组分 i 在 β 相中的物质的量分数和活度系数,除了两相的 T,p 相等外,还应满足液液平衡准则:

$$\mu_i^\alpha = \mu_i^\beta \quad (i=1,2,\cdots,N) \tag{5-52}$$

又 $\mu_i^\alpha = (\mu_i^\ominus)^\alpha + RT\ln(\gamma_i^\alpha x_i^\alpha)$,$\mu_i^\beta = (\mu_i^\ominus)^\beta + RT\ln(\gamma_i^\beta x_i^\beta)$,其中 $(\mu_i^\ominus)^\alpha$,$(\mu_i^\ominus)^\beta$ 是组分 i 在标准态的化学位,且 $(\mu_i^\ominus)^\alpha = (\mu_i^\ominus)^\beta$,因此有

$$x_i^\alpha \gamma_i^\alpha = x_i^\beta \gamma_i^\beta \quad (i=1,2,\cdots,N) \tag{5-53}$$

液相 α	组分1	x_1^α	γ_1^α
	组分2	x_2^α	γ_2^α
	$\vdots$	$\vdots$	$\vdots$
	组分N	x_N^α	γ_N^α
液相 β	组分1	x_1^β	γ_1^β
	组分2	x_2^β	γ_2^β
	$\vdots$	$\vdots$	$\vdots$
	组分N	x_N^β	γ_N^β

图 5-21 液液平衡状态

5.8.2 二元系液液平衡的计算

在一定的 T,p 下,二元液液平衡的组成 x_1^α,x_1^β,x_2^α,x_2^β 满足下列关系式:

$$\begin{cases} x_1^\alpha \gamma_1^\alpha = x_1^\beta \gamma_1^\beta \\ (1-x_1^\alpha)\gamma_2^\alpha = (1-x_1^\beta)\gamma_2^\beta \end{cases} \tag{5-54}$$

根据相律 $F = N - \pi + 2 = 2 - 2 + 2 = 2$,在一定的 T,p 下,式(5-54)有唯一解 x_1^α,x_1^β。液相活度系数 γ_i^α,γ_i^β 的计算常用 NRTL 方程、UNIQUAC 方程、范拉尔方程和马居尔方程等,但威尔逊方程不能用于液液平衡的计算,其中的活度系数关联式参数由二元液液互溶度数据求得。

5.8.3 三元系液液平衡的计算

在一定的 T,p 下,三元液液平衡的组成 x_1^α,x_1^β,x_2^α,x_2^β,x_3^α,x_3^β 满足下列关系式:

$$\begin{cases} x_1^\alpha \gamma_1^\alpha = x_1^\beta \gamma_1^\beta \\ x_2^\alpha \gamma_2^\alpha = x_2^\beta \gamma_2^\beta \\ (1-x_1^\alpha-x_2^\alpha)\gamma_3^\alpha = (1-x_1^\beta-x_2^\beta)\gamma_3^\beta \end{cases} \tag{5-55}$$

根据相律,$F = N - \pi + 2 = 3 - 2 + 2 = 3$,式(5-55)有 4 个未知数 x_1^α,x_2^α,x_1^β,x_2^β;在给定 T,p 与某相中任一组成,如 x_1^α,则式(5-55)可求出唯一解 x_1^β,x_2^α 和 x_2^β。

定义 $K_1 = \dfrac{\gamma_1^\beta}{\gamma_1^\alpha}$,$K_2 = \dfrac{\gamma_2^\beta}{\gamma_2^\alpha}$,$K_3 = \dfrac{\gamma_3^\beta}{\gamma_3^\alpha}$,则式(5-55)可改写为

$$\begin{cases} x_1^\alpha = K_1 x_1^\beta \\ x_2^\alpha = K_2 x_2^\beta \\ x_3^\alpha = K_3 x_3^\beta \end{cases} \tag{5-56}$$

设 1 mol 混合液组成为 z_1,z_2 和 z_3,并满足 $z_1 + z_2 + z_3 = 1$;混合后将分为 α 相和 β 相,其中 α 相占有原料物质的量的比例为 ϕ,则根据物料衡算关系得

$$\begin{cases} z_1 = \phi x_1^{\alpha} + (1-\phi)x_1^{\beta} \\ z_2 = \phi x_2^{\alpha} + (1-\phi)x_2^{\beta} \\ z_3 = \phi x_3^{\alpha} + (1-\phi)x_3^{\beta} \end{cases} \tag{5-57}$$

结合式(5-56)和式(5-57)，得

$$\begin{cases} x_1^{\alpha} = K_1 z_1 / [1+(K_1-1)\phi] \\ x_2^{\alpha} = K_2 z_2 / [1+(K_2-1)\phi] \\ x_3^{\alpha} = K_3 z_3 / [1+(K_3-1)\phi] \end{cases} \tag{5-58}$$

或

$$\begin{cases} x_1^{\beta} = z_1 / [1+(K_1-1)\phi] \\ x_2^{\beta} = z_2 / [1+(K_2-1)\phi] \\ x_3^{\beta} = z_3 / [1+(K_3-1)\phi] \end{cases} \tag{5-59}$$

α、β 各相中组分均应满足归一化条件：

$$\begin{cases} x_1^{\alpha} + x_2^{\alpha} + x_3^{\alpha} = 1 \\ x_1^{\beta} + x_2^{\beta} + x_3^{\beta} = 1 \end{cases} \tag{5-60a}$$

式(5-58)、式(5-60a)的计算步骤如下：

(1) 输入总组成 (z_1, z_2, z_3)，$\ln\gamma_i - x_i$ 关系式以及有关参数值。

(2) 假定 x_1^{α}，x_2^{α}，x_3^{α}，$\phi = 0.5$。

(3) 从式(5-57)解得

$$\begin{cases} x_1^{\beta} = \dfrac{z_1 - \phi x_1^{\alpha}}{1-\phi} \\[2mm] x_2^{\beta} = \dfrac{z_2 - \phi x_2^{\alpha}}{1-\phi} \\[2mm] x_3^{\beta} = \dfrac{z_3 - \phi x_3^{\alpha}}{1-\phi} \end{cases} \tag{5-60b}$$

可求出 x_1^{β}，x_2^{β}，x_3^{β}。

(4) 根据 $\ln\gamma_i - x_i$ 关系式求出 γ_1^{α}，γ_2^{α}，γ_3^{α}，以及 γ_1^{β}，γ_2^{β}，γ_3^{β}。

(5) 由 $\gamma_1^{\beta}/\gamma_1^{\alpha}$，$\gamma_2^{\beta}/\gamma_2^{\alpha}$，$\gamma_3^{\beta}/\gamma_3^{\alpha}$，求得 K_1，K_2，K_3。

(6) 由式(5-59)求得新的 x_1^{β}，x_2^{β}，x_3^{β}，求和，检查是否满足 $\sum\limits_i x_i^{\beta} = 1$ 条件。

(7) 若 $\sum\limits_i x_i^{\beta} \neq 1$，则按式(5-60c)校正 ϕ 以求得新的 x_1^{β}，x_2^{β}，x_3^{β}，并重求 γ_1^{β}，γ_2^{β} 和 γ_3^{β}：

$$\phi_{\text{new}} = \phi_{\text{old}} - \frac{1-\sum\limits_i x_i^{\beta}}{\sum\limits_i \dfrac{(K_i-1)z_i}{1+(K_i-1)\phi_{\text{old}}}} \tag{5-60c}$$

171

求和,检查是否满足 $\sum_i x_i^\beta = 1$ 条件。

(8) 满足条件后,将 K_1, K_2, K_3 代入式(5-59),再求新的 x_1^α, x_2^α, x_3^α。

(9) 若依旧不满足条件,则在求得 γ_1^β, γ_2^β, γ_3^β 后返回步骤(5),反复计算直至 $\sum_i x_i^\beta = 1$。

[例 5.13] 已知乙酸乙酯(1)-水(2) 二元系在 70 ℃时的互溶度数据为 $x_1^\alpha = 0.0109$, $x_1^\beta = 0.7756$,试确定 NRTL 方程中的参数 τ_{12}, τ_{21},设 NRTL 方程的第三参数选定为 $a_{12} = 0.2$。

解: 二元系的 NRTL 模型活度系数方程可由式(4-146a)、式(4-146b)表达,又已知 $x_1^\alpha = 0.0109$, $x_1^\beta = 0.7756$,则 $x_2^\alpha = 1 - x_1^\alpha = 1 - 0.0109 = 0.9891$, $x_2^\beta = 1 - x_1^\beta = 1 - 0.7756 = 0.2244$。因此:

$$\frac{x_1^\alpha}{x_2^\alpha} = \frac{0.0109}{0.9891} = 0.01102, \quad \frac{x_1^\beta}{x_2^\beta} = \frac{0.7756}{0.2244} = 3.456$$

$$\frac{x_2^\alpha}{x_1^\alpha} = \frac{0.9891}{0.0109} = 90.74, \quad \frac{x_2^\beta}{x_1^\beta} = \frac{0.2244}{0.7756} = 0.2894$$

$$x_1^\alpha \gamma_1^\alpha = x_1^\beta \gamma_1^\beta \tag{a}$$

$$x_2^\alpha \gamma_2^\alpha = x_2^\beta \gamma_2^\beta \tag{b}$$

$$x_1^\alpha + x_2^\alpha = 1 \tag{c}$$

$$x_1^\beta + x_2^\beta = 1 \tag{d}$$

$$\ln \gamma_1^\alpha = (x_2^\alpha)^2 \left[\frac{\tau_{21} G_{21}^2}{(x_1^\alpha + x_2^\alpha G_{21})^2} + \frac{\tau_{12} G_{12}}{(x_2^\alpha + x_1^\alpha G_{12})^2} \right] \tag{e}$$

$$\ln \gamma_2^\alpha = (x_1^\alpha)^2 \left[\frac{\tau_{12} G_{12}^2}{(x_2^\alpha + x_1^\alpha G_{12})^2} + \frac{\tau_{21} G_{21}}{(x_1^\alpha + x_2^\alpha G_{21})^2} \right] \tag{f}$$

$$\ln \gamma_1^\beta = (x_2^\beta)^2 \left[\frac{\tau_{21} G_{21}^2}{(x_1^\beta + x_2^\beta G_{21})^2} + \frac{\tau_{12} G_{12}}{(x_2^\beta + x_1^\beta G_{12})^2} \right] \tag{g}$$

$$\ln \gamma_2^\beta = (x_1^\beta)^2 \left[\frac{\tau_{12} G_{12}^2}{(x_2^\beta + x_1^\beta G_{12})^2} + \frac{\tau_{21} G_{21}}{(x_1^\beta + x_2^\beta G_{21})^2} \right] \tag{h}$$

$$G_{21} = \exp(-a_{12}\tau_{12}) \tag{i}$$

$$G_{12} = \exp(-a_{12}\tau_{21}) \tag{j}$$

联立式(a)~式(j)求解得到

$$\ln \frac{x_1^\beta}{x_1^\alpha} = \left\{ \tau_{21}\left(\frac{G_{21}}{x_1^\alpha/x_2^\alpha + G_{21}}\right)^2 + \frac{\tau_{12}G_{12}}{[1+(x_1^\alpha/x_2^\alpha)G_{12}]^2} \right\} - \left\{ \tau_{21}\left(\frac{G_{21}}{x_1^\beta/x_2^\beta + G_{21}}\right)^2 + \frac{\tau_{12}G_{12}}{[1+(x_1^\beta/x_2^\beta)G_{12}]^2} \right\} \tag{k}$$

$$\ln \frac{x_2^\beta}{x_2^\alpha} = \left\{ \tau_{12}\left(\frac{G_{12}}{x_2^\alpha/x_1^\alpha + G_{12}}\right)^2 + \frac{\tau_{21}G_{21}}{[1+(x_2^\alpha/x_1^\alpha)G_{21}]^2} \right\} - \left\{ \tau_{12}\left(\frac{G_{12}}{x_2^\beta/x_1^\beta + G_{12}}\right)^2 + \frac{\tau_{21}G_{21}}{[1+(x_2^\beta/x_1^\beta)G_{21}]^2} \right\} \tag{l}$$

将已知数据代入式(k)、式(l)中得

$$\ln 71.16 = \left\{ \tau_{21} \left[\frac{\exp(-0.2\tau_{21})}{0.01102 + \exp(-0.2\tau_{21})} \right]^2 + \frac{\tau_{12}\exp(-0.2\tau_{12})}{\left[1 + 0.01102\exp(-0.2\tau_{12}) \right]^2} \right\}$$
$$- \left\{ \tau_{21} \left[\frac{\exp(-0.2\tau_{21})}{3.456 + \exp(-0.2\tau_{21})} \right]^2 + \frac{\tau_{12}\exp(-0.2\tau_{12})}{\left[1 + 3.456\exp(-0.2\tau_{12}) \right]^2} \right\} \quad (m)$$

$$\ln 0.2269 = \left\{ \tau_{12} \left[\frac{\exp(-0.2\tau_{12})}{90.74 + \exp(-0.2\tau_{12})} \right]^2 + \frac{\tau_{21}\exp(-0.2\tau_{21})}{\left[1 + 90.74\exp(-0.2\tau_{21}) \right]^2} \right\}$$
$$- \left\{ \tau_{12} \left[\frac{\exp(-0.2\tau_{12})}{0.2894 + \exp(-0.2\tau_{12})} \right]^2 + \frac{\tau_{21}\exp(-0.2\tau_{21})}{\left[1 + 0.2894\exp(-0.2\tau_{21}) \right]^2} \right\} \quad (n)$$

用试差法求解式(m)、式(n),得

$$\tau_{12} = 0.030, \ \tau_{21} = 4.52$$

5.9　固液相平衡关系及计算类型

固液平衡是一类重要的相平衡,是冶金工业和有机物结晶分离的基础。

固液相行为远比汽液平衡、气液平衡和液液平衡系统更复杂,比如固态溶液的有限溶解度、固态的多晶型、固态中所形成的共晶体以及或多或少稳定的分子间化合物等。固体与液体之间的平衡分为溶解平衡和熔化平衡。

固液平衡与汽液平衡或气液平衡一样,符合相平衡的基本判据,即式(5-1),固、液两相具有相同的温度 T、压力 p,以及符合各组分 i 在固、液两相中的化学位或逸度相等的规则。

$$\hat{f}_i^L = \hat{f}_i^S \qquad (5\text{-}61a)$$

或

$$f_i^L x_i^L \gamma_i^L = f_i^S x_i^S \gamma_i^S \qquad (5\text{-}61b)$$

式(5-61a)中,f_i^L、f_i^S 分别为纯液体 i 和纯固体 i 的逸度。令 $\Re = \dfrac{f_i^L}{f_i^S}$ 表示组分 i 纯液体和纯固体状态时的逸度比,则式(5-61b)可改写为

$$x_i^S \gamma_i^S = \Re x_i^L \gamma_i^L \qquad (5\text{-}62)$$

式中,变量 $\Re$ 的两个逸度只取决于溶质(组分 i)的性质,而与溶剂本身的性质无关。两个逸度的比值不难由图 5-22 所示的热力学路径进行计算。其中,过程 $a \rightarrow b$ 为组分 i 由其所在的状态(T, p)变化到其三相点状态(T_t, p_t)的过程;过程 $b \rightarrow c$ 为组分 i 从三相点状态(T_t, p_t)熔化为液体状态(T_t, p_t)的过程;过程 $c \rightarrow d$ 为组分 i 由

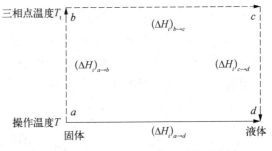

图 5-22　计算纯过冷液体逸度的热力学循环

173

其$(T_t，p_t)$状态变化为所研究的状态$(T，p)$的过程。

在温度T下,组分i由a变化到d时,其摩尔吉布斯自由能变化ΔG_i与固体、液体的逸度关系为

$$\left(\frac{\Delta G_i}{RT}\right)_{a\to d}=\ln\frac{f_i^L}{f_i^S} \qquad (5-63)$$

由于$\Delta G_i=\Delta H_i-T\Delta S_i$,且$\Delta G_i$,$\Delta H_i$和$\Delta S_i$皆为状态函数,则

$$(\Delta H_i)_{a\to d}=(\Delta H_i)_{a\to b}+(\Delta H_i)_{b\to c}+(\Delta H_i)_{c\to d}=\Delta H_{t,i}+\int_{T_t}^{T}\Delta c_{p,i}\mathrm{d}T \qquad (5-64a)$$

$$(\Delta S_{m,i})_{a\to d}=(\Delta S_i)_{a\to b}+(\Delta S_i)_{b\to c}+(\Delta S_i)_{c\to d}=\frac{\Delta H_{t,i}}{T_{t,i}}+\int_{T_{t,i}}^{T}\frac{\Delta c_{p,i}}{T}\mathrm{d}T \qquad (5-64b)$$

式(5-64a)、式(5-64b)中,$\Delta c_{p,i}=c_{p,i}^L-c_{p,i}^S$,其中$c_{p,i}^S$,$c_{p,i}^L$为过程$a\to b$、过程$c\to d$组分$i$的固态和液态恒压比热容。若假设$\Delta c_{p,i}$在温度$T_{t,i}$至$T$范围内是一常数,则式(5-63)可写为

$$\ln\mathfrak{R}=\ln\frac{f_i^L}{f_i^S}=\frac{\Delta H_{t,i}}{RT_{t,i}}\left(\frac{T_{t,i}}{T}-1\right)-\frac{\Delta c_{p,i}}{R}\left(\frac{T_{t,i}}{T}-1\right)+\frac{\Delta c_{p,i}}{R}\ln\frac{T_{t,i}}{T} \qquad (5-65)$$

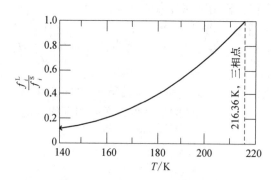

图5-23 二氧化碳固体和其液体的逸度比

利用式(5-65)所给出的结果,可计算与预测温度T时的液体逸度f_i^L。图5-23为二氧化碳固体和其液体的逸度比。通常式(5-65)可做两个简化:① 大多数物质的三相点和正常熔点相差很小,而且这两个温度下的熔融热之差可忽略。因此,实践中常用正常熔点$T_{m,i}$代替$T_{t,i}$,并以熔融温度$T_{m,i}$下熔融热$\Delta H_{m,i}$代替$\Delta H_{t,i}$。② 式(5-65)右端的三项不是等同的,第一项是主要的,而其余两项的符号相反,有相互抵消的倾向,尤

其是$T_{m,i}$和$T_{t,i}$相差不大时更是如此。因此,许多场合都可以忽略包含$\Delta c_{p,i}/R$的后两项,只要考虑包含$\Delta H_{m,i}/RT$一项就足够了。结合式(5-61b)和式(5-65)可得

$$\ln x_i^L=\ln\frac{\gamma_i^S}{\gamma_i^L}+\ln x_i^S+\frac{\Delta H_{m,i}}{RT_{m,i}}\left(\frac{T_{m,i}}{T}-1\right) \qquad (5-66)$$

求解式(5-66)中的固液平衡问题需要活度系数γ_i^L和γ_i^S,求解γ_i^L可以使用威尔逊模型等液相活度系数模型,求解γ_i^S情况较为复杂,通常做两种处理:① 假设固、液两相均为理想溶液,即$\gamma_i^L=\gamma_i^S=1$,该种情况与理想溶液的汽液相平衡极为类似;② 将液相视为理想溶液,并与固相不互溶,即满足关系$\gamma_i^L=\gamma_i^S=1$,$x_i^S=1$。对于二元系,式(5-66)可进一步简化为

$$x_1^L=\exp\left[-\frac{\Delta H_{m,1}}{R}\left(\frac{1}{T}-\frac{1}{T_{m,1}}\right)\right] \qquad (5-67a)$$

$$x_2^{\mathrm{L}} = \exp\left[-\frac{\Delta H_{\mathrm{m,2}}}{R}\left(\frac{1}{T} - \frac{1}{T_{\mathrm{m,2}}}\right)\right] \tag{5-67b}$$

从式(5-67a)、式(5-67b)可以看出，x_1^{L}，x_2^{L} 仅是温度的函数，并可将其标绘于图 5-24 中。

图 5-24 共分为 4 个区，上方为液相区 L；下方是互不相溶的固相区 S_1/S_2；左边和右边分别是液相与两个纯固体的共存区 L/S_2，L/S_1。相图中点 E 表示液相与两个固相共存的最低温度，称为最低共熔点(lowest eutectic point)，其温度称为最低共熔温度 T^{E}，最低共熔温度是两条固体溶解曲线的交点。

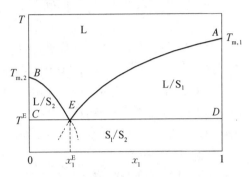

图 5-24　固相不互溶系统的固液平衡相图

[**例 5.14**]　A-B 是一个形成简单最低共熔点的系统，液相是理想溶液，并已知下列数据：

组　分	$T_{\mathrm{m},i}$ /K	$\Delta H_i^{\mathrm{fus}}$ /(J·mol^{-1})
A	446.0	26150
B	420.7	21485

(1) 确定最低共熔点；

(2) $x_{\mathrm{A}} = 0.865$ 的液体混合物，冷却到温度为多少时开始有固体析出？析出的固体为何物？1 mol 这样的溶液，最多能析多少该物质？此时的温度是多少？

解：(1) 由于液相是理想溶液，则固体 A 在 B 中的溶解度与温度关系为

$$x_{\mathrm{A}} = \frac{1}{\gamma_{\mathrm{A}}}\exp\left[\frac{\Delta H_{\mathrm{A}}^{\mathrm{fus}}}{R}\left(\frac{1}{T_{\mathrm{m,A}}} - \frac{1}{T}\right)\right] = \exp\left[\frac{26150}{8.314}\left(\frac{1}{446} - \frac{1}{T}\right)\right] = \exp\left(7.052 - \frac{3145.30}{T}\right)$$

$$(x^{\mathrm{E}} \leqslant x_{\mathrm{A}} \leqslant 1;\ T^{\mathrm{E}} \leqslant T \leqslant T_{\mathrm{m,A}})$$

固体 B 在 A 中的溶解度与温度的关系为

$$x_{\mathrm{B}} = \frac{1}{\gamma_{\mathrm{B}}}\exp\left[\frac{\Delta H_{\mathrm{B}}^{\mathrm{fus}}}{R}\left(\frac{1}{T_{\mathrm{m,B}}} - \frac{1}{T}\right)\right] = \exp\left[\frac{21485}{8.314}\left(\frac{1}{420.7} - \frac{1}{T}\right)\right] = \exp\left(6.143 - \frac{2584.20}{T}\right)$$

$$(1 - x^{\mathrm{E}} \leqslant x_{\mathrm{B}} \leqslant 1;\ T^{\mathrm{E}} \leqslant T \leqslant T_{\mathrm{m,B}})$$

$$x_{\mathrm{A}} + x_{\mathrm{B}} = 1$$

用试差法求得

$$T^{\mathrm{E}} = 391.2\ \mathrm{K},\ x^{\mathrm{E}} = 0.372$$

(2) 由于 $T_{\mathrm{m,A}} > T_{\mathrm{m,B}}$，因此到最低共熔点才有可能出现固体，故 A 先析出：

$$x_{\mathrm{A}} = 0.865 = \exp\left[\frac{26150}{8.314}\left(\frac{1}{446} - \frac{1}{T}\right)\right],\ T = 437\ \mathrm{K}$$

$$\eta = \frac{x_{\mathrm{A}} - x_{\mathrm{A}}^{\mathrm{E}}}{1 - x_{\mathrm{A}}^{\mathrm{E}}} = \frac{0.865 - 0.372}{1 - 0.372} \times 100\% = 78.5\%$$

5.10　含超临界组分的气液相平衡

　　高压气体除了能完全充满其所处的任何封闭空间外,其性质,如溶解能力与液体的性质是类似的。在中等压力下,溶剂气体中可凝性物质的含量决定于其蒸气压或升华压,且随着系统压力的上升而下降。然而,当压力超出气体的临界压力区域时,气体的溶解能力随压力的增加而急剧上升,就如通常液体的溶剂行为一样。这一溶解度的增加可以解释为由气态溶质的逸度系数随着压力的增加急剧下降所致,这种行为可用状态方程很好地表示。图5-25给出了一些

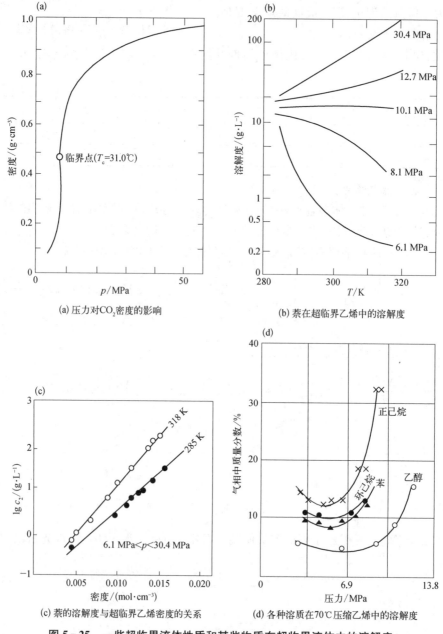

(a) 压力对CO_2密度的影响

(b) 萘在超临界乙烯中的溶解度

(c) 萘的溶解度与超临界乙烯密度的关系

(d) 各种溶质在70℃压缩乙烯中的溶解度

图5-25　一些超临界流体性质和某些物质在超临界流体中的溶解度

超临界流体性质和某些物质在超临界流体中的溶解度。① 在许多情况下,溶质在溶剂气体的临界温度附近,溶解度的增加特别明显。图 5-25(a)表明 CO_2 的密度随压力的变化在中压和高压区是高度非线性的,其溶解能力随压力的增加而增大。CO_2 的临界温度为 31.0 ℃,是表 5-6 中所列溶剂中最接近于室温的一个。② 溶解度在临界压力附近近似地趋向于一个最小值。如在图 5-25(d)中,所有的溶质在乙烯的临界压力 5.06 MPa 附近,如 6.13 MPa 具有最小的溶解度。③ 溶剂的密度是决定溶解度的主要因素之一。图 5-25(c)表明,在高压区,溶解度的对数随密度变化具有近似线性的关系。图 5-25(b)和图 5-25(c)为同一数据的不同表述方式,从另一方面说明了密度与温度、压力之间的关系。

对于二元系统,假设溶质 2 在混合物中保持纯净,溶质的分逸度为

$$\hat{f}_2^V = \hat{f}_2^L = f_2^L \tag{5-68}$$

结合式(3-121),式(5-68)可写为

$$py_2\hat{\varphi}_2^V = p_2^S\varphi_2^S\exp\left[\frac{V_2^L}{RT}(p-p_2^S)\right] \tag{5-69}$$

从中可解出气相中溶质的含量 y_2 为

$$y_2 = \frac{p_2^S}{p}E_2 \tag{5-70}$$

$$E_2 = \frac{\varphi_2^S}{\hat{\varphi}_2^V}\exp\left[\frac{V_2^L}{RT}(p-p_2^S)\right] = \frac{\varphi_2^S}{\hat{\varphi}_2^V}\Phi_2 \tag{5-71}$$

式中,E_2 称为增强因子(enhancement factor),它通过 φ_2^S 和 $\hat{\varphi}_2^V$ 反映出气相的非理想性,而压力对逸度的影响通过 Φ_2 表现出来。在足够低的压力下,上述两者的影响均可忽略,在这种情况下,$E_2 \approx 1$,$y_2 = \frac{p_2^S}{p}$。在中等压力或高压下,汽相的非理想性变得非常重要,Φ_2 也不能忽略,表 5-5 为压力对 Φ_2 的影响。

表 5-5　压力对 Φ_2 的影响

$V_2^L = 100$ cm^3 · mol^{-1}, $T=300$ K			
$(p-p_2^S)$/MPa	Φ_2	$(p-p_2^S)$/MPa	Φ_2
0.10133	1.004	10.133	1.499
1.0133	1.041	101.33	57.0

表 5-5 中数据表明 Φ_2 只有在高压下方起重要作用。

早在 100 多年以前,人们就观察到了高压气体中凝聚相中溶质溶解度提高的现象,但直到 20 世纪 50 年代后,人们才对这种现象产生了兴趣。依次有用超临界 CO_2 从咖啡豆中除去咖啡因,从烟草中脱除尼古丁,从大豆或玉米胚芽中分离甘油酯,对花生油、棕榈油、大豆油脱臭等,以及从红花中提取红花苷及红花醌苷(它们是治疗高血压和肝病的有效成分),从月见草中提取月见草油(它对心血管病有良好的疗效),从青蒿中提取青蒿素(它是有效的疟疾治疗药物)等工业实际应用案例。采用超临界流体对用蒸馏法不太稳定的热敏性物质进行回收和分离是最合适的,且选用的超临界流体的性质,特别是临界温度越接近室温的气体是最合适的。表 5-6 列出了一些气体的临界性质。

表 5-6　一些气体的临界性质

物质名称	T_c/℃	p_c/MPa	物质名称	T_c/℃	p_c/MPa
二氧化碳	31.0	7.39	$CClF_3$	28.9	3.66
乙烯	9.2	5.06	CHF_3	25.9	4.82
一氧化氮	36.5	7.25	丙烷	96.8	4.20
乙烷	32.3	4.88			

[例 5.15]　试计算压力对重烃类在丙烷中的溶解能力和逸度系数的影响。

解：表 5-7 给出了萘、十六烷、菲这三种溶质及丙烷的性质,在温度 400 K 时,应用状态方程算出的分逸度系数,如图 5-26(a)所示。指定丙烷为组分 2,在每一种情况下的溶质为组分 1。起初,当压力上升时,溶解度下降;但随后压力的升高使得逸度系数极快下降且 Φ_1 增加,阻碍了这种趋势,总的来说后续压力上升使溶解度增大,如图 5-26(b)所示。

表 5-7　溶剂丙烷与萘、十六烷、菲及其混合物的参数($T=400$ K)

物　质	T_c/K	p_c/atm	V_c/(cm³·mol⁻¹)	Z_c	ω	B_{ij}/(cm³·mol⁻¹)	p_i^S/Pa	V_i^L/(cm³·mol⁻¹)
丙烷	369.3	41.9	203	0.281	0.152	−0.2069	—	—
萘(N)	748.4	40.0	410	0.267	0.302	−2.746	7265	132.0
十六烷(H)	717.0	14.0	828	0.236	0.708	−10.060	443	294.1
菲(P)	878	28.6	594	0.228	0.440	−10.369	155	151.2
丙烷+N	526.1	40.16			0.227	−0.7044		
丙烷+H	514.9	24.55			0.430	−1.2222		
丙烷+P	569.8	32.67			0.246	−1.1467		

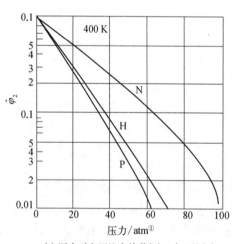

(a) 压力对在丙烷中的萘(N)、十六烷(H)
和菲(P)的分逸度系数的影响

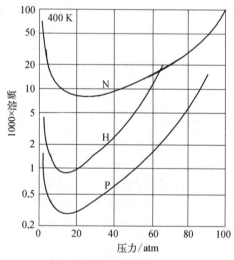

(b) 压力对在丙烷中萘(N)、十六烷(H)和
菲(P)的溶解度的影响

图 5-26　例 5.15 附图

---

① 1 atm＝101.325 kPa。

$$B = y_1^2 B_{11} + y_2^2 B_{22} + 2y_1 y_2 B_{12}$$

$$\ln \hat{\varphi}_1 = \frac{p}{RT}(2y_1 B_{12} + 2y_2 B_{22} - B)$$

$$y_2 = \frac{\varphi_2^S p_2^S}{\hat{\varphi}_2 p} \Phi_2 = \frac{\varphi_2^S p_2^S}{\hat{\varphi}_2 p} \exp\left[\frac{V_2^L(p - p_2^S)}{RT}\right] \qquad (5-72)$$

在 10.13 MPa 之上不再继续作图,这是因为截取至 B 的位力方程已不够精确。实际上,在 $p/p_c > 0.5 T/T_c$ 时,位力方程已不再适用,对丙烷而言,该压力约为 2.03 MPa。然而,这些结果在定性上是正确的,因为它们预测了溶解度随压力在开始时下降,随后极快地上升这一情况。如图 5-26(b)所示。

例 5-15 的计算中选用截至第二项位力方程,但在临界区域的高压下该方程是不准确的,使用其他的方程,如立方型状态方程将会更好。如使用修正的 RK 方程,结合二元相互作用参数可精确地计算烃类与超临界状态二氧化碳之间的平衡,对 CO_2 和烷烃系统,计算得到的二元交互作用参数 $k_{12} = 0.11$。

通常来说,采用式(5-70),并结合状态方程计算溶质组分的分逸度系数能够估算出溶质在超临界溶剂中的溶解度行为,这是超临界流体技术中一个方兴未艾的研究课题和内容。

习　题

5.1　低压下丙酮(1)-乙腈(2)二元系统的气液平衡假设可视为理想气体,查得丙酮、乙腈的饱和蒸气压方程如下:(p_1^S 的单位为 kPa;T 的单位为 K)

$$\ln(7.502 p_1^S) = 16.6513 - \frac{2940.46}{T - 35.93}$$

$$\ln(7.502 p_2^S) = 16.2874 - \frac{2945.47}{T - 49.15}$$

试求:① 当 $p = 85$ kPa,$t = 55 ℃$ 时,该系统的气、液平衡组成 y_1,x_1;② 溶液中总组成为 $z_1 = 0.80$,当 $p = 85$ kPa,$t = 55 ℃$ 时,该系统的液相物质的量分数以及气、液相组成 y_1,x_1;③ 当 $t = 55 ℃$,气相组成 y_1 为 0.5 时的平衡压力与液相组成 x_1;④ 当 $t = 55 ℃$,液相组成 $x_1 = 0.35$ 时的平衡压力 p 与气相组成 y_1;⑤ 当 $p = 65$ kPa,液相组成 $y_1 = 0.35$ 时,平衡温度 t 与气相组成 y_1;⑥ 当 p 为 65 kPa,气相组成 $y_1 = 0.5$ 时的平衡温度与液相组成 t,x_1。

5.2　实验测得乙醇(1)-甲苯(2)二元系统的气液平衡数据为

$$t = 45 ℃, \quad p = 0.244 \times 10^5 \text{ Pa}, \quad x_1 = 0.300, \quad y_1 = 0.634$$

已知 45 ℃ 时组分的饱和蒸气压 $p_1^S = 0.230 \times 10^5$ Pa,$p_2^S = 0.101 \times 10^5$ Pa。假设此系统符合低压下气液平衡关系,试求:(1) 液相的活度系数 γ_1,γ_2;(2) 液相的 G^E/RT 的值,说明此溶液与理想溶液行为相比具有正偏差还是负偏差;(3) 液相的 $\Delta G/RT$ 的值,注意此值的符号,为什么必须具有此符号;(4) 除以上给定的数据外,若已知相同条件下液相混合热的数据 $\dfrac{\Delta H}{RT} = \dfrac{H^E}{RT} = 0.437$(假设在温度变化不大范围内为常数)。求出液体在 60 ℃ 时 G^E/RT 的值(近似)。能否用此值求得 60 ℃ 时 γ_1,γ_2 的值? 并说明理由。

5.3　确定丙酮(1)-水(2)二元系统在温度为 30 ℃ 时的气-液平衡常数与相对挥发度。已知 30 ℃ 时:

$p_1^S = 0.380 \times 10^5$ Pa;$V_1^L = 78.886$ cm³·mol⁻¹,$p_2^S = 0.042 \times 10^5$ Pa,$V_2^L = 18.036$ cm³·mol⁻¹

p_i^S 为组分 i 的饱和蒸气压，V_i^L 为组分 i 的摩尔体积。

已知该系统采用威尔逊方程作为活度系数关联式，查得威尔逊方程的二元相互作用能量项为

$$g_{12} - g_{11} = -611.37 \text{ J} \cdot \text{mol}^{-1}, \quad g_{21} - g_{22} = 6447.57 \text{ J} \cdot \text{mol}^{-1}$$

5.4 在 55 ℃下氯仿(1)-乙醇(2)二元系统的过量自由焓的表达式为

$$\frac{G^E}{RT} = (1.42x_1 + 0.59x_2)x_1x_2$$

查得 55 ℃时，氯仿及乙醇的饱和蒸气压为

$$p_1^S = 82.37 \text{ kPa}, \quad p_2^S = 37.31 \text{ kPa}$$

试求：(1) 假定气相为理想气体，计算该系统在 55 ℃下 p-x_1-y_1 数据，如有共沸点，并确定共沸压力和共沸组成；(2) 假定气相为非理想气体，已知该系统在 55 ℃时第二位力系数 $B_{11} = -963 \text{ cm}^3 \cdot \text{mol}^{-1}$，$B_{22} = -1523 \text{ cm}^3 \cdot \text{mol}^{-1}$，$\delta_{12} = 52 \text{ cm}^3 \cdot \text{mol}^{-1}$，计算该系统在 55 ℃下的 p-x_1-y_1 数据。

5.5 已知丙酮(1)-水(2)二元系统的威尔逊方程的二元交互作用能量参数为

$$g_{12} - g_{11} = 1223.32 \text{ J} \cdot \text{mol}^{-1}, \quad g_{21} - g_{22} = 6041.18 \text{ J} \cdot \text{mol}^{-1}$$

纯组分的摩尔体积为

$$V_1^L = 74.05 \text{ cm}^3 \cdot \text{mol}^{-1}, \quad V_2^L = 18.07 \text{ cm}^3 \cdot \text{mol}^{-1}$$

纯组分的饱和蒸气压方程为

$$\ln(7.502 p_1^S) = 16.6513 - \frac{2940.45}{T - 35.93}$$

$$\ln(7.502 p_2^S) = 18.3036 - \frac{3816.44}{T - 46.13}$$

式中，p_i^S 的单位 kPa；T 的单位为 K。

试计算：① 已知温度为 80 ℃，液相组成为 0.553 时泡点压力与气相组成；② 已知温度为 80 ℃，气相组成为 0.553 时露点压力与液相组成；③ 已知压力为 101.3 kPa，液相组成为 0.320 时泡点温度与气相组成；④ 已知压力为 101.3 kPa，气相组成为 0.570 时露点温度与液相组成。

5.6 已知乙醇(1)-甲苯(2)系统 55 ℃时等温气液平衡并形成共沸物，此二元系统的无限稀释活度系数 $\gamma_1^\infty = 10.59$，$\gamma_2^\infty = 5.812$，试采用威尔逊方程计算该二元系统等温气液平衡数据(p-x_1-y_1)。查得纯组分的安托万方程如下：

$$\ln(7.502 p_1^S) = 18.9119 - \frac{3803.98}{T - 41.68}, \quad \ln(7.502 p_2^S) = 16.0137 - \frac{3096.52}{T - 53.67}$$

式中，p_i^S 的单位 kPa；T 的单位为 K。

5.7 某二元系统，气相可看作理想气体，液相为非理想溶液，溶液的过量吉布斯自由能的表达式是 $\frac{G^E}{RT} = Bx_1x_2$，在某温度下，该系统有一共沸点，共沸组成是 $x_1 = 0.802$，共沸压力是 63.34 kPa，该温度下纯组分的饱和蒸气压为

$$p_1^S = 58.5 \text{ kPa}, \quad p_2^S = 17.6 \text{ kPa}$$

试求该二元系统在此温度下，当 $x_1 = 0.50$ 时的气相组成与平衡压力。

5.8 某催化裂化汽油稳定塔，塔顶馏出的液化石油气的组成为 $x($乙烷$) = 0.2$，$x($丙烷$) = 0.4$，$x($正丁烷$) = 0.25$，$x($异丁烷$) = 0.15$，该物料从塔顶馏出后进入一冷凝器，欲使物料完全冷凝，求该冷凝器组需要多大的操作压力。已知冷凝器冷却水温 20 ℃，而液化石油气在冷凝器温度与冷却水温相差 7 ℃。

5.9 完全互溶系统苯(1)-三氯甲烷(2)在 343 K，101.3 kPa 时相对挥发度 $\alpha = 0.549$，液化分率 $L =$

0.155，气、液相中苯的总含量为 $z_1 = 0.40$，试求此时气、液相的平衡组成。

5.10　试证明理想溶液不可能形成互溶液层。

5.11　25 ℃时，A、B 两种溶液处于气-液-液三相平衡，饱和液相之组成。

$$x_A^a = 0.02, \quad x_B^a = 0.98$$
$$x_A^\beta = 0.98, \quad x_B^\beta = 0.02$$

25 ℃时，A、B 两种物质的饱和蒸气压分别为 $p_A^S = 0.01\ \text{MPa}$、$p_B^S = 0.1013\ \text{MPa}$。

试做合理的假设，并说明理由，并估算：① 三相共存平衡时，压力与气相组成；② $x_A = 0.01$ 时，平衡压力与气相组成。

5.12　正戊烷(1)-正庚烷(2)组成的溶液可近似于理想溶液，查得组分的安托万方程如下

$$\ln(7.502 p_1^S) = 15.8333 - \frac{2477.07}{T - 39.94}, \quad \ln(7.502 p_2^S) = 15.8737 - \frac{2911.32}{T - 56.51}$$

式中，p_i^S 的单位 kPa；T 的单位为 K。

试求：① 65 ℃与 95 kPa 下该系统互成平衡的气、液相组成；② 55 ℃，液相组成 $x_1 = 0.48$ 时的平衡压力与气相组成；③ 95 kPa，液相组成 $x_1 = 0.35$ 时的平衡温度与气相组成；④ 85 kPa，气相组成 $y_1 = 0.86$ 时的平衡温度与液相组成；⑤ 70 ℃，气相组成 $y_1 = 0.15$ 时的平衡压力与液相组成。

5.13　对完全互溶的二元系统苯(1)-三氯甲烷(2)，在 70 ℃，101.3 kPa 下，其组分的气、液相平衡比 $K_1 = 0.719$，$K_2 = 1.31$。试计算对气液相总组成苯含量(物质的量分数)分别为 0.35 和 0.75 时，气、液相平衡组成与液化率。

5.14　已知三元溶液由丙酮(1)-醋酸甲酯(2)-甲醇(3)所组成，当温度为 50 ℃，液相组成为 $x_1 = 0.34$，$x_2 = 0.33$，$x_3 = 0.33$ 时，计算该温度下与液相呈平衡的气相组成和平衡压力。已知各二元系统的威尔逊方程参数如下：

$$\lambda_{12} = 1.1816, \lambda_{21} = 0.7189, \lambda_{13} = 0.9751, \lambda_{31} = 0.5088, \lambda_{23} = 0.5793, \lambda_{32} = 0.5229$$

查出 50 ℃时纯物质的饱和蒸气压为

$$p_1^S = 0.0818\ \text{MPa}, \quad p_2^S = 0.0780\ \text{MPa}, \quad p_3^S = 0.0559\ \text{MPa}$$

5.15　醋酸甲酯(1)-甲醇(2)-水(3)组成了三元系统。已知各二元系统的范拉尔方程参数如下：

$$A_{12} = 0.447, A_{23} = 0.36, A_{31} = 0.82, A_{21} = 0.411, A_{32} = 0.22, A_{13} = 1.30$$

系统在 60 ℃时，纯组分的饱和蒸气压 $p_1^S = 1.13 \times 10^5\ \text{Pa}$，$p_2^S = 0.839 \times 10^5\ \text{Pa}$。计算在 60 ℃时，$x_1 = 0.1$，$x_2 = 0.1$，$x_3 = 0.8$ 的三元系统中醋酸甲酯对甲醇的相对挥发度 α_{12}。

5.16　已知环己烷(1)-苯酚(2)二元系统在 144 ℃时气液平衡，形成共沸物。共沸组成 $x_1 = y_1 = 0.294$。

查得 144 ℃时物质的饱和蒸气压 $p_1^S = 75.20\ \text{kPa}$，$p_2^S = 31.66\ \text{kPa}$。该溶液的过量吉布斯自由能 G^E 与组成的关联式为 $G^E/RT = Bx_1x_2$，其中 B 是温度的函数。求该二元系统在 $x_1 = 0.75$ 时的平衡压力及气相组成。

5.17　某二元溶液的组分活度系数与组成的表达式为

$$\ln\gamma_1 = Bx_2^2, \quad \ln\gamma_2 = Bx_1^2$$

其中 B 仅是温度的函数。假定在相当的温度范围内，两组分之饱和蒸气压的比值 p_1^S/p_2^S 为一定值。(1)试确定此二元溶液不产生共沸点的 B 的范围；(2)如产生共沸点，试证明共沸组成：

$$x_1^{az} = \frac{1}{2}\left(1 + \frac{1}{B}\ln\frac{p_1^S}{p_2^S}\right)$$

5.18 查得氯仿(1)-甲醇(2)系统的气-液平衡在 58.7 ℃,101.3 kPa 时形成共沸物,其共沸组成 $x_1 = 0.332$。采用范拉尔方程计算系统在 101.3 kPa 时 $x_1 - y_1$ 数据。已知此温度下纯组分的饱和蒸气压 $p_1^S = 42.93$ kPa,$p_2^S = 72.261$ kPa。

5.19 某烃类混合物的组成为 x(丙烷)$=0.10$,x(正丁烷)$=0.20$,x(正戊烷)$=0.30$,x(正己烷)$=0.40$。混合物以 100 kmol·h^{-1} 的流率进入精馏塔,塔操作压力为 680.5 kPa,操作温度为 366.5 K。试求在给定的 T,p 下达到平衡,进入精馏塔的料液中液相的物质的量分数以及平衡的气液相组成。

5.20 建议用下列方程表示二元溶液在等温等压下的液相活度系数

$$\ln \gamma_1 = A + (B-A)x_1 - Bx_1^2, \quad \ln \gamma_2 = A + (B-A)x_2 - Bx_2^2$$

式中,A,B 仅是 T,p 的函数。γ_i 是基于路易斯-兰德尔规则标准态的活度系数。问以上方程是否符合热力学一致性?

5.21 从不稳定平衡的条件(μ_i 为组分 i 的化学位)

$$\frac{\partial \mu_1}{\partial x_1} + \frac{\partial \mu_2}{\partial x_2} < 0 \quad (T, p - 定)$$

推导以过量吉布斯自由能 G^E 表示的二元系统不稳定平衡的条件:

$$\left(\frac{\mathrm{d}^2 G^E}{\mathrm{d} x_1^2}\right)_{T,p} < 0$$

5.22 在某一特定的温度下,二元溶液的过量吉布斯自由能可表示为 $G^E/RT = Bx_1x_2$,假设考虑该二元系统为低压气液平衡。在 $0 < x_1 < 1$ 的范围内,问 B 为何值时不会发生相分层?

5.23 基本概念题

1. 是非题

(1) 在一定压力下,组成相同的混合物的露点温度和泡点温度是不可能相同的。（　　）

(2) 在(1)-(2)系统的气液平衡中,若(1)是轻组分,(2)是重组分,则 $y_1 > x_1$,$y_2 < x_2$。（　　）

(3) 纯物质的气液平衡常数 K 等于 1。（　　）

(4) 在(1)-(2)系统的气液平衡中,(1)是轻组分,(2)是重组分,若温度一定,则系统的压力随着 x_1 的增大而增大。（　　）

(5) 下列气液平衡关系是错误的:$p y_i \hat{\varphi}_i^V = k_i x_i \gamma_i^*$。（　　）

(6) 对于理想系统,气液平衡常数 $K_i (= y_i/x_i)$ 只与 T,p 有关,而与组成无关。（　　）

(7) 对于负偏差系统,液相中组分 i 的活度系数 γ_i 总是小于 1。（　　）

(8) 能满足热力学一致性的气液平衡数据就是高质量的数据。（　　）

(9) 位力方程 $Z = 1 + \dfrac{Bp}{RT}$ 结合一定的混合规则后,也能作为 EOS 法计算气液平衡的模型。（　　）

(10) EOS$+\gamma$ 法既可以计算混合物的气液平衡,也能计算纯物质气液平衡。（　　）

(11) A-B 形成的共沸物在共沸点时有 $p_A^S(T^{az})/p_B^S(T^{az}) = \gamma_A^{az}/\gamma_B^{az}$。（　　）

(12) 活度系数与所采用的溶液标准状态有关,但过量性质则与标准态无关。（　　）

(13) EOS 法只能用于高压气液相平衡的计算,EOS$+\gamma$ 法只能用于常压、减压的气液平衡计算。

（　　）

(14) 混合物气液平衡相图中的泡点曲线是饱和气相,而露点曲线表示的是饱和液相。（　　）

(15) 在一定的温度 $T(T < T_c)$ 下,纯物质的饱和蒸气压只可从诸如安托万方程等蒸气压方程求得,而不能从已知常数的状态方程(如 PR 方程)求得,因为状态方程有三个未知数(p,V,T),只给定温度 T,不可能唯一地确定 p 和 V。

（　　）

2. 选择题

(1) 欲找到活度系数与组成的关系,已有下列几组二元系统的活度系数表达式,α,β 是常数,请确定哪一组是可接受的(　　)。

A. $\gamma_1 = \alpha x_1$；$\gamma_2 = \beta x_2$

B. $\gamma_1 = 1 + \alpha x_2$；$\gamma_2 = 1 + \beta x_1$

C. $\ln \gamma_1 = \alpha x_2$；$\ln \gamma_2 = \beta x_1$

D. $\ln \gamma_1 = \alpha x_2^2$；$\ln \gamma_2 = \beta x_1^2$

E. $\ln \gamma_1 = \dfrac{\alpha \beta^2 x_2^2}{(\alpha x_1 + \beta x_2)^2}$；$\ln \gamma_2 = \dfrac{\alpha^2 \beta x_1^2}{(\alpha x_1 + \beta x_2)^2}$

(2) 二元气体混合物的物质的量分数 $y_1 = 0.3$，在一定的 T，p 下，$\hat{\varphi}_1 = 0.9381$，$\hat{\varphi}_2 = 0.8812$，则此时混合物的逸度系数为(　　)。

A. 0.9097　　　　B. 0.8987　　　　C. 0.8982　　　　D. 0.9092

(3) 一定 T，p 的二元等物质的量混合物的 $\hat{\varphi}_1 = e^{-0.1}$，$\hat{\varphi}_2 = e^{-0.2}$，则该混合物的逸度系数为(　　)。

A. $\dfrac{e^{-0.1} + e^{-0.2}}{2}$　　B. $e^{\frac{0.1+0.2}{2}}$　　C. $-\dfrac{e^{-0.1} + e^{-0.2}}{2}$　　D. $-e^{\frac{0.1+0.2}{2}}$

(4) 下列二元混合物模型中，指出满足亨利定律的活度系数为(　　)。

A. $\ln \gamma_1 = 2x_2^2$　　B. $\ln \gamma_1 = 2(x_2^2 - 1)$　　C. $\ln \gamma_1 = 2(1 - x_1^2)$　　D. $\ln \gamma_1 = 2x_1^2$

3. 填空题

(1) 写出下列气液平衡关系适用的条件

① $\hat{f}_i^{\mathrm{V}} = \hat{f}_i^{\mathrm{L}}$ ＿＿＿＿＿＿＿＿＿＿＿＿＿＿＿＿；

② $\hat{\varphi}_i^{\mathrm{V}} y_i = \hat{\varphi}_i^{\mathrm{L}} x_i$ ＿＿＿＿＿＿＿＿＿＿＿＿＿＿；

③ $p y_i = p_i^{\mathrm{S}} \gamma_i x_i$ ＿＿＿＿＿＿＿＿＿＿＿＿＿＿。

(2) 丙酮(1)-甲醇(2) 二元系统在 98.66 kPa 时，共沸组成 $x_1 = y_1 = 0.796$，共沸温度为 327.6 K，已知此温度下的 $p_1^{\mathrm{S}} = 95.39$ kPa，$p_2^{\mathrm{S}} = 65.06$ kPa，则范拉尔方程参数是 $A_{12} = $ ＿＿＿＿＿；$A_{21} = $ ＿＿＿＿＿＿。

$\left(\text{已知范拉尔方程为 } \dfrac{G^{\mathrm{E}}}{RT} = \dfrac{A_{12} A_{21} x_1 x_2}{A_{12} x_1 + A_{21} x_2}\right)$

(3) 组成为 $x_1 = 0.2$，$x_2 = 0.8$，温度为 300 K 的二元液体的泡点组成 y_1 为 ＿＿＿＿＿＿＿。（已知液相的 $\dfrac{G_{\mathrm{t}}^{\mathrm{E}}}{RT} = \dfrac{75 n_1 n_2}{n_1 + n_2}$，$p_1^{\mathrm{S}} = 1866$ Pa，$p_2^{\mathrm{S}} = 3733$ Pa)

(4) 若用 EOS＋γ 法来处理 300 K 时的甲烷(1)-正戊烷(2) 二元系统的气液平衡时，主要困难是 ＿＿＿＿＿＿＿＿＿＿。

(5) EOS 法则计算混合物的气-液平衡时，需要输入的主要物性数据是 ＿＿＿＿＿＿＿。通常如何得到相互作用参数的值？＿＿＿＿＿＿＿＿＿＿。

(6) 由威尔逊方程计算常减压下气液平衡时，需要输入的数据是 ＿＿＿＿＿＿；威尔逊方程的能量参数是如何得到的？＿＿＿＿＿＿＿＿＿＿。

(7) 对于一个具有 USCT 和 LSCT 的系统，当 $T > T_{\mathrm{USC}}$ 和 $T < T_{\mathrm{LSC}}$ 时，溶液是 ＿＿＿＿＿＿（填相态），$\left(\dfrac{\partial^2 G}{\partial x_1^2}\right)_{T, p}$ ＿＿＿＿＿＿（选填">0"，"=0"或"<0"）；当 $T < T_{\mathrm{USC}}$ 和 $T > T_{\mathrm{LSC}}$ 时，溶液是 ＿＿＿＿＿＿（填相态），$\left(\dfrac{\partial^2 G}{\partial x_1^2}\right)_{T, p}$ ＿＿＿＿＿＿（选填">0"，"=0"或"<0"）；当 $T = T_{\mathrm{USC}}$ 和 $T = T_{\mathrm{LSC}}$ 时，溶液是 ＿＿＿＿＿＿（填相态），$\left(\dfrac{\partial^2 G}{\partial x_1^2}\right)_{T, p}$ ＿＿＿＿＿＿（选填">0"，"=0"或"<0"）。

(8) 乙醇(1)-水(2) 二元系统在 150.2 K 形成最低共熔点，该点的组成为 $x_1 = 0.7961$。已知两组分的熔化焓分别为 6116.6 J·mol^{-1} 和 6008.2 J·mol^{-1}，熔点分别为 158.7 K 和 273.2 K，求最低共熔点的液体混合物中两组分的活度系数 $\gamma_1 = $ ＿＿＿＿＿；$\gamma_2 = $ ＿＿＿＿＿。

(9) 由沸点仪测得 40 ℃时正戊烷(1)-正丙醛(2) 二元系统的 $\gamma_1^\infty = 3.848$；$\gamma_2^\infty = 3.979$，由此求取的范拉尔方程参数 $A_{12} = $ ＿＿＿＿＿；$A_{21} = $ ＿＿＿＿＿＿。

(10) 由正戊烷(1)-正己烷(2)-正庚烷(3) 组成的液体混合物在 69 ℃时，常压的气液平衡常数分别是_____。(已知纯组分在 69 ℃ 时的蒸气压分别为 $p_1^S = 272.1 \text{ kPa}$, $p_2^S = 102.4 \text{ kPa}$, $p_3^S = 38.9 \text{ kPa}$)

(11) 苯(1)-环己烷(2)系统在常压下的共沸组成为 0.525,沸点是 77.6 ℃,设该混合物符合范拉尔方程。已知两组分在该温度下的饱和蒸气压分别是 99.3 kPa 和 98.0 kPa,则两组分的活度系数模型 $\ln \gamma_1 =$ _____ ; $\ln \gamma_2 =$ _____。

(12) 指出下列物系的自由度:① 水的三相点 $F =$ _____ ;② 液体水与水蒸气处于汽液平衡状态 $F =$ _____ ;③ 甲醇和水的二元气液平衡状态 $F =$ _____ ;④ 戊醇和水的二元气-液-液三相平衡状态 $F =$ _____。

第6章

化学反应平衡

内容概要和学习方法

化学工业的核心任务是通过化学反应将廉价的原料转变为使用价值较高的产品。而此处所说的化学反应仅仅是指原子之间的重新组合,不包括原子核的分裂,后者属于核反应的范畴,不属于本课程的教学内容。化学工程师必须对化学反应在一定温度 T,压力 p 和组成 $\{y_i\}$ 的条件下,能否向希望得到的产品的方向进行、是否在预期的产品的限度内以及哪些是影响反应平衡的因素等问题有明确的了解。这是因为这些问题对化学反应器的设计和操作,以及对反应过程进行经济评价与核算都是必不可少的。

本章要求在大学化学中处理理想系统的化学反应基础上,运用非理想气体和非理想溶液的基础知识,探讨实际流体的化学反应的计算问题,具体包括多组分复杂化学反应的计量学,带化学反应的吉布斯-杜安方程和相律,化学反应平衡常数的测定、估算以及影响因素,多元多相系统的化学反应平衡的计算。

6.1 化学反应进度与反应计量学

化学反应式通常可写为

$$\sum_i \nu_i A_i(S_i) = 0 \tag{6-1}$$

式中,ν_i 为组分 i 的化学计量系数;A_i 为组分 i 的化学分子式;S_i 为组分 i 存在的物理状态。其中 ν_i 的符号规定:对反应物,ν_i 取负号;对产物,ν_i 取正号。化学计量系数 ν_i 间必须满足物料平衡。

例如:对于氨合成反应方程式,即

$$N_2 + 3H_2 \xrightleftharpoons[T,\,p]{Cat} 2NH_3$$

其化学计量数为 $\nu(N_2) = -1$;$\nu(H_2) = -3$;$\nu(NH_3) = 2$。

在反应进行过程中,各物质反应的物质的量的变化,应严格地按照化学计量系数的比例关系进行,对于式(6-1)的微分反应,有

$$\frac{dn(H_2)}{\nu(H_2)} = \frac{dn(N_2)}{\nu(N_2)} \quad 或 \quad \frac{dn(NH_3)}{\nu(NH_3)} = \frac{dn(H_2)}{\nu(H_2)} \quad 等$$

185

由此可见：

$$\frac{\mathrm{d}n(\mathrm{H_2})}{\nu(\mathrm{H_2})}=\frac{\mathrm{d}n(\mathrm{N_2})}{\nu(\mathrm{N_2})}=\frac{\mathrm{d}n(\mathrm{NH_3})}{\nu(\mathrm{NH_3})} \tag{6-2a}$$

也就是说，当反应进行时，各组分间的物质的量与其化学计量数之比都相等。定义此比值为 $\mathrm{d}\varepsilon$，则上式可写成：

$$\frac{\mathrm{d}n(\mathrm{H_2})}{\nu(\mathrm{H_2})}=\frac{\mathrm{d}n(\mathrm{N_2})}{\nu(\mathrm{N_2})}=\frac{\mathrm{d}n(\mathrm{NH_3})}{\nu(\mathrm{NH_3})}=\mathrm{d}\varepsilon \tag{6-2b}$$

由式(6-2b)可以看出：反应式中各组分 i 的微分量的变化 $\mathrm{d}n_i$ 和 $\mathrm{d}\varepsilon$ 之间存在着一个普遍关系，即

$$\mathrm{d}n_i=\nu_i\mathrm{d}\varepsilon \quad (i=1,2,\cdots,N) \tag{6-3}$$

式中，ε 称为反应进度，它表示反应已经发生的程度，其单位为 mol。由式(6-3)可知，在反应开始时，$\varepsilon=0$，$n_i=n_{i0}$，当反应进行到一定程度 ε 时，则有

$$\int_{n_{i0}}^{n_i}\mathrm{d}n_i=\nu_i\int_0^\varepsilon\mathrm{d}\varepsilon \tag{6-4a}$$

或

$$n_i-n_{i0}=\nu_i\varepsilon \tag{6-4b}$$

[**例 6.1**]　系统中发生如下的反应：

$$\mathrm{CH_4}+\mathrm{H_2O}\Longleftrightarrow\mathrm{CO}+3\mathrm{H_2}$$

假设初始有 2 mol $\mathrm{CH_4}$，1 mol CO，1 mol $\mathrm{H_2O}$ 和 4 mol $\mathrm{H_2}$，试确定物质的量 n_i。（物质的量分数 y_i 作为 ε 的函数）

解： 对给定的反应，式(6-2b)可写为

$$\frac{\mathrm{d}n(\mathrm{CH_4})}{-1}=\frac{\mathrm{d}n(\mathrm{H_2O})}{-1}=\frac{\mathrm{d}n(\mathrm{CO})}{1}=\frac{\mathrm{d}n(\mathrm{H_2})}{3}=\mathrm{d}\varepsilon$$

对上式积分，可得

$$\int_2^{n(\mathrm{CH_4})}\mathrm{d}n(\mathrm{CH_4})=-\int_0^\varepsilon\mathrm{d}\varepsilon,\ \int_1^{n(\mathrm{H_2O})}\mathrm{d}n(\mathrm{H_2O})=-\int_0^\varepsilon\mathrm{d}\varepsilon,\ \int_1^{n(\mathrm{CO})}\mathrm{d}n(\mathrm{CO})=\int_0^\varepsilon\mathrm{d}\varepsilon,\ \int_4^{n(\mathrm{H_2})}\mathrm{d}n(\mathrm{H_2})=3\int_0^\varepsilon\mathrm{d}\varepsilon$$

因此，积分后可得

$$n(\mathrm{CH_4})=2-\varepsilon,\ y(\mathrm{CH_4})=\frac{n(\mathrm{CH_4})}{\sum_i n_i}=\frac{2-\varepsilon}{8+2\varepsilon};$$

$$n(\mathrm{H_2O})=1-\varepsilon,\ y(\mathrm{H_2O})=\frac{n(\mathrm{H_2O})}{\sum_i n_i}=\frac{1-\varepsilon}{8+2\varepsilon}$$

$$n(\mathrm{CO})=1+\varepsilon,\ y(\mathrm{CO})=\frac{n(\mathrm{CO})}{\sum_i n_i}=\frac{1+\varepsilon}{8+2\varepsilon}$$

$$n(\mathrm{H_2})=4+3\varepsilon,\ y(\mathrm{H_2})=\frac{n(\mathrm{H_2})}{\sum_i n_i}=\frac{4+3\varepsilon}{8+2\varepsilon}$$

则

$$\sum_i n_i = 8 + 2\varepsilon$$

如果系统中有多个独立反应同时进行,那么每个 j 反应都有其相应的反应进度 ε_j。若有 r 个独立反应,则用 ν_{ji} 代表第 j 个反应中第 i 个物质的化学计量系数。对每一反应,式 (6-1) 可写为

$$\sum_{i=1}^{N} \nu_{ji} A_i(S_i) = 0 \quad (j=1, 2, \cdots, r; i=1, 2, \cdots, N) \tag{6-5}$$

式中,r 为独立反应数的个数。同时表明:系统中某组分 i 物质的量的变化和在单一反应中并无不同,应是所有含有组分 A_i 反应式的组合,但不包括系统中所有的其他物质。

相应地,式 (6-3) 可写为

$$dn_{ji} = \nu_{ji} d\varepsilon_j \tag{6-6a}$$

且

$$dn_i = \sum_j \nu_{ji} d\varepsilon_j \quad (i=1, 2, \cdots, N) \tag{6-6b}$$

式 (6-6a) 中,dn_{ji} 为反应 j 进行时引起组分 i 的物质的量的改变;dn_i 表示反应系统中组分 i 的物质的量的变化总量;ε_j 是第 j 个反应的反应进度。

[例 6.2] 若某一系统内同时发生如下反应:

$$CH_4 + H_2O \rightleftharpoons CO + 3H_2 \tag{a}$$

$$CH_4 + 2H_2O \rightleftharpoons CO_2 + 4H_2 \tag{b}$$

式 (a) 和式 (b) 分别表示式 (6-6a)、式 (6-6b) 中的 j。已知各物质的初始量为 3 mol CH_4,5 mol H_2O,而 CO、CO_2 和 H_2 的初始量均为零,试确定 n_i 和 y_i 对 ε_1 和 ε_2 的函数表达式。

解:化学计量系数 ν_{ij} 的排列如下:

j	i				
	CH_4	H_2O	CO	CO_2	H_2
1	-1	-1	1	0	3
2	-1	-2	0	1	4

由式 (6-3) 可得

$$\frac{dn(CH_4)}{-1} = \frac{dn(H_2O)}{-1} = \frac{dn(CO)}{1} = \frac{dn(H_2)}{3} = d\varepsilon_1$$

$$\frac{dn(CH_4)}{-1} = \frac{dn(H_2O)}{-2} = \frac{dn(CO_2)}{1} = \frac{dn(H_2)}{4} = d\varepsilon_2$$

将式 (6-6a)、式 (6-6b) 应用于每一组分,则有

$$\int_3^{n(CH_4)} dn(CH_4) = -\int_0^{\varepsilon_1} d\varepsilon_1 - \int_0^{\varepsilon_2} d\varepsilon_2$$

$$\int_5^{n(H_2O)} dn(H_2O) = -\int_0^{\varepsilon_1} d\varepsilon_1 - 2\int_0^{\varepsilon_2} d\varepsilon_2$$

$$\int_0^{n(CO)} dn(CO) = \int_0^{\varepsilon_1} d\varepsilon_1$$

$$\int_0^{n(CO_2)} dn(CO_2) = \int_0^{\varepsilon_2} d\varepsilon_2$$

$$\int_0^{n(H_2)} dn(H_2) = 3\int_0^{\varepsilon_1} d\varepsilon_1 + 4\int_0^{\varepsilon_2} d\varepsilon_2$$

积分后得解 n_i 为

$$n(CH_4) = 3 - \varepsilon_1 - \varepsilon_2 \qquad y(CH_4) = \frac{3 - \varepsilon_1 - \varepsilon_2}{8 + 2\varepsilon_1 - 2\varepsilon_2}$$

$$n(H_2O) = 5 - \varepsilon_1 - 2\varepsilon_2 \qquad y(H_2O) = \frac{5 - \varepsilon_1 - 2\varepsilon_2}{8 + 2\varepsilon_1 + 2\varepsilon_2}$$

$$n(CO) = \varepsilon_1 \qquad y(CO) = \frac{\varepsilon_1}{8 + 2\varepsilon_1 + 2\varepsilon_2}$$

$$n(CO_2) = \varepsilon_2 \qquad y(CO_2) = \frac{\varepsilon_2}{8 + 2\varepsilon_1 + 2\varepsilon_2}$$

$$n(H_2) = 3\varepsilon_1 + 4\varepsilon_2 \qquad y(H_2) = \frac{3\varepsilon_1 + 4\varepsilon_2}{8 + 2\varepsilon_1 + 2\varepsilon_2}$$

则

$$\sum n_i = 8 + 2\varepsilon_1 + 2\varepsilon_2$$

由此可见,该系统各组分的物质的量及其物质的量分数都是两个独立变量 ε_1 和 ε_2 的函数。

6.2 化学反应平衡常数及其计算

6.2.1 化学反应的平衡判据

判断化学反应进行的方向和判据的平衡条件是

$$(\Delta G_t)_{T,p} \leqslant 0 \qquad (6-7)$$

式(6-7)表明,在等温等压下,若系统吉布斯自由能总变化量小于零,则过程能自动进行,而当总自由能变化值等于零时,反应达到平衡,这可由图6-1说明。该图表示在只有一个化学反应的系统中,温度和压力恒定不变。其中,纵坐标表示系统的总自由能 G_t,横坐标表示反应进度 ε。 当达到平衡状态时,G_t 有一最小值,该点满足:

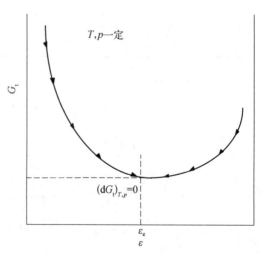

图 6-1 反应系统的总自由能 G_t 与反应进度 ε 的关系

$$\left(\frac{\partial G_t}{\partial \varepsilon}\right)_{T,p} = 0 \tag{6-8}$$

对应的反应进度 ε 就是平衡时的反应进度 ε_e。 曲线上的箭头则表示反应进行的方向。

6.2.2 标准自由能变化与反应平衡常数

由式(4-13)表达的单相多元系吉布斯自由能为

$$dG_t = -S_t dT + V_t dp + \sum_i \mu_i dn_i$$

将式(6-3)代入式(4-13),得

$$dG_t = -S_t dT + V_t dp + \sum_i (\mu_i \nu_i) d\varepsilon \tag{6-9}$$

因此,在等 T、等 p 下,有

$$\left(\frac{\partial G_t}{\partial \varepsilon}\right)_{T,p} = \sum_i (\nu_i \mu_i) \tag{6-10}$$

式中, $\sum_i (\nu_i \mu_i)$ 代表系统总吉布斯自由能随反应进度 ε 的变化率。

当系统达到平衡时,系统的总吉布斯自由能为最小,满足关系

$$\left(\frac{\partial G_t}{\partial \varepsilon}\right)_{T,p} = 0 \tag{6-11}$$

或写为

$$\sum_i (\nu_i \mu_i) = 0 \tag{6-12}$$

混合物中组分 i 的化学位 $\mu_i = \overline{G_i}$,则由化学位定义式(4-9)及其与活度的关系式(4-78a)得

$$\mu_i = G_i^\ominus + RT \ln \hat{a}_i \tag{6-13}$$

式中, $\hat{a}_i = \hat{f}_i / f_i^\ominus$,上标"$\ominus$"表示标准状态值,这里取纯组分 i 在系统的温度和固定压力下的状态为标准态(这与相平衡中所说的标准态,以及压力取系统的压力是不相同的)。联立式(6-12)和式(6-13)得

$$\sum_i \nu_i (G_i^\ominus + RT \ln \hat{a}_i) = 0 \tag{6-14}$$

展开后为

$$\sum_i (\nu_i G_i^\ominus + RT \ln \hat{a}_i^{\nu_i}) = 0 \tag{6-15}$$

或

$$\ln \prod (\hat{a}_i)^{\nu_i} = -\frac{\sum_i \nu_i G_i^\ominus}{RT} \tag{6-16}$$

式中,符号 $\prod$ 表示对所有物质 i 的活度乘积。定义化学平衡常数 $K = \prod (\hat{a}_i)^{\nu_i}$,则式(6-16)写为

$$K = \prod (\hat{a}_i)^{\nu_i} = \exp\left(-\frac{\sum_i \nu_i G_i^\ominus}{RT}\right) \qquad (6-17)$$

因 $G_i^\ominus$ 为纯组分 i 在一定 p 下的标准态吉布斯函数,仅与温度有关,故平衡常数也仅仅是温度的函数。将式(6-17)改写成

$$-RT\ln K = \sum_i \nu_i G_i^\ominus \equiv \Delta G^\ominus \qquad (6-18)$$

$\Delta G^\ominus$ 称为反应的标准吉布斯自由能变化,即 $\sum_i \nu_i G_i^\ominus$。 对一定的反应,当温度一定,$\Delta G^\ominus$ 的值也就固定了,与平衡压力和组成无关。

$\Delta G^\ominus$ 和 ΔG 是有区别的,$\Delta G^\ominus$ 是用来估算化学反应的平衡常数的,而 ΔG 是用来判断反应的方向的。当化学反应达到平衡时,ΔG 必须为零,而 $\Delta G^\ominus$ 一般不等于零,两者不能混淆。

式(6-16)中的活度将所研究的平衡状态与组分的标准态关联起来。标准态是任意的,但必须在平衡温度 T 下。虽然没有必要对所有的组分都取相同的标准态,但是对给定的组分,$\Delta G^\ominus$ 的标准态必须与 $f_i^\ominus(\hat{a}_i = \hat{f}_i/f_i^\ominus)$ 的标准态相同。对于气体来说,通常取 101.325 kPa(1 atm)下纯组分 i 的理想气体状态为标准态。对于固体和液体来说,通常的标准态是在 101.325 kPa、系统温度 T 下的纯固体或纯液体。

6.2.3 平衡常数的估算

计算平衡组成的关键是要知道 K 的值,有两种方法可以获得 K 的值。

第一种是实验测定法,即直接测定在一定温度 T、压力 p 条件下反应达到平衡时各组分的含量,从而由式(6-16)直接计算出 K。此法的前提是要判断反应是否已经达到了平衡状态。

第二种是根据式(6-18),由基础热力学数据(标准态下的吉布斯函数变化量 $\Delta G^\ominus$)来间接估算的方法。下面主要介绍由基础热力学数据间接估算 K 的两种常用方法。

反应标准性质 $M^\ominus$ 的变化可以写成

$$\Delta M^\ominus \equiv \sum_i \nu_i M_i^\ominus \qquad (6-19)$$

式中,生成物的 ν_i 为正,反应物的 ν_i 为负。将其运用于标准反应热时,$\Delta M^\ominus$ 变化变为 $\Delta H_f^\ominus$;运用于标准反应等压比热容时,则是 $\Delta c_p^\ominus$;运用于标准反应熵变时,为 $\Delta S_f^\ominus$,这些变量都是温度的函数。标准反应热、反应熵变与标准生成自由能之间的关系为

$$\Delta G_f^\ominus = \Delta H_f^\ominus - T\Delta S_f^\ominus \qquad (6-20)$$

6.2.3.1 由标准生成自由能数据估算

某个化学反应的标准生成吉布斯自由能变化是生成物与反应物标准生成自由能(吉布

190

斯自由能)的差值,写为

$$\Delta G_f^\ominus = \sum_{i=1}^{n} \alpha_i \Delta G_{f,i}^\ominus - \sum_{j=1}^{m} \beta_j \Delta G_{f,j}^\ominus \qquad (6-21)$$

式中,α_i 为生成物中组分 i 物质的量;β_j 为反应物中组分 j 物质的量;$\Delta G_{f,i}^\ominus$ 为生成物中组分 i 在温度 T 下的标准生成吉布斯自由能;$\Delta G_{f,j}^\ominus$ 为反应物中组分 j 在温度 T 下的标准生成自由能。因大部分的 $\Delta G_f^\ominus$ 数据在手册中都可查到,一般情况下可以求出任何一个反应的 $\Delta G^\ominus$。需要注意的是,式(6-21)中所有的 $\Delta G_f^\ominus$ 必须是同一温度下的值。

6.2.3.2 由标准反应热和标准反应熵变来估算

根据式(6-18),有

$$RT\ln K = -\Delta G^\ominus = -\Delta H^\ominus + T\Delta S^\ominus \qquad (6-22)$$

类似于式(6-21),可以写出 $\Delta H^\ominus$ 和 $\Delta S^\ominus$:

$$\Delta H^\ominus = \sum_{i=1}^{n} \alpha_i \Delta H_{f,i}^\ominus - \sum_{j=1}^{m} \beta_j \Delta H_{f,j}^\ominus \qquad (6-23)$$

$$\Delta S^\ominus = \sum_{i=1}^{n} \alpha_i S_i^\ominus - \sum_{j=1}^{m} \beta_j S_j^\ominus \qquad (6-24)$$

式(6-23)、式(6-24)中,$\Delta H^\ominus$ 和 $\Delta S^\ominus$ 分别是在温度 T 下化学反应的标准焓变(反应热)和标准熵变。$\Delta H_{f,i}^\ominus$ 是组分 i 的标准生成热;$S_i^\ominus$ 和 $S_j^\ominus$ 分别是生成物和反应物的标准绝对熵。

根据热力学第三定律,在绝对零度时,纯净且具有完整晶体的物质熵等于零,这给出了计算熵的一个基准——凡和该物质在绝对零度时熵的差值就是绝对熵。

[例6.3] 计算反应

$$CO(g) + H_2O(g) \Longrightarrow CO_2(g) + H_2(g)$$

在 298.15 K 时的平衡常数。各组分的标准态均取在 298.15 K 和 0.1013 MPa 下的气体。已知各组分的标准生成自由焓为

$$\Delta G_f^\ominus(CO) = -137.15 \text{ kJ} \cdot \text{mol}^{-1}, \quad \Delta G_f^\ominus(H_2O) = -228.59 \text{ kJ} \cdot \text{mol}^{-1},$$

$$\Delta G_f^\ominus(CO_2) = -394.36 \text{ kJ} \cdot \text{mol}^{-1}, \quad \Delta G_f^\ominus(H_2) = 0 \text{ kJ} \cdot \text{mol}^{-1}$$

解:该反应的标准自由焓的变化为

$$\Delta G^\ominus = \Delta G_f^\ominus(CO_2) + \Delta G_f^\ominus(H_2) - \Delta G_f^\ominus(CO) - \Delta G_f^\ominus(H_2O) = -394.36 + 0 + 137.15 + 228.59$$
$$= -28.62(\text{kJ} \cdot \text{mol}^{-1})$$

由式(6-18)得

$$\ln K = -\frac{\Delta G^\ominus}{RT} = -\frac{-28.62 \times 10^3}{8.314 \times 298.15} = 11.5458$$

则

$$K = 103342$$

[例6.4] 计算 298 K 时下述反应的平衡常数:

$$C_2H_4(g) + H_2O(l) \Longrightarrow C_2H_5OH(l) \qquad (a)$$

并规定各组分的标准状态如下表所示：

组　分	规定的标准状态
$C_2H_4(g)$	纯气体 0.1013 MPa，298 K
$H_2O(l)$	纯液体 0.1013 MPa，298 K
$C_2H_5OH(l)$	纯液体 0.1013 MPa，298 K

解：通常难以直接从文献、手册中查到液体的标准生成自由能数据。但可查出 298 K 时气态标准生成热 $\Delta H_f^\ominus$ 数据如下：

组　分	状　态	298 K 时的 $\Delta H^\ominus$/(kJ·mol^{-1})
$C_2H_4(1)$	g	52.321
$H_2O(2)$	g	-242
$C_2H_5OH(3)$	g	-235.938

由于反应中的 H_2O 和 C_2H_5OH 都是液态，上述数据不符合计算要求。因此将反应式 (a)分解为下列三个反应式来替代表示。

$$C_2H_4(g) + H_2O(g) \Longrightarrow C_2H_5OH(g) \qquad (b)$$

$$H_2O(l) \Longrightarrow H_2O(g) \qquad (c)$$

$$C_2H_5OH(g) \Longrightarrow C_2H_5OH(l) \qquad (d)$$

即反应式间存在关系：(b)+(c)+(d)=(a)。其中反应式(b)的 $(\Delta H^\ominus)_b$ 为

$$(\Delta H^\ominus)_b = \Delta H_{f,3}^\ominus - (\Delta H_{f,1}^\ominus + \Delta H_{f,2}^\ominus) = -235.938 - 52.321 - (-242)$$
$$= -46.259(\text{kJ·mol}^{-1})$$

而式(c)和式(d)的 $\Delta H^\ominus$ 分别等于标准态下的汽化和冷凝潜热，即

$$(\Delta H^\ominus)_c = 43.964 \text{ kJ·mol}^{-1} \text{（纯水在 298 K，0.1013 MPa 下的汽化潜热）}$$

$$(\Delta H^\ominus)_d = -41.87 \text{ kJ·mol}^{-1} \text{（纯乙醇在 298 K，0.1013 MPa 下的冷凝潜热）}$$

则反应式(a)的 $(\Delta H^\ominus)_a$ 计算如下

$$(\Delta H^\ominus)_a = (\Delta H^\ominus)_b + (\Delta H^\ominus)_c + (\Delta H^\ominus)_d = -46.259 + 43.964 + (-41.870)$$
$$= -44.165(\text{kJ·mol}^{-1})$$

再计算反应式(a)的 $(\Delta S^\ominus)_a$。

查得 298 K 时各组分的标准状态下的绝对熵值 $S^\ominus$ 如下：

组　分	$S^\ominus$/(kJ·mol^{-1}·K^{-1})
$H_2O(l)$	0.070
$C_2H_4(g)$	0.220
$C_2H_5OH(l)$	0.161

因此

$$(\Delta S^{\ominus})_a = \Delta S_{f,3}^{\ominus} - \Delta S_{f,2}^{\ominus} - \Delta S_{f,1}^{\ominus} = 0.161 - 0.220 - 0.070$$
$$= -0.129 (\text{kJ} \cdot \text{mol}^{-1} \cdot \text{K}^{-1})$$

$$(\Delta G^{\ominus})_a = (\Delta H^{\ominus})_a - T^{\ominus}(\Delta S^{\ominus})_a = -44.165 - 298 \times (-0.129)$$
$$= -5.723 (\text{kJ} \cdot \text{mol}^{-1})$$

将其代入式(6-22),得

$$\ln K = -\frac{\Delta G_a^{\ominus}}{RT} = \frac{-5.723 \times 10^3}{-8.314 \times 298} = 2.31$$

则

$$K = 10.1$$

6.3　温度对平衡常数的影响

在等压下考察温度对平衡常数的影响,则式(3-4)可写为

$$\Delta S^{\ominus} = -\frac{\mathrm{d}\Delta G^{\ominus}}{\mathrm{d}T} \tag{6-25}$$

又 $\Delta G^{\ominus} = \Delta H^{\ominus} - T\Delta S^{\ominus}$,则

$$\frac{\Delta H^{\ominus}}{T} - \frac{\Delta G^{\ominus}}{T} = -\frac{\mathrm{d}\Delta G^{\ominus}}{\mathrm{d}T} \tag{6-26}$$

整理后得

$$\Delta H^{\ominus} = -RT^2 \frac{\mathrm{d}(\Delta G^{\ominus}/RT)}{\mathrm{d}T} \tag{6-27}$$

式(6-27)的结果也可以由例3.4直接写出。

结合式(6-18),得

$$\frac{\mathrm{d}\ln K}{\mathrm{d}T} = \frac{\Delta H^{\ominus}}{RT^2} \tag{6-28}$$

式(6-28)称为范托夫定律(van't Hoff law),又称为化学平衡的等压方程,反映了化学反应的平衡常数随着温度变化的规律。对于吸热反应,$\Delta H^{\ominus} > 0$,K 随着温度的升高而增大;对于放热反应,$\Delta H^{\ominus} < 0$,K 随着温度的升高而减小。如果温度范围内变化不大,$\Delta H^{\ominus}$ 可近似地视为常数,积分式(6-28)得

$$\ln K = -\frac{\Delta H^{\ominus}}{RT} + I \tag{6-29}$$

式中,I 为积分常数,可由已知的反应热和平衡常数求得。

当 $\Delta H^{\ominus}$ 随温度变化较大或温度变化范围较大时,可利用各反应物和产物的比热容与温度的关系式求出 $\Delta H^{\ominus}$ 与 T 的关系。将各组分的标准等压比热容 $c_p^{\ominus}$ 表示成 T 的多项级数展开式,则有

$$c_p^\ominus = \alpha + \beta T + \gamma T^2 + \cdots \tag{6-30a}$$

因此,有

$$\Delta H^\ominus = \int_{T^\ominus}^T c_p^\ominus \mathrm{d}T = \int_{T^\ominus}^T (\alpha + \beta T + \gamma T^2 + \cdots)\mathrm{d}T$$

$$= \Delta H_0 + \alpha T + \frac{\beta}{2} T^2 + \frac{\gamma}{3} T^3 + \cdots \tag{6-30b}$$

式(6-30b)中,积分常数 ΔH_0 要由某一温度下的 $\Delta H^\ominus$ 来确定。将确定后的 ΔH_0 代入式 (6-28),积分可得

$$\ln K = -\frac{\Delta H_0}{RT} + \frac{\alpha}{R}\ln T + \frac{\beta}{2R} T + \frac{\gamma}{6R} T^2 + \cdots + I_0 \tag{6-31a}$$

将式(6-31a)两边同时乘以 $(-RT)$,得

$$\Delta G^\ominus = \Delta H_0 - \alpha T\ln T - \frac{\beta}{2} T^2 - \frac{\gamma}{6} T^3 - \cdots - I_0 RT \tag{6-31b}$$

若已知反应热、生成物和反应物的比热容数据以及一个温度 T 时的 $\Delta G^\ominus$,则根据式 (6-31b)就可计算在另一温度时的 $\Delta G^\ominus$。

6.4　平衡常数与组成的关系

为了设计和分析工业反应装置,需要计算平衡转化率和平衡收率。

平衡转化率 x_e 定义为

$$x_e = \frac{\text{平衡时消耗了的该反应物组分的物质的量}}{\text{在加料中某反应物组分的物质的量}} \tag{6-32}$$

平衡收率 ζ_e 定义为

$$\zeta_e = \frac{\text{平衡时转化为目标产物的物质的量}}{\text{在加料中某反应物组分的物质的量}} \tag{6-33}$$

由此可见,对处于不同状态下的反应状况,建立化学平衡常数与平衡组成的关系是至关重要的,下面分别进行讨论。

6.4.1　气相反应

式(6-17)建立了反应的平衡常数与活度间的关系,即

$$K = \prod (\hat{a}_i)^{\nu_i}$$

因 $\hat{a}_i = \dfrac{\hat{f}_i}{f_i^\ominus}$,对气相反应,其标准态为反应温度、1 atm 下纯组分 i 的理想气体。因理想气体的逸度在数值上等于压力,则对气相反应的每个组分 i,其 $f_i^\ominus = 1$ atm,此时式(6-17)可改写成

$$K = \prod \ (\hat{a}_i)^{\nu_i} = \prod \ (\hat{f}_i)^{\nu_i} = K_f \tag{6-34}$$

由于 $f_i^\ominus = 1\,\mathrm{atm}$，故逸度 $\hat{f}_i$ 必须以 atm（或 kPa）为单位，则 K 的量纲为 1。由于 K 只是温度的函数，可见 K_f 也只是温度的函数。

如果将 $\hat{f}_i = \hat{\varphi}_i y_i p$ 代入上式，则得

$$K_f = \prod \ (\hat{f}_i)^{\nu_i} = \prod \ (\hat{\varphi}_i y_i p)^{\nu_i} \tag{6-35}$$

式中，y_i 为平衡混合物中组分 i 的物质的量分数；$\hat{\varphi}_i$ 为组分 i 的逸度系数；p 为平衡压力。

当平衡混合物是理想溶液时，组分 i 的 $\hat{\varphi}_i$ 与其处于 T，p 下纯态时的逸度系数 φ_i 相等，则式(6-35)变为

$$K_f = \prod \ (\hat{f}_i)^{\nu_i} = \prod \ (\varphi_i y_i p)^{\nu_i} \tag{6-36}$$

由于 φ_i 与组成无关，因而只要确定了平衡状态时的 T，p，就可由普遍化的关系式求出 φ_i。

当压力足够低或温度足够高时，平衡混合物实际上表现为理想气体。这种情况下，$\hat{\varphi}_i = 1$，则式(6-35)可简化为

$$K_f = \prod \ (y_i p)^{\nu_i} \tag{6-37}$$

式(6-37)亦可写为

$$K_f = \prod \ (y_i p)^{\nu_i} = p^{(\sum \nu_i)} \prod \ (y_i)^{\nu_i} = K_p \tag{6-38}$$

或

$$K_p p^{-\nu} = \prod \ (y_i)^{\nu_i} = K_y \tag{6-39}$$

式中，$\nu = \sum \nu_i$。

对理想气体而言，K_p 只是温度的函数，与压力和组成无关，而 K_y 则除与温度有关外，与压力也有关。同样地，式(6-35)也可写成

$$K_f = \prod \ (\hat{\varphi}_i y_i p)^{\nu_i} = \prod \ (\hat{\varphi}_i)^{\nu_i} \prod \ (p_i)^{\nu_i} = K_\varphi K_p \tag{6-40}$$

若已知反应的 K_f，就可由式(6-40)计算出系统的平衡组成。

[例 6.5] 计算在 700 K 和 30.39 MPa 下合成氨反应的平衡组成。已知反应物为 75% H_2 和 25% N_2（均为物质的量分数），反应混合物可假定为理想溶液，反应的平衡常数为 0.0091。

解：设平衡反应进度为 ε，需求出反应前后各组分的物质的量分数及总物质的量。

$$\frac{1}{2}N_2 \ + \ \frac{3}{2}H_2 \rightleftharpoons NH_3$$

反应前： $\quad\quad \frac{1}{2} \quad\quad \frac{3}{2} \quad\quad 0$

反应后： $\quad \frac{1}{4}-\frac{1}{2}\varepsilon \quad \frac{3}{4}-\frac{3}{2}\varepsilon \quad \varepsilon$

反应后的总物质的量： $\left(\frac{1}{4}-\frac{1}{2}\varepsilon\right)+\left(\frac{3}{4}-\frac{3}{2}\varepsilon\right)+\varepsilon = 1-\varepsilon$

因此,各组分的物质的量分数分别为

$$y(\mathrm{NH_3}) = \frac{\varepsilon}{1-\varepsilon}, \quad y(\mathrm{N_2}) = \frac{\frac{1}{2}(0.5-\varepsilon)}{1-\varepsilon}, \quad y(\mathrm{H_2}) = \frac{\frac{3}{2}(0.5-\varepsilon)}{1-\varepsilon}$$

此反应中:

$$\nu(\mathrm{N_2}) = -\frac{1}{2}, \quad \nu(\mathrm{H_2}) = -\frac{3}{2}, \quad \nu(\mathrm{NH_3}) = 1, \quad \nu = \nu(\mathrm{N_2}) + \nu(\mathrm{H_2}) + \nu(\mathrm{NH_3}) = -\frac{1}{2} - \frac{3}{2} + 1 = -1$$

由式(6-40)可知

$$K_f = K_p K_\varphi = \frac{1}{p} \frac{y(\mathrm{NH_3})}{y^{1/2}(\mathrm{N_2}) y^{3/2}(\mathrm{H_2})} \frac{\hat{\varphi}(\mathrm{NH_3})}{\hat{\varphi}^{1/2}(\mathrm{N_2}) \hat{\varphi}^{3/2}(\mathrm{H_2})} \qquad (a)$$

因假设为理想溶液,则

$$\hat{\varphi}(\mathrm{H_2}) = \varphi(\mathrm{H_2}), \quad \hat{\varphi}(\mathrm{N_2}) = \varphi(\mathrm{N_2}), \quad \hat{\varphi}(\mathrm{NH_3}) = \varphi(\mathrm{NH_3})$$

则

$$K_f = \frac{1}{p} \frac{y(\mathrm{NH_3})}{y^{1/2}(\mathrm{N_2}) y^{3/2}(\mathrm{H_2})} \frac{\varphi(\mathrm{NH_3})}{\varphi^{1/2}(\mathrm{N_2}) \varphi^{3/2}(\mathrm{H_2})} = 0.0091 \quad \text{或} \quad \frac{y(\mathrm{NH_3})}{y^{1/2}(\mathrm{N_2}) y^{3/2}(\mathrm{H_2})} = \frac{0.0091p}{K_\varphi}$$

$$(b)$$

采用 RK 方程,即式(3-107)计算各组分的逸度系数:

$$\ln \varphi_i = Z_i - 1 - \ln \frac{p(V_i - b_i)}{RT} - \frac{a_i}{b_i RT^{1.5}} \ln\left(1 + \frac{b_i}{V_i}\right) \qquad (c)$$

查附表 1.1 知各物质的临界参数为

	T_{ci}/K	p_{ci}/MPa	a_i/(Pa·m⁶·K^0.5·mol⁻²)	b_i/(m³·mol⁻¹)	V_i/(m³·mol⁻¹)	Z_i	φ_i
N₂	126.15	3.394	1.55612	2.6773×10^{-5}	2.1117×10^{-4}	1.1027	1.1002
H₂	33.19	1.297	0.14458	1.8433×10^{-5}	2.0922×10^{-4}	1.0925	1.0963
NH₃	405.45	11.318	8.64190	2.5805×10^{-5}	1.7088×10^{-4}	0.8923	0.8729

因此 $K_\varphi = \dfrac{\varphi(\mathrm{NH_3})}{\varphi^{1/2}(\mathrm{N_2})\varphi^{3/2}(\mathrm{H_2})} = \dfrac{0.8729}{1.1002^{1/2} \times 1.0963^{3/2}} = 0.7250$,则由式(c)知

$$\frac{y(\mathrm{NH_3})}{y^{1/2}(\mathrm{N_2}) y^{3/2}(\mathrm{H_2})} = \frac{0.0091p}{K_\varphi} = \frac{0.0091 \times (30.39/0.101325)}{0.725} = 3.7646$$

即

$$\frac{\frac{\varepsilon}{1-\varepsilon}}{\left(\frac{1}{2} \cdot \frac{0.5-\varepsilon}{1-\varepsilon}\right)^{1/2} \left(\frac{3}{2} \cdot \frac{0.5-\varepsilon}{1-\varepsilon}\right)^{3/2}} = 3.7646 \quad \text{或} \quad \frac{\varepsilon(1-\varepsilon)}{(0.5-\varepsilon)^2} = 4.8903$$

化简得 $\varepsilon^2 - \varepsilon + 0.20756 = 0$,解得 $\varepsilon_1 = 0.294$,$\varepsilon_2 = 0.7061$(验证后舍弃),那么

$$y(\mathrm{N_2}) = \frac{1}{2} \cdot \frac{0.5-\varepsilon}{1-\varepsilon} = 0.1459, \quad y(\mathrm{H_2}) = \frac{3}{2} \cdot \frac{0.5-\varepsilon}{1-\varepsilon} = 0.4377, \quad y(\mathrm{NH_3}) = \frac{\varepsilon}{1-\varepsilon} = 0.4164$$

6.4.2 液相反应

6.4.2.1 液体混合物中的反应

当反应在液相中发生时,仍可用上述气相反应相同的方法[式(6-17)]描述反应系统的化学平衡

$$K = \prod (\hat{a}_i)^{\nu_i}$$

式中, $\hat{a}_i = \dfrac{\hat{f}_i^{\mathrm{L}}}{f_i^{\ominus}}$,液体混合物的标准态 $f_i^{\ominus}$ 为系统温度及压力为 0.1013 MPa 时的纯液体 i 。

由于 $\hat{f}_i^{\mathrm{L}} = x_i \gamma_i f_i^{\mathrm{L}}$,其中 f_i^{L} 是在平衡温度和压力下纯液体 i 的逸度,则

$$\hat{a}_i = x_i \gamma_i \frac{f_i^{\mathrm{L}}}{f_i^{\ominus}} \tag{6-41}$$

由于 $\mathrm{d}\ln f_i^{\mathrm{L}} = \dfrac{V_i^{\mathrm{L}}}{RT}\mathrm{d}p$ (等温 T 下),对液体而言, V_i^{L} 随压力的变化很小,可视为常数。从 0.1013 MPa 的标准态到 p (单位为 MPa)积分,则有

$$\ln \frac{f_i^{\mathrm{L}}}{f_i^{\ominus}} \approx \frac{V_i^{\mathrm{L}}(p-0.1013)}{RT} \tag{6-42a}$$

或

$$\frac{f_i^{\mathrm{L}}}{f_i^{\ominus}} \approx \exp\left[\frac{V_i^{\mathrm{L}}(p-0.1013)}{RT}\right] \tag{6-42b}$$

则式(6-18)写成

$$K = \prod (x_i \gamma_i)^{\nu_i} \exp\left[\frac{(p-0.1013)}{RT}\sum (\nu_i V_i^{\mathrm{L}})\right] \tag{6-43a}$$

或

$$K_a = K_\gamma K_x \exp\left[\frac{(p-0.1013)}{RT}\sum_i (\nu_i V_i^{\mathrm{L}})\right] \tag{6-43b}$$

式中, $K_\gamma = \prod (\gamma_i)^{\nu_i}$, $K_x = \prod (x_i)^{\nu_i}$ 。

在中低压下,指数项将趋近于 1,此时

$$K = K_\gamma K_x \tag{6-44}$$

应用式(6-43a)、式(6-43b)时需确定组分的活度系数,这可采用威尔逊、NRTL 等活度系数方程式来计算,且需经过较复杂的迭代计算求出式(6-44)中的组成。

当平衡混合物是理想溶液,则所有的 γ_i 的值都为 1,则式(6-44)变为

$$K = K_x \tag{6-45}$$

6.4.2.2 溶液中溶质间存在化学反应

如果溶液中溶质间发生化学反应,按下式计算

$$K_a = \prod (\hat{a}_B)^{\nu_B} = K_\gamma K_x \tag{6-46}$$

式中，$K_\gamma = \prod (\gamma_B)^{\nu_B}$，$K_x = \prod (x_B)^{\nu_B}$。

需要说明的是，在该种情况下也可用物质的量浓度 c 或质量摩尔浓度 m 来代替物质的量分数 x。

[**例6.6**] 在 373 K 及 0.1013 MPa 下，液体乙酸在加入乙醇后发生酯化反应，生成乙酸乙酯与水。反应式如下：

$$CH_3COOH\,(l) + C_2H_5OH\,(l) \longrightarrow CH_3COOC_2H_5\,(l) + H_2O\,(l)$$

若乙酸、乙醇的初始量各为 1 mol；而乙酸乙酯和水的初始量为零。试求算平衡时反应混合物中乙酸乙酯的物质的量分数。已知：

组　分	$\Delta H_f^{\ominus}/(kJ \cdot mol^{-1})$	$\Delta G_f^{\ominus}/(kJ \cdot mol^{-1})$
(1) $CH_3COOC_2H_5\,(l)$	−463.25	−318.28
(2) $H_2O\,(l)$	−285.83	−237.13
(3) $CH_3COOH\,(l)$	−484.50	−389.90
(4) $C_2H_5OH\,(l)$	−277.69	−174.78

解： 该反应的 $\Delta H^{\ominus}$ 和 $\Delta G^{\ominus}$ 为

$$\Delta H^{\ominus} = \sum_j \Delta H_{f,j}^{\ominus} - \sum_i \Delta H_{f,i}^{\ominus} = -463.25 - 285.83 + 484.50 + 277.69 = 13.11\,(kJ)$$

$$\Delta G^{\ominus} = \sum_j \Delta G_{f,j}^{\ominus} - \sum_i \Delta G_{f,i}^{\ominus} = -318.28 - 237.129 + 389.90 + 174.780 = 9.271\,(kJ)$$

代入式(6-18)，得

$$\ln K_{298} = -\frac{\Delta G^{\ominus}}{RT} = -\frac{9.271 \times 10^3}{8.314 \times 298} = -3.7420$$

$$K_{298} = 0.237$$

假定温度由 298 K 升至 373 K，该反应的标准焓变不随温度变化，则由式(6-28)积分知

$$\ln \frac{K_{373}}{K_{298}} = -\frac{\Delta H^{\ominus}}{R}\left(\frac{1}{373} - \frac{1}{298}\right) = -\frac{13.11 \times 10^3}{8.314} \times \left(\frac{1}{373} - \frac{1}{298}\right) = 1.064, \quad K_{373} = 0.0687$$

假定该反应混合物为理想溶液，应用式(6-45)计算，得

$$K_{373} = K_x = \prod (x_i)^{\nu_i} = \frac{x(CH_3COOC_2H_5)x(H_2O)}{x(CH_3COOH)x(C_2H_5OH)} \tag{a}$$

因 $\quad \dfrac{dn(CH_3COOH)}{-1} = \dfrac{dn(C_2H_5OH)}{-1} = \dfrac{dn(CH_3COOC_2H_5)}{1} = \dfrac{dn(H_2O)}{1} = d\varepsilon$

将上式从初态 $[\varepsilon = 0$ 时，$n^0(CH_3COOH) = 1$，$n^0(C_2H_5OH) = 1$，$n^0(CH_3COOC_2H_5) = n^0(H_2O) = 0]$ 积分到终态，则有

$$n(CH_3COOH)=1-\varepsilon \qquad y(CH_3COOH)=\frac{1-\varepsilon}{2}$$

$$n(C_2H_5OH)=1-\varepsilon \qquad y(C_2H_5OH)=\frac{1-\varepsilon}{2}$$

$$n(CH_3COOC_2H_5)=\varepsilon \qquad y(CH_3COOC_2H_5)=\frac{\varepsilon}{2}$$

$$n(H_2O)=\varepsilon \qquad y(H_2O)=\frac{\varepsilon}{2}$$

则

$$\sum n_i=2$$

将以上各值代入式(a),得

$$K_{373}=\left(\frac{\varepsilon}{1-\varepsilon}\right)^2=0.0689,\ 解得\ \varepsilon=0.208,\ y(CH_3COOC_2H_5)=\frac{\varepsilon}{2}=\frac{0.208}{2}=0.104$$

此结果与实验测得平衡时乙酸乙酯的物质的量分数 0.33 相比较,偏差较大,表明计算中将反应混合物假定为理想溶液不合理。

6.4.3　非均相化学反应

对于多相系统的化学反应,如 1 个气相和 1 个或多个凝聚相间的化学反应平衡,处理情况比较复杂,以下分两类情况进行讨论。

6.4.3.1　不考虑相平衡的非均相化学反应

碳酸钙分解生产石灰就属于这类反应,反应式为

$$CaCO_3(s)\longrightarrow CaO(s)+CO_2(g)$$

此时的平衡常数为

$$K_a=\frac{\hat{a}[CaO(s)]\hat{a}[CO_2(g)]}{\hat{a}[CaCO_3(s)]} \tag{6-47}$$

取纯组分固体为标准态,则 $\hat{a}[CaCO_3(s)]$ 和 $\hat{a}[CaO(s)]$ 都为 1。若 $f^{\ominus}(CO_2)$ 为 0.1013 MPa,则 $\hat{a}(CO_2)=\hat{f}(CO_2)$。式(6-47)可写成

$$K_a=\hat{f}(CO_2) \tag{6-48}$$

在低压下式(6-48)可写为

$$K=p(CO_2) \tag{6-49}$$

由于 K 只是温度的函数,因而平衡压力也是温度的函数。只要有此平衡存在,则 CaO(s) 和 CaCO$_3$(s) 都不会消失。反之,若系统压力小于平衡压力,则会导致 CaCO$_3$(s) 的消耗,一旦 $p(CO_2)$ 达到平衡压力时,CaCO$_3$(s) 便停止消耗;若系统压力永远保持在平衡压力以下,则 CaCO$_3$(s) 将不断地消耗,直至耗尽。

6.4.3.2　考虑相平衡的非均相化学反应

同时伴有相平衡的化学反应,是研究设计化学吸收装置以及气液反应器的基础。在这

种情况下,平衡组成的计算须同时满足气液相平衡及化学反应平衡的要求。

气液平衡满足式(5-2):

$$\hat{f}_i^\alpha = \hat{f}_i^\beta = \cdots = \hat{f}_i^\pi \quad (i=1, 2, \cdots, N)$$

式中,$\alpha, \beta, \cdots, \pi$ 代表不同的相。在任一相中又要满足化学反应平衡要求:

$$K_{a, j} = \prod_{i=1}^N \hat{a}_{ji}^{\nu_i} \quad (i=1, 2, \cdots, N; j=\alpha, \beta, \cdots, \pi) \qquad (6-50)$$

利用式(5-2)和(6-50)计算平衡组成时,需联立求解许多非线性代数方程,还要选择适宜的标准态,计算过程相当复杂。现以某种气体 A 和水 B 进行反应得到水溶液 C 来说明。

(1) 假设反应按下式进行:

$$A(g) + B(l) \Longleftrightarrow C(aqueous) \qquad (6-51)$$

对反应(6-51)各物质选取的标准态分别为 A(g) 是 0.1013 MPa(1 atm)下的纯理想气体;B(l) 是 0.1013 MPa(1 atm)下的纯液体;C(aqueous) 是离子化的水溶液,其假想的质量摩尔浓度为 m_C。此时的平衡常数为

$$K_a = \frac{\hat{a}_C}{\hat{a}_A \hat{a}_B} = \frac{m_C}{(x_B \gamma_B)\hat{f}_A} \qquad (6-52)$$

式(6-52)的成立意味着组分 A 服从亨利定律。K_a 与标准态有关,因此,由式(6-52)计算得到的 K_a 与每一物质用理想气体为标准态所得的 K_a 是不同的。对气液相反应平衡,通常采用式(6-52)表述的方法计算。

(2) 假设反应仅在液相中进行,则可从液态标准态来计算 $\Delta G^\ominus$。

(3) 假设反应在气相中进行,再在气液两相间传递,并达到相平衡,据此以各组分的气态标准态(理想气体和反应温度)为基础来计算 $\Delta G^\ominus$。

6.5 单一反应平衡转化率的计算

[例6.7] 乙烯气相水合制乙醇的反应式为

$$C_2H_4(g) + H_2O(g) \Longleftrightarrow C_2H_5OH(g)$$

反应温度和压力分别为 250 ℃ 和 3.444 MPa,设初始水蒸气对乙烯的比值为 1 和 6,已知 $K_f = 8.15 \times 10^{-3}$,试计算乙烯的平衡转化率。

解:该反应的平衡常数表达式理应采用式(6-35),这就需要计算组分的逸度系数。为简化起见,假设反应混合物为理想溶液,这样组分的逸度系数就可用纯物质的逸度系数来代替,平衡常数公式采用式(6-36)。

此反应中 $\sum \nu_i = -1$,所以

$$\frac{\varphi(C_2H_5OH)y(C_2H_5OH)}{[\varphi(C_2H_4)y(C_2H_4)][\varphi(H_2O)y(H_2O)]} = 8.15 \times 10^{-3} p \qquad (a)$$

式中，p 的单位为 MPa，φ_i 可按位力方程计算。

$$\ln\varphi_i = \frac{p_{ri}}{T_{ri}}(B_i^{(0)} + \omega_i B_i^{(1)})$$

式中，$B_i^{(0)} = 0.083 - \dfrac{0.422}{T_{ri}^{1.6}}$，$B_i^{(1)} = 0.139 - \dfrac{0.172}{T_{ri}^{4.2}}$。

计算结果列于下表：

物　质	T_{ci}/K	p_{ci}/MPa	ω_i	T_{ri}	p_{ri}	$B_i^{(0)}$	$B_i^{(1)}$	φ_i
C_2H_4	282.4	5.035	0.086	1.85	0.684	−0.075	0.126	0.98
H_2O	647.1	22.04	0.348	0.81	0.156	−0.510	−0.282	0.89
C_2H_5OH	516.2	6.382	0.635	1.01	0.540	−0.330	−0.024	0.83

将各 φ_i 和 p 的值代入式(a)，得

$$\frac{y(C_2H_5OH)}{y(C_2H_4)y(H_2O)} = \frac{0.98 \times 0.89}{0.83} \times 34.0 \times 8.15 \times 10^{-3} = 0.291 \tag{b}$$

对于乙烯水合反应，有

$$\frac{dn(C_2H_4)}{-1} = \frac{dn(H_2O)}{-1} = \frac{dn(C_2H_5OH)}{1} = d\varepsilon \tag{c}$$

现以 1 mol 的乙烯为计算基准。

(1) 当水蒸气和乙烯的比值为 1 时，则由初态到平衡态积分式(c)，得

$$n(C_2H_4) = 1-\varepsilon \qquad y(C_2H_4) = \frac{1-\varepsilon}{2-\varepsilon}$$

$$n(H_2O) = 1-\varepsilon \qquad y(H_2O) = \frac{1-\varepsilon}{2-\varepsilon}$$

$$n(C_2H_5OH) = \varepsilon \qquad y(C_2H_5OH) = \frac{\varepsilon}{2-\varepsilon}$$

则

$$\sum n_i = 2-\varepsilon$$

代入式(b)，得

$$y(C_2H_5OH) = \frac{\varepsilon(2-\varepsilon)}{(1-\varepsilon)^2} = 0.291$$

展开为二次方程：$\varepsilon^2 - 2\varepsilon + 0.22548 = 0$，解得 $\varepsilon = 0.120$，即最大转化率为 12%。

(2) 当水蒸气和乙烯的比值为 6 时，则由初态到平衡态积分式(c)，得

$$n(C_2H_4) = 1-\varepsilon \qquad y(C_2H_4) = \frac{1-\varepsilon}{7-\varepsilon}$$

$$n(H_2O) = 6-\varepsilon \qquad y(H_2O) = \frac{6-\varepsilon}{7-\varepsilon}$$

$$n(C_2H_5OH) = \varepsilon \qquad y(C_2H_5OH) = \frac{\varepsilon}{7-\varepsilon}$$

则

$$\sum n_i = 7 - \varepsilon$$

代入(b)式,得

$$y(C_2H_5OH) = \frac{\varepsilon(7-\varepsilon)}{(6-\varepsilon)(1-\varepsilon)} = 0.291$$

则 $\varepsilon^2 - 7\varepsilon + 1.3524 = 0$,解得 $\varepsilon = 0.199$,即最大转化率为 19.9%。

6.6　反应系统的相律和杜安理论

对于含有 π 个相、N 个独立组分的非反应系统,其自由度为式(5-3):

$$F = N - \pi + 2$$

若系统中有化学反应发生,相律必须加以修正。对有、无化学反应存在的两种系统,温度、压力和每个相的 $(N-1)$ 个物质的量是相同的,总变量数为 $2+(N-1)\pi$,相平衡方程式的总数也是相同的,为 $(\pi-1)N$。但是对存在化学反应的系统,式(6-12)为每个独立反应提供了一个平衡时的补充关系式。因为 μ_i 是温度、压力和相组成的函数,式(6-12)代表相律变量间的相互关系。若系统中有 r 个独立反应并达到平衡,则就有 $[(\pi-1)N+r]$ 个的独立方程式。因此,系统的自由度为

$$F = 2 + (N-1)\pi - (\pi-1)N - r = N - \pi + 2 - r \qquad (6-53)$$

式(6-53)就是反应系统相律的基本方程式。

若该反应系统还有其他的一些约束条件 s,则系统的自由度为

$$F = N - \pi + 2 - r - s \qquad (6-54)$$

杜安理论指出:对任一定质量的多元封闭系统,当任意两个独立变量指定后,该系统的平衡状态即系统的性质就完全确定。它对非反应系统和平衡的反应系统都适用。

根据杜安理论,当温度 T 和压力 p 固定时,即可求出已知初始组成系统的化学反应平衡组成。

[例 6.8]　确定下列每个系统的自由度 F。

(1) 两个互溶的非反应组合,处于形成共沸物的气液平衡状态的系统;(2) 碳酸钙部分分解系统;(3) NH_4Cl 部分分解系统。(4) 某一气相系统,其中含有 CO、CO_2、H_2、H_2O、CH_4,并处于化学平衡。

解:(1) 系统由 2 相、2 个非反应组分组成;又必须是共沸物,这是 1 个特殊限制。由式(6-54)得

$$F = N - \pi + 2 - r - s = 2 - 2 + 2 - 0 - 1 = 1$$

(2) 系统只有 1 个单一的化学反应,即 $r=1$:

$$CaCO_3(s) \longrightarrow CaO(s) + CO_2(g)$$

有 3 个化学组分及 3 个相:固相 $CaCO_3$,固相 CaO 和气相 CO_2。所以

$$F = N - \pi + 2 - r - s = 3 - 3 + 2 - 1 - 0 = 1$$

只有 1 个自由度,这是 $CaCO_3$ 在一定温度 T 下分解时必有固定的分解压力的原因。

(3) NH_4Cl 部分分解的化学反应为

$$NH_4Cl(s) \longrightarrow NH_3(g) + HCl(g)$$

有 3 个组分,但是只有 2 个相:固相 NH_4Cl,以及气相 NH_3、HCl 混合物。系统有一个特殊的限制,即 NH_4Cl 分解,生成的气相 NH_3 和 HCl 必须是等物质的量的。因此,可以列出一个关联相律变量的特殊方程式 $y(NH_3) = y(HCl) = \dfrac{1}{2}$,运用式(6-54),得

$$F = N - \pi + 2 - r - s = 3 - 2 + 2 - 1 - 1 = 1$$

本系统只有 1 个自由度,结果和(2)相同。实际上也是如此,在一定的温度下,NH_4Cl 具有一定的分解压力。

(4) 本系统含有 5 个组分,处于气相。没有特殊的限制,唯有独立反应数 r 有待确定。4 个化合物的生成反应分别为

$$C + \frac{1}{2}O_2 \longrightarrow CO \tag{a}$$

$$C + O_2 \longrightarrow CO_2 \tag{b}$$

$$H_2 + \frac{1}{2}O_2 \longrightarrow H_2O \tag{c}$$

$$C + 2H_2 \longrightarrow CH_4 \tag{d}$$

消去系统中不存在的 C 元素和 O_2,得出两个方程。消去的方程如下。

首先,方程式(b)与式(a)联立,然后方程式(b)与式(d)联立,结果为

式(b)和式(a)联立: $$CO + \frac{1}{2}O_2 \longrightarrow CO_2 \tag{e}$$

式(b)和式(d)联立: $$CH_4 + O_2 \longrightarrow 2H_2 + CO_2 \tag{f}$$

方程式(c)、式(e)和式(f)是新的方程组。为了消去 O_2,首先式(c)和式(e)联立,然后式(c)和式(f)联立,得

式(c)和式(e)联立: $$CO_2 + H_2 \longrightarrow CO + H_2O \tag{g}$$

式(c)和式(f)联立: $$4H_2 + CO_2 \longrightarrow CH_4 + H_2O \tag{h}$$

方程式(g)和式(h)是独立方程式,表明 $r = 2$。即使采用不同的消去法,其结果还是一样的。应用式(6-54),得

$$F = N - \pi + 2 - r - s = 5 - 1 + 2 - 2 - 0 = 4$$

该结果表明,4 个相律变量可以任意指定。例如,这 5 组分的平衡混合物,若没有其他任意规定,则 T,p 和 2 个物质的量分数可以任意指定。例如,没有规定产生一定量的CH_4 和 H_2O,这可由物料平衡加入一个特殊的限制,则自由度就减少到 2。

6.7 复杂化学反应平衡的计算

求解复杂化学反应平衡问题步骤如下：
(1) 检验或决定在平衡混合物中有显著存在量的物质；
(2) 运用相律,确定独立组分数和独立变量数；
(3) 对此问题建立数学模型；
(4) 解答数学模型,做出判断,获得结果。

6.7.1 以反应进度为变量的计算方法

对具有 r 个独立反应的系统,第 j 个反应的平衡常数可写为

$$K_j = \prod_j \hat{a}_i^{\nu_{ji}} \tag{6-55}$$

若是气相反应,上式可写为

$$K_j = \prod_j \hat{f}_i^{\nu_{ji}} \tag{6-56}$$

如果平衡的反应混合物为理想气体,那么式(6-56)进一步简化为

$$K_j p^{-\nu_j} = \prod_j y_i^{\nu_{ji}} \tag{6-57}$$

对 r 个独立反应就有 r 个平衡常数,每一个独立反应都有一个相应的反应进度 ε_j。 借助于 r 个 ε_j 消去 y_i,联立求解式(6-57)、式(6-5)和式(6-6)组成的方程组,求得 r 个反应进度,进而求出平衡组成。

6.7.2 吉布斯自由能最小原理计算方法

该法是根据化学反应平衡的判据 $(\Delta G_t)_{T,p} = 0$ 得来的。

从式(6-9)可以看出,单相系统的总吉布斯自由能应满足：

$$(G_t)_{T,p} = G_t(n_1, n_2, n_3, \cdots, n_N) \tag{6-58}$$

现在的问题是,在一定的 T 和 p 下求出一组 n_i 使 G_t 为极小,并符合物料平衡的条件。这种问题可以通过拉格朗日(Lagrange)待定因子法来求得。现以气相反应为例介绍其求解方法。

(1) 列出物料平衡方程式,令 B_k 表示系统中第 k 元素的原子总数,可由其初始组成来确定；β_{ik} 表示物质 i 的分子式中第 k 个元素的原子数,即第 k 个元素的系数。则每种元素 k 的物料衡算式可写为

$$\sum_i n_i \beta_{ik} - B_k = 0 \quad (k = 1, 2, \cdots, M) \tag{6-59}$$

（2）引进拉格朗日待定因子 λ_k，每个元素的衡算式乘以 λ_k，得

$$\lambda_k\left(\sum_i n_i\beta_{ik}-B_k\right)=0 \quad (k=1,2,\cdots,M) \tag{6-60}$$

将所有元素 k 物料衡算式加和，得

$$\sum_k\left[\lambda_k\left(\sum_i n_i\beta_{ik}-B_k\right)\right]=0 \quad (k=1,2,\cdots,M) \tag{6-61}$$

（3）将上式加上 G_t，得到一个新的函数 F：

$$F=G_t+\sum_k\left[\lambda_k\left(\sum_i n_i\beta_{ik}-B_k\right)\right] \quad (k=1,2,\cdots,M) \tag{6-62}$$

由于上式右边第二项为零，所以此新的函数 F 与 G_t 是相等的。但 F 与 G_t 对于 n_i 的偏导数是不同的，因为函数 F 要受到物料平衡的限制。

（4）当 F 对 n_i 的偏导数为零时，F 与 G_t 的值最小。所以

$$\left(\frac{\partial F}{\partial n_i}\right)_{T,p,n_{j[i]}}=\left(\frac{\partial G_t}{\partial n_i}\right)_{T,p,n_{j[i]}}+\sum_k\lambda_k\beta_{ik}=0 \quad (k=1,2,\cdots,M) \tag{6-63}$$

由于 $\left(\frac{\partial G_t}{\partial n_i}\right)_{T,p,n_{j[i]}}=\mu_i$，上式可写为

$$\mu_i+\sum_k\lambda_k\beta_{ik}=0 \quad (i=1,2,\cdots,N;k=1,2,\cdots,M) \tag{6-64}$$

但是，根据式（6-14），化学位为

$$\mu_i=G_i^\ominus+RT\ln\hat{a}_i$$

对于气相反应，标准态为 101.3 kPa 下的理想气体，上式变为

$$\mu_i=G_i^\ominus+RT\ln\hat{f}_i \tag{6-65}$$

若令所有元素在标准态时的 $G_i^\ominus$ 为零，则对于化合物

$$G_i^\ominus=\Delta G_{f,i}^\ominus \tag{6-66}$$

式中，$\Delta G_{f,i}^\ominus$ 为组分 i 的标准生成自由焓变化。将式（6-66）代入式（6-64），又由于 $\hat{f}_i=y_i\hat{\varphi}_i p$，则得

$$\mu_i=\Delta G_{f,i}^\ominus+RT\ln(y_i\hat{\varphi}_i p) \tag{6-67}$$

将式（6-67）和式（6-64）联立，得

$$\Delta G_{f,i}^\ominus+RT\ln(y_i\hat{\varphi}_i p)+\sum_k\lambda_k\beta_{ik}=0 \quad (i=1,2,\cdots,N;k=1,2,\cdots,M) \tag{6-68}$$

如果组分 i 是元素，则 $\Delta G_{f,i}^\ominus=0$。压力 p 的单位必须为 kPa。

N 个组分就有 N 个平衡方程式[式（6-68）]；M 个元素就有 M 个物料平衡方程式[式（6-60）]，总共有（$N+M$）个方程式。这些方程式的未知数为 n_i 和 λ_k，对 n_i 有 N 个，对 λ_k 有 M 个，总共有（$N+M$）个未知数。因此，根据所列出的方程式可以解出各未知数。

需要指出的是,前面讨论时假设 $\hat{\varphi}_i$ 是已知的。实际上,$\hat{\varphi}_i$ 是 y_i 的函数,而 y_i 是未知数,因此需用迭代法。先设 $\hat{\varphi}_i=1$,解这些方程式得到一组 y_i 的值。对于低压或高温,这个结果通常是可行的。当不能满足时,可利用已经算出的 y_i 代入状态方程式,算出新的更接近正确值的 $\hat{\varphi}_i$ 以供式(6-68)使用,然后可以确定一组新的 y_i。这样重复进行,直到前后两次所得的 y_i 的值相差在允许范围之内,所有的计算都可由计算机完成。

习　题

6.1　对于反应:$H_2S+2H_2O \rightleftharpoons 3H_2+SO_2$,设各物质的初始含量 H_2S 为 1 mol,H_2O 为 3 mol。反应在气相中进行,试导出物质的量 n_i 和物质的量分数 y_i 对 ε 的函数表达式。

6.2　系统内同时反应发生以下两个反应:

$$CO_2+H_2 \longrightarrow CO+H_2O \tag{1}$$

$$CO_2+3H_2 \longrightarrow CH_3OH+H_2O \tag{2}$$

式中,编号(1) 和(2) 表示式 $dn_i = \sum_j \nu_{ji} d\varepsilon_j (i=1, 2, \cdots, N)$ 中的 j。

如果各物质的初始量分别为 3 mol CO_2,5 mol H_2 和 2 mol H_2O,而 CO 和 CH_3OH 的初始量为零。试确定 n_i 和 y_i 对 ε_i 和 ε_j 的函数表达式。

6.3　采用氧化剂进行下述反应

$$H_2(g)+\frac{1}{2}O_2(g) \longrightarrow H_2O(l)$$

试确定下列情况系统的自由度数:(1) 纯氧气为氧化剂;(2) 空气(O_2 21%,N_2 79%)为氧化剂;(3) 实际空气(O_2 21%,N_2 78.1%,Ar 0.9%)为氧化剂。(以上均为物质的量分数)

6.4　试从平衡转化率角度讨论用以下反应来除去工业废气中的 NO_2 是否可行。

$$6NO_2(g)+8NH_3(g) \longrightarrow 7N_2(g)+12H_2O(g)$$

已知:

组　分	状　态	$\Delta G_f^\ominus/(kJ \cdot mol^{-1})$	$\Delta H_f^\ominus/(kJ \cdot mol^{-1})$
N_2	g	0	0
H_2O	g	−228.76	−242.00
NO_2	g	51.354	33.203
NH_3	g	−16.648	−46.234

6.5　一个氢燃料电池,设计的氧化剂为空气。将纯氢和纯空气送入电池,空气过量 20%,废气从电池顶端排出,而纯液态水为主要产品。电池在 25 ℃和 101.3 kPa 下操作,求每 1 mol H_2 送入电池,可以从电池得到的最大功为多少?假定过程中 H_2 完全反应。对于反应:

$$H_2+\frac{1}{2}O_2 \longrightarrow H_2O, \Delta G_f^\ominus = -237.23 \text{ kJ} \cdot mol^{-1}$$

并规定 101.3 kPa,25 ℃的纯液态水、纯的气态氢和氧为其标准状态。

6.6　氨气与需要的空气混合后进入合成硝酸的反应器,将氨中的氮完全转化为氧化氮,氢完全转化为水。气体进入温度为 65.5 ℃,如果转化率为 90%,且无副反应,反应器操作是绝热的,求离开反应器催化剂的气体温度有多高?假设反应是在 101.3 kPa 下进行的。

6.7　有人建议将 25 ℃ 金属钠和压力为 1.034×10^3 kPa 的饱和蒸汽引入反应器以制备 NaOH,生成的固体 NaOH 和 H_2 在 181.3 ℃ 时离开反应器。反应方程式为

$$2Na(s) + 2H_2O(g) \Longrightarrow 2NaOH(s) + H_2(g)$$

计算每生成 1000 kg NaOH 应供给反应器或从中移走的热量为多少?假设水蒸气在 25～181.3 ℃ 内的平均等压摩尔比热容为 $\overline{c_p} = 34.1$ kJ·$kmol^{-1}$·K^{-1},H_2 和 NaOH 的等压摩尔比热容按下式计算:

$$c_p = a + bT + cT^{-2} (\text{kJ} \cdot \text{kmol}^{-1} \cdot \text{K}^{-1})$$

其中 a, b, c 如下表所示。

物　质	a	b	c
H_2	27.28	3.2635×10^{-3}	0.5021×10^5
NaOH	1.001	135.645×10^{-3}	16.192×10^5

6.8　反应 $H_2(g) + \frac{1}{2}O_2(g) \longrightarrow H_2O(l)$,已知在 25 ℃ 时的平衡常数为 1.6×10^{41},而标准状态选为 101.3 kPa,25 ℃ 时的纯组分的状态。计算在 25 ℃,101.3 kPa 时离解 1 kmol 水所需要的最小功。如果:(1)反应生成纯的氢和氧;(2)反应生成按化学计量比例的混合物。

6.9　下列反应达平衡时

$$2NO + O_2 \longrightarrow 2NO_2, \quad \Delta H^{\ominus} = -Q_p$$

试问在以下情况下,平衡是否被破坏?反应向何方移动?(1)增加 O_2 的压力;(2)减少 NO_2 的压力;(3)升高温度;(4)加入催化剂。

6.10　乙炔气相氮化是制造 HCN 的方法之一,反应式如下:

$$N_2(g) + C_2H_2(g) \longrightarrow 2HCN(g)$$

若原料气中 N_2 和 C_2H_2 的比例符合化学计量比,反应温度控制在 573 K。试求压力为(1)0.1013 MPa;(2)20.26 MPa 下产物的组成。已知 573 K 时,乙炔气相氮化反应的 $\Delta G^{\ominus}$ 为 30103 J·mol^{-1}。

6.11　FeO 在实验室的小型压力转化器中用 CO 还原以生产 Fe,其反应如下:

$$FeO(s) + CO(g) \Longrightarrow Fe(s) + CO_2(g) \tag{1}$$

求以下副反应未发生之前,上述反应可以进行的压力范围。

$$Fe(s) + CO(g) \Longrightarrow FeO(s) + C(s) \tag{2}$$

已知还原反应在 982 ℃ 下进行,在此温度下该两个反应的平衡常数 $K_a^{(1)} = 0.39$;$K_a^{(2)} = 0.0256$。标准状态选 982 ℃,101.3 kPa 下的纯气态和纯固态。

6.12　已知反应:$Cl_2(g) \Longrightarrow 2Cl(g)$,在 1000 K 时 $K_p = 2.45 \times 10^{-7}$,试计算此时 Cl_2 的离解度。

6.13　乙苯脱氢反应式为

$$C_6H_5C_2H_5(g) \Longrightarrow C_6H_5-CH=CH_2(g) + H_2(g)$$

当反应温度为 873 K,压力为常压时,该反应的 $K_p = 0.224$。已知乙苯的流量是 6.67 kg·mol^{-1},水蒸气流量是 10 kg·mol^{-1}。试计算乙苯的平衡转化率,并和不加水蒸气的平衡转化率做比较。

6.14　制造合成气的方法之一,是使甲烷与水蒸气按以下反应式进行气相催化反应:

$$CH_4(g) + H_2O(g) \longrightarrow CO(g) + 3H_2(g)$$

通常出现的副反应为水煤气变换反应:

$$CO(g) + H_2O(g) \longrightarrow H_2(g) + CO_2(g)$$

假设上述两个反应在下列所规定的条件下均达到平衡,试问(1) 只在合成气时,反应器中达到的最高温度是 600 K 还是 1300 K 合适? 为什么? (2) 只在合成气时,反应器中的压力为 0.103 MPa 还是 10.13 MPa 较好? 为什么?

组　分	$\Delta H_f^\ominus$, 600 K /(J·mol^{-1})	$\Delta H_f^\ominus$, 1300 K /(J·mol^{-1})	$\Delta G_f^\ominus$, 600 K /(J·mol^{-1})	$\Delta G_f^\ominus$, 1300 K /(J·mol^{-1})
CH$_4$	−83279	−91779	−22987	+52338
H$_2$O (g)	−244898	−49629	−214165	−175938
CO	−110244	−113928	−164800	−227103
CO$_2$	−394080	−395504	−395420	−396425

6.15　1-丁烯脱氢成 1,3-丁二烯的反应在 627 ℃,1.013×10^5 Pa 下进行,反应式如下:

$$C_4H_8(g) \Longrightarrow C_4H_6(g) + H_2(g)$$

试比较下列两种物料配比时的转化率,两者的差异说明什么? 已知 627 ℃时的平衡常数 $K_f = 0.329$。
(1) 每 1 mol 1-丁烯配 1 mol 水蒸气;(2) 不配水蒸气。

6.16　A、B 为互溶的液体,在液相中发生同分异构作用:A ⟶ B。 若已知反应的 $\Delta G_{f,298}^\ominus = -1000$ J·mol^{-1},液体混合物的过量吉布斯自由能模型为 $\dfrac{G^E}{RT} = 0.3x_A(1-x_A)$,试求混合物在 298 K 时的平衡组成。若将溶液视为理想溶液,则产生的偏差有多大?

第 7 章

高分子溶液热力学基础

内容概要和学习方法

有机高分子化合物在迅速发展的新材料科学中占有重要的地位,不仅使那些传统的合成塑料、橡胶和纤维的产量与日俱增,而且通过不同高分子物质的共混或与其他材料的复合以制取各种超强、超细、超薄、耐超高温的高性能材料,制备具有对物质、能量和信息有传递、转换或贮存作用的功能材料更是方兴未艾,这些都代表着高分子材料科学发展的趋势。

在有机高分子材料的发展过程中,热力学起着重要的作用。从高分子物质的生产过程来说,无论是各种类型的聚合方式如乳液聚合、悬浮聚合、本体聚合等,还是产品的分离纯化、物料的输送都需要诸如高分子溶液的蒸气压、高分子系统的相分离、高分子物质在溶剂中的溶解度,以及 $p-V-T-(x)$ 关系、汽化热、混合热、反应热等有关气液平衡、液液平衡、液固平衡和化学反应平衡等知识。这些知识的获得需要运用热力学方法以及相应的分子热力学模型。在这一点上和其他领域并无本质上的差别。

本章主要介绍高分子系统的特点,结合高分子物理和高分子化学的基础知识,讨论高分子系统的热力学模型、高分子的溶胀及溶解过程、高分子溶液的相平衡、高分子系统的共混等特性,以及与聚合反应过程相关的热力学特征。

7.1 高分子系统的特征

高分子化合物又名高聚物(high polymer),在高分子溶液中,溶剂通常是常规的非极性小分子,如环己烷、苯、四氢呋喃等,而溶质的相对分子质量可以是溶剂相对分子质量的几百或几千倍。高分子的组成构成都是不饱和分子的聚合物,如聚乙烯(polyethylene)是乙烯(CH_2=CH_2)的聚合物,聚苯乙烯(polystyrene)的是苯乙烯(C_6H_5CH=CH_2)的聚合物等。高分子与小分子相比,具有如下一些特点。

(1) 高分子化合物是由数目巨大、数量级通常为 $10^3 \sim 10^5$ 的结构单元聚合而成的,且由于聚合反应过程的统计特性,在相对分子质量、单元组合顺序、共聚物的组成及序列结构等方面都存在不均匀性。

由于高分子化合物的聚合过程难以控制完全单一的条件,合成的高分子化合物是具有不同分子质量的同系物分子的混合物,分子数目按相对分子质量大小呈一定的分布。高分子化合物一般不能用单一的相对分子质量来表征,须用统计平均的方法求得平均相对分子质量。常用的平均相对分子质量有数均相对分子质量 $\overline{M_n}$、重均相对分子质量 $\overline{M_w}$、Z 均相对分子质量 $\overline{M_Z}$ 和黏均相对分子质量 $\overline{M_\eta}$ 等。前三种的定义分别为

$$\overline{M_n} = \frac{\sum_i n_i M_i}{\sum_i n_i} = \sum_i N_i M_i \tag{7-1a}$$

$$\overline{M_w} = \frac{\sum_i m_i M_i}{\sum_i m_i} = \frac{\sum_i n_i M_i^2}{\sum_i n_i M_i} = \sum_i w_i M_i \tag{7-1b}$$

$$\overline{M_Z} = \frac{\sum_i Z_i M_i}{\sum_i Z_i} = \frac{\sum_i w_i M_i^2}{\sum_i w_i M_i} = \frac{\sum_i N_i M_i^3}{\sum_i N_i M_i^2} \tag{7-1c}$$

式(7-1a)~式(7-1c)中，M_i，N_i，n_i 和 w_i 分别是第 i 种分子的相对分子质量、分子数量、物质的量和质量，且满足 $N_i = n_i N_A$（阿伏加德罗常数 $N_A = 6.022 \times 10^{23}$），$w_i = N_i M_i$ 和 $Z_i = w_i M_i$。 若采用统一的表达式可写为

$$\overline{M_k} = \frac{\sum_i n_i M_i^q}{\sum_i n_i M_i^{q-1}} \tag{7-2}$$

式中，当 $q=1$ 时，$\overline{M_k} = \overline{M_n}$ 为数均相对分子质量；当 $q=2$ 时，$\overline{M_k} = \overline{M_w}$ 为重均相对分子质量；当 $q=3$ 时，$\overline{M_k} = \overline{M_Z}$ 为 Z 均相对分子质量。对于一定的高分子-溶剂系统，其特性黏度 $[\eta]$ 和分子量 M_i 的关系符合马克-豪温克方程(Mark-Houwink equation)，即

$$[\eta] = KM^\alpha \tag{7-3}$$

式中，K，α 是与高分子、溶剂有关的特性常数。则黏均相对分子质量定义为

$$\overline{M_\eta} = \left(\frac{\sum_i N_i M_i^{1+\alpha}}{\sum_i N_i M_i} \right)^{1/\alpha} = \left(\sum_i w_i M_i^\alpha \right)^{1/\alpha} \tag{7-4}$$

式中，α 的值一般为 0.5~1，是与溶液性质有关的常数。当 $\alpha=1$ 时，$\overline{M_\eta} = \overline{M_w}$；当 $\alpha=-1$ 时，$\overline{M_\eta} = \overline{M_n}$。 四种高分子平均相对分子质量间的关系为 $\overline{M_n} < \overline{M_\eta} < \overline{M_w} < \overline{M_Z}$。

对于多分散性的高分子，$\overline{M_w}$ 总是大于 $\overline{M_n}$；只有高分子化合物中所有分子相对质量相同（单分散性）时，才有 $\overline{M_w} = \overline{M_n}$，并满足 $\overline{M_n} = \overline{M_\eta} = \overline{M_w} = \overline{M_Z}$。 $\overline{M_w}/\overline{M_n}$ 称为分散性指数，用来衡量相对分子质量分布的宽度。相对分子质量的分布越宽，分散性指数就越大。平均相对分子质量和分散性指数结合使用能更好地反映高分子化合物的特征。对于两个重均相对分子质量相同的高分子，由于它们的相对分子质量分布不同，其物理化学性质可能存在很大的差别。

(2) 高分子化合物可以是只含有同种结构单元构成的均聚物，也可以包括几种结构单元构成的共聚物；分子链的几何形态可以是线性的，也可以是分支或网状结构的，分子链之间存在着很强的相互作用。

（3）高分子链具有内旋转自由度，可以使分子链弯曲而具有柔性；由于分子的热运动，分子链的形状也不断改变，形成许多不同的空间构型。

（4）高分子化合物的聚集态可以是结晶态、非结晶态、液晶态或是无定形态等，还可以通过物理混合和共混改性的方法形成微晶多相态结构等。

大多数高分子的结晶倾向小，仅当高分子呈现较高的对称性、规整性时才具有结晶能力。一般高分子化合物的结晶度为 $30\%\sim80\%$，部分仍处于无序的非结晶状态。与低相对分子质量的化合物不同，这种半结结晶态高分子化合物的熔点不是一个确定的值，而是一个较宽的熔融温度范围，称为熔限，典型的有 $10\sim20\ ℃$。文献中给出的熔点温度 T_m 通常是熔限的最高温度。造成这种现象的原因是高分子化合物中含有非晶体和完善程度不同的晶体，其中的非晶体和不完善晶体可在较低温度下熔融，而比较完善的晶体须在较高的温度下才能熔融。非结晶态高分子随温度变化呈现三种力学状态。在温度较低时为刚性固体；温度升到一定范围后变为柔软的弹性体，并在随后的温度区间内保持相对稳定的形态；温度进一步升高时，变成黏性的流体。前一形态转变的温度称玻璃化转变温度 T_g，后一形态转变的温度称黏流温度 T_f，半结晶态高分子化合物在它的非结晶区也存在玻璃化转变，但当结晶度大于 40% 后，这种转变在宏观上变得不明显。很显然，不同聚集态的高分子具有不同的机械特性，这将对高分子的加工和应用产生重要影响。

正是由于上述这些特点，使得高分子系统的热力学呈现许多特有的复杂规律。

7.2　高分子溶液理论

7.2.1　弗洛里-哈金斯晶格模型

在高分子溶液中，溶剂分子与高分子的排列构象可视为与晶体一样，是由晶格紧密堆砌而成的。假设：① 每个溶剂分子占据一个晶格，一个由 r 个链节构成的高分子链占据 r 个晶格，如图 $7-1$ 所示。r 为高分子与溶剂分子的体积比，若每个链节的体积与溶剂分子的体积相等，则 r 也可看作是高分子的聚合度。② 所有的高分子具有相同的聚合度，高分子链形成的所有构象具有相同的能量。③ 溶液中高分子链节均匀分布，其链节占据任一个晶格的概率相等。

以下从晶格模型出发，推导出高分子溶液的混合熵、混合焓和混合亥姆霍兹（Helmholtz）函数，并进而获得高分子溶液的相关热力学模型。

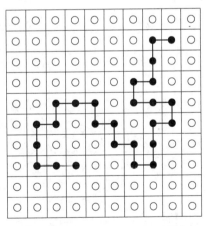

○—溶剂分子；●—高分子的一个链节；
□—晶格。

图 7-1　弗洛里-哈金斯晶格模型

7.2.1.1　高分子溶液的混合熵

考虑 N_1 个溶剂分子与 N_2 个高分子混合组成高分子的溶液，可设想相当于将它们放入如图 $7-1$ 所示的晶格模型中。晶格的总数为 N，$N=N_1+rN_2$，r 为每个高分子所含的链节数。N_1 个溶剂分子和 N_2 个高分子在 N 个晶格中的不同排列方法总数就是该系统的微

观状态数 Ω。根据统计热力学可知,系统的熵与系统的微观状态数 Ω 间的关系为

$$S = k\ln\Omega \tag{7-5}$$

式中,k 为玻耳兹曼常数,$k = 1.38 \times 10^{-23} \text{J} \cdot \text{K}^{-1}$。首先考虑第一个高分子放入晶格的方法。由于混合前晶格是空的,第一个链节的排列方法有 N 种。设与第一链节(chain segment)相邻的晶格数为 Z(Z 称为配位数,与晶格类型有关,如图 7-1 所示的四面体晶格,其配位数 $Z=4$;立方面心晶格,其配位数 $Z=6$),则第二链节的排列数为 Z,第三链节的排列数为 $Z-1$,因此第一个高分子的总的放入方法数为

$$\Omega_1 = NZ(Z-1)^{r-2} \tag{7-6}$$

设已将 j 个高分子放入晶格中,剩下的空格数为 $N-rj$。第 $(j+1)$ 个高分子的第一个链节可以排列在 $(N-rj)$ 个空格中的任意一个晶格中,而第二个链节只能排列在与第一个链节相邻的空格内。但有可能早先放入的高分子链节已占据了第一个链节相邻的晶格,根据溶液中高分子链节均匀分布的假定,第一链节相邻的空格数为 $Z(N-rj-1)/N$,因此第二个链节的排列为 $Z(N-rj-1)/N$。与第二个链节相邻的晶格中,有一个已经被第一个链节所占据,因此第三个链节的排列方法为 $(Z-1)(N-rj-2)/N$。此后各链节的排列方法依次类推,最终得到的第 $(j+1)$ 个高分子在 $(N-rj)$ 个空格内的排列方法为

$$\Omega_{(j+1)} = Z(Z-1)^{r-2}(N-rj)\left(\frac{N-rj-1}{N}\right)\left(\frac{N-rj-2}{N}\right)\cdots\left(\frac{N-rj-r+1}{N}\right) \tag{7-7a}$$

若假设 Z 近似等于 $Z-1$,则上式可写为

$$\Omega_{(j+1)} = \left(\frac{Z-1}{N}\right)^{r-1}\frac{(N-rj)!}{(N-rj-r)!} \tag{7-7b}$$

N_2 个高分子在 N 个晶格中排列方式的总数为

$$\Omega = \frac{1}{N_2!}\left(\frac{Z-1}{N}\right)^{N_2(r-1)}\frac{N!}{(N-rN_2)!} \tag{7-7c}$$

式中,除以 $N_2!$ 是由于 N_2 个高分子是相同的,当它们的位置互换时不产生新的排列组合方法。同理,溶剂分子也是相同的,放入余下的 N_1 个空格时,只有一种排列方式。因此式 (7-7c) 所表达的 Ω 就是溶液总的微观状态数。溶液的熵 S 为

$$S = k\ln\Omega = k\left[N_2(r-1)\ln\left(\frac{Z-1}{N}\right) + \ln N! - \ln N_2! - \ln(N-rN_2)!\right] \tag{7-8a}$$

利用斯特林公式(Stirling's formula),式(7-8a)可简化为

$$S = -k\left[N_1\ln\frac{N_1}{N} + N_2\ln\frac{N_2}{N} - N_2(r-1)\ln\frac{Z-1}{e}\right] \tag{7-8b}$$

高分子溶液的混合熵变 ΔS 是高分子溶液的熵 S 与混合前高分子链解取向状态熵 S_{N_2} 和纯溶剂熵 S_{N_1} 之和的差值,即

$$\Delta S = S - (S_{N_1} + S_{N_2}) \tag{7-9}$$

纯溶剂只有一个微观状态,因此溶剂状态熵 $S_{N_1} = 0$ 分子。高分子混合前要经过解取向,解取向状态的熵可由式(7-8b)导出。因混合前 $N_1 = 0$, $N = rN_2$,故

$$S_{N_2} = -k\left[N_2\ln\frac{1}{r} - N_2(r-1)\ln\frac{Z-1}{e} \right] \tag{7-10a}$$

将式(7-8b)、式 (7-10a)及 $S_{N_1} = 0$ 代入式(7-9),得

$$\Delta S = -k\left(N_1\ln\frac{N_1}{N} + N_2\ln\frac{rN_2}{N} \right) = -k(N_1\ln\phi_1 + N_2\ln\phi_2) \tag{7-10b}$$

式中, ϕ_1 和 ϕ_2 分别表示溶剂和高分子在溶液中的体积分数,即

$$\phi_1 = \frac{N_1}{N_1 + rN_2} \tag{7-11}$$

$$\phi_2 = \frac{rN_2}{N_1 + rN_2} \tag{7-12}$$

若用物质的量 n 来代替 N,且 $R = kN_A$($N_A = 6.022 \times 10^{23}\,\text{mol}^{-1}$),则式(7-10b)改写为

$$\Delta S_t = -R(n_1\ln\phi_1 + n_2\ln\phi_2) \tag{7-13}$$

式(7-10b)或式(7-13)就是由弗洛里-哈金斯晶格理论推导得到的高分子溶液混合熵的表达式,该式与第 4 章介绍的理想溶液混合熵变 $\Delta S_t^{is} = -R\sum_i n_i\ln x_i$ 相比,形式类似,所不同的是以体积分数 ϕ_i 代替了物质的量分数 x_i。若溶质分子与溶剂分子体积相同,即链节数 $r = 1$,那么两个式子就完全一样了。然而高分子链的体积远远大于溶剂分子的体积,因此由式(7-13)计算得到的 ΔS_t 要比 ΔS_t^{is} 大得多,但是高分子链相互连接,一个高分子在溶液中起不到 rN_2 个小分子的作用,因此由式(7-13)得到的 ΔS_t 又要小于 rN_2 个小分子与 N_1 个溶剂分子混合时的熵变。

对于多分散性的高分子溶液,其混合熵可以拓展写为

$$\Delta S_t = -k\left(N_1\ln\phi_1 + \sum_i N_{2,i}\ln\phi_{2,i} \right) \tag{7-14}$$

式中, $N_{2,i}$ 和 $\phi_{2,i}$ 分别是第 i 种($i \geqslant 1$)聚合度为 r_i 的高分子数目和体积分数。

7.2.1.2　高分子溶液的混合能

物质间的相互作用力有吸引力和排斥力。图 7-1 为密堆积型(close-packed)的弗洛里-哈金斯晶格模型,是组分在等体积下混合形成的,因此只需考虑研究组分间的作用力及其亥姆霍兹自由能的变化。若溶剂分子间相互作用能为 ε_{11},高分子链节间相互作用能为 ε_{22},溶剂分子与高分子链节间的相互作用能为 ε_{12},当形成一个溶剂分子与高分子链节对时,能量的变化为

$$\tilde{\varepsilon}_{12} = \frac{2\varepsilon_{12} - \varepsilon_{11} - \varepsilon_{22}}{kT} \tag{7-15}$$

若混合后溶液中形成 P_{12} 个溶剂分子与高分子链节对时,由于混合时无体积变化,则混合前后系统的总能量变化为

$$\frac{\Delta U_t}{kT} = P_{12}\widetilde{\varepsilon}_{12} \tag{7-16}$$

根据晶格理论，N_1 个溶剂分子与 N_2 个具有 r 个链节的高分子混合形成的溶剂分子-高分子链节对的总数，即

$$P_{12} = Z(N_1 + rN_2)\phi_1\phi_2 = ZN\phi_1\phi_2 \tag{7-17}$$

因此高分子溶液的混合总能量变化为

$$\frac{\Delta U_t}{kT} = ZN\phi_1\phi_2\widetilde{\varepsilon}_{12} \tag{7-18}$$

若令 $\chi = Z\widetilde{\varepsilon}_{12}$，则有

$$\Delta U_t = kT\chi N\phi_1\phi_2 = kT\chi N_1\phi_2 = RT\chi n_1\phi_2 \tag{7-19}$$

式中，χ 称为弗洛里-哈金斯参数，它反映了高分子与溶剂混合能的变化，是一个量纲为 1 的量。

7.2.1.3　高分子溶液的混合亥姆霍兹自由能和化学位

高分子溶液的混合亥姆霍兹自由能为 $\Delta A_t = \Delta U_t - T\Delta S_t$，将式(7-19)、式(7-13)代入其中，得

$$\Delta A_t = RT(n_1\ln\phi_1 + n_2\ln\phi_2 + \chi n_1\phi_2) \tag{7-20}$$

由于密堆积晶格的不可压缩性，有 $\Delta A_t = \Delta G_t$，所以溶液中溶剂化学位的变化为

$$\Delta\mu_1 = \left(\frac{\partial\Delta G_t}{\partial n_1}\right)_{T,p,n_2} = \left(\frac{\partial\Delta A_t}{\partial n_1}\right)_{T,V,n_2} = RT\left[\ln\phi_1 + \left(1 - \frac{1}{r}\right)\phi_2 + \chi\phi_2^2\right] \tag{7-21}$$

由此可得溶剂的活度和相应的活度系数分别为

$$\ln\hat{a}_1 = \frac{\Delta\mu_1}{RT} = \ln\phi_1 + \left(1 - \frac{1}{r}\right)\phi_2 + \chi\phi_2^2 \tag{7-22}$$

$$\ln\gamma_1 = \ln\left[1 - \left(1 - \frac{1}{r}\right)\phi_2\right] + \left(1 - \frac{1}{r}\right)\phi_2 + \chi\phi_2^2 \tag{7-23}$$

溶液中溶质的化学位的变化为

$$\Delta\mu_2 = \left(\frac{\partial\Delta G_t}{\partial n_2}\right)_{T,p,n_1} = \left(\frac{\partial\Delta A_t}{\partial n_2}\right)_{T,V,n_1} = RT\left[\ln\phi_2 + (1 - r)\phi_1 + r\chi\phi_1^2\right] \tag{7-24}$$

相应地，溶质的活度和活度系数分别为

$$\ln\hat{a}_2 = \frac{\Delta\mu_2}{RT} = \ln(1 - \phi_1) + (1 - r)\phi_1 + r\chi\phi_1^2 \tag{7-25}$$

$$\ln\gamma_2 = \ln\left[1 - (1 - r)\phi_1\right] + (1 - r)\phi_2 + r\chi\phi_2^2 \tag{7-26}$$

[**例7.1**]　将摩尔质量为 $10000\,\mathrm{g \cdot mol^{-1}}$ 的聚苯乙烯在 34 ℃下溶解于环己烷中形成体

积浓度为10％的溶液,其亥姆霍兹混合自由能是多少? 已知环己烷-聚苯乙烯的弗洛里-哈金斯参数 $\chi = 0.50$,环己烷的密度为 $\rho_1 = 0.7785 \text{ g} \cdot \text{cm}^{-3}$。

解:由式(7-20)知

$$\Delta A_t = RT(n_1 \ln \phi_1 + n_2 \ln \phi_2 + \chi n_1 \phi_2)$$

以单位体积(1 cm³)计算,先计算 $\phi_1 = 0.90$,$\phi_2 = 1 - \phi_1 = 0.10$ 的二元系的物质的量。其中环己烷 C_6H_{12} 的摩尔质量为 84 g·mol⁻¹,摩尔体积 $V_1 = 84/0.7785 = 108 (\text{cm}^3 \cdot \text{mol}^{-1})$,则其物质的量为

$$n_1 = V_{t1}/V_1 = 0.90/108 = 0.0083 (\text{mol})$$

聚苯乙烯的密度为 1.06 g·cm⁻³,摩尔质量为 10000 g·mol⁻¹ 时的摩尔体积 $V_2 = 10000/1.06 = 9.43 \times 10^3 (\text{cm}^3 \cdot \text{mol}^{-1})$,则其物质的量为

$$n_2 = V_{t2}/V_2 = 0.10/(9.43 \times 10^3) = 1.06 \times 10^{-5} (\text{mol})$$

其混合自由能变化为

$$\Delta A_t = RT(n_1 \ln \phi_1 + n_2 \ln \phi_2 + \chi n_1 \phi_2)$$
$$= 8.314 \times 307.15 \times (0.0083 \times \ln 0.90 + 1.06 \times 10^{-5} \times \ln 0.10 + 0.50 \times 0.0083 \times 0.10)$$
$$= -1.24 (\text{J})$$

计算结果表明,自由能变化 ΔA_t($\Delta A_t = \Delta G_t$,即吉布斯自由能变化)是一个小的负值,源于混合熵的贡献。

高分子溶液的蒸气压一般很低,由式(7-22)可合理地近似得到

$$\ln \frac{p_1}{p_1^S} = \ln \hat{a}_1 = \frac{\Delta \mu_1}{RT} = \ln(1 - \phi_2) + \left(1 - \frac{1}{r}\right)\phi_2 + \chi \phi_2^2 \tag{7-27}$$

式中,p_1 和 p_1^S 分别是高分子溶液中溶剂的蒸气压和纯溶剂的蒸气压。当高分子的相对分子质量很大时,$\frac{1}{r} \approx 0$,上式可改写成 $\frac{\ln\{p_1/[p_1^S(1 - \phi_2)]\}}{\phi_2} = 1 + \chi \phi_2$,显然将 $\frac{\ln\{p_1/[p_1^S(1 - \phi_2)]\}}{\phi_2}$ 对 ϕ_2 作图为一直线,χ 为直线的斜率。因此可从 p_1 和 p_1^S 的实验数据计算弗洛里-哈金斯参数 χ。参数 χ 应与高分子溶液的浓度无关,但实验数据与晶格模型理论有偏差。只有个别系统,如天然橡胶-苯溶液的 χ 与 ϕ_2 无关。一般的高分子溶液的 χ 都随溶液组成的变化而改变,这一点可从如图7-2的实验数据得到证实。

弗洛里-哈金斯晶格理论反映了高分子溶液最本质的特征,建立在该理论上的式(7-20)~式(7-27)已广泛用于渗透压(osmotic pressure)、沉降平衡(sedimentation equilibrium)等热力学性质的计算。但该模型比较简单,仅能粗略地描述高分子溶液的性质,根本原因在于该理论本身的不完善性。

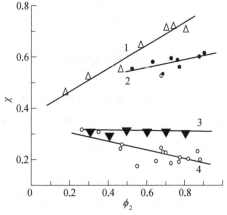

1—聚二甲基硅烷-苯系统;2—聚苯乙烯-丁酮系统;
3—天然橡胶-苯系统;4—聚苯乙烯-甲苯系统。

图7-2 χ 与溶液浓度的关系

7.2.2 Flory-Krigbaum 稀溶液理论

在稀溶液中,高分子链节密度不连续,弗洛里-哈金斯晶格模型理论中的链节均匀分布的假设不再成立,即被溶剂化的高分子"链节云"不连续,如图 7-3 所示。因此,密堆积晶格理论只适用于浓溶液,对稀溶液有很大的偏差。因此,弗洛里等认为高分子稀溶液中高分子链节密度不连续是密堆积晶格模型的主要缺陷,为此他假设:每个高分子都有一个排斥体积 V,即图 7-3 中虚线所包围的区域,其他高分子不能进入这一体积。对于总体积为 V_t,高分子数为 N_2 的稀溶液,第一个高分子可在 V_t 中任意排放,而第二个高分子放置的位置只能在 V_t-V 中选择,第 j 个则只能在 $V_t-(j-1)V$ 中选择。依此类推,总的排列方式数 Ω 应为

空白区—自由溶剂; 〔 〕—排斥体积和自由溶剂; 〰—链节云。

图 7-3 高分子稀溶液中高分子链节云分布

$$\Omega = C\prod_{j=1}^{N_2}\left[V_t-(j-1)V\right] = C(V_t^{N_2})\prod_{j=1}^{N_2}\left[1-\frac{(j-1)V}{V_t}\right] \tag{7-28}$$

式中,C 为常数。对于非极性高分子溶液,溶解过程的热效应很小,可忽略,即 $\Delta H_t = 0$,并认为混合过程总体积不变。因此,相应的混合过程的吉布斯函数变化为

$$\Delta G_t = -T\Delta S_t = -kT\ln\Omega = -kT\left[N_2\ln V_t + \sum_{j=1}^{N_2}\ln\frac{1-(j-1)V}{V_t}\right] + C \tag{7-29}$$

对于稀溶液,$(j-1)V/V_t \ll 1$,将 $\ln\dfrac{1-(j-1)V}{V_t}$ 项展开,并忽略高次项后,有

$$\Delta G_t = -kT\left[N_2\ln V_t - \frac{V}{V_t}\sum_{j=1}^{N_2}(j-1)\right] + C' = -kT\left(N_2\ln V_t - \frac{N_2^2 V}{2V_t}\right) + C' \tag{7-30}$$

由式(7-30)可得到高分子在稀溶液中的活度系数表达式。

7.2.3 弗洛里温度(θ 温度)

弗洛里等认为高分子稀溶液中高分子"链节云"密度的不连续性是晶格模型的主要缺陷,但在高分子"链节云"的内部,晶格模型仍然是适用的。因此,溶剂过量偏摩尔吉布斯自由能($\Delta\overline{G_1^E}$)仍可用下式计算

$$\Delta\overline{G_1^E} = RT(\kappa_1 - \psi_1)\phi_2^2 \tag{7-31}$$

式中,κ_1,ψ_1 分别是焓参数和熵参数,并定义为

$$\Delta\overline{H_1^E} = RT\kappa_1\phi_2^2 \tag{7-32}$$

$$\Delta\overline{S_1^E} = R\psi_1\phi_2^2 \tag{7-33}$$

式中，$\Delta\overline{H_1^E}$，$\Delta\overline{S_1^E}$ 分别是溶剂的过量偏摩尔混合焓和过量偏摩尔混合熵。

对于稀溶液，$\phi_2 \ll 1$，则有

$$\ln\phi_1 = \ln(1-\phi_2) = -\phi_2 - \frac{1}{2}\phi_2^2 - \cdots$$

略去二次项后的高次项，代入式(7-21)得稀溶液条件下溶剂的偏摩尔吉布斯自由能变化量（或化学位变化）为

$$\Delta\overline{G_1} = \Delta\mu_1 = RT\left[-\frac{\phi_2}{r} - \left(\frac{1}{2} - \chi\right)\phi_2^2\right] \tag{7-34}$$

对于很稀的理想溶液，则有

$$\Delta\overline{G_1^{is}} = \Delta\mu_1^{is} = RT\ln x_1 \approx -RTx_2 = -RT\frac{N_2}{N_1+N_2} \approx -RT\frac{N_2}{N_1}$$

式(7-34)右边的第一项为

$$-RT\frac{\phi_2}{r} = -\frac{RT}{r}\frac{rN_2}{N_1+rN_2} \approx -RT\frac{N_2}{N_1} = \Delta\overline{G_1^{is}} = \Delta\mu_1^{is}$$

可见这一项相当于很稀的理想溶液偏摩尔吉布斯自由能变化量（或化学位变化），而式(7-34)右边的第二项则相当于非理想部分，即溶剂的过量化学位（或偏摩尔吉布斯自由能 $\Delta\overline{G_1^E}$）。

$$\Delta\overline{G_1^E} = \Delta\overline{\mu_1^E} = RT\left(\chi - \frac{1}{2}\right)\phi_2^2 \tag{7-35}$$

比较式(7-35)、式(7-31)，可得到

$$\chi - \frac{1}{2} = \kappa_1 - \psi_1 \tag{7-36}$$

令 $\theta = \kappa_1 T/\psi_1$，称为 θ 温度或弗洛里温度，并将 θ 与式(7-36)一并代入式(7-35)，得到

$$\Delta\overline{G_1^E} = RT\psi_1\left(\frac{\theta}{T} - 1\right)\phi_2^2 \tag{7-37}$$

相应地，稀溶液中溶剂的活度系数为

$$\ln\gamma_1 = \psi_1\left(\frac{\theta}{T} - 1\right)\phi_2^2 \tag{7-38}$$

当温度 $T = \theta$ 时，溶剂的过量偏摩尔吉布斯自由能 $\Delta\overline{G_1^E} = 0$，$\gamma_1 = 1$，高分子溶液与理想溶液的偏差消失，显示出理想溶液的特征。因此 θ 温度是高分子溶液的一个重要的特征温度。但需要指出的是，当 $T = \theta$ 时，高分子溶液的溶剂过量偏摩尔混合焓 $\Delta\overline{H_1^E}$ 和过量偏摩尔混合熵 $\Delta\overline{S_1^E}$ 都不是理想的，只是两者的效应相互抵消而已，因此高分子溶液并不是真正的理想溶液。

满足 $\Delta\overline{G_1^E} = 0$ 的条件称为 θ 条件，或 θ 状态。此状态下的溶剂成为 θ 溶剂，温度为 θ 温度。θ 溶剂和 θ 条件相互依存，对某种高分子化合物来说，选定溶剂后，可改变温度达到 θ 条

件,或选定某一温度后改变溶剂来满足 θ 条件。由式(7-36)可知,当 $T=\theta$ 时, $\chi=\dfrac{1}{2}$;当 $T>\theta$ 时, $\chi<\dfrac{1}{2}$;当 $T<\theta$ 时, $\chi>\dfrac{1}{2}$。再由式(7-34)可看出,当 $\chi<\dfrac{1}{2}$ 时,溶剂的偏摩尔吉布斯自由能变化 $\Delta\overline{G_1}$ 变得更加小于零,表明高分子溶液自发溶解的倾向增大,溶剂成为良溶剂。 χ 比 $\dfrac{1}{2}$ 小得越多,溶剂的溶解能力越强。 $\chi>\dfrac{1}{2}$ 时, $\Delta\overline{G_1}$ 增大,高分子一般不溶解,溶剂成为不良溶剂。因此, θ 温度是区别良溶剂与不良溶剂的界限。对于同一溶剂,当 $T>\theta$ 时为良溶剂,当 $T<\theta$ 时为不良溶剂;对于不同溶剂, θ 越低,溶解性能越好。这对于高分子材料科学的研究与工业生产有着实际的指导意义。表 7-1 为某些高分子化合物的 θ 溶剂和 θ 温度。

表 7-1　某些高分子化合物的 θ 溶剂和 θ 温度

高分子化合物	θ 溶剂	θ 温度/℃	高分子化合物	θ 溶剂	θ 温度/℃
聚乙烯	联苯	125	聚甲基丙烯酸甲酯(无规)	苯/环己烷(70/30)	20
	正己烷	133	聚醋酸乙酯(无规)	丁酮/异丙醇(73.2/26.8)	25
	二苯醚	161.4		3-庚酮	29
聚丙烯(等规)	二苯醚	145~146.2	聚乙烯醇	水	97
聚丙烯(无规)	氯仿/正丙醇(77.1/22.9)	25	聚异丁烯	环己酮/丁酮(63.2/36.8)	25
	环己酮	34		苯	24
聚氯乙烯	苯甲醇	155.4	聚丁二烯	己烷/庚烷(50/50)	5
聚氯乙烯(无规)	环己烷	35	聚异戊二烯	丁酮	25
	甲苯/甲醇(20/80)	25	聚二甲基硅氧烷	乙酸乙酯	18
	苯/环己烷(39/61)	20		甲苯/环己醇(66/34)	25
聚甲基丙烯酸甲酯(无规)	丙酮/乙醇(47.7/52.3)	25	聚碳酸酯	氯仿	20

　　以上讨论的晶格模型和稀溶液理论能较好地描述非极性高分子与非极性溶剂构成的稀溶液的热力学性质,也为高分子化合物的相对分子质量的测定和溶剂的选择提供了理论依据。但这些理论未考虑到分子间可能存在的极性或氢键作用,没有考虑到溶解过程中体积变化对混合焓、混合熵的影响,因此在实际应用时存在一定的局限性。

7.2.4　计及体积变化的 Prigogine-Flory-Patterson 理论

　　密堆积晶格模型的最大缺陷是不考虑系统的体积变化,因而不能对高分子系统进行精确定量的描述,特别是在较高温度下,这种体积变化的影响将越来越大,以致密堆积晶格模型基本上不能适用了。Prigogine-Flory-Patterson 理论引入了"自由体积"(free volume)的概念,以反映温度、压力和组成引起的体积变化,构作更为精确的高分子溶液热力学模型。

　　Prigogine-Flory-Patterson 理论认为每个晶格具有一定的体积 V,高分子每个链节的

体积为 V^*，称为硬心体积。由弗洛里定义的自由体积 V_f 为

$$V_f = \gamma_0 (V^{1/3} - V^{*1/3})^3 \tag{7-39}$$

式中，γ_0 是取决于分子形状的常数。链节在格子中可能发生平动、振动和转动，它对高分子排列组合方式(或空间位形)产生影响。如果每个链节是一个自由的分子，它的排列组合方式应正比于自由体积 V_f。但作为高分子中的一个链节，它的运动要受到其他链节的限制。对于一个具有 r 个链节的分子，理论上应有 $3r$ 个自由度，其中 3 个平动自由度称为外自由度，它们与分子间相互作用密切相关，对空间位形的性质有显著贡献；其他的振动和转动自由度，则称为内部自由度。其中有些如键的伸缩振动，它们的振幅很小频率很高，因而基本上不受密度变化的影响，对空间位形性质贡献极微；另一些如绕键轴的转动，能量较小，容易受到其他分子的影响，与密度有一定的关系，因而与外自由度类似，对空间位形性质有一定的贡献。考虑到这一特点，Prigogine 引入了一个参数 c(称为 Prigogine 参数)来表征广义的外自由度。具体来说，在 $3r$ 个自由度中，总共有 $3rc$ 个广义的外自由度，每一个等价于一个平动自由度，显然 $c \leqslant 1$。每一个外自由度对空间位形的贡献为 $\gamma_0^{1/3}(V^{1/3} - V^{*1/3})$，它相当于分子在一维空间可以自由运动的长度。由链节数为 r_1，r_2，分子数为 N_1，N_2 的两种高分子组成的二元混合系统，若假定混合是随机的，不受邻近分子相互作用强度的影响，混合物中所有分子具有相同的硬心体积，则该系统空间位形总数为 Ω_t：

$$\Omega_t = \Omega_c \left[\gamma_0 (V^{1/3} - V^{*1/3})^3 \right]^{N\bar{r}\bar{c}} \tag{7-40}$$

式中，Ω_c 为按式(7-28)给出的密堆积晶格的排列方式数，又称为组合因子。$\bar{r}$ 和 $\bar{c}$ 是相应纯组分参数的平均值，有 $\bar{r} = (r_1 N_1 + r_2 N_2)/N$，$\bar{c} = \dfrac{c_1 r_1 N_1 + c_2 r_2 N_2}{\bar{r} N} = c_1 \phi_1 + c_2 \phi_2$，$N = N_1 + N_2$，$V = V_t / N\bar{r}$，$V_t$ 为系统的体积。根据式(7-40)可分别写出纯组分 1 和 2 空间位形总数 Ω_1 和 Ω_2，并进而可得到系统的混合熵

$$\Delta S_t = k \ln \Omega_t - (k \ln \Omega_1 + k \ln \Omega_2)$$

$$= -k (N_1 \ln \phi_1 + N_2 \ln \phi_2) - 3k \left(c_1 r_1 N_1 \ln \frac{\widetilde{V}_1^{1/3} - 1}{\widetilde{V}^{1/3} - 1} + c_2 r_2 N_2 \ln \frac{\widetilde{V}_2^{1/3} - 1}{\widetilde{V}^{1/3} - 1} \right)$$

$$= -k (N_1 \ln \phi_1 + N_2 \ln \phi_2) - 3(N_1 V_1^* + N_2 V_2^*) \left(\frac{\phi_1 p_1^*}{T_1^*} \ln \frac{\widetilde{V}_1^{1/3} - 1}{\widetilde{V}^{1/3} - 1} + \frac{\phi_2 p_2^*}{T_2^*} \ln \frac{\widetilde{V}_2^{1/3} - 1}{\widetilde{V}^{1/3} - 1} \right) \tag{7-41}$$

式中，$V_i^* = r_i V^*$ $(i = 1, 2)$ 为高分子 1，2 的硬心体积；$\widetilde{V}_1 = \dfrac{V_1}{V^*}$，$\widetilde{V}_2 = \dfrac{V_2}{V^*}$，$\widetilde{V} = \dfrac{V}{V^*}$，称为对比体积。

考虑系统的能量时，与密堆积晶格模型不同，每个链节对之间的作用能为 ε_{ij}/V。混合后系统总的能量为 $E = -(N_{11} \varepsilon_{11} + N_{22} \varepsilon_{22} + N_{12} \varepsilon_{12})/V$，其中 N_{ij} 为链节 i 与链节 j 的接触对数。由于 $2N_{11} + N_{12} = s_1 r_1 N_1$ 和 $N_{21} + 2N_{22} = s_2 r_2 N_2$，对于随机混合物有 $N_{12} = N_{21} = s_1 r_1 N_1 \theta_2 = s_2 r_2 N_2 \theta_1$，其中 s_i 为 i 分子中各链节的平均邻位接触数，θ_i 为其表面积分数，且 $\theta_i = s_i r_i N_i / \sum_j (s_j r_j N_j)$，因此系统总的能量可表示为

$$E = -\frac{\bar{s}\,\bar{r}\,N}{2V} (\theta_1 \varepsilon_{11} + \theta_2 \varepsilon_{22} - \theta_1 \theta_2 \Delta\varepsilon_{12}) \tag{7-42}$$

式中，$\Delta\varepsilon_{12}=\varepsilon_{11}+\varepsilon_{22}-2\varepsilon_{12}$，$\bar{s}=\dfrac{s_1r_1N_1+s_2r_2N_2}{\bar{r}N}=s_1\phi_1+s_2\phi_2$。

对于纯组分，由式(7-42)可得到 $E_1=-s_1r_1\varepsilon_{11}/2V_1$，$E_2=-s_2r_2\varepsilon_{22}/2V_2$，因此系统的混合热力学能变化 ΔU_t 为

$$\Delta U_t=E-(E_1+E_2)=\frac{s_1r_1N_1\varepsilon_{11}}{2}\left(\frac{1}{V_1}-\frac{1}{V}\right)+\frac{s_2r_2N_2\varepsilon_{22}}{2}\left(\frac{1}{V_2}-\frac{1}{V}\right)+\frac{\bar{s}\bar{r}N}{2V}\theta_1\theta_2\Delta\varepsilon_{12}$$

$$=(N_1V_1^*+N_2V_2^*)\left[\phi_1p_1^*\left(\frac{1}{\widetilde{V}_1}-\frac{1}{\widetilde{V}}\right)+\phi_2p_2^*\left(\frac{1}{\widetilde{V}_2}-\frac{1}{\widetilde{V}}\right)+\frac{\phi_1\theta_2\chi_{12}}{\widetilde{V}}\right] \qquad (7-43)$$

式(7-41)和式(7-43)中的 p^* 和 T^* 的定义分别为 $p^*=\dfrac{s\varepsilon}{2V^{*2}}$ 和 $T^*=\dfrac{s\varepsilon}{2V^*ck}$。$p^*$，$T^*$ 和 V^* 为特征参数，且满足以下方程 $p^*V^*=ckT^*$。χ_{12} 是相互作用参数，其定义为 $\chi_{12}\equiv\dfrac{s_1\Delta\varepsilon_{12}}{2V^{*2}}$。$\chi_{12}$ 的量纲是能量密度而不是能量，并注意：$\chi_{21}\equiv\dfrac{s_2}{s_1}\chi_{12}$。

根据热力学基本方程，由式(7-43)和式(7-41)可得到系统的亥姆霍兹函数、吉布斯函数和混合焓表达式。

$$\Delta A_t=\Delta U_t-T\Delta S_t$$
$$=(N_1V_1^*+N_2V_2^*)\left[\phi_1p_1^*\left(\frac{1}{\widetilde{V}_1}-\frac{1}{\widetilde{V}}\right)+\phi_2p_2^*\left(\frac{1}{\widetilde{V}_2}-\frac{1}{\widetilde{V}}\right)+\frac{\phi_1\theta_2\chi_{12}}{\widetilde{V}}\right]+kT(N_1\ln\phi_1+N_2\ln\phi_2)$$
$$+3T(N_1V_1^*+N_2V_2^*)\left(\frac{\phi_1p_1^*}{T_1^*}\ln\frac{\widetilde{V}_1^{1/3}-1}{\widetilde{V}^{1/3}-1}+\frac{\phi_2p_2^*}{T_2^*}\ln\frac{\widetilde{V}_2^{1/3}-1}{\widetilde{V}^{1/3}-1}\right) \qquad (7-44)$$

$$\Delta G_t=\Delta A_t+p\Delta V_t \qquad (7-45)$$
$$\Delta H_t=\Delta U_t+p\Delta V_t \qquad (7-46)$$

式中，混合体积为

$$\Delta V_t=(N_1V_1^*+N_2V_2^*)(\widetilde{V}-\phi_1\widetilde{V}_1-\phi_2\widetilde{V}_2) \qquad (7-47)$$

由 $p=-\left(\dfrac{\partial\Delta A_t}{\partial V}\right)_{T,N_i,\phi_i}$ 可得高分子溶液的状态方程式，将式(7-44)代入，经整理后得

$$\frac{\tilde{p}\widetilde{V}}{\widetilde{T}}=\frac{\widetilde{V}^{1/3}}{\widetilde{V}^{1/3}-1}-\frac{1}{\widetilde{V}\widetilde{T}} \qquad (7-48)$$

式中，$\tilde{p}=p/p^*$，$\widetilde{T}=T/T^*$，分别称为对比压力和对比温度。在式(7-48)的导出过程中采用了下面两个关系式：$p^*=\phi_1p_1^*+\phi_2p_2^*-\phi_1\theta_2\chi_{12}$ 和 $T^*=p^*/[\phi_1(p_1^*/T_1^*)+\phi_2(p_2^*/T_2^*)]$。

由 $kT\ln(x_i\gamma)_i=\left[\dfrac{\partial(\Delta A_t)}{\partial N_i}\right]_{T,V,N_{j[i]}}$ 可得高分子溶液的活度系数，其中 $x_i=N_i/\sum_j N_j$。将式(7-44)代入，经整理后得到

$$\ln\gamma_1=\ln\left[1-\left(1-\frac{r_1}{r_2}\right)\phi_2\right]+\left(1-\frac{r_1}{r_2}\right)\phi_2+\frac{p_1^*V_1^*}{RT}\left[3\widetilde{T}_1\ln\frac{\widetilde{V}_1^{1/3}-1}{\widetilde{V}^{1/3}-1}+\left(\frac{1}{\widetilde{V}_1}-\frac{1}{\widetilde{V}}\right)\right]+\frac{V_1^*}{RT}\frac{\chi_{12}}{\widetilde{V}}\theta_2^2$$

$$(7-49a)$$

$$\ln\gamma_2 = \ln\left[1-\left(1-\frac{r_2}{r_1}\right)\phi_1\right]+\left(1-\frac{r_2}{r_1}\right)\phi_1+\frac{p_2^* V_2^*}{RT}\left[3\widetilde{T}_2\ln\frac{\widetilde{V}_2^{1/3}-1}{\widetilde{V}^{1/3}-1}+\left(\frac{1}{\widetilde{V}_2}-\frac{1}{\widetilde{V}}\right)\right]+\frac{V_2^*}{RT}\frac{\frac{s_2}{s_1}\chi_{12}}{\widetilde{V}}\theta_1^2$$

$$(7-49\text{b})$$

式中，V_1^* 和 V_2^* 分别为二个组分的摩尔硬心体积；在等温条件下，$\widetilde{T}_1=T/T_1^*$，$\widetilde{T}_2=T/T_2^*$。为了使用状态方程和活度系数计算式，必须知道纯物质的特征参数 p^*，V^* 和 T^*，这些参数可以通过不同方法由体积数据求得。弗洛里建议的方法是从零压时的摩尔体积 V、热膨胀系数 α_p 和热压系数 β 数据来确定特性参数。对于液体，当压力 $p\to 0$ 时，由状态方程和热膨胀系数的定义 $\alpha_p=\dfrac{1}{V}\left(\dfrac{\partial V}{\partial T}\right)_{p\to 0}$ 得

$$\widetilde{V}^{1/3}-1=\frac{\alpha_p T}{3(1+\alpha_p T)} \qquad (7-50)$$

如果实验测定了 V 随 T 变化的数据，便可计算 α_p；由已知温度 T 时的 α_p，根据式 $(7-50)$ 求得 $\widetilde{V}$。V^* 常取一个次甲基（—CH$_2$）的摩尔体积，即 $N_A V^*=15.17$ cm$^3\cdot$mol^{-1}。

根据热压系数定义 $\beta=\left(\dfrac{\partial p}{\partial T}\right)_V$，将状态方程式 $(7-48)$ 对 T 求导，并代入 $p^* V^*=ckT^*$，在 $p\to 0$ 时有 $p^*=\beta T\widetilde{V}^2$，由此在已知温度下的 β 和 $\widetilde{V}$ 数据，可用该式计算 p^*。

在 $p\to 0$ 时，状态方程可简化为 $\widetilde{T}=(\widetilde{V}^{1/3}-1)/\widetilde{V}^{4/3}$。有了 T 和 $\widetilde{V}$ 的实验数据，$\widetilde{T}$ 及 T^* 就不难求得。其他的纯物质参数 r，c，s 和 ε 则可由以下的关系式求得

$$r=\frac{V_t}{N_A V}=\frac{V_t}{N_A V^* \widetilde{V}}, \quad c=\frac{p^* V^*}{kT^*}, \quad s=\frac{r(Z-2)+2}{r}, \quad \varepsilon=\frac{2p^* V^{*2}}{s}$$

Prigogine - Flory - Patterson 理论不但能解释低温时高分子溶液部分互溶现象，而且能解释高温时高分子溶液出现上临界共溶点、下临界共溶点以及计时沙漏形等复杂相行为，这是弗洛里-哈金斯晶格模型所做不到的。因而，式 $(7-48)$、式 $(7-49\text{a})$ 和式 $(7-49\text{b})$ 常被用来计算高分子溶液的汽液平衡和液液平衡，以及过量熵、过量体积等热力学性质。但 Prigogine - Flory - Patterson 理论不适用低密度的情况，因在低密度时，式 $(7-48)$ 不能还原为理想气体方程。

7.2.5　非平均场 Freed 理论的改进形式

弗洛里-哈金斯晶格模型采用了平均场近似，即用某个分子占据几个格点的概率来代替每个格子有 1 个链节所占据后，再也不能同时填充别的链节的限制，从而得到混合亥姆霍兹函数，即式 $(7-20)$。这一理论由于它形式简单，已被广泛地用来描述液态高分子不相溶性、上临界共溶温度、高分子溶液的过量性质等，但它不能解释弗洛里-哈金斯相互作用参数随浓度的变化关系，下临界共溶温度及同时具有 UCST 和 LCST 等复杂相平衡。Freed 等发展了一个晶格集团理论（lattice cluster theory）来求解弗洛里-哈金斯的晶格模型，将配分函数展开为 $\widetilde{\varepsilon}_{12}$（$\widetilde{\varepsilon}_{12}=\Delta\varepsilon_{12}/kT$）和 Z^{-1} 的级数，得到了级数的一次项和二次项，比弗洛里-哈金斯晶格模型有较大的改进。但多达几百项的计算公式，使它难以应用于实际。胡英等在该理论的基础上，建立了修正 Freed 模型 I：

$$\frac{\Delta A_t}{NkT} = x_1 \ln x_1 + x_2 \ln x_2 + Z x_1 x_2 \widetilde{\varepsilon}_{12} - Z x_1^2 x_2^2 \widetilde{\varepsilon}_{12}^2 + O(\text{高次项}) \qquad (7-51)$$

式中，$O(\text{高次项})$ 表示略去 $\widetilde{\varepsilon}_{12}$ 的三次以上的各项。式(7-51)能够较好地描述各种复杂二元系的液液相平衡，但该理论只适用于 $r_1 = 1$ 的二元系统。之后，胡英、刘洪来和 Prausnitz 等在密堆积的弗洛里-哈金斯晶格，构建了修正 Freed 模型Ⅱ，对 Freed 理论的三部分贡献作了修正，其中平均场能量贡献展开至 $\widetilde{\varepsilon}_{12}$ 的二次项，并添加经验的普适性参数 c_2；平均场以外的能量贡献展开至 $\widetilde{\varepsilon}_{12}$ 的一次项；对熵的贡献部分则作了较大的修改，并引入了经验的普适性参数 c_s，最后得到的对立方晶格（$Z=6$）混合亥姆霍兹函数的表达式为

$$\frac{\Delta A_t}{NkT} = \frac{\phi_1}{r_1} \ln \phi_1 + \frac{\phi_2}{r_2} \ln \phi_2 + 2\widetilde{\varepsilon}_{12} \phi_1 \phi_2 - 1.5 c_2 \widetilde{\varepsilon}_{12}^2 \phi_1^2 \phi_2^2 + \widetilde{\varepsilon}_{12} \phi_1 \phi_2 \left(\frac{\phi_1}{r_1} + \frac{\phi_2}{r_2} \right) + \frac{4 c_s}{9} \phi_1 \phi_2 \left(\frac{1}{r_1} - \frac{1}{r_2} \right)^2$$

$$\qquad (7-52)$$

式中，前两项即是弗洛里-哈金斯混合熵变，第三、四项是平均场能量贡献，第五项是平均场以外的能量贡献，最后一项是熵贡献。$c_2 = 1.074$，它的引入使计算所得结果与伊辛(Ising)晶格的液液相平衡曲线（又称双节线，binodals）严格一致。$c_s = 0.3$，是使上临界共溶温度 UCST 的计算值与 Freed 理论的结果相符，但修正 Freed 模型Ⅱ仍然只适用于二元系。由式(7-52)导得的化学位表达式为

$$\mu_1 = \mu_1^{\ominus} + kT \left[\ln \phi_1 + \phi_2 \left(1 - \frac{r_1}{r_2} \right) + r_1 \left(\frac{4}{9} c_s \right) (r_1^{-1} - r_2^{-1})^2 \phi_2^2 + 2\widetilde{\varepsilon}_{12} \phi_2^2 \right.$$

$$\left. + \widetilde{\varepsilon}_{12} r_2^{-1} \phi_1 \phi_2^2 + \widetilde{\varepsilon}_{12} r_1^{-1} (\phi_2^3 - \phi_1 \phi_2^2) - 1.5 c_2 \widetilde{\varepsilon}_{12}^2 (2\phi_1 \phi_2^2 - \phi_1^2 \phi_2^2) \right] \qquad (7-53)$$

计算 μ_2 时只要将式(7-53)中下标 1、2 相互交换即得。

原 Freed 统计热力学模型本身可用于多元系统，胡英等通过在弗洛里-哈金斯晶格模型中引入有效的链插入概率，以沃尔型级数关系来表达混合热力学能，并加以简化，建立了多元密堆积晶格分子热力学模型，即修正 Freed 模型Ⅲ，其导出过程如下。

7.2.5.1 混合熵

设有 N_1 个链长为 r_1 的分子"1"，$\cdots$，有 N_K 个链长为 r_K 的分子"K"在弗洛里-哈金斯格子上无热混合，按平均场方法，依次填充所有分子的排列方式数 Ω 为

$$\Omega = \prod_{i=1}^{K} \left\{ \frac{N_r^{N_i} Z^{N_i(r_i-1)}}{N_i!} \left(\frac{1}{N_r^{n_i}} \prod_{l=1}^{N_i} \left[N_r - \sum_{j=1}^{i-1} N_j r_j - (l-1) r_i \right] \right)^{r_i} \right\} \qquad (7-54)$$

式中，$\left[N_r - \sum\limits_{j=1}^{i-1} N_j r_j - (l-1) r_i \right] / N_r$ 是针对填充过程中未填充格子数密度的减少而引入的校正。这种校正过高地估计了填充方式数，这是因为在平均场处理中，允许链直接返回，也允许两个链或链本身相交，而链其实都是自回避的(self-avoiding)。这种平均场校正处理所引入的偏差随链长的增大而迅速增大，当 $r \to \infty$ 时，将趋于定值。作为对平均场处理的修正，可将其修正为 $\left\{ \left[N_r - \sum\limits_{j=1}^{i-1} N_j r_j - (l-1) r_i \right] / N_r \right\}^{\lambda}$，其中 $\lambda \geqslant 1$。当 $r=1$ 时，$\lambda=1$；当 r 增大时，λ 增大；当 $r \to \infty$ 时，λ 趋于定值。符合该要求的 λ 可用下列多项式

表示：

$$\lambda = 1 + \sum_{n=1}^{\infty} b_n (1 - r^{-n}) \tag{7-55}$$

式中，r 对于混合物而言应取平均链长，按下式计算：

$$r^{-1} = \sum_i \phi_i r_i^{-1} \tag{7-56}$$

$$\phi_i = \frac{N_i r_i}{\sum_i N_i r_i} \tag{7-57}$$

b_n 则是配位数 Z 的普适性函数，可由计算机模拟结果加以确定。据此导得填充所有分子的排列组合方式数 Ω 为

$$\Omega = \prod_{i=1}^{K} \left\{ \frac{N_r^{N_i} Z^{N_i(r_i-1)}}{N_i!} \left(\prod_{l=1}^{N_i} \left[N_r - \sum_{j=1}^{i-1} N_j r_j - (l-1) r_i \right]^{r_i} \Big/ N_r^{N_i r_i} \right)^{\lambda} \right\} \tag{7-58}$$

应用斯特林公式，简化式(7-58)得

$$\Omega = \frac{N_r^N Z^{(N_r-N)}}{e^{N_r\lambda} \prod_{i=1}^{K} N_i!} \tag{7-59}$$

式中，$N_r = \sum_{i=1}^{K} N_i r_i$，$N = \sum_{i=1}^{K} N_i$。对于纯组分 i，式(7-59)相应地有

$$\Omega_i = \frac{(N_i r_i)^{N_i} Z^{(N_i r_i - N_i)}}{e^{N_i r_i \lambda_i} N_i!} \tag{7-60}$$

$$\lambda_i = 1 + \sum_{n=1}^{\infty} b_n (1 - r_i^{-n}) \tag{7-61}$$

当各组分形成混合物时，可得系统的混和熵变为

$$-\frac{\Delta S_t}{N_r k} = \ln \frac{\sum_{i=1}^{K} \Omega_i}{\Omega} = \sum_i \frac{\phi_i}{r_i} \ln \phi_i + \sum_{n=1}^{\infty} b_n (\nu_{-n} - \nu_{-1}^n) \tag{7-62}$$

式中，$\nu_{-n} = \sum_{i=1}^{K} \varphi_i r_i^{-n}$，其截至第 2 项，则式(7-62)的混合熵变可写为

$$-\frac{\Delta S_t}{N_r k} = \sum_i \frac{\phi_i}{r_i} \ln \varphi_i + \frac{b_2}{2} \sum_i \sum_j \phi_i \phi_j (r_i^{-1} - r_j^{-1})^2 \tag{7-63}$$

7.2.5.2　混合热力学能

混合热力学能采用沃尔型级数关系，即式(4-125)来表达，以计及不同大小的分子集团(molecular clusters)的贡献

$$\frac{\Delta U_t}{N_r k T} = \sum_i \sum_j \phi_i \phi_j a_{ij} + \sum_i \sum_j \sum_k \phi_i \phi_j \phi_k a_{ijk} + \cdots \tag{7-64}$$

式中，a_{ij} 是 $\tilde{\varepsilon}_{ij}$，Z，r_i，r_j 的普适性函数；a_{ijk} 是 $\tilde{\varepsilon}_{ij}$，$\tilde{\varepsilon}_{jk}$，$\tilde{\varepsilon}_{ki}$，Z，r_i，r_j，r_k 的普适性函数。$\tilde{\varepsilon}_{ij}=(\varepsilon_{ii}+\varepsilon_{jj}-2\varepsilon_{ij})/kT$，$\varepsilon_{ii}$，$\varepsilon_{jj}$，$\varepsilon_{ij}$ 分别是 $i\text{-}i$，$j\text{-}j$，$i\text{-}j$ 分子对间的相互作用能参数，式(7-64)中 a_{ii}，a_{iii} 等均等于零。若略去三分子、四分子间等相互作用，式(7-64)可进一步简化为

$$\frac{\Delta U_t}{N_r kT}=\sum_i\sum_{j<i}\phi_i\phi_j a_{ij}+3\sum_i\sum_{j<i}(\phi_i^2\phi_j a_{iij}+\phi_i\phi_j^2 a_{ijj})$$
$$+6\sum_i\sum_{j<i}\phi_i^2\phi_j^2 a_{iijj}+20\sum_i\sum_{j<i}\phi_i^3\phi_j^3 a_{iiijjj}+\cdots \qquad (7-65)$$

7.2.5.3 混合亥姆霍兹函数

将式(7-63)、式(7-65)代入 $\Delta A_t=\Delta U_t-T\Delta S_t$，得到简化式为

$$\frac{\Delta A_t}{N_r kT}=\sum_i\frac{\phi_i}{r_i}\ln\varphi_i+b_2'\sum_i\sum_j\phi_i\phi_j(r_i^{-1}-r_j^{-1})^2+\sum_i\sum_{j<i}\phi_i\phi_j a_{ij}$$
$$+3\sum_i\sum_{j<i}(\phi_i^2\phi_j a_{iij}+\phi_i\phi_j^2 a_{ijj})+6\sum_i\sum_{j<i}\phi_i^2\phi_j^2 a_{iijj}+20\sum_i\sum_{j<i}\phi_i^3\phi_j^3 a_{iiijjj} \qquad (7-66)$$

为确定式(7-66)中的系数，采用 Scesney 对伊辛晶格的严格计算值和 Madden 对 $r_1=1$，$r_2=100$ 的计算机模拟结果，以及高 r_1，r_2 的 Freed 理论的计算结果作为参考标准，求得各系数为

$$b_2'=\frac{0.3\left(1+\frac{10}{Z}\right)}{Z} \qquad (7-67)$$

$$a_{ij}=\tilde{\varepsilon}_{ij}^{(e)}\left(\frac{Z}{4}-\frac{1}{2}\right),\; a_{iij}=\frac{\tilde{\varepsilon}_{ij}^{(e)}}{3r_j},\; a_{ijj}=\frac{\tilde{\varepsilon}_{ij}^{(e)}}{3r_i} \qquad (7-68)$$

$$a_{iijj}=\frac{c_2(\tilde{\varepsilon}_{ij}^{(e)})^2 Z}{24},\; a_{iiijjj}=\frac{c_3(\tilde{\varepsilon}_{ij}^{(e)})^3 Z}{160} \qquad (7-69)$$

式(7-68)、式(7-69)中 $\tilde{\varepsilon}_{ij}^{(e)}$ 为有效的对比交换能(effective reduced interchange energy)，其与对比交换能的 $\tilde{\varepsilon}_{ij}$ 关系为

$$\tilde{\varepsilon}_{ij}^{(e)}=\frac{\tilde{\varepsilon}_{ij}}{1-0.2911\left(1-\frac{1}{r_j}\right)\left(1-\frac{1}{r_i}\right)\left(1-\frac{2}{r_i r_j}\right)\exp(0.6048r_{ij}-2.744r_{ij}^2)} \qquad (7-70)$$

$$r_{ij}=r_i^{-1}+r_j^{-1}-\frac{5}{4}r_i r_j \qquad (7-71)$$

式(7-69)中，系数 c_2，c_3 有两种选择方式：① $c_2=-1$，$c_3=-0.05333$；② $c_2=-1.074$，$c_3=0$。对于伊辛晶格，这两种方式对液液共存相组成计算的标准偏差皆为 0.0015。通常说来，对于伊辛晶格，选择①更为合理一些；对于弗洛里-哈金斯晶格，则选择②，这将使得形式更为简单。对于二元立方型的伊辛晶格，$Z=6$，$r_1=r_2=1$，$\phi_1=x_1$，$\phi_2=x_2$，式(7-66)可写为

$$\frac{\Delta A_t}{N_r kT}=x_1\ln x_1+x_2\ln x_2+3\tilde{\varepsilon}_{12}x_1 x_2-1.5c_2\tilde{\varepsilon}_{12}^2 x_1^2 x_2^2-0.04c_3\tilde{\varepsilon}_{12}^3 x_1^3 x_2^3 \qquad (7-72)$$

对于二元立方型格子,当 $Z=6$, $c_s=0.30$, $c_2=-1.074$, $c_3=0$ 时,式(7-66)则还原为修正 Freed 模型Ⅱ,式(7-52)。式(7-66)可进一步推广至多元系,称为修正 Freed 模型Ⅲ,写作

$$\frac{\Delta A_t}{N_r kT} = \sum_i \frac{\phi_i}{r_i} \ln \phi_i + b_2' \sum_i \sum_j \phi_i \phi_j \ (r_i^{-1} - r_j^{-1})^2 + \sum_i \sum_j a_{ij} \phi_i \phi_j \tilde{\varepsilon}_{ij}^{(e)} + \frac{3}{8} c_2 \left(\sum_i \sum_j \phi_i \phi_j \tilde{\varepsilon}_{ij}^{(e)} \right)^2$$

$$(7-73)$$

式中, $b_2' = \frac{2}{9} c_s$, $a_{ij} = 1 - \frac{1}{2} \nu_{-1} + r_i^{-1}$, $c_s = 0.30$, $c_2 = -1.074$。对于多元系的弗洛里-哈金斯模型,式(7-19)可写作

$$\frac{\Delta A_t}{N_r kT} = \sum_i \frac{\phi_i}{r_i} \ln \phi_i + 1.5 \sum_i \sum_j \phi_i \phi_j \tilde{\varepsilon}_{ij} \qquad (7-74)$$

7.2.5.4　旋节线、临界点和化学位

多组分系统的稳定性判据为旋节线(spinodals)行列式 $J_{sp} \geqslant 0$。J_{sp} 由式(7-75)计算:

$$J_{sp} = \begin{vmatrix} g_{22} & g_{23} & \cdots & g_{2K} \\ g_{32} & g_{33} & \cdots & g_{3K} \\ \vdots & \vdots & \ddots & \vdots \\ g_{K2} & g_{K3} & \cdots & g_{KK} \end{vmatrix} \qquad (7-75)$$

多组分系统的临界点判据为临界点行列式 $J_{Cr}=0$,同时还须满足 $J_{sp}=0$。J_{Cr} 由式(7-76)计算:

$$J_{Cr} = \begin{vmatrix} g_{2,2} & g_{2,3} & \cdots & g_{2,K} \\ \vdots & \vdots & \ddots & \vdots \\ g_{K-1,2} & g_{K-1,3} & \cdots & g_{K-1,K} \\ \dfrac{\partial J_{sp}}{\partial \phi_2} & \dfrac{\partial J_{sp}}{\partial \phi_3} & \cdots & \dfrac{\partial J_{sp}}{\partial \phi_K} \end{vmatrix} \qquad (7-76)$$

由式(7-73)依次对 ϕ_i, ϕ_j 和 ϕ_l 求导,可得式(7-75)、式(7-76)行列式中各项数值:

$$g_{ij} = \frac{\partial^2 (\Delta A_t / N_r kT)}{\partial \phi_i \partial \phi_j} = \frac{\delta_{ij}}{r_i \phi_i} + \frac{1}{r_K \phi_K} + 4b_2'(-r_i^{-1} r_j^{-1} + r_i^{-1} r_K^{-1} + r_j^{-1} r_K^{-1} - r_K^{-2}) + (2 - \nu_{-1})$$

$$(\tilde{\varepsilon}_{ij}^{(e)} - \tilde{\varepsilon}_{iK}^{(e)} - \tilde{\varepsilon}_{jK}^{(e)}) - \left[(r_i^{-1} - r_K^{-1}) \sum_l (\tilde{\varepsilon}_{jl}^{(e)} - \tilde{\varepsilon}_{lK}^{(e)}) \phi_l + (r_j^{-1} - r_K^1) \sum_l (\tilde{\varepsilon}_{il}^{(e)} - \tilde{\varepsilon}_{lK}^{(e)}) \phi_l \right]$$

$$+ \left[(r_i^{-1} + r_j^{-1}) \tilde{\varepsilon}_{ij}^{(e)} - (r_i^{-1} + r_K^{-1}) \tilde{\varepsilon}_{iK}^{(e)} - (r_j^{-1} + r_K^{-1}) \tilde{\varepsilon}_{jK}^{(e)} \right] + 1.5 c_2 \left[(\tilde{\varepsilon}_{ij}^{(e)} - \tilde{\varepsilon}_{iK}^{(e)} - \tilde{\varepsilon}_{jK}^{(e)}) \right.$$

$$\left. \sum_l \sum_m \tilde{\varepsilon}_{lm}^{(e)} \phi_l \phi_m + 2 \sum_l (\tilde{\varepsilon}_{il}^{(e)} - \tilde{\varepsilon}_{lK}^{(e)}) \phi_l \sum_l (\tilde{\varepsilon}_{jl}^{(e)} - \tilde{\varepsilon}_{Kl}^{(e)}) \phi_l \right] \qquad (7-77)$$

$$g_{ijl} = \frac{\partial^3 (\Delta A_t / N_r kT)}{\partial \phi_i \partial \phi_j \partial \phi_l}$$

$$= -\frac{\delta_{ij} \delta_{il}}{r_i \phi_i^2} + \frac{1}{r_K \phi_K^2} - \left[(r_i^{-1} - r_K^{-1})(\tilde{\varepsilon}_{jl}^{(e)} - \tilde{\varepsilon}_{jK}^{(e)} - \tilde{\varepsilon}_{lK}^{(e)}) + (r_j^{-1} - r_K^{-1})(\tilde{\varepsilon}_{li}^{(e)} - \tilde{\varepsilon}_{lK}^{(e)} - \tilde{\varepsilon}_{iK}^{(e)}) \right.$$

$$\left. + (r_l^{-1} - r_K^{-1})(\tilde{\varepsilon}_{ij}^{(e)} - \tilde{\varepsilon}_{iK}^{(e)} - \tilde{\varepsilon}_{jK}^{(e)}) \right] + 3 c_2 \left[(\tilde{\varepsilon}_{ij}^{(e)} - \tilde{\varepsilon}_{iK}^{(e)} - \tilde{\varepsilon}_{jK}^{(e)}) \sum_m (\tilde{\varepsilon}_{lm}^{(e)} - \tilde{\varepsilon}_{Km}^{(e)}) \phi_m \right.$$

$$+ (\widetilde{\varepsilon}_{jl}^{(e)} - \widetilde{\varepsilon}_{jK}^{(e)} - \widetilde{\varepsilon}_{lK}^{(e)}) \sum_m (\widetilde{\varepsilon}_{im}^{(e)} - \widetilde{\varepsilon}_{Km}^{(e)}) \phi_m + (\widetilde{\varepsilon}_{li}^{(e)} - \widetilde{\varepsilon}_{lK}^{(e)} - \widetilde{\varepsilon}_{iK}^{(e)}) \sum_m (\widetilde{\varepsilon}_{jm}^{(e)} - \widetilde{\varepsilon}_{mK}^{(e)}) \phi_m \Big]$$

$$(7-78)$$

对于弗洛里-哈金斯模型[式(7-74)],相应的 g_{ij} 和 g_{ijl} 为

$$g_{ij} = \frac{\delta_{ij}}{r_i \phi_i} + \frac{1}{r_K \phi_K} + 3(\widetilde{\varepsilon}_{ij} - \widetilde{\varepsilon}_{iK} - \widetilde{\varepsilon}_{jK}) \qquad (7-79)$$

$$g_{ijl} = -\frac{\delta_{ij}\delta_{il}}{r_i \phi_i^2} + \frac{1}{r_K \phi_K^2} \qquad (7-80)$$

式(7-77)~式(7-80)中,当 $i=j$ 时,$\delta_{ij}=1$;当 $i \neq j$ 时,$\delta_{ij}=0$。由式(7-73)求得的化学位 μ_i 表达式为

$$\frac{\mu_i - \mu_i^\ominus}{r_i kT} = \frac{1}{r_i} \left(\frac{\partial \Delta A_t}{\partial N_i} \right)_{T,p,N_{j[i]}}$$

$$= \frac{\ln \phi_i}{r_i} + \sum_j \left[(r_i^{-1} - r_j^{-1}) + 2b_2'(r_i^{-1} - r_j^{-1})^2 + (2 + r_i^{-1} + r_j^{-1} - \nu_{-1})\widetilde{\varepsilon}_{ij}^{(e)} \right] \phi_j$$

$$- \sum_j \sum_l \left[b_2'(r_j^{-1} - r_l^{-1})^2 + (1 + 0.5r_i^{-1} + r_j^{-1} - \nu_{-1})\widetilde{\varepsilon}_{jl}^{(e)} \right] \phi_j \phi_l$$

$$+ 1.5c_2 \Big(\sum_j \sum_l \phi_j \phi_l \widetilde{\varepsilon}_{jl}^{(e)} \Big) \Big(\sum_j \phi_j \widetilde{\varepsilon}_{ij}^{(e)} - 0.75 \sum_j \sum_l \phi_j \phi_l \widetilde{\varepsilon}_{jl}^{(e)} \Big) \qquad (7-81)$$

对于弗洛里-哈金斯模型[式(7-74)],求得的化学位 μ_i 表达式为

$$\frac{\mu_i - \mu_i^\ominus}{r_i kT} = \frac{\ln \phi_i}{r_i} + \sum_j \left[(r_i^{-1} - r_j^{-1}) + 3\widetilde{\varepsilon}_{ij} \right] \phi_j - 1.5 \sum_j \sum_l \phi_j \phi_l \widetilde{\varepsilon}_{jl} \qquad (7-82)$$

图 7-4 是修正 Freed 模型Ⅲ与原 Freed 理论计算的二元高分子溶液临界对比温度和临界体积分数的比较。图 7-5 是弗洛里-哈金斯理论与原 Freed 理论的比较。两者比较可见,修正 Freed 模型Ⅲ计算的临界点与 Freed 理论的结果相当一致;在 r_1,r_2 均较小时,如小于 100,弗洛里-哈金斯理论偏差甚大,不能给出正确的临界点参数。随着 r_1,r_2 的增大,修正 Freed 模型Ⅲ与弗洛里-哈金斯模型和 Freed 理论均趋于一致。

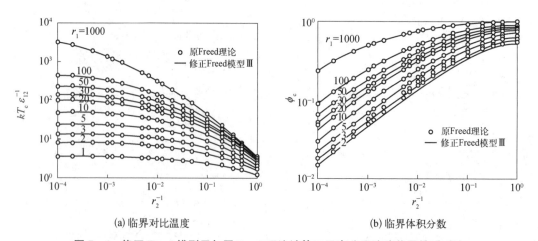

(a) 临界对比温度　　　　　　　　　(b) 临界体积分数

图 7-4　修正 Freed 模型Ⅲ与原 Freed 理论计算二元高分子溶液临界性质对比

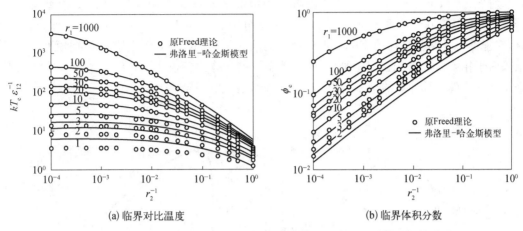

(a) 临界对比温度　　　　　　　　　(b) 临界体积分数

图 7-5　弗洛里-哈金斯模型与原 Freed 理论计算二元高分子溶液临界性质对比

图 7-6 为 $r_1=1$，r_2 分别等于 18，36，60，84 时，用修正 Freed 模型Ⅲ、原 Freed 理论和弗洛里-哈金斯模型计算的二元高分子溶液旋节线与计算机模拟（MC）结果的比较，从图中可见，修正 Freed 模型Ⅲ 与计算机模拟结果相当吻合，Freed 理论稍有偏离，而弗洛里-哈金斯模型则相差甚远。

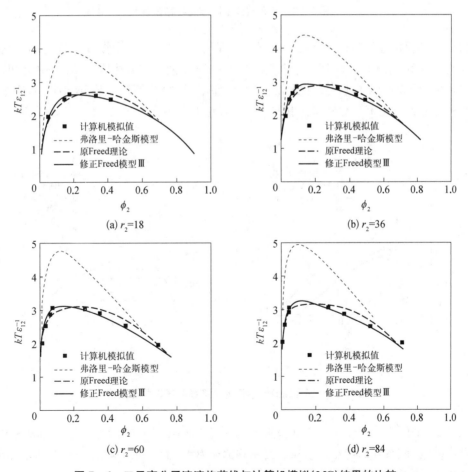

(a) $r_2=18$　　　　　　　　　(b) $r_2=36$

(c) $r_2=60$　　　　　　　　　(d) $r_2=84$

图 7-6　二元高分子溶液旋节线与计算机模拟（MC）结果的比较

对 $r_1 > 1$, $r_2 > 1$ 的二元高分子溶液的液液平衡计算表明,修正 Freed 模型Ⅲ比原 Freed 理论更接近于计算机模拟结果。图 7-7 分别是 $r_1 = 2$, $r_2 = 10$ 和 $r_1 = 5$, $r_2 = 1000$ 时,修正 Freed 模型Ⅲ与原 Freed 理论计算的液液平衡的比较,弗洛里-哈金斯模型的计算结果由于相差太远而未在图中画出,对其他系统的计算比较也表明,在 $r_1 > 1$, $r_2 > 1$ 时,修正 Freed 模型Ⅲ计算的结果与 Freed 理论非常接近。

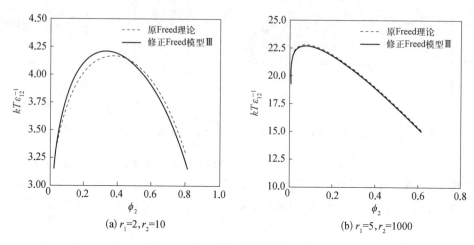

图 7-7　二元高分子溶液液共存曲线

图 7-8 是用修正 Freed 模型Ⅲ、原 Freed 理论和弗洛里-哈金斯模型计算的三元高分子溶液旋节线和液液共存曲线,这是一种常见的三元液液平衡相图。从图中可知,修正 Freed 模型Ⅲ同原 Freed 理论结果比较相近,而弗洛里-哈金斯模型则相差很远,它所得的液液平衡区域比修正 Freed 模型Ⅲ和原 Freed 理论的平衡区域都要大。

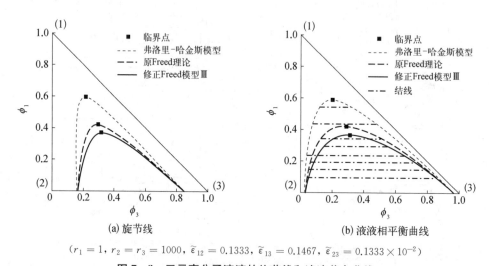

$(r_1 = 1, r_2 = r_3 = 1000, \tilde{\varepsilon}_{12} = 0.1333, \tilde{\varepsilon}_{13} = 0.1467, \tilde{\varepsilon}_{23} = 0.1333 \times 10^{-2})$

图 7-8　三元高分子溶液的旋节线和液液共存曲线

图 7-9 是用修正 Freed 模型Ⅲ和弗洛里-哈金斯模型计算的三元高分子溶液旋节线和液液共存曲线,该系统的特点是三对二元系均完全互溶,而三元系却有一环形部分互溶区。在该条件下,原 Freed 理论不存在液液部分互溶区。

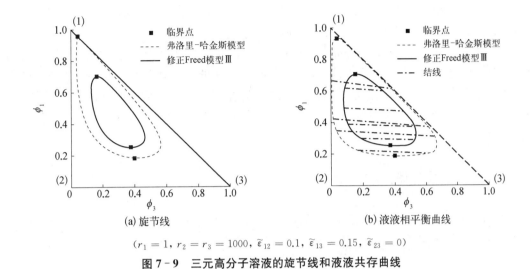

$(r_1 = 1,\ r_2 = r_3 = 1000,\ \widetilde{\varepsilon}_{12} = 0.1,\ \widetilde{\varepsilon}_{13} = 0.15,\ \widetilde{\varepsilon}_{23} = 0)$

图 7‑9　三元高分子溶液的旋节线和液液共存曲线

7.3　高分子化合物的溶解

7.3.1　溶解过程的特点

所谓溶解,是指溶质分子通过扩散与溶剂分子均匀混合成为均相系统的过程。通常情况下,由于高聚物分子与溶剂分子的尺寸相差悬殊,两者的分子运动速度存在着数量级的差别,因此溶剂分子能很快渗入高聚物,而高分子向溶剂的扩散却非常缓慢。同时,又由于高聚物结构的复杂性,如相对分子质量大并具有多分散性,高分子链的形状有线形的、支链的和交联的,高分子的聚集态存在有结晶态或非结晶态结构,所以高聚物的溶解过程要比小分子物质的溶解复杂得多,并呈现以下特点。

(1) 高分子化合物的溶解过程比较缓慢。高分子的某个链节即使被溶剂化后,仍不能自由地进入溶剂,只有当所有链节被溶剂化后,才能作为一个整体从固体表面进入溶剂;再则,高分子化合物相对分子质量很大,扩散速度缓慢,要达到与溶剂均匀混合的状态需要较长时间。一般而言,高分子化合物溶解常需要十几小时,有的甚至需要几天、几周的时间。

(2) 高分子的溶解过程要历经溶胀和溶解两个阶段。由于固体界面上的高分子溶解过程缓慢,扩散速度相对较快的溶剂分子在高分子整体还未迁移到溶剂之前,有充足时间扩散进入高分子化合物分子链间的空隙,使高分子化合物体积胀大,此现象常称为高分子化合物的溶胀过程。如果高分子化合物是线形结构分子,那么随着溶剂化作用,所有的高分子链将逐渐离解,扩散进入溶剂,与溶剂分子达到均匀混合状态,即高分子化合物被溶解,称为无限溶胀;如果高分子化合物是网状结构分子,由于分子间存在化学键交联,溶胀到一定体积后,体积不再变化,即不能被溶解,此时进出高分子化合物的溶剂分子数量相等,达到溶胀平衡,称为有限溶胀。有限溶胀可增加高分子化合物的柔性、弹性,改善机械性能。高分子化合物的交联程度决定了溶胀度的大小。交联度高,溶胀度小;交联度低,溶胀度大。因此,利用溶胀平衡实验可测量高分子化合物的交联度。

(3) 高分子化合物的溶解度与其相对分子质量有关。分子间作用力随着相对分子质量的增加而增大,相对分子质量越大,溶解就越困难。利用高分子化合物溶解度对相对分子质量的依赖性,可将高分子化合物按分子的大小进行分离。

(4) 高分子化合物的聚集态也影响到溶解度。非结晶态高分子堆砌松散,分子间相互作用较弱,溶剂分子容易渗透进入高分子化合物内部。结晶态高分子结构规整,排列紧密,分子间作用力大,溶剂分子难以渗入内部。因此后者的溶解比前者要困难得多。非极性的结晶态高分子在室温很难溶解,只有升温至其熔点附近,转变为非结晶态结构后方能溶解。

7.3.2 溶解过程的热力学分析

高分子化合物溶解过程是溶质分子(高分子)与溶剂分子相互混合的过程,这个过程进行的条件是 T,p 不变,系统的混合吉布斯函数变化量 $\Delta G_m < 0$,即

$$\Delta G_m = \Delta H_m - T\Delta S_m < 0 \tag{7-83}$$

式中,ΔH_m,ΔS_m 分别为混合焓和混合熵,T 为溶解温度。ΔH_m 反映了高分子离开本体进入溶剂的难易程度,由高分子与溶剂分子相互作用能决定。ΔS_m 反映高分子与溶剂分子的混合程度,主要是混合前后分子链的构象发生了变化。因为溶解过程中,分子排列趋于混乱,熵的变化是增加的,即 $\Delta S_m > 0$,因此溶解的可能性取决于混合焓 ΔH_m 的正负与大小。

极性高分子化合物在极性溶剂中,高分子与溶剂分子相互作用强烈,溶解时放热,即 $\Delta H_m < 0$,其结果是系统的 $\Delta G_m < 0$,溶解过程能够进行。非极性高分子化合物的溶解过程一般是吸热的,即 $\Delta H_m > 0$,故只有在 $\Delta H_m < T|\Delta S_m|$ 时,方能使式(7-83)条件得到满足,溶解才能进行。Hildebrand 和 Scott 研究非极性分子溶解过程,得出计算混合焓的半经验公式为

$$\Delta H_m = V\phi_1\phi_2\left[\left(\frac{\Delta U_1}{V_1}\right)^{1/2} - \left(\frac{\Delta U_2}{V_2}\right)^{1/2}\right]^2 \tag{7-84}$$

式中,V_1,V_2 分别为溶剂、溶质的摩尔体积;V 为溶液的体积;ϕ_1,ϕ_2 分别为溶剂、溶质的体积分数;ΔU_1,ΔU_2 为溶剂、溶质的摩尔内聚能,其定义是消除 1 mol 物质全部分子间作用力时热力学能的增量。在实际使用中,多采用溶解度参数来代替摩尔内聚能。溶解度参数定义为

$$\delta_i = \left(\frac{\Delta U_i}{V_i}\right)^{1/2} \tag{7-85}$$

式中,δ_i 的单位为 $(J \cdot cm^{-3})^{1/2}$,式(7-84)可写成

$$\Delta H_m = V\phi_1\phi_2(\delta_1 - \delta_2)^2 \tag{7-86}$$

非极性高分子化合物溶解于溶剂的混合焓也可采用式(7-86)计算。小分子化合物的溶解度参数用该化合物的汽化热数据计算,即

$$\delta^2 = \frac{\Delta H^V - RT}{V} \tag{7-87}$$

高分子化合物在不到汽化温度时就分解了,没有汽化热数据,因此高分子化合物的溶

解度参数需用间接的方法测定。高分子化合物的溶解度参数和溶剂的溶解度参数越接近，两者相互溶解的倾向就越大，混合溶液的黏度也就越大。通常将黏度最大的混合溶液所用溶剂的溶解度参数作为高分子化合物的溶解度参数。表 7-2 和表 7-3 分别列出了常用溶剂的溶解度参数和高分子化合物的溶解度参数。

表 7-2　常用溶剂的溶解度参数　　　　　单位：$(J \cdot cm^{-3})^{1/2}$

溶　剂	δ	溶　剂	δ	溶　剂	δ
正己烷	14.9	四氯乙烯	19.2	正丙醇	24.3
正庚烷	15.2	苯	18.7	环己醇	23.3
环己烷	16.8	甲苯	18.2	乙二醇	32.1
二氯甲烷	19.8	间二甲苯	18.0	丙三醇	33.7
三氯甲烷	19.0	乙苯	18.0	苯酚	29.6
四氯化碳	17.6	氯苯	19.4	间甲酚	27.2
氯乙烷	17.4	硝基苯	20.4	二乙醚	15.1
1, 2-二氯乙烷	20.0	十氢萘	18.4	乙醛	20.0
四氯乙烷	20.2～20.6	甲醇	29.6	丙酮	20.4
苯乙烯	17.7	乙醇	26.0	2-丁酮	19.0
环己酮	20.2	丙烯酸甲酯	18.2	丙烯腈	21.4
甲酸	27.6	二甲基甲酰胺	24.7	二硫化碳	20.4
乙酸	25.8	甲酰胺	36.4	二甲基亚砜	27.4
乙酸乙酯	18.6	苯胺	22.1	吡啶	21.9
乙酸丁酯	17.5	乙腈	24.1	水	47.4
乙酸戊酯	17.4	丙腈	21.9		

表 7-3　高分子化合物的溶解度参数　　　　　单位：$(J \cdot cm^{-3})^{1/2}$

高分子化合物	δ	高分子化合物		δ
聚乙烯	16.2～16.6	聚异戊二烯		15.7～16.4
聚丙烯	16.8～18.8	聚氯丁二烯		16.8～19.2
聚异丁烯	16.5	尼龙-66		27.8
聚苯乙烯	17.6～19.0	聚氨酯		20.4
聚氯乙烯	19.2～19.8	聚对苯二甲酸乙二酯		21.9
聚四氟乙烯	12.7	聚碳酸酯		20.3
聚乙烯醇	26.4～29.6	聚二甲基硅氧烷		14.9～15.5
聚乙酸乙烯	19.2	聚丁二烯/丙烯腈共聚物	82/18	17.8
聚甲基丙烯酸甲酯	18.4～19.4		75/25～70/30	18.9～20.2
聚丙烯酸甲酯	20.0～20.6	聚丁二烯/苯乙烯共聚物	85/15～87/13	16.6～17.4
聚丙烯腈	26.0～31.5			
聚甲基丙烯腈	21.9		75/25～72/28	16.6～17.6
聚丁二烯	16.6～17.6			

高分子化合物的溶解度参数还可从构成其重复单元的各基团的摩尔引力常数 b_i，采用基团贡献方法进行估算：

$$\delta = \frac{\rho \sum_i b_i}{M_0} \qquad (7-88)$$

式中，$\sum_i b_i$ 为基团的摩尔引力常数总和；ρ 为高分子化合物的密度；M_0 为构成高分子单体的相对分子质量。各基团的摩尔引力常数 b_i 列于表 7-4。

表 7-4 常见基团的摩尔引力常数 单位：$(J \cdot cm^{-3})^{1/2} \cdot mol^{-1}$

基　团	b_i	基　团	b_i	基　团	b_i
—CH₃	303.40	C=O	539.15	Cl₂	702.13
CH₂	269.58	—CHO	600.65	—Cl 伯	420.25
H—C	176.30	(CO)₂O	1162.35	—Cl 仲	426.40
C	66.60	—OH	463.30	—Cl 芳香族	330.05
H₂C=	259.33	—OH 芳香族	350.55	—F	84.05
H—C=	249.08	—H 聚酸	−103.53	共轭	47.16
C=	173.23	—NH₂	4664.33	顺式	−14.35
H—C 芳香族	239.85	NH	369.0	反式	−27.68
C= 芳香族	200.90	—N=	125.05	六元环	−47.77
—O— 醚、缩醛	235.75	—C≡N	726.73	邻位取代	19.48
—O— 环氧化物	360.80	—NCO	734.93	间位取代	13.33
—COO—	669.33	—S—	429.48	对位取代	82.0

[例 7.2] 试用基团贡献法估算聚乙烯醇的溶解度参数值，已知聚乙烯醇的密度 $\rho = 1.29\ g \cdot cm^{-3}$。

解： 聚乙烯醇的重复单元结构为

$$\begin{array}{c} H_2\ H \\ \text{---}\!\!\!\!\!-[\!-C\!-\!C\!-]\!-\text{---} \\ \mid \\ OH \end{array}$$

因此含有基团 1 个 CH₂，1 个 H—C 和 1 个—OH，查表 7-4，各基团的 b_i 依次为 269.58，176.30 和 463.30，则

$$\sum_i b_i = 1 \times 269.58 + 1 \times 176.30 + 1 \times 463.30 = 909.18 \left[(J \cdot cm^{-3})^{1/2} \cdot mol^{-1} \right]$$

重复结构单元的相对分子量 $M_0 = 44.05$，因此聚乙烯醇的溶解度参数为

$$\delta = \rho \sum_i b_i / M_0 = 1.29 \times 909.18 / 44.05 = 26.63 \left[(J \cdot cm^{-3})^{1/2} \right]$$

实测值为 $25.42 \sim 28.70 (J \cdot cm^{-3})^{1/2}$，说明计算值与实测值符合程度良好。

7.3.3 弗洛里-哈金斯相互作用参数的估算

弗洛里-哈金斯相互作用参数 χ 是高分子化合物相容性的重要参数，它的值可以在专门的工具书中查到，也可通过散射法实验测定均匀单相共混物中组成的涨落得到。

非极性混合物中组分间的相互作用主要为色散力，其相互作用参数 χ 可用 Hildebrand 和 Scott 提出的方法计算。这种方法基于分子的内聚能密度计算。依据溶解度参数 δ 定义，对于组分 A 的一个分子，式(7-85)又可写为

$$\delta_A = \left(\frac{\Delta U_A}{V_A} \right)^{1/2} \tag{7-89}$$

式中，$\Delta U_A / V_A$ 称为纯 A 态中分子的内聚能密度，表示单位体积纯 A 态分子间的相互作用能。其中 V_A 为分子 A 的体积，并满足 $V_A = N_A^* V$；V 为晶格中一个格点的体积；N_A^* 为分子 A 所占据的格点数。纯 A 态中每个格点间的相互作用能 $Z\varepsilon_{AA}$ 与溶解度参数 δ_A 的关系为

$$-Z\varepsilon_{AA} = V \frac{\Delta U_A}{V_A} = V\delta_A^2 \tag{7-90}$$

式中出现负号是由于定义汽化能为正值而相互作用能 ε_{AA} 为负值的缘故。同理，纯 B 态中每个格点间相互作用能为

$$-Z\varepsilon_{BB} = V \frac{\Delta U_B}{V_B} = V\delta_B^2 \tag{7-91}$$

式中，V_B 为分子 B 的体积，并满足 $V_B = N_B^* V$。A、B 分子间相互作用的内聚能密度近似为几何平均值，即

$$-Z\varepsilon_{AB} = V\delta_A\delta_B \tag{7-92}$$

将式(7-90)~式(7-92)代入 $\chi = Z\tilde{\varepsilon}_{12}$，并结合式(7-15)得

$$\chi = V \frac{\delta_A^2 + \delta_B^2 - 2\delta_A\delta_B}{kT} = \frac{V}{kT}(\delta_A - \delta_B)^2 \tag{7-93}$$

由于将弗洛里-哈金斯相互作用参数 χ 表示为溶解度参数差平方的函数，因此 χ 总是正值。以上的推导思路对组分间只有范德瓦耳斯相互作用力的非极性系统适用，对具有强极性或特殊相互作用(如氢键)的混合物不适用。

弗洛里-哈金斯晶格模型的一个主要假设就是混合时无体积变化，同一格子上的格点对二元系组分链节都适用。但在大多数的高分子共混物中，混合时会发生格点体积的变

化。某些组分格点与其他格点堆积更紧密。混合时的体积变化与局部堆积效应使得弗洛里相互作用参数公式中增加了一项与温度无关的常量。实际工作中,这两种效应并未被透彻了解,因此把所有对格子模型的偏差都归纳到弗洛里-哈金斯相互作用参数 χ 上,使其与组成、链长、温度都具有显著的依赖关系。

弗洛里-哈金斯相互作用参数与温度关系的经验公式通常写成如式(7-94)的两项之和:

$$\chi(T) = a + \frac{b}{T} \tag{7-94}$$

式中,与温度无关的项 a 称为 χ 的熵部分,b/T 称为焓部分。一些代表性高分子共混物的参数 a、b 列于表 7-5 中。同位素共混物(如氘化聚苯乙烯与普通聚苯乙烯 dPS/PS)的 χ 通常为较小的正值,所以只有在相对分子质量很大时才发生相分离。PS/PMMA 在表 7-5 中有四组数据,反映了不同氘代情况的差异。PS/PMMA 是比较典型的高分子共聚物,其 χ 为 0.01 量级的正值,在较低相对分子质量时就成为不相容共混物。PVME/PS、PS/PPO、PS/TMPC 等系统的 χ 在很宽的温度范围中都为较大的负值(-0.01 量级),但由于 $a > 0$,而 $b < 0$,故此类共混物在加热时会发生相分离。PEO/PMMA、PP/hhPP、PIB/hhPP 等系统的 $\chi \cong 0$,代表了组分间相互作用极弱的情况。

表 7-5　高分子共混物的弗洛里-哈金斯相互作用参数 χ 与温度的关系($V = 100 \text{ Å}$[①]^3)

共混物	a	b/K	T 的范围/℃	共混物	a	b/K	T 的范围/℃
dPS/PS	-0.00017	0.117	150~220	dPS/PPO	0.059	-32.5	180~330
dPS/PMMA	0.0174	2.39	120~180	dPS/TMPC	0.157	-81.3	190~250
PS/dPMMA	0.0180	1.96	170~210	PEO/dPMMA	-0.0021	—	80~160
PS/PMMA	0.0129	1.96	100~200	PIB/hhPP	-0.00364	1.84	30~130
dPS/dPMMA	0.0154	1.96	130~210	PIB/dhhPP	0.0180	-7.74	30~170
PVME/PS	0.103	-43.0	60~150				

注:dPS—氘化聚苯乙烯;PS—聚苯乙烯;PMMA—聚甲基丙烯酸甲酯;dPMMA—氘化聚甲基丙烯酸甲酯;PVME—聚乙烯基甲基醚;PPO—聚 2,6-二甲基-1,4-苯醚;TMPC—四甲基聚碳酸酯;PEO—聚氧化乙烯;PP—聚丙烯;hhPP—头头式聚丙烯;PIB—聚异丁烯;dhhPP—氘化头头式聚丙烯。

此外,参数 a、b 对分子链长和组成有较弱的依赖性。弗洛里-哈金斯晶格模型的缺陷是将影响因素都堆积在相互作用参数 χ 上。弗洛里-哈金斯公式(包括结合在 χ 中的所有修正)包含了确定混合物平衡态以及是否存在亚稳态的全部热力学信息。

7.3.4　溶剂的选择和评价

溶剂溶解高分子化合物的能力不仅取决于溶剂本身的性质,还与高分子化合物的特性有关。高分子化合物是极性还是非极性,是交联还是未交联,是结晶态还是非结晶态,以及相对分子质量的大小等,都是选择溶剂时需要考虑的因素,以下是根据实践经验和理论分析得到的高分子化合物溶剂选择的一般性规律。

---

① 1 Å = 10^{-10} m。

（1）极性相近原则：极性大的溶质溶于极性大的溶剂；极性小的溶质溶于极性小的溶剂；溶质跟溶剂的极性越相近，两者越易互溶。例如：未硫化的天然橡胶是非极性的，可很好地溶于汽油、苯、甲苯等非极性溶剂；聚苯乙烯可溶于非极性的苯或乙苯，也可溶于弱极性的丁酮等溶剂；聚乙烯醇是极性的，可溶于水和乙醇；聚丙烯腈可溶于二甲基甲酰胺；尼龙 6 和尼龙 66 可溶于甲酚和甲酸等极性溶剂。

（2）溶剂化原则：极性高分子化合物的溶胀和溶解过程实质上是高分子链上的极性基团与极性溶剂的静电引力作用使高分子化合物溶剂化的过程。溶剂化可认为是广义的酸碱中和反应。广义酸是带正电荷的亲电子体，广义碱则是带负电荷的亲核体。高分子化合物和溶剂中常见的亲电子基团和亲核基团，按它们的强弱顺序排列如下。

亲电子基团：$-SO_3H>-COOH>-C_6H_4OH>=CHCN>=CHNO_2>-CH_2Cl>$ $=CHCl$。

亲核基团：$-CH_2NH_2>-C_6H_4NH_2>-CON(CH_3)_2$，$-CONH->\equiv PO_4>$ $-CH_2COCH_2->-CH_2COOCH_2->-CH_2OCH_2-$。

含亲电子基团的高分子化合物能溶于含亲核基团的溶剂；反之，含亲核基团的高分子化合物能溶于含亲电子基团的溶剂。如硝酸纤维素含亲电子基团 $-ONO_2$，可溶于丙酮、樟脑及醇醚混合溶剂；乙酸纤维素含有亲核基团 $-OOC-CH_3$，可溶于二氯甲烷和三氯甲烷中。上述两序列中后面的几个基团的亲电子性或亲核性较弱，含有这些基团的化合物溶解时不需要很强的溶剂化，既可溶于含亲电子基团的溶剂，也可溶于含亲核基团的溶剂，如聚氯乙烯既可溶于环己酮，也可溶于硝基苯。若高分子化合物含有上述两序列中前面的基团，由于它们的亲电子或亲核性很强，应选择含有相反的序列中前面几个基团的化合物作溶剂。例如：尼龙 6 和尼龙 66 含酰胺基，易溶于含羧基的甲酸或间甲酚；聚丙烯腈含氰基，易溶于二甲基甲酰胺。

（3）溶解度参数相近原则：对于非极性高分子化合物和溶剂系统，由式（7-86）可知其混合焓 ΔH_m 总是正的。高分子化合物和溶剂的溶解度参数越接近，ΔH_m 越小，越能满足 $\Delta G_m<0$ 的溶解条件。一般是 $|\delta_1-\delta_2|\leqslant 3.4\sim 4.0(J\cdot cm^{-3})^{1/2}$ 时，高分子化合物能溶于所选溶剂，否则不溶。结晶态高分子化合物溶解时，必须升温破坏晶格后，才能用溶解度参数来估算其溶解性。

在选择溶剂时，除使用单一溶剂外，还可使用混合溶剂。混合溶剂在选择和配制时，可用溶解度参数作为依据。混合溶剂的溶解度参数可采用下式近似估算：

$$\delta_m=\sum_i\phi_i\delta_i \tag{7-95}$$

式中，δ_m 为混合溶剂的溶解度参数，δ_i 为溶剂 i 的溶解度参数。若高分子化合物的溶解度参数与混合溶剂的 δ_m 很相近，则其可溶于该混合溶剂中。如由丙酮 $[\delta=20.4(J\cdot cm^{-3})^{1/2}]$ 和环己酮 $[\delta=20.2(J\cdot cm^{-3})^{1/2}]$ 按一定的比例配成混合溶剂，对聚苯乙烯 $[\delta=17.6\sim 19.0$ $(J\cdot cm^{-3})^{1/2}]$ 就具有良好的溶解性。

（4）弗洛里-哈金斯参数判断原则：从溶解过程的本质考虑，反映高分子化合物-溶剂相互作用的弗洛里-哈金斯参数 χ 也可作为判断溶剂溶解能力的依据。

从式（7-35）知，高分子化合物-溶剂相互作用参数 χ 小于 1/2 原则：对于高分子化合物-溶剂系统，当 $\chi<1/2$ 时，溶剂的化学位变化 $\Delta\mu_1$ 将小于零，高分子化合物溶解的倾向

大,该溶剂为良溶剂,χ比1/2小得越多,则溶解能力越强;当$\chi>1/2$时,$\Delta\mu_1$较大,高分子化合物一般不溶解,该溶剂为不良溶剂;当$\chi=1/2$,溶剂为θ溶剂,该溶解过程实质上为高分子化合物的无限溶胀过程。因此,可根据χ偏离1/2的大小来选择合适的溶剂。表7-6列出了某些高分子化合物-溶剂系统的χ。

表7-6 高分子化合物-溶剂系统的χ

高分子化合物	溶 剂	温度/℃	χ	高分子化合物	溶 剂	温度/℃	χ
聚氯乙烯	磷酸三丁酯	53	−0.65	硝化纤维素	乙酸戊酯	25	0.02
	四氢呋喃	27	0.14		丙酮	25	0.27
	环己烷	30	0.24	氯丁橡胶	甲苯	30	0.38
	二氧六环	30	0.50	天然橡胶	四氯甲烷	15~20	0.28
	丙酮	27	0.63		环己烷	15~25	0.33
聚苯乙烯	甲苯	27	0.44		苯	25	0.44
	月桂酸乙酯	25	0.47		二硫化碳	25	0.49
聚异丁烯	环己烷	25	0.43				
	苯	25	0.50				

虽然以上这些原则对许多简单的化合物都适用,对于许多高分子的溶剂选择也有用处,但不符合该原则例外的情况也有很多。例如:聚氯乙烯$[\delta=19.4(\text{J}\cdot\text{cm}^{-3})^{1/2}]$可溶于环己酮$[\delta=20.2(\text{J}\cdot\text{cm}^{-3})^{1/2}]$,聚碳酸酯$[\delta=20.3(\text{J}\cdot\text{cm}^{-3})^{1/2}]$可溶于二氯甲烷$[\delta=19.8(\text{J}\cdot\text{cm}^{-3})^{1/2}]$,但若两种溶剂互换,则两高分子均不溶解;尼龙-66$[\delta=27.8(\text{J}\cdot\text{cm}^{-3})^{1/2}]$不溶于与其溶解度参数相差较大的甲醇$[\delta=29.6(\text{J}\cdot\text{cm}^{-3})^{1/2}]$,却可溶于苯酚$[\delta=29.6(\text{J}\cdot\text{cm}^{-3})^{1/2}]$等。总的说来,高分子化合物溶剂的选择目前还没有统一的规律可循,所以在工作中遇到这类问题时要具体分析高分子化合物是结晶的还是非结晶的,是极性的还是非极性的以及相对分子质量的大小等,然后再使用经验规律来解决实际问题。

7.4 高分子系统的相平衡

有机高分子材料在生产、加工过程中会涉及许多高分子溶液、均相或多相高分子共混物的相平衡理论。高分子化合物的相对分子质量很大、共聚物分子中单体有不同分布、混合物中分子可取不同位形等特点,使得高分子系统的相行为除了具有与小分子系统的一般共性外,还有一些特有的规律。

7.4.1 高分子溶液的渗透压

4.9.4节已定义了渗透压π,得出达到渗透平衡时,溶剂在两相中的化学位相等的规律,即

$$\mu_1^{\Theta}(T,p)=\mu_1(T,p+\pi) \tag{7-96}$$

由于 $\mu_1(T,\ p+\pi)=\mu_1(T,\ p)+\left(\dfrac{\partial \mu_1}{\partial p}\right)_T \pi=\mu_1(T,\ p)+\overline{V_1}\pi$，则

$$\Delta \mu_1=\mu_1(T,\ p)-\mu_1^{\ominus}(T,\ p)=-\pi\,\overline{V_1}$$

或

$$\pi=-\frac{\mu_1(T,\ p)-\mu_1^{\ominus}(T,\ p)}{\overline{V_1}}=-\frac{1}{\overline{V_1}}RT\ln \hat{a}_1 \tag{7-97}$$

式中，$\overline{V_1}$ 为溶剂的偏摩尔体积，$\hat{a}_1$ 为溶剂 1 的活度。若以理想溶液的 $\hat{a}_1=x_1$，$\overline{V_1}=V_1$ 代入式(7-97)，得

$$\pi=-\frac{1}{V_1}RT\ln x_1=-\frac{1}{V_1}RT\ln(1-x_2) \tag{7-98}$$

对于稀溶液，溶质的物质的量分数 $x_2\ll 1$，则 $\ln(1-x_2)\approx -x_2$，代入式(7-98)得 $\pi=\dfrac{RTx_2}{V_1}$。若以溶液的质量浓度（单位为 $kg\cdot m^{-3}$）表示，有

$$\frac{\pi}{c_2}=\frac{RT}{M_2} \tag{7-99}$$

这就是表示理想溶液渗透压的范托夫方程，式中 M_2 为溶质 2 的相对分子质量。

高分子溶液一般不是理想溶液，高分子溶液的渗透压不符合范托夫方程。经热力学推导，高分子溶液的渗透压可表示为位力方程的级数展开式：

$$\frac{\pi}{c}=RT\left(\frac{1}{M}+B_2^{*}c+B_3^{*}c^2+\cdots\right) \tag{7-100}$$

式中，B_2^{*}，B_3^{*}，…依次是第二，第三……渗透压位力系数，它们反映了高分子溶液与理想溶液的偏离程度。

按弗洛里-哈金斯晶格模型，将高分子溶液中溶剂的化学位计算关系式(7-21)代入式(7-97)，得高分子溶液的渗透压为

$$\pi=-\frac{1}{\overline{V_1}}RT\left[\ln(1-\phi_2)+\left(1-\frac{1}{r}\right)\phi_2+\chi\phi_2^2\right] \tag{7-101}$$

稀溶液中，$\overline{V_1}\approx V_1$，$\phi_2\ll 1$，将 $\ln(1-\phi_2)$ 展开并忽略四阶以上的高次项，注意到有 $\dfrac{\phi_2}{rV_1}\approx\dfrac{N_2}{N_1V_1}=\dfrac{x_2}{V_1}=\dfrac{c_2}{M_2}$ 的关系，则式(7-101)变为

$$\pi=RT\left[\frac{c_2}{M_2}+\frac{(1/2-\chi)\phi_2^2}{V_1}+\frac{\phi_2^3}{3V_1}\right] \tag{7-102}$$

又 $\phi_2=\dfrac{n_2V_2}{n_1V_1+n_2V_2}\approx\dfrac{x_2V_2}{V_1}=\dfrac{c_2}{\rho_2}$，其中 ρ_2 为高分子的密度，上式可改写为

$$\frac{\pi}{c_2}=RT\left[\frac{1}{M_2}+\left(\frac{1}{2}-\chi\right)\frac{c_2}{V_1\rho_2^2}+\frac{\phi_2^3}{3V_1\rho_2^2}\right] \tag{7-103}$$

将式(7-103)与式(7-100)相比，可得

$$B_2^* = \frac{1/2 - \chi}{V_1 \rho_2^2} \tag{7-104a}$$

将式(7-36)和 $\theta = \dfrac{\kappa_1 T}{\psi_1}$ 代入式(7-103),还可得

$$B_2^* = \frac{\psi_1\left(1 - \dfrac{\theta}{T}\right)}{V_1 \rho_2^2} \tag{7-104b}$$

式(7-104a)和式(7-104b)表明渗透压第二位力系数 B_2^* 与 χ 一样表征了高分子链节之间以及高分子链节与溶剂分子之间的相互作用。在良溶剂中,$\chi < 1/2$,B_2^* 为正值。加入不良溶剂或降低温度时,θ/T 增大,B_2^* 的数值逐渐减小。当 $B_2^* = 0$ 时,高分子链节间由于溶剂化及排斥体积效应所表现的斥力刚好与链节间的引力相互抵消,高分子溶液行为符合理想溶液行为。如果继续加入不良溶剂或降低温度,B_2^* 变为负值,高分子就会从溶液中沉淀出来。

忽略位力展开式(7-100)第二项后的高次项,得

$$\pi/c_2 = RT(1/M_2 + B_2^* c_2) \tag{7-105}$$

因此,在一定温度下,以 π/c_2 对 c_2 作图应是一条直线。根据直线外推到 $c_2 = 0$ 时的截距即可确定高分子的相对分子质量,由直线的斜率可确定第二渗透压位力系数 B_2^*。

对于大多数高分子化合物-溶剂系统,尤其是浓度不是很低时,π/c_2 对 c_2 作图不呈线性关系,这时须考虑第三项的影响。

$$\begin{aligned}
\frac{\pi}{c_2} &= RT\left(\frac{1}{M_2} + B_2^* c_2 + B_3^* c_2^2\right) \\
&= \frac{RT}{M_2}(1 + \Gamma_2 c_2 + \Gamma_3 c_2^2)
\end{aligned} \tag{7-106}$$

式中,$\Gamma_2 = B_2^* M_2$,$\Gamma_3 = B_3^* M_2$。理论上可证明 $\Gamma_2 = g\Gamma_3$,且 g 可近似看作一个常数。大量不同高分子-溶剂系统的实验数据表明,取 $g = 0.25$ 时,理论计算值与实验值符合良好。因此式(7-106)可写成

$$(\pi/c_2)^{1/2} = (RT/M_2)^{1/2}(1 + \Gamma_2 c_2/2) \tag{7-107}$$

以 $(\pi/c_2)^{1/2}$ 对 c_2 作图,在一定浓度范围内可得线性关系,其截距为 $(RT/M_2)^{1/2}$,斜率为 $(RT/M_2)^{1/2}(\Gamma_2/2)$,从而可求得相对分子质量和第二、第三渗透压位力系数 B_2^*,B_3^* 的值。

[**例7.3**] 298 K 时聚苯乙烯-甲苯溶液的渗透压测定结果如下:

$c_2/(\mathrm{kg \cdot m^{-3}})$	1.55	2.65	2.93	3.80	5.38	7.80	8.68
π/Pa	15.68	27.44	32.34	46.06	75.46	132.3	156.8

试求聚苯乙烯的平均相对分子质量和该溶液系统的 B_2^*,B_3^* 和 χ。已知甲苯的摩尔体积 $V_1 = 1.069 \times 10^{-4}\ \mathrm{m^3 \cdot mol^{-1}}$,聚苯乙烯的密度 $\rho_2 = 1080\ \mathrm{kg \cdot m^{-3}}$。

解: 式(7-107)是关于 c_2 的一次函数式,令 $c_2 = x$,$(\pi/c_2)^{1/2} = y$,采用最小二乘法,将实验数据进行关联计算,得

x	1.55	2.65	2.93	3.80	5.38	7.80	8.68
y	3.18	3.22	3.32	3.48	3.75	4.12	4.25

则 $\bar{x}=\dfrac{1}{7}\sum\limits_{i=1}^{7}x_i=4.684$；$\bar{y}=\dfrac{1}{7}\sum\limits_{i=1}^{7}y_i=3.6166$

$$\left(\frac{RT}{M_2}\right)^{1/2}\frac{\Gamma_2}{2}=\frac{\sum\limits_{i=1}^{7}(x_i-\bar{x})(y_i-\bar{y})}{\sum\limits_{i=1}^{7}(x_i-\bar{x})^2}=\frac{7.009}{44.001}=0.1593 \tag{a}$$

$$\left(\frac{RT}{M_2}\right)^{1/2}=\bar{y}-\left(\frac{RT}{M_2}\right)^{1/2}\frac{\Gamma_2}{2}\bar{x}=3.6166-0.1593\times4.684=2.870 \tag{b}$$

则由式(b)知,聚苯乙烯的平均相对分子量

$$M_2=\frac{RT}{2.870^2}=\frac{8.314\times10^3\times298}{2.870^2}=3.01\times10^5(\mathrm{g\cdot mol^{-1}})$$

将 M_2 代入式(a),得

$$\Gamma_2=2\times\frac{0.1593}{2.870}=0.111(\mathrm{m^3\cdot kg^{-1}})$$

第二渗透压位力系数为

$$B_2^*=\frac{\Gamma_2}{M_2}=\frac{0.111\times10^3}{3.01\times10^5}=3.69\times10^{-4}(\mathrm{m^3\cdot mol\cdot kg^{-2}})$$

$$B_3^*=4B_2^*=1.476\times10^{-3}(\mathrm{m^3\cdot mol\cdot kg^{-2}})$$

由 $B_2^*=\dfrac{1/2-\chi}{V_1\rho_2^2}$ 解得

$$\chi=\frac{1}{2}-B_2^*V_1\rho_2^2=\frac{1}{2}-3.69\times10^{-4}\times1.069\times10^{-4}\times1080^2=0.454$$

此外,计算得到的线性回归的相关系数 $R=0.995$,表明实验数据 $(\pi/c_2)^{1/2}$ 与 c_2 之间比较好地符合线性关系。

7.4.2　高分子溶液的相分离

5.7.1 节中讨论了普通小分子溶液的稳定性和相分离条件,同样对于由溶剂和高分子化合物组成的二元系统,在一定温度、压力下,溶液稳定的条件仍为

$$\frac{\partial^2 G_t}{\partial\phi_2^2}>0 \tag{7-108}$$

图 7-10 为二元高分子化合物系统的 ΔG_t 与 ϕ_2 的关系示意图。由图可知,当温度为 T_1 时,ΔG_t 随 ϕ_2 变化曲线上有两个极小值和一个极大值,曲线有两个拐点。过曲线可作一

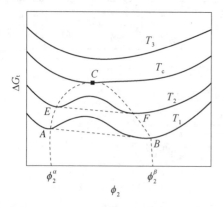

图 7 - 10 二元高分子化合物系统
ΔG_t 与 ϕ_2 的关系

条公切线 AB,切点 A 和 B 的组成分别为 ϕ_2^α 和 ϕ_2^β。根据溶液稳定的条件可知,组成在 ϕ_2^α 和 ϕ_2^β 之间的溶液是不稳定的,都将分裂成互成平衡的 α、β 两相,浓度较小的 α 相称为稀相,浓度较大的 β 相称为浓相或沉淀相,其平衡组成就是 ϕ_2^α 和 ϕ_2^β。随着温度的升高,两切点不断接近,如图 7 - 10 中所示的虚线 $AECFB$ 即为切点的轨迹。当温度为 T_c 时,两切点将汇合成一点 C,此时两共存相消失而成为均匀的单相。T_c 即临界共溶温度,联结各切点的曲线即双节线。双节线包围的区域内,溶液分成两相;其他区域,溶液呈均相。例如:聚乙烯-二异丁基酮等系统,具有温度为 T_c 的上临界共溶温度,而聚甲基丙烯酸甲酯-丁酮等系统具有温度为 T_c 的下临界共溶温度。

在临界共溶温度状态时,ΔG_t 与 ϕ_2 的曲线上的极值点和拐点趋于一点,系统的吉布斯函数变化量对组成的一阶、二阶和三阶导数都等于零,即

$$\frac{\partial \Delta G_t}{\partial \phi_2} = 0, \quad \frac{\partial^2 \Delta G_t}{\partial \phi_2^2} = 0, \quad \frac{\partial^3 \Delta G_t}{\partial \phi_2^3} = 0 \qquad (7-109)$$

将弗洛里-哈金斯晶格模型理论得到的混合吉布斯函数关系,即式(7-20)代入式(7-109)可解得相分离的临界条件为

$$\phi_{2,c} = \frac{1}{1+\sqrt{r}}, \quad \chi_c = \frac{(1+\sqrt{r})^2}{2r} \qquad (7-110)$$

式中,下标 c 表示临界状态。由于 $\psi_1(1-\theta/T) = 1/2 - \chi$,因此在临界条件下,有

$$\frac{1}{T_c} = \frac{1}{\theta} + \left(\frac{1}{\sqrt{r}} + \frac{1}{2r}\right)\theta\psi_1 \qquad (7-111)$$

式(7-111)表明,$1/T_c$ 与高分子链节数 r 的某种组合具有线性关系,以 $1/T_c$ 对 $1/\sqrt{r} + 1/2r$ 作图,并将所得直线外推至 $r \to \infty$ 时,可得该系统临界特征温度 θ_c,且相应的 $\chi_c = 0.5$。

图 7 - 11 为三元系统的混溶间隙、旋节面和临界轨迹,纵坐标为温度 T,横坐标为各组分的物质的量分数 $x_i(i = 1, 2, 3)$,图中标明了其中混溶间隙(液液共存的两相区)、双节线、旋节面(线)、临界(点)轨迹和结线。其中双节线满足关系式(5-55),即相平衡准则。旋节面(线)和临界(点)轨迹必须满足式(7-75)、式(7-76)等于零的条件。

高分子化合物相对分子质量通常具有多分散性,只有把不同相对分子质量的高分子化合物看成一个组分,高分子溶液才能作为拟二元系统

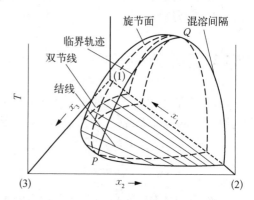

图 7 - 11 三元系统的混溶间隙、
旋节面和临界轨迹

处理。二元系统达到相平衡时应满足

$$\mu_1^\alpha = \mu_1^\beta, \ \mu_r^\alpha = \mu_r^\beta$$

式中,下标 r 表示聚合度为 r 的高分子化合物。若以 $\bar{r}$ 表示平均聚合度,则有

$$\Delta \overline{\mu_1} = RT \left[\ln \phi_1 + \left(1 - \frac{1}{\bar{r}} \right) \phi_{\bar{r}} + \chi \phi_{\bar{r}}^2 \right] \tag{7-112}$$

$$\Delta \overline{\mu_{\bar{r}}} = RT \left[\ln \phi_{\bar{r}} + (1 - \bar{r}) + \left(1 - \frac{1}{\bar{r}} \right) \bar{r} \phi_{\bar{r}} + \bar{r} \chi \phi_1^2 \right] \tag{7-113}$$

若高分子的相对分子质量是均一的,即 $r = \bar{r}$, $\phi_r = \phi_{\bar{r}}$,则式(7-112)、式(7-113)分别还原为式(7-21)、式(7-24)。将式(7-112)、式(7-113)代入相平衡关系式(5-55)联立求解,得

$$\ln \frac{\phi_{\bar{r}}^\beta}{\phi_{\bar{r}}^\alpha} = \bar{r} \left[2\chi (\phi_1^\alpha - \phi_1^\beta) + \ln \frac{\phi_1^\beta}{\phi_1^\alpha} \right] \tag{7-114}$$

令 $\delta = 2\chi (\phi_1^\alpha - \phi_1^\beta) + \ln \dfrac{\phi_1^\beta}{\phi_1^\alpha}$,则

$$\frac{\phi_{\bar{r}}^\beta}{\phi_{\bar{r}}^\alpha} = \exp(\bar{r}\delta) \tag{7-115}$$

对于指定的相分离条件,δ 为一常数。式(7-115)表明,在高分子溶液中,不同相对分子质量级分的高分子化合物在浓相与稀相的浓度比随聚合度增大而呈指数上升。若两相平衡时,稀相和浓相的体积分别 V^α 和 V^β,令 $R = V^\beta / V^\alpha$,则高分子化合物在两相的质量比为

$$\frac{w_{\bar{r}}^\beta}{w_{\bar{r}}^\alpha} = \frac{\phi_{\bar{r}}^\beta V^\beta \rho_{\bar{r}}^\beta}{\phi_{\bar{r}}^\alpha V^\alpha \rho_{\bar{r}}^\alpha} = R \exp(\bar{r}\delta) \tag{7-116}$$

若认为式(7-116)中高分子在稀相和浓相中的密度 $\rho_{\bar{r}}^\alpha$ 与 $\rho_{\bar{r}}^\beta$ 相等。在稀相和浓相所占的质量分数为

$$f_{\bar{r}}^\alpha = \frac{w_{\bar{r}}^\alpha}{w_{\bar{r}}^\alpha + w_{\bar{r}}^\beta} = \frac{1}{1 + R \exp(\bar{r}\delta)} \tag{7-117}$$

$$f_{\bar{r}}^\beta = \frac{w_{\bar{r}}^\beta}{w_{\bar{r}}^\alpha + w_{\bar{r}}^\beta} = \frac{R \exp(\bar{r}\delta)}{1 + R \exp(\bar{r}\delta)} \tag{7-118}$$

式(7-117)、式(7-118)表明了高分子化合物在两相中的分配情况,它们是高分子溶液分级和两相分离的基础。由式(7-111)知,相对分子质量大的级分临界共溶温度高,相对分子质量小的级分临界共溶温度低。因此,对指定的高分子溶液系统,温度降至共溶温度以下时,聚合度大的分子首先进入浓相而从溶液中分离;逐步降低温度,可依次分离出相对分子量由大到小的各个级分,这个过程称为高分子化合物的降温级分。

由式(7-110)知,χ 随聚合度的增加而降低。因此,利用 χ 对聚合度的依赖关系,在一定温度下,向高分子溶液加入沉淀剂,使系统的 χ 逐步增加,从而使溶液中的高分子化合物按相对分子质量大小顺序逐一从溶液中分离。这一过程称为高分子化合物的沉淀分级。

7.4.3 高分子化合物的共混

共混高分子化合物也是一种溶液,其相容性同样可用溶液热力学理论来分析。假设 A、B 两种高分子化合物分别含有 r_A 和 r_B 个链节,根据弗洛里-哈金斯晶格模型理论,混合时系统的热力学函数为

$$\Delta S_t = -R(n_A \ln \phi_A + n_B \ln \phi_B) \tag{7-119}$$

$$\Delta U_t = RT \chi r_A n_A \phi_B = RT \chi r_B n_B \phi_A \tag{7-120}$$

$$\Delta A_t = \Delta G_t = RT(n_A \ln \phi_A + n_B \ln \phi_B + \chi r_A n_A \phi_B)$$
$$= RT(n_A \ln \phi_A + n_B \ln \phi_B + \chi r_B n_B \phi_A) \tag{7-121}$$

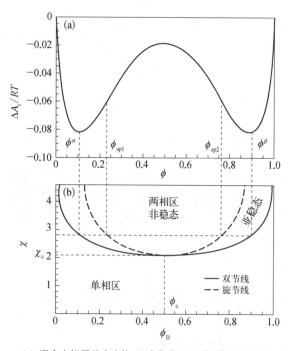

(a) 混合亥姆霍兹自由能-组成曲线;(b) 共混物的相图。

图 7-12 对称高分子共混物($\chi = 2.7$)

对多数高分子化合物共混系统,ΔG_t 是正值,为热力学不相容系统。对 $\Delta G_t < 0$ 的共混系统,ΔG_t 与 ϕ_A(或 ϕ_B)有类似于图 7-10 所示的关系,存在一个临界共溶温度,或者存在一个临界值 χ_c。当 $\chi < \chi_c$ 时,两种高分子化合物可按任意比例混溶;当 $\chi > \chi_c$ 时,系统分为两相,两相具有不同的组成,如图 7-12 所示。

根据溶液稳定性条件判据,由 ΔG_t 表达式求得的临界条件为

$$\phi_{A,c} = \frac{\sqrt{r_B}}{\sqrt{r_A} + \sqrt{r_B}},$$

$$\phi_{B,c} = \frac{\sqrt{r_A}}{\sqrt{r_A} + \sqrt{r_B}} \tag{7-122}$$

$$\chi_c = \frac{1}{2}\left(\frac{1}{\sqrt{r_A}} + \frac{1}{\sqrt{r_B}}\right)^2 \tag{7-123}$$

除了以上采用弗洛里-哈金斯晶格模型分析混合系统的热力学性质之外,还可采用修正 Freed 模型Ⅲ,即式(7-73)进行分析,所得结果将更接近实际。

因为 r 很大,所以只有 χ 很小的共混系统才有可能满足热力学相容条件。共混高分子化合物的 χ 是温度的函数,并在某一温度出现极小值,即随着温度的升高或降低,都可能使 χ 增大,直至达到上临界共溶温度或下临界共溶温度。因此,高分子化合物共混系统的相容性有一定的温度范围。研究表明,存在下临界共溶温度是高分子共混系统较为普遍的现象。

共混是改变高分子化合物性质、获得具有指定性能材料的有效手段。该方法比合成新的高分子化合物要省力得多,在工业上有重要的实用价值。对共混高分子化合物相容性的研究将有助于深入了解共混材料的结构和物理性质,促进新型材料的开发和应用。

7.4.4　交联高分子化合物的溶胀

交联高分子化合物共有三维网状结构,能吸收大量溶剂发生溶胀而不被溶剂所溶解。溶胀过程同膜渗透现象类似,当纯溶剂的化学位高于由溶剂-高分子化合物组成的混合系统的化学位时,纯溶剂向混合物系统渗透,直至两者化学位相等,达到溶胀平衡状态为止。在溶胀过程中,溶胀体内吉布斯自由能变化由两部分组成

$$\Delta G_T = \Delta G_t + \Delta G_{sw} \tag{7-124}$$

式中,ΔG_t 为溶剂-高分子的混合吉布斯自由能,可由晶格模型式(7-20)或(7-73)等计算;ΔG_{sw} 为溶胀过程导致网键扩张引起的弹性自由焓,可用模仿橡皮形变过程进行计算。

设有如图 7-13 所示的单位立方体试样,各向同性自由溶胀,溶胀后各边长为 λ。根据橡胶弹性理论,ΔG_{sw} 可表示为

$$\Delta G_{sw} = \frac{3\rho_P RT}{2 \overline{M_C}} (\lambda^2 - 1) \tag{7-125}$$

式中,$\overline{M_C}$ 为网链的平均相对分子质量;ρ_P 为高分子化合物的密度,$g \cdot cm^{-3}$。考虑到溶胀后高分子化合物所占体积分数应为溶胀前后的体积之比,即

$$\phi_2 = \frac{1}{\lambda^3} \tag{7-126}$$

代入式(7-125),得

$$\Delta G_{sw} = \frac{3\rho_P RT}{2 \overline{M_C}} (\phi_2^{-2/3} - 1) \tag{7-127}$$

当达到溶胀平衡时,$\Delta \mu_1 = 0$,即

$$\Delta \mu_1 = \left(\frac{\partial \Delta G_t}{\partial n_1} \right)_{T, p, n_2} + \left(\frac{\partial \Delta G_{sw}}{\partial n_1} \right)_{T, p, n_2} = 0 \tag{7-128}$$

通常交联高分子化合物的 r 非常大,式(7-127)可近似为

$$\left(\frac{\partial \Delta G_t}{\partial n_1} \right)_{T, p, n_2} = RT \left[\ln(1 - \phi_2) + \phi_2 + \chi \phi_2^2 \right] \tag{7-129}$$

设高分子化合物溶胀前后的体积比为 Q(Q 在溶胀平衡时达到极值,亦称为溶胀比),则

$$Q = 1/\phi_2 = 1 + n_1 \overline{V_1} \tag{7-130}$$

式中,n_1 为溶胀体内溶剂的物质的量;$\overline{V_1}$ 为溶剂的偏摩尔体积,则

$$\left(\frac{\partial \Delta G_{sw}}{\partial n_1} \right)_{T, p, n_2} = \left(\frac{\partial \Delta G_{sw}}{\partial \phi_2} \frac{\partial \phi_2}{\partial n_1} \right)_{T, p, n_2} = \frac{\rho_P RT}{\overline{M_C}} \overline{V_1} \phi_2^{1/3} \tag{7-131}$$

将式(7-129)~式(7-131)代入式(7-128)中,得到溶胀平衡的条件为

$$\ln(1 - \phi_2) + \phi_2 + \chi \phi_2^2 + \frac{\rho_P \overline{V_1}}{\overline{M_C}} \phi_2^{1/3} = 0 \tag{7-132}$$

在交联密度不是很高时,在良溶剂中溶胀比 Q 可超过 10,即 ϕ_2 很小,将 $\ln(1-\phi_2)$ 展开并略去三次以上的高次项得

$$\frac{\overline{M_C}}{\rho_P \overline{V_1}}\left(\frac{1}{2}-\chi\right)=Q^{5/3} \tag{7-133}$$

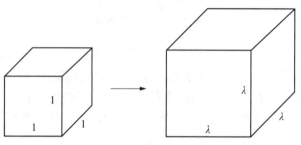

图 7 - 13   交联高分子溶胀示意图

若已知网链的平均相对分子质量 $\overline{M_C}$,测定溶胀比就可计算高分子化合物与溶剂的相互作用参数 χ;若已通过其他方法测得 χ,则可用溶胀比的实验数据确定网链的平均相对分子质量 $\overline{M_C}$。高分子化合物交联度越大,$\overline{M_C}$ 越小,因此 $\overline{M_C}$ 可表示交联度的大小。

[例 7.4]   将丁苯橡胶试样置于苯中,达到溶胀平衡,试由下列数据计算试样中交联点的平均相对分子质量 $\overline{M_C}$。

已知温度为 25 ℃,干胶质量为 0.1273 g,溶胀后的质量为 2.116 g。干胶密度为 0.941 g·cm^{-3},苯的密度为 0.8685 g·cm^{-3}。相互作用参数 $\chi=0.398$。

解: $w_2=0.1273\text{ g}$

$w_1=2.116-0.1273=1.9887\text{(g)}$

$$Q=\frac{w_1/\rho_1+w_2/\rho_2}{w_2/\rho_2}=\frac{1.9887/0.8685+0.1273/0.941}{0.1273/0.941}=17.926$$

苯的摩尔体积近似为偏摩尔体积,即

$$\overline{V_1}=V_1=\frac{78}{0.8685}=89.81\text{(cm}^3)$$

将以上计算结果代入式(7-132),得

$$\overline{M_C}=\frac{Q^{5/3}\rho_P\overline{V_1}}{0.5-\chi}=\frac{(17.926)^{5/3}\times0.941\times89.81}{0.5-0.398}\approx101730$$

7.5   聚合反应的热力学特征

聚合反应是指不饱和小分子化合物转变为高分子聚合物的化学加工过程。从理论上讲,含任何不饱和化学键的化合物都可能通过不饱合化学键的打开而彼此连接成为高分子化合物,但事实上并非如此。例如:在高于 65 ℃(常压)下不能获得 α-甲基苯乙烯的聚合物,在聚醛、聚酮的系列中没有聚丙酮等。那么,什么样的单体具有聚合能力?什么样的条

件下单体才能转变为高相对分子质量的高分子化合物呢? 这需要通过聚合反应过程的热力学分析来回答。热力学将通过聚合过程中能量的变化,判断和预测单体聚合的可能性、单体发生聚合的条件(如温度、压力、浓度)以及单体转化为高分子的限度(极限转化率)。

7.5.1　聚合反应可能性的判断标准

聚合反应系统反应前后的吉布斯自由能变化

$$\Delta G = G_p - G_{r,m} \tag{7-134}$$

式中,下标 p 表示高分子(polymer);下标 r, m 表示反应单体(monomer)。当高分子化合物的 G_p 小于原始单体 $G_{r,m}$ 时,有 $\Delta G < 0$,则聚合反应可自发进行。反之,当 $\Delta G > 0$ 时,聚合反应不能自发进行,而解聚反应能自发进行。若 $\Delta G = 0$ 时,系统处于反应平衡状态,既无聚合趋势,也无解聚趋势。

根据吉布斯自由能定义

$$\Delta G = G_p - G_{r,m} = (H_p - H_{r,m}) - T(S_p - S_{r,m}) = \Delta H - T\Delta S \tag{7-135}$$

式中,H_p、S_p 分别为高分子的焓和熵。$H_{r,m}$、$S_{r,m}$ 分别是单体的焓和熵。式(7-135)中右边第一项是焓变,聚合反应通常为放热反应,$\Delta H < 0$,有利于聚合反应进行。第二项是熵变,小分子单体转化为高分子化合物分子的链节受到约束,无序减少,熵值减小,ΔS 总是小于零,不利于聚合反应的进行。因此,聚合反应能否进行,取决于焓变和熵变的竞争。ΔH 随温度变化很小,而温度对以 $-T\Delta S$ 形式出现的熵变项影响较大。因此对于给定的单体来说(ΔH 和 ΔS 为定值),温度就成了确定 ΔG 符号的关键因素。在温度较低时,焓变项占优势,ΔG 为负值,聚合可以进行;随着温度的升高,熵变项的影响超过焓变项,ΔG 变为正值,此时聚合反应就不能进行。

ΔG 可利用 ΔH 和 ΔS 的数据进行计算,在计算时应注意以下两点:

(1) 文献和手册上给出的通常是标准状态(101.325 kPa, 298 K)下的 $\Delta H_{f,298}^{\ominus}$ 和 $\Delta S_{f,298}^{\ominus}$ 数据,如果反应系统不处于标准状态,则需考虑温度对 ΔH 和 ΔS 的影响。如果聚合过程无相变,温度每升高 10 K,$\Delta H_{f,298}^{\ominus}$ 增加约 -0.084 kJ·mol^{-1},$\Delta S_{f,298}^{\ominus}$ 约增加 -0.25 J·mol^{-1}。

(2) 参与聚合反应的单体和反应生成的高分子化合物可能有多种状态,比如单体有气体和液体,高分子状态有结晶态和无定形态之分等,不同状态有不同焓值和熵值。因此计算聚合过程焓变和熵变时应包括相变过程的相变焓和相变熵。例如:气相乙烯转变为结晶态固体聚乙烯的自由焓变化为

$$\Delta G_{PE} = \Delta H_{PE} - T\Delta S_{PE} \tag{7-136}$$

而计算 ΔH_{PE} 和 ΔS_{PE} 应包括相变化过程引起的热效应和熵变

$$\Delta H_{PE} = \Delta H_{gg} + \Delta H_{liq.} + \Delta H_{Cry.} \tag{7-137}$$

$$\Delta S_{PE} = \Delta S_{gg} + \Delta S_{liq.} + \Delta S_{Cry.} \tag{7-138}$$

式中,ΔH_{gg},ΔS_{gg} 分别表示气相乙烯转化为气态聚乙烯(假想态)时的焓变、熵变;下标 liq.,Cry.分别表示气态聚乙烯液化、液态聚乙烯结晶。

7.5.2 聚合上限温度

对指定的系统,在某一温度时 $\Delta G = 0$,系统在此温度下即处于聚合-解聚的平衡状态。这一温度称为聚合上限温度,聚合上限温度可由式(7-135)计算得到:

$$T_U = \frac{\Delta H}{\Delta S} \qquad (7-139)$$

式中,ΔH 和 ΔS 分别是各个单体的焓变和熵变。当高分子化合物链很长时,它们与聚合热和聚合熵变相同。显然,系统温度低于 T_U 时发生聚合,高于 T_U 时发生解聚。

任何聚合反应,当温度达到 T_U 时,单体与聚合链呈平衡,即链增长速度等于解聚速度:

$$k_p [M_n^*] [M] = k_d [M_{n+1}^*] \qquad (7-140)$$

式中,k_p 和 k_d 分别是链增长反应和解聚反应的速度常数;$[M_n^*]$ 和 $[M_{n+1}^*]$ 是链增长活性中心的浓度;$[M]$ 是单体浓度,$mol \cdot L^{-1}$。 如果链足够长,则 $[M_n^*] \approx [M_{n+1}^*]$,即有 $k_p [M] = k_d$。因此反应平衡常数为

$$K = \frac{k_p}{k_d} = \frac{1}{[M]_{equil.}} \qquad (7-141)$$

式中,$[M]_{equil.}$ 是平衡时单体的浓度,单位为 $mol \cdot L^{-1}$。

如果高分子溶液为理想溶液,根据平衡常数的定义,反应的标准自由焓变化为

$$\Delta G^{\ominus} = -RT\ln K = RT\ln [M]_{equil.} \qquad (7-142)$$

平衡时 $T = T_U$,结合 $\Delta G^{\ominus} = \Delta H^{\ominus} - T\Delta S^{\ominus}$ 可得

$$T_U = \frac{\Delta H^{\ominus}}{\Delta S^{\ominus} + R\ln [M]_{equil.}} \qquad (7-143)$$

或者写为

$$\ln [M]_{equil.} = \frac{\Delta H^{\ominus}}{RT_U} - \frac{\Delta S^{\ominus}}{R} \qquad (7-144)$$

以上两式均反映了 T_U 和 $[M]_{equil.}$ 之间的函数关系。由此不仅可知道某一单体在什么温度下才能发生聚合反应,而且还可知道聚合反应的限度。在一定温度下达到聚合终点时系统将残留一定量的单体,其浓度即为 $[M]_{equil.}$。 当单体浓度低于 $[M]_{equil.}$ 时,聚合反应不再进行。根据这一关系,可以预测聚合反应的最高转化率

$$x_{max} = \frac{[M]_0 - [M]_{equil.}}{[M]_0} \times 100\% \qquad (7-145)$$

式中,$[M]_0$ 是单体的起始浓度,单位为 $mol \cdot L^{-1}$。

聚合上限温度 T_U 除了与 $[M]_{equil.}$ 有对应关系外,还受到压力的影响。对于纯单体,压力影响可用下式表示:

$$\frac{d(\ln T_U)}{dp} = \frac{\Delta V}{\Delta H} \qquad (7-146)$$

式中, ΔV 是聚合时的体积变化。通常情况下 ΔV 和 ΔH 都是负值,这表明随着压力增大, T_U 将升高。

从热力学的角度分析,低温高压有利于单体聚合。但是这样的结论仅仅是从反应焓、终态能量变化角度考虑的,并没有涉及活性中心的性质和各基元反应的细节。要准确地判断和预测聚合反应的有利条件及高分子化合物的结构,需要针对聚合反应的类型、活性中心的电子状态、溶剂的性质、单体的结构等,分别考察各基元反应的能量变化。此外还需要进行动力学方面的研究,以选择控制聚合速度、高分子的相对分子质量和结构的适当条件,这些都是聚合反应工程研究的内容,在此不再赘述。

7.5.3 聚合焓和聚合熵

7.5.3.1 聚合焓

聚合焓,即聚合过程的热效应($\Delta H = Q_p$),是非常重要的热力学参数,它不仅可以粗略地判断单体聚合的可能性,而且是工程计算传热和温度控制的依据。

聚合焓来自单体与高分子化合物能量之差。 $\Delta H = \Delta U + p\Delta V$,若反应的体积变化可以忽略时, $\Delta H \approx \Delta U$,即焓变等于热力学能的变化,其主要来自以下三个方面。

(1) 双键断裂。聚合过程常伴以单体中双键打开形成高分子化合物中的单键。双键比单键有较高的能量,因而双键转化为单键总是造成能量的降低。打开一个 C=C 键需要的能量为 611.1 kJ·mol^{-1} ,形成两个 C—C 键时放出的能量为 $(-353.64) \times 2 = -707.28$ (kJ·mol^{-1}) ,总的键能差即为聚合焓:

$$\Delta H = -707.28 + 611.1 = -96.18 (\text{kJ} \cdot \text{mol}^{-1})$$

表 7-7 给出了几种不饱和键聚合反应时键能的变化情况。从表中所列的键能数据来看,含 C=C、C=S、S=O 键的烯烃类、硫酮类、砜类等单体, ΔH 均为负值,对聚合反应有利,而含 C=O、C=N 键的醛、酮及异氰类等单体, ΔH 均为正值,聚合反应难以进行。但实测的 ΔH 表明,除丙酮尚未最后确定外,醛类如甲醛、甲基丙烯醛和三氯乙醛等的 ΔH 均为负值,可以聚合。这表明用键能数据计算聚合焓并据此判断单体聚合的可能性是不够准确的,特别当键能差值较小时,这甚至会导致方向性的错误。相比之下,用燃烧热来计算聚合反应的热效应比较准确可靠。

表 7-7 聚合反应时不饱和键能的变化　　　　　单位: kJ·mol^{-1}

键　　能	键能改变对 ΔH 的贡献	键　　能	键能改变对 ΔH 的贡献
C=C (611.1) 变为 —C—C— (353.64)	−96.18	C≡N (892.92) 变为 —C=N— (617.4)	−33.18
C=O (739.2) 变为 —C—O— (359.1)	+21.0	C=S (537.6) 变为 —C—S— (273.0)	−8.4
C=N (617.4) 变为 —C—N— (305.76)	+5.88	S=O (436.8) 变为 —S—O— (233.1)	−29.4

(2) 共振、共轭和超共轭(以下均统称为共振)。共振可以降低分子的热力学能。单体中的共振使自身能量变低是使 $-\Delta H$ 变小的因素,而高分子化合物中的共振使自身能量变低是使 $-\Delta H$ 变大的因素。究竟聚合焓是增加还是降低,必须比较单体和高分子化合物中哪个共振更强。如果单体中的共振占优势,会使聚合焓变小;反之,如果高分子化合物中的共振占

优势,聚合焓将变大。例如:炔烃或腈类单体中无共振效应,但其分子中的三键打开并聚合时,高分子化合物中将形成 $\cancel{+}CH\!\!=\!\!CH\cancel{+}_n$ 或 $\cancel{+}CR\!\!=\!\!N\cancel{+}_n$ 这样的共轭双键,这就增加了单体的聚合性能。据推算,$nCH\!\!\equiv\!\!CH\longrightarrow \cancel{+}CH\!\!=\!\!CH\cancel{+}_n$ 的 $\Delta H_{gg}=-193.2\ kJ\cdot mol^{-1}$,$nRC\!\!\equiv\!\!N\longrightarrow \cancel{+}CR\!\!=\!\!R\cancel{+}_n$ 的 $\Delta H_{gg}=-420\ kJ\cdot mol^{-1}$。又如:$\alpha$-甲基苯乙烯具有苯环共振和甲基超共轭,这使单体稳定,聚合焓 ΔH_{gg} 仅为 34 kJ·mol^{-1}。

(3) 空间张力。空间张力使分子热力学能提高,张力越大,能量越高。空间障碍是造成空间张力的根本原因。成环或开环也将改变空间张力。比较在单体和高分子化合物中,哪种物质的空间张力更强烈,可判断聚合焓是增加还是降低。若单体中的空间张力更强烈些,则使聚合焓变大;反之,则使聚合焓变小。通常,高分子中的空间障碍大,造成的张力占优势,总是使聚合焓变小。除上述两种主要因素外,氢键和溶剂化作用,单体乳化热或高分子化合物的润湿热等也会对聚合焓产生影响,聚合焓的大小往往是几种因素共同影响的结果。

7.5.3.2 聚合熵

系统的熵为其统计概率或无序程度的度量。在聚合反应过程中,对系统混乱程度做出贡献的有单体和高分子化合物的平动熵(S_{sh})、外转动熵(S_{or})、内转动熵(S_{ir})和振动熵(S_v)。总熵变与各类熵变之间有近似的加和性。对单体来说,平动熵、外转动熵在总熵中占主要部分;对高分子化合物来说,有 $(S_{ir}+S_v)>(S_{sh}+S_{or})$,$(S_{sh}+S_{or})$ 可以忽略。表 7-8 列出了几种烯烃类单体熵值及高分子化合物熵变。

表 7-8 烯烃类物质的聚合熵 ΔS_{gg} 单位:J·mol^{-1}·K^{-1}

物 质	单 体					高分子化合物 $S_g^0=S_{ir}+S_v$	$-\Delta S_{gg}$
	相对分子质量	S_{sh}	S_{or}	S_{ir}	S_v	$S_g^0=S_{ir}+S_v$	
乙烯	28.05	150.8	66.8	0	2.5	220.1	77.3	142.8
异丁烯	56.10	159.6	97.0	38.2	—	294.8	122.6	172.2
苯乙烯	104.14	167.2	117.2	19.7	42.4	346.5	197.4	149.1

表 7-8 中数据表明,聚合时外转动熵的损失几乎抵消了增加的振动熵和内转动熵,所以其 $-\Delta S_{gg}$ 的数值非常接近单体的平动熵,这是一个普遍的现象。对于大多数单体来说,聚合过程的熵变近似等于它的平动熵。

单体聚合为高分子化合物后,单体分子变为高分子化合物的链节,平动受到限制,导致平动熵减少,因此聚合熵总是负值。表 7-8 中数据还表明单体的平动熵受单体相对分子质量和单体结构的影响较小。一般认为聚合熵是一个与单体结构无关的热力学函数。例如:苯乙烯聚合成固体聚苯乙烯,$-\Delta S_g^\ominus=105\ J\cdot mol^{-1}\cdot K^{-1}$,而 α-甲基苯乙烯聚合为固体聚 α-甲基苯乙烯,$-\Delta S_g^\ominus=109.2\ J\cdot mol^{-1}\cdot K^{-1}$。对烯烃类单体来说,聚合熵大都在 $105\sim126\ J\cdot mol^{-1}\cdot K^{-1}$。

聚合熵的改变与聚合前后摩尔体积的变化关系,经验地符合下述线性关系:

$$\Delta S=105\pm\frac{1}{2}R\ln\frac{V_1}{V_2} \tag{7-147}$$

式中,V_1 为单体体积;V_2 为高分子化合物链节体积。

从理论上看,由单体变成高分子化合的熵变还应考虑高分子化合物的多分散性、结晶的不完全性以及分子构象等因素,但研究结果表明,这些因素的影响都不大。

7.5.3.3　ΔH 和 ΔS 的测定

聚合焓和聚合熵的实验测定方法大都基于单体-高分子化合物链的热力学平衡关系。由式(7-144)可知,平衡时单体浓度和上限温度的关系为

$$\ln \left[M\right]_{\text{equil.}} = \frac{\Delta H}{RT_U} - \frac{\Delta S}{R} \tag{7-148}$$

因此在几个不同温度 T_U 下测定相应的 $\left[M\right]_{\text{equil.}}$,然后将实验数据 $\ln \left[M\right]_{\text{equil.}}$ 对 $1/T_U$ 作图,可得一条直线,由直线的斜率和截距便可求得 ΔH 和 ΔS。 表 7-9 列出了实验测得的某些单体的聚合焓、聚合熵及聚合吉布斯自由能数据。

表 7-9　某些单体的聚合焓 ΔH、聚合熵 ΔS 和聚合吉布斯自由能 ΔG

单　　体	标准状态	$-\Delta H_f^{\ominus}$ /(kJ·mol^{-1})	$-\Delta S_f^{\ominus}$ /(kJ·mol^{-1})	$-\Delta G_f^{\ominus}$ /(kJ·mol^{-1})	温度/℃
乙烯	gg	92.95	142.36	50.66	25
	liq.- Cry.	108.44	173.76	56.52	25
丙烯	gg	86.67	167.06	36.85	25
	liq.- Cry.	104.26	205.16	43.13	25
1-丁烯	gg	79.97	166.64	30.15	25
	liq.- Cry.	86.67	124.77	53.59	-8
异丁烯	liq.- Cry.	54.01	120.59	18.00	25
丁二烯	liq.- Cry.	73.69	85.83	48.15	25
异戊二烯	liq.- Cry.	74.95	101.33	44.80	25
苯乙烯	gg	75.78	148.64	31.40	25
	liq.- Cry.	69.92	101.33	38.52	25
α-甲基苯乙烯	liq.- Cry.	33.91	146.55	-9.63	25
	liq.- Cry.	35.17	103.84	4.19	25
四氟乙烯	liq.- Cry.	154.92	112.21	121.42	25
偏氯乙烯	liq.- Cry.	60.29	88.64	42.71	-73
乙酸乙烯酯	liq.- Cry.	88.76	109.70	56.11	25
甲基丙烯酸甲酯	liq.- Cry.	55.27	117.24	20.10	25
甲基丙烯酸乙酯	liq.- Cry.	57.78	124.35	50.52	25
甲醛	g - Cry.	55.27	175.02	2.93	25
甲基丙烯醛	liq.- Cry.	65.32	—	—	74.5
丙烯腈	liq.- Cry.	72.44	—	—	76.8

习　　题

7.1　计算在室温下聚苯乙烯(PS)与聚丁二烯(PB)之间的弗洛里-哈金斯相互作用参数 χ。已知聚苯

乙烯的溶解度参数为 $\delta_{PS} = 1.87 \times 10^4 (J \cdot cm^{-3})^{1/2}$，聚丁二烯的溶解度参数 $\delta_{PS} = 1.62 \times 10^4 (J \cdot cm^{-3})^{1/2}$，为简单起见，令晶格体积 $V \approx 100 \text{ Å}^3$。

7.2 计算 1 mol 相对分子质量为 $M = 2 \times 10^5 \text{ g} \cdot mol^{-3}$ 的聚苯乙烯与 1×10^4 L 甲苯在 25 ℃下的混合吉布斯自由能(弗洛里-哈金斯相互作用参数 $\chi = 0.37$)。聚苯乙烯的密度为 $1.06 \text{ g} \cdot cm^{-3}$，甲苯的密度为 $0.87 \text{ g} \cdot cm^{-3}$，假设混合过程中体积不变。

7.3 根据表 7-5 中 11 种高分子共混物的数据，比较表列最低温度下(b/T 最大时)式(7-94)中关于 χ 的两项数值。弗洛里-哈金斯有关 $|b/a| \gg |a|$ 的假设是否正确？

7.4 (1)推导式(7-94)中的 a、b 与 Hildebrand-Scott 溶解度参数差之间的关系。

(2)在溶解度参数方法中，a 和 b 可能的数值是多少？

7.5 在 $T = 0$ K 时，熵对混合吉布斯自由能的贡献消失，仅剩下能量的贡献。将式(7-94)代入弗洛里-哈金斯公式，将吉布斯自由能写成参数 a 和 b 的函数。在 $b<0$，$b>0$ 和 $b=0$ 三个条件下绘制吉布斯自由能对组成的关系曲线，并讨论哪个条件下在 $T = 0$ K 时会生成稳定的混合物。所得答案对正规溶液、高分子溶液、高分子共混物有区别吗？

7.6 在同一张图上画出 $\chi = 0$，0.01，0.02，0.03 和 0.04 时，链节数 $r_A = r_B = 100$ 的对称高分子共混物的混合亥姆霍兹自由能 $\Delta A_t / kT$ 对组成的关系曲线。任意 χ 在所有组成范围内($0 \leqslant \phi \leqslant 1$)的共混物都相容，为什么？

7.7 根据正规溶液理论，每摩尔格点的混合吉布斯自由能为

$$\Delta G = RT [\phi \ln \phi + (1-\phi)\ln(1-\phi) + \chi\phi(1-\phi)]$$

式中，R 为通用气体常数，相互参数为 $\chi = B/T$，$B = 600$ K。在温度-组成相图中画出双节线和旋节线。

7.8 根据弗洛里-哈金斯晶格模型，高分子溶液的每摩尔格点的混合亥姆霍兹自由能为

$$\Delta A = RT \left[\frac{\phi}{r} \ln \phi + (1-\phi)\ln(1-\phi) + \chi\phi(1-\phi) \right]$$

式中，R 为通用气体常数，相互参数为 $\chi = B/T$，$B = 300$ K。绘制溶液的临界参数(ϕ_c，χ_c 和 T_c)随聚合度 r 变化的函数曲线。

7.9 (1)1 g 相对分子质量 $M = 10^5 \text{ g} \cdot mol^{-1}$ 的聚苯乙烯(PS)与 1 mol 的环己烷(Cyc)在 34 ℃混合，求混合吉布斯自由能。34 ℃时聚苯乙烯-环己烷溶液的 θ 温度(弗洛里-哈金斯相互作用参数 $\chi = 1/2$)。聚苯乙烯的摩尔体积为 $V_{PS} = 9.5 \times 10^4 \text{ cm}^3 \cdot mol^{-1}$，环己烷的摩尔体积为 $V_{Cyc} = 108 \text{ cm}^3 \cdot mol^{-1}$。假设混合过程中体积不变，并假设格点体积 V 等于一个溶剂分子的体积。

(2)混合吉布斯自由能的符号对均相溶液的稳定性意味着什么？

(3)在什么条件下均相溶液以旋节线分解自发发生相分离？

(4)什么条件下均相溶液是亚稳的？

7.10 由于弗洛里-哈金斯平均场理论把所有不清楚的热力学因素都放在参数 χ 中，所以该参数在实验中随组成和温度的变化而变化。在线形聚苯乙烯的环己烷溶液中，相互作用参数为

$$\chi = 0.2035 + \frac{90.65}{T} + 0.3092\phi + 0.1554\phi^2, \quad T/K$$

(1)高分子化合物体积分数 $\phi = 0.01$，聚苯乙烯摩尔质量极高时，临界温度是多少？

(2)聚苯乙烯-环己烷系统具有 UCST 还是 LCST？

(3)确定体积分数 $\phi = 0.1$ 时的 θ 温度。

7.11 (1)推导用溶解度参数差($\delta_A - \delta_B$)以及二元系统中单元数 r_A 和 r_B 表示的混合物临界温度的通用表达式。

(2)这种表达方法中的混溶性判据是什么？

(3)小分子($r_A = r_B = 1$)能够混溶的溶解度参数最大差值是多少？

(4) 高分子溶液($r_A = 10^4$ 和 $r_B = 1$)能够混溶的溶解度参数最大差值是多少?

(5) 高分子共混物($r_A = r_B = 10^4$)能够混溶的溶解度参数最大差值是多少?

7.12　考虑亚稳态均相高分子溶液中的成核过程。记 r 聚体在均相溶液中的化学位为 μ_1,在相分离溶液中的化学位为 μ_2,其差值为 $\Delta\mu = \mu_1 - \mu_2$。如果 $\Delta\mu$ 为正值,则相分离溶液处于平衡态。然而,由于界面能为正值(界面张力为 σ),在均相中形成的一滴高分子浓相(c/r)液滴将是不稳定的。计算半径为 R 的球形浓相液滴的吉布斯自由能,并确定临界成核半径 R_c,以 σ,$\Delta\mu$ 和链节数量密度表示。小于 R_c 的核会收缩并消失,而大于 R_c 的核则增长成为浓相微区。

7.13　(1) 高摩尔质量高分子在所有比例均能溶于溶剂的临界 χ 是多少?

(2) 平均场理论不能很好地描述高分子溶液,因为链的连接性使单元不能被均匀分散在溶剂中(尤其在高分子溶液浓度低时)。一个经验公式将 χ 与溶液的 Hildebrand - Scott 溶解度参数很好地联系起来并广泛使用,它将熵部分设为 0.34,有

$$\chi = 0.34 + \frac{V}{kT}(\delta_A - \delta_B)^2$$

从下表中确定室温下哪一种溶剂能溶解聚二甲基硅氧烷[$\delta_{PDMS} = 14.9(J \cdot cm^{-3})^{1/2}$],哪一种能溶解聚苯乙烯[$\delta_{PS} = 18.7(J \cdot cm^{-3})^{1/2}$]。

溶　　剂	n-庚烷	环己烷	苯	氯仿	丙酮
分子体积/(cm³·mol⁻¹)	195.9	108.5	29.4	80.7	74.0
溶解度参数 δ/(J·cm⁻³)¹/²	15.1	16.8	18.6	19.0	20.3

(3) 对于每一种高分子,哪种溶剂最接近无热范围?

7.14　已知聚苯乙烯-环己烷系统(Ⅰ)的 θ 温度为 307 K,聚苯乙烯-甲苯系统(Ⅱ)的 θ 温度低于 307 K。假定于 313 K 时在此两种溶剂中分别测定了同一种聚苯乙烯试样的渗透压,问:(1) 两种方法从两种系统中所求得的平均相对分子质量有何关系?(2) 两种系统的下列参数值的大小次序如何?(a) 渗透压浓度比的外推值 $(\pi/c)_{c\to 0}$;(b) 渗透压第二位力系数 B_2^*;(c) 相互作用参数 χ。

7.15　温度为 308 K 时,用 PS-环己烷的 θ 溶剂中,溶液浓度为 $c = 7.36 \times 10^{-3}$ kg·L⁻¹,其渗透压为 4.3 Pa,根据弗洛里-哈金斯溶液理论求此溶液的 B_2^*,χ 和 PS 的 δ_{PS},$\overline{M_n}$。

7.16　用平衡溶胀法测定硫化天然橡胶的交联度,得到如下的实验数据:橡胶试样质量 $m_P = 2.034 \times 10^{-2}$ kg,在等温(298 K)的苯中浸泡 7～10 d,达到溶胀平衡后称质量 $m_P + m_S = 10.023 \times 10^{-2}$ kg。 298 K 时,苯的密度 $\rho_S = 0.868 \times 10^3$ kg·m⁻³,摩尔体积 $V^L = 89.3 \times 10^{-6}$ m³·mol⁻¹,天然橡胶的密度 $\rho_P = 0.9971 \times 10^3$ kg·m⁻³,天然橡胶与苯的相互作用参数 $\chi = 0.437$,由以上数据求样品的交联点间相对分子质量(M_c)。

7.17　由渗透压实验的数据得聚异丁烯($M_n = 2.5 \times 10^5$)-环己烷溶液的渗透压第二位力系数 $B_2^* = 1.31 \times 10^{-4}$ cm³·mol·g⁻²。试计算 298 K 时,质量浓度为 1.0×10^{-5} kg·L⁻¹ 的溶液渗透压。

7.18　某柔性高分子化合物的相对分子质量 $M_c = 1.07 \times 10^7$,该大分子的形状近似于半径为 14 nm 的球体,利用 Flory - Krighaum 排斥体积理论计算此高分子在良溶剂中的渗透压第二位力系数。

7.19　将 1000 g 聚苯乙烯与 1000 g 聚丁二烯混合,假定两种高分子化合物的摩尔质量均为 1×10^5 g·mol⁻¹,其理论混合热是多少?预计 150 ℃下这两种高分子化合物是否相容?实验结果如何?

7.20　简答题

(1) 常温下,下列高分子化合物-溶剂系统哪些可溶?哪些易溶,哪些难溶或不溶?并简述理由。[括号内的数字为其溶解度参数,单位:(J·cm⁻³)¹/²]

① 有机玻璃(18.8)-苯(18.8);② 涤纶树脂(21.8)-二氧六环(20.8);③ 聚氯乙烯(19.4)-氯仿(19.2);④ 聚四氟乙烯(12.6)-正癸烷(13.1);⑤ 聚碳酸酯(19.4)-环己酮(20.2);⑥ 聚乙酸乙烯酯(19.2)-丙

酮(20.2)。

（2）何为内聚能密度和溶解度参数？讨论如何利用它们来判断：① 高分子化合物在溶剂中的溶解性好坏；② 溶剂使高分子化合物溶胀程度的高低；③ 溶液混合吉布斯自由焓的高低。

（3）试由高分子的混合吉布斯自由能（ΔG_t）导出高分子溶液中溶剂的化学位变化（$\Delta \mu_1$），说明什么条件下高分子在溶液中与理想溶液中的溶剂化学位变化相等。

（4）由相对分子质量的溶质 $M = 10^6$（聚合度 $n = 10^4$）和相对分子质量 $M_1 = 10^2$ 的溶剂组成的高分子溶液，质量分数为 1%，求：① 混合物溶液的混合熵 ΔS（高分子）；② 依照理想溶液计算的混合熵 ΔS^{is}（理想）；③ 若把高分子"切"成 10^4 个单体小分子，并假定此小分子与溶剂构成理想溶液时的混合熵 ΔS^{is}。由以上计算结果可得出什么结论？并说明理由。

（5）结合弗洛里-哈金斯和 Flory-Krigbaum 两种溶液理论，讨论：① 理论提出的依据；② 理论适用溶液的浓度范围；③ 理论的局限。

（6）从混合吉布斯自由能的角度比较以下的溶液：① 小分子稀溶液；② 高分子稀溶液；③ 高分子 θ 溶液；④ 理想溶液。

（7）弗洛里-哈金斯晶格模型理论有哪些基本假定？这些假定的合理性如何，决定非结晶态高分子化合物溶解的主要热力学函数是 ΔH_m 还是 ΔS_m？

（8）已知聚苯乙烯(PS)的相对分子质量为 M_2，在环己烷中的热力学参数为 ψ_1（熵参数）和 θ（θ 温度），试根据弗洛里-哈金斯晶格模型和热力学的相平衡条件作出 PS-环己烷系统的相图，并写出运算步骤和所用方程。

7.21　名词解释

（1）什么是 θ 温度？对于一定的溶液系统，θ 温度如何由实验测定？试讨论高分子溶液在高于、等于、低于 θ 温度时的热力学性质及高分子在溶液中的尺寸和形态。

（2）写出三种可判断溶剂优劣的热力学参数，并讨论它们分别为何值时，溶剂是高分子化合物的良溶剂、θ 溶剂、不良溶剂；高分子在上述三种溶液中的热力学特征以及形态是怎样的？

（3）高分子溶液混合熵与哪些因素有关？试比较它与理想溶液的混合熵的表达式有何差别。在何种情况下熵值的变化可以忽略，只由焓值的变化决定高分子溶解与否？

（4）Flory-Krigbaum 稀溶液理论中，何谓"弗洛里排斥体积效应"？在良溶剂、θ 溶剂、不良溶剂中，同种高分子排斥体积效应有何不同？高分子在这三种溶剂中的形态又有何不同？

（5）渗透压第二位力系数 B_2^* 为零的高分子溶液有什么特征？使用 θ 溶液通过渗透压法测定高分子化合物的相对分子质量，所得曲线会有什么特征？

7.22　解释下列实验现象

（1）苯乙烯和甲基丙烯酸甲酯可以互相混溶，聚苯乙烯和聚甲基丙烯酸甲酯却不能混溶。

（2）乙酸纤维素能分别溶于冰乙酸或苯胺，却不能溶于冰乙酸与苯胺的混合溶液。

第8章

电解质与聚电解质
溶液热力学基础

内容概要和学习方法

自然界中许多重要现象,从地质运动中矿物的沉积和结晶,到生命过程中细胞的新陈代谢;从大海对人类慷慨的赠予,到酸雨对环境的严重危害,无一不与电解质溶液密切相关。在工业领域中,许多生产工艺涉及电解质溶液,如萃取和精馏操作中的盐析、盐溶效应;天然气和燃料气中酸性气体,如二氧化碳、二氧化硫、硫化氢等有害气体的吸收脱除;生物活性物质的膜分离等都需要电解质溶液相平衡的知识。电解质溶液中除了溶剂分子、未离解的溶质分子,还存在离解产生的带电荷的正、负离子。虽然溶液整体仍呈电中性,但由于离子之间、离子与分子之间的相互作用,使溶液的非理想性质更为明显。

一般系统通常取温度 T、压力 p 和组成 x_i(物质的量分数)作为描述系统热力学性质的变量。电解质溶液则采用温度 T、渗透压 π 和各种化学物质的质量摩尔浓度 m_i 作为变量,并且以不同的标度表示溶液的浓度。特别在稀溶液中,经常采用的标度是质量摩尔浓度 m ($mol \cdot kg^{-1}$),即单位质量溶剂中溶质的物质的量。另外,非电解质溶液中常采用偏摩尔吉布斯函数 $\overline{G_i}$,而电解质系统中人们更习惯采用化学位 μ_i 和活度 $\hat{a}_i$ 的概念。

非电解质系统的活度系数关联式不能简单地推广用于电解质溶液。各种电解质溶液理论为建立新的电解质溶液活度系数模型提供了基础。这些模型中包含了普通系统所没有的静电力的贡献。

电解质溶液相平衡计算,需要同时考虑相平衡关系式、液相电解质离解反应的化学平衡式,即电离平衡以及反应方程的化学计量系数限制式(质量衡算式)和溶液电中性限制式。与一般系统相比,计算的工作量和复杂性明显增加,所需的物性数据也要多得多。

针对电解质溶液的特点,本章在大学物理电磁学和物理化学的基础知识上,首先介绍各种浓度标度的平均离子活度系数、渗透系数、过量性质等基本概念;其次介绍电解质溶液理论及由此基础上建立的热力学模型;最后介绍其在盐效应、含硼盐湖卤水、挥发性电解质气液平衡、高分子电凝胶和生物活性物质的双水相分离上的应用,以及含盐水系统的相图等知识。

8.1　电解质溶液的活度和活度系数

一般认为,在溶液中完全离解的溶质是强电解质,部分离解的是弱电解质。但严格地说,前者形成的电解质溶液实际上并不存在,因为电解质离解是一个可逆过程,达到离解平衡时,溶液中除了溶剂分子、正负离子外,必然还存在未离解的电解质分子。由于溶液中各种离子之间的相互作用,电解质溶液显著偏离理想溶液,描述其热力学性质的量,需要采用活度概念。

8.1.1 平均离子活度

设电解质的化学分子是 $M_{\nu_+} X_{\nu_-}$,则按下式离解:

$$M_{\nu_+} X_{\nu_-} \Longrightarrow \nu_+ M^{z_+} + \nu_- X^{z_-} \tag{8-1}$$

式中,ν_+、ν_- 分别为一个电解质分子离解为正、负离子的个数;z_+、z_- 分别为正负离子化合价。例如:$H_3PO_4 \Longrightarrow 3H^+ + PO_4^{3-}$,$\nu_+ = 3$,$\nu_- = 1$;$z_+ = +1$,$z_- = -3$。按电中性,有

$$\nu_+ z_+ = |\nu_- z_-| \tag{8-2}$$

在水溶液中,一共有四种物质,它们是溶剂水、未离解的电解质 $M_{\nu_+} X_{\nu_-}$、正离子 M^{z_+}、负离子 X^{z_-},分别用符号 $1,2u,+,-$ 表示。对式(8-1)的离解平衡,根据式(6-12)可写出化学位等式,为

$$\mu_{2u} = \nu_+ \mu_+ + \nu_- \mu_- \tag{8-3}$$

根据式(6-13)可写出各物质的化学位 (μ) 与活度 ($\hat{a}$) 的关系,为

$$\mu_1 = \mu_1^{\ominus} + RT\ln\hat{a}_1 \tag{8-4}$$

$$\mu_{2u} = \mu_{2u}^{\ominus *} + RT\ln\hat{a}_{2u}^* \tag{8-5}$$

$$\mu_+ = \mu_+^{\ominus *} + RT\ln\hat{a}_+^* \tag{8-6}$$

$$\mu_- = \mu_-^{\ominus *} + RT\ln\hat{a}_-^* \tag{8-7}$$

在上面四个化学位表达式中,都涉及标准态的选取问题。其中,溶剂水通常取系统温度、压力下的纯水化学位 $\mu_1^{\ominus}$ 作为标准状态。对于未离解的电解质、正负离子,按电解质溶液的惯例,选取组分 i 在系统温度、压力及质量摩尔浓度 $m^{\ominus}$ 的虚拟溶液中的化学位作为其标准态。这种虚拟溶液的性质与组分 i 在无限稀释溶液时相同,通常规定 $m^{\ominus} = 1 \text{ mol} \cdot \text{kg}^{-1}$。活度与活度系数的关系按式(4-102)、式(4-103b)可分别写为

$$\hat{a}_1 = x_1 \gamma_1 \tag{8-8}$$

$$\hat{a}_{2u}^* = (m_{2u}/m^{\ominus}) \gamma_{2u}^* \tag{8-9}$$

$$\hat{a}_+^* = (m_+/m^{\ominus}) \gamma_+^* \tag{8-10}$$

$$\hat{a}_-^* = (m_-/m^{\ominus}) \gamma_-^* \tag{8-11}$$

式(8-1)的离解平衡常数按式(6-17)可写为

$$K^{\ominus} = \frac{(\hat{a}_+^*)^{\nu_+} (\hat{a}_-^*)^{\nu_-}}{\hat{a}_{2u}^*} = \exp\left(\frac{\mu_{2u}^{\ominus *} - \nu_+ \mu_+^{\ominus *} - \nu_- \mu_-^{\ominus *}}{RT}\right) \tag{8-12}$$

式中忽略了各组分 i 的 $\int (\overline{V_i^\infty}/RT)\mathrm{d}p$ 的贡献。

如果电解质的离解度很大，特别是当浓度不高时实际离解接近完全，未离解的电解质理论上仍然存在，但实际已不能测出。此时对于完全离解的电解质谈论浓度为 $m^\ominus$ 的未离解电解质的虚拟溶液已无意义，$\mu_{2u}^{\ominus *}$ 无法合理地定义，式(8-5)、式(8-9)所表达的 μ_{2u} 和 $\hat{a}_{2u}^*$ 的关系就具有不确定性。由于热力学并不计及微观结构或机理，对于电解质溶液，不计其离解的细节，在形式上将其作为一个整体 B 对待，这时可写出电解质溶液作为整体 B 的化学位为

$$\mu_B = \mu_B^\ominus + RT\ln\hat{a}_B^* \qquad (8-13)$$

μ_B 应与实际的未离解电解质的化学位 μ_{2u} 相等，即 $\mu_B^\ominus = \mu_{2u}^{\ominus *}$。因此，式(8-3)结合式(8-12)可得

$$\hat{a}_B^* = \frac{(\hat{a}_+^*)^{\nu_+}(\hat{a}_-^*)^{\nu_-}}{K^\ominus} \qquad (8-14)$$

对于完全离解的电解质，满足 $\mu_B^\ominus = \nu_+\mu_+^{\ominus *}+\nu_-\mu_-^{\ominus *}$，$K^\ominus=1$，$\hat{a}_B^*=(\hat{a}_+^*)^{\nu_+}(\hat{a}_-^*)^{\nu_-}$。

由于电中性原理的限制，不可能存在只含有正离子或只含有负离子的溶液，因此无法用实验测出单个离子的活度。电解质溶液的热力学性质都是正、负离子贡献的平均结果，而不是哪一种离子单独做出的贡献，合理的方法是引入平均离子活度来表示正、负离子的平均贡献，其定义为

$$(\hat{a}_\pm^*)^\nu = (\hat{a}_+^*)^{\nu_+}(\hat{a}_-^*)^{\nu_-} \qquad (8-15)$$

式中，$\nu=\nu_++\nu_-$。这样，电解质的化学位，可由平均离子活度来表达，而平均离子活度是可以通过实验测定的。结合式(8-14)即完全电离的强电解质，可得

$$\hat{a}_B^* = \frac{(\hat{a}_\pm^*)^\nu}{K^\ominus} \qquad (8-16a)$$

或

$$\hat{a}_B^* = (\hat{a}_\pm^*)^\nu \qquad (8-16b)$$

所有的电解质溶液严格地说都是未完全离解的，它们只有未离解的分子和离子缔合体的差异。如果能确切知道 $K^\ominus$，由此就可得到真正的平均离子活度，这里以符号 $\underline{\hat{a}}_B^*$ 表示。但是在实际工作中，常常将电解质溶液按完全离解形式处理，这时在形式上得到的平均离子活度 $\hat{a}_B^*$，通常称为计量平均离子活度。因 μ_B 是客观性质，由 $\mu_B=\mu_{2u}$ 和式(8-3)可知，不论按何种浓度表达形式处理，$\underline{\hat{a}}_B^*$ 与 $\hat{a}_B^*$ 间存在着式(8-17)的关系：

$$\nu_+\underline{\mu}_+ + \nu_-\underline{\mu}_- = \nu_+\mu_+ + \nu_-\mu_- \qquad (8-17)$$

式中，$\underline{\mu}_+$、$\underline{\mu}_-$ 表示溶液中正负离子真正的化学位；而 μ_+、μ_- 表示电解质按完全离解时溶液中正负离子的化学位。若离子化学位以质量摩尔浓度 m 表达的活度表示，则有

$$(\underline{\hat{a}}_{+,m}^*)^{\nu_+}(\underline{\hat{a}}_{-,m}^*)^{\nu_-} = (\hat{a}_{+,m}^*)^{\nu_+}(\hat{a}_{-,m}^*)^{\nu_-} \qquad (8-18)$$

$$\underline{\hat{a}}_{\pm,m}^* = \hat{a}_{\pm,m}^* \qquad (8-19)$$

说明平均离子活度不因处理方法而异。同时须注意不能简单地将式(8-16a)与式(8-9)

相等来求 $\hat{a}_B^*$ 与 $\hat{a}_B^*$ 的关系,因为这两个式子中 $\hat{a}_B^*$ 的活度标准状态不同。

8.1.2 平均离子活度系数

溶液组成通常用物质的量分数 x 来表达,但是水溶液组成习惯用质量摩尔浓度 m_i 或物质的量浓度 c_i 来表达,而以水为溶剂的电解质溶液是最常见的。因此,以三种不同组成表示的溶液化学位为

$$
\begin{aligned}
\mu_i &= \mu_i^\ominus + RT\ln\hat{a}_{i,x} = \mu_i^\ominus + RT\ln\frac{\gamma_{i,x}x_i}{x_i^\ominus}\\
&= \mu_i^\ominus + RT\ln\hat{a}_{i,m}^* = \mu_i^\ominus + RT\ln\frac{\gamma_{i,m}^* m_i}{m_i^\ominus}\\
&= \mu_i^\ominus + RT\ln\hat{a}_{i,c}^{**} = \mu_i^\ominus + RT\ln\frac{\gamma_{i,c}^{**} c_i}{c_i^\ominus}
\end{aligned}
\tag{8-20}
$$

式中,$\mu_i^\ominus$ 是标准状态下的化学位,这个标准态可以任意选择。

对于溶剂,如前所述一般选择系统温度、压力下的纯溶剂作为标准态。

对于溶质,由于它往往是固体,因此须选择一个虚拟的理想溶液作为电解质的标准态。这个虚拟的理想溶液应满足在系统温度、压力下,i 组分浓度为单位浓度时,有 $\gamma_i=1$,即 $\ln\gamma_i=0$,此时的化学位即为标准态化学位。对三种不同组成,其单位浓度分别是 $x_i^\ominus=1$,$m_i=m_i^\ominus$,$c_i=c_i^\ominus$,如图 4-11 所示。显然,有较高的溶质浓度而又满足活度系数 $\gamma_i=1$ 的溶液在实际上是不存在的,故称其为虚拟的理想溶液。真实溶液,当浓度无限稀时才有 $\gamma_i=1$,具有与标准状态时相同的性质,但将无限稀溶液的状态视为标准状态是不正确的。因为当浓度趋向零时,$\ln\hat{a}_i$ 的值趋向 ∞,因此溶质的化学位 μ_i 也趋向 ∞,而不是等于 $\mu_i^\ominus$。

以质量摩尔浓度为例,正、负离子的活度和活度系数的关系分别为 $\hat{a}_{+,m}^* = m_{+,m}\gamma_{+,m}^*$,$\hat{a}_{-,m}^* = m_{-,m}\gamma_{-,m}^*$,因此,有 $(\hat{a}_{\pm,m}^*)^\nu = (\hat{a}_{+,m}^*)^{\nu_+}(\hat{a}_{-,m}^*)^{\nu_-} = (m_{+,m}\gamma_{+,m}^*)^{\nu_+}(m_{-,m}\gamma_{-,m}^*)^{\nu_-}$。定义平均离子活度系数为

$$
\gamma_\pm^* = [(\gamma_{+,m}^*)^{\nu_+}(\gamma_{-,m}^*)^{\nu_-}]^{1/\nu}
\tag{8-21}
$$

离子的平均质量摩尔浓度为

$$
m_\pm = (m_{+,m}^{\nu_+} m_{-,m}^{\nu_-})^{1/\nu}
\tag{8-22}
$$

则有

$$
\hat{a}_{\pm,m}^* = \frac{m_{\pm,m}}{m^\ominus}\gamma_{\pm,m}^*
\tag{8-23}
$$

因为 $m_{+,m}=\nu_+ m_B$,$m_{-,m}=\nu_- m_B$,所以

$$
\hat{a}_{\pm,m}^* = \gamma_{\pm,m}^* m_B (\nu_+^{\nu_+}\nu_-^{\nu_-})^{1/\nu}
\tag{8-24}
$$

同理,可以写出以物质的量分数 x 和物质的量浓度 c 表示的平均离子活度和平均离子活度系数

$$
\hat{a}_{\pm,x} = \gamma_{\pm,x}\frac{x_\pm}{x^\ominus} = (\gamma_{+,x}^{\nu_+}\gamma_{-,x}^{\nu_-})^{1/\nu}(x_+^{\nu_+}x_-^{\nu_-})^{1/\nu} = \gamma_{\pm,x}x_B(\nu_+^{\nu_+}\nu_-^{\nu_-})^{1/\nu}
\tag{8-25}
$$

$$\hat{a}_{\pm,c}^{**} = \gamma_{\pm,c}^{**} \frac{c_{\pm}}{c^{\ominus}} = \left[(\gamma_{+,x}^{**})^{\nu_+}(\gamma_{-,x}^{**})^{\nu_-}\right]^{1/\nu} (c_+^{\nu_+} c_-^{\nu_-})^{1/\nu} = \gamma_{\pm,x}^{**} c_B (\nu_+^{\nu_+}\nu_-^{\nu_-})^{1/\nu} \qquad (8-26)$$

式(8-24)~式(8-26)中，m_B，x_B，c_B 分别是溶质 $M_{\nu_+} X_{\nu_-}$ 作为整体在溶液中的质量摩尔浓度、物质的量分数和物质的量浓度。

8.1.3　不同组成表示的活度系数间的关系

对于状态确定的溶液，溶剂和溶质的化学位只有一个数值，与采用何种组成表达方法无关。但活度和活度系数不仅取决于标准状态的选择，还与选取的组成表达方法有关。

在溶质不发生缔合的二元混合物中，溶质 2 以各种组成表达方法存在有如下的关系：

$$m_2 = \frac{n_2}{n_1 M_1} \qquad (8-27)$$

$$x_2 = \frac{n_2}{n_1 + n_2} \qquad (8-28)$$

$$c_2 = \frac{n_2}{V_t} = \frac{n_2 \rho}{n_1 M_1 + n_2 M_2} \qquad (8-29)$$

式中，n_1，n_2 分别是溶剂、溶质的物质的量；M_1，M_2 分别是溶剂、溶质的相对分子质量；ρ 是溶液密度；V_t 是溶液总体积。式(8-27)~式(8-29)中消去溶剂、溶质的物质的量 n_1，n_2 后得

$$x_2 = \frac{m_2 M_1}{1 + m_2 M_1} \qquad (8-30)$$

$$c_2 = \frac{m_2 \rho}{1 + m_2 M_2} \qquad (8-31)$$

$$x_2 = \frac{c_2 M_1}{\rho + c_2(M_1 - M_2)} \qquad (8-32)$$

$$x_2 = c_2 V = \frac{m_2 n_1 M_1 V}{V_t} \qquad (8-33)$$

式中，V 为溶液的摩尔体积。当溶液为无限稀释时，有 $x_2 = c_2 V_1 = m_2 M_1$，V_1 是纯溶剂摩尔体积。因标准状态是具有无限稀释性质的虚拟态，将 $x_2 = x_2^{\ominus} = 1$ 代入，可得 $c_2^{\ominus} = 1/V_1 = \rho_1/M_1$，$m_2^{\ominus} = 1/M_1$，$\rho_1$ 是纯溶剂的密度。

由式(8-20)可知，$\gamma_{2,x} \dfrac{x_2}{x_2^{\ominus}} = \gamma_{2,m}^{*} \dfrac{m_2}{m_2^{\ominus}} = \gamma_{2,c}^{**} \dfrac{c_2}{c_2^{\ominus}}$，分别代入式(8-30)~式(8-32)，得

$$\gamma_{2,x} = \gamma_{2,m}^{*} \frac{m_2/m_2^{\ominus}}{x_2/x_2^{\ominus}} = \gamma_{2,m}^{*}(1 + m_2 M_1) \qquad (8-34)$$

$$\gamma_{2,x} = \gamma_{2,c}^{**} \frac{c_2/c_2^{\ominus}}{x_2/x_2^{\ominus}} = \gamma_{2,c}^{**} \frac{\rho + c_2(M_1 - M_2)}{\rho_1} \qquad (8-35)$$

$$\gamma_{2,c}^{**} = \gamma_{2,m}^{*} \frac{m_2/m_2^{\ominus}}{c_2/c_2^{\ominus}} = \gamma_{2,m}^{*} \frac{\rho_1(1 + m_2 M_2)}{\rho} \qquad (8-36)$$

质量摩尔浓度 m 不随温度、压力变化,在温度、压力需要变化的场合使用方便;使用物质的量浓度 c,主要是因为实际工作中体积容易测量;在理论推导和计算时,则往往采用物质的量分数 x。以上关系式表达了这三种组成表达方法的活度系数之间的相互关系,它们同样可用于电解质溶液三种平均离子活度系数间的换算。

[例 8.1] 已知 20 ℃时 $CaCl_2$ 水溶液的质量摩尔浓度 $m_B = 0.01$ mol·kg^{-1},活度系数 $\gamma^*_{\pm,m} = 0.725$,试计算 $m_\pm$ 和 $\hat{a}^*_\pm$。

解: $CaCl_2 \longrightarrow Ca^{2+} + 2Cl^-$,$\nu_+ = 1$,$\nu_- = 2$,$\nu = \nu_+ + \nu_- = 1 + 2 = 3$

$$m_\pm = m_B(\nu_+^{\nu_+}\nu_-^{\nu_-})^{1/\nu} = 0.01 \times (1^1 \times 2^2)^{1/3} = 0.0159 (\text{mol·kg}^{-1})$$

$$\hat{a}^*_\pm = \gamma^*_{\pm,m} m_\pm = 0.725 \times 0.0159 = 0.01153 (\text{mol·kg}^{-1})$$

8.1.4 电解质部分离解时的活度系数

以上介绍了假设电解质完全离解条件下的平均离子活度系数 $\gamma^*_\pm$,它表示没有未离解分子存在时离子的平均性质,通常称为化学计量平均离子活度系数。实际上,无论强电解质还是弱电解质都不能完全离解。此时离子的活度系数称为真实的平均离子活度系数,记作 $\underline{\gamma}^*_\pm$,它与化学计量平均离子活度系数是不同的。对正、负离子来说,不论用哪种方法处理,只要在相同状态下,其平均离子活度都相等,为 $\underline{\hat{a}}^*_{\pm,m} = \hat{a}^*_{\pm,m}$,因此

$$\underline{\gamma}^*_{\pm,m}\frac{\underline{m}_{\pm,m}}{m^\ominus_{\pm,m}} = \gamma^*_{\pm,m}\frac{m_{\pm,m}}{m^\ominus_{\pm,m}} \tag{8-37}$$

式中,$\underline{m}_{\pm,m}$ 是真正的平均离子质量摩尔浓度,$m_{\pm,m}$ 则是表现假设完全离解的相应量。如电解质的质量摩尔浓度为 m_B,离解度为 α,则有

$$\underline{m}_{+,m} = \alpha\nu_+ m_B, \quad \underline{m}_{-,m} = \alpha\nu_- m_B, \quad \underline{m}_\pm = (\nu_{+,m}^{\nu_+}\nu_{-,m}^{\nu_-})^{1/\nu}\alpha m_B \tag{8-38}$$

$$m_{+,m} = \nu_+ m_B, \quad m_{-,m} = \nu_- m_B, \quad m_\pm = (\nu_{+,m}^{\nu_+}\nu_{-,m}^{\nu_-})^{1/\nu}m_B \tag{8-39}$$

联立式(8-37)~式(8-39),得

$$\gamma^*_{\pm,m} = \underline{\gamma}^*_{\pm,m}\alpha \tag{8-40}$$

有时电解质完全离解后,部分正、负离子可形成缔合物。缔合物可以是电解质分子、离子对、中间离子[如 $(CaCl)^+$]或配合离子[如 $Fe(CN)_6^{4-}$]。设溶质分子式为 $M_{\nu_+}X_{\nu_-}$,缔合物化学式为 $M_{\kappa_+}X_{\kappa_-}$。以质量摩尔浓度表示,如果 $\nu_+ m_B$ 个正离子中有 $(1-\alpha)\nu_+ m_B$ 个正离子与负离子形成缔合物,那么消耗的负离子数为 $(1-\alpha)\dfrac{\nu_+ m_B\kappa_-}{\kappa_+}$,剩下的正、负自由离子数为 $\underline{m}_+ = \alpha\nu_+ m_B$ 和 $\underline{m}_- = \nu_- m_B - (1-\alpha)\dfrac{\nu_+ m_B\kappa_-}{\kappa_+}$,其中 α 为离解度,且

$$\underline{m}_\pm = (\underline{m}_+^{\nu_+}\underline{m}_-^{\nu_-})^{1/\nu} = \left\{(\nu_+\alpha)^{\nu_+}\left[\nu_- - (1-\alpha)\frac{\nu_+\kappa_-}{\kappa_+}\right]^{\nu_-}\right\}^{1/\nu}m_B \tag{8-41}$$

将式(8-41)和 $m_\pm = m_B(\nu_+^{\nu_+}\nu_-^{\nu_-})^{1/\nu}$ 代入式(8-37),可得

$$\gamma^*_{\pm,m} = \left\{\alpha^{\nu_+}\left[1 - (1-\alpha)\frac{\nu_+\kappa_-}{\kappa_+\nu_-}\right]^{\nu_-}\right\}^{1/\nu}\underline{\gamma}^*_{\pm,m} \tag{8-42}$$

上式表明了真实的平均离子活度系数 $\underline{\gamma}^*_{\pm,m}$ 和化学计量平均离子活度系数 $\gamma^*_{\pm,m}$ 之间的关系，是个普遍适用的公式。

如果缔合分子就是溶质分子，则有 $\kappa_+ = \nu_+$，$\kappa_- = \nu_-$，式(8-42)还原为式(8-40)。

对于 2 : 1 价电解质 MX_2，如果缔合物是 $(MX)^+$，如 $(CaCl)^+$，$\nu_+ = 1$，$\nu_- = 2$，$\kappa_+ = 1$，$\kappa_- = 1$，则普适公式可简化为

$$\gamma^*_{\pm,m} = \left[\frac{\alpha}{4}(1+\alpha)^2\right]^{1/3} \underline{\gamma}^*_{\pm,m} \tag{8-43}$$

对于 1 : 2 价电解质 M_2X，如果缔合物是 $(MX)^-$，如 KSO_4^-，$\nu_+ = 2$，$\nu_- = 1$，$\kappa_+ = 1$，$\kappa_- = 1$，则普适公式可简化为

$$\gamma^*_{\pm,m} = \left[\alpha^2(2\alpha-1)\right]^{1/3} \underline{\gamma}^*_{\pm,m} \tag{8-44}$$

采用同样的方法可导出电解质部分离解形成的其他价态的活度系数 $\gamma^*_{\pm,m}$。

8.2　渗透系数

4.9.4 节已经述及，渗透系数仅是针对溶剂而言的。当电解质溶液浓度不大时，溶剂的活度系数与 1 相差很小。例如 25 ℃下，2.0 $mol \cdot kg^{-1}$ 的 KCl 溶液，$x_2 = 0.0672$，$\gamma^*_{\pm,m} = 0.614$，而水的活度系数 $\gamma_1 = 1.004$。为了使溶剂偏离理想溶液的程度得到较灵敏的反应，在电解质溶液领域里常应用溶剂的渗透系数 Ψ，其定义式如下

$$\mu_1 = \mu_1^{\ominus} + \Psi RT \ln x_1 \tag{8-45}$$

由热力学可得渗透压 π 与溶剂活度的关系，式(4-116)或式(7-97)为

$$\pi = -(RT/V_1)\ln \hat{a}_1$$

对于理想溶液，$\hat{a}_1 = x_1$，有

$$\pi^{is} = -(RT/V_1)\ln x_1 \tag{8-46}$$

对于实际溶液，按式(8-45)，$\ln \hat{a}_1 = \Psi \ln x_1$

$$\pi = -(RT/V_1)\Psi \ln x_1 \tag{8-47}$$

因此

$$\Psi = \frac{\pi}{\pi^{is}} \tag{8-48}$$

Ψ 是实际溶液与理想溶液的渗透压之比，所以称为渗透系数，它还可以度量溶剂偏离理想情况的程度。对于上述 KCl 水溶液，$\Psi = 0.944$，可见比 γ_1 要敏感得多。

现进一步将 x_1 化为

$$x_1 = \frac{1 - \sum_{j=1}^{N_B} m_j}{1/M_1 + \sum_{j=1}^{N_B} m_j} \tag{8-49}$$

259

$\sum\limits_{j=1}^{N_B} m_j$ 求和遍及除溶剂外的所有物质,它适用于含有 N_B 种混合电解质溶液。若溶液

较稀,$\sum\limits_{j=1}^{N_B} m_j$ 很小,则 $x_1 = 1 - M_1 \sum\limits_{j=1}^{N_B} m_j$,代入式(8-47),得

$$\mu_1 = \mu_1^\ominus + \Psi RT \ln\left(1 - M_1 \sum_{j=1}^{N_B} m_j\right) \qquad (8-50)$$

$\ln\left(1 - M_1 \sum\limits_{j=1}^{N_B} m_j\right)$ 展开得

$$\ln\left(1 - M_1 \sum_{j=1}^{N_B} m_j\right) = -M_1 \sum_{j=1}^{N_B} m_j - \frac{1}{2} \times \left(M_1 \sum_{j=1}^{N_B} m_j\right)^2 - \frac{1}{3} \times \left(M_1 \sum_{j=1}^{N_B} m_j\right)^3 + \cdots$$

因 $\sum\limits_{j=1}^{N_B} m_j$ 很小,故取展开式的首项得

$$\mu_1 = \mu_1^\ominus - \Psi RT M_1 \sum_{j=1}^{N_B} m_j \qquad (8-51)$$

$$\ln \hat{a}_1 = -\Psi M_1 \sum_{j=1}^{N_B} m_j \qquad (8-52)$$

式(8-51)、式(8-52)也可以作为渗透系数的定义式,且比式(8-47)更为常用。对于上述的 KCl 溶液,按此式计算得到的 $\Psi = 0.912$。当浓度非常稀时,式(8-47)和式(8-52)所得的 Ψ 应相同。

对于单电解质溶液,正如 γ_1 和 γ_B 可通过吉布斯-杜安方程相互关联一样,Ψ 和 $\gamma_{B,m}^*$ 也可以利用该式相互推算。如将电解质形式上作为整体处理,按式(4-39),等 T、等 p 下可写出

$$n_1 \mathrm{d}\mu_1 + n_B \mathrm{d}\mu_B = 0 \qquad (8-53)$$

将 $n_1 = M_1^{-1}$,$n_B = m_B$,以及 $\mu_i = \mu_i^{\ominus*} + RT \ln \hat{a}_i^*$ 代入上式,得

$$M_1^{-1} \mathrm{d}\ln \hat{a}_1 + n_B \mathrm{d}\ln \hat{a}_B^* = 0 \qquad (8-54)$$

注意电解质活度类型可任意选择。将式(8-16b)代入上式,得

$$M_1^{-1} \mathrm{d}\ln \hat{a}_1 + \nu m_B \mathrm{d}\ln \hat{a}_{\pm,m}^* = 0 \qquad (8-55)$$

因式(8-16a)中的 $K^\ominus$ 是常数,因此在上式中不出现。将式(8-23)、式(8-40)代入其中,得

$$M_1^{-1} \mathrm{d}\ln \hat{a}_1 + \nu m_B \mathrm{d}\ln(\alpha m_B / m^\ominus) + \nu m_B \mathrm{d}\ln \gamma_{\pm,m}^* = 0 \qquad (8-56)$$

再将式(8-52) 和 $\sum\limits_{j=1}^{N_B} m_j = (1 - \alpha + \alpha\nu) m_B$ 代入上式,得

$$\mathrm{d}\ln \gamma_{\pm,m}^* = \frac{1 - \alpha + \alpha\nu}{\nu} \mathrm{d}\Psi - \mathrm{d}\ln \frac{\alpha m_B}{m^\ominus} + \frac{\Psi}{\nu m_B} \mathrm{d}\left[(1 - \alpha + \alpha\nu) m_B\right] \qquad (8-57)$$

式(8-57)将 Ψ 的变化与 $\gamma_{\pm,m}^*$ 的变化联系起来了。

若电解质溶液完全电离,$\alpha = 1$,则式(8-57)可简化为

$$\mathrm{d}\ln\gamma_{\pm,\mathrm{m}}^{*}=\mathrm{d}\Psi+(\Psi-1)\mathrm{d}\ln\frac{m_{\mathrm{B}}}{m^{\ominus}} \tag{8-58}$$

当 $m_{\mathrm{B}}=0$ 时，$\Psi=1$，$\gamma_{\pm,\mathrm{m}}^{*}=1$，以此为下限积分式(8-58)，得

$$\ln\gamma_{\pm,\mathrm{m}}^{*}=\Psi-1+\int_{0}^{m_{\mathrm{B}}}(\Psi-1)\mathrm{d}\ln\frac{m_{\mathrm{B}}}{m^{\ominus}} \tag{8-59}$$

式(8-59)可由一定浓度范围内的 Ψ 求得 $\gamma_{\pm,\mathrm{m}}^{*}$。式(8-58)还可变为

$$\mathrm{d}\big[m_{\mathrm{B}}(\Psi-1)\big]=m_{\mathrm{B}}\mathrm{d}\ln\gamma_{\pm,\mathrm{m}}^{*} \tag{8-60}$$

在同样下限时积分式(8-60)，得

$$\Psi=1+m_{\mathrm{B}}^{-1}\int_{1}^{\gamma_{\pm,\mathrm{m}}^{*}}m_{\mathrm{B}}\mathrm{d}\ln\gamma_{\pm,\mathrm{m}}^{*} \tag{8-61}$$

式(8-61)可通过一定浓度范围内的 $\gamma_{\pm,\mathrm{m}}^{*}$ 求得 Ψ。

8.3　过量性质

和非电解质溶液一样，过量函数常用来表达电解质溶液的非理想性，在构建分子热力学模型时，常常表现为过量吉布斯函数模型，并由此得到活度系数、渗透系数和其他过量函数。通常过量函数一般适用于路易斯-兰德尔规则或以物质的量分数为基准的亨利定律所表达的活度，若要使用质量摩尔浓度或物质的量浓度所表达的活度，则需要应用换算式(8-34)、式(8-35)。根据式(4-71)定义，电解质溶液的混合吉布斯函数 ΔG 应为

$$\Delta G=G-\left(n_{1}G_{1}^{\ominus}+\sum_{i}^{N_{\mathrm{B}}}n_{i}G_{i}^{\ominus*}\right) \tag{8-62}$$

式中，溶剂 1 取系统温度下的路易斯-兰德尔规则作为标准状态，对于离子、未离解的电解质则取系统温度下的以物质的量分数所表达的亨利定律为基准的虚拟纯物质。根据式(4-74)，相应的过量吉布斯函数 G^{E} 为

$$G^{\mathrm{E}*}=\Delta G-\Delta G^{\mathrm{is}} \tag{8-63}$$

根据式(4-83)定义

$$RT\ln\gamma_{i,x}=\mu_{i}-\mu_{i}^{\mathrm{is}}=(\partial G^{\mathrm{E}*}/\partial n_{i})_{T,p,n_{j[i]}} \tag{8-64}$$

对于溶剂 1，有

$$\ln\gamma_{1}=\frac{(\partial G^{\mathrm{E}*}/\partial n_{1})_{T,p,n_{1[N_{\mathrm{B}}]}}}{RT} \tag{8-65}$$

按 Ψ 的定义式(8-52)，并以式(8-65)代入，得

$$\ln\hat{a}_{1}=\ln x_{1}+\ln\gamma_{1}=-\Psi M_{1}\sum_{j=1}^{N_{\mathrm{B}}}m_{j} \tag{8-66}$$

$$\Psi = -\left[\frac{(\partial G^{E*}/\partial n_1)_{T,p,n_{1[N_B]}}}{RT} + \ln x_1\right]\bigg/\left(M_1\sum_{j=1}^{N_B} m_j\right) \tag{8-67}$$

如果溶液很稀，以 Taylor 级数对 $\ln x_1$ 展开，得

$$\ln[1-(1-x_1)] = -(1-x_1) - 1/2(1-x_1)^2 - \cdots$$

忽略二次以后的高价项有 $\ln x_1 = -(1-x_1) = -M_1\sum\limits_{j=1}^{N_B} m_j$，将其代入式(8-67)，得

$$1-\Psi = \frac{(\partial G^{E*}/\partial n_1)_{T,p,n_{1[N_B]}}}{RTM_1\sum\limits_{j=1}^{N_B} m_j} \tag{8-68}$$

如设溶剂质量为 m_1，$n_1 = m_1/M_1$，上式变为

$$1-\Psi = \frac{(\partial G^{E*}/\partial m_1)_{T,p,n_{1[N_B]}}}{RT\sum\limits_{j=1}^{N_B} m_j} \tag{8-69}$$

对于离子和未离解的电解质，可用下式求得其活度系数

$$\ln \gamma_{i,x} = \frac{(\partial G^{E*}/\partial n_i)_{T,p,n_{j[1,i]}}}{RT} \tag{8-70}$$

如果对某对正、负离子采用平均离子活度系数，设该对离子折合为某电解质的量为 n_i，$n_+ = n_i\nu_+$，$n_- = n_i\nu_-$，则

$$\ln \gamma_{+,x} = \frac{(\partial G^{E*}/\partial n_i)_{T,p,n_{j[1,i]}}}{\nu_+ RT} \tag{8-71}$$

$$\ln \gamma_{-,x} = \frac{(\partial G^{E*}/\partial n_i)_{T,p,n_{j[1,i]}}}{\nu_- RT} \tag{8-72}$$

代入式(8-21)，得

$$\ln(\gamma_{\pm,x})_i = \frac{(\partial G^{E*}/\partial n_i)_{T,p,n_{j[1,i]}}}{\nu RT} \tag{8-73}$$

以上这些式子适用于混合电解质溶液。若为混合溶剂系统，则活度系数的计算式依旧，但这时一般不用渗透系数 Ψ。有了 $\gamma_{\pm,x}$，则 $\gamma_{\pm,m}^*$，$\gamma_{\pm,c}^{**}$ 不难利用换算式(8-34)、式(8-35)求得。

注意：除了溶剂 1 之外，其他组分满足 $n_j = w_1 m_j$。若已知 Ψ 和 $\ln(\gamma_{\pm,x})_i$，按式(4-81)，并结合式(8-69)和式(8-73)可得到 G^{E*}：

$$\frac{G^{E*}}{RT} = w_1(1-\Psi)\sum_{j=1}^{N_B} m_j + w_1\sum_{j=1}^{N_B} m_j(\gamma_{\pm,x})_j \tag{8-74}$$

对于单电解质溶液，设离解度为 α，则有 $n_+ = w_1 m_B \nu_+ \alpha$，$n_- = w_1 m_B \nu_- \alpha$，$n_B = w_1 m_B(1-\alpha)$，$\sum\limits_{j=1}^{N_B} m_j = (1-\alpha+\alpha\nu)m_B$，再按式(8-21)引入平均活度系数，有

$$\frac{G^{E*}}{RT} = w_1 m_B \left[(1 - \Psi)(1 - \alpha - \alpha\nu) + \alpha\nu \ln(\gamma_{\pm,x})_B + (1 - \alpha)\ln\gamma_{B,x} \right] \qquad (8-75)$$

若电解质完全离解，$\alpha = 1$，上式可简化为

$$\frac{G^{E*}}{RT} = w_1 m_B \nu \left[1 - \Psi + \ln(\gamma_{\pm,x})_B \right] \qquad (8-76)$$

运用热力学方法，还可以用活度系数和渗透系数来表示其他过量函数。由吉布斯-杜安关系式可得电解质溶液的过量焓计算式：

$$H^{E*} = -T^2 \left[\frac{\partial(G^{E*}/T)}{\partial T} \right]_p = w_1 m_B \nu RT^2 \left\{ \left(\frac{\partial \Psi}{\partial T} \right)_{p,m_B} - \left[\frac{\partial \ln(\gamma_{\pm,x})_B}{\partial T} \right]_{p,m_B} \right\} \qquad (8-77)$$

并可进一步得到其他性质，如 $c_p^{E*} = (\partial H^{E*}/\partial T)_p$，$S^{E*} = (H^{E*} - G^{E*})/T$ 等。

8.4　离子反应的平衡常数

前已述及，在电解质溶液中，一方面，电解质往往是部分离解的，或者离子间存在缔合与离解平衡。另一方面，当固体电解质溶解达到饱和，或一些弱电解质气体溶解于水时，也有溶解平衡；用萃取剂萃取金属离子时也往往存在配合反应，相应地有配合平衡，这些过程都涉及离子，统称为离子反应。与一般的化学反应一样，离子反应也有一定的标准平衡常数，它们与标准状态的化学位之间存在着如式(6-17)、式(8-12)的关系。

$$K^{\ominus} = \exp\left(\frac{-\sum_j \nu_j \mu_j^{\ominus*}}{RT} \right) \qquad (8-78)$$

这里的标准状态对固体、气体来说指的是在 $p^{\ominus}$ 下的纯物质固体或理想气体，而对电解质溶液中的离子来说，则通常指以质量摩尔浓度表示的活度标准状态。$K^{\ominus}$ 按常规可由反应物和生成物的标准吉布斯函数 $\Delta G_f^{\ominus}$ 来计算，有关数据，包括离子的均可从相关无机盐或电解质物性数据手册上查得。

[**例 8.2**]　估算 NaCl 固体在 25 ℃ 时在水中的溶解度。已知 NaCl(s)、Na$^+$(aq)、Cl$^-$(aq) 的 $\Delta G_f^{\ominus}$ 分别为 $-384.049\,\text{kJ} \cdot \text{mol}^{-1}$、$-261.872\,\text{kJ} \cdot \text{mol}^{-1}$、$-131.26\,\text{kJ} \cdot \text{mol}^{-1}$。

解： NaCl 在水中的离解反应式为

$$\text{NaCl(s)} \Longleftrightarrow \text{Na}^+(\text{aq}) + \text{Cl}^-(\text{aq})$$

$$\sum_j \nu_j \mu_j^{\ominus*} = \Delta G_{f,\text{Na}^+}^{\ominus} + \Delta G_{f,\text{Cl}^-}^{\ominus} - \Delta G_{f,\text{NaCl}}^{\ominus}$$

$$= -261.872 - 131.26 + 384.049 = -9.083(\text{kJ} \cdot \text{mol}^{-1})$$

$$K^{\ominus} = \exp\left(\frac{-\sum_j \nu_j \mu_j^{\ominus*}}{RT} \right) = \exp\left(\frac{9.083 \times 10^3}{8.314 \times 298.15} \right) = 39.02$$

由于 NaCl 是纯固体，$\hat{a}_B = \hat{a}_{NaCl} = 1$，若忽略 $\int (\overline{V_i^\infty}/RT)\mathrm{d}p$ 的贡献，则 $K^\ominus = K_a = \hat{a}_{Na^+,m}^* \hat{a}_{Cl^-,m}^* = m_B^2 \gamma_{\pm,m}^{*2}/(m^\ominus)^2$。若近似 $\gamma_{\pm,m}^* = 1$，则得 $m_B = 6.247\ \mathrm{mol \cdot kg^{-1}}$，而实验值为 $6.146\ \mathrm{mol \cdot kg^{-1}}$，相对误差为 1.6%。

平衡常数与温度的关系按经典热力学应为

$$\ln K^\ominus(T) = -\frac{\Delta G^\ominus(T_1)}{RT_1} - \frac{\Delta H^\ominus(T_1)}{R}\left(\frac{1}{T} - \frac{1}{T_1}\right) - \frac{\Delta c_p^\ominus}{R}\left(\ln\frac{T}{T_1} - \frac{T}{T_1} + 1\right) \quad (8-79)$$

式中，T_1 为参考状态 1 的温度，$\Delta G^\ominus(T_1)$，$\Delta H^\ominus(T_1)$ 和 $\Delta c_p^\ominus$ 分别为该温度下的标准吉布斯函数、标准反应焓和标准反应等压比热容，并设它们均与温度无关。

平衡常数与压力的关系，可采用 Owen 和 Brinkley 公式计算：

$$K(p,T) = K(p^\ominus,T)\exp\frac{-\Delta\overline{V}(p-p^\ominus) + 0.5\Delta\overline{v}(p-p^\ominus)^2}{RT} \quad (8-80)$$

式中，$\Delta\overline{V}$ 是反应前后标准状态下偏摩尔体积之差，$\Delta\overline{v}$ 是反应前后标准状态下偏摩尔压缩系数之差。用此式计算例 8.2 中 25 ℃下 NaCl 在水中溶解度随压力的变化。

$$\Delta\overline{V} = \overline{V_{Na^+}} + \overline{V_{Cl^-}} - \overline{V_{NaCl}} = -1.21 + 17.82 - 27.013 = -10.405(\mathrm{cm^3 \cdot mol^{-1}})$$

$$\Delta\overline{v} = \overline{v_{Na^+}} + \overline{v_{Cl^-}} - \overline{v_{NaCl}} = -3.94\times10^{-8} + 0.74\times10^{-8} - 1.1\times10^{-8}$$
$$= 4.57\times10^{-8}(\mathrm{cm^3 \cdot mol^{-1} \cdot Pa^{-1}})$$

用式(8-80)计算得 100 MPa 时，$K_{100\,MPa}$ 与常压下 $K_{0.1\,MPa}$ 之比为 1.4，若忽略 $\Delta\overline{v}$ 的影响，计算结果为 1.5。注意式(8-80)中的 K 不是 $K^\ominus$，而是以物质的量分数表示的 K_x。在稀溶液中，也可以用质量摩尔浓度表达的 K_m。式(8-80)也可用 $(\partial K_x/\partial p)_T = -\Delta\overline{V}/RT$ 导出。

8.5 电解质溶液的分子热力学模型

8.5.1 Debye - Hückel 极限公式

Debye 和 Hückel 于 1923 年提出的强电解质离子互吸理论能够定量描述稀溶液的许多平衡性质(如活度系数、渗透压等)和传递性质(如电导、黏度等)。该理论的基本假设是

(1) 电解质完全电离并且没有离子缔合；

(2) 离子为带电荷的质点，相互之间只有库仑力起作用；

(3) 溶剂为有介电常数的连续介质；在稀溶液中，溶液介电常数与溶剂介电常数的差别可忽略。

离子互吸理论认为，在溶液中由于正负离子间的吸引，任一离子周围出现带异种电荷的离子的概率远大于带同种电荷的离子，使离子分布不均匀而形成离子氛，即每一个正离子周围有一个带负电的球形离子氛；每一个负离子周围有一个带正电的球形离子氛；每个中心离子同时又是另一个异性离子的离子氛的成员。根据这种构象，离子间的静电作用可归结为中心离子与离子氛之间的作用。

由离子互吸理论可推导得到 D－H 理论极限公式为

$$\ln\gamma^*_{j,\,m}=-A_\gamma z_j^2 I^{1/2} \tag{8-81}$$

式中，$A_\gamma=\dfrac{N_A^2 e^3 (2\rho_1)^{1/2}}{8\pi (\varepsilon RT)^{3/2}}$；$z_j$ 为离子所带的电荷数；I 为以质量摩尔浓度定义的离子强度，$I=\dfrac{1}{2}\sum\limits_j m_j z_j^2$。

将式(8-81)代入平均离子活度系数定义式(8-21)，并结合电中性条件，可得

$$\ln\gamma^*_{\pm,\,m}=-A_\gamma|z_+ z_-|I^{1/2} \tag{8-82}$$

溶液浓度很稀时($I\leqslant 0.01\ \text{mol}\cdot\text{kg}^{-1}$)，极限公式与实验数据有很好的一致性。但随着浓度增大，极限公式将产生越来越大的偏差。这是因为：在高浓度时，离子本身的大小不能忽略；离子间除库仑力外，其他静电力相互作用的增加；离子溶剂化，溶剂的电容率变得不连续。

在较浓的溶液中，若把离子看作具有一定半径的球体，该正负离子可接近的极限距离为 a，则推导过程略加修正可得

$$\ln\gamma^*_{\pm,\,m}=-\frac{A_\gamma|z_+ z_-|I^{1/2}}{1+B_\gamma a I^{1/2}} \tag{8-83}$$

式中，a 反映了离子的大小，$B_\gamma=\dfrac{N_A e (2\rho_1)^{1/2}}{(\varepsilon RT)^{1/2}}$。实际使用时，$a$ 常作为可调参数。为简化起见，令 $B_\gamma a=1$，上式就成了极限公式的半经验修正式：

$$\ln\gamma^*_{\pm,\,m}=-\frac{A_\gamma|z_+ z_-|I^{1/2}}{1+I^{1/2}} \tag{8-84}$$

式(8-84)可用于离子强度达 $0.1\ \text{mol}\cdot\text{kg}^{-1}$ 的电解质水溶液，如果在上式加上一个线性的浓度项 bI，有

$$\ln\gamma^*_{\pm,\,m}=-\frac{A_\gamma|z_+ z_-|I^{1/2}}{1+I^{1/2}}+bI \tag{8-85}$$

则式(8-85)适用的浓度范围可达 $I=1.0\ \text{mol}\cdot\text{kg}^{-1}$，式中，$b$ 为经验常数。表8-1给出了 NaCl 水溶液平均离子活度系数的实验值，极限公式及修正式的计算值。对于1∶1价电解质，离子强度和质量摩尔浓度是相同的。

表 8-1　25℃下 NaCl 水溶液平均离子活度系数

$m/(\text{mol}\cdot\text{kg}^{-1})$	$-\ln\gamma^*_{\pm,\,m}$			
	实验值	式(8-83)	式(8-84)	式(8-85)，$b=0.37\ \text{kg}\cdot\text{mol}^{-1}$
0.001	0.0356	0.0367	0.0356	0.0356
0.005	0.0758	0.0834	0.0780	0.0758
0.010	0.1031	0.1176	0.1065	0.1031
0.050	0.1997	0.2627	0.2144	0.1960
0.100	0.2510	0.3710	0.2810	0.2446

由 D-H 理论同样可推导得到电解质溶液渗透系数的表达式

$$\Psi - 1 = -A_\Psi |z_+ z_-| I^{1/2} \qquad (8-86)$$

式中,常数 A_Ψ 与式(8-82)中常数 A_γ 的关系为 $A_\Psi = \dfrac{1}{3}A_\gamma$。

[例 8.3] 25 ℃时,PbI_2 在水中的溶解度为 $1.66 \times 10^{-3} \, mol \cdot kg^{-1}$,试计算相同温度下,$PbI_2$ 在 0.01 mol·kg^{-1} NaCl 水溶液和 0.01 mol·kg^{-1} KI 水溶液中的溶解度。已知 25 ℃时水溶液的 Debye-Hückel 极限公式常数 $A_\gamma = 1.174 \, mol^{1/2} \cdot kg^{-1/2}$。

解:(1) PbI_2 在纯水中溶解并电离,溶解度为 $m_0 = 1.66 \times 10^{-3} \, mol \cdot kg^{-1}$,其电离方程式为

$$PbI_2 \rightleftharpoons Pb^{2+} + 2I^-$$

对 PbI_2 而言,$\nu_+ = 1$、$\nu_- = 2$;$z_+ = 2$、$z_- = -1$,则 25 ℃时的活度积为

$$K_a = \hat{a}_+^* \hat{a}_-^{*2} = (m_0 \gamma_{+,m}^*)(2m_0 \gamma_{-,m}^*)^2 = 4m_0^3 \gamma_{\pm,m,0}^{*3}$$

此时溶液的离子强度:

$$I = \frac{1}{2}\sum_j m_j z_j^2 = \frac{1}{2} \times [1 \times 2^2 + 2 \times (-1)^2]m_0 = 3 \times 1.66 \times 10^{-3} = 4.98 \times 10^{-3} \, (mol \cdot kg^{-1})$$

由 Debye-Hückel 极限公式和式(8-82)得平均离子活度系数

$$\ln \gamma_{\pm,m,0}^* = -A_\gamma |z_+ z_-| I^{1/2} = -1.174 \times |2 \times (-1)| \times \sqrt{4.98 \times 10^{-3}} = -0.1657$$

$$\gamma_{\pm,m,0}^* = 0.8473$$

(2) 在 $m_1' = 0.01 \, mol \cdot kg^{-1}$ 的 NaCl 水溶液中,设 PbI_2 的溶解度为 m_1。因 PbI_2 溶解度很小,此时溶液的离子强度主要由来自 Na^+ 和 Cl^- 的贡献,对 NaCl 而言,$\nu_+ = 1$,$\nu_- = 1$;$z_+ = 1$,$z_- = -1$,故

$$I_1 = \frac{1}{2}\sum_j m_j z_j^2 = \frac{1}{2} \times [1 \times 1^2 + 1 \times (-1)^2] \times 0.01 = 0.01 \, (mol \cdot kg^{-1})$$

所以,PbI_2 的平均离子活度系数

$$\ln \gamma_{\pm,m,1}^* = -A_\gamma |z_+ z_-| I_1^{1/2} = -1.174 \times |2 \times (-1)| \times \sqrt{0.01} = -0.2348$$

$$\gamma_{\pm,m,1}^* = 0.7907$$

温度相同,K_a 不变,因此有

$$K_a = a_+^* a_-^{*2} = 4m_0^3 \gamma_{\pm,m,0}^{*3} = 4m_1^3 \gamma_{\pm,m,1}^{*3}$$

$$m_1 = \frac{m_0 \gamma_{\pm,m,0}^*}{\gamma_{\pm,m,1}^*} = 1.66 \times 10^{-3} \times \frac{0.8473}{0.7907} = 1.78 \times 10^{-3} \, (mol \cdot kg^{-1})$$

(3) 在 $m_2' = 0.01 \, mol \cdot kg^{-1}$ 的 KI 水溶液中,PbI_2 的溶解度为 m_2,同(2)方法计算可得

$$I_2 = \frac{1}{2}\sum_j m_j z_j^2 = \frac{1}{2} \times [1 \times 1^2 + 1 \times (-1)^2] \times 0.01 = 0.01 \, (mol \cdot kg^{-1}), \quad \gamma_{\pm,m,2}^* = 0.7907$$

温度相同，K_a 不变，因此有

$$K_a = a_+^* \, a_-^{*2} = (m_2 \gamma_{+,\mathrm{m},2}^*) \left[(2m_2 + 0.01)\gamma_{-,\mathrm{m},2}^*\right]^2 = m_2(2m_2 + 0.01)^2 \gamma_{\pm,\mathrm{m},2}^{*3}$$
$$= 4m_0^3 \gamma_{\pm,\mathrm{m},0}^3$$

代入数据，整理得 $m_2^3 + 0.01m_2^2 + 2.5 \times 10^{-5} m_2 - 1.2305 \times 10^{-6} = 0$，采用 Microsoft Office Excel 解此三次方程得

$$m_2 = 7.678 \times 10^{-3} \text{ mol} \cdot \text{kg}^{-1}$$

8.5.2　高浓度电解质溶液的活度系数模型

自从 Debye - Hückel 提出离子互吸理论和导出极限公式以来，许多研究者为建立适合高浓度电解质溶液的模型做了大量努力。在各种假设的基础上，提出了不少理论和简化后的实用模型。关联电解质水溶液活度系数的半经验模型大致可分为以下三类。① 物理模型：这类模型认为离子间的物理作用不仅包括长程静电力，还包括硬心斥力（导致排斥体积影响）和短程引力。其中被广泛接受的是皮策的离子相互作用模型。② 局部组成模型：这类模型是物理模型的一种特殊情况。离子间的短程引力不是表示为溶液主体组成的函数，而是表示为局部组成的函数。③ 化学模型：这类模型把电解质溶液的非理想性归结为由于离子、分子间的化学反应，在溶液中形成半稳定粒子，特别是溶剂化离子。罗宾森和斯托克斯的溶剂化模型是其中典型的代表。

8.5.2.1　皮策电解质溶液模型

皮策从统计力学原理出发，提出用包含静电项在内的位力多项级数展开式来表示电解质平均离子活度系数。

设某一溶液含 w_1 kg 溶剂，以及 $n_j(j=1, 2, \cdots, N_\mathrm{B})$ mol，N_B 种电解质。皮策给出了该系统的过量吉布斯函数表达式：

$$\frac{G_\mathrm{t}^\mathrm{E}}{RT} = w_1 f(I) + w_1^{-1} \sum_i \sum_j n_i n_j \lambda_{ij} + w_1^{-2} \sum_i \sum_j \sum_k n_i n_j n_k \Lambda_{ijk} + \cdots \quad (8\text{-}87)$$

式中，函数 $f(I)$ 是与离子强度、温度和溶剂 1 性质有关的函数，它反映了长程静电力的影响，与 Debye - Hückel 极限定律相当。皮策经过理论推导，得到

$$f(I) = -\frac{4A_\Psi I}{b} \ln(1 + b\sqrt{I}) \quad (8\text{-}88)$$

式中，$A_\Psi = A_\gamma/3$，A_γ 的计算同式(8-81)，b 相当于式(8-83)中的 $B_\gamma a$。λ_{ij} 反映粒子 i 和 j 之间的短程相互作用，它对离子强度的依赖性使得该位力多项式很快收敛。Λ_{ijk} 是三个粒子间的相互作用，只有当浓度很高时才需要考虑，它们与离子强度的依赖关系可以忽略。

皮策假定 λ 和 Λ 是矩阵对称的，即 $\lambda_{ij} = \lambda_{ji}$，$\Lambda_{ijk} = \Lambda_{jki} = \Lambda_{kij}$，$\cdots$。将式(8-87)分别代入式(8-68)和式(8-73)，对于含单个电解质的二元系统，其表达式为

$$\ln \gamma_{\pm,\mathrm{m}}^* = |z_+ z_-| f^\gamma + m(2\nu_+ \nu_-/\nu)B_\pm^\gamma + m^2 \left[2(\nu_+ \nu_-)^{3/2}/\nu\right]C_\pm^\gamma \quad (8\text{-}89)$$

$$\Psi - 1 = |z_+ z_-| f^\Psi + m(2\nu_+ \nu_-/\nu)B_\pm^\Psi + m^2 \left[2(\nu_+ \nu_-)^{3/2}/\nu\right]C_\pm^\Psi \quad (8\text{-}90)$$

皮策通过对 $1:1$ 价、$2:1$ 价、$3:1$ 价、$4:1$ 价和 $5:1$ 价电解质溶液实验数据的系统分析,得到了计算 f^γ,$B^\gamma_\pm$ 和 $C^\gamma_\pm$ 的简化公式。它们对各类电解质溶液有最佳的一致性。

$$f^\gamma = -A_\Psi \left[\frac{I^{1/2}}{1+bI^{1/2}} + \frac{2}{b}\ln(1+bI^{1/2}) \right] \tag{8-91a}$$

$$B^\gamma_\pm = 2\beta_0 + \frac{2\beta_1}{a_1^2 I}\left[1 - \left(1 + a_1 I^{1/2} - \frac{a_1^2 I}{2}\right)\exp(1-a_1 I^{1/2}) \right]$$
$$+ \frac{2\beta_2}{a_2^2 I}\left[1 - \left(1 + a_2 I^{1/2} - \frac{a_2^2 I}{2}\right)\exp(1-a_2 I^{1/2}) \right] \tag{8-91b}$$

$$C^\gamma_\pm = 3/2 C^\Psi_\pm \tag{8-91c}$$

$$f^\Psi = -A_\Psi \frac{I^{1/2}}{1+bI^{1/2}} \tag{8-91d}$$

$$B^\Psi_\pm = \beta_0 + \beta_1\exp(1-a_1 I^{1/2}) + \beta_2\exp(1-a_2 I^{1/2}) \tag{8-91e}$$

$$C^\Psi_\pm = \frac{3}{(\nu_+ \nu_-)^{1/2}}(\nu_+ \Lambda_{++-} + \nu_- \Lambda_{+--}) \tag{8-91f}$$

式(8-91a)和式(8-91d)中的 $b=1.2\ \text{kg}^{1/2} \cdot \text{mol}^{-1/2}$ 是从实验数据得到的常数。式(8-91d)中的 A_Ψ 是渗透系数中的 Debye-Hückel 常数,25℃时,水的 $A_\Psi = 0.392\ \text{kg}^{1/2} \cdot \text{mol}^{-1/2}$。对于除了 $2:2$ 价以外的大多数电解质溶液,$a_1=2.0$,$a_2=0$;对于 $2:2$ 价电解质溶液,$a_1=1.4$,$a_2=12$。

β_0,β_1,β_2 和 $C^\Psi_\pm$ 是可调的二元参数,对每一种电解质来说是不相同的。通常采用最小二乘法拟合室温下电解质水溶液的活度系数和渗透系数的实验数据来获得这些二元参数。参数 $C^\Psi_\pm$ 在浓度低时不重要,只在浓度高于 $2.0\ \text{mol} \cdot \text{kg}^{-1}$ 时才重要。

虽然皮策提出的最终方程是半经验的,但不妨碍它在实际应用中获得成功。皮策模型已经应用于许多电解质水溶液,其中包括混合电解质的水溶液。对于混合电解质,皮策在式(8-87)的第二、三项分别增加一个相互作用参数 θ_{ij} 和 τ_{ijk},它们可从含共同离子的混合电解质水溶液的实验数中得到。然而,在多组分电解质溶液中,对 G^E_t 的贡献主要来自单个电解质的参数,混合物参数 θ_{ij},τ_{ijk} 的影响很小。

皮策模型的一个重要特点是所有的模型参数可以通过实验测定单个电解质和含共同离子的双盐溶液的性质来确定。对于更复杂的混合物,不需要新的模型参数。因此,根据模型参数和单个盐的溶度积数据,皮策模型还可用来预测混合盐固体在水中的溶解度。

8.5.2.2　罗宾森和斯托克斯的离子水化模型

电解质分子之所以在溶剂中离解,是由于其离子与溶剂质点之间的相互作用。相互作用的结果最终导致溶剂化离子的形成,这一过程称为溶剂化作用。当溶剂是水时,则称为水化作用。

罗宾森和斯托克斯离子水化理论认为,溶液中部分溶剂与离子结合形成溶剂化离子,其余的为自由溶剂分子;电解质溶液的非理想性,不仅依赖于离子-离子间的相互作用,而且也与离子-溶剂间的相互作用有关;Debye-Hückel 理论只涉及溶剂化离子,因而理论计算与实验结果存在偏差。

假设 1 mol 电解质溶于 n_1 mol 水,并完全离解为 ν_+ mol 和 ν_- mol 的正负离子。不考虑溶剂化作用,系统的吉布斯函数为 $G_t = n_1\mu_1 + \nu_+\mu_+ + \nu_-\mu_-$;考虑溶剂化作用,系统的吉布斯函数为 $G_t = (n_1 - h)\mu_1 + n_+\mu_+^\times + n_-\mu_-^\times$。其中,$h$ 是使 n mol 溶质溶剂化的溶剂物质的量,称水化数,且 $\nu = \nu_+ + \nu_-$;$\mu_+^\times$ 和 $\mu_-^\times$ 为水化离子的化学位;μ_+、μ_- 则是表观的离子化学位,与实验所能测得的 $\gamma_\pm$ 直接相关。两式中的 μ_1 可近似认为不变。对同一系统,用两种不同处理方法所得 G_t 值应该相等,即:$n_1\mu_1 + n_+\mu_+ + n_-\mu_- = (n_1 - h)\mu_1 + \nu_+\mu_+^\times + \nu_-\mu_-^\times$。

因为 $\mu_1 = \mu_1^\ominus + RT\ln\hat{a}_1$,$\mu_i = \mu_{i,x}^\ominus + RT\ln(x_i\gamma_{i,x})$,$\mu_i^\times = \mu_{i,x}^{\ominus\times} + RT\ln(x_i^\times\gamma_{i,x}^\times)$,$x_i = \nu_i/(n_1 + \nu)$,$x_i^\times = \nu_i/(n_1 - h + \nu)$,代入前面的方程得

$$\frac{\nu_+}{RT}(\mu_+^\ominus - \mu_+^{\ominus\times}) + \frac{\nu_-}{RT}(\mu_-^\ominus - \mu_-^{\ominus\times}) + \frac{h}{RT}\mu_1^\ominus + h\ln\hat{a}_1 + \nu\ln\gamma_{\pm,x} = \nu\ln\gamma_{\pm,x}^\times - \nu\ln\frac{n_1 - h + \nu}{n_1 + \nu}$$

$$(8-92)$$

式中,$\nu\ln\dfrac{n_1 - h + \nu}{n_1 + \nu}$ 反映了电解质溶液中溶剂化离子转变为非溶剂化离子所需要的分解功。当溶液无限稀时,溶剂活度、所有活度系数及比值 $\dfrac{n_1 - h + \nu}{n_1 + \nu}$ 都趋于 1,式(8-92)只有在满足下述条件下才能成立:

$$\frac{\nu_+}{RT}(\mu_+^\ominus - \mu_+^{\ominus\times}) + \frac{\nu_-}{RT}(\mu_-^\ominus - \mu_-^{\ominus\times}) + \frac{h}{RT}\mu_1^\ominus = 0 \qquad (8-93)$$

因此,式(8-92)可改写为

$$\ln\gamma_{\pm,x} = \ln\gamma_{\pm,x}^\times - \frac{h}{\nu}\ln\hat{a}_1 - \ln\frac{n_1 - h + \nu}{n_1 + \nu} \qquad (8-94)$$

若将 Debye-Hückel 的结果代换 $\ln\gamma_{\pm,x}^\times$,以式(8-52)的 Ψ 取代 $\hat{a}_1$,并按式(8-34)将 $\gamma_{\pm,x}$ 换算为 $\gamma_{\pm,m}^*$,同时将 $\dfrac{n_1 - h + \nu}{n_1 + \nu}$ 化为 $\dfrac{1 - hM_1m_B + M_1\nu m_B}{1 + M_1\nu m_B}$,则由上式得到

$$\ln\gamma_{\pm,m}^* = -\frac{A_\gamma|z_+ z_-|I^{1/2}}{1 + B_\gamma a I^{1/2}} + \Psi hM_1m_B - \ln[1 + (\nu - h)M_1m_B] \qquad (8-95)$$

上述离子水化模型可适用较大浓度范围的电解质水溶液。对 1:1 价电解质水溶液,浓度可达 $5 \sim 6 \text{ mol}\cdot\text{kg}^{-1}$,对 2:1 价电解质水溶液也可达 1 $\text{mol}\cdot\text{kg}^{-1}$。通过实验测定 $\gamma_{\pm,m}^*$ 和 Ψ 随浓度的变化,可求得该模型的两个参数:离子碰撞半径 a 和水化数 h。

1973 年,罗宾森和斯托克斯进一步提出了逐级水化理论,应用范围扩展到更高的浓度。逐级水化理论认为离子与溶剂(水)之间存在连续的缔合反应

$$\text{水化离子}(i-1) + \text{水} \Longleftrightarrow \text{水化离子} i \qquad (8-96)$$

其相应的平衡常数为

$$K_i = \frac{\hat{a}_i}{\hat{a}_{i-1}\hat{a}_1} \qquad (8-97)$$

式中,$\hat{a}$ 是溶剂和各类离子的活度。i 的最小值为 1,即离子处于未水化的状态;i 最大可能

的值,相关的物化数据表明对于 +1 价离子约为 5,对于 +2 价离子约为 9。

逐级水化理论假设各级平衡常数可处理成 $K_1 = K$,$K_2 = kK$,$\cdots$,$K_i = k^{i-1}K$,这样在等温条件下模型中只有两个可调参数 k 和 K。当 $k < 1$ 时,随浓度增加,K_i 依次减小,表明水化作用逐步减弱;水化数 h 也相应减少,不再是常数。这符合高浓度时,电解质溶液中仍存在自由溶剂分子的实际情况。

离子水化理论对 Debye - Hückel 理论有所改进,但仍以后者为基础,不免受到原理论不完善造成的局限。

8.5.2.3 局部组成型电解质溶液模型

一些半理论半经验模型通常把电解质溶液的过量吉布斯函数看作是两部分之和:长程的库仑力贡献(LR)和短程力的贡献(SR)之和,即 $G^E = G^E_{LR} + G^E_{SR}$。相应的平均离子活度系数也由两部分组成,即 $\ln\gamma_{\pm,x} = \ln\gamma_{\pm,x,LR} + \ln\gamma_{\pm,x,SR}$。离子之间的长程静电相互作用一般用 Debye - Hückel 理论或其修正式表示,各种分子、离子间的短程相互作用选择局部组成模型表示。在稀溶液中主要是长程力起作用,在高浓度溶液中则以短程相互作用为主。

Chen 等提出的基于局部组成概念的模型中,对于长程静电作用采用下式:

$$\frac{G^E_{LR}}{RT} = -\left(\sum_i x_i\right)\overline{M_1}^{-1/2}\frac{4A_\Psi I_x}{b}\ln(1+bI_x^{1/2}) \tag{8-98}$$

式中,$\overline{M_1}$ 为混合溶剂的平均相对分子质量,I_x 为各种离子的物质的量分数表达的离子强度,x_i 是各种离子的物质的量分数。由式(8-98)得离子 i 的活度系数的长程力贡献部分为

$$\ln\gamma_{\pm,x,LR} = -\overline{M_1}^{-1/2}A_\Psi\left[\frac{2z_i^2}{b}\ln(1+bI_x^{1/2}) + \frac{z_i^2 I_x^{1/2} - 2I_x^{3/2}}{1+bI_x^{1/2}}\right] \tag{8-99}$$

对于短程力贡献,Chen 等使用 NRTL 局部组成模型,并对电解质溶液局部组成定义提出两个假设:若溶液中有分子 s、正离子 c 和负离子 a,则:① 由于同性离子相斥,c 周围只有 s 和 a,而没有其他正离了;a 周围只有 s 和 c 而没有其他负离子。② 中心溶剂分子周围正负离子分布保持电中性。因此有效局部组成 X_{ji} 为

$$\frac{X_{ji}}{X_{ii}} = \frac{X_j}{X_i}G_{ji} \quad (i,j = s,c,a) \tag{8-100}$$

式中,$X_j = x_j z_j (z_s = 1)$,$G_{ji} = \exp(-\alpha_{ji}\tau_{ji})$,$\tau_{ji} = (g_{ji} - g_{ii})/RT$,$\alpha_{ji} = \alpha_{ij}$,$g_{ji} = g_{ij}$。根据假设,局部物质的量分数应满足 $X_{cs} + X_{as} + X_{ss} = X_{sc} + X_{ac} = X_{sa} + X_{ca} = 1$。由局部电中性得 $X_{cs} = X_{as}$,因此有 $G_{cs} = G_{as}$。

若进一步假设有序因子 α_{ji} 为一常数,则短程力贡献的过量吉布斯函数可表示为

$$G^E_{SR}/RT = (X_{cs} + X_{as})X_s\tau_{a,s} + (X_c X_{sc} + X_a X_{sa})\tau_{a,ca}$$
$$- X_c(\tau_{s,ca} + G_{cs}\tau_{ca,s}) - X_a(\tau_{s,ca} + G_{as}\tau_{ca,s}) \tag{8-101}$$

式中,$\tau_{ca,s} = (g_{cs} - g_{ss})/RT = (g_{as} - g_{ss})/RT$ 和 $\tau_{s,ca} = (g_{sc} - g_{ac})/RT = (g_{as} - g_{ca})/RT$ 是模型中两个可调参数,它们是反映完全离解的单电解质溶液中溶剂-盐和盐-溶剂二元对系

的相互作用参数。由式(8-101)可导出相应的活度系数的关联式。

Chen 模型能很好地描述浓度高达 $6\ mol \cdot kg^{-1}$ 的单电解质水溶液的平均离子活度系数与浓度的关系。对多元系统,该模型只需要从相应二元系统得到的盐-溶剂二元对参数;但对盐(1)-盐(2)二元对的能量参数则需从盐在水中的溶解度数据或溶剂-盐(1)-盐(2)三元系统的活度系数数据来估算。

类似 Chen 等的工作,Haghtalab 和 Vera 提出的模型将改进的 NRTL 方程和 Debye-Hückel 极限公式结合,仅使用两个二元可调参数,能很好地重现从稀溶液到饱和溶液整个浓度范围的实验数据。Liu 等用扩展的 Debye-Hückel 理论表示 G_{SR}^{E}。但与其他模型不同,Liu 模型考虑了长程静电力对局部组成的影响。Chen 模型中包含盐-溶剂对,而 Liu 模型是离子-溶剂对,对于含有相同离子的所有电解质水溶液系统,二元对参数是共同的。因此 Liu 模型用于单电解质溶液,只需要一个可调的能量参数。Sander 等将改进的 UNIQUAC 方程与 Debye-Hückel 极限公式结合,提出扩展的 UNIQUAC 模型,用于关联和预测(水+溶剂)混合物汽液平衡的盐效应。模型含有与浓度有关的离子-溶剂对参数。在处理电解质混合溶剂系统时,该模型虽然不需要三元参数,但需要多个二元参数。

8.6　盐溶与盐析

把盐加入饱和的非电解质溶液将显著地影响溶液的蒸气压,进而影响气体或其他液体在非电解溶液中的溶解度。如果溶液是两个或两个以上的挥发性组分组成的混合物,那么与溶液成平衡的气相组成也将受到加入盐的影响。

通常气体在盐溶液中的溶解度小于纯水(溶剂)中的溶解度。由于加入盐而使溶解度减小的现象称为盐析作用(salting out);反之,使溶解度增加的现象称为盐溶作用(salting in)。这两种作用统称为盐效应。发生盐效应的原因是离子的水化,或称"溶剂化"作用。

描述盐效应的经验公式是 Satschénow 方程。假设由气相(G)和两个水溶液相(L_1-L_2)组成的三相系统,水相(L_1)不含盐,即 $m_B = 0$;水相(L_2)含盐,即 $m_B > 0$;系统的温度 T 足够低,以致水基本不挥发,即气相只含有气体溶质组分 i。当达到相平衡时,对溶质 i 有 $\mu_i^G = \mu_i^{L_1} = \mu_i^{L_2}$,在溶质浓度较小时,相平衡关系可进一步写成

$$\mu_i^G = \mu_i^{\ominus, L_1} + RT\ln m_i^{L_1} = \mu_i^{\ominus, L_2} + RT\ln m_i^{L_2} \qquad (8-102)$$

若不存在化学反应,溶质溶于含盐溶剂和无盐溶剂的标准吉布斯函数变化的差值可表示为盐浓度的幂级数,即

$$\mu_i^{\ominus, L_2} - \mu_i^{\ominus, L_1} = RT(k_B m_B + k'_B m_B^2 + k''_B m_B^3 + \cdots) \qquad (8-103)$$

式中,k_B, k'_B, k''_B, $\cdots$ 是盐的特征常数。在盐浓度很稀的条件下,忽略级数中的高次项,由上两式可得到如下的近似式,即为 Satschénow 方程:

$$\ln \frac{m_i^{L_1}}{m_i^{L_2}} = k_B m_B \qquad (8-104)$$

式中,$m_i^{L_1}$ 和 $m_i^{L_2}$ 分别是以质量摩尔浓度为单位的溶质在无盐溶剂(纯水)和盐水溶液中的溶解度,k_B 是盐效应参数,也称 Satschénow 常量;m_B 是盐在水溶液中的浓度。严格地说,

只有当盐的浓度无限稀时，k_B 才与 m_B 无关。因此，式(8-104)是一个有限制条件的关系式。当高的盐浓度时，须保留 Satschénow 级数中较高幂次的项。Satschénow 常量 k_B 是正值时，随着盐浓度增加，溶质溶解度减小，即为盐析过程；k_B 是负值时，随着盐浓度增加，溶质溶解度增加，即为盐溶过程。表 8-2 列出了 25 ℃时某些常见气体在电解质水溶液中的 Satschénow 常量。表中数据表明，Satschénow 常量与盐和溶质(气体)的种类、系统的温度密切相关。

表 8-2　25 ℃时某些常见气体在电解质水溶液中的 Satschénow 常量

盐	气 体	$k_B/(mol \cdot kg^{-1})$	盐	气 体	$k_B/(mol \cdot kg^{-1})$
NaCl	H_2	0.220	KCl	SO_2	-0.051
	N_2	0.309	(CH₃)₄NBr	CH_4	-0.039
	CH_4	0.319		C_2H_4	-0.092
	C_2H_6	0.399		C_4H_{10}	-0.170
KCl	O_2	0.298			

从静电作用理论、内压力理论、定标粒子理论、简化的微扰理论等盐效应溶液理论可得到估算或预测 k_B 的经验模型，目前最常用的是 Schumpe 模型：

$$k_B = 0.5 \sum_i H_i \nu_i z_i^2 \qquad (8-105)$$

式中，H_i 为离子参数。通过实验测定某种指定气体在不同浓度的电解质溶液中的溶解度数据，如果气体在纯溶剂中的溶解度是已知的，则可由式(8-104)计算 Satschénow 常数 k_B，进而可由式(8-105)得到组成该电解质的各种离子的离子参数 H_i。反过来，若已知一组离子参数和气体在纯溶剂中的溶解度数据，由式(8-104)、式(8-105)可估算或预测 k_B 及电解质溶液的盐效应。

Lang 所做的关于氧气在 25 种氨基酸、缩氨酸、蛋白质的铵盐、钠盐和盐酸盐水溶液中溶解度的研究工作表明，Satschénow 方程和 Schumpe 模型还可用于含有可离解有机化合物的水溶液。预测有机溶质对氧气溶解度的盐效应作用在医学、环保、生物化工等领域是十分有用的。

盐效应的另一个作用是能够极大地改变与溶液成平衡的挥发性组分的气相组成。Furter 等用 Satschénow 方程描述盐效应对汽液平衡的影响。对组成一定的二元混合溶剂的单盐溶液，Furter 方程是

$$\ln \frac{a}{a^0} = k'_B x_B \qquad (8-106)$$

式中，a 和 a^0 分别是有盐和无盐时的相对挥发度；k'_B 是盐效应参数，该参数直至中等盐浓度，仍为常数；x_B 是盐在液相的物质的量分数。图 8-1 是在 0.1013 MPa 下，醋酸(1)-水(2) 系统的气液平衡相图。坐标 $w^L_{H_2O}$ 为无盐时水的质量分数。图中虚线是无盐时水的气相

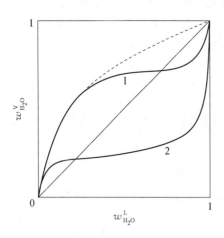

虚线—无盐；实线 1—BaCl₂ 饱和溶液 ($m_B = 1.8 \, mol \cdot kg^{-1}$)；实线2—CaCl₂ 饱和溶液 ($m_B = 5.7 \, mol \cdot kg^{-1}$)。

图 8-1　醋酸(1)-水(2) 系统的气液平衡相图

和液相平衡组成曲线,表明水(常压沸点 100 ℃)比乙酸(常压沸点 118 ℃)有更大的挥发性。实线 1 是加入 $BaCl_2$ 后的饱和溶液,当液相 $w_{H_2O}^L > 0.66$ 时,水的相对挥发度从大于 1 变成小于 1。实线 2 是醋酸(1)-水(2)- $CaCl_2$ 的饱和溶液,$CaCl_2$ 对水的相对挥发度有类似的影响。通常,盐溶解于混合溶剂离解形成离子,离子产生的电场优先吸引极性较大的组分,从而使得气相中极性小的组分增多了。由此可见,盐效应能够影响平衡的汽相组成、共沸点和两个液相组分的互溶度。萃取精馏就是利用这个原理来分离相对挥发度接近或有共沸点的混合物的。

8.7　含硼水盐系统的热力学

我国盐湖卤水富含高硼、锂,开展含硼系统的热力学性质研究,对于揭示我国卤水中各种离子、分子和溶剂分子之间的相互作用,认识物种的生成反应与平衡及溶解等现象的本质,构筑预测我国盐湖系统的热力学模型,充分开发、利用盐湖水资源具有重要的作用。

8.7.1　聚合硼阴离子类型

硼位于元素周期表的第二周期第ⅢA主族,其原子能够通过 sp^2 杂化轨道形成共面的三个价键,或者通过 sp^3 杂化轨道形成四面体构型的四个价键。由于硼的特殊配位性质,使得硼酸盐水溶液中有多种硼氧配阴离子的存在,水溶液中可能存在的硼氧配阴离子见表 8-3。

表 8-3　硼酸盐水溶液中可能存在的硼氧配阴离子

硼氧配阴离子 (polyborate)	化　学　式
单硼氧配阴离子	$B(OH)_4^-$、$B(OH)_2^-$、$B(OH)_5^{2-}$、$B(OH)_6^{3-}$、$BO_2(OH)^{2-}$
双硼氧配阴离子	$B_2O_4(OH)^{3-}$、$B_2O(OH)_6^-$
三硼氧配阴离子	$B_3O_3(OH)_4^-$、$B_3O_4(OH)_4^-$、$B_3O_5(OH)_4^{3-}$、$B_3O_3(OH)_5^{2-}$、$B_3O_4(OH)_4^{3-}$、 $B_3O_4(OH)_3^{2-}$、$B_3O_5(OH)^{2-}$、$B_3O_3(OH)_6^{3-}$
四硼氧配阴离子	$B_4O_5(OH)_4^{2-}$、$B_4O_7(OH)_4^{4-}$、$B_4O_6(OH)_2^{2-}$、$B_4O_6(OH)_6^{6-}$、$B_4O_4(OH)_8^{4-}$
五硼氧配阴离子	$B_5O_6(OH)_4^-$、$B_5O_7(OH)_2^-$、$B_5O_7(OH)_3^{2-}$、$B_5O_8(OH)^{2-}$、$B_5O_6(OH)_4^{3-}$、 $B_5O_8(OH)_4^{3-}$、$B_5O_7(OH)_4^{3-}$
六硼氧配阴离子	$B_6O_7(OH)_6^{2-}$、$B_6O_8(OH)_4^{2-}$、$B_6O_9(OH)_2^{2-}$、$B_6O_7(OH)_7^{3-}$
八硼氧配阴离子	$B_8O_{13}(OH)_2^{4-}$
九硼氧配阴离子	$B_9O_{12}(OH)_4^-$

硼在水溶液中的存在形式及各种离子之间的相互作用受溶液中的总硼浓度、pH、温度、溶液离子强度等多种因素的影响,其各种离子的质量摩尔浓度和平均活度系数遵循式(8-41)、式(8-42)的关系。通常认为,在低的总硼酸浓度的溶液中无聚合硼的存在,在总硼浓度较高的溶液中有聚硼氧配阴离子的存在,且溶液中总硼浓度越高,主要硼氧配阴离子的聚合度越大。例如 25 ℃时,在浓度为 3.0 mol·kg^{-1} 的 $NaClO_4$ 溶液介质中,对总硼浓度分别为 3.0 mol·kg^{-1},2.5 mol·kg^{-1},2.4 mol·kg^{-1},1.2 mol·kg^{-1},0.6 mol·kg^{-1} 时硼的存在形式研究中发现总硼浓度为 2.5 mol·kg^{-1} 时,主要的聚合硼氧配阴离子为

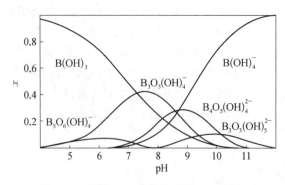

图 8-2　硼氧配阴离子在不同 pH 水溶液中
的分布关系图

$B_3O_3(OH)_4^-$、$B_4O_5(OH)_4^{2-}$、$B_5O_6(OH)_6^{3-}$；
当总硼浓度 $\leqslant 1.2\ mol \cdot kg^{-1}$ 时,硼除以上
三种形式存在外,同时出现了 $B(OH)_3$、
$B_2O(OH)_5^-$、$B_3O_3(OH)_5^{2-}$ 等存在形式。
图 8-2 为硼氧配阴离子在不同 pH 水溶
液中的分布关系图。从图 8-2 中可见,
在 pH 较高或较低时,聚合硼氧配阴离子
的含量都较少；在低 pH 时,主要为单质
硼酸；在高 pH 时,为 $B(OH)_4^-$。当溶液
的 pH 在 7 左右时,溶液相当于 H_3BO_3 和
$B(OH)_4^-$ 的相对浓度加权平均值。

对温度范围为 $25\sim90\ ℃$,在 NaCl($2\ mol \cdot kg^{-1}$,$3\ mol \cdot kg^{-1}$,$5\ mol \cdot kg^{-1}$)、KCl
($1\ mol \cdot kg^{-1}$,$3\ mol \cdot kg^{-1}$,$4\ mol \cdot kg^{-1}$)、Na_2SO_4($5\ mol \cdot kg^{-1}$)、CsI($2\ mol \cdot kg^{-1}$)的溶
液介质中总硼浓度为 $0.4\ mol \cdot kg^{-1}$ 的各种硼氧配离子在溶液中存在形式及相应的平衡常
数如下所示:

$$B(OH)_3 + H_2O \rightleftharpoons B(OH)_4^- + H^+,\quad K_1 = \hat{a}(H^+)c[B(OH)_4^-]/c[B(OH)_3]$$
$$(8-107)$$
$$3B(OH)_3 \rightleftharpoons B_3O_3(OH)_4^- + H^+ + 2H_2O,\quad K_2 = \hat{a}(H^+)c[B_3O_3(OH)_4^-]/c^3[B(OH)_3]$$
$$(8-108)$$
$$3B(OH)_3 \rightleftharpoons B_3O_3(OH)_5^{2-} + 2H^+ + H_2O,\quad K_3 = \hat{a}(H^+)c[B_3O_3(OH)_5^{2-}]/c^3[B(OH)_3]$$
$$(8-109)$$
$$4B(OH)_3 \rightleftharpoons B_4O_5(OH)_4^{2-} + 2H^+ + 3H_2O,\quad K_4 = \hat{a}(H^+)c[B_4O_5(OH)_4^{2-}]/c^4[B(OH)_3]$$
$$(8-110)$$
$$5B(OH)_3 \rightleftharpoons B_5O_6(OH)_4^- + H^+ + 5H_2O,\quad K_5 = \hat{a}(H^+)c[B_5O_6(OH)_4^-]/c^5[B(OH)_3]$$
$$(8-111)$$

对平衡常数的计算发现,在 NaCl 介质中,随着温度的升高,K_1 增大,K_4 变小;随着
NaCl 浓度的增大,K_1,K_2,K_4 增大;随着阳离子半径的增大,K_1,K_2,K_4 减小。在饱和
盐水溶液中,K_1,K_2,K_3,K_4 达到最大。考虑硼酸在溶液中的离解方式为

$$H_3BO_3 \rightleftharpoons H^+ + H_2BO_3^-,\quad K_1 = 9.737 \times 10^{-5}(25\ ℃) \qquad (8-112)$$

硼酸根阴离子在海水中容易与碱金属、碱土金属阳离子相互缔合,缔合形成的阳离子
常表示为 $[MB(OH)_4]^{(n-1)+}$,其中 M^{n+} 为阳离子。对于不同 Na/B 的硼砂水溶液的活度,
计算得到的硼酸及主要硼氧酸离子的离解常数如表 8-4 所示。

表 8-4　硼酸及主要硼氧酸离子的离解常数

物　种	$t/℃$	$I/(mol \cdot kg^{-1})$	pK_{sp}
H_3BO_3	25	≈ 0	9.24
$B_2O(OH)_5^-$	25	$0.13\sim1.0$	4.69
$B_3O_3(OH)_4^-$	25	$0.13\sim1.0$	6.69
$B_4O_5(OH)_4^{2-}$	25	$0.13\sim1.0$	12.94

$H_2BO_3^-$ 与碱土金属发生缔合反应的方程式及缔合物离解常数关系如下：

$$Mg^{2+} + H_2BO_3^- \rightleftharpoons MgH_2BO_3^+, \quad pK_{sp}(MgH_2BO_3^+) = 1.266 + 0.001204T \quad (8-113)$$

$$Ca^{2+} + H_2BO_3^- \rightleftharpoons CaH_2BO_3^+, \quad pK_{sp}(CaH_2BO_3^+) = 1.154 + 0.002170T \quad (8-114)$$

$$Sr^{2+} + H_2BO_3^- \rightleftharpoons SrH_2BO_3^+, \quad pK_{sp}(SrH_2BO_3^+) = 1.033 + 0.001738T \quad (8-115)$$

$$Ba^{2+} + H_2BO_3^- \rightleftharpoons BaH_2BO_3^+, \quad pK_{sp}(BaH_2BO_3^+) = 0.942 + 0.001850T \quad (8-116)$$

温度为 25 ℃、离子强度为 0.7 $mol \cdot kg^{-1}$ 的硼酸根的碱金属及碱土金属的溶液形成的硼氧酸盐缔合离子离解常数如表 8-5 所示。形成的金属聚合离子，其离解常数与阳离子的离子半径及离子电荷的平方有关：离子电荷大，则离解常数大；离子半径小，则离解常数小。

表 8-5　主要金属硼氧酸盐的离解常数

物　　种	$G_{f,t}^{\ominus}/(kJ \cdot mol^{-1})$	$t/℃$	$I/(mol \cdot kg^{-1})$	pK_{sp}
$KB(OH)_4$	—	25	≈0	0.0
$NaB(OH)_4$	−1416.602	25	0.68	−0.33
$LiB(OH)_4$	−25.90	25	0~0.05	−1.085
$CaB(OH)_4^+$	−1716.369	25	0.005	−1.80
$MgB(OH)_4^+$	−1617.995	25	0.005	−1.63
$SrB(OH)_4^+$	−1719.210	25	0.005	−1.55
$BaB(OH)_4^+$	−1723.452	25	0.005	−1.49

对于天然盐水中硼酸盐的性质研究，尤其是硼的存在状态，由于还有一些其他离子的存在而产生的影响，将变得更为复杂。

8.7.2　含硼水盐系统渗透系数与活度系数

Simonson 等研究了温度 5~55 ℃下，总硼浓度低于 0.05 $mol \cdot kg^{-1}$ 时，$B(OH)_3$-$NaB(OH)_4$-MCl-H_2O 四元系统（其中 M = Na，K）电动势，M 的离子强度为 $I = 3.0 \, mol \cdot kg^{-1}$。用电动势测定值拟合皮策混合电解质溶液方程求得了在研究温度范围内的 MCl 溶液介质中 $MB(OH)_4$ 的活度系数及皮策的纯盐参数 β_0，β_1，β_2，$C_{\pm}^{\Psi}$ 如表 8-6 所示，$\theta_{B,Cl}$，$\tau_{Na,B,Cl}$ 混合电解质参数如表 8-7 所示。

表 8-6　硼氧酸盐的皮策离子作用参数

阳离子[a]	阴　离　子	β_0	β_1	β_2	$C_{\pm}^{\Psi}$
Na^+	$B(OH)_4^-$	−0.0427	0.089	—	0.0114
Na^+	$B_3O_3(OH)_4^-$	−0.056	−0.910	—	—
Na^+	$B_4O_5(OH)_4^{2-}$	−0.11	−0.40	—	—
K^+	$B(OH)_4^-$	0.035	0.14	—	—
K^+	$B_3O_3(OH)_4^-$	−0.13	—	—	—
K^+	$B_4O_5(OH)_4^{2-}$	−0.022	—	—	—
Na^+	$B(OH)_4^-$	−0.0526	0.1104	—	0.0154

阳离子[a]	阴离子	β_0	β_1	β_2	$C_{\pm}^{\Psi}$
Mg^{2+}	$B(OH)_4^-$	-0.21	-4.98	—	-0.36
Ca^{2+}	$B(OH)_4^-$	-1.57	-4.49	—	-0.17
Na^+	$B(OH)_4^-$	-0.0510	0.0961	—	14.98
K^+	$B(OH)_4^-$	0.1469	-0.0989	—	-56.43
Mg^{2+}	$B(OH)_4^-$	-0.6230	0.2515	-11.47	—
Ca^{2+}	$B(OH)_4^-$	-0.4462	-0.8680	-15.88	—
Li^+	$B(OH)_4^-$	-0.3658	0.3831	—	—
Li^+	$B_4O_7^{2-}$	4.678	-24.525	—	—

注：[a]相同物质，不同研究者实验测得的结果。

表 8-7　硼氧酸盐的皮策离子作用参数

阴离子[a]	阴离子	θ_{ij}	$\tau_{Na^+,ij}$
$B(OH)_4^-$	Cl^-	-0.065	-0.0073
$B(OH)_4^-$	Cl^-	-0.056	-0.019
$B(OH)_4^-$	SO_4^{2-}	-0.012	—
$B_3O_3(OH)_4^-$	Cl^-	0.12	-0.024
$B_3O_3(OH)_4^-$	SO_4^{2-}	-0.10	—
$B_3O_3(OH)_4^-$	HCO_3^-	-0.10	—
$B_4O_5(OH)_4^{2-}$	Cl^-	0.74	0.20
$B_4O_5(OH)_4^{2-}$	SO_4^{2-}	0.12	—
$B_4O_5(OH)_4^{2-}$	HCO_3^-	-0.037	—
$B_4O_7^{2-}$	Cl^-	20.9874	$122.2915(Li^+)$
$LiB_4O_7^-$	Cl^-	-8.1881	$0.4257(Li^+)$
$B_4O_7^{2-}$	Cl^-	5.4355	$-0.9102(Li^+)$

注：[a]相同物系，不同研究者实验测得的结果。

　　针对我国盐湖卤水高含硼、锂的特点，含硼水盐系统的热力学性质研究也有了一定的进展。宋彭生等在温度为 $278.15\sim315.15$ K，离子强度为 $0.01\sim2.00$ mol·kg^{-1} 的条件下，研究了 H_3BO_3-$LiB(OH)_4$-$LiCl$-H_2O、H_3BO_3-$LiB(OH)_4$-$MgCl_2$-$LiCl$-H_2O、$K_2B_4O_7$-$LiCl$-H_2O 和 $Li_2B_4O_7$-$LiCl$-H_2O 系统的热力学性质，确定了 $LiB(OH)_4$ 离子的皮策方程参数，$MgB(OH)_4^+$、$LiB(OH)_4$ 离子的离解平衡常数及硼酸的热力学离解常数等，其中四硼酸根离子在溶液中的离解方式为 $B_4O_7^{2-}+7H_2O \rightleftharpoons 2B(OH)_4^-+2H_3BO_3$。姚燕等在温度为 298.15 K，离子强度为 $0.01\sim2.50$ mol·kg^{-1} 的条件下测定了 $LiCl$-$Li_2B_4O_7$-H_2O 三元系统中不同 $Li_2B_4O_7$ 离子强度的 $LiCl$ 平均活度系数，求取了 $Li_2B_4O_7$ 离子的离解平衡常数和 $Li_2B_4O_7$ 的皮策离子作用参数 β_0，β_1，β_2，C^Ψ，以及混合电解质参数 $\theta_{B,Cl}$，$\theta_{Cl,B}$，$\tau_{Li,B,Cl}$ 和 $\tau_{Li,Cl,LiB}$，这些数据也一并列于表 8-6、表 8-7 中，其考虑的离解平衡为 $LiB_4O_7^- \rightleftharpoons Li^+ + B_4O_7^{2-}$。

　　利用表 8-6 和表 8-7 中的皮策方程离子作用参数和混合电解质参数，可采用式

(8-88)或式(8-89)、式(8-90)计算其他含硼盐水系统的各离子平均活度系数和溶剂渗透系数,以及其他热力学性质。

8.8　电解质水溶液的相平衡

8.8.1　含盐系统的相图

对盐类和化学肥料的生产,在制定新的工艺流程,确定生产工艺条件、改进和强化操作时,常常要碰到盐类在水中的溶解度问题。关于海水和盐湖水的利用,工业废水的处理及天然盐类的形成和利用等问题的研究,也要涉及盐类在水中的溶解度问题。再者,工业生产上和自然界中碰到的盐水系统,往往都不是单一的盐在水中的溶解问题,而总是在水中同时溶解几种盐。要处理这类多组分盐水系统,就需要使用盐水系统的相图。研究盐水系统相图的目的在于弄清相图中点、线、面的意义,以及连线规则和杠杆规则,通过读图进行系统的物料衡算,为设计、改进生产路径和工艺计算提供基础数据。

含盐水系统的相图类型与第 5.7.2 节介绍的液液平衡相图及类型,以及第 5.9 节介绍的固液相平衡关系相类似,对于三元盐水系统的固-液-气平衡相图,可采用立体坐标,或直角三角形及等边三角形平面坐标表示。例如,自然界中存在的钾石盐,其主要成分为 KCl 和 NaCl,这两种盐都是很有用的工业原料,而 KCl 又是很好的农用肥料,因此将它们分开而得到较纯的 KCl 和 NaCl 是很有意义的。其中 NaCl - KCl - H_2O 三元系统的相图是浸取法分离 KCl 和 NaCl 理论基础。图 8-3 为该系统的等压 T-x 立体图,三棱柱体底面分别为 H_2O、NaCl、KCl 物质的量分数,垂直的棱为温度 T 坐标,平行于底面可作出一系列等温切面。

图 8-4 为图 8-3 在等边三角形底面上的投影图,图中标明了三相界面等温线(实线)及等温 p-x 关系中三相界面的等压线(虚线)。五条双节线将它

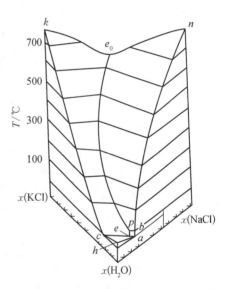

图 8-3　NaCl - KCl - H_2O 三元系统的等压 T-x 立体示意图

分成四个三相区,即:冰+L+G, NaCl+L+G, KCl+L+G, NaCl・$2H_2O$+L+G。每个三相区都存在一个与气(G)+液(L)相平衡的不同固相(冰、NaCl、KCl 和 NaCl・$2H_2O$),五条双节线中温度和盐含量的关系,见表 8-8。四个三相区的五条双节线边界为 I-S 线(冰+KCl+L+G),I-HH 线(冰+NaCl・$2H_2O$+L+G),HH-S 线(NaCl・$2H_2O$+KCl+L+G),HH-H 线(NaCl・$2H_2O$+NaCl+L+G),H-S 线(NaCl+KCl+L+G)。H-S 双节线从熔点(p)延伸到点 q 为止。点 q 是在气相饱和溶解度曲面上的 NaCl - KCl 共熔终止点,即 NaCl 和 KCl 共存的最高温度点,在 10^5Pa 时为 490 ℃。从点 q 用虚线连到 NaCl - KCl。成分连线的点 m 仅是利用它作为 NaCl 区和 KCl 区的任意界线而已,因为在 490 ℃以上,KCl 和 NaCl 已成为固溶体存在,没有什么相关系的物理意义。点 e 是 NaCl -

KCl - H_2O 三元系(KCl+NaCl+冰+L+G)的共晶点(-22.9 ℃)。点 a 是 NaCl - H_2O 二元系的共晶点(冰+NaCl·$2H_2O$+L+G),点 c 是 KCl - H_2O 二元系的共晶点(冰+KCl+L+G),点 b 是 NaCl - H_2O 二元系的反应点(NaCl + NaCl·$2H_2O$+L+G),点 p 是 NaCl - KCl - H_2O 三元系的转熔点(KCl+NaCl+NaCl·$2H_2O$+L+G)。

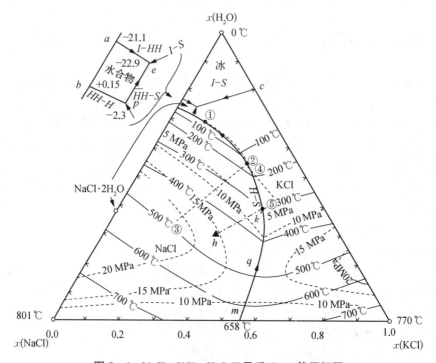

图 8 - 4 NaCl - KCl - H_2O 三元系 T - x 等压相图

注:相图中有等温线(细实线)和等压线(细虚线),其中低温部分的细节略图位于相图的左侧。某一含有 KCl+NaCl 晶体的混合物在加热时,其流体相变化演化途径以虚线表示:① 为混合物的初始条件;② KCl 最后在 150 ℃时溶解;③ NaCl 在 500 ℃溶解。另一含有 KCl+NaCl 晶体的混合物在加热时,其流体相变化演化途径以长虚线表示:② 为混合物的起始条件;④ 为 180 ℃时 NaCl 消失;⑤ 位于 KCl+L+G 区域内于 300 ℃时,KCl 完全溶解。

表 8 - 8 NaCl - KCl - H_2O 三元系五条双节线的温度-组成关系

冰-钾盐双节线/(I - S)线			冰-石盐水合物双节线/(I - HH)线			石盐水合物-钾盐双节线/(HH - S)线			石盐水合物-石盐双节线/(HH - H)线			石盐-钾盐双节线/(H - S)线		
t/℃	R[a]	S_t[b]/%	t/℃	R	S_t/%	t/℃	R	S_t/%	t/℃	R	S_t/%	t/℃	R	S_t/%
-22.9	0.7797	25.96	-22.9	0.7850	25.92	-22.9	0.7806	25.96	-2.3	0.7740	29.13	-2.3	0.7558	29.36
-22.5	0.7710	25.76	-22.8	0.8000	25.73	-22.0	0.7792	26.14	-2.2	0.7850	28.99	0.0	0.7469	29.52
-22.0	0.7595	25.51	-22.7	0.8120	25.57	-21.0	0.7778	26.31	-2.1	0.7940	28.88	25.0	0.6495	31.51
-21.5	0.7474	25.26	-22.6	0.8250	25.40	-20.0	0.7764	26.47	-2.0	0.8050	28.74	50.0	0.5613	33.78
-21.0	0.7340	25.01	-22.5	0.8385	25.23	-19.0	0.7750	26.64	-1.9	0.8160	28.60	75.0	0.4908	36.17
-20.5	0.7193	24.75	-22.4	0.8510	25.07	-18.0	0.7738	26.81	-1.8	0.8260	28.47	100.0	0.4374	38.60
-20.0	0.7035	24.50	-22.3	0.8650	24.89	-17.0	0.7724	26.98	-1.7	0.8370	28.33	125.0	0.3978	41.09
-19.5	0.6863	24.24	-22.2	0.8770	24.73	-16.0	0.7710	27.14	-1.6	0.8740	28.20	150.0	0.3685	43.67

冰-钾盐双节线/ (I-S)线			冰-石盐水合物 双节线/(I-HH)线			石盐水合物-钾盐 双节线/(HH-S)线			石盐水合物-石盐 双节线/(HH-H)线			石盐-钾盐 双节线/(H-S)线		
t/℃	R^a	S_t^b/%	t/℃	R	S_t/%	t/℃	R	S_t/%	t/℃	R	S_t/%	t/℃	R	S_t/%
−19.0	0.6680	23.99	−22.1	0.8895	24.57	−15.0	0.7698	27.31	−1.5	0.8590	28.05	175.0	0.3475	46.35
−18.5	0.6475	23.73	−22.0	0.9030	24.40	−14.0	0.7686	27.47	−1.4	0.8700	27.91	200.0	0.3330	49.15
−18.0	0.6252	23.48	−21.9	0.9150	24.24	−13.0	0.7675	27.64	−1.3	0.8810	27.77	225.0	0.3238	52.08
−17.5	0.6015	23.22	−21.8	0.9260	24.10	−12.0	0.7663	27.80	−1.2	0.8930	27.62	250.0	0.3188	55.14
−17.0	0.5755	22.97	−21.7	0.9390	23.93	−11.0	0.7651	29.97	−1.1	0.9050	27.46	275.0	0.3175	58.31
−16.5	0.5474	22.71	−21.6	0.9510	23.78	−10.0	0.7640	28.13	−1.0	0.9170	27.31	300.0	0.3191	61.58
−16.0	0.5175	22.45	−21.5	0.9630	23.62	−9.0	0.7630	28.29	−0.9	0.9280	27.17	325.0	0.3231	64.90
−15.5	0.4850	22.19	−21.4	0.9740	23.48	−8.0	0.7619	28.46	−0.8	0.9400	27.01	350.0	0.3290	68.25
−15.0	0.4500	21.92	−21.3	0.9870	23.32	−7.0	0.7608	28.62	−0.7	0.9520	26.86	375.0	0.3364	71.57
−14.5	0.4130	21.65	−21.2	1.0000	23.15	−6.0	0.7598	28.78	−0.6	0.9640	26.71	400.0	0.3447	74.84
−14.0	0.3733	21.37				−5.0	0.7590	28.94	−0.5	0.9770	26.54	425.0	0.3539	77.99
−13.5	0.3305	21.10				−4.0	0.7580	29.10	−0.4	0.9890	26.38	450.0	0.3637	80.98
−13.0	0.2840	20.82				−3.0	0.7570	29.26	−0.3	1.0000	26.24	475.0	0.3743	83.77
−12.5	0.2335	20.54				−2.3	0.7565	29.38				490.0	0.3810	85.31
−12.0	0.1780	20.26												
−11.5	0.1170	19.99												
−11.0	0.0475	19.74												
−10.7	0.0000	19.60												

注：^{a} $R = w_{NaCl}/(w_{NaCl} + w_{KCl})$；^{b} S_t 为系统中含有的总盐质量分数，即总盐度。

不同温度切面图中各相区范围是不相同的，其变化见图 8-5。现以 400 ℃时 NaCl-KCl-H₂O 三元系的等温相图为例进行说明。图中主要有两条线，一条是 ac，另一条是 cb，前者代表与固体 NaCl 平衡的饱和溶液的组成，后者则为与固体 KCl 平衡的饱和溶液的组成。点 a 代表 400 ℃时 NaCl 在 H₂O 中的溶解度，盐的质量分数为 46.0%。点 b 代表 400 ℃时 KCl 在 H₂O 中的溶解度，盐的质量分数为 63.5%。c 点代表既与固体 NaCl 平衡，又与固体 KCl 平衡的饱和溶液的组成，称为共饱和点。对这一点运用相律，$K=3$，$\pi=3$（溶液、固体 NaCl 与固体 KCl），自由度 $F=3-3+1=1$（凝聚相系统，压力影响可以忽略），由于是等温面（400 ℃），所以自由度为零，说明这是一个三相点：只要是三相共存，溶液组成就不能变化。图中分成四个区域：① H₂O-a-c-b 区，系统浓度低于 a-c-b 所代表的饱和浓度，是不饱和溶液，因而是单一的液相；② NaCl-a-c-e 区，是纯固体 NaCl 与 a-c 线所代表的饱和溶液的共存区；③ KCl-f-c-b 区，是纯固体 KCl 与 cb 线所代表的饱和溶液的共存区；④ c-e-f 区，是一个三相共存，即饱和溶液（液相）、固体 NaCl 与固体 KCl。所以在此区域内系统的自由度为零。理论上，这一系统的相图也可用于含有 H₂O、Na⁺、K⁺、Cl⁻的各种共晶体成分的研究。

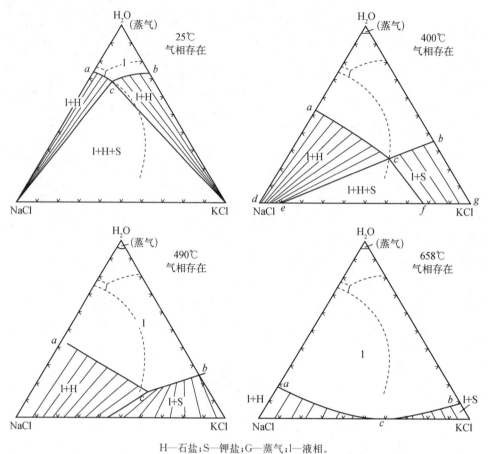

H—石盐；S—钾盐；G—蒸气；l—液相。

图 8-5 不同温度切面的 $NaCl$-KCl-H_2O 三元系相图

8.8.2 挥发性电解质水溶液的相平衡

来自化工厂的废气和发电厂的烟道气中常常含有氨、硫化氢、二氧化碳、二氧化硫等污染物质。为了减少环境污染，需要用某些有机物或无机物的水溶液来吸收这些气体。相关吸收过程的工艺设计和吸收设备的计算，均需要该类具挥发性弱电解质水溶液气液平衡数据。

挥发性电解质在水溶液中以离子和未离解的分子形式存在，而在气相、常温常压条件下它们仅以分子形式存在。弱电解质水溶液气液平衡计算需要同时解三类方程。

8.8.2.1 相平衡关系

由式(5-2)相平衡准则可知

$$
\begin{cases}
\hat{f}_1^{\mathrm{V}} = \hat{f}_1^{\mathrm{L}} \\
\hat{f}_i^{\mathrm{V}} = \hat{f}_i^{\mathrm{L}} \quad (i = 1, 2, \cdots, N_{\mathrm{B}})
\end{cases}
\tag{8-117}
$$

式中，下标 1 指的是溶剂，通常为水；下标 i 指的是以分子形式存在的各弱电解质组分。由

式(3-119)和式(5-12)可得,溶剂组分 1 的相平衡关系式为

$$p\hat{\varphi}_1^{\mathrm{V}} y_1 = \hat{a}_1 p_1^{\mathrm{S}} \varphi_1^{\mathrm{S}} \exp \frac{V_1^{\mathrm{L}}(p-p_1^{\mathrm{S}})}{RT} \tag{8-118}$$

对于电解质组分 i,在其浓度较低时,平衡组成主要取决于亨利常数 k 和未离解分子的质量摩尔浓度 m_i。在高浓度时,相平衡关系还必须包括活度系数,同时,亨利常数 k_i 也与温度及所有溶质的浓度有关,其相平衡关系式可写为

$$p\hat{\varphi}_{\mathrm{B},i}^{\mathrm{V}} y_{\mathrm{B},i} = m_{\mathrm{B},i} \gamma_{\mathrm{B},i,\mathrm{m}}^* k_{\mathrm{B},i} \tag{8-119}$$

式中,$py_{\mathrm{B},i}$ 为分子形式的电解质的气相分压;$\gamma_{\mathrm{B},i,\mathrm{m}}^*$ 是以质量摩尔浓度为标度的活度系数;$k_{\mathrm{B},i}$ 是分子形式的溶质的亨利系数;$m_{\mathrm{B},i}$ 是未离解电解质的质量摩尔浓度。

8.8.2.2　化学平衡方程

对于发生式(8-1)的离解反应 $\mathrm{M}_{\nu_+} \mathrm{X}_{\nu_-} \Longleftrightarrow \nu_+ \mathrm{M}^{z+} + \nu_- \mathrm{X}^{z-}$ 的平衡电解质系统,未离解电解质质量摩尔浓度与离子浓度的化学平衡关系式为

$$K_i = \frac{m_{+,i}^{\nu_+} m_{-,i}^{\nu_-}}{m_{\mathrm{B},i}} \cdot \frac{\gamma_{\pm,i}^{*\nu}}{\gamma_{\mathrm{B},i}^*} \tag{8-120}$$

式中,K_i 是化学平衡常数;$\gamma_{\pm,i}^*$ 是由式(8-21)定义的平均离子活度系数。

8.8.2.3　质量衡算方程

根据离解反应的质量守恒关系式,参与反应的原子种类和数量保持不变的准则,可建立电解质在液相的质量衡算关系

$$m_{\mathrm{M}} = m_{\mathrm{B},\mathrm{M}} + \sum_j m_{\mathrm{MR}_j} \quad \text{和} \quad m_{\mathrm{X}} = m_{\mathrm{B},\mathrm{X}} + \sum_j m_{\mathrm{RX}_j} \tag{8-121}$$

式中,$\sum_j m_{\mathrm{MR}_j}$ 表示对含 M 原子(或原子团)的各类离子浓度求和;$\sum_j m_{\mathrm{RX}_j}$ 表示对含 X 原子(或原子团)的各类离子浓度求和。式(8-121)分别反映了对 M 或 X 原子(或原子团)的衡算关系。

此外,根据液相主体电中性原则可得 $\sum_i z_i m_i = 0$,其中,m_i 是各类离子的浓度,z_i 是 i 离子的电荷数。

以 $\mathrm{NH_3}$-$\mathrm{CO_2}$-$\mathrm{H_2O}$ 三元系为例,气相中三种物质均以分子状态存在,液相中则存在下列化学反应。

① 单一溶质的离解反应:

$$\mathrm{NH_3} + \mathrm{H_2O} \Longleftrightarrow \mathrm{NH_4^+} + \mathrm{OH^-} \tag{8-122}$$

$$\mathrm{CO_2} + \mathrm{H_2O} \Longleftrightarrow \mathrm{H^+} + \mathrm{HCO_3^-} \tag{8-123}$$

$$\mathrm{HCO_3^-} \Longleftrightarrow \mathrm{H^+} + \mathrm{CO_3^{2-}} \tag{8-124}$$

$$\mathrm{H_2O} \Longleftrightarrow \mathrm{H^+} + \mathrm{OH^-} \tag{8-125}$$

② 多溶质的离解反应:

$$\mathrm{NH_3} + \mathrm{CO_2} + \mathrm{H_2O} \Longleftrightarrow \mathrm{NH_4^+} + \mathrm{HCO_3^-} \tag{8-126}$$

$$NH_3 + HCO_3^- \rightleftharpoons NH_4^+ + CO_3^{2-} \qquad (8-127)$$

$$NH_3 + HCO_3^- \rightleftharpoons NH_2COO^- + H_2O \qquad (8-128)$$

式(8-122)~式(8-128)在液相中总共涉及 9 种物质,即 NH_3、CO_2、H_2O、NH_4^+、HCO_3^-、CO_3^{2-}、NH_2COO^-、H^+ 和 OH^-,其中溶剂 H_2O 采用路易斯-兰德尔规则表达其活度,其余的均采用以质量摩尔浓度为基准的亨利定律表达其活度。下面写出相平衡、化学平衡以及其他关系式,并进行气液平衡计算,图 8-6 给出了该情况下的气液平衡计算框架的示意图。

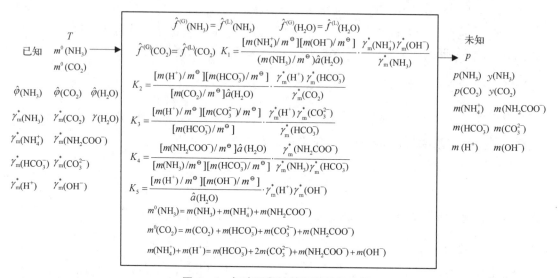

图 8-6　气液平衡计算框架的示意图

（1）气液平衡

如气相采用状态方程,液相采用活度计算其非理想性,按式(8-118)、式(8-119),对三种分子物质可分别写出:

$$p\hat{\varphi}^V(H_2O)y(H_2O) = \hat{a}(H_2O)p^S(H_2O)\varphi^S(H_2O)\exp\{\overline{V^L}(H_2O)[p-p^S(H_2O)]/RT\} \qquad (8-129)$$

$$p\hat{\varphi}^V(NH_3)y(NH_3) = k_m(NH_3)[m(NH_3)/m^\ominus]\gamma_m^*(NH_3)\exp[\overline{V_m^\infty}(NH_3)(p-p^\ominus)/RT] \qquad (8-130)$$

$$p\hat{\varphi}^V(CO_2)y(CO_2) = k_m(CO_2)[m(CO_2)/m^\ominus]\gamma_m^*(CO_2)\exp[\overline{V_m^\infty}(CO_2)(p-p^\ominus)/RT] \qquad (8-131)$$

式中,$k_{i,m}$ 是压力为 $p^\ominus$ 时以质量摩尔浓度表示的亨利系数,仅取决于温度,exp( )项是坡印亭因子,以校正压力的影响。

（2）化学平衡

上面列出了 7 个反应,但只有 5 个是独立的,可写出:

$$K_1 = \frac{[m(NH_4^+)/m^\ominus][m(OH^-)/m^\ominus]}{[m(NH_3)/m^\ominus]\hat{a}(H_2O)} \cdot \frac{\gamma_m^*(NH_4^+)\gamma_m^*(OH^-)}{\gamma_m^*(NH_3)} \qquad (8-132)$$

$$K_2 = \frac{[m(H^+)/m^\ominus][m(HCO_3^-)/m^\ominus]}{[m(CO_2)/m^\ominus]\hat{a}(H_2O)} \cdot \frac{\gamma_m^*(H^+)\gamma_m^*(HCO_3^-)}{\gamma_m^*(CO_2)} \qquad (8-133)$$

$$K_3 = \frac{[m(H^+)/m^\ominus][m(CO_3^{2-})/m^\ominus]}{[m(HCO_3^-)/m^\ominus]} \cdot \frac{\gamma_m^*(H^+)\gamma_m^*(CO_3^{2-})}{\gamma_m^*(HCO_3^-)} \qquad (8-134)$$

$$K_4 = \frac{[m(NH_2COO^-)/m^\ominus]\hat{a}(H_2O)}{[m(NH_3)/m^\ominus][m(HCO_3^-)/m^\ominus]} \cdot \frac{\gamma_m^*(NH_2COO^-)}{\gamma_m^*(NH_3)\gamma_m^*(HCO_3^-)} \qquad (8-135)$$

$$K_5 = \frac{[m(H^+)/m^\ominus][m(OH^-)/m^\ominus]}{\hat{a}(H_2O)} \cdot \gamma_m^*(H^+)\gamma_m^*(OH^-) \qquad (8-136)$$

（3）化学计量系数限制

如液相 CO_2、NH_3 的表观浓度分别为 $m^0(CO_2)$ 和 $m^0(NH_3)$，受到反应式中化学计量系数的限制，可写出：

$$m^0(CO_2) = m(CO_2) + m(HCO_3^-) + m(CO_3^{2-}) + m(NH_2COO^-) \qquad (8-137)$$

$$m^0(NH_3) = m(NH_3) + m(NH_4^+) + m(NH_2COO^-) \qquad (8-138)$$

前一个式子反映 C 原子的衡算，后一个反映 N 原子的衡算。

（4）电中性限制

$$m(HCO_3^-) + 2m(CO_3^{2-}) + m(NH_2COO^-) + m(OH^-) = m(NH_4^+) + m(H^+) \quad (8-139)$$

（5）泡点计算

在给出温度以及 $m^0(CO_2)$ 和 $m^0(NH_3)$ 后，独立变量即已确定。未知数共 11 个，即 p，$y(NH_3)$，$y(CO_2)$，以及液相中各物质的实际浓度 $m(NH_3)$，$m(CO_2)$，$m(NH_4^+)$，$m(HCO_3^-)$，$m(CO_3^{2-})$，$m(H^+)$，$m(NH_2COO^-)$ 和 $m(OH^-)$。式(8-129)～式(8-139) 正好 11 个方程。具体求解通过泡点方程，按式(5-18a)：

$$\sum_i K_i x_i - 1 = \frac{p^S(H_2O)\varphi^S(H_2O)\hat{a}(H_2O)}{p\hat{\varphi}(H_2O)} + \frac{k(NH_3)[m(NH_3)/m^\ominus]\gamma_m^*(NH_3)}{p\hat{\varphi}(NH_3)}$$
$$+ \frac{k(CO_2)[m(CO_2)/m^\ominus]\gamma_m^*(CO_2)}{p\hat{\varphi}(CO_2)} - 1 = 0 \qquad (8-140)$$

式中，坡印亭因子已忽略。为表征系统，还需输入下列性质：① $p^S(H_2O)$，$k(NH_3)$，$k(CO_2)$；② 如需考虑压力影响，需 $V^L(H_2O)$，$\overline{V}^\infty(NH_3)$，$\overline{V}^\infty(CO_2)$；③ 计算 $\hat{\varphi}(H_2O)$，$\hat{\varphi}(NH_3)$，$\hat{\varphi}(CO_2)$ 所需的状态方程；④ K_1，K_2，K_3，K_4，K_5；⑤ 计算 $\hat{a}(H_2O)$ 和 $\gamma_{m,i}^*$ 所需的电解质溶液模型。

Edwards 等采用皮策模型，采用以下两式计算 $\hat{a}(H_2O)$ 和 $\gamma_{i,m}^*$

$$\ln\hat{a}(H_2O) = M(H_2O)\left\{\frac{2A_\psi I^{3/2}}{1+1.2I^{1/2}} - \sum_i\sum_j m_i m_j[\beta_{ij}^{(0)} + \beta_{ij}^{(1)}\exp(-2I^{1/2})] - \sum_i m_i\right\}$$
$$(8-141)$$

$$\ln\gamma_{m,i}^* = A_\psi z_i^2\left[\frac{I^{1/2}}{1+1.2I^{1/2}} + \frac{2}{1.2}\cdot\ln(1+1.2I^{1/2})\right]$$
$$+ 2\left(\sum_j m_j\right)\{\beta_{ij}^{(0)} + (\beta_{ij}^{(1)}/2I)[1-(1+2I^{1/2})\exp(-2I^{1/2})]\}$$
$$- \frac{z_i^2}{4I^2}\sum_j\sum_k m_j m_k\beta_{jk}^{(1)}[1-(1+2I^{1/2}+2I)\exp(-2I^{1/2})] \qquad (8-142)$$

式中，求和 $\sum_j$ 遍及除 H_2O 以外的所有物质，$\beta_{ij}^{(0)}$，$\beta_{ij}^{(1)}$ 是皮策参数。

Edwards 等用以上方法计算了温度为 $0\sim170\,^\circ\!C$、离子强度达 $6\,mol\cdot kg^{-1}$、总浓度达 $20\,mol\cdot kg^{-1}$ 的 NH_3-CO_2-H_2O 三元系的气液平衡。图 8-7、图 8-8 分别是计算所得 $60\,^\circ\!C$ 时 NH_3-H_2O、CO_2-H_2O 二元系中 NH_3 和 CO_2 的平衡分压或溶解度,图中同时画出了不计及离解时的数据:当浓度较低时,偏离愈益显著,但总的来看,偏差并不大。图 8-9 是对该三元系的计算结果,图中画出 $100\,^\circ\!C$ 时 NH_3 和 CO_2 的平衡分压,与不计及离解时相比较,偏差很大。如果与图 8-7、图 8-8 相比较,可见当两种弱电解质同时存在时,未离解的分子的数量显著减少,引起分压降低,原因是反应式(8-126)、式(8-127)是酸碱中和反应,有较大的平衡常数缘故。Edwards 等的工作具有开创性,以后有许多沿着这一方向的研究,涉及的系统有甲醛-水、甲醛-甲醇-水的气液平衡、CH_3OH-HCl 系统、SO_2-H_2O 溶液系统等,其中某些系统中存在着各种反应,以及离子间有强烈缔合作用。

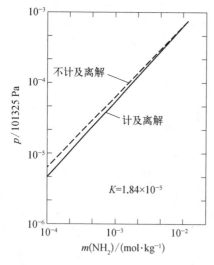

图 8-7　$60\,^\circ\!C$ 时 NH_3 在 H_2O 中的溶解度　　图 8-8　$60\,^\circ\!C$ 时 CO_2 在 H_2O 中的溶解度

[例 8.4]　挥发性极性物质 AB 溶于水,发生如下离解反应:$AB\Longleftrightarrow A^++B^-$。$25\,^\circ\!C$ 时的平衡常数 $K=\dfrac{\hat{a}_{A^+}\hat{a}_{B^-}}{\hat{a}_{AB}}=5\times10^{-3}\,mol\cdot kg^{-1}$,忽略水的蒸发,求 $25\,^\circ\!C$,$5.0\,MPa$ 下 AB 在水中的溶解度。已知 $25\,^\circ\!C$ 时的物性常数如下:

AB 在水中的亨利系数 $k_{AB}=3.0\,MPa$

AB 的第二位力系数 $B_{AB}=-200\,cm^3\cdot mol^{-1}$

偶极矩 $\varepsilon=\varepsilon_0\varepsilon_\gamma=8.85419\times10^{-12}\times78.41=6.9426\times10^{-10}\,(C^2\cdot N^{-1}\cdot m^{-2})$

电荷量 $e=1.602\times10^{-19}\,C$

解:达到溶解平衡时,满足相平衡关系式,即式(8-119):

$$p\hat{\varphi}_{AB}^V y_{AB}=k_{AB}\hat{a}_{AB}=k_{AB}m_{AB}\gamma_m^*(AB) \quad (a)$$

根据题意,$y_{AB}\approx1$,$y_1\approx0$,有

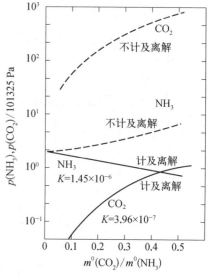

图 8-9　$100\,^\circ\!C$ 时 NH_3-CO_2-H_2O 三元系中 NH_3 和 CO_2 的分压 [$m^0(NH_3)=6.75\,mol\cdot kg^{-1}$]

$$\ln\hat{\varphi}_{AB}^{V}=\frac{p}{RT}(B_{AB}+y_1^2\delta_{AB})=\frac{5.0\times(-200)}{8.314\times298}=-0.4036 \tag{b}$$

$$\hat{\varphi}_{AB}^{V}=0.6679$$

$$A_\gamma=\frac{N_A^2}{8\pi}(2\rho_A)^{1/2}(e^2/\varepsilon RT)^{3/2}$$
$$=\frac{(6.02\times10^{23})^2}{8\pi}\times(2\times0.997)^{1/2}\times\left[\frac{(1.602\times10^{-19})^2}{6.9426\times10^{-10}\times8.314\times298}\right]^{3/2}=0.03716 \tag{c}$$

设 AB 的溶解度为 m，则

$$I=\frac{1}{2}\times(m_{A+}z_{A+}^2+m_{B-}z_{B-}^2)=\frac{1}{2}\times(1^2\times m+1^2\times m)=m \tag{d}$$

$$\ln\gamma_{\pm,m}^*=-A_\gamma|z_+z_-|I^{1/2}=-A_\gamma|z_{A+}z_{B-}|I^{1/2}=-0.03716\times|1\times1|\times\sqrt{m}$$
$$=-0.03716\sqrt{m} \tag{e}$$

$$\gamma_{\pm,m}^*=0.9635\exp(\sqrt{m}) \tag{f}$$

由离解平衡常数知

$$m_{AB}\gamma_{AB,m}^*=\hat{a}_{AB}=\frac{\hat{a}_{A+}\hat{a}_{B-}}{5\times10^{-3}}=\frac{m^2\gamma_{\pm,m}^{*2}}{5\times10^{-3}} \tag{g}$$

将式(g)代入式(a)，得

$$0.6679\times1\times5.0=\frac{m^2\times[0.9635\exp(\sqrt{m})]^2}{5\times10^{-3}}\times3.0 \tag{h}$$

整理式(h)后得 $\ln m+\frac{1}{2}m+2.55835=0$，采用 Microsoft Office Excel 软件进行试差求解，得 $m=0.0748\ \mathrm{mol\cdot kg^{-1}}$。

8.9　聚电解质简介

8.9.1　聚电解质溶液概念

聚电解质又称高分子电解质。合成或天然水溶性高分子的结构单元上含有能电离的基团，是固体电解质中的重要类别，具有较好的离子导电能力。聚电解质主要应用于各种电化学过程，以及可用作食品、化妆品、药物和涂料的增稠剂、分散剂、絮凝剂、乳化剂、悬浮稳定剂、胶黏剂，皮革和纺织品的整理剂，土壤的改良剂，油井钻探用泥浆的稳定剂，纸张的增强剂，织物的抗静电剂。聚电解质还对生物显示许多生理作用。较常见的聚电解质有以下几类：① 被含离子溶液溶胀的聚合物，如聚偏氟乙烯，或者聚氯乙烯被含有高氯酸锂的有机溶剂溶胀，在这类聚电解质中聚合物只起骨架支撑作用，溶解盐的溶剂化过程由溶剂完成；② 被溶胀的离子型聚合物，如各种离子交换树脂，聚合物所带离子的反离子作为可移动离子,当聚合物带有阳离子时,构成阴离子聚电解质,相反为阳离子聚电解质;③ 具有溶剂化能力的聚合物与溶解在其中的盐构成聚电解质,如聚环氧乙烷与高氯酸锂复合构成的聚电解质,阴离子和阳离子均可以在构成的聚电解质中迁移;④ 由具有溶剂化的离子型聚合物与盐构成的电解质,如聚甲基丙烯酸磺酸锂基乙酯和聚环氧乙烷复合构成的聚电解质,与第②种聚电解质一样,可以移动的离子类型受离子型聚合物所带离子类型控制。按电离的基团可分为以下几类:① 聚酸类(如聚丙烯酸[式(a)]、聚甲基丙烯酸、聚苯乙烯磺酸[式(b)]、聚乙烯磺酸、聚乙烯膦酸等),在电离后成为阴离子高分子;② 聚碱类(如聚(4-乙烯吡啶)[式(c)]、聚乙烯亚胺[式(d)]、聚乙烯胺等),在电离后成为阳离子高分子;③ 两性类(如丙烯酸-4-乙烯吡啶共聚物[式(e)]、聚磷酸盐、聚硅酸盐和天然的核酸、蛋白质等),后两者因一分子中具有酸性和碱性两种可电离的基团,所以称为高分子两性电解质。

$$+CH_2-CH+_n \quad +H_2C-CH+_n \quad +H_2C-CH+_n \qquad +HC-H_2C+_n +H_2C-CH+_m$$
式(a)   式(b)   式(c)   式(d)   式(e)

聚电解质溶液的性质与溶剂的性质关系密切。当聚电解质溶解在非离子化溶剂中时,其溶液性质与普通高分子溶液相似。但当聚电解质溶解在离子化溶剂中时,将会发生离解作用,形成聚离子和反离子。聚离子是一个多价的、带电的大离子,在其周围束缚着大量的反离子。这种离子化作用使得聚电解质溶液具有许多特殊的性质。

8.9.2 聚电解质溶液的渗透压

图 8-10 给出聚[4-2 烯基-溴(N-正丁基)吡啶季铵盐]乙醇溶液和聚(4-乙烯吡啶)-乙醇溶液的渗透压(π/c)对浓度(c)的关系。前者由于随着溶液浓度降低,聚电解质的离解度增加以及反离子的束缚作用降低,故具有相当高的渗透压值。后者 π/c 与 c 呈线性关系,随着浓度增加,渗透压增高。若在聚[4-2 烯基-溴(N-正丁基)吡啶季铵盐]乙醇溶液中加入溴化锂,渗透压明显下降,呈现通常高分子溶液的渗透压行为。

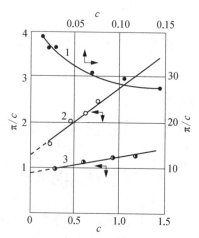

1—聚[4-2 烯基-溴(N-正丁基)吡啶季铵盐]乙醇溶液;2—聚(4-乙烯吡啶)-乙醇溶液;3—聚[4-2 烯基-溴(N-正丁基)吡啶季铵盐]0.6 mol/L溴化锂乙醇溶液。

图 8-10 聚电解质溶液和非离子型高分子溶液的 π/c-c 图(π: 98 Pa,c: g/100 mL)

8.9.3 高分子电凝胶

7.4.4 节中已经讨论了不考虑带电高分子凝胶的溶胀平衡热力学条件,即式(7-132)。对离子型系统,还需与电解质溶液理论相结合。Hino(1998)提出了一个可预测高分子凝胶相变的分子热力学模型。

对于由溶剂(组分 1)和带有少量可离子化链节的交联聚合物大分子(组分 2)组成的凝胶系统,溶胀过程的亥姆霍兹函数的变化包括混合、弹性和离子三部分贡献:

$$\Delta A_t = \Delta A_m + \Delta A_{SW} + \Delta A_{ION} \tag{8-143a}$$

混合亥姆霍兹函数 ΔA_m 由 Qian 等扩展的弗洛里-哈金斯模型计算:

$$\frac{\Delta A_m}{kT} = N_1 \ln(1-\phi_2) + N_2 \ln \phi_2 + N_1 g \phi_2 \tag{8-143b}$$

式中,k 是玻耳兹曼常数;N_i 是组分 i 的分子数;ϕ_2 是高分子化合物的体积分数;g 是表征链节间相互作用参数的经验函数。

弹性形变引起的亥姆霍兹函数变化 ΔA_{SW},Hino 采用下式计算:

$$\frac{\Delta A_{SW}}{kT} = \frac{3}{2}\nu(\alpha^2 + \alpha^{-2} - 2 + \ln \alpha) \tag{8-144}$$

式中,ν 是凝胶中交联键的总数;α 是线性膨胀因子,$\alpha = (\phi_0/\phi_2)^{1/3}$,其中 ϕ_0 是参考态时高分子的体积分数,参考态指网络链为紧密缠绕未经扰动的高斯链状态,因此 ϕ_0 即为没有弹性时凝胶的体积分数,通常以凝胶制备时高分子化合物的体积分数作近似值。

对于低电荷密度,Hino 用范托夫方程表示静电力的贡献:

$$\frac{\Delta A_{ION}}{kT} = -m\nu \ln(N_1 + \nu r_n) \tag{8-145}$$

式中,m 是每个交联键之间带电荷链节的数目;r_n 是每个交联键的链节总数。

进行相平衡计算时,经验函数 g 采用 Qian 和 Bae 等提出的关系式得出:

$$\chi \equiv g - \left(\frac{\partial g}{\partial \phi_2}\right)_T = D(T) B(\phi_2) \tag{8-146}$$

式中,$D(T) = \dfrac{Z}{2}(1+2\delta\varepsilon_{12}/\varepsilon)/\tilde{T} + Z\ln\{(1+s_{12})/[1+s_{12}\exp(\delta\varepsilon_{12}/\varepsilon\tilde{T})]\}$,其中对比温度 $\tilde{T} = kT/\varepsilon$;$B(\phi_2) = 1/(1-b\phi_2)$。相互作用能 $\varepsilon = 2\varepsilon_{12} - \varepsilon_{11} - \varepsilon_{22}$,$\varepsilon_{ij}$ 是 i,j 组分之间的链节非特殊相互作用能;$\delta\varepsilon_{12}$ 是链节的特殊相互作用能(如氢键)与非特殊作用能之间的差值;s_{12} 是非特殊与特殊相互作用简并度的比值;b 是经验参数。以上所有参数从独立的高分子溶液数据获得。Z 是晶格配位数,此模型中取 $Z = 6$。

凝胶溶胀平衡时,溶剂在凝胶相和主体相的化学位相等。将 ΔA_t 对 N_i 求偏导数可求得凝胶中溶剂的化学位

$$\Delta\mu_1(\phi_2) = \left(\frac{\partial \Delta A_t}{\partial N_1}\right)_{T,V,N_2}$$

$$= \ln(1-\phi_2) + \phi_2 + \chi\phi_2^2 + \frac{\phi_0}{r_n}\left[\left(\frac{\phi_2}{\phi_0}\right)^{1/3} - \left(\frac{\phi_2}{\phi_0}\right)^{5/3} - \left(m - \frac{1}{2}\right)\frac{\phi_2}{\phi_0}\right] = 0 \tag{8-147}$$

式中,下标 V 是凝胶体积。

在特定的条件下,两个凝胶相在某一温度下平衡共存并与溶剂主体相平衡。两个平衡凝胶相中含的溶剂一个大,一个小,体积变化不连续。α、β 两个凝胶相共存的条件是

$$\mu_1(\phi_2^\alpha) = \mu_1(\phi_2^\beta), \ \mu_2(\phi_2^\alpha) = \mu_2(\phi_2^\beta) \tag{8-148}$$

根据吉布斯-杜安方程,上式可改写为

$$\int_{\phi_2^\alpha}^{\phi_2^\beta} \left(\frac{\partial \Delta \mu_1}{\phi_2^2} \right) d\phi_2 = 0 \tag{8-149}$$

Hino 将上述模型用于聚 N-异丙基丙烯酰胺水凝胶-水系统相图计算,计算值与实验值吻合相当好。

8.10 高分子双水相分离系统

双水相萃取分离生物活性物质是近年来开发的一项重要技术。最初是将两种水溶性聚合物,如聚乙二醇(PEG)和葡聚糖,溶于大量的水中,形成双水相系统。一个水溶液相中含有大部分的 PEG 和少量的葡聚糖;另一水溶液相中含有大部分的葡聚糖和少量的 PEG。图 8-11 是该系统的相图。A、B 点代表两相的平衡组成。线段 AB 是系线(tie line)。线段 AB 长度大,表明两相组成的差别大,当 AB 长度为零时,系统就只有一个相同的相了。

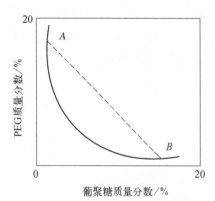

图 8-11 水-聚乙二醇-葡聚糖双水相系统示意图

将蛋白质混合物加入这样的双水相系统中,由于每一种蛋白质在两相中有不同的分配系数,从而达到分离的效果。为了防止蛋白质变性并保持溶液的 pH,需加入少量的盐作为缓冲剂。然而,这样的系统有一个十分有用的性质:改变溶液的 pH,改变加入盐的种类或离子强度可以使生物大分子在两相中的分配情况发生变化。因为两相的组成不同,盐不可能等量地分配在两相中。一方面,盐的浓度差在两相间形成电位差,如蛋白质一类的带电荷生物大分子在两相的分配将受到电位差的重大影响;另一方面,蛋白质的表面净电荷取决于溶液的 pH,当 pH 变化时,也会显著改变蛋白质在两相的分配特性。此外,生物大分子在双水相的分配还取决于形成双水相的高分子化合物的性质。

为了关联或预测生物大分子在双水相系统的分配系数,需要建立合适的热力学模型。第一步工作是在没有盐和生物活性物质的条件下,计算水和两个水溶液高分子化合物形成的液液相图(如图 8-11)。当两相达到平衡时,有 $\mu_A^\alpha = \mu_A^\beta$,$\mu_1^\alpha = \mu_1^\beta$,$\mu_2^\alpha = \mu_2^\beta$,其中,上标 α,β 表示两个水溶液相;下标 A 指水,1,2 分别指两个水溶性聚合物。μ_1,μ_2 由渗透压的位力方程截断式计算:

$$\mu_{m,1} - \mu_{m,1}^{\ominus*} = RT(\ln m_1 + b_{11}m_1 + b_{12}m_2) \tag{8-150}$$

$$\mu_{m,2} - \mu_{m,2}^{\ominus*} = RT(\ln m_2 + b_{22}m_2 + b_{12}m_1) \tag{8-151}$$

式中,m_i 是溶质 i 的质量摩尔浓度,b_{ij} 是高分子化合物分子 i,j 之间相互作用的特性常数。$\mu_{m,i}^{\ominus*}$ 是以 $m_i = 1.0 \ mol \cdot kg^{-1}$ 的假想理想溶液为标准态的组分 i 的化学位,水的化学位表达式可通过吉布斯-杜安方程 $\sum_{i=A,1,2} n_i d\mu_i = 0$ 得到

$$\mu_A - \mu_A^\ominus = RTM_A(m_1 + m_2 + \frac{1}{2}b_{11}m_1^2 + \frac{1}{2}b_2m_2^2 + b_{12}m_1m_2) \qquad (8-152)$$

式中，M_A 是水的摩尔质量，取系统温度下的纯水为标准态；相互作用参数 b_{ij} 与渗透压第二位力系数 B_{ij}^* 的关系如下

$$b_{ij} = 2M_iM_jB_{ij}^* \qquad (8-153)$$

式中，M_i 为组分 i 的摩尔质量。渗透压第二位力系数（可参见 7.4.1 节有关内容）由低角度激光扫描测得。

第二步考虑向双水系统加入作为第 3 组分的蛋白质。蛋白质在两相的分配系数定义为

$$K_3 = \frac{\alpha \text{ 相中蛋白质浓度}}{\beta \text{ 相中蛋白质浓度}} \qquad (8-154)$$

蛋白质所带电荷取决于溶液 pH，因此分配系数计算应考虑到离子（盐）的存在。当所有蛋白质浓度都较小时，其中某一蛋白质的分配系数可由下式计算

$$\ln K_3 = \ln \frac{\gamma_3^\beta}{\gamma_3^\alpha} + Fz\frac{E^\beta - E^\alpha}{RT} \qquad (8-155)$$

式中，F 是法拉第常数；E 是电势；z 是电荷数；γ 是化学活度系数，即不考虑离子在两相中分配不均引起的静电作用时的活度系数。

活度系数由渗透压位力多项式计算，除 B_{11}^*，B_{22}^* 和 B_{12}^* 系数通过激光扫描测定外，蛋白质-盐、高分子化合物-盐之间的相互作用参数从渗透压数据得到。

加入的盐完全离解为 ν_+ 个带 z_+ 电荷的正离子和 ν_- 个带 z_- 电荷的负离子，且在两相中分配不均，造成两相的电位差。运用拟静电势理论可将电势差 ΔE 与双水相系统的平衡性质直接联系起来。

$$\Delta E = E^\beta - E^\alpha = \frac{RT}{(z_+ - z_-)F}\ln\left(\frac{\gamma_{-,m}^{*\beta}/\gamma_{-,m}^{*\alpha}}{\gamma_{+,m}^{*\alpha}/\gamma_{+,m}^{*\beta}}\right)^{\nu_+ + \nu_-} \qquad (8-156)$$

若盐是 1∶1 价的电解质，则上式可简化为

$$E^\beta - E^\alpha = \frac{RT}{2F}\ln\left(\frac{\gamma_{+,m}^{*\beta}\gamma_{-,m}^{*\beta}}{\gamma_{+,m}^{*\alpha}\gamma_{-,m}^{*\alpha}}\right)^2 = \frac{RT}{F}\ln\frac{\gamma_{\pm,m}^{*\beta}}{\gamma_{\pm,m}^{*\alpha}} \qquad (8-157a)$$

式中，平均离子活度系数常常用皮策的离子相互作用模型计算。考虑到盐在两相的平衡关系 $m^\alpha\gamma_{\pm,m}^{*\alpha} = m^\beta\gamma_{\pm,m}^{*\beta}$，式(8-157a)还可进一步写成

$$E^\beta - E^\alpha = \frac{RT}{F}\ln\frac{m^\alpha}{m^\beta} = \frac{RT}{F}\ln K_m \qquad (8-157b)$$

式中，K_m 是盐在两相的分配系数。式(8-157b)提供了由可测定的系统平衡性质计算电位差的方法，然后便可由式(8-155)计算 K_3。在许多情况下，电势差很小，或许只有几微伏，但它对 K_3 的影响是决定性的，比化学活度系数重要得多。

从式(8-157a)、式(8-157b)可知，改变盐的分配系数可改变生物大分子在双水相中的分配状况。图 8-12 中，曲线 1 表示了糜蛋白酶在含 PEG3500、葡聚糖 T70 的双水相系统中的分配系数与平衡系线长度的关系。系统温度为 25 ℃，pH 为 7.3，KI 总量为 1 mmol·L^{-1}。向

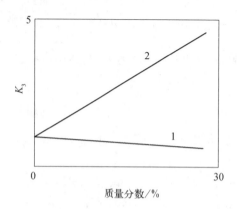

1—无 α-环糊精;2—有 α-环糊精。

图 8-12　ΔE 对糜蛋白酶在 PEG3500-葡聚糖 T70-水系统中的分配系数的影响

该系统加入少量（1 mmol·L^{-1}）α-环糊精后,溶液中的 I$^-$ 受到有力吸附,与环糊精一起,大部分留在了富葡聚糖的水相中。盐的分配越不对称,ΔE 也就越大,从而使糜蛋白酶的分配系数发生很大变化。图 8-12 的曲线 2 反映的就是加入环糊精后的情况。高分子双水相系统通常包括的高聚物-无机盐系统,其中仍以聚乙二醇-硫酸盐或磷酸盐系统最为常见,但这些系统存在着成相机理还不十分清楚,以及较高的盐含量在某种程度上降低了生物物质的活性且界面吸附多、聚合物回收困难等缺点。

环氧乙烷（EO）和环氧丙烷（PO）的无规共聚物（EOPO）使聚合物回收困难这一问题有可能得以解决。EOPO 具有相对低的浊点（50 ℃）,在水溶液中,当温度超过其浊点时发生温度诱导相分离,会形成新的两相系统。目的产物分配在富含水的上相,而富含 EOPO 的下相得以回收。朱自强等研究了黄芩苷在 EOPO/混合磷酸钾（KHP）双水相系统、温度诱导相系统中的分配,并利用双水相萃取结合温度诱导相分离提取黄芩苷,取得了比较满意的效果。

习　题

8.1　已知 25 ℃时 0.1 mol·kg^{-1} H$_2$SO$_4$ 水溶液的平均活度系数为 0.265,试求其平均活度。

8.2　试分别求算下列溶液的离子强度 I 和质量摩尔浓度 m 之间的关系:KCl、MgCl$_2$、FeCl$_3$、ZnSO$_4$、Al$_2$(SO$_4$)$_3$。

8.3　同时含 0.1 mol·kg^{-1} KCl 和 0.01 mol·kg^{-1} BaCl$_2$ 的水溶液,其离子强度是多少?

8.4　用 Debye-Hückel 极限公式计算 25 ℃时 $m=0.005$ mol·kg^{-1} ZnCl$_2$ 水溶液中,ZnCl$_2$ 的 $\gamma_{\pm,m}^*$、$m_\pm$、$\hat{a}_{\pm,m}^*$。

8.5　试用 Debye-Hückel 极限公式计算 25 ℃时 BaSO$_4$ 分别在(1)纯水;(2)0.01 mol·L^{-1} ZnCl$_2$;(3)0.01 mol·L^{-1} Na$_2$SO$_4$ 中的溶解度。已知 25 ℃时 BaSO$_4$ 在水中的溶度积 $K_{sp}=0.916\times10^{-10}$。

8.6　试比较 AgCl 在下列液体中的溶解度:(1)H$_2$O;(2)0.1 mol·kg^{-1} NaNO$_3$;(3)0.1 mol·kg^{-1} NaCl;(4)0.1 mol·kg^{-1} Ca(NO$_3$)$_2$。已知 25 ℃时 AgCl 在水中的溶度积 $K_{sp}=1.80\times10^{-10}$。

8.7　在 1.0 L 0.10 mol·L^{-1} H$_3$PO$_4$ 溶液中加入 6.0 g NaOH 固体,完全溶解后,设溶液体积不变,求:(1)溶液的 pH;(2)37 ℃时溶液的渗透压;(3)在溶液中加入 18 g 葡萄糖,其溶液的渗透浓度为多少?是否与血液等渗(300 mmol·L^{-1})? 已知 M_w(NaOH)=40.0,M_w(C$_6$H$_{12}$O$_6$)=180.2;25 ℃时磷酸的电离常数为 $K_{a1}=7.52\times10^{-3}$,$K_{a2}=6.23\times10^{-8}$,$K_{a3}=2.2\times10^{-13}$。

8.8　SO$_2$ 是电厂烟气排出的主要污染物之一,现已开发了多种以电解质水溶液为吸收剂的脱除 SO$_2$ 方法,请采用弱电解质溶液理论,对下列过程进行分析,并写出相应的气液平衡计算过程。(1)以纯水的为吸收剂;(2)以亚硫酸钠为吸收剂;(3)以 CaO/CaCO$_3$ 为吸收剂;(4)以 Na$_2$HPO$_4$ 和 NaH$_2$PO$_4$ 混合磷酸盐为吸收剂。

第9章

界面吸附过程热力学

内容概要和学习方法

界面(interface)是相与相之间的交界面,即两相间的接触表面。根据两相的性质不同,接触表面分为气液、气固、液液、液固、固固5种类型。物理学上的界面不只是指一个几何分界面,而是指一个薄层,这种分界的表面(界面)具有与其两边体相不同的特殊性质。由于物体界面原子和其内部原子受到的作用力不同,它们所处的能量状态也就不一样,这是一切界面现象,如界面张力、毛细现象、润湿、吸附现象等存在的原因。当物质组分在两相间进行质量传递时,通常假定界面本身并不产生阻力,且在界面上两相是达到了相平衡、满足了相平衡关系的。

界面层的单位物质的量的吉布斯自由能比体相内部大,这种过剩的吉布斯自由能称为界面自由能,亦简称为界面能(interface energy)。单位界面面积上的这种界面能称为比界面能,即增加单位界面面积所需要做的功。

本章要求首先认识界面相和体相是一样的,界面相的研究方法是二维平面,而体相的研究方法是三维立体或多维空间。体相具有什么样的热力学量,界面相也有相对应的热力学量。此外,要求掌握界面相的基本概念,重点是了解物理吸附的规律,以及采用状态方程法和活度系数法对吸附平衡进行计算。

9.1 界面现象的热力学基础

9.1.1 界面张力和铺展压

与存在界面有关的各种物理现象和化学现象统称为界面现象(interfacial phenomenon)。当界面面积不大时,界面层所起的作用很小,常可忽略。许多情况下,则必须考虑界面层的作用。此外,界面现象有着广泛的工业应用,如吸附分离、多相催化、表面膜制备、去垢、选矿等。

界面现象的发生与界面层的特殊性质有关。在界面层,由于分子与体相内部的分子所处的环境不同。从统计平均的角度来说,体相内的分子受到周围分子的作用力是对称的,会相互抵消;而界面层处于两个体相之间,受到两相分子不同的作用,分子受力是不对称的,有残留(或残余)的作用力。因此,界面层的分子有离开界面层进入体相内部的倾向。

这种倾向在宏观上表现为有一个与界面平行,并力图使界面收缩的张力,单位长度上的这种张力称为界面张力(interface tension),用符号 σ 表示,单位为 $N \cdot m^{-1}$。 气液、气固界面张力习惯上称为该液体和固体的表面张力(surface tension)。

界面上的分子受到指向体相内部的作用力,若想增大界面面积,把内部的分子移到界面上去,则需要外界克服体相内部的作用力做功。因此,界面张力也可定义为增加单位面积所消耗的可逆功。

$$\sigma = \frac{dW'_R}{dA_s} \tag{9-1}$$

式中,W'_R 为可逆功;A_s 为界面面积。

对于液态溶液的气液界面,纯溶剂及其与溶液饱和了的蒸气空间的界面张力是不相同的,前者用 σ^*,后者用 σ 表示;两者之差为铺展压(spreading pressure),用符号 π 表示,定义为

$$\pi = \sigma^* - \sigma \tag{9-2}$$

铺展压将使溶液的气液界面更为铺展,铺展压也称界面压(interfacial pressure)。

9.1.2　存在界面相的热力学基本方程

界面层是介于两体相间的一个过渡区域,一般有几个分子的厚度,将界面层称为界面相则是一种模型化的做法。对于界面相,因存在界面张力 σ,它是除压力外的一种强度变量,因此在描述系统的状态时,必须增加一个广延变量,即界面积 A_s。 为与一般体相性质相区别,常用上标 σ 表示界面相。以吉布斯函数为例,对界面相可写出

$$G^{(\sigma)} = G^{(\sigma)}(T^{(\sigma)}, p^{(\sigma)}, A_s, n_1^{(\sigma)}, n_2^{(\sigma)}, \cdots, n_N^{(\sigma)}) \tag{9-3}$$

对式(9-3)微分,则有

$$dG^{(\sigma)} = -S^{(\sigma)}dT^{(\sigma)} + V^{(\sigma)}dp^{(\sigma)} + \left(\frac{\partial G^{(\sigma)}}{\partial A_s}\right)_{T,p,n_i} dA_s + \sum_{i=1}^{N} \mu_i^{(\sigma)} dn_i^{(\sigma)} \tag{9-4}$$

在等 T、等 p、恒定组成下,$dG^{(\sigma)} = dW'_R$,与式(9-1)相比较有

$$\sigma = \left(\frac{\partial G^{(\sigma)}}{\partial A_s}\right)_{T,p,n_i} = G_A \tag{9-5}$$

可见,界面张力即为比界面吉布斯函数 G_A。 界面张力与比界面吉布斯函数是对同一事物分别从力学和热力学角度提出的物理量,虽然物理意义不同,但数学上是等效的,具有相同的量纲。

类似于敞开系统的热力学基本方程式(4-10)~式(4-13),可写出含界面相的热力学基本方程式如下

$$dU_t^{(\sigma)} = T^{(\sigma)}dS_t^{(\sigma)} - p^{(\sigma)}dV_t^{(\sigma)} + \sigma dA_s + \sum_i \mu_i^{(\sigma)} dn_i^{(\sigma)} \tag{9-6}$$

$$dH_t^{(\sigma)} = T^{(\sigma)}dS_t^{(\sigma)} + V_t^{(\sigma)}dp^{(\sigma)} + \sigma dA_s + \sum_i \mu_i^{(\sigma)} dn_i^{(\sigma)} \tag{9-7}$$

$$dA_t^{(\sigma)} = -S_t^{(\sigma)} dT^{(\sigma)} - p^{(\sigma)} dV_t^{(\sigma)} + \sigma dA_s + \sum_i \mu_i^{(\sigma)} dn_i^{(\sigma)} \qquad (9-8)$$

$$dG_t^{(\sigma)} = -S_t^{(\sigma)} dT^{(\sigma)} + V_t^{(\sigma)} dp^{(\sigma)} + \sigma dA_s + \sum_i \mu_i^{(\sigma)} dn_i^{(\sigma)} \qquad (9-9)$$

式中，$U_t^{(\sigma)}$，$H_t^{(\sigma)}$，$A_t^{(\sigma)}$ 和 $G_t^{(\sigma)}$ 分别称为界面热力学能、界面焓、界面亥姆霍兹函数和界面吉布斯函数，它们都是容量性质。由式(9-6)～式(9-9)所表述的界面相的热力学基本方程可得

$$\sigma = \left(\frac{\partial U_t^{(\sigma)}}{\partial A_s}\right)_{S_t^{(\sigma)}, V_t^{(\sigma)}, n_i^{(\sigma)}} = \left(\frac{\partial H_t^{(\sigma)}}{\partial A_s}\right)_{S_t^{(\sigma)}, p, n_i^{(\sigma)}} = \left(\frac{\partial A_t^{(\sigma)}}{\partial A_s}\right)_{T, V_t^{(\sigma)}, n_i^{(\sigma)}} = \left(\frac{\partial G_t^{(\sigma)}}{\partial A_s}\right)_{T, p, n_i^{(\sigma)}}$$
$$(9-10)$$

即界面张力可进一步理解为不同条件下增加单位界面面积时界面相的内热力学能、焓、亥姆霍兹函数、吉布斯函数的增量。但只有偏导数 $\left(\dfrac{\partial G^{(\sigma)}}{\partial A_s}\right)_{T, p, n_i^{(\sigma)}}$ 是比界面吉布斯函数。其他比界面函数可定义为

$$X_A = \left(\frac{\partial X^{(\sigma)}}{\partial A_s}\right)_{T, p, n_j} \qquad (9-11)$$

式中，X 分别代表 U，S，H，A，即分别称为比界面热力学能、比界面熵、比界面焓和比界面亥姆霍兹函数。

对于界面相，按热力学基本关系有

$$U^{(\sigma)} = H^{(\sigma)} - pV^{(\sigma)} \approx H^{(\sigma)} = G^{(\sigma)} + TS^{(\sigma)} = G^{(\sigma)} - T(\partial G^{(\sigma)}/\partial T)_p \qquad (9-12)$$

式中，$H^{(\sigma)} - pV^{(\sigma)} \approx H^{(\sigma)}$ 是忽略了界面相体积变化的结果。在吉布斯界面模型中，$U^{(\sigma)}$ 自然等于 $H^{(\sigma)}$。

在系统 T，p 和组成不变的情况下，式(9-12)两边同时对界面面积求偏导数，得

$$U_A = \left(\frac{\partial U^{(\sigma)}}{\partial A_s}\right)_{T, p, n_i^{(\sigma)}} = H_A = G_A + TS_A = A_A + TS_A = \sigma - T\left(\frac{\partial \sigma}{\partial T}\right)_p \qquad (9-13)$$

至此，各种比界面函数间的相互关系已由式(9-13)给出，并与界面张力和界面张力的温度系数联系起来了。

在 $T^{(\sigma)}$，$p^{(\sigma)}$，σ，$\mu_i^{(\sigma)}$ 恒定的条件下积分式(9-9)，得

$$G_t^{(\sigma)} = \sigma A_s + \sum_i \mu_i^{(\sigma)} n_i^{(\sigma)} \qquad (9-14)$$

对式(9-14)微分，并与式(9-9)比较得

$$0 = S_t^{(\sigma)} dT^{(\sigma)} - V_t^{(\sigma)} dp^{(\sigma)} + A_s d\sigma + \sum_i n_i^{(\sigma)} d\mu_i^{(\sigma)} \qquad (9-15)$$

式(9-15)就是界面相的吉布斯-杜安方程，它在吸附平衡的计算中非常有用。

[例 9.1] 已知液态铁在 1535 ℃时的界面张力为 1880 mN·m⁻¹，界面张力温度系数为 -0.43 mN·m⁻¹·K⁻¹，求它的界面焓 $H^{(\sigma)}$。

解：由式(9-13)得

$$H^{(\sigma)} = U_A = \sigma - T\left(\frac{\partial \sigma}{\partial T}\right)_p = 1880 - 1808 \times (-0.43) = 2657.4(\text{mJ} \cdot \text{m}^{-2})$$

9.1.3 界面吸附量

物质在界面上富集的现象称为吸附。描述吸附现象的基本物理量是界面吸附量。在吸附平衡中，通常用单位面积总吸附量 Γ 以及某组分 i 的吸附量 Γ_i 来表征，简称单位界面吸附量，定义为

$$\Gamma = n^{(\sigma)}/A_s = 1/A_{sm} \tag{9-16}$$

$$\Gamma_i = n_i^{(\sigma)}/A_s = \Gamma x_i^{(\sigma)} = x_i^{(\sigma)}/A_{sm} \tag{9-17}$$

式中，A_s，$n^{(\sigma)}$，$n_i^{(\sigma)}$ 和 $x_i^{(\sigma)}$ 分别是界面面积、界面相的总物质的量、组分 i 的界面相物质的量和相应界面相的物质的量分数。$A_{sm} = A_s/n^{(\sigma)}$ 为单位物质的量的表面积。

单位界面吸附量的计算看似简单，实际却有困难，因为并不知道界面相的确切厚度。设有一个由 α 和 β 两个体相以及一个 α 相和 β 相间的界面层构成的实际系统，如图 9-1 所示，当 AA' 面、BB' 面的位置上下移动时，界面层的厚度、体积和物质的量等均会发生变化，这样 Γ 和 Γ_i 将缺乏客观上的可比性。吸附过程常采用吉布斯相界面法的模型方法来解决这一困难，它将系统视为一个由 α 和 β 两个体相，以及无厚度、无体积的界面相 σ（见图 9-1 中的 SS' 面，因而虚线 SS' 代表了吉布斯相界面的位置）组成的模型。此时，α 相和 β 相的强度性质与实际系统中相应的强度性质完全相同，两相的体积则分别为 $V^{(\alpha)}$ 和 $V^{(\beta)}$，两者之和即为系统的总体积 V_t。但值得注意是 $V^{(\alpha)}$ 和 $V^{(\beta)}$ 与实际系统相应的体积并不相等，原因在于界面相的体积被忽略了。

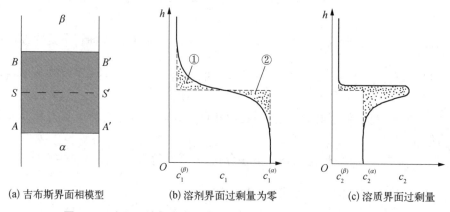

(a) 吉布斯界面相模型　(b) 溶剂界面过剩量为零　(c) 溶质界面过剩量

图 9-1　实际系统与吉布斯模型中不同高度处溶剂与溶质的浓度

平面界面相中仍有各种物质，对于组分 i，其物质的量 $n_i^{(\sigma)}$（也称界面过剩量）为

$$n_i^{(\sigma)} = n_i - (V^{(\alpha)}c_i^{(\alpha)} + V^{(\beta)}c_i^{(\beta)}) \tag{9-18}$$

虽然 α 相和 β 相的浓度 c_i 可用实验测定，但由于 $V^{(\alpha)}$ 和 $V^{(\beta)}$ 随着位置变化，使 $n_i^{(\sigma)}$ 带有任意性。吉布斯建议以溶剂 1 为参照来定义溶质 i 的相对单位界面过剩量，称为吉布斯单位界面过剩量 $\Gamma_i^{(1)}$，计算公式为

$$\Gamma_i^{(1)} = \Gamma_i - \Gamma_1 \frac{c_i^{(\alpha)} - c_i^{(\beta)}}{c_1^{(\alpha)} - c_1^{(\beta)}} \tag{9-19}$$

不言而喻，$\Gamma_1^{(1)} = 0$。 $\Gamma_i^{(1)}$ 最重要的特点在于它是一个不变量，也就是说，它与位置无关，可任意选择。为计算方便，通常按溶剂无界面过剩的条件来确定 SS' 的位置，即选择 SS' 的位置使 $n_1^{(\sigma)} = 0$ 或 $\Gamma_1 = 0$。 此时溶质的吸附量为

$$\Gamma_i^{(1)} = \Gamma_i \quad (\Gamma_1 = 0) \tag{9-20}$$

图 9-1 中的 SS' 线即是这种选择的形象表示。如无特殊说明，吉布斯单位界面过剩量 $\Gamma_i^{(1)}$ 可简称为单位界面吸附量。

9.1.4　存在界面时的平衡判据

对于由体相 α、β 和界面相 σ 组成的系统，参照无界面相系统导出的方法获得的平衡判据为

$$\mu_i^{(\alpha)} = \mu_i^{(\beta)} = \mu_i^{(\sigma)} \tag{9-21}$$

$$T^{(\alpha)} = T^{(\beta)} = T^{(\sigma)} \tag{9-22}$$

$$-(p^{(\beta)} - p^{(\alpha)}) dV^{(\beta)} - (p^{(\sigma)} - p^{(\alpha)}) dV^{(\sigma)} + \sigma dA_s = 0 \tag{9-23}$$

可见，平衡时各相的温度相等，每一组分的化学位在各相中相等。但各相的压力则由于体积和面积是否存在关联而有所差别。现采用吉布斯界面模型来讨论这一问题，此时 $dV^{(\sigma)} = 0$，式(9-23)可写成

$$p^{(\beta)} - p^{(\alpha)} = \sigma \frac{dA_s}{dV^{(\beta)}} \tag{9-24}$$

如界面是平面，则 $\dfrac{dA_s}{dV^{(\beta)}} = 0$，此时力平衡的条件是

$$p^{(\beta)} - p^{(\alpha)} = p^{(\sigma)} \tag{9-25}$$

如界面是曲面，此时体积与面积间的变化存在相关。假设 β 相是半径为 r 的液体，$\dfrac{dA_s}{dV^{(\beta)}} = \dfrac{2}{r}$，则力平衡的条件是

$$p^{(\beta)} - p^{(\alpha)} = \frac{2\sigma}{r} \tag{9-26}$$

这就是著名的拉普拉斯(Laplace)方程，它表明半径为 r 的球体内的压力比球体外高，压差与界面张力成正比，与 r 成反比。若界面是凹面，则凹面内的压力比外面低。

　　[例 9.2]　在外界压力 $p_a = 101325\,\text{Pa}$，$t = 100\,^{\circ}\text{C}$ 下，水的饱和蒸汽压 $p^S = 101325\,\text{Pa}$，界面张力 $\sigma = 58.85 \times 10^{-3}\,\text{N} \cdot \text{m}^{-1}$，若此时产生的气泡半径 $r = 1 \times 10^{-8}\,\text{m}$，问气泡能否逸出？

　　解： 由式(9-26)可得

$$\frac{2\sigma}{r} = \frac{2 \times 58.85 \times 10^{-3}}{1 \times 10^{-8}} = 117.7 \times 10^{5}\,(\text{Pa})$$

则 $p = p_a + \dfrac{2\sigma}{r} = 101325 + 117.7 \times 10^5 = 118.7 \times 10^5 (\text{Pa})$，由于 $p^S < p$，所以 100 ℃时该尺寸的气泡不能逸出。

若将温度提升到 276 ℃，此时水的饱和蒸汽压 $p^S = 60.49 \times 10^6 \, \text{Pa}$，界面张力 $\sigma = 28.8 \times 10^{-3} \, \text{N} \cdot \text{m}^{-1}$，同理计算得

$$\frac{2\sigma}{r} = \frac{2 \times 28.8 \times 10^{-3}}{1 \times 10^{-8}} = 57.6 \times 10^5 (\text{Pa})$$

$$p = p_a + \frac{2\sigma}{r} = 101325 + 57.6 \times 10^5 = 58.6 \times 10^5 (\text{Pa})$$

由于 $p^S > p$，所以 276 ℃时该尺寸的气泡能逸出。

拉普拉斯方程表明弯曲液面将产生另外的附加压力。正是由于该附加压力的存在，将导致微小液滴的饱和蒸气压与平面液体有所差别，两者间的差别可采用开尔文(Kelvin)方程来表示

$$\ln \frac{p_r}{p^S} = \frac{2\sigma M}{RT\rho r} \tag{9-27}$$

式中，p_r 为密度 ρ、半径 r、相对分子质量 M 的微小液滴在温度 T 时的饱和蒸气压。同时，该式表明液滴半径越小，与之平衡的蒸气压力越大。对于平面液体，$r \rightarrow \infty$，此时 p_r 等于平面液体的饱和蒸气压 p^S，即通常所说的饱和蒸气压。如果液滴的曲面是凹面，则液体的饱和蒸气压将下降，式(9-27)仍然适用，但必须在该式右边加上负号。除液滴外，固体或气体的微小颗粒(晶粒或气泡)界面也具有相同的特点。

将一半径为 r 的毛细管插入到密度为 ρ_1 的液体中，若液体能很好润湿毛细管壁，管内的液面呈凹面。由拉普拉斯方程可知，凹液面下方液相压力比同样高度的平面液体中的压力低，故液体将被压入毛细管内，直到管内上升液柱产生的静压 $(\rho_1 - \rho_g)gh$ 与凹液面两侧压力差 Δp 相等为止，这就是毛细管上升现象，其中上升高度 h 为

$$h = \frac{2\sigma \cos \theta}{(\rho_1 - \rho_g)gr} \tag{9-28}$$

式中，ρ_g 为液体上方的气体密度，θ 为接触角。若液体不润湿管壁 $(\theta > 90°)$，则液体将在毛细管中下降，下降深度 h 可同样用式(9-28)来计算。

如果液体能在固体毛细管的表面上很好地润湿，则毛细管内液面应呈凹面，按开尔文方程式，其饱和蒸气压 p_r^S 将低于同温度下平面液体的饱和蒸气压 p^S，因此对于平面液体尚未达到饱和的蒸气，对毛细管内呈凹面的液体可能已经达到饱和。这时，蒸气在吸附剂的毛细孔隙中可凝结为液体，这种现象称为毛细管凝结现象。对于给定的蒸气压 p_i^S，可按开尔文方程算出使此蒸气开始凝结的毛细管半径 r_i（假设接触角为零，液面的半径就等于毛细管半径）。显然，凡是半径小于 r_i 的微孔，蒸气都可在其中进行凝结。

9.1.5　界面化学位

前面已导出界面吉布斯函数 $G^{(\sigma)} = \sigma A_s + \sum\limits_i \mu_i^{(\sigma)} n_i^{(\sigma)}$，其中的界面积可表达为

$$A_s = \sum_i n_i^{(\sigma)} \overline{A_{s,i}} \tag{9-29}$$

式中，$\overline{A_{s,i}}$ 为组分 i 的偏摩尔界面面积，其定义为

$$\overline{A_{s,i}} = \left(\frac{\partial A_s}{\partial n_i^{(\sigma)}}\right)_{T,p,n_{j[i]}} \tag{9-30}$$

将上式代入 $G^{(\sigma)} = \sigma A_s + \sum_i \mu_i^{(\sigma)} n_i^{(\sigma)}$，有

$$G^{(\sigma)} = \sum_i (\mu_i^{(\sigma)} + \sigma \overline{A_{s,i}}) n_i^{(\sigma)} \tag{9-31}$$

定义界面化学位 ξ_i 为

$$\xi_i = \mu_i^{(\sigma)} + \sigma \overline{A_{s,i}} \tag{9-32}$$

很明显，式(9-32)中 $\mu_i^{(\sigma)}$ 和 ξ_i 两个量的物理意义不同，前者是界面相中组分 i 的化学位；后者是界面相中组分 i 的界面化学位，包含了广义力 σ 的贡献，且有 $G^{(\sigma)} = \sum n_i^{(\sigma)} \xi_i$。

对于界面相中组分 i 的活度 $\hat{a}_i^{(\sigma)}$ 和活度系数 $\gamma_i^{(\sigma)}$，定义如下：

$$\xi_i = \xi_i^{\ominus} + RT\ln\hat{a}_i^{(\sigma)} = \xi_i^{\ominus} + RT\ln(x_i^{(\sigma)}\gamma_i^{(\sigma)}) \tag{9-33}$$

式中，$\xi_i^{\ominus}$ 为活度标准状态下组分 i 的界面化学位，有多种选择。按(9-32)，$\xi_i^{\ominus}$ 可表示为

$$\xi_i^{\ominus} = \mu_i^{\ominus(\sigma)} + \sigma^{\ominus} \overline{A_{s,i}^{\ominus}} \tag{9-34}$$

式中，$\mu_i^{\ominus(\sigma)}$，$\sigma^{\ominus}$ 和 $\overline{A_{s,i}^{\ominus}}$ 分别为活度标准状态下界面相中组分 i 的化学位、界面张力和偏摩尔界面面积。如选择系统温度压力下的纯组分 i 为活度的标准态，则 $\mu_i^{\ominus(\sigma)}$，$\sigma^{\ominus}$ 和 $\overline{A_{s,i}^{\ominus}}$ 分别等于界面相中纯组分 i 的化学位 $\mu_i^{(\sigma)}$、界面张力 σ_i 和摩尔界面面积 $A_{sm,i}$。

尽管式(9-32)定义了界面化学位 ξ_i，但平衡判据依然是 $\mu_i^{(\alpha)} = \mu_i^{(\beta)} = \mu_i^{(\sigma)}$，结合式(9-32)、式(9-33)和式(9-34)则有

$$\mu_i^{(\sigma)} = \mu_i^{\ominus(\sigma)} + RT\ln(x_i^{(\sigma)}\gamma_i^{(\sigma)}) + \sigma^{\ominus}\overline{A_{s,i}^{\ominus}} - \sigma\overline{A_{s,i}} \tag{9-35}$$

式(9-35)将界面相中组分 i 的化学位与界面相的其他性质联系起来了，这对采用活度系数法计算界面相的各种热力学性质是很有用的。

9.1.6　吸附现象的热力学普遍关系式和相律

从热力学角度，吸附可作为一种特殊形式的相平衡来研究，其目的是建立吸附平衡时联系各强度性质的普遍关系式：

$$f(T, p, \sigma, x^{(\alpha)}, x^{(\beta)}, \Gamma, \cdots) = 0 \tag{9-36}$$

f 是某函数向量，可以只含一个方程，也可以是一列方程组，它代表了在吸附平衡时，温度、压力、界面张力、各体相浓度以及界面吸附量之间的普遍依赖关系。但在解决一个具体问题时，必须先确定独立变量数 F。对于需考虑界面相影响的系统，相律为

$$F = K - \pi + 3 - R - R' \tag{9-37}$$

式中,将 2 改为 3 是因为多了一个强度性质,即界面张力。与一般相平衡计算一样,仅输入独立变量,由式(9-36)并不能得到所需的从属变量,此时必须同时输入一些能表征系统特征的性质,如实验数据和模型,其中模型可以是界面状态方程、界面过量函数或是吸附等温式等。

9.2 溶液界面吸附过程

溶液界面的吸附过程在实际生产和生活中有许多应用,例如:表面活性剂在气液和液液界面的强烈吸附所形成的单分子层,使得泡沫和乳状液得以稳定存在或被破坏。本节将对溶液界面吸附量与溶液界面张力、溶液体相浓度关系进行进一步的讨论。

9.2.1 吉布斯吸附等温式

在温度和压力不变的情况下,由式(9-15),界面相吉布斯-杜安方程为

$$A_s \mathrm{d}\sigma + \sum_i n_i^{(\sigma)} \mathrm{d}\mu_i^{(\sigma)} = 0 \tag{9-38}$$

两边同除以 A_s,得

$$-\mathrm{d}\sigma = \sum_i \frac{n_i^{(\sigma)}}{A_s} \mathrm{d}\mu_i^{(\sigma)} = \sum_i \Gamma_i \mathrm{d}\mu_i^{(\sigma)} \tag{9-39}$$

这就是吉布斯吸附公式的原型,实际上也是界面相的吉布斯-杜安方程。如采用吉布斯相界面方法,式(9-39)可进一步改写为

$$-\mathrm{d}\sigma = \sum_i \Gamma_i^{(1)} \mathrm{d}\mu_i^{(\sigma)} \tag{9-40}$$

对于二元系,则有

$$-\mathrm{d}\sigma = \Gamma_2^{(1)} \mathrm{d}\mu_2^{(\sigma)} \tag{9-41}$$

达到吸附平衡时,$\mu_i^{(\sigma)} = \mu_i^{(\alpha)} = \mu_i^{(\beta)}$。等 T 条件下,将 $\mu_2^{(\sigma)} = \mu_2^{(\alpha)} = \mu_2^{\ominus} + RT \ln \hat{a}_2^{(\alpha)}$ 代入并略去表示体相的上标 α,可得

$$\Gamma_2^{(1)} = -\frac{1}{RT} \left(\frac{\mathrm{d}\sigma}{\mathrm{d}\ln \hat{a}_2} \right)_T \tag{9-42}$$

若用浓度代替活度,则

$$\Gamma_2^{(1)} = -\frac{c_2}{RT} \left(\frac{\mathrm{d}\sigma}{\mathrm{d}c_2} \right)_T \tag{9-43}$$

式(9-40)~式(9-43)统称为吉布斯吸附公式,它表达了单位面积过剩量(吸附量)与温度、体相浓度以及界面张力随体相浓度的变化率之间的普遍关系。

[例 9.3] 25 ℃下,乙醇水溶液的界面张力与浓度 $c_2(\mathrm{mol \cdot L^{-1}})$ 的关系为 $\sigma = 72 - 0.5c_2 + 0.2c_2^2$,计算浓度为 $0.5\ \mathrm{mol \cdot L^{-1}}$ 时乙醇的界面过剩量($\mathrm{mol \cdot cm^{-2}}$)。

解：根据已知条件得

$$\frac{d\sigma}{dc_2}\Big|_{c_2=0.5}=(-0.5+0.4c_2)\big|_{c_2=0.5}=-0.5+0.4\times0.5=-0.3$$

将其代入式(9-43)，得

$$\Gamma_2^{(1)}=-\frac{c_2}{RT}\left(\frac{d\sigma}{dc_2}\right)_T=-\frac{0.5}{8.314\times10^7\times298.15}\times(-0.3)=6\times10^{-12}(\text{mol}\cdot\text{cm}^{-2})$$

吉布斯吸附公式在推导时未做特别限制，因此除适用于气液界面外，对气固、液固、液液等界面原则上也可使用。

9.2.2　溶液的界面张力

由式(9-43)可知，当通过实验测定或建立模型，得到一定温度下 σ 随 c_2 变化的关系，就能计算出 $\Gamma_2^{(1)}$；反之，如由实验或建立模型，得到一定温度下 $\Gamma_2^{(1)}$ 随 c_2 变化的关系，则能推测 σ。对于溶液，关键是实验测定 σ 与 c_2 的关系或建立 σ 与 c_2 的数学模型。

溶液的界面张力不但与溶剂有关，而且与溶质性质和浓度有关。在一定温度下，溶液界面张力随液相浓度变化关系可归纳为三种不同类型的曲线，如图 9-2 所示。第一种是无机盐水溶液的 σ-c_2，如曲线 A，其界面张力随浓度增加而上升。按式(9-43)，说明无机盐在界面为负吸附。第二种主要是醇、醛、酮、羧酸、酯等有机物所形成水溶液的 σ-c_2 关系，如曲线 B 所示，它们的界面张力随浓度增加而逐步降低。最后一种是表面活性剂水溶液的 σ-c_2 关系，如曲线 C 所示，它们的界面张力在浓度很低时急剧下降，很快达到最低点，此后 σ 的变化趋于平缓。后两种物质在界面上是正吸附。上述曲线统称为界面张力等温线。

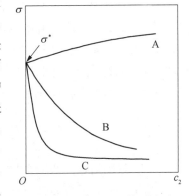

A—无机盐水溶液；B—有机物与水的混合物；C—表面活性剂水溶液。

图 9-2　等温下水溶液 σ 与浓度 c_2 的关系

对于二元系统，在稀溶液范围内，气液界面张力与体相浓度间一般存在如下的线性关系：

$$\sigma=\sigma^*+kc_2 \tag{9-44}$$

在浓度较大时，气液界面张力与体相浓度间的关系可表示成

$$\sigma^*-\sigma=A+B\ln c_2 \tag{9-45}$$

式(9-44)、式(9-45)中，k，A 和 B 都是经验常数。

溶液的界面张力是重要的物性，除了用上述经验式计算外，还可以使用一定的模型关联和预测二元或多元溶液的气液界面张力。吸附平衡和一般的相平衡并无原则上的区别，因此，前面介绍的活度系数和状态方程计算相平衡的原理也同样适用于吸附平衡的计算。

9.2.2.1　活度系数法计算二元或多元溶液的气液界面张力

如选择系统温度、压力下的纯组分 i 为活度的标准态，则式(9-35)表示的界面相中组

分 i 的化学位可写成

$$\mu_i^{(\sigma)} = \mu_i^{*(\sigma)} + RT\ln(x_i^{(\sigma)}\gamma_i^{(\sigma)}) + \sigma_i^* A_{\mathrm{sm},i}^* - \sigma\overline{A_{\mathrm{s},i}} \qquad (9-46)$$

当达到平衡时，$\mu_i^{(\sigma)} = \mu_i^{(\mathrm{L})} = \mu_i^{*(\mathrm{L})} + RT\ln(x_i^{(\mathrm{L})}\gamma_i^{(\mathrm{L})})$，并且，$\mu_i^{*(\sigma)} = \mu_i^{*(\mathrm{L})}$，将这些式子代入式(9-46)简化后

$$\sigma = \sigma_i^* \frac{A_{\mathrm{sm},i}^*}{A_{\mathrm{s},i}} + \frac{RT}{A_{\mathrm{s},i}}\ln\frac{x_i^{(\sigma)}\gamma_i^{(\sigma)}}{x_i^{(\mathrm{L})}\gamma_i^{(\mathrm{L})}} \quad (i=1,2,\cdots,N) \qquad (9-47)$$

这就是 Butler 方程。此式说明，只要知道界面相的组成和活度系数，就可以由纯组分的界面张力 σ_i^* 计算一定液相组成时的界面张力 σ。4.9 节中介绍的活度系数模型如威尔逊、NRTL、UNIQUAC 等均可直接用于计算界面相和液相中组分 i 的活度系数。

假设组分 i 的偏摩尔界面面积 $\overline{A_{\mathrm{s},i}}$ 等于组分 i 的摩尔界面面积 $A_{\mathrm{sm},i}^*$，则式(9-47)可简化为

$$\sigma = \sigma_i^* + \frac{RT}{A_{\mathrm{sm},i}^*}\ln\frac{x_i^{(\sigma)}\gamma_i^{(\sigma)}}{x_i^{(\mathrm{L})}\gamma_i^{(\mathrm{L})}} \qquad (9-48)$$

对于纯组分 i 的摩尔界面面积 $A_{\mathrm{sm},i}^*$，可假设界面相为单分子层，然后利用液相体积估算，$A_{\mathrm{sm},i}^* = V_{\mathrm{m},i}^{*2/3}N_{\mathrm{A}}^{1/3}$，其中 N_{A} 为阿伏加德罗常数。当 T，p 和液相组成 $x_i^{(\mathrm{L})}$ 一定时，活度系数仅决定于组成。对于二元系，式(9-48)可列出两个方程，可同时求出混合物的界面张力 σ 和界面组成 $x_1^{(\sigma)}$，计算时须采用迭代法，基本步骤如下。

(1) 给出混合物界面张力 σ 和界面相组成 $x_i^{(\sigma)}$ 的初值

$$\sigma = \sum_i x_i^{(\mathrm{L})}\sigma_i^*，\quad x_i^{(\sigma)} = x_i^{(\mathrm{L})}\exp\frac{A_{\mathrm{sm},i}^*(\sigma-\sigma_i^*)}{RT}$$

(2) 采用给定的活度系数模型分别计算体相和界面相的活度系数 $\gamma_i^{(\mathrm{L})}$ 与 $\gamma_i^{(\sigma)}$；

(3) 计算新的界面张力和组成

$$\sigma = \frac{1}{N}\sum_i\left(\sigma_i^* + \frac{RT}{A_{\mathrm{sm},i}^*}\ln\frac{x_i^{(\sigma)}\gamma_i^{(\sigma)}}{x_i^{(\mathrm{L})}\gamma_i^{(\mathrm{L})}}\right)$$

$$x_i^{(\sigma)} = \frac{x_i^{(\mathrm{L})}\gamma_i^{(\mathrm{L})}}{\gamma_i^{(\sigma)}}\exp\frac{(\sigma-\sigma_i^*)A_{\mathrm{sm},i}^*}{RT}$$

(4) 对界面相摩尔组成求和，$\mathrm{SUM} = \sum_i x_i^{(\sigma)}$

判断是否满足 $|\mathrm{SUM}| \leqslant 10^{-5}$，若满足，则结束计算，输出结果；否则让 $x_i^{(\sigma)} = x_i^{(\sigma)}/\mathrm{SUM}$，重新回到步骤(2)计算，直至满足计算要求为止。

9.2.2.2 状态方程法计算二元或多元溶液的气液界面张力

体相和界面相的非理想性除了用活度系数表征外，也可用逸度系数描述，后者可用状态方程方便地计算。根据活度是相对逸度 $\hat{a}_i = \hat{f}_i/f_i^{\ominus}$ 的定义，式(9-48)可写成

$$\sigma = \sigma_i^* + \frac{RT}{A_{\mathrm{sm},i}^*}\ln\frac{\hat{f}_i^{(\sigma)}/f_i^{*(\sigma)}}{\hat{f}_i^{(\mathrm{L})}/f_i^{\ominus(\mathrm{L})}} \qquad (9-49)$$

式中，$\hat{f}_i^{(\sigma)}$ 和 $f_i^{*(\sigma)}$ 是界面相中组分 i 和纯组分 i 的逸度；$\hat{f}_i^{(L)}$ 和 $f_i^{\ominus(L)}$ 是体相中组分 i 和纯组分 i 的逸度。引入逸度系数，则上式进一步写成

$$\sigma = \sigma_i^* + \frac{RT}{A_{sm,i}^*}\ln\frac{p^{(\sigma)}\hat{\varphi}_i^{(\sigma)}x_i^{(\sigma)}/p_i^{*(\sigma)}\varphi_i^{(\sigma)}}{p^{(L)}\hat{\varphi}_i^{(L)}x_i^{(L)}/p_i^{\ominus(L)}\varphi_i^{(L)}} \quad (9-50)$$

式中，$p^{(\sigma)}$，$\hat{\varphi}_i^{(\sigma)}$，$p^{(L)}$，$\hat{\varphi}_i^{(L)}$ 分别为界面相和体相的压力和分逸度系数；$p_i^{*(\sigma)}$，$p_i^{\ominus(L)}$，$\varphi_i^{(\sigma)}$，$\varphi_i^{(L)}$ 分别为纯组分 i 的界面相和体相的压力和逸度系数。若将气液界面近似考虑为平的界面，则 $p^{(\sigma)}=p^{(L)}$，$p_i^{*(\sigma)}=p_i^{\ominus(L)}$，$\varphi_i^{(\sigma)}=\varphi_i^{(L)}$，但因界面相和体相组成存在差别，$\hat{\varphi}_i^{(\sigma)}$ 与 $\hat{\varphi}_i^{(L)}$ 不相等。因此，式(9-50)变为

$$\sigma = \sigma_i^* + \frac{RT}{A_{sm,i}^*}\ln\frac{\hat{\varphi}_i^{(\sigma)}x_i^{(\sigma)}}{\hat{\varphi}_i^{(L)}x_i^{(L)}} \quad (9-51)$$

当系统的 T，p 和体相组成 $x_i^{(L)}$ 一定时，逸度系数仅取决于组成并可用状态方程(如 PR 方程)计算。对于二元系，式(9-51)可列出两个方程，可同时求出混合物的界面张力 σ 和界面组成 $x_1^{(\sigma)}$，计算时需采用迭代法，基本步骤与活度系数法相同。

9.2.3 溶液界面吸附等温线和吸附等温式

一定温度下，单位界面吸附量随体相浓度(或分压)的变化曲线称为吸附等温线，对应的数学表达式则称为吸附等温式。吸附等温线可根据实验直接测定。对于溶液界面吸附等温线，可先在一定温度下测定溶液在不同浓度下的界面张力，作 σ-c 曲线(见图 9-3)；然后根据 σ-c 曲线求出各浓度点处曲线的斜率 $\dfrac{\mathrm{d}\sigma}{\mathrm{d}c}$，代入吉布斯吸附公式(9-43)计算出该浓度下的吸附量 $\Gamma_2^{(1)}$；最后将吸附量对浓度作图即得吸附等温线(见图 9-4)。

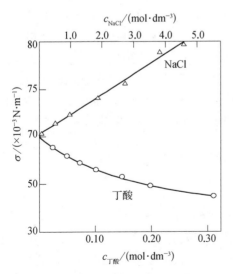

图 9-3 丁酸水溶液和 NaCl 水溶液的气液
界面张力随液相组成的变化

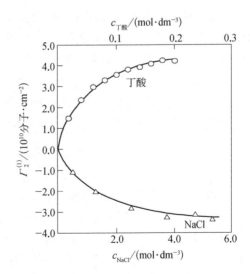

图 9-4 丁酸水溶液和 NaCl 水溶液
的吸附等温线

如果有界面张力与浓度的关系，则可直接得到吸附等温式。当溶液浓度很低时，界面张力与浓度的关系符合式(9-44)，则

$$\frac{\mathrm{d}\sigma}{\mathrm{d}c_2}=k \tag{9-52}$$

代入式(9-43),有

$$\varGamma_2^{(1)}=-\frac{k}{RT}c_2 \tag{9-53}$$

这就是二元溶液在浓度较低时的吸附等温式。

9.2.4 溶液界面吸附层状态方程

根据式(9-2)的定义并结合式(9-44)可知,对于非常稀的溶液,界面压与溶液浓度成正比,即

$$\pi=\sigma^*-\sigma=-kc_2 \tag{9-54}$$

对浓度求导有 $\dfrac{\mathrm{d}\sigma}{\mathrm{d}c_2}=k=-\dfrac{\pi}{c_2}$,代入吉布斯吸附公式(9-43),有

$$\varGamma_2^{(1)}=-\frac{c_2}{RT}\frac{\mathrm{d}\sigma}{\mathrm{d}c_2}=\frac{\pi}{RT} \tag{9-55}$$

如略去吸附量的上下标,则式(9-55)变为

$$\pi=\varGamma RT \tag{9-56}$$

式中,$\varGamma$ 是单位界面上吸附的溶质的摩尔量。根据式(9-16),上式又可改写为

$$\pi A_{sm}=RT \tag{9-57}$$

这就是溶液界面层吸附状态方程。该式与理想气体状态方程 $pV=RT$ 极为相似,只是用界面压 π 代替了气体的压力 p,用摩尔界面面积 A_{sm} 代替了气体的摩尔体积 V。这说明稀溶液中溶质在界面层的运动状态和理想气体类似,不同之处仅在于理想气体分子运动于三维空间,而界面层分子运动于二维平面。因此式(9-57)又称为二维理想气体状态方程。

和三维流体一样,可通过半经验半理论的方法或者统计力学的方法推导出二维流体的状态方程(界面吸附层状态方程)。如考虑界面层分子的吸引和排斥作用,则吸附层状态方程为

$$\left(\pi+\frac{a}{A_{sm}^2}\right)(A_{sm}-b)=RT \tag{9-58}$$

式(9-58)可称为二维范德瓦耳斯状态方程。

一旦建立了界面层吸附状态方程,就可得到相应的吸附等温式。

[例9.4] 将某种蛋白质在 20℃ 下溶于水,使界面张力下降 $2.8\times10^{-2}\,\mathrm{mN\cdot m^{-1}}$,已知界面上的蛋白质单分子膜含蛋白质 $7.5\times10^{-6}\,\mathrm{g\cdot m^{-2}}$。试求该蛋白质的相对分子质量。

解:因蛋白质分子膜很薄,可近似为理想气体膜。采用式(9-57)进行计算。摩尔吸附面积为

$$A_{sm}=\frac{A_s}{n^{(\sigma)}}=\frac{MA_s}{m}$$

式中，A_s 为相界面面积，m 为实际吸附量，M 为蛋白质的摩尔质量，则有

$$M = \frac{RT}{\pi}\frac{m}{A_s} = \frac{8.314 \times 293.15}{2.8 \times 10^{-2} \times 10^{-3}} \times 7.5 \times 10^{-6} = 653(\text{g} \cdot \text{mol}^{-1})$$

即该蛋白质的相对分子质量为 653。

9.3　气固界面吸附过程

由于固体界面难以收缩，只能通过降低界面张力来降低界面能，这就是固体界面产生吸附作用的根本原因。固体吸附一般分为物理吸附和化学吸附两种类型。物理吸附是分子间力作用的结果，它相当于气体分子在固体表面上凝聚，常用于脱水、脱气、气体净化与分离等。化学吸附实质上是一种化学反应，它是发生多相催化反应的前提，在许多学科中具有广泛的应用。

对于气固吸附，由于气相密度与界面层密度（近似于液体）相差很大，气相与界面层分界线位置对吸附量的确定并不敏感，通常可直接使用单位界面吸附量 Γ_i。为了方便，还常用被吸附气体在标准状况下的体积 $V(\text{STP})$ 来代替 $n_i^{(\sigma)}$。此外，也可用吸附剂的质量 m 来代替界面面积 A_s，表达式可分别写成

$$\Gamma_i = n_i^{(\sigma)}/A_s, \quad \Gamma_i = V(i, \text{STP})/A_s \tag{9-59}$$

$$\Gamma_i = n_i^{(\sigma)}/m, \quad \Gamma_i = V(i, \text{STP})/m \tag{9-60}$$

在表达吸附量变化时，常使用覆盖率，符号为 θ，定义为

$$\theta = \Gamma/\Gamma_\infty \tag{9-61}$$

式中，Γ_∞ 是覆盖单分子层时的吸附量。θ 可能大于 1，表明可能有多层吸附。

9.3.1　气固吸附曲线

吸附平衡计算的关键问题是建立类似于式(9-36)的关系，但对气固界面的界面张力通常难以准确测定，而且体相也只用一个气相。因此，对气固吸附平衡，式(9-36)可简化为

$$f(T, p, y^{(G)}, \Gamma) = 0 \quad \text{或} \quad \Gamma = \Gamma(T, p, y^{(G)}) \tag{9-62}$$

即建立吸附量与温度、压力和气相组成间的普遍关系式。

如果为纯气体，则吸附曲线 $\Gamma = \Gamma(T, p)$ 主要反映固体吸附气体时，吸附量与温度、压力的关系。吸附曲线通常有三种表示方法：一定温度下的 $\Gamma\text{-}p$ 曲线，即吸附等温线（图9-5）；一定压力下的 $\Gamma\text{-}T$ 曲线，即吸附等压线（图9-6）；吸附量恒定下的 $p\text{-}T$ 曲线，即吸附等量线（图9-7）。三类吸附曲线彼此相关，其中任意一类曲线都可以用来描述吸附作用规律。实际工作中使用

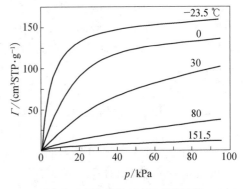

图 9 - 5　氨在炭上的吸附等温线

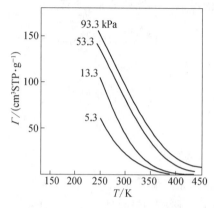

图 9 - 6　氨在炭上的吸附等压线

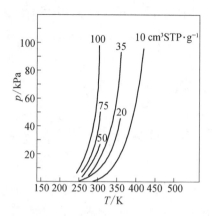

图 9 - 7　氨在炭上的吸附等量线

最多的是吸附等温线。

常见的吸附等温线可分为五种基本类型,见图 9 - 8。图中纵坐标是吸附量,用单位质量吸附剂(固体)上吸附气体体积(标准状态)表示;横坐标是相对压力 p/p^s,p^s 是气体在吸附温度时的饱和蒸气压,p 是吸附平衡时气体的压力。

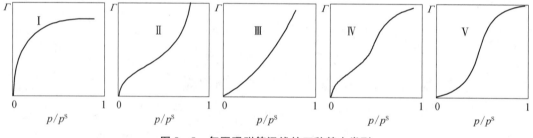

图 9 - 8　气固吸附等温线的五种基本类型

图中的类型Ⅰ为朗缪尔(Langmuir)型,一般属于单分子层吸附,化学吸附多属此类型。对于物理吸附,如具有孔径为 2～3 nm 以下微孔的吸附剂,在较低的相对压力下也可以发生多层吸附与毛细管凝结现象,致使吸附量随着相对压力的增加而剧增,以后由于微孔很快被填满,吸附呈现饱和状态,从而表现为类型Ⅰ。类型Ⅱ吸附剂一般具有孔径为 5 nm 以上的微孔,随相对压力的增加,将依次发生单分子层吸附、多分子层吸附和毛细管凝结现象。由于其微孔孔径并无上限,所以吸附量随压力升高急剧增加。类型Ⅳ吸附剂微孔孔径在 2～20 nm 之间,在相对压力接近于 1 时,因大孔已被填满而使吸附量呈饱和状态。类型Ⅲ和类型Ⅴ的吸附剂与吸附质之间的吸附力较弱,因而起始的吸附量很小,当相对压力增高后,发生多分子层吸附与毛细管凝结现象,导致曲线上凹。从吸附等温线可理解吸附剂和吸附质之间相互作用强弱、吸附剂表面性质以及孔大小、形状和孔径分布等信息。

9.3.2　气固吸附的等温式

气固吸附等温式既可从界面状态方程出发建立,也可依据一定的理论基础推导得到。一旦建立了气固吸附等温方程的解析式,再结合有限的实验数据,就可用于纯物质吸附计算以及混合物吸附量和界面相组成的计算。

从界面状态方程出发建立气固吸附等温式的基本步骤是：选择合适的界面状态方程式，它是温度 T、界面面积 A_s 和界面组成 $x_i^{(\sigma)}$ 的函数，然后将其代入吉布斯吸附等温式，并将界面压 π 消去，则可得到吸附等温式。以式(9-57)为例，此时界面状态方程为 $\pi A_{sm} = RT$，表明被吸附的气体在固体表面上形成二维理想气体膜。微分 $\pi A_{sm} = RT$，有

$$A_{sm}\mathrm{d}\pi = -RT\mathrm{d}\ln A_{sm} \qquad (9-63)$$

根据界面压定义 $\pi = \sigma^* - \sigma$，并假设气相为纯气体，则吉布斯吸附公式(9-41)可表示为

$$\mathrm{d}\pi = -\mathrm{d}\sigma = \Gamma\mathrm{d}\mu^{(\sigma)} = \Gamma\mathrm{d}\mu^{(G)} \qquad (9-64)$$

将逸度 $\mu^{(G)} = \mu^{\ominus}(g) + RT\ln\dfrac{f^{(G)}}{p^{\ominus}}$ 代入上式可得

$$\mathrm{d}\pi = RT\Gamma\mathrm{d}\ln\frac{f^{(G)}}{p^{\ominus}} \qquad (9-65)$$

式中，$f^{(G)}$ 是气相，即体相逸度；$p^{\ominus}$ 为标准态时的压力。考虑到 $A_{sm} = 1/\Gamma$ [式(9-16)]和 $\theta = \Gamma/\Gamma_{\infty}$ [式(9-61)]，联立式(9-63)和式(9-65)得

$$\mathrm{d}\ln\theta = \mathrm{d}\ln\frac{f^{(G)}}{p^{\ominus}} \qquad (9-66)$$

积分上式，并注意积分下限 $f^{(G)} \to 0$，$\theta \to 0$，有

$$\theta = kf^{(G)} \quad \text{或} \quad f^{(G)} = K_H^{(\sigma)}\theta \qquad (9-67)$$

如果压力很低，$f^{(G)} = p$，则有

$$\theta = kp \quad \text{或} \quad p = k_H^{(\sigma)}\theta \qquad (9-68)$$

式(9-67)和式(9-68)称气体吸附的亨利定律或亨利吸附等温式。其中 $K_H^{(\sigma)} = 1/k$ 是界面相的亨利系数。各种吸附等温式在压力或浓度趋于零时，都应符合气体吸附的亨利定律。

除上述理想的二维状态方程外，还可采用其他范德瓦耳斯型、位力型的二维状态方程来导出相应的吸附等温式。这些方程列于表9-1中。它们不仅可用于固体表面，也可用于液体表面。

表 9-1　界面状态方程及相应的吸附等温式

界面状态方程	相应的吸附等温式
$\pi A_{sm} = RT$	$\ln(kp) = \ln\theta$
$\pi(A_{sm} - b) = RT$	$\ln(kp) = \theta/(1-\theta) + \ln[\theta/(1-\theta)]$
$(\pi + a/A_{sm}^2)(A_{sm} - b) = RT$	$\ln(kp) = \theta/(1-\theta) + \ln[\theta/(1-\theta)] - c\theta$
$(\pi + a/A_{sm}^3)(A_{sm} - b) = RT$	$\ln(kp) = \theta/(1-\theta) + \ln[\theta/(1-\theta)] - c\theta^2$
$(\pi + a/A_{sm}^3)(A_{sm} - b/A_{sm}) = RT$	$\ln(kp) = 1/(1-\theta) + \dfrac{1}{2}\ln[\theta/(1-\theta)] - c\theta,\ c = 2a/bRT$
$\pi A_{sm} = RT + \alpha\pi - \beta\pi^2$	$\ln(kp) = \phi^2/2\omega + (\phi+1)[(\phi-1)^2 + 2\omega]^{1/2}/2\omega - \ln\{(\phi-1) + [(\phi-1)^2 + 2\omega]^{1/2}\}$ $\phi = 1/\theta,\ \omega = 2\beta RT/\alpha^2$

下面介绍几个实用的吸附等温方程。

9.3.2.1　朗缪尔吸附等温式

$$\theta = \frac{\Gamma}{\Gamma_\infty} = \frac{bp}{1+bp} \qquad (9-69)$$

式中，b 是常数，只与温度有关；p 是吸附平衡的气相压力。朗缪尔吸附等温式适用于单分子层吸附。式(9-69)能较好说明图 9-8 所示类型 I 吸附。在低压时，bp 比 1 小得多，$1+bp \approx 1$，$\Gamma = \Gamma_\infty bp$，$\Gamma$ 与 p 成正比(符合亨利定律)。在高压时，bp 比 1 大得多，$1+bp \approx bp$，$\Gamma = \Gamma_\infty$，说明吸附剂表面已为单分子层的吸附质所覆盖。对于混合物的吸附，式(9-69)可推广为

$$\theta = \sum_i \theta_i = \sum_i \frac{b_i p_i}{1+\sum_i b_i p_i} \qquad (9-70)$$

对于两组分气体混合物的吸附，由式(9-70)可知，一种气体分压的增加将减少另一种气体的吸附。b 小的气体的存在对 b 大的气体的吸附影响不大，但 b 大的气体的存在可使 b 小的气体的吸附量大大降低。

9.3.2.2　弗罗因德利希(Freundlich)吸附等温式

$$\Gamma = kp^{1/n} \qquad (9-71)$$

式中，参数 k 可看作是单位压力时的吸附量，n 是经验参数，它们在一定温度下对指定的系统而言是常数。

9.3.2.3　BET 多分子层吸附等温式

$$\Gamma = \Gamma_\infty \frac{cp}{(p^S - p)[1+(c-1)p/p^S]} \qquad (9-72)$$

式中，c 为与首层吸附热和冷凝热有关的特性参数。将式(9-72)变换成

$$\frac{p}{\Gamma(p^S - p)} = \frac{1}{\Gamma_\infty c} + \frac{c-1}{\Gamma_\infty c}\frac{p}{p^S} \qquad (9-73)$$

以 $\dfrac{p}{\Gamma(p^S - p)}$ 对 p/p^S 作图，由截距和斜率可求得 c 和 Γ_∞。 BET 吸附等温式能较好地表达全部五种类型吸附等温线的中间部分，以 $p/p^S = 0.05 \sim 0.35$ 为最佳。

9.3.3　混合气体吸附平衡计算

混合气体吸附平衡的计算除采用式(9-70)近似计算外，也可采用严格的界面状态方程法和界面活度系数法计算。

9.3.3.1　界面状态方程法

气固吸附达到平衡时，组分 i 在界面相和体相中的分逸度应相等，即 $\hat{f}_i^{(\sigma)} = \hat{f}_i^{(G)}$。 根据

4.4.1 节内容和式(4-47)可知,界面相中 i 组分的分逸度也可定义为

$$\mu_i^{(\sigma)} = \mu_i^{\ominus}(g) + RT\ln\frac{\hat{f}_i^{(\sigma)}}{p^{\ominus}} \tag{9-74}$$

但这样的定义不便使用界面状态方程。这里,可使用 Hoory 等的方法来定义 i 组分的二维界面逸度:

$$\mu_i^{(\sigma)} = \mu_{i,\mathrm{HP}}^{\ominus(\sigma)} + RT\ln\frac{\hat{f}_{i,\mathrm{HP}}^{(\sigma)}}{\pi^{\ominus}} \tag{9-75}$$

式中,取服从亨利定律的界面为标准态,$\pi^{\ominus}$ 和 $\mu_{i,\mathrm{HP}}^{\ominus}$ 分别为标准状态下的界面压和组分 i 的化学位。$\hat{f}_{i,\mathrm{HP}}^{(\sigma)}$ 为二维界面逸度,其物理意义为有效的界面压。

因为 $\theta_i = \Gamma_i/\Gamma_{\infty,i}$,对纯组分有 $\Gamma_i = \Gamma = 1/A_{\mathrm{sm}}$,并且对应亨利定律的界面状态方程为 $\pi A_{\mathrm{sm}} = RT$,因此由式(9-67)知,$\hat{f}_i^{(G)} = K_{\mathrm{H},i}^{(\sigma)}\theta_i$,可得对应于标准状态时体相的分逸度为

$$\hat{f}_i^{(G)}\text{(标准状况)} = K_{\mathrm{H},i}^{(\sigma)}\frac{\Gamma_i}{\Gamma_{\infty,i}} = \frac{K_{\mathrm{H},i}^{(\sigma)}\pi^{\ominus}}{\Gamma_{\infty,i}RT} \tag{9-76}$$

相应的标准态下界面的化学位为

$$\mu_{i,\mathrm{HP}}^{\ominus(\sigma)} = \mu_i^{\ominus}(g) + RT\ln\frac{K_{\mathrm{H},i}^{(\sigma)}\pi^{\ominus}}{p^{\ominus}\Gamma_{\infty,i}RT} \tag{9-77}$$

将式(9-77)代入式(9-75)得

$$\mu_i^{(\sigma)} = \mu_i^{\ominus}(g) + RT\ln\frac{K_{\mathrm{H},i}^{(\sigma)}\hat{f}_{i,\mathrm{HP}}^{(\sigma)}}{p^{\ominus}\Gamma_{\infty,i}RT} \tag{9-78}$$

与式(9-74)比较可得出常规逸度与二维界面逸度之间的关系为

$$\hat{f}_i^{(\sigma)} = \frac{\hat{f}_{i,\mathrm{HP}}^{(\sigma)}K_{\mathrm{H},i}^{(\sigma)}}{\Gamma_{\infty,i}RT} \tag{9-79}$$

当达到吸附平衡时,相平衡关系式为

$$\hat{f}_i^{(G)} = \hat{f}_i^{(\sigma)} = \frac{\hat{f}_{i,\mathrm{HP}}^{(\sigma)}K_{\mathrm{H},i}^{(\sigma)}}{\Gamma_{\infty,i}RT} \tag{9-80}$$

利用式(9-80)可进行混合气体的吸附平衡计算。气相中 $\hat{f}_i^{(G)} = py_i\hat{\varphi}_i$,$\hat{\varphi}_i$ 可选用合适的状态方程,如式(2-12)等进行计算。$\hat{f}_{i,\mathrm{HP}}^{(\sigma)}$ 可参照 4.4.1 节混合物中组分的分逸度计算方法,通过下式计算得到

$$RT\ln\frac{\hat{f}_{i,\mathrm{HP}}^{(\sigma)}}{\pi x_i^{(\sigma)}} = \int_{A_s}^{\infty}\left[\left(\frac{\partial\pi}{\partial n_i^{(\sigma)}}\right)_{T,A_s,n_j} - \frac{RT}{A_s}\right]dA_s - RT\ln\frac{\pi A_{\mathrm{sm}}}{RT} \tag{9-81}$$

如采用范德瓦耳斯型界面状态方程

$$(\pi + a/A_{\mathrm{sm}}^2)(A_{\mathrm{sm}} - b) = RT \tag{9-82}$$

对于混合物,需采用混合规则计算方程中的 a,b:

$$a = \sum\sum x_i^{(\sigma)}x_j^{(\sigma)}a_{ij},\ a_{ij} = (a_{ii}a_{jj})^{1/2},\ b = \sum x_i^{(\sigma)}b_i \tag{9-83}$$

则由式(9-82)可得

$$\ln(\hat{f}_{i,\text{HP}}^{(\sigma)}/\pi^{\ominus}) = \ln\frac{x_i^{(\sigma)}RT}{\pi^{\ominus}(A_{\text{sm}}-b)} + \frac{b_i}{A_{\text{sm}}-b} - \frac{2\sum_j a_{ij}x_j^{(\sigma)}}{A_{\text{sm}}RT} \tag{9-84}$$

对于二组分系统,将式(9-84)代入式(9-80),可写出两个方程。在给定 T,p 和体相组成 y_1 的条件下,解方程组得 A_{sm} 和 $x_1^{(\sigma)}$,从而求得总吸附量 $n^{(\sigma)} = A_{\text{s}}/A_{\text{sm}}$,以及每一组分的吸附量 $n_i^{(\sigma)} = n^{(\sigma)}x_i^{(\sigma)}$ 或单位面积吸附量 $\Gamma_i = n_i^{(\sigma)}/A_{\text{s}}$。

在吸附平衡计算中,$\Gamma_{\infty,i}$ 为纯气体单分子层饱和吸附量,须独立测定。纯组分 $K_{\text{H},i}^{(\sigma)}$,$a_i$,$b_i$ 可由界面状态方程(9-82)所对应的吸附等温式求得。具体步骤如下。

(1) 将表9-1中第三行右边的吸附等温式重排得

$$\ln(p/p^{\ominus}) - \ln\frac{\theta}{1-\theta} - \frac{\theta}{1-\theta} = -\ln(k/p^{\ominus}) - \frac{2a}{bRT}\theta \tag{9-85}$$

(2) 利用纯物质的实验数据,将 $\ln(p/p^{\ominus}) - \ln\left(\dfrac{\theta}{1-\theta}\right) - \dfrac{\theta}{1-\theta}$ 对 θ 作图得一直线,据直线的斜率和截距求得 k 和 a/b 值。于是 $K_{\text{H}}^{(\sigma)} = 1/k$,结合 b 是每个分子的面积可进一步求得 a 和 b。

9.3.3.2　界面活度系数法

式(9-35)定义了界面化学位 $\mu_i^{(\sigma)} = \mu_i^{\ominus(\sigma)} + RT\ln(x_i^{(\sigma)}\gamma_i^{(\sigma)}) + \sigma^{\ominus}\overline{A_{\text{s},i}^{\ominus}} - \sigma\overline{A_{\text{s},i}}$,现为组分 i 定义一种特殊的活度标准态。这种标准状态的温度与混合物相同,且 $\sigma^{\ominus}\overline{A_{\text{s},i}^{\ominus}} = \sigma\overline{A_{\text{s},i}}$。如果 $\overline{A_{\text{s},i}^{\ominus}} = \overline{A_{\text{s},i}}$,则这种标准状态具有与混合物相同的界面张力 σ 或铺展压 $\pi = \sigma^* - \sigma$。则式(9-35)可写成

$$\mu_i^{(\sigma)} = \mu_i^{\ominus(\sigma)} + RT\ln(x_i^{(\sigma)}\gamma_i^{(\sigma)}) \tag{9-86}$$

此时,界面相中组分 i 的标准态的化学位为

$$\mu_i^{\ominus(\sigma)} = \mu_i^{\ominus}(\text{g}) + RT\ln\frac{f_i^{(\text{G})}(\pi)}{p^{\ominus}} \tag{9-87}$$

即标准态的化学位可用体相即气相中纯物质的逸度 $f_i^{(\text{G})}(\pi)$ 来表示,压力不高时用 $p_i^{(\text{G})}(\pi)$ 近似。(π) 表示当体相具有这一逸度或压力时,界面相具有与混合物相同的界面压 π。将式(9-87)代入式(9-86),并注意相平衡条件 $\mu_i^{(\sigma)} = \mu_i^{(\text{G})} = \mu_i^{\ominus} + RT\ln(py_i\hat{\varphi}_i/p^{\ominus})$,有

$$py_i\hat{\varphi}_i = f_i^{(\text{G})}(\pi)x_i^{(\sigma)}\gamma_i^{(\sigma)} \tag{9-88}$$

式(9-88)即为气体混合物吸附平衡计算的理论基础。其中,压力 p 和组成 y_i 可经实验测定;$\hat{\varphi}_i$ 可采用合适的状态方程计算,它是温度压力和气相组成的函数;界面相的活度系数 $\gamma_i^{(\sigma)}$ 应利用活度系数模型来计算,它是温度压力和界面相组成的函数。至于混合物铺展压 π 下的 $f_i^{*(\sigma)}(\pi)$ 的计算则有些烦琐。首先应确定混合物的铺展压 π,从式(9-39)出发有

$$d\pi = -d\sigma = \sum_i \frac{n_i^{(\sigma)}}{A_{\text{s}}}d\mu_i^{(\sigma)} = \sum_i \Gamma_i d\mu_i^{(\sigma)} = \sum_i \Gamma_i x_i^{(\sigma)}d\mu_i^{(\sigma)} = \frac{\sum_i x_i^{(\sigma)}d\mu_i^{(\sigma)}}{A_{\text{sm}}} \tag{9-89}$$

即

$$A_{sm}d\pi = \sum_i x_i^{(\sigma)}d\mu_i^{(\sigma)} = \sum_i x_i^{(\sigma)}d\mu_i^{(G)} = RT\sum_i x_i^{(\sigma)}d\ln\frac{py_i\hat{\varphi}_i}{p^\ominus} \qquad (9-90)$$

积分上式可得

$$\pi = \int d\pi = \int_{p^\ominus\to 0}^{py_1\hat{\varphi}_1}...\int_{p^\ominus\to 0}^{py_N\hat{\varphi}_N}\frac{RT}{A_{sm}}\sum_i x_i^{(\sigma)}d\ln\frac{py_i\hat{\varphi}_i}{p^\ominus} \qquad (9-91)$$

对于纯物质有

$$\pi = \int_{p^\ominus\to 0}^{p}\frac{RT}{A_{sm,i}}\sum_i d\ln\frac{p\varphi_i}{p^\ominus} \qquad (9-92)$$

如果对每种纯物质在温度 T 下能通过实验得出 $\Gamma = \Gamma(p)$ 等温线,并注意此时的 $\Gamma = 1/A_{sm,i}$,代入式(9-92)则可得到不同压力下 $\pi = \pi(p)$;或者利用吸附等温式也可得到 $\pi = \pi(p)$。读出混合物 π 下的 p,即为 $p_i^{(G)}(\pi)$。 T,p 下纯物质的 φ_i 可采用状态方程计算,则

$$f_i^{(G)}(\pi) = p_i^{(G)}(\pi)\varphi_i \qquad (9-93)$$

以压力不太高的二元混合物为例,此时,式(9-88)可简化为

$$py_i = p_i^{(G)}(\pi)x_i^{(\sigma)}\gamma_i^{(\sigma)} \qquad (9-94)$$

对于二元系,输入的独立变量是 p,T,y_1,式(9-94)可列出两个方程,加上式(9-91)一共有三个式子,可求出三个未知数,即 $x_1^{(\sigma)}$,π,A_{sm}。 前提是每种纯物质的 $\pi = \pi(p)$ 都能通过实验或吸附等温式得到,其中 $A_{sm} = \sum_i x_i^{(\sigma)}\overline{A_{s,i}} = \sum_i x_i^{(\sigma)}A_{sm,i}$。 计算需通过迭代法。

习　题

9.1　将半径为 R 的毛细管插在某液体中,如果液体能完全润湿毛细管,则毛细管中液体所成凹面的曲率半径 r 等于毛细管的半径 R。液体在毛细管中的上升高度 h 可利用 $h = \dfrac{2\sigma}{g\rho R}$ 计算。在 300 K 时,某液体的密度为 1000 kg·m⁻³,界面张力为 0.072 N·m⁻¹,现将直径为 1 μm 的毛细管插入到这种液体中,液体能完全润湿毛细管,试求:

(1) 防止液体不在毛细管中上升(始终保持毛细管中的液面与管外液面一样高),则需要在毛细管上方的管内施加多大压力? 已知当地重力加速度 g 为 9.8 m·s⁻²。

(2) 毛细管中凹面液体的饱和蒸气压 p_r^S 与同温度下平面液体饱和蒸气压 p^S 的比值 p_r^S/p^S。 已知该液体的摩尔质量 $M = 18.22\times 10^{-3}$ kg·mol⁻¹。

9.2　298 K 时,乙醇水溶液的界面张力与浓度 c 的关系为 $\sigma = 72\times 10^{-3} - 0.50\times 10^{-6}c + 0.20\times 10^{-9}c^2$,试计算浓度为 0.75 mol·dm⁻³ 时单位界面吸附量 $\Gamma_2^{(1)}$。

9.3　473 K 时研究 O_2 在某催化剂上的吸附作用,当气态 O_2 的平衡压力为 0.1 MPa 及 1 MPa 时,测得每克催化剂吸附 O_2 的量分别为 2.6 cm³ 及 4.5 cm³(STP)。 设吸附作用服从朗缪尔吸附等温式,计算当 O_2 的吸附量为饱和吸附量的一半时,相应的 O_2 的平衡压力。

9.4　在 77.2 K 时以 N_2 为吸附质,测得每克催化剂的吸附量(STP)与 N_2 平衡压力的关系如下表所示。

p / kPa	8.70	13.64	22.11	29.93	38.91
V/cm^3	115.6	126.3	150.7	166.4	184.4

试用 BET 吸附等温式求该催化剂的比表面积。已知 77.2 K 时 N_2 的饱和蒸气压为 99.10 kPa，N_2 分子所占面积为 0.162 nm^2。

9.5 如界面状态方程为 $\pi(A_{sm}-b)=RT$，试证明其相应吸附等温式为

$$\ln(kp) = \theta/(1-\theta) + \ln[\theta/(1-\theta)]$$

9.6 如选择威尔逊活度系数模型，试画出用界面状态方程法计算气固界面吸附的流程框图。

第 10 章

环境热力学概论

内容概要和学习方法

环境污染问题是困扰当今人们生存的重大问题。运用热力学相平衡理论来表述污染类的物质在水体、土壤、大气和生物体中的溶解、分配与传输富集是研究该类问题的基本方法和手段。

本章主要介绍环境化学所处理的对象和问题,以及对环境相等基本概念的表述,要求掌握采用分配系数法来表述环境物质在大气-水体、土壤-水体、水体-生物体、大气-土壤以及土壤-生物体中的分布情况;运用平衡分布模型和流动模型等表述环境物质在水体-生物体中浓缩、富集等的规律。

10.1 环境相及其特征

在人类文明发展到全球化水平的今天,面临着前所未有的全球性的灾难和生态危机,如全球变暖、生态失衡、能源短缺、环境污染、垃圾成灾、土地荒漠、淡水不足、森林锐减、物种灭绝等一系列的问题,这些迫使人们重新思考人与自然的关系,思考人类自身原有的思维方式、生产与消费方式、发展模式、意识形态、伦理观、发展观、价值观等深层次的问题。而解决这些问题的关键在于人们对于化学,尤其是环境化学知识的认识,以及如何采用热力学原理来解决这些问题。

总体而言,环境化学是以由化学物质(主要是污染物质)引起的环境问题为研究对象,研究其在环境介质,如大气(上、下大气层)、水体(江、河、湖、海)、土壤(通常指深约 15 cm 的范围)、生物体(植物、动物以及人体)等中的存在、化学特征、行为和效应,以及对其控制的化学原理和方法。环境化学将强调从化学的角度阐述和解释环境的结构、功能、状态和演化过程及其与人类行为的关系,为调控人类的行为提供科学依据。图 10-1 为人类的行为与地球环境和环境化学的关系图,表 10-1 为环境相的组成性质和特征。研究时,常把环境化学的研究对象称为环境相(environmental phase),重点在于运用热力学相平衡的基础理论知识,探讨污染物类物质在大气、水体、土壤和生物体内的分配、累积、传递等的规律。

图 10-2 给出了所属化学学科的分支与污染物质研究的关系。

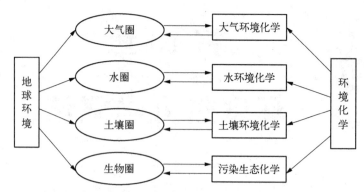

图 10-1 人类的行为与地球环境和环境化学的关系

表 10-1 环境相的组成性质和特征

环境区域	体积 V/m^3	f^a	密度 $\rho/(kg \cdot m^{-3})$
大气	1×10^9		1.2
水体	1×10^6		1000
土壤	1.5×10^4	0.02	1500
生物体	10	0.05	1000

注：^{a} f 为模型的土壤或生物体内有机物的质量分数,模型范围为 $1\,km\times1\,km\times1\,km$。

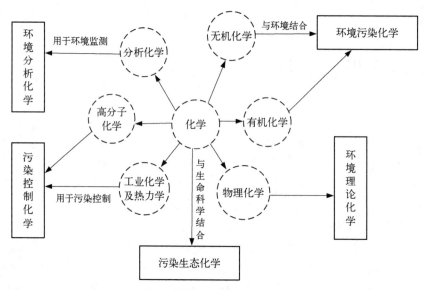

图 10-2 所属化学学科的分支与污染类物质研究的关系

(1) 环境分析化学：利用现代科学原理和先进实验技术来识别和测定环境介质中的化学物质的种类、成分、形态、含量和毒性。

(2) 环境污染化学：运用化学的原理和方法来研究化学污染物在环境介质中的形成机制、迁移和转化途径及其归趋,或由其他污染物所引起的化学变化的科学。

(3) 污染控制化学：研究与环境整治、污染控制和污染环境原位修复工艺技术等有关的化学机制,以及无污染和少污染工艺技术中的化学问题的科学。

(4) 污染生态化学：在种群、个体、细胞和分子水平上研究污染物与生物之间相互作用过程,以及污染物引起的生态效应的化学原理、过程和机制,并与生态毒理学交叉的科学。

(5)环境理论化学:应用物理化学、系统科学和数学、计算机仿真技术的原理和方法,研究化学污染物在环境介质中的热力学和动力学行为,以及污染物含量变化的定量描述和趋势预测的科学。

本章主要结合了物理化学、工业化学及化工热力学的基础知识,来估算、预测污染物在环境相间的分配、分布及累积、传输等规律,来实施污染物的控制释放和治理。

10.2　污染物在环境相间的分配平衡

考虑一定 T, p 条件下,某组分 i 在 α、β 两个环境相,如空气-水、有机相-水中等达到相平衡,满足 $\mu_i^\alpha = \mu_i^\beta$,即

$$\mu_i^\alpha = \mu_i^\ominus + RT\ln(x_i^\alpha \gamma_i^\alpha),\ \mu_i^\beta = \mu_i^\ominus + RT\ln(x_i^\beta \gamma_i^\beta) \tag{10-1}$$

定义分配系数 $K'_{\alpha\beta, i} = \dfrac{x_i^\beta}{x_i^\alpha}$,则由式(10-1)可知

$$\ln K'_{\alpha\beta, i} = -\frac{RT\ln\gamma_i^\beta - RT\ln\gamma_i^\alpha}{RT} \tag{10-2}$$

根据过量函数的定义式(4-81),则式(10-2)可改写为

$$K'_{\alpha\beta, i} = \exp\left(-\frac{G_{i,\beta}^E - G_{i,\alpha}^E}{RT}\right) = \exp\left(-\frac{\Delta G_{\alpha\beta, i}^E}{RT}\right) \tag{10-3}$$

式中,$\Delta G_{\alpha\beta, i}^E$ 表示组分 i 从相 α 迁移至相 β 中过量吉布斯自由能的变化值,且是以组分 i 的物质的量单位为基准得到的,若以摩尔浓度表示,则

$$c_i^\alpha = \frac{x_i^\alpha}{V^\alpha} \tag{10-4}$$

式中,c_i^α 为组分 i 在 α 相中的物质的量浓度,mol·L^{-1};V^α 为相 α 的摩尔体积,L。结合式(4-21),将式(10-4)代入式(10-2),有

$$\ln K_{\alpha\beta, i} = \ln\frac{c_i^\beta}{c_i^\alpha} = -\ln\frac{V^\beta}{V^\alpha} - \frac{RT\ln\gamma_i^\beta - RT\ln\gamma_i^\alpha}{RT} \tag{10-5}$$

$$K_{\alpha\beta, i} = \frac{c_i^\beta}{c_i^\alpha} = \frac{V^\alpha}{V^\beta}\exp\left(-\frac{\Delta G_{\alpha\beta, i}^E}{RT}\right) \tag{10-6}$$

对于组分 i 在 α 相中的过量吉布斯函数 $G_{\alpha, i}^E$,可由 $H_{\alpha, i}^E$,$S_{\alpha, i}^E$ 计算。表10-2列出了25℃下无限稀释条件下组分 i 在理想气体条件下,以及正十六烷相和水相中的过量焓和过量熵的数据。

表 10-2　25 ℃下无限稀释下组分 i 的过量吉布斯自由能、过量焓和过量熵

相	组分 i	$G_{a,i}^{\mathrm{E}}$ /(kJ·mol^{-1})	$H_{a,i}^{\mathrm{E}}$ /(kJ·mol^{-1})	$TS_{a,i}^{\mathrm{E}}$ /(kJ·mol^{-1})	$S_{a,i}^{\mathrm{E}}$ /(J·mol^{-1}·K^{-1})
气相[a]	己烷	4.0	31.6	27.6	92.6
	苯	5.3	33.9	28.6	96.0
	乙醚	0.8	27.1	26.3	88.2
	乙醇	6.3	42.6	36.3	122.0
正十六烷	己烷	−0.2	0.6	0.8	2.7
	苯	0.4	3.5	3.1	10.4
	乙醚	0.0	1.9	1.9	6.4
	乙醇	8.8	26.3	17.5	58.7
水	己烷	32.3	−0.4	−32.7	−109.7
	苯	19.4	2.2	−17.2	−57.6
	乙醚	12.0	−19.7	−31.7	−106.3
	乙醇	3.2	−10.0	−13.2	−44.3

注：[a] 25 ℃条件下理想气体的值，即 $G_{a,i}^{\mathrm{E}} = H_{a,i}^{\mathrm{E}} - TS_{a,i}^{\mathrm{E}}$。

　　对表 10-2 给出的组分的过量吉布斯自由能、过量焓和过量熵数据，采用式(10-6)计算这些组分在空气-正十六烷、空气-水和正十六烷-水系统中的分配系数，结果如表 10-3 所示。

表 10-3　组分 i 在空气-正十六烷、空气-水和正十六烷-水系统中的分配系数

α 相-β 相	组分 i	$\Delta G_{\alpha\beta,i}^{\mathrm{E}}$ [a] /(kJ·mol^{-1})	$\Delta H_{\alpha\beta,i}^{\mathrm{E}}$ /(kJ·mol^{-1})	$T\Delta S_{\alpha\beta,i}^{\mathrm{E}}$ /(kJ·mol^{-1})	$\Delta S_{\alpha\beta,i}^{\mathrm{E}}$ /(kJ·mol^{-1}·K^{-1})	$K_{\alpha\beta,i}$ [b]
空气-正十六烷	己烷	4.2	31.0	26.8	89.9	2.2×10^{-3}
	苯	4.9	30.4	25.5	85.6	1.6×10^{-3}
	乙醚	0.8	25.2	24.4	81.8	8.6×10^{-3}
	乙醇	−2.5	16.3	18.8	63.3	3.2×10^{-3}
空气-水	己烷	−28.3	32.0	60.3	202.3	6.6×10^{1}
	苯	−14.1	31.7	45.8	153.6	2.1×10^{-1}
	乙醚	−11.2	46.8	58.0	194.5	6.7×10^{-2}
	乙醇	3.1	52.6	49.5	166.3	2.1×10^{-4}
正十六烷-水	己烷	−32.5	1.0	33.5	112.4	3.0×10^{4}
	苯	−19.0	1.3	20.3	68.0	1.31×10^{2}
	乙醚	−12.0	21.6	33.6	112.7	7.78×10^{0}
	乙醇	5.6	36.3	30.7	103.0	6.4×10^{-3}

注：[a] $\Delta G_{\alpha\beta,i}^{\mathrm{E}}$，$\Delta H_{\alpha\beta,i}^{\mathrm{E}}$，$\Delta S_{\alpha\beta,i}^{\mathrm{E}}$，$K_{\alpha\beta,i}$ 分别为以物质的量浓度表示的组分 i 的迁移过量自由焓、过量焓、过量熵和分配系数；[b] 式(10-6)中 V^{α}/V^{β} = 常数，25 ℃时，1 bar(100 kPa)下，$\overline{V}^{\mathrm{ig}}$ = 24.73 L·mol^{-1}，$\overline{V}_{正十六烷}$ = 0.293 L·mol^{-1}，$\overline{V}_{水}$ = 0.018 L·mol^{-1}。

10.3　温度对分配系数的影响

由例 3.3 所得出的关系式并结合式(10-6)可知

$$\frac{\mathrm{d}\ln K_{\alpha\beta,\,i}}{\mathrm{d}T}=-\frac{1}{R}\frac{\mathrm{d}(\Delta G_{\alpha\beta,\,i}^{\mathrm{E}}/T)}{\mathrm{d}T}=\frac{1}{R}\frac{\Delta H_{\alpha\beta,\,i}^{\mathrm{E}}}{T^2} \tag{10-7}$$

该式与式(6-28)的范托夫方程极为类似。若 $\Delta H_{\alpha\beta,\,i}^{\mathrm{E}}$ 在温度变化范围不大的区域内,可近似为常数,则积分式(10-7)可得

$$\ln\frac{K_{\alpha\beta,\,i}^2}{K_{\alpha\beta,\,i}^1}=-\frac{\Delta H_{\alpha\beta,\,i}^{\mathrm{E}}}{R}\left(\frac{1}{T_2}-\frac{1}{T_1}\right) \tag{10-8a}$$

$$K_{\alpha\beta,\,i}^2=K_{\alpha\beta,\,i}^1\exp\left[-\frac{\Delta H_{\alpha\beta,\,i}^{\mathrm{E}}}{R}\left(\frac{1}{T_2}-\frac{1}{T_1}\right)\right] \tag{10-8b}$$

式(10-8a)亦可用直线方程表达,则有

$$\ln K_{\alpha\beta,\,i}=A-\frac{B}{T} \tag{10-8c}$$

式中,$B=\Delta H_{\alpha\beta,\,i}^{\mathrm{E}}/R$,因此 $\Delta H_{\alpha\beta,\,i}^{\mathrm{E}}=RB$。如果其中的一相为气相,$K_{\alpha\beta,\,i}$ 以摩尔浓度表示,则 $\Delta H_{\alpha\beta,\,i}^{\mathrm{E}}$ 用 $\Delta H_{\alpha\beta,\,i}^{\mathrm{E}}+RT_{\mathrm{av}}$ 来代替,T_{av} 为所考虑温度范围内的平均温度。若温度变化范围较大,则有

$$\ln K_{\alpha\beta,\,i}=A-\frac{B}{T}+C\ln T+DT \tag{10-9}$$

式中,参数 A,B,C 和 D 可由 $K_{\alpha\beta,\,i}$ 随温度的变化关系关联得到。

10.4　有机溶剂在水体中的分配与溶解

10.4.1　有机溶剂在水体中的分配系数

正辛醇是一种简单的化合物,它的某些性质和行为与包括人体脂肪和植物蜡在内的脂质体等复杂化合物类似。为此,在研究有机物在水和脂质体之间的分配时,常常采用正辛醇作为模型化有机溶剂的代表。

化学物质(污染物)在生物体和周围水体之间的交换和迁移情况取决于组分 i 在脂质体-水之间的分配,与式(10-6)类似的有机溶剂与水之间的分配系数 $K_{\mathrm{ow},\,i}$ 为

$$K_{\mathrm{ow},\,i}=\frac{c_{\mathrm{O},\,i}}{c_{\mathrm{w},\,i}} \tag{10-10}$$

式中,$c_{\mathrm{O},\,i}$,$c_{\mathrm{w},\,i}$ 分别为某温度下达到分配平衡时,组分 i 在有机溶剂相和水相中的物质的量浓度。由式(5-53)可知,在液液相平衡时,对于组分 i 在两相的逸度相等,即满足

$$x_{O,i}\gamma_{O,i} = x_{W,i}\gamma_{W,i} \tag{10-11}$$

结合式(10-4),有

$$K_{OW,i} = \frac{\gamma_{O,i}V_W}{\gamma_{W,i}V_O} \tag{10-12}$$

式中,V_W 和 V_O 分别为水相和有机溶剂相的摩尔体积。由于大多数有机溶剂在水中的溶解度很小,视 V_W 近似于纯水的摩尔体积,$V_W = 0.018\, L \cdot mol^{-1}$ (25 ℃)。

温度对分配系数 $K_{OW,i}$ 的影响可用式(10-7)表示,代入得

$$\frac{d\ln K_{OW,i}}{dT} = \frac{\Delta H_{OW,i}}{RT^2} \tag{10-13}$$

式中,$\Delta H_{OW,i}$ 为组分 i 从水相迁移至有机相的焓变。在温度变化不大的范围内,可以认为 $\Delta H_{OW,i}$ 为一常数,对式(10-13)积分可得

$$\ln K_{OW,i} = \ln K_{OW,i}(T_0) - \frac{\Delta H_{OW,i}}{R}\left(\frac{1}{T} - \frac{1}{T_0}\right) \tag{10-14}$$

因此,只要知道了 T_0 时的分配系数 $K_{OW,i}(T_0)$,就可推算出温度为 T 时的 $K_{OW,i}$。

在通常的环境温度下,$\Delta H_{OW,i}$ 的数值不大,可认为温度对有机溶剂-水分配系数的影响并不显著。25 ℃下某些有机污染物的 $\log K_{OW,i}$ 列于表 10-4。

表 10-4　25 ℃时的某些有机污染物的 $\log K_{OW,i}$

有 机 污 染 物	$\log K_{OW,i}$	有 机 污 染 物	$\log K_{OW,i}$
氢氰酸	0.25	阿特拉津	2.56
氯乙烯	0.60	马拉硫磷	2.89
溴甲烷	1.19	林丹	3.78
苯酚	1.45	对硫磷	3.81
氯仿	1.97	2-氯联苯	4.53
三氯氟甲烷(Freon-R13)	2.16	4,4-二氯联苯	5.33
苯	2.17	狄氏剂	5.48
甲萘威	2.36	滴滴涕(p, p′-DDT)	6.36
二氯二氟甲烷(Freon-R12)	2.53	二恶英	6.64

[例 10.1]　某加油站发生汽油泄漏,在与泄漏汽油成平衡的地下水中测得苯的质量浓度为 $0.5\, mg \cdot L^{-1}$,问苯在汽油中的含量是多少?

解:汽油是由脂肪烃和芳香烃组成的混合物,苯在汽油-水系统中的分配可近似地用 $K_{OW,i}$ 计算。由表 10-4 查得 $\lg K_{OW,i} = 2.17$,则苯在汽油中的质量浓度为

$$c_{O,B} = c_{W,B}K_{OW,i} = 0.5 \times 10^{2.17} = 74\,(mg \cdot L^{-1})$$

$K_{OW,i}$ 与组分 i 的性质有关。具有较高 $K_{OW,i}$ 的组分 i 往往是低极性、疏水亲脂性物质,其易于从周边水体中扩散,并穿过生物膜与脂质体和疏水蛋白结合。相反,具有较低 $K_{OW,i}$ 的组分 i 通常属于极性化合物,因其具有亲水倾向而留在水相中。因此,表 10-4 中阿特拉津以下的那些有机污染物因具有较高的 $K_{OW,i}$,在环境中将大部分分布在生物体内,并形

成生物积累。

10.4.2　有机溶剂在水体中的溶解

$K_{OW,i}$ 除了可通过实验测定得到外,还可采用式(10-12),将 $K_{OW,i}$ 与组分 i 在水中的活度系数或饱和溶解度联系起来,并可通过单参数线性自由能关联式模型进行推算。其次,还可以通过基团贡献法估算。

$$\lg K_{OW,i}(T) = a\lg\gamma_{w,i} + b \qquad (10-15a)$$

或

$$\lg K_{OW,i}(T) = a\lg c_{w,i}^{S} + b' \qquad (10-15b)$$

对于低溶解度化合物,当 $\gamma_{w,i} > 50$ 时,$\gamma_{w,i} \approx \gamma_{w,i}^{S}$,因此 $b' = b - a\lg V_w$。式(10-15b)中 $c_{w,i}^{S}$ 的单位是 $mol \cdot L^{-1}$,参数 a,$b(b')$ 可通过实验数据关联得到,表10-5列出了其关联方程的计算式。

表 10-5　有机污染物在水中的溶解度估算方程的参数

序号	参　数		适 用 化 合 物
	a	$b(b')$	
1	−1.37	7.26, $\mu mol \cdot L^{-1}$	各种类型,对于芳烃及氯代烃比较合适
2	−0.922	4.184, $mg \cdot L^{-1}$	各种类型,适用于农药
3	−1.49	7.46, $\mu mol \cdot L^{-1}$	几种农药
4	−1.113	0.926	醇
5	−1.229	0.720	酮
6	−1.013	0.520	酯
7	−1.182	0.935	醚
8	−1.221	0.832	卤代烃
9	−1.294	1.043	炔烃
10	−1.294	0.248	烯烃
11	−0.996	0.339	芳烃
12	−1.237	0.248	烷烃
13	−1.214	$0.850 - 0.0095(T_m^a - 25)$	醇、酮、酯、醚、卤代烃、炔烃、烯烃、芳烃、烷烃
14	−1.339	$0.978 - 0.0095(T_m - 25)$	酮、酯、醚、卤代烃、炔烃、烯烃、芳烃、烷烃
15	−2.38	12.90, $mol \cdot L^{-1}$	磷酸酯
16	−0.987	$-0.0095T_m + 0.718$, $mol \cdot L^{-1}$	卤代苯
17	−0.88	$-0.01T_m - 0.0212$, $mol \cdot L^{-1}$	多环芳烃
18	−0.962	6.50, $\mu mol \cdot L^{-1}$	1-卤代或 2-卤代位上的芳烃
19	0	$0.00987(T_m - 25) - 3.5055 - 0.3417(N - b_1) + 0.00264(N - b_1)^{2b}$,物质的量分数	多环芳烃

注:^{a} T_m 为熔点,当 $T_m < 25\,℃$ 时,$T_m - 25 = 0$;^{b} N,b_1 分别为分子中亚甲基团 R_1、R_2 中碳原子数。

以模型有机物正辛醇的分配系数 $K_{MW,i}$ 为基础,推算其他有机溶剂-水系统的分配系数,有

$$\lg K_{ow,i}(T) = A\lg K_{MW,i} + B \qquad (10-16)$$

依据式(10-16)所示的关系,表 10-6 列出了 10 种苯乙腈类化合物的溶解度数据与正辛醇/水分配之间的关系。其中化合物 1~8 在常温下呈液态,将此 8 个化合物的溶解度 $\lg x_{w,i}$ 与 $\lg K_{ow,i}$ 进行拟合,式(10-17a)给出了其关联式,两者之间具有良好的线性相关性,如图 10-3 所示,其中的相关系数 $R^2 = 0.984$,方差 $\sigma = 0.135$。

$$\lg x_{w,i} = -0.963\lg K_{ow,i} + 5.047 \qquad (10-17a)$$

$$\lg c_{w,i}^{S} = a\lg K_{ow,i} + b \qquad (10-17b)$$

表 10-6　10 种苯乙腈类化合物的 $\lg K_{ow,i}$ 和 $\lg x_{w,i}$

序　号	化　合　物	$\lg K_{ow,i}$	$\lg x_{w,i}$
1	苯乙腈	1.57	3.46
2	3-甲基-2-苯基丁腈	2.33	2.83
3	对甲基苯乙腈	1.62	3.33
4	对氯苯乙腈	2.47	2.70
5	2-对氯苯基-3-甲基丁腈	3.41	1.86
6	对甲氧基苯乙腈	1.23	4.09
7	2-(4'-甲基苯基)-3-甲基丁腈	2.68	2.33
8	对异丙氧基苯乙腈	2.53	2.61
9	对硝基苯乙腈	1.37	2.54
10	2-(4'-硝基苯基)-3-甲基丁腈	2.80	1.60

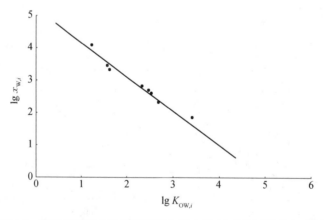

图 10-3　苯乙腈类化合物的溶解度与正辛醇/水分配系数的相关关系

[例 10.2]　采用表 10-5 的所列方法估算 Baygon®(一种氨基甲酸酯)的 $c_{w,i}^{S}$。其为固体,$T_m = 91\ ℃$,$\lg K_{ow,i}$ 的测定值为 1.52 和 1.57,相对分子质量为 209.2,已知实验测定值为 2000 mg · L^{-1}。

　　解:(1)因表 10-5 所列化合物中无氨基甲酸酯类化合物,若采用序号 2 所列的参数进行计算,而 $\lg K_{ow,i}$ 的值取两个测定值的平均值,即 1.55,则得

$$\lg c_{\mathrm{W},i}^{\mathrm{S}} = -0.922\lg K_{\mathrm{OW},i} + 4.184 = -0.922 \times 1.55 + 4.184 = 2.7549$$

$$c_{\mathrm{W},i}^{\mathrm{S}} = 569(\mathrm{mg \cdot L^{-1}})$$

(2) 若采用表 10-5 中序号 13 所列的参数进行计算,则得

$$\begin{aligned}\lg c_{\mathrm{W},i}^{\mathrm{S}} &= -1.214\lg K_{\mathrm{OW},i} + 0.850 - 0.0095(T_{\mathrm{m}} - 25)\\ &= -1.214 \times 1.55 + 0.850 - 0.0095 \times (91 - 25)\\ &= -1.6587\end{aligned}$$

$$c_{\mathrm{W},i}^{\mathrm{S}} = 0.02194(\mathrm{mol \cdot L^{-1}}) = 0.02194 \times 209.2 \times 10^{3} = 4590(\mathrm{mg \cdot L^{-1}})$$

(3) 若采用序号 14 进行计算,则得

$$\begin{aligned}\lg c_{\mathrm{W},i}^{\mathrm{S}} &= -1.339\lg K_{\mathrm{OW},i} + 0.978 - 0.0095(T_{\mathrm{m}} - 25)\\ &= -1.339 \times 1.55 + 0.978 - 0.0095 \times (91 - 25)\\ &= -1.72445\end{aligned}$$

$$c_{\mathrm{W},i}^{\mathrm{S}} = 0.01886(\mathrm{mol \cdot L^{-1}}) = 0.01886 \times 209.2 \times 10^{3} = 3946(\mathrm{mg \cdot L^{-1}})$$

上述计算结果表明,按表 10-5 所列参数来计算得到的结果中,序号 13 和序号 14 的计算数量级一致,可作为估算结果。

[例 10.3] 估算液体 2-氯乙基醚在水中溶解度。2-氯乙基醚的相对分子质量为 108.6, $\lg K_{\mathrm{OW},i}$ 的测定值为 1.12,实验测定值为 0.120 mol $\cdot$ L^{-1}。

解: 按表 10-5 所列参数来进行估算。

(1) 采用序号 13 计算

$$\begin{aligned}\lg c_{\mathrm{W},i}^{\mathrm{S}} &= -1.214\lg K_{\mathrm{OW},i} + 0.850 - 0.0095(T_{\mathrm{m}} - 25)\\ &= -1.214 \times 1.12 + 0.850 - 0.0095 \times 0 = -0.5097\end{aligned}$$

$$c_{\mathrm{W},i}^{\mathrm{S}} = 0.3093 \ \mathrm{mol \cdot L^{-1}}$$

(2) 采用序号 14 计算

$$\begin{aligned}\lg c_{\mathrm{W},i}^{\mathrm{S}} &= -1.339\lg K_{\mathrm{OW},i} + 0.978 - 0.0095(T_{\mathrm{m}} - 25)\\ &= -1.339 \times 1.12 + 0.978 - 0.0095 \times 0 = -0.5217\end{aligned}$$

$$c_{\mathrm{W},i}^{\mathrm{S}} = 0.3008 \ \mathrm{mol \cdot L^{-1}}$$

(3) 采用序号 7 计算

$$\begin{aligned}\lg c_{\mathrm{W},i}^{\mathrm{S}} &= -1.182\lg K_{\mathrm{OW},i} + 0.935\\ &= -1.182 \times 1.12 + 0.935 = -0.3888\end{aligned}$$

$$c_{\mathrm{W},i}^{\mathrm{S}} = 0.4085 \ \mathrm{mol \cdot L^{-1}}$$

(4) 采用序号 8 计算

$$\lg c_{\mathrm{W},i}^{\mathrm{S}} = -1.221\lg K_{\mathrm{OW},i} + 0.832 = -1.221 \times 1.12 + 0.832 = -0.5355$$

$$c_{\mathrm{W},i}^{\mathrm{S}} = 0.2914 \ \mathrm{mol \cdot L^{-1}}$$

上述计算结果表明,按表 10-5 所列参数来计算得到的结果中,序号 8 的计算结果误差最小。

10.5 污染物质在大气-水体中的分配

大气和水体是地球上体积最大的两个环境相。表征环境有机物质在其中的两相中的溶解、迁移、传输的量,可采用其在大气-水体两相中的分配系数来表达,与式(10-10)相类似,有

$$K_{\text{AW},\,i} = \frac{c_{\text{A},\,i}}{c_{\text{W},\,i}^{\text{S}}} \tag{10-18}$$

式中,$c_{\text{A},\,i}$,$c_{\text{W},\,i}^{\text{S}}$ 分别是组分 i 在大气、水体达到相平衡时物质的量浓度。当两者达到相平衡时,组分 i 在两相中的分逸度相等,即

$$\hat{f}_{\text{A},\,i} = \hat{f}_{\text{W},\,i} \tag{10-19}$$

考虑到组分 i 在大气和水体中的浓度都非常小,气相可近似为理想气体,则有 $p_i V = n_{\text{A},\,i} RT$,$n_{\text{A},\,i}$ 为 i 物质在气相中的物质的量,且 $\hat{f}_{\text{A},\,i} = p_i$;水相中组分 i 符合亨利定律,$\gamma_{\text{W},\,i}^* = 1$,且其活度系数 $\gamma_{\text{W},\,i}$ 近似为无限稀释活度系数 $\gamma_{\text{W},\,i}^\infty$,则式(10-19)可简写为

$$p_i = p_i^{\text{S}} x_{\text{W},\,i} \gamma_{\text{W},\,i}^\infty = k_i x_{\text{W},\,i} = k_i' c_{\text{W},\,i}^{\text{S}} \tag{10-20}$$

式中,k_i,k_i' 分别为以物质的量分数和物质的量浓度为基准的亨利系数。由于 $c_{\text{A},\,i} = n_{\text{A},\,i}/V = p_i/RT$,则式(10-18)可写为

$$K_{\text{AW},\,i} = \frac{c_{\text{A},\,i}}{c_{\text{W},\,i}^{\text{S}}} = \frac{k_i'}{RT} \tag{10-21}$$

对于大多数有机污染物,在气相、水相中溶解度都很小,很容易达到饱和或溶解极限,且气相近似于理想气体的行为,则满足 $p_i = p_i^{\text{S}}$,结合式(10-21)可得

$$K_{\text{AW},\,i} = \frac{p_i^{\text{S}}}{c_{\text{W},\,i}^{\text{S}} RT} \tag{10-22}$$

由此,从式(10-20)可分别得到

$$x_{\text{W},\,i}^{\text{S}} = \frac{1}{\gamma_{\text{W},\,i}^\infty} \tag{10-23}$$

$$k_i = p_i^{\text{S}} \gamma_{\text{W},\,i}^\infty \tag{10-24}$$

式(10-23)中,$x_{\text{W},\,i}^{\text{S}}$ 是以物质的量分数表示的溶解度,是 $\gamma_{\text{W},\,i}^\infty$ 的倒数。从式(10-23)和式(10-24)可知,水中微溶的溶质有大的活度系数、大的亨利系数和大气-水体分配系数值。从该两式出发,可以直接用化合物的蒸气压数据和溶解度数据来估算亨利系数、活度系数和大气-水体的分配系数 $K_{\text{AW},\,i}$,进而可确定有机污染类物质从水相迁移至大气、脂质体或其他相,如土壤和沉积物的量的变化关系,在这之中溶解度和蒸汽压等物性则起着关键性的作用。某些有机物的 $K_{\text{AW},\,i}$ 列于表10-7中。

表 10 - 7　25 ℃下某些有机物的 $\lg K_{AW, i}$

有　机　物	$\lg K_{AW, i}$	有　机　物	$\lg K_{AW, i}$
Freon - R12	1.18	萘	−1.72
Freon - R13	0.61	乙酸乙酯	−2.16
氯乙烯	0.05	2, 3, 7, 8 - TCDD(四氯二苯并二噁英)	−2.87
四氯甲烷	−0.05	p,p′ - DDT	−3.30
苯	−0.65	甲胺	−3.34
阿特拉津	−1.19	林丹	−3.94
二溴甲烷	−1.2	苯酚	−4.79
六氯苯	−1.54	对硫磷	−5.31

[**例 10.4**]　假设大气中存在低浓度的苯酚,若 10 mL 空气中有一滴水(体积约为 0.1 mL),试计算 25 ℃和 5 ℃条件下两相平衡时,苯酚在两相中的分布情况。已知苯酚的 $\Delta H_i^V = 58$ kJ · mol^{-1}。

解:(1) 查表 10 - 7 得 25 ℃时苯酚的 $\lg K_{AW, i} = -4.79$,则

$$K_{AW, i} = c_{A, i}/c_{W, i} = 1.62 \times 10^{-5}$$

设苯酚的总量为 1 个单位,大气和水滴中苯酚的物质的量分数分别为 $x_{A, i}$ 和 $x_{W, i}$,则

$$x_{A, i} + x_{W, i} = 1 \quad 且 \quad K_{AW, i} = \frac{x_{A, i}/10}{x_{W, i}/0.1} = 1.62 \times 10^{-5}$$

由此可得 $x_{A, i}/x_{W, i} = 1/617$,即 25 ℃一滴水中的所含苯酚量是 10 mL 大气所含苯酚量的 617 倍。计算结果表明,化合物的 $K_{AW, i}$ 越小,越倾向于聚集在水相。

(2) 假设 $\Delta H_{AW, i}$ 受温度的影响可忽略,5 ℃的 $K_{AW, i}$ 可根据式(10 - 25)求取:

$$\ln K_{AW, i}(5 ℃) = \ln K_{AW, i}(25 ℃) - \frac{\Delta H_{AW, i}}{R}\left(\frac{1}{278.15} - \frac{1}{298.15}\right)$$

$$= -11.03 - \frac{58 \times 10^3}{8.314} \times \left(\frac{1}{278.15} - \frac{1}{298.15}\right) = -12.71$$

则 $K_{AW, i}(5 ℃) = 3.02 \times 10^{-6}$,按(1)中相同的步骤计算可得 $x_{A, i}/x_{W, i} = 1/3317$。由此可以看到温度对大气-水体分配系数有较大影响,随着温度下降,更多的苯酚从气相向水相迁移。

温度对 $K_{AW, i}$ 的影响也可用式(10 - 13)的关系式来表达:

$$\ln K_{AW, i} = \ln K_{AW, i}(T_0) - \frac{\Delta H_{AW, i}}{R}\left(\frac{1}{T} - \frac{1}{T_0}\right) \tag{10 - 25}$$

式中,$\Delta H_{AW, i}$ 为化合物从水进入大气中的迁移焓,且

$$\Delta H_{AW, i} = \Delta H_i^V + H_{W, i}^E \tag{10 - 26}$$

式中,$\Delta H_{AW, i}$ 和化合物的蒸发焓有相同的数量级,因此温度对大气-水体分配系数的影响通常是比较显著的。

若将有机溶剂替换为水,则可得到另一个重要的平衡常数:大气-有机溶剂分配系数

$K_{AO,i}$。有机溶剂有"干""湿"之分,"干"指的是纯有机溶剂,"湿"指的是饱和水的有机溶剂。$K_{AO,i}$ 描述的化合物在大气和"湿"有机溶剂之间的分配过程,则有

$$K_{AO,i}\left(\frac{c_{A,i}}{c_{O,i}}\right) = \frac{K_{AW,i}(=c_{A,i}/c_{w,i})}{K_{OW,i}(=c_{O,i}/c_{w,i})} \tag{10-27}$$

三个分配系数中,只要知道其中任两个系数的实验值,便可推算另一个系数。

10.6　污染物质在土壤-水体中的分配

土壤是环境要素之一,它是由固-液-气-生物构成的多介质复杂系统,是连接无机界与有机界的重要枢纽,是物质与能量交换的重要场所,也是一切生物赖以生存的重要基础。土壤的组成十分复杂,含有无机的黏土、矿物质和天然的有机化合物。土壤以微小的颗粒存在,颗粒间的空隙中充满了水和空气。当有机污染物进入土壤后,有多种传递或迁移的途径。一些刚被使用的化学物质(如喷洒的杀虫剂),可能通过土壤表面蒸发,可能转化为代谢物,可能被土壤表面颗粒吸附,也可能被进一步降解。进入气相的化学物质可能经水平对流或气体扩散进行传输;吸附的溶质可能扩散进入占据土壤空隙的滞留水中,进一步被吸附进入内表面。在溶液相的溶质还有可能被植物的根部吸收,也有可能透过渗滤层进入地下水。在众多纷杂的现象中,此处仅探讨有机污染物在土壤(固相)-水体(液相)中的分配过程。

低浓度物质在土壤-水体之间的分配与吸附-脱附过程有关,与其溶解-沉淀的关系不大,可用式(9-71)弗罗因德利希吸附等温式等来描述。

$$c_{S,i} = k_F c_{w,i}^a \tag{10-28}$$

式中,$c_{S,i}$ 为土壤中吸附物总物质的量,$mol \cdot kg^{-1}$;$c_{w,i}$ 为该化学物质 i 在水相中的浓度,$mol \cdot L^{-1}$;k_F 为弗罗因德利希常数,$mol \cdot kg^{-1} \cdot (mol \cdot L^{-1})^{-a}$;$a$ 为弗罗因德利希指数。

由化学物质 i 的土壤吸附总浓度和溶液浓度,可计算其在土壤和水相中的分配系数为

$$K_{SW,i} = \frac{c_{S,i}}{c_{w,i}} \tag{10-29}$$

将式(10-28)代入,则有

$$K_{SW,i} = k_F c_{w,i}^{a-1} \tag{10-30}$$

由式(10-31)的 $K_{SW,i}$ 对 $c_{w,i}$ 求微分,得

$$\frac{dK_{SW,i}}{K_{SW,i}} = (a-1)\frac{dc_{w,i}}{c_{w,i}} \tag{10-31}$$

因此,从式(10-31)可以看出,① 当 $a=1$ 时,$K_{SW,i}$ 为一常数,表明吸附全过程可用一个线性等温式描述,低温下 $a \to 1$,符合这种情况。② 当 $dc_{w,i}/c_{w,i}$ 与 $a-1$ 的乘积足够小时,$K_{SW,i}$ 的变化也较小。若已知 $K_{S,i}$,则可以估算包含固体和水的环境中化合物溶解于水的物质的量分数

$$f_{w,i} = \frac{c_{w,i}V_w}{c_{w,i}V_w + c_{s,i}M_s} \tag{10-32}$$

式中，V_w 是总体积 V_t 中水的体积，L；M_s 是总体积 V_t 对应的固体的质量，kg。代入式 (10-29)，消去 $c_{s,i}$ 得

$$f_{w,i} = \frac{V_w}{V_w + K_{sw,i}M_s} \tag{10-33}$$

若定义比率为

$$\varphi_{sw} = M_s/V_w \tag{10-34}$$

则式(10-33)可写为

$$f_{w,i} = \frac{1}{1 + \varphi_{sw}K_{sw,i}} \tag{10-35}$$

上式表明，$K_{sw,i}$（对固体的吸引力）或 φ_{sw}（单位体积水中含有的固体量）越大，溶解于水相中的化学物质就越少。

在土壤中，若除了水，无其他相的存在（如空气、其他不互溶液体），则与固体结合的化合物的物质的量分数 $f_{s,i} = 1 - f_{w,i}$，且土壤的空隙率为

$$\phi = \frac{V_w}{V_t} = \frac{V_w}{V_w + V_s} \tag{10-36}$$

土壤颗粒所占体积 $V_s = M_s/\rho_s$（ρ_s 为土壤密度，如表 10-1 所示），因此有

$$\phi = \frac{V_w}{V_w + V_s} = \frac{V_w}{V_w + M_s/\rho_s} = \frac{1}{1 + \varphi_{sw}/\rho_s} \tag{10-37}$$

或

$$\varphi_{sw} = \rho_s \frac{1}{\phi - 1} \tag{10-38}$$

$K_{sw,i}$ 是重要的，但它难以预测，原因在于土壤对化学物质的吸附过程包括：吸附物与天然有机物质的结合，与矿物表面的结合，与固体表面相反电荷的相互作用、与表面离子的交换以及与固体可逆反应的结合。许多有机污染物表现出对土壤中天然有机物的高度亲和力，因此，如果上述的诸多因素对 $K_{sw,i}$ 的贡献可用线性组合表示的话，其中天然有机物对有机污染物的吸附作用无疑是重要的。

[例 10.5]　试估算溶于湖水中或地下水中的 1，4-二甲苯（DMB）的物质的量分数。已知湖中的固相-水比率 $\varphi_{sw} = 10^{-6} \text{kg} \cdot \text{L}^{-1}$，含地下水层的空隙率 $\phi = 0.2$，固相密度 $\rho_s = 2.5 \text{ kg} \cdot \text{L}^{-1}$，DMB 的 $K_{s,i} = 1 \text{ kg} \cdot \text{L}^{-1}$。

解：将湖中 φ_{sw} 数据代入式(10-35)，得

$$f_{w,i} = \frac{1}{1 + 10^{-6} \times 1} \approx 1$$

表明湖中悬浮的固体浓度太小，DMB 几乎全部溶于湖水。

由式(10-38)计算含水层固相-水比率：

$$\varphi_{SW} = 2.5 \times \left(\frac{1}{0.2} - 1 \right) = 10$$

则

$$f_{w,i} = \frac{1}{1 + 10 \times 1} \approx 0.09$$

在含水层中，大部分 DMB 被吸附，地下水中的浓度大大低于湖水中的浓度。

土壤中天然有机物的含量通常用有机碳质量分数 f_{OC} 表示，其定义为

$$f_{OC} = \frac{有机碳质量}{吸附（固体）质量} \tag{10-39}$$

有机污染物在有机碳-水之间的分配系数为

$$K_{OC,i} = c_{OC,i}/c_{w,i} \tag{10-40}$$

式中，$c_{OC,i}$ 是与天然有机碳结合的吸附浓度，$mol \cdot kg^{-1}$；且认为

$$K_{SW,i} = f_{OC,i} K_{OC,i} \tag{10-41}$$

由于有机物的天然状态不同，其性质也会有所变化，如陆地残留的有机质比相应的水体沉积物中有机质的极性要大。因此，$K_{OC,i}$ 的变化不仅从数量上，而且在质量上反映出对 $K_{SW,i}$ 的影响。对于给定量的有机物，$K_{OC,i}$ 越小，溶液中溶质的浓度就越大。因此，具有小的 K_{OC} 的有机污染物更倾向于通过渗透进入地下水。而土壤中含有的有机质多，对有机污染物的吸附作用就大，就会减慢渗透过程。

大量有机污染物的 $K_{OC,i}$ 可从文献中查得，其中大多数是通过实验测定的。$K_{OC,i}$ 还可以通过 $\lg K_{OC,i}$ 与分子连接性指数（或一种拓扑指数）的关联式，或与辛醇-水分配系数 $K_{MW,i}$ 的关联式、与溶解度数据 $c_{w,i}^S$ 的关联式进行估算。分子连接性指数可以直接从有机污染物的结构获得，但计算过程较复杂。使用 $K_{OW,i}$ 或 $c_{w,i}^S$ 作为变量的单参数 LFER 模型，形式简单，估算结果也比较好。例如，氯代烃的 $K_{OC,i}$ 可按下式估算

$$\lg K_{OC,i} = -0.057 \lg c_{w,i}^S + 4.277 \tag{10-42}$$

式中，$c_{w,i}^S$ 为溶解度，$\mu mol \cdot kg^{-1}$。更多的化合物被关联成以下的 LFER 方程：

$$\lg K_{OC,i} = a \lg K_{OW,i} + b \tag{10-43}$$

式中，$K_{OC,i}$ 的单位为 $L \cdot kg^{-1}$ 有机碳。表 10-8 列出了某些有机污染物在一定 $K_{OW,i}$ 范围内据实验数据关联得到的 a，b。

表 10-8　20～25 ℃下某些有机污染物 LFER 模型的 a，b

有 机 污 染 物	a	b	$K_{OW,i}$ 范围
烷基苯和多氯代苯（非极性）	0.74	0.15	2.2～7.3
多环苯烃（单极性）	0.98	−0.32	2.2～6.4
氯代苯酚（天然物质、双极性）	0.89	−0.15	2.2～5.3
C_1 和 C_2 卤代烃（非极性、单极性、双极性）	0.57	0.66	1.4～2.97
所有苯基脲（双极性）	0.49	1.05	0.5～4.2
烃基和卤代脲、苯基甲基脲、苯基二甲基脲（双极性）	0.59	0.78	0.8～2.9
烷基和卤代脲（双极性）	0.62	0.84	0.8～2.8

$K_{OC,i}$ 反映了天然有机物吸附过程的特点,与 $K_{SW,i}$ 相同,都是吸附浓度的函数,也都受温度和溶液组成的影响。

10.7 污染物质在大气-土壤中的分配

污染物质在大气-土壤中的分配主要涉及两个过程。一个过程是从大气迁移至土壤,被土壤微粒(固相)吸附或溶解于土壤滞留的水中的过程;另一个过程是从土壤挥发至大气的过程。污染物质从土壤挥发的过程受到土壤性质(水含量、天然有机物含量、空隙率、吸附/扩散特性等)、污染物质性质(蒸气压、水中溶解度、亨利系数、土壤吸附系数等)和环境条件(土壤表面上方的气流、湿度、温度等)等因素的影响。与土壤结合的污染物质的挥发还受到从土壤运动至蒸发表面的速率的影响。因此,要建立一个包含以上所有因素的模型来准确估算污染物质从土壤挥发的过程是十分困难的。按不同的环境条件,分类建立模型则较为简单。以下是描述其特征的几个模型。

10.7.1 污染物质与土壤结合,分布在土壤中的情况

用于湿土壤,代表性模型为哈马克(Hamaker)模型:

$$W_t = \frac{p_i^S}{p^S(H_2O)} \cdot \frac{D_V}{D(H_2O)} f_{w,v} + c_t^0 f_{w,L} \tag{10-44}$$

式中,W_t 是在非零水通量情况下,t 时间内单位面积上化学物质的挥发量;p_i^S,$p^S(H_2O)$ 分别为污染物质与水的饱和蒸汽压;D_V,$D(H_2O)$ 为污染物质和水的扩散系数;$f_{w,v}$,$f_{w,L}$ 分别为气态和液态水的通量;c_t^0 是土壤溶液中的污染物质的初始浓度。

基于挥发的污染物质与空气间热平衡分析得到的哈特莱(Hartley)模型,可用于干土壤的计算

$$W_t = ft = \frac{\rho_{max}(1-h)/\delta}{1/D_V + (\Delta H^V)^2 \rho_{max} M_V / \lambda R T^2} t \tag{10-45}$$

在土壤中无水通量情况下,式中 f 为单位时间内污染物质挥发的通量;ρ_{max} 为污染物质饱和蒸气密度;h 为空气的湿度;δ 为污染物质必须通过滞留层的厚度;D_V、ΔH^V 和 M_V 分别为污染物质的蒸气扩散系数、蒸发潜热和摩尔质量;λ 是空气的导热系数。对于低挥发性污染物质,上式可简化为

$$W_t = \frac{D_V(1-h)}{\delta} t \tag{10-46}$$

10.7.2 从土壤表面蒸发,即污染物质与土壤不结合的情况

其代表性的模型为陶氏(Dow)化学模型

$$t_{1/2} = 1.58 \times 10^{-8} \left(\frac{K_{OC} \times S}{p^S} \right) \tag{10-47}$$

式中, $t_{1/2}$ 为污染物质从土地损失的半衰期; K_{OC}, S 和 p^S 分别为化学物质的土壤吸附系数、水中溶解度和蒸气压。假定其服从一级动力学过程,任何时候土壤中化学物质的浓度为

$$c_t = c_t^0 \mathrm{e}^{-k_V t} \tag{10-48}$$

式中, k_V 为挥发速度常数, $k_V = \ln 2 / t_{1/2}$。尽管陶氏化学模型是经验的,但可认为是反映了化学物质从土壤颗粒上的吸附点-土壤中的水相-大气的两步平衡分配的过程。

10.7.3　逸度模型

该模型假设污染物质在存在周期内以热力学平衡分布于环境各相中,因此污染物质 i 在大气-土壤间的分布情况服从相平衡热力学准则,则有

$$\hat{f}_i^{\mathrm{air}}(T, p, x_i^{\mathrm{air}}) = \hat{f}_i^{\mathrm{soil}}(T, p, x_i^{\mathrm{soil}}) \tag{10-49}$$

Mackay 建议环境相的逸度可由下式计算

$$\hat{f}_i^{\mathrm{comp}}(T, p, c_i^{\mathrm{comp}}) = \frac{c_i^{\mathrm{comp}}}{M_i Z_i^{\mathrm{comp}}} \tag{10-50}$$

式中, c_i^{comp} 为物质 i 在环境相中的浓度, $\mathrm{g \cdot m^{-3}}$; M_i 为物质 i 的相对分子质量; Z_i^{comp} 为物质 i 在环境相中的逸度容量, $\mathrm{mol \cdot m^{-3} \cdot Pa^{-1}}$。大气中的逸度容量为

$$Z_i^{\mathrm{air}} = \frac{1}{RT} \tag{10-51a}$$

土壤中的逸度容量为

$$Z_i^{\mathrm{soil}} = \frac{f_{OC,i} K_{OC,i} \rho_S}{k_i} \tag{10-51b}$$

式中, R 为气体常数; ρ_S 为土壤密度,典型值为 $1.5\ \mathrm{g \cdot cm^{-3}}$; $f_{OC,i}$ 为土壤中有机碳物质的量分数,典型值为 $0.02 \sim 0.07$; $K_{OC,i}$ 为有机碳-水分配系数; k_i 为亨利常数。逸度模型还可以用来估算其他环境相的逸度,其逸度容量分别为

水中组分 i 的逸度容量 $\qquad Z_i^{\mathrm{W}} = \dfrac{1}{k_i} \tag{10-51c}$

生物体逸度容量 $\qquad Z_i^{\mathrm{B}} = \dfrac{f_{B,i} K_{B,i} \rho_{B,i}}{k_i} \tag{10-51d}$

沉积物逸度容量 $\qquad Z_i^{\mathrm{sed}} = \dfrac{f_{OC,i} K_{OC,i} \rho^{\mathrm{sed}}}{k_i} \tag{10-51e}$

逸度模型相对简单,只要确定环境相的逸度容量,便可得到化合物在各相间的平衡分布情况,因而常用来估算有机污染物在环境相中的归宿。

10.8　化学物质在环境中的分布规律

10.8.1　平衡分布

化学物质进入环境以后,只要不马上被降解(化学的或生物的),都会通过不同的机理,分布到各个环境相,如大气、水体、土壤、沉积物、气溶胶和生物体等中。对于生存期长的有机物,特别是环境持久型化合物,如普遍使用的杀虫剂多氯代苯(PCBs)等,可以认为在各环境相的分布达到平衡,可运用平衡分配系数来估算其在各相中的浓度。现以 $1,1,1$-三氯乙烷(T)为例,讨论其在大气、水体、土壤和生物体内四个环境相中的分布情况。

$25\,℃$ 时 $1,1,1$-三氯乙烷的蒸气压 $p_T^S = 12800\,Pa$,其在水中的溶解度 $c_{w,T}^S = 730\,g \cdot m^{-3}$,相对分子质量 $M_T = 133.4$。 水的摩尔体积为 $V(H_2O) = 18 \times 10^{-6}\,m^3 \cdot mol^{-1}$,可近似认为是溶液的总体积,因此,$1,1,1$-三氯乙烷在水中的物质的量分数

$$x_T = \frac{c_{w,T}^S V(H_2O)}{M_T} = \frac{730 \times 18 \times 10^{-6}}{133.4} = 9.85 \times 10^{-5}$$

由式(10-23)可得

$$K_{AW,T} = \frac{p_T^S}{c_{w,T}^S RT} = \frac{12800}{(730/133.4) \times 8.314 \times 298.15} = 0.944$$

计算结果说明,当 $1,1,1$-三氯乙烷在大气-水体中分配时,大气中的浓度是水体浓度的 0.944 倍。

$1,1,1$-三氯乙烷的 $K_{OW,T} = 295$,若在某河中的质量浓度为 $1\,g \cdot m^{-3}$,则河中水生生物(如鱼等)体内的质量浓度可按以下步骤计算:

$$K_{BW,i} = c_{B,i}/c_{w,i} = f_B K_{OW,i} \tag{10-52}$$

式中,$K_{BW,i}$ 是化学物质 i 的生物体-水体中的分配系数;$c_{B,i}$,$c_{w,i}$ 分别是两相的平衡浓度;f_B 是生物体中脂质体的质量分数,从表 10-1 中可知,$f_B = 0.05$,因此

$$c_{B,T} = f_B K_{OW,T} c_{w,T} = 0.05 \times 295 \times 1 = 14.75(g \cdot cm^{-3})$$

计算结果意味着被 $1,1,1$-三氯乙烷污染的水体中生活的生物体(如鱼等),其体内的 $1,1,1$-三氯乙烷的质量浓度将是水体中的 15 倍,$f_B K_{OW,i}$ 通常称为生物浓缩因子。

同样,$1,1,1$-三氯乙烷对土壤的污染可按式(10-41)估算:$K_{S,T} = f_{OC,T} K_{OC,T}$。其中 $K_{OC,T}$ 则可由式(10-43)和表 10-8 的数据估算:

$$lg K_{OC,T} = a\,lg K_{OW,T} + b = 0.57 \times lg\,295 + 0.66 = 2.068$$

$$K_{OC,T} = 116.9$$

从表 10-1 中查得 $f_{OC,T} = 0.02$,因此 $K_{S,T} = f_{OC,T} K_{OC,T} = 0.02 \times 116.9 = 2.34$,即土壤中的天然有机质使亲脂疏水的 $1,1,1$-三氯乙烷在土地中的平衡浓度是水中的 2.34 倍。由此可知:在水中的溶解度低或活度系数高的化合物有浓缩于水生生物体内的倾向,其浓

度可比水中浓度高几个数量级。

若进入环境的污染物 i 总质量为 M_i，以表 10-1 中的四个环境相为研究范围，则有

M_i ＝大气中 i 的质量＋水体中 i 的质量＋土壤中 i 的质量＋生物体中 i 的质量

$$= c_{A,i}V_A + c_{w,i}V_w + c_{S,i}V_S + c_{B,i}V_B = c_{w,i}(K_{AW,i}V_A + V_w + K_{SW,i}V_S + K_{BW,i}V_B)$$

$$(10-53)$$

由此可知水中的浓度为

$$c_{w,i} = \frac{M_i}{K_{AW,i}V_A + V_w + K_{SW,i}V_S + K_{BW,i}V_B} \qquad (10-54)$$

现用以上获得的知识估算 Freon-R12 和 p, p'-DDT 各 1 kg 在四个环境相中的分布情况。必要数据如下表所示。

污 染 物	$K_{AW,i}$	$\lg K_{OW,i}$	式(10-35)中的 a, b
Freon-R12	15.14	2.16	0.57, 0.66
p, p'-DDT	5×10^{-4}	6.36	0.74, 0.15

计算过程如下：

(1) 由 $\lg K_{OW,R12} = 2.16$，知 $K_{OW,R12} = 144.54$，由式（10-43）知 $\lg K_{OC,R12} = a\lg K_{OW,R12} + b = 0.57 \times 2.16 + 0.66 = 1.8912$，则 $K_{OC,R12} = 77.84$

$$K_{SW,R12} = f_{OC}K_{OC,R12} = 0.02 \times 77.84 = 1.5568$$

$$K_{BW,R12} = f_B K_{OW,R12} = 0.05 \times 144.54 = 7.227$$

首先按式(10-54)计算 Freon-R12 在水中的浓度

$$c_{w,R12} = \frac{M_i}{K_{AW,R12}V_A + V_w + K_{SW,R12}V_S + K_{BW,R12}V_B}$$

$$= \frac{1 \times 10^6}{15.14 \times 10^9 + 10^6 + 1.5568 \times 1.5 \times 10^4 + 7.227 \times 10} = 6.605 \times 10^{-5} (\text{mg} \cdot \text{m}^{-3})$$

水体中 Freon-R12 的质量 $= c_{w,R12}V_w = 6.604 \times 10^{-5} \times 10^{-6} \times 10^6 = 6.605 \times 10^{-5} (\text{kg})$

所占质量分数＝水体中 Freon-R12 的质量／水体总质量

$$= 6.604 \times 10^{-5} / (1000 \times 10^6) = 6.604 \times 10^{-14}$$

同理，其他各个环境相中的质量分别为

$$c_{A,R12} = K_{AW,R12}c_{w,R12} = 9.999 \times 10^{-4} (\text{mg} \cdot \text{m}^3),$$
大气中 Freon-R12 的质量 $= c_{A,R12}V_A = 0.9999 (\text{kg})$

$$c_{S,R12} = f_{OC}K_{OC,R12}c_{w,R12} = 1.028 \times 10^{-4} (\text{mg} \cdot \text{m}^3),$$
土地中 Freon-R12 的质量 $= c_{S,R12}V_S = 1.538 \times 10^{-8} (\text{kg})$

$$c_{B,R12} = f_B K_{OW,R12}c_{w,R12} = 4.771 \times 10^{-3} (\text{mg} \cdot \text{m}^3),$$
生物体中 Freon-R12 的质量 $= c_{B,R12}V_B = 4.771 \times 10^{-8} (\text{kg})$

（2）由 $\lg K_{OW,DDT}=6.36$，知 $K_{OW,DDT}=2290868$，由式（10-43）知 $\lg K_{OC,DDT}=a\lg K_{OW,DDT}+b=0.74\times6.36+0.15=4.8564$，则 $K_{OC,DDT}=71846$

$$K_{SW,DDT}=f_{OC}K_{OC,DDT}=0.02\times71846=1436.9$$

$$K_{BW,DDT}=f_{B}K_{OW,DDT}=0.05\times2290868=114543.4$$

首先按式（10-54）计算 p，p'-DDT 在水中的浓度

$$
\begin{aligned}
c_{W,DDT}&=\frac{M_i}{K_{AW,DDT}V_A+V_W+K_{SW,DDT}V_S+K_{BW,DDT}V_B}\\
&=\frac{1\times10^6}{5\times10^{-4}\times10^9+10^6+1436.9\times1.5\times10^4+114543.4\times10}\\
&=4.132\times10^{-2}(\text{mg}\cdot\text{m}^{-3})
\end{aligned}
$$

水体中 p，p'-DDT 的质量 $=c_{W,DDT}V_W=4.132\times10^{-2}\times10^{-6}\times10^6=4.132\times10^{-2}(\text{kg})$

所占质量分数＝水体中 p，p'-DDT 的质量／水体总质量
$$=4.132\times10^{-2}/(1000\times10^6)=4.132\times10^{-11}$$

同理，其他各个环境相中的质量分别为

$$c_{A,DDT}=K_{AW,DDT}c_{W,DDT}=2.066\times10^{-5}(\text{mg}\cdot\text{m}^3),$$
大气中 p，p'-DDT 的质量 $=c_{A,DDT}V_A=0.02479(\text{kg})$

$$c_{S,DDT}=f_{OC}K_{OC,DDT}c_{W,DDT}=59.38(\text{mg}\cdot\text{m}^3),$$
土地中 p，p'-DDT 的质量 $=c_{S,DDT}V_S=1336.02(\text{kg})$

$$c_{B,DDT}=f_{B}K_{OW,DDT}c_{W,DDT}=4733.4(\text{mg}\cdot\text{m}^3),$$
生物体中 p，p'-DDT 的质量 $=c_{B,DDT}V_B=47.334(\text{kg})$

上述（1）、（2）的计算结果列于表 10-9，从中可以看出：在常温下 Freon-R12 具有较高的蒸气压（相对应的 K_{AW} 较大），故绝大部分分布在大气中，而 p，p'-DDT 具有较大的 K_{OW}，绝大部分滞留在土壤中。需要指出的是，尽管从总量上看，污染物在生物体相中的量几乎可忽略，但由于生物浓缩作用，生物体中的污染物浓度高于其他相，尤其是亲脂性强的 p，p'-DDT，生物体内的浓度竟然会比水体中的浓度高出十几万倍之多。

表 10-9　计　算　结　果

污染物质	环境相	质量浓度/(mg·m⁻³)	质量分数/$\times10^9$	百分比/%
Freon-R12	大气	9.999×10^{-4}	0.8333	99.99
	水体	6.604×10^{-5}	6.60×10^{-5}	0.0066
	土壤	1.028×10^{-4}	6.854×10^{-5}	0.0
	生物体	4.771×10^{-3}	4.771×10^{-3}	0.0
p，p'-DDT	大气	2.066×10^{-5}	2.066×10^{-2}	0.002
	水体	4.132×10^{-2}	4.132×10^{-2}	0.003
	土壤	59.38	59378.7	96.57
	生物体	4733.4	4733400	3.42

平衡分配模型假定化学物质在各环境相间达到平衡,只需要知道 K_{OW} 和 K_{AW},便可预测化学物质在各环境相的浓度。这一模型简单,但其不足之处是忽略了进出环境的物的流动、扩散过程的速率和其他与时间相关因素的影响。

10.8.2 流动模型

流动模型是采用各环境相间达到平衡的假设,但模型中包含了进出环境相的化学物质的流动,以及环境相内化学物质的降解和生成。应用通用的衡算方程[后文将给出的式 (11-3)],则有物质 i 在环境中的变化速率=物质 i 进入环境的速率-物质 i 离开环境的速率,即

$$\begin{aligned}
\frac{\mathrm{d}M_i}{\mathrm{d}t} &= \frac{\mathrm{d}}{\mathrm{d}t}(c_{A,i}V_A + c_{w,i}V_w + c_{S,i}V_S + c_{B,i}V_B) \\
&= \left[\frac{\mathrm{d}Q_A}{\mathrm{d}t}(c_{A,i})_{in} - \frac{\mathrm{d}Q_A}{\mathrm{d}t}c_{A,i} + \frac{\mathrm{d}Q_w}{\mathrm{d}t}(c_{w,i})_{in} - \frac{\mathrm{d}Q_w}{\mathrm{d}t}c_{w,i} \right] \\
&\quad - (k_{A,i}c_{A,i}V_A + k_{w,i}c_{w,i}V_w + k_{S,i}c_{S,i}V_S + k_{B,i}c_{B,i}V_B)
\end{aligned} \tag{10-55}$$

式中,$\mathrm{d}Q_A/\mathrm{d}t$,$\mathrm{d}Q_w/\mathrm{d}t$ 分别是空气和水的流率,$\mathrm{m}^3 \cdot \mathrm{s}^{-1}$;$k$ 是各环境相中的化学物质一级降解速率常数,即 $\mathrm{d}c/\mathrm{d}t = -kc$。 上式可化简为

$$\alpha \frac{\mathrm{d}c_{w,i}}{\mathrm{d}t} = \beta - \gamma c_{w,i} \tag{10-56}$$

$$\alpha = K_{AW,i}V_A + V_w + K_{SW,i}V_S + K_{BW,i}V_B \tag{10-57}$$

$$\beta = \frac{\mathrm{d}Q_A/\mathrm{d}t}{\mathrm{d}t}(c_{A,i})_{in} + \frac{\mathrm{d}Q_w/\mathrm{d}t}{\mathrm{d}t}(c_{w,i})_{in} \tag{10-58}$$

$$\gamma = \left(\frac{\mathrm{d}Q_A}{\mathrm{d}t} + k_A V_A \right) K_{AW,i} + \left(\frac{\mathrm{d}Q_w}{\mathrm{d}t} + k_w V_w \right) + k_S V_S K_{SW,i} + k_B V_B K_{BW,i} \tag{10-59}$$

解方程式(10-56),得

$$c_{w,i}(t) = \frac{\beta}{\gamma}\left[1 - \exp\left(\frac{-\gamma t}{\alpha} \right) \right] \tag{10-60}$$

在稳态条件下,即 $t \to \infty$ 时,方程式(10-60)的解可简化为

$$c_{w,i}(t) = \frac{\beta}{\gamma} \tag{10-61}$$

[例 10.6] 我国自 1983 年起禁止使用农药 DDT,但 20 年后在广东某城市的空气中仍测得 DDT 的质量浓度为 4000 pg[①] $\cdot$ m^{-3}。现以此为例,运用上述模型计算:

(1)水体、生物体和土壤中 DDT 的质量浓度;在环境模型(1 km×1 km×1 km)内 DDT 的总质量。

(2)假设周围环境有相同的 DDT(无流入或流出情况),计算 DDT 质量浓度下降 50%

---

① 1 pg=10^{-12} g。

所需的时间。

降解过程为一级反应,并假设已达化学平衡,已知水中光降解速率常数为 $k_{wP} = 5.3 \times 10^{-7} h^{-1}$,水解速率 $k_{wh} = 5.3 \times 10^{-6} h^{-1}$;土壤中生物降解速率常数 $k_{SB} = 5.42 \times 10^{-6} h^{-1}$,大气和生物体中降解可忽略。其他数据见上所述。

解: (1) 环境相中 DDT 的质量浓度

已知 $c_{A,D} = 4000\ pg \cdot m^{-3} = 4 \times 10^{-6}\ mg \cdot m^{-3}$,因此

$$c_{w,D} = c_{A,D}/K_{AW,D} = 4 \times 10^{-6}/5 \times 10^{-4} = 8 \times 10^{-3}\ (mg \cdot m^{-3})$$

$$c_{S,D} = f_{CO}K_{CO}c_{w,D} = 0.02 \times 7.185 \times 10^{4} \times 8 \times 10^{-3} = 11.50\ (mg \cdot m^{-3})$$

$$c_{B,D} = f_{B}K_{OW}c_{w,D} = 0.05 \times 2.291 \times 10^{6} \times 8 \times 10^{-3} = 916.4\ (mg \cdot m^{-3})$$

在环境模型中 DDT 的总质量

$$
\begin{aligned}
M_{D} &= c_{A,D}V_{A} + c_{w,D}V_{w} + c_{S,w}V_{S} + c_{B,w}V_{B} \\
&= 4 \times 10^{-6} \times 10^{9} + 8 \times 10^{-3} \times 10^{6} + 11.50 \times 1.5 \times 10^{4} + 916.4 \times 10 \\
&= 193664\ (mg) = 0.194\ (kg)
\end{aligned}
$$

(2) 据假设知 $dQ/dt = 0$,$k_{A} = k_{B} = 0$,因此

$$\alpha \frac{dc_{w,D}}{dt} = -\gamma c_{w,D}$$

其中

$$
\begin{aligned}
\alpha &= K_{AW,D}V_{A} + V_{w} + K_{SW,D}V_{S} + K_{BW,D}V_{B} \\
&= 5 \times 10^{-4} \times 10^{9} + 10^{6} + 0.02 \times 7.185 \times 10^{4} \times 1.5 \times 10^{4} + 0.05 \times 2.291 \times 10^{6} \times 10 \\
&= 2.420 \times 10^{7}\ (m^{3})
\end{aligned}
$$

$$
\begin{aligned}
\gamma &= k_{w}V_{w} + k_{s}K_{SW,D}V_{S} \\
&= (5.3 \times 10^{-7} + 3.6 \times 10^{-6}) \times 10^{6} + 5.42 \times 10^{-6} \times 0.02 \times 7.185 \times 10^{4} \times 1.5 \times 10^{4} \\
&= 121\ (m^{3} \cdot h^{-1})
\end{aligned}
$$

代入上式并整理,得

$$\frac{dc_{w,D}}{dt} = -\frac{\gamma}{\alpha}c_{w,D} = -5.0 \times 10^{-6}c_{w,D}$$

对照一级反应速率方程 $dc/dt = -kc$,可知

$$k = 5.0 \times 10^{-6}$$

DDT 的半衰期为

$$t_{1/2} = \frac{\ln 2}{k} = \frac{\ln 2}{5.0} \times 10^{-6} = 1.39 \times 10^{5}\ (h) = 15.8\ (a)$$

面对复杂的环境条件和物性各异的污染物,由于受到成本和时间的限制,精确测定污染物在不同环境相分布的工作只能有限度地进行,而通过合适的模型来预测化学物质在整个环境中的归宿则是可选择的路径之一。本节介绍的模型虽然简单,但只要有足够的、高质量的基础数据,同样可以对化学物质在各环境相的分布趋势和浓度进行可靠的估算。

10.8.3 生物体内化学物质的积累和放大效应

生物体内含有的化学物质来源主要有两个途径：① 通过与周围的大气、水体之间的直接交换；② 通过摄取食物使体外化合物转移至体内。

生物体中化合物浓度与所处环境相浓度之比称为生物累积因子(bioaccumulation factors)BAF_i

$$BAF_i = \frac{c_{org,i}}{c_{comp,i}} \tag{10-62}$$

在水生生态系统中，$c_{comp,i}$ 即为 $c_{W,i}$；在陆生生态系统中，$c_{comp,i}$ 即为 $c_{A,i}$。生物体暴露在保持化合物(污染物)浓度水平基本不变的环境相中时，生物体组织中的化合物浓度随时间的延长而不断地增加，最终达到平衡，此时的 BAF_i 实际上是一种分配系数，即

$$K_{bio,i} = \frac{f_{lip}c_{lip,i} + f_{prot}c_{prot,i} + f_{lig}c_{lig,i} + f_{cut}c_{cut,i} + \cdots}{c_{comp,i}}$$
$$= f_{lip}K_{lipcomp,i} + f_{prot}K_{protcomp,i} + f_{lig}K_{ligcomp,i} + f_{cut}K_{cutcomp,i} + \cdots \tag{10-63}$$

式中，下标 lip、prot、lig 和 cut 分别是指生物体有机组织中包含的脂质体、蛋白质、木质素和角质；f 是各组分的质量分数；c 是与环境相达平衡时的浓度。显然可用 LFER 方程将 $K_{bio,i}$ 和辛醇-水分配系数联系起来：

$$\lg K_{bio,i} = a\lg K_{MW,i} + b \tag{10-64}$$

例如，已建立的、与大量实测数据符合较好的关联式有

$$\lg K_{protW,i} = 0.7\lg K_{OW,i} \tag{10-65}$$

$$\lg K_{lipW,i} = 0.91\lg K_{OW,i} + 0.50 \tag{10-66}$$

虽然在现实环境下，化合物很难在各环境相达到平衡分配，但仍可将 $K_{bio,i}$ 作为评估 BAF_i 的参考值。

生物体内化合物浓度随食物链营养级增加而增加，食物链上高营养级生物体化合物浓度与作为其食物生产者体内化合物浓度之比称为生物放大因子(biomagnification factor) BMF_i

$$BMF_i = \frac{c_{org,i}}{c_{diet,i}} \tag{10-67}$$

如果食物链上的生物存在于同一环境相中，则生物放大因子可用生物积累因子来表达：

$$BMF_i = \frac{BAF_{org,i}}{BAF_{diet,i}} \tag{10-68}$$

BMF_i 的大小反映了有机组织中有效浓度增减的真实过程。因为不同生物体有机组织含量差别很大，需将测得的浓度转化为单位有机组织质量所含化合物量的标准浓度方可进行比较，因此有时会出现 $BMF_i < 1$ 的现象。其原因是被食生物体中某种能与污染物结合的有机组织含量较高，或者高级生物体对污染物有较强的代谢能力。使用活度和逸度的概念可

332

避免出现不确定的情况,当 $\hat{a}_{\text{org},i} > \hat{a}_{\text{diet},i}$ 或者 $\hat{f}_{\text{org},i} > \hat{f}_{\text{diet},i}$ 时,表明沿食物链营养级上升,生物体内的污染物浓度被"生物放大"了。表 10-10 给出了有机污染物 2, 2′, 4, 4′, 5, 5′-六氯联苯(PCB153)在食物链沙鳗→鳕鱼→海豚和空气→草原→牛奶(牛)→母乳(人)中被生物放大的实例。食物链中生物放大现象对人类生活有重大影响。

表 10-10　PCB153 生物放大实例

	沙鳗(全鱼)	鳕鱼(肝)		海豚(鲸脂)	
标准平均浓度(lip) /(μg·kg^{-1})	60	200		2000	
	空气 (37 ℃)	草原(18 ℃)	草原(37 ℃)	牛奶 (37 ℃)	母乳 (37 ℃)
平均逸度/nPa	0.1	0.04	0.7	0.2	6

[例 10.7]　有研究人员测得五氯苯从水相到池塘蜗牛体内的生物积累因子 $\text{BAF}_i = 900\,\text{L·kg}^{-1}$。估算 20 ℃时五氯苯的平衡生物积累因子 $(K_{\text{bio},i})$,并与实验值进行比较。已知池塘蜗牛的总脂量为 0.9%,蛋白质 2.8% 以及 96% 的水。五氯苯的 $\lg K_{\text{OW},i} = 5.18$。

解:由经验式计算

$$\lg K_{\text{protW},i} = 0.7\lg K_{\text{OW},i} = 0.7 \times 5.18 = 3.626; \quad K_{\text{protW},i} = 4.227 \times 10^3$$

$$\lg K_{\text{lipW},i} = 0.91\lg K_{\text{OW},i} + 0.50 = 0.91 \times 5.18 + 0.50 = 5.21; \quad K_{\text{lipW},i} = 1.636 \times 10^5$$

代入式(10-63),得

$$K_{\text{bio},i} = 0.009 \times 1.636 \times 10^5 + 0.028 \times 4.227 \times 10^3 = 1591$$

估算的 $K_{\text{bio},i}$ 约为实测的 BAF_i 的 1.77 倍,由于生物体参数的估计有很大的不确定性,预测的 $K_{\text{bio},i}$ 为实测的 BAF_i 的 2~3 倍可认为是合理的。

习　题

10.1　试估算 2, 4-二硝基甲苯在水中的溶解度。已知 25 ℃时 2, 4-二硝基甲苯 $\lg K_{\text{OW}}$ 的估算值为 5.76。

10.2　试估算 25 ℃时 DDT 的水溶解度。已知 $T_{\text{m}} = 110$ ℃。

10.3　试估算氯代二氟甲烷的水溶解度。已知沸点为 -40.8 ℃、蒸气压为 $104 \times 10^5\,\text{Pa}$(25 ℃)。

10.4　估算下列物质温度对水的溶解度和水活度系数的作用评价。(1) 5 ℃时四氯甲烷;(2) 10 ℃时氧芴;(3) 40 ℃时氯乙烯在水中的溶解度 $c^S_{\text{OW},i}$、活度系数 $\gamma^S_{\text{OW},i}$ 和过量焓 $H^E_{\text{OW},i}$。

10.5　一个大城市中心有一个紊流的浅塘,在如下两个季节:(1) 典型的夏季环境($t=25$ ℃);(2) 典型的冬季($t=5$ ℃),苯在大气-水体交换方向如何(进入水体中,或者从水体中逸出)? 在这两种情况下,大气和水体中的质量浓度都分别分别为 $c^S_{\text{A},i} = 0.05\,\text{mg·m}^{-3}$ 和 $c^S_{\text{W},i} = 0.4\,\text{mg·m}^{-3}$。假设大气和水体的温度是相同的。

10.6　有以下不同来源的水样中的氯苯:(1) 中度污染的地下水;(2) 海水 $c_{\text{salt},i} \approx 0.5\,\text{mol·L}^{-1}$;(3) 地下盐水 $c_{\text{salt},i} \approx 5.0\,\text{mol·L}^{-1}$;(4) 含有体积分数 40% 甲醇的有害废物场的渗滤液。对于这些样品,大气中的氯苯质量浓度都是 $10\,\mu\text{g·L}^{-1}$。但是样品的烧瓶并未装满,1 L 烧瓶中只有 400 mL 样品,在分析之前存放于 25 ℃环境中。这四个样品中氯苯的初始质量浓度分别是多少? 已知:$p^S_{\text{w},i} = 0.016$ bar

(1.6 kPa) (25 ℃)，$K_{AW,i} = 0.16(25 ℃)$，$K_{S,i} = 0.23 \, L \cdot mol^{-1}$，$\gamma_{w,i}^{S} = 14000$。

10.7　考虑同离子黏土材料 K^+-伊利石对 1，4-二硝基苯(1，4-DNB)的吸附过程，在 pH 为 7.0 和 20 ℃时，1，4-DNB 与黏土材料结合形成电子供体-受体(EDA)混合物，实验测定的结果如下表所示。

$c_{W,i}/(\mu mol \cdot L^{-1})$	$c_{S,i}/(\mu mol \cdot kg^{-1})$	$c_{W,i}/(\mu mol \cdot L^{-1})$	$c_{S,i}/(\mu mol \cdot kg^{-1})$
0.06	97	1.8	1640
0.17	241	2.8	2160
0.24	363	3.6	2850
0.34	483	7.6	4240
0.51	633	19.5	6100
0.85	915	26.5	7060

试估算 pH 为 7.0 和 20 ℃下，水相中 1，4-DNB 平衡浓度为 0.20 $\mu mol \cdot L^{-1}$ 和 15 $\mu mol \cdot L^{-1}$ 时，1，4-DNB 在 K^+-水悬浮液中的 $K_{SW,i}$。

10.8　实验测定了菲在 21 种土壤和沉积物上的吸附等温线。所有等温线均为非线性，且弗罗因德利希指数 n_i 为 0.65～0.90。例如，对一种表面土(Chelsea Ⅰ)及一种湖泊沉积物(EPA-13)，进行等温线数据内插，得到在溶解度的浓度为 1 $\mu g \cdot L^{-1}$ 和 100 $\mu g \cdot L^{-1}$ 条件下与之平衡的"观测"吸附浓度 $c_{S,i}$，如下表所示。

$c_{W,i}/(\mu g \cdot L^{-1})$	$c_{S,i}/(\mu g \cdot kg^{-1}$ 固体)	
	Chelsea Ⅰ	EPA-13
1	3200	1700
100	91000	51100

试用式 $c_{S,i} = f_{OC} K_{OC,i} c_{W,i} + f_{OC} K_{OC,i} c_{W,i}^{0.7}$，估算表面土和沉积物中水溶解浓度 $c_{W,i}$ 为 1 $\mu g \cdot L^{-1}$ 和 100 $\mu g \cdot L^{-1}$ 时，菲的固相平衡浓度 $c_{S,i}$ 值。已知：菲的 $\lg K_{OW,i} = 4.57$，$\lg K_{OC,i} = 4.3$，$\lg K_{OC,i} = 1.6 \lg K_{OW,i} - 1.4 \, (N = 9)$。

10.9　实验测定了一系列氯代苯在虹鳟鱼样品中的 LBB_i 和 96 h 时 LC_{i50}。已知虹鳟鱼的平均体质量是 1.18 g，总类脂物含量大约是湿样品质量的 5%。对于 1，2，3-三氯苯(TrCB)，当鱼暴露在浓度为 5.6 $\mu mol \, TrCB \cdot L^{-1}$，3.8 $\mu mol \, TrCB \cdot L^{-1}$ 和 1.9 $\mu mol \, TrCB \cdot L^{-1}$ 的溶液中时，LBB_i 分别为 2.7 mmol $\cdot kg^{-1}$ 湿样品，2.0 mmol $\cdot kg^{-1}$ 湿样品和 2.4 mmol $\cdot kg^{-1}$ 湿样品。鱼的死亡发生在 2.4 h，24 h 和 96 h 后。对于其他化合物，观察到相似的 LBB_i(2～8 mmol $\cdot kg^{-1}$ 湿样品)。96 h TrCB 的 LC_{i50} 的测定值是 1.9 mmol $\cdot kg^{-1}$ 湿样品。试问：

(1) 当 LBB_i 为 2.4 mmol $\cdot kg^{-1}$ 湿样品时，估算 TrCB 在细胞膜脂质中的体积；(2) 估算 TrCB 在水相中浓度对应于 96 h LC_{i50} 时的理论生物积累势 TBP_i，并将该值与上面给出的 LBB_i 做比较。已知 TrCB 的 $\lg K_{OW,i} = 4.14$。已知：$TBP_i = K_{lipw,i} LC_{i50}$，$LBB_i = f_{lip,i} TBP_i$。

10.10　问答题

(1) 影响有机污染物水溶解度的因素主要有哪些？

(2) 解释与环境相关的无机盐是如何影响① 液体；② 固体；③ 气体化合物的水溶解度的。这种效应是否与盐的浓度线性相关？在典型的海水中，盐对有机化合物水活度系数的影响有多大？

(3) 为什么选择正辛醇作为天然有机相的替代物？为什么不选择气体溶剂，如正己烷、甲苯、三氯甲烷或乙醚作为天然有机相的替代物？如果用任何有机溶剂代替自然有机相，都分别会有哪些问题？

(4) 有机化合物通常是怎样在气相(大气)和有机液相之间分配的？$K_{OW,i}$ 的大小由哪些因素决定？

(5) 溶解盐对大气-水体的分配有什么作用？这种效应与总盐浓度有什么关系？

(6) 当在实验室淋洗柱中用纯水淋洗被汽油污染的土壤时,发现在淋洗 5 倍孔体积后(柱中的水被置换 5 次),苯在流出液中质量浓度由初始的 $370\ \mu g \cdot L^{-1}$ 降低到 $75\ \mu g \cdot L^{-1}$,而 1,2-二甲苯的质量浓度则由 $1200\ \mu g \cdot L^{-1}$ 增加到 $1400\ \mu g \cdot L^{-1}$。 试解释该现象。

(7) 对于非极性化合物、极性化合物和离子化合物,最主要的天然吸附剂及其吸附作用机理是什么?

(8) 给定的化合物 $K_{OC,i}$ 是如何定义的? 对于① 不同的"颗粒态有机相"(POM);② 不同的"溶解态有机相"(DOM),$K_{OC,i}$ 的变化范围多大? POM 或者 DOM 中引起这种变化的主要因素是什么?

第 11 章

热力学第一定律及其工程应用

内容概要和学习方法

在自然界,一切物质都具有能量。能量是物质运动的度量,物质的运动存在各种不同的形态,因而能量也具有各种不同的形式,如机械能、电能、热能、化学能、核能、光学能、生物能等。能量转换与守恒定律揭示:能量,如同物质一样,不能被创造,也不能被消灭,而只能在一定条件下从一种形式转变成为另一种形式。在转换中,能量的总量保持不变。该定律为无数的事实所证实,其适用于力的、热的、化学的、电磁的、原子及核内部的学科以及生物现象。

热能与机械能的相互转换作为能量守恒及转换定律的应用特例,由热力学第一定律所表达出来,即"机械能可以变为热能,热能也可以变为机械能,在转换中,能量的总量不变"。如果把进行热能与机械能互转换的热力系统与外界环境合在一起看作孤立系统,那么该定律可以表述为"在孤立系统内,能量的总量保持不变",即

$$E_{sys} + E_{sur} = 恒量 \tag{11-1}$$

式中,E_{sys} 为所研究的热力系统(system)的能量,E_{sur} 为外界环境(surroundings)的能量。

对式(11-1)进行微分,得

$$dE_{sys} + dE_{sur} = 0 \tag{11-2}$$

式(11-2)表明:在所研究的系统中,任何能量变化,都必须相应地在外界有一个大小相等而方向相反的变化。也就是说如果热力系统要产生机械能,那么,外界必须提供相同大小的热能才有可能实现。

在历史上,曾经有不少人企图创造出一种不耗费任何能量而不断做功的机器,该机器称为"第一类永动机"。显然,第一类永动机是违反热力学第一定律的,无数实践经验证实"第一类永动机"是造不出来的,故热力学第一定律又可以表述为"第一类永动机是造不成的",或者"热机的热效率不可能大于1"。

本章主要介绍敞开系统的热力学第一定律及其在工程上的应用,需要读者理解状态函数(如焓变 ΔH 等)、过程函数(如热量 Q 与功 W)的基本概念;了解并掌握通用的衡算方程(universal balance equation),特别是针对所研究的系统,运用敞开系统的热力学第一定律,由状态函数的变化量来计算过程函数的方法。再则,需要掌握可逆过程、可逆轴功的基本概念和计算方法,并能对压缩、膨胀、喷管等热力过程进行热力学分析。

11.1　通用的衡算方程

考虑一个连续系统,针对某一量,其有多股流的进出,在单位时间内有量的产生和累计,如图 11-1 所示。

图 11-1 中 Q_in、Q_out 分别为进、出系统的量;Q_RQ 为其反应量或产生量;Q_AQ 为累积量。则在 Δt 或 $\mathrm{d}t$ 时间内,存在如下的关系

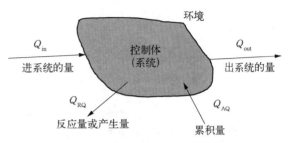

图 11-1　通用的衡算方程示意图

$$Q_\text{in} - Q_\text{out} + Q_\text{RQ} = \frac{\mathrm{d}Q_\text{AQ}}{\mathrm{d}t} \tag{11-3}$$

或

$$\text{进系统的量} - \text{出系统的量} + \text{反应量或产生量} = \text{累积量} \tag{11-4}$$

式(11-3)或式(11-4)称为"通用的衡算方程"。在通常条件,即未考虑核反应的条件下,对于质量衡算、能量衡算及动量衡算而言,$Q_\text{RQ} = 0$。以下将式(11-3)应用于能量衡算,并导出敞开系统的热力学第一定律定量关系表达式。

[**例 11.1**]　由氧气总管给氧气钢瓶充气,若钢瓶初态为(T_1, p_1),充气结束后,终态为(T_2, p_2),求充气后钢瓶的温度,假设过程是绝热的。已知 $T_0 = 298$ K,$p_0 = 0.6$ MPa,$T_1 = 283$ K,$p_1 = 0.15$ MPa。

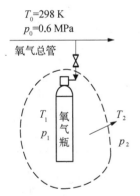

图 11-2　例 11.1 附图

解: 假设气体为理想气体,取钢瓶为系统,如图 11-2 所示。充气过程是不稳定流动过程,物料衡算方程为

进系统的量 $= n_0$,出系统的量 $= 0$,累积量 $= n_2 - n_1$

则由式(11-3)可知 $n_0 - 0 = n_2 - n_1$,即

$$n_0 = n_2 - n_1 \tag{a}$$

能量衡算方程为

进系统的量 $= n_0 H_0$,出系统的量 $= 0$,累积量 $= n_2 U_2 - n_1 U_1$

同理,由式(11-3)可知 $n_0 H_0 - 0 = n_2 U_2 - n_1 U_1$,即

$$n_0 H_0 = n_2 U_2 - n_1 U_1 \tag{b}$$

因 $H_0 = H^\ominus + \int_{T^\ominus}^{T_0} c_p \mathrm{d}T$,$U_1 = U^\ominus + \int_{T^\ominus}^{T_1} c_V \mathrm{d}T$,$U_2 = U^\ominus + \int_{T^\ominus}^{T_2} c_V \mathrm{d}T$($\ominus$ 指参考态),故

$$H_0 = H^\ominus + c_p(T_0 - T^\ominus),\ U_1 = U^\ominus + c_V(T_1 - T^\ominus),\ U_2 = U^\ominus + c_V(T_2 - T^\ominus) \tag{c}$$

$$c_p - c_V = R,\ c_p / c_V = 1.4 \tag{d}$$

将式(a)、式(c)、式(d)代入式(b),得

$$(n_2 - n_1)\left[H^\ominus + c_p(T_0 - T^\ominus)\right] = n_2\left[U^\ominus + c_V(T_2 - T^\ominus)\right] - n_1\left[U^\ominus + c_V(T_1 - T^\ominus)\right]$$

整理得 $(n_2 - n_1)c_p T_0 = n_2 c_V T_2 - n_1 c_V T_1$,代入理想气体状态方程,得

$$\left(\frac{p_2 V}{RT_2} - \frac{p_1 V}{RT_1} \right) c_p T_0 = \frac{p_2 V}{RT_2} c_V T_2 - \frac{p_1 V}{RT_1} c_V T_1 \tag{e}$$

解得

$$T_2 = \frac{p_2}{\dfrac{p_1}{T_1} + \dfrac{c_V}{c_p} \dfrac{(p_2 - p_1)}{T_0}} = \frac{0.6}{\dfrac{0.15}{283} + \dfrac{1}{1.4} \times \dfrac{(0.6 - 0.15)}{298}} = 373 (\text{K})$$

然而,在对钢瓶的实际充气过程中,操作人员并未感觉到钢瓶非常烫,原因在于:(1)充气过程并不是完全绝热的;(2)充气过程非常缓慢。

11.2 敞开系统热力学第一定律

11.2.1 封闭系统的能量平衡

对于一个与外界没有物质交换,但有热和功的交换的封闭系统,其能量平衡关系为

$$\Delta \left(U + \frac{1}{2} m u^2 + m g Z \right) = Q - W \tag{11-5}$$

通常规定:系统吸热,Q 为正值;系统对外放热,Q 为负值。相应地,系统对外做功,W 为正值;外界对系统做功,W 为负值。

对于静止的封闭系统,式(11-5)中动能项 $E_k = \frac{1}{2} m u^2 = 0$,忽略位能项 $E_p = m g Z$,式(11-5)可简化为

$$\Delta U = Q - W \tag{11-6}$$

若为微元过程,则可写为

$$\mathrm{d} U = \delta Q - \delta W \tag{11-7}$$

这里要指出的是,式中的 W 是指封闭系统在热力过程中对外界环境所做的功。若外界不仅有功源,还要考虑到大气等自然环境,则 W 是对功源所做的有用功 W_a(等价于后面所讨论的轴功 W_s)和对环境所做的环境功 $W^{\ominus} (= p^{\ominus} \Delta V)$ 之和,即

$$W = W_a + W^{\ominus} \tag{11-8}$$

11.2.2 敞开系统的能量平衡

工程上绝大多数热工设备都有物质不断进入和流出,是一个敞开系统(opening

system)。考虑如图 11-3 所示的微元体（系统微元单位）作为研究对象，在 $\mathrm{d}t$ 时间内，进入微元体的第 i 股物流量为 m_i，能量为 e_i；离开微元体的第 j 股物流量为 m_j，能量为 e_j；系统累积的物质量和能量分别为 $\dfrac{\mathrm{d}M}{\mathrm{d}t}$ 和 $\dfrac{\mathrm{d}E}{\mathrm{d}t}$；微元体从环境吸热量为 $\dfrac{\delta Q'}{\mathrm{d}t}$，系统对外界环境

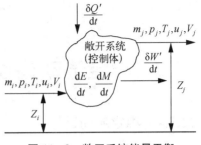

图 11-3　敞开系统能量平衡

做功为 $\dfrac{\delta W'}{\mathrm{d}t}$，由通用衡算方程［式(11-3)］知

$$\sum_i m_i - \sum_j m_j = \frac{\mathrm{d}M}{\mathrm{d}t} \tag{11-9}$$

$$\sum_i m_i e_i - \sum_j m_j e_j + \frac{\delta Q'}{\mathrm{d}t} - \frac{\delta W'}{\mathrm{d}t} = \frac{\mathrm{d}E}{\mathrm{d}t} \tag{11-10}$$

式中，$e = U + gZ + \dfrac{1}{2}u^2$，为单位质量流体蓄积的能量，包括热力学能 U、位能 E_{p} 和动能 E_{k}。功 W' 为流动功 W'_{f}（flow work）与轴功（shaft work）之和 W'_{s}，即 $W' = W'_{\mathrm{f}} + W'_{\mathrm{s}}$。

$$\frac{\delta W'_{\mathrm{f}}}{\mathrm{d}t} = \sum_i m_i p_i V_i - \sum_j m_j p_j V_j \tag{11-11}$$

将式(11-11)代入式(11-10)，整理后得

$$\sum_i m_i \left(H_i + gZ_i + \frac{1}{2}u_i^2 \right) - \sum_j m_j \left(H_j + gZ_j + \frac{1}{2}u_j^2 \right) + \frac{\delta Q'}{\mathrm{d}t} - \frac{\delta W'_{\mathrm{s}}}{\mathrm{d}t} = \frac{\mathrm{d}E}{\mathrm{d}t} \tag{11-12}$$

式(11-12)即为敞开系统的热力学第一定律表达式，式中：$H_i = U_i + pV_i$。

物流的焓（$H = U + pV$）是一个热力学状态参数，也是一种能量形式。在物理意义上，焓 H 是工质进出敞开系统时，带入或带出的热力学能 U 和所传输的流动功 pV 之和，是随工质迁移而携带的能量。在一般热力设备计算中，大部分都有工质的流入与流出，因而在这些设备的热工计算中，工质流动所携带的能量是焓 H，而不是热力学能 U，所以在计算中，焓 H 比热力学能 U 更广泛地被采用，在实际应用中，经常将物系的焓 H 与其他状态参数一起制成图表以备计算，如 $\ln p$-H 图（压-焓图）、H-S 图（焓-熵图）等。

对于稳定流动过程，式(11-9)、式(11-10)满足 $\dfrac{\mathrm{d}M}{\mathrm{d}t} = 0$，$\dfrac{\mathrm{d}E}{\mathrm{d}t} = 0$。若定义

$$\Delta H = \sum_j m_j H_j - \sum_i m_i H_i, \quad \Delta E_{\mathrm{p}} = \sum_j m_j gZ_j - \sum_i m_i gZ_i$$

$$\Delta E_{\mathrm{k}} = \sum_j m_j \left(\frac{1}{2}u_j^2 \right) - \sum_i m_i \left(\frac{1}{2}u_i^2 \right), \quad Q = \frac{\delta Q'}{\mathrm{d}t}, \quad W_{\mathrm{s}} = \frac{\delta W'_{\mathrm{s}}}{\mathrm{d}t}$$

代入式(11-12)，可得稳定流动过程的能量衡算方程为

$$\Delta H + \Delta E_{\mathrm{p}} + \Delta E_{\mathrm{k}} = Q - W_{\mathrm{s}} \tag{11-13}$$

若对于微元过程，则有

$$dH + dE_p + dE_k = \delta Q - \delta W_s \qquad (11-14)$$

11.3 稳定流动过程与可逆过程

11.3.1 稳定流动过程

式(11-13)表达了稳定流动过程的热力学第一定律的定量关系式,以下是其在化工单元操作过程中的几个重要应用实例。

11.3.1.1 机械能平衡方程

对于与环境间无热、无轴功交换的不可压缩、非黏性理想流体的稳定流动过程,机械能平衡方程满足 $Q=0$,$W_s=0$,$\Delta U=0$,$\Delta H = \Delta U + \Delta(pV) = V\Delta p = \dfrac{\Delta p}{\rho}$,代入(11-13)得

$$\frac{\Delta p}{\rho} + g\Delta Z + \frac{1}{2}\Delta u^2 = 0 \qquad (11-15)$$

式(11-15)即为著名的伯努利方程(Bernoulli's equation)。

11.3.1.2 绝热稳定流动过程

考虑与环境间无热、无轴功交换的可压缩流体的稳定流动过程,忽略 $g\Delta Z$ 的影响,即满足 $Q=0$,$W_s=0$。 式(11-15)可简化为

$$\Delta H + \frac{1}{2}\Delta u^2 = 0 \qquad (11-16)$$

工业上,利用压力沿流动方向的降低以提高流速的部件称为喷管(或喷嘴);利用降低流速提高压力的部件称为扩压管。式(11-16)是喷管或扩压管的设计计算的基础。当流体经过阀门、孔板或多孔塞的降压部件,流体的流速无明显的变化,工业上称为"节流装置",则式(11-16)进一步简化为

$$\Delta H = 0 \qquad (11-17)$$

式(11-17)表示的节流过程是近似的"等焓过程"。

11.3.1.3 与环境间有大量热、功交换的过程

忽略过程中系统动能、位能变化的影响,式(11-13)中 $\Delta E_k=0$,$\Delta E_p=0$,其可简化为

$$\Delta H = Q - W_s \qquad (11-18)$$

若系统绝热 $Q=0$,则 $-W_s=\Delta H$;若系统无轴功 $W_s=0$,$Q=\Delta H$。 它们分别是设计计算绝热压缩(或膨胀)过程与热交换过程的理论基础。

[例 11.2] 某厂用功率为 2.4 kW 的泵将 90 ℃水从贮水罐压送到换热器,水流量为 3.2 kg · s⁻¹。 在换热器中以 720 kJ · s⁻¹ 的速率将水冷却,冷却后水送入比第一贮水罐高

20 m 的第二贮水罐,如图 11-4 所示。求送入第二贮水罐的水温。设水的等压比热容 $c_p =$ 4.184 kJ·kg^{-1}·℃$^{-1}$。

解：以 1 kg 水为计算基准,由题意知,可忽略动能的影响,即 $\Delta E_k = 0$。

$$\Delta E_p = g \Delta Z = 9.81 \times (20 - 0) = 196.2 (\text{J·kg}^{-1}) = 0.1962 (\text{kJ·kg}^{-1})$$

$$\Delta H = c_p (t_2 - t_1) = 4.184 \times (t_2 - t_1) = 4.184 t_2 - 376.6$$

$$Q = \frac{-720}{3.2} = -225 (\text{kJ·kg}^{-1}), \quad -W_s = \frac{2.4}{3.2} = 0.750 (\text{kJ·kg}^{-1})$$

由式(11-13)可得 $4.184 t_2 - 376.6 = -225 + 0.75 - 0.1962$,解得 $t_2 = 36.4$ ℃。

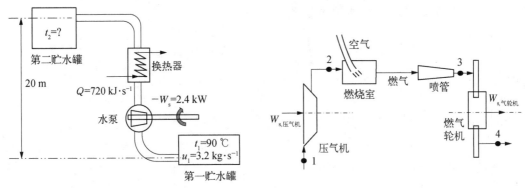

图 11-4　例 11.2 附图　　　　　　图 11-5　例 11.3 附图

[**例 11.3**]　某燃气轮机装置如图 11-5 所示,已知压气机进口处空气的比焓 $H_1 =$ 290 kJ·kg^{-1},经压缩后,空气升温使比焓增为 $H_2 = 580$ kJ·kg^{-1},在截面 2 处空气和燃料的混合物以 $u_2 = 20$ m·s^{-1} 的流速进入燃烧室,在定压下燃烧,使工质吸入热量 $Q =$ 670 kJ·kg^{-1},燃烧后燃气进入喷管绝热膨胀到状态 3,$H_3 = 800$ kJ·kg^{-1},流速增加到 u_3,此燃气进入动叶片,推动转轮回转做功,若燃气在动叶片中热力状态不变,最后离开燃气轮机的流速 $u_4 = 100$ m·s^{-1},求:(1) 若空气流量为 100 kg·s^{-1},压气机消耗的功率为多少? (2) 若燃料的发热值为 43960 kJ·kg^{-1},燃料的耗量为多少? (3) 燃气在喷管出口处的流速 u_3 是多少? (4) 燃气轮机的功率为多少? (5) 燃气轮机装置的总功率为多少?

解：(1) 压气机消耗的功率,取压气机为研究对象,假定压缩过程是绝热的,则 $Q = 0$,忽略动能和位能差的影响,即 $\Delta E_k = 0$,$\Delta E_p = 0$。由稳定流动能量平衡方程式(11-13)可得

$$-W_{s,\text{压气机}} = \Delta H = H_2 - H_1 = 580 - 290 = 290 (\text{kJ·kg}^{-1})$$

压气机消耗的功率为

$$P_{\text{压气机}} = m(-W_{s,\text{压气机}}) = 100 \times 290 = 29000 (\text{kW})$$

(2) 燃料的耗量

$$m_{\text{燃料}} = \frac{mQ}{Q_{\text{燃料}}} = \frac{100 \times 670}{43960} = 1.52 (\text{kg·s}^{-1})$$

341

（3）燃气在喷管出口处的流速 u_3

取截面 2 至截面 3 的空间作为热力系统，工质做稳定流动，若忽略重力位能差值，$\Delta E_p = 0$，$W_s = 0$，则能量平衡方程为

$$H_3 - H_2 + \frac{1}{2}(u_3^2 - u_2^2) = Q$$

$$u_3 = \sqrt{2[Q-(H_3-H_2)]+u_2^2} = \sqrt{2 \times [670-(800-580)] \times 10^3 + 20^2} = 949(\mathrm{m \cdot s^{-1}})$$

（4）燃气轮机的功率

若整个燃气轮机装置为稳定流动过程，则燃气流量等于空气流量。取截面 3 至截面 4 的空间作为热力系统，由于已知截面 3 和截面 4 上工质的热力状态参数相同，则 $H_3 = H_4$，忽略重力位能差，即 $\Delta E_p = 0$，则能量方程为

$$H_4 - H_3 + \frac{1}{2}(u_4^2 - u_3^2) = Q - W_{s,\text{燃气轮机}}$$

则

$$-W_{s,\text{燃气轮机}} = \frac{1}{2}(u_4^2 - u_3^2) = \frac{1}{2} \times (100^2 - 949^2) \times 10^{-3} = -445.3(\mathrm{kJ \cdot kg^{-1}})$$

燃气轮机的功率为

$$P_{\text{燃气轮机}} = m(-W_{s,\text{燃气轮机}}) = 100 \times 445.3 = 44530(\mathrm{kW})$$

（5）燃气轮机装置总功率

燃气轮机装置总功率＝燃气轮机产生的功率－压气机消耗的功率，即

$$P = P_{\text{燃气轮机}} - P_{\text{压气机}} = 44530 - 29000 = 15530(\mathrm{kW})$$

11.3.2 可逆过程

在分析系统与环境传递能量，如轴功 W_s、热量 Q 的实际效果时，只考虑系统内部状态变化过程是不够的，因为在能量传递过程中设备的机械运动和工质的黏性流动都存在摩擦阻力，将使一部分轴功转变为热，虽然能量的总量没有变化，但是可用功减少了，转变成了低品位的热量，这种由功转变为热的现象称为耗散效应，由此造成可用功的损失称为耗散损失，这部分损失在实际计算中很难确定。因此，可设想一个完全没有热力学损失（包括非平衡损失和耗散损失）的理想热力过程，即可逆过程作为模型进行研究。

图 11-6(a)为由气缸膨胀做功带动飞轮运转的示意图。取气缸及其工质作为研究对象，设工质进行绝热膨胀，对外做功，工质经历 A—1—2—3—4—B 的准静态过程[如图 11-6(b)所示]。假想气缸是没有摩擦的理想机器，工质内部也没有摩擦阻力。工质对外做的功全部用来推动飞轮，以动能的形式储存于飞轮中。而当活塞逆行时，飞轮中储存的能量逐渐释放出来用于逆向压缩，推动活塞沿工质原路线逆向返回。由于机器及工质没有任何耗散损失，过程终了时将使工质及气缸都恢复到各自的初始状态，在环境中没有留

下任何"印迹",即既没有得到功,也没有消耗功,过程的正向效应与逆向效应恰好完全相互抵消,此过程就是没有任何热力学损失的"可逆过程"。

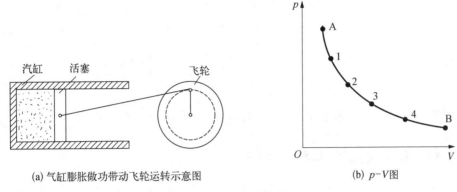

(a) 气缸膨胀做功带动飞轮运转示意图　　　　　(b) *p*-*V*图

图 11 - 6　可逆过程示意图

因此,"可逆过程"可定义为:当系统进行正、反两个方向后,系统与环境均能完全恢复到其初始状态的过程。否则就是"不可逆过程"。实现可逆过程的具体条件,一是过程没有势差,或势差无限小,如没有温差的传热、没有压力差的流体流动或压缩与膨胀过程等;二是过程没有耗散效应,如没有摩擦的机械运动、没有电阻的导电过程等。显然,可逆过程是一种理想化假定,是实际过程的一种极限,实际上是不可能实现的。

引入可逆过程概念只是一种科学的抽象,将其作为实际过程的比较标准。工程上涉及许多能量转换的过程,如流体流动、热量交换、动力循环、制冷循环等热力过程的分析,都常将理想化的可逆过程作为比较标准进行分析与计算,以找出过程的薄弱环节,为节能工作指明方向。

11.4　轴功的计算

11.4.1　可逆轴功

可逆轴功($W_{s(R)}$)指的是无任何摩擦损失的轴功,又称为"等熵"轴功,可由热力学状态函数的变化进行计算。对于可逆过程,有 $\delta Q = T \mathrm{d}S$,将其代入热力学基本方程式(3-2)并积分,得

$$\Delta H = Q + \int_{p_1}^{p_2} V \mathrm{d}p \tag{11-19}$$

将式(11-19)代入(11-13),得 $-W_{s(R)} = \int_{p_1}^{p_2} V \mathrm{d}p + \Delta E_k + \Delta E_p$。若忽略动能、位能变化的影响,即 $\Delta E_k = 0$, $\Delta E_p = 0$,则

$$-W_{s(R)} = \int_{p_1}^{p_2} V \mathrm{d}p \tag{11-20}$$

对于产功设备,例如透平(汽轮)机、水轮机等,可逆轴功 $W_{s(R)}$ 为最大功;对于耗功设

备,如鼓风机、引风机、压缩机、泵等,可逆轴功 $W_{s(R)}$ 为最小功。

实际过程存在各种机械摩擦,用于衡量实际轴功 W_s 与可逆轴功的比值称为机械效率 η_m,其定义为

对于产功设备

$$\eta_m = \frac{W_s}{W_{s(R)}} \tag{11-21}$$

对于耗功设备

$$\eta_m = \frac{W_{s(R)}}{W_s} \tag{11-22}$$

机械效率通常由实验测定,满足 $0 < \eta_m < 1$,通常 $\eta_m = 0.6 \sim 0.8$。

11.4.2 气体压缩及膨胀过程热力学分析

气体的压缩是通过压缩机械来完成的,常用的压缩机械有压缩机、鼓风机和引风机等,压缩过程是耗功过程。气体的膨胀可通过产功机械(如透平、汽轮机等)或节流设备(如文丘里管、阀门等)来实施,它是压缩过程的逆过程。图 11-7 给出了气体压缩过程的 p-V 示意图。

气体压缩或膨胀过程的能量平衡关系见式(11-13)所示,以下对其具体的计算方法进行简述。

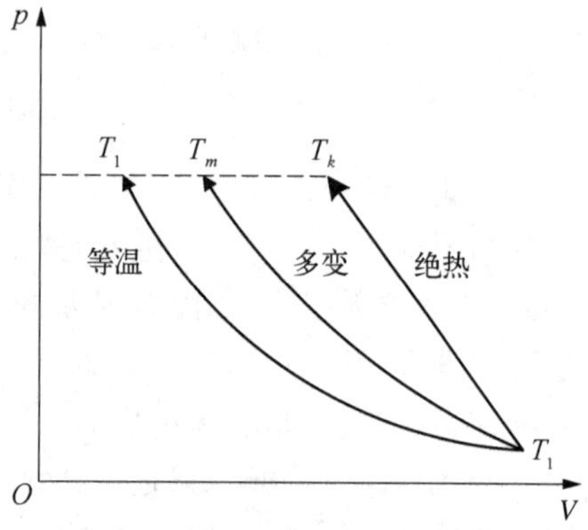

图 11-7 气体压缩过程的 p-V 示意图

11.4.2.1 理想气体的压缩过程

(1) 理想气体的等温压缩过程,因为 $\Delta H = 0$,所以 $W_{s(R)} = Q$,终温(=初温)T_1,状态方程 $pV = RT$。

$$W_{s(R)} = Q = \int_{p_1}^{p_2} V \mathrm{d}p = \int_{p_1}^{p_2} \frac{RT_1}{p} \mathrm{d}p = RT_1 \ln \frac{p_2}{p_1} \tag{11-23}$$

可见,$W_{s(R)}$ 与初温 T_1 和压缩比 p_2/p_1 有关。

(2) 理想气体的绝热压缩过程,因为 $Q = 0$,所以 $-W_s = \Delta H$,终温 T_k,状态方程 $pV^k = RT$,其中 $k = c_p/c_V$,对单原子气体,$k = 5/3$;对双原子气体,$k = 7/2$;对多原子气体,$k = 4/3$。

$$-W_{s(R)} = \int_{p_1}^{p_2} V \mathrm{d}p = \frac{k}{k-1} RT_1 \left[\left(\frac{p_2}{p_1} \right)^{(k-1)/k} - 1 \right] \tag{11-24}$$

(3) 理想气体的非等温非绝热压缩过程(又称多变过程),$\Delta H = Q - W_s$,终温 T_m,状态方程 $pV^m = RT$,其中 $1 < m < k$。

$$-W_{s(R)} = \frac{m}{m-1} RT_1 \left[\left(\frac{p_2}{p_1} \right)^{(m-1)/m} - 1 \right] \tag{11-25}$$

从图 11-7 中可看出,三种压缩过程的终温比较结果为 $T_1 < T_m < T_k$。

11.4.2.2　真实气体单级压缩可逆轴功的计算

对于真实气体的压缩过程,只需将式(11-23)～式(11-25)的结果中乘以压缩因子系数 Z 即可,对于非易液化的气体,其压缩因子 $\overline{Z_m}$ 取压缩机进出口状态(分别以 i 和 j 表示)的算术平均值,即 $\overline{Z_m}=\frac{1}{2}(Z_i+Z_j)$;对于易液化的气体,由于压缩过程中 Z 值变化很大,只能采用相关的热力学图或表进行计算。

多级压缩过程的功耗,是单级压缩功耗的代数和,其中各级的压缩比选择应以总功耗最小为原则来确定,通常采用最优化方法进行求解。

[**例 11.4**]　将 298 K,0.09807 MPa(绝)的水用泵送到压力为 0.588 MPa(绝)的锅炉中,问输送 1000 kg 水要消耗多少可逆轴功? 若给水泵的效率为 0.85,问实际耗功为多少?

解: 查附表 3.1 饱和水蒸气表知:298 K,0.09807 MPa(绝)水的比容为 1.003×10^{-3} $\text{m}^3\cdot\text{kg}^{-1}$,根据式(11-20)可求出可逆轴功,即

$$-W_{s(R)}=m\int_{p_1}^{p_2}V\mathrm{d}p=mV(p_2-p_1)=1000\times1.003\times10^{-3}\times(0.588-0.09807)$$
$$=0.4914(\text{m}^3\cdot\text{MPa})=0.1365(\text{kW}\cdot\text{h})$$

根据式(11-22)可求出实际功耗,即

$$-W_s=\frac{-W_{s(R)}}{\eta_m}=\frac{0.1365}{0.85}=0.1606(\text{kW}\cdot\text{h})$$

11.4.3　节流膨胀

节流是指流体在管道中流过阀门、孔板等设备时,压力降低($p_1>p_2$)的现象。若在节流过程中流体与外界环境没有热量交换,就称为绝热节流。11.3.1 节分析了绝热节流过程的能量平衡关系,得出绝热节流前后流体焓值相等的结论,即式(11-17)的 $\Delta H=0$ ($H_1=H_2$),但这并不等于说绝热节流就是等焓过程。因绝热节流伴随有明显的摩擦和涡流,处于极不平衡的状态,不是准平衡过程,而是典型的不可逆过程,节流过程是熵增过程,即 $S_2>S_1$。 对理想气体,焓仅是温度的函数,节流前后流体焓相等,故节流前后温度也相等($T_1=T_2$)。 对于实际气体,焓值是温度和压力的函数,故节流前后温度可能不变,也可能升高或降低。

绝热节流前后流体的温度变化称为"节流的温度效应",又称为焦耳-汤姆孙(Joule-Thomson)效应,以 μ_J 表示。

$$\mu_J=\left(\frac{\partial T}{\partial p}\right)_H=\frac{1}{c_p}\left[T\left(\frac{\partial V}{\partial T}\right)_p-V\right] \tag{11-26}$$

节流后流体的温度降低($T_1>T_2$),称为节流冷效应;节流后流体的温度升高($T_1<T_2$),称为节流热效应;节流后流体的温度不变($T_1=T_2$),称为节流零效应。实际气体的节流温度效应与流体的种类、节流前所处状态以及节流前后压力降的大小均有关。

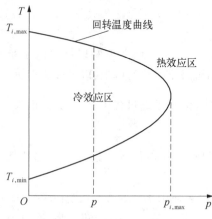

图 11-8 流体节流效应示意图

实际气体经节流后温度不变化的气流温度 T_i 称为回转温度(inversion temperature)。由热力学理论及实验得知,任何实际气体在不同压力下的回转温度都可以表示在 T-p 图上,图 11-8 所示的连续曲线就称为回转温度曲线。回转温度曲线将 T-p 图分成两个区域:曲线与温度轴包围的区域为节流冷效应区;曲线以外区域为节流热效应区。

从图 11-8 还可看出:回转曲线有一最大转变压力 $p_{i,max}$,在 $p > p_{i,max}$ 范围内,绝热节流均为热效应;在 $p < p_{i,max}$ 范围内,对应于任一压力 p 有两个回转温度,其值较大者称为上回转温度 $T_{i,max}$,其值较小者称为下回转温度 $T_{i,min}$,流体温度处于上下回转温度之间时,呈冷效应;高于上回转温度或低于下回转温度时,呈热效应。

热力学绝热节流过程在工程上有着广泛的应用。首先,绝热节流制冷是获得低温的一种有效方法,特别是在空气和其他气体的液化以及低沸点制冷剂的制冷工程中,绝热节流制冷时,通常要求流体的初始温度低于上回转温度,一般气体的 T_i 远高于室温,为临界温度的 $4.85 \sim 11.2$ 倍。如 CO_2 的 T_i 约为 1500 K,Ar 的 $T_i = 732$ K,N_2 的 $T_i = 621$ K,空气的 $T_i = 603$ K。对于上回转温度低于室温的气体,如 $H_2(T_i = 202$ K) 和 $He(T_i = 25$ K),则必须先将其预先冷却到 T_i 以下,方能得到制冷效果。

在现用的蒸气压缩制冷装置中,所使用的氟利昂及其代用品等各种制冷工质,其 T_i 远高于室温,都是通过绝热节流冷效应获得低温的。如将 30 ℃的氟利昂 12 的饱和液体(对应饱和压力为 0.74490 MPa)经膨胀阀绝热节流为终压 0.10041 MPa 的饱和蒸气,其终了温度可达 -30 ℃,即可输入冷库制冷。

其次,绝热节流是不可逆过程,节流后工质做功能力必将减小,所以工程上常用它来调节发动机的功率。绝热节流还常用来调节压力、测量湿蒸气的干度、测量流体的流量等,例如,孔板流量计就是利用绝热节流现象,用差压计测定节流前后的压力差从而算出流量的设备。

[例 11.5] 在 25 ℃时,某气体的 p-V-T 可表达为 $pV = RT + 6.4 \times 10^4 p$,在 25 ℃,30 MPa 时将该气体进行节流膨胀,问膨胀后气体的温度上升还是下降?

解:判断节流膨胀的温度变化,依据焦耳-汤姆孙效应系数 μ_J,即式(11-26):

$$\mu_J = \left(\frac{\partial T}{\partial p}\right)_H = \frac{1}{c_p}\left[T\left(\frac{\partial V}{\partial T}\right)_p - V\right]$$

将 p-V-T 关系式代入上式,即 $pV = RT + 6.4 \times 10^4 p$,则

$$V = \frac{RT}{p} + 6.4 \times 10^4 \quad \left[\text{其中}\left(\frac{\partial V}{\partial T}\right)_p = \frac{R}{p}\right]$$

$$\mu_J = \frac{1}{c_p}\left(\frac{RT}{p} - V\right) = \frac{RT - pV}{pc_p} = \frac{-6.4 \times 10^4}{c_p} = \frac{-6.4 \times 10^4}{c_p} < 0$$

可见,流体节流膨胀后,为节流热效应,终温比初始温度高。

11.4.4　等熵膨胀

当高压气体做绝热膨胀时,如在膨胀机或透平中进行,则可对外做轴功;如果膨胀过程是可逆的,则称之为等熵膨胀(isentropic expansion)。高压流体经等熵膨胀后,由于压力变化而引起的温度变化,称为等熵效应。等熵膨胀时,微小的压力变化引起的温度变化,称为微分等熵效应,以 μ_S 表示。

$$\mu_S = \left(\frac{\partial T}{\partial p}\right)_S = \frac{T}{c_p}\left(\frac{\partial V}{\partial T}\right)_p \tag{11-27}$$

分析上式,因 $c_p > 0$, $T > 0$, $\left(\frac{\partial V}{\partial T}\right)_p > 0$,则 $\mu_S > 0$。这表明任何气体在任何条件下进行等熵膨胀后,气体温度总是下降,并产生制冷效应。气体温度降低的原因是在膨胀过程中有轴功输出,膨胀后气体的比容增大,内位能总是增大的,这都要消耗一定的能量,这些能量需要用内动能来补偿,故气体的温度必然降低,总是得到冷效应。

11.4.5　膨胀过程中的温度效应

在生产上,为了获得较大的温度降,节流膨胀常常采取大的压力降。实际节流中,当压力降较大时,气体的温度变化称为积分节流效应 ΔT_H,它是微分节流效应 μ_J 的积分

$$\Delta T_H = T_2 - T_1 = \int_{p_1}^{p_2} \mu_J \mathrm{d}p \tag{11-28}$$

式中,T_1,p_1 分别为节流膨胀前的温度和压力;T_2,p_2 分别为节流膨胀后的温度和压力。由于 μ_J 为温度和压力的函数,并非为常数,因此积分较为复杂。有时温度降可用经验式近似计算,例如,当空气压力变化不大,且不考虑温度变化的影响时,可按式(11-29)进行近似估算:

$$\Delta T_H = 0.29\left(\frac{273}{T_1}\right)^2 (p_1 - p_2) \tag{11-29}$$

式中,压力的单位为 atm。由此可见,节流温度降的大小与压差成正比,而与节流前温度的平方成反比,增加节流前后气体的压差或降低节流前的温度,均可使气体的温度降增大。

在工程上,积分节流效应 ΔT_H 可利用热力学性质图直接读出,最为方便。如图 11-9 所示,在 T-S 图上,根据节流前状态 (T_1, p_1) 找出状态点 1,由状态点 1 沿等焓线与节流后的 p_2 等压线相交得节流后状态点 2,对应的温度 T_2 即为节流后的温度,故 $\Delta T_H = T_2 - T_1$。

等温节流效应:现把节流后气体(状态点 2)在定压下从其他物体中吸收热量,起到冷冻作用,而本身回升到节流前的温度(此时状态点为 0),则所吸收的热量即为节流膨胀的制冷量,用 $Q_{0(H)}$ 来

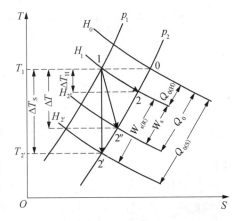

图 11-9　气体绝热膨胀的 T-S 图

347

表示。

$$Q_{0(H)} = H_0 - H_2 = H_0 - H_1 \tag{11-30}$$

节流膨胀的制冷量在数值上等于温度不变的焓差,也即等于等温节流过程中自环境中吸收的热量,所以称之为等温节流效应,如图 11-9 所示。应用等温节流效应来计算气体制冷及液化装置的制冷量是比较方便的。

气体做等熵膨胀时,压力降较大引起的温度变化称为积分等熵效应 ΔT_S:

$$\Delta T_S = T_2 - T_1 = \int_{p_1}^{p_2} \mu_S \mathrm{d}p \tag{11-31}$$

式中,T_1,p_1 为等熵膨胀前的温度和压力;T_2,p_2 为等熵膨胀后的温度和压力。

若已知流体的状态方程,利用式(11-27)和式(11-31)可求得 ΔT_S。 在工程上,ΔT_S 仍可通过 T-S 图(图 11-9)直接求得。过等熵膨胀前的状态点 $1(T_1,p_1)$ 作垂线,与等压线 p_2 的交点 $2'$ 即为等熵膨胀的终点。

等熵膨胀的温度降 $\qquad\qquad \Delta T_S = T_1 - T_{2'}$

气体在等熵膨胀中所做的轴功 $\qquad W_{s(R)} = -\Delta H_{12'} = H_1 - H_{2'}$

等熵膨胀的制冷量 $Q_{0(S)}$ 等于气体从膨胀后的终点 $2'(T_{2'},p_2)$ 等压加热到膨胀前的温度(此时状态点为 0)所吸收的热量:

$$Q_{0(S)} = H_0 - H_{2'} = (H_0 - H_1) + (H_1 - H_{2'}) = Q_{0(H)} + W_{s(R)} \tag{11-32}$$

可见,等熵膨胀的制冷量 $Q_{0(S)}$ 等于由相同初态膨胀到相同压力时,等温节流效应(节流膨胀的制冷量 $Q_{0(H)}$)与对外所做膨胀功 $W_{s(R)}$ 之和,其制冷量如图 11-9 所示。

实际上,气体对外做功的绝热膨胀并不是可逆过程,由于它存在摩擦、泄漏、冷损等,不是等熵过程,而是向熵增大方向进行的不可逆过程。不可逆绝热膨胀的温度降 ΔT 和制冷量 Q_0 均小于等熵膨胀的,它们介于节流(等焓)和等熵膨胀之间,即

$$\Delta T_H < \Delta T < \Delta T_S,\ Q_{0(H)} < Q_0 < Q_{0(S)}$$

不可逆绝热膨胀终点 $2''(T_{2''},p_2)$,如图 11-9 所示,其温度降 $\Delta T = T_1 - T_{2''}$,气体绝热不可逆膨胀所做轴功 $W_s = -\Delta H_{12''} = H_1 - H_{2''}$,其制冷量 $Q_0 = H_1 - H_{2''} = Q_{0(H)} + W_s$。

用膨胀机的等熵效率 η_S 来表示膨胀机的不可逆程度,有

$$\eta_S = \frac{W_s}{W_{s(R)}} = \frac{H_1 - H_{2''}}{H_1 - H_{2'}} \tag{11-33}$$

节流(等焓)膨胀与等熵膨胀的比较,从式(11-26)与式(11-27)可以得出

$$\mu_S - \mu_J = \frac{V}{c_p} \tag{11-34}$$

因 $V > 0$,$c_p > 0$,故 $\mu_S > \mu_J$。 式(11-34)表明同样的初始状态和膨胀压力,等熵膨胀比节流(等焓)膨胀的温度降要大得多。从降温条件比较,等熵膨胀适用于任何情况下的任何气体,而等焓膨胀对于少数气体(如 H_2、He 等)则必须预冷到一定低温,然后节流才能产生制冷效应。

综合上述分析,从温度降和制冷量来看,显然做外功(轴功)的绝热膨胀比节流膨胀更

为优越,且绝热膨胀还可回收功。但从设备与操作考虑,节流膨胀采用节流阀,结构简单,操作方便,可用于气液两相区,甚至可以直接制得液体;而做外功的绝热膨胀使用膨胀机结构复杂,设备投资大,操作要求高,低温润滑困难,且不能有液滴产生,不能直接液化气体。这两种膨胀各有优缺点,且在低温制冷和气体液化装置中均有广泛的应用。通常,节流膨胀用于普冷循环和小型深冷装置,用于降温和气体液化;做外功的绝热膨胀用于大、中型的气体液化装置中,用于大幅度降温之用。由于膨胀机一般不允许有液体产生,实际上膨胀机和节流阀常常联合并用。

11.5　喷管的热力学基础

11.5.1　等熵流动的基本特征

喷管是利用气体压力降使气流加速的管道。喷管的长度较短而气流的速率较大,故气流经过喷管所需的时间很短,气体和管壁的热量交换可以忽略不计。因此喷管中气体的流动常作为稳定流动的等熵过程进行分析。

根据稳定流动过程的能量平衡方程[式(11-13)],由于 $Q=0$, $W_s=0$,忽略位能变化的影响,则有

$$H_1 - H_2 = \frac{1}{2}(u_2^2 - u_1^2) \tag{11-35}$$

由于喷管的流动系等熵流动,根据机械能平衡方程[式(11-15)]的微元表形式为

$$-V\mathrm{d}p = u\mathrm{d}u \tag{11-36}$$

即气体压力降低时,气体的流速增加。

由物理学可知,声速 α 是微弱扰动在气态工质中所产生的纵波的传播速度,定义为

$$\alpha = \sqrt{\left(\frac{\partial p}{\partial \rho}\right)_S} = \sqrt{-V^2\left(\frac{\partial p}{\partial V}\right)_S} \tag{11-37}$$

声速为决定于介质的性质及介质状态的一个参数。若介质为理想气体,其等熵过程方程为 $pV^k=$ 常数,则 $\left(\dfrac{\partial p}{\partial V}\right)_S = \dfrac{-kp}{V}$,则理想气体在介质中的声速

$$\alpha = \sqrt{kpV} = \sqrt{kRT} \tag{11-38}$$

由式(11-37)得到等熵流动过程中压力的变化与比容变化的关系为

$$(\mathrm{d}p)_S = -\frac{\alpha^2}{V^2}(\mathrm{d}V)_S \tag{11-39}$$

将式(11-39)代入式(11-36),得等熵流动过程中流速变化与比容变化的关系为

$$\frac{\mathrm{d}u}{u} = \frac{(\mathrm{d}V)_S}{V}\left(\frac{\alpha^2}{u^2}\right) = \frac{\mathrm{d}V}{V}\left(\frac{1}{Ma^2}\right) \tag{11-40}$$

式中，流速与声速的比值 $\dfrac{u}{\alpha}=Ma$，称为马赫数(Mach number)，它是一个任意正数，所以等熵流动中气体的流速随比容的增大而增加。且当 $Ma<1$，即 $u<\alpha$ 时，$\dfrac{\mathrm{d}u}{u}$ 流速的增长率大于比容的增长率；反之，当 $Ma>1$，即 $u>\alpha$ 时，$\dfrac{\mathrm{d}u}{u}$ 流速的增长率小于比容的增长率。

由式(11-35)、式(11-36)和式(11-40)可知：在喷管中随着气体的流速增加，即 $\mathrm{d}u>0$，气体的焓和压力降低，而比容增大，即 $\mathrm{d}H<0$，$\mathrm{d}p<0$，$\mathrm{d}V>0$。

设喷管的截面积为 A，则气体的流量可表示为 $m=\dfrac{Au}{V}$，由于气体在喷管中的流量不随管道的尺寸大小而变化，即符合连续性方程

$$m=\frac{Au}{V}=常数 \qquad (11-41)$$

对式(11-41)微分，得

$$\frac{\mathrm{d}A}{A}=\frac{\mathrm{d}V}{V}-\frac{\mathrm{d}u}{u} \qquad (11-42)$$

对于喷管中气体的等熵流动，将气体比容的变化关系式(11-41)代入式(11-40)中，可得截面积变化和流速变化的关系为

$$\frac{\mathrm{d}A}{A}=(Ma^2-1)\,\frac{\mathrm{d}u}{u} \qquad (11-43)$$

式(11-42)说明：当流速小于声速，即 $u<\alpha$，$Ma<1$ 时，随着流速的增大，喷管的截面积应逐渐减小，如图 11-10(a)所示，这种喷管称为渐缩形喷管。当气体的流速大于声速，即 $u>\alpha$，$Ma>1$ 时，随着流速的增大，喷管的截面积应逐渐增大，呈渐放形。因而，当气体流速由小于声速增加到大于声速时，整个喷管应该由渐缩形的前段和渐放形的后段组合而成，如图 11-10(b)所示，这种喷管称为缩放形喷管。显然，在缩放形喷管的喉段，即其最小截面积处，气体的流速正好等于声速。

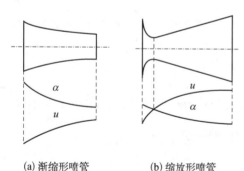

(a) 渐缩形喷管　　(b) 缩放形喷管

**图 11-10　等熵下喷管内介质
速度与声速的关系**

扩压管是利用气体流速逐渐降低而使气体压力增高的设备。扩压管也和喷管一样可看作是绝热管道，气体在扩压管中的流动可按稳态稳流的等熵流动进行分析。由式(11-40)、式(11-35)及式(11-36)可知，在扩压管中随着气流速度降低，即 $\mathrm{d}u<0$，有 $\mathrm{d}H>0$，$\mathrm{d}p>0$，$\mathrm{d}V<0$。又由式(11-43)可知，当流速小于声速时，扩压管为渐放形，而当气流速度从大于声速降为小于声速时，扩压管应为缩放形。这种情况正好与喷管的逆过程相对应。

以上介绍的管内等熵流动的基本特性，适用于任何气体，也可用于分析水蒸气的流动过程。

11.5.2　气体的流速与临界速度

在喷管中，气流速度的变化非常大。一般情况下，进口流速与出口流速相比，其大小可忽略不计。因而分析气体流动过程时，取流速为零的滞止状态为喷管进口的初始状态，即 $u_0 = u_1 = 0$。由绝热流动的能量平衡关系式(11-35)可得喷管出口的气流速度为

$$u_2 = \sqrt{2(H_0 - H_2)} \tag{11-44}$$

式(11-44)对任何工质的绝热流动，不论它是可逆过程或不可逆过程都是适用的。

对于理想气体，设等压摩尔比热容为定值，且 $c_p/c_V = k$，$c_p - c_V = R$，则式(11-44)可写为

$$u_2 = \sqrt{2c_p(T_0 - T_2)} = \sqrt{2\frac{k}{k-1}R(T_0 - T_2)} \tag{11-45}$$

气体若做稳定的等熵流动，并符合方程式 $pV^k = RT$，则由式(11-45)导得的出口流速为

$$u_2 = \sqrt{2\frac{k}{k-1}p_0 V_0 \left[1 - \left(\frac{p_2}{p_0}\right)^{(k-1)/k}\right]} \tag{11-46}$$

由以上各流速计算式可知，当喷管进口截面气体的状态一定时，喷管出口的气流速度取决于出口截面上气体的状态。对于等熵(可逆绝热)流动来说，由式(11-46)知：出口流速决定于出口截面的压力比 (p_2/p_0)，压力比越小，即出口截面上气体的压力越低，出口流速就越大。

当气流速度等于声速时，气流处于由亚声速向超声速过渡的临界状态，该流速称为临界流速。相应地，临界流速处喷管截面上的压力比称为临界压力比 (p_c/p_0)。由临界流速与式(11-38)对理想气体的声速应用的关系，可求得等熵流动时临界压力比

$$\sqrt{2\frac{k}{k-1}p_0 V_0 \left[1 - \left(\frac{p_c}{p_0}\right)^{(k-1)/k}\right]} = \sqrt{kp_c V_c} \tag{11-47}$$

因此

$$\frac{p_c V_c}{p_0 V_0} = \frac{2}{k-1}\left[1 - \left(\frac{p_c}{p_0}\right)^{(k-1)/k}\right] \tag{11-48}$$

由理想气体等熵过程状态方程关系 $p_0 V_0^k = p_c V_c^k$，代入上式得

$$\left(\frac{p_c}{p_0}\right)^{(k-1)/k} = \frac{2}{k-1}\left[1 - \left(\frac{p_c}{p_0}\right)^{(k-1)/k}\right] \tag{11-49}$$

则理想气体等熵流动时临界压力比为

$$\frac{p_c}{p_0} = \left(\frac{2}{k+1}\right)^{k/(k-1)} \tag{11-50}$$

式(11-50)说明临界压力比仅和理想气体的 k 有关。当气体的性质一定时，临界压力比就

有确定的数值。对于理想气体,k 及其临界压力比取值为

单原子气体 $\qquad\qquad\qquad k=1.67, p_c/p_0=0.487$

双原子气体 $\qquad\qquad\qquad k=1.40, p_c/p_0=0.528$

多原子气体 $\qquad\qquad\qquad k=1.30, p_c/p_0=0.546$

由于渐缩形喷管的出口流速不能大于临界流速,故其出口截面的压力比不能小于临界压力比。在缩放形喷管中,其喉部截面的压力比正好等于临界压力比,而其出口截面的压力比则小于临界压力比。因而在等熵流动时,可由式(11-50)计算临界压力比的数值,然后根据喷管出口截面上气体的压力和喷管进口流速为零时气体的压力之比来选定喷管的形式。在近似估算时常取临界压力比=0.5。

根据临界压力比,由式(11-50)、式(11-46)可得等熵流动时临界流速的计算式为

$$u_c=\sqrt{\frac{2k}{k+1}p_0V_0}=\sqrt{\frac{2k}{k+1}RT_0} \qquad\qquad (11-51)$$

即临界流速决定于进口状态,当 p_0V_0 或 T_0 较高时临界流速的数值较高。

式(11-50)、式(11-51)原意只能用于理想气体等熵流动的计算,但在工程上常借用作水蒸气等熵流动的计算,此时式中 k 采用某个合适的经验数值,一般情况下可取下列数据:

过热蒸气 $\qquad\qquad\qquad k=1.30, p_c/p_0=0.546$

干饱和蒸气 $\qquad\qquad\qquad k=1.135, p_c/p_0=0.577$

[例11.6] 有一贮气罐,其中空气的压力为 0.16 MPa,温度为 17 ℃。现利用罐中空气经喷管喷出而产生高速空气流,若环境的大气压力为 0.1 MPa,试确定喷管的形式、出口处空气的流速及温度。已知通用气体常数 $R=287.1 \text{ J} \cdot \text{kg}^{-1} \cdot \text{K}^{-1}$。

解: 设喷管出口处空气的压力等于喷管出口外面环境的大气压力,则因空气为双原子气体,其 $p_c/p_0=0.528$,现有

$$\frac{p_2}{p_0}=\frac{0.1\times10^6}{0.16\times10^6}=0.625>0.528$$

即出口截面上压力 p_2 大于临界压力 p_c,故应采用渐缩形喷管。

喷管的进口流速可视为零,而出口流速可由式(11-46)计算:

$$u_2=\sqrt{2\frac{k}{k-1}RT_0\left[1-\left(\frac{p_2}{p_0}\right)^{(k-1)/k}\right]}=\sqrt{2\times\frac{1.4}{0.4}\times287.1\times290\times(1-0.625^{0.4/1.4})}$$

$$=271(\text{m}\cdot\text{s}^{-1})$$

喷管出口的空气温度

$$T_2=T_0\left(\frac{p_2}{p_0}\right)^{(k-1)/k}=290\times0.625^{0.4/1.4}=253.6(\text{K})$$

即 $t_2=-19.6$ ℃。 计算结果表明:在常温及不太大的压力降条件下,喷管出口流速可达每秒数百米,且低温。

[例11.7] 燃烧室中燃气的压力为 0.8 MPa、温度为 900 ℃。若让燃气经喷管膨胀降压而产生的高速气流流入压力为 0.1 MPa 的空间,试求喷管为渐缩形及缩放形两种情况下

喷管出口气流的速度。已知燃气的 $R = 0.2871\,\mathrm{kJ \cdot kg^{-1} \cdot K^{-1}}$，比热容比值 $k = 1.34$。

解：（1）当采用渐缩形喷管时，出口截面上压力比不可能低于临界压力比。按临界压力比[式(11-50)]可得

$$\frac{p_\mathrm{c}}{p_0} = \left(\frac{2}{k+1}\right)^{k/(k-1)} = \left(\frac{2}{1.34+1}\right)^{1.34/0.34} = 0.539$$

则渐缩形喷管出口截面上气体压力不可能低于

$$p_2 = p_0\,\frac{p_\mathrm{c}}{p_0} = 0.8 \times 10^6 \times 0.539 = 0.431(\mathrm{MPa})$$

由于 $p_2 > 0.1\,\mathrm{MPa}$，但因喷管形状的限制，气体在喷管内不可能进一步降压膨胀，此时喷管出口的流速为临界速度，即

$$u_2 = u_\mathrm{c} = \sqrt{\frac{2k}{k+1}RT_0} = \sqrt{\frac{2 \times 1.34}{1.34+1} \times 0.2871 \times 10^3 \times (273+900)} = 621(\mathrm{m \cdot s^{-1}})$$

（2）当采用缩放形喷管时，如设计合理，气体压力可降低到等于背压从而充分利用全部压力降来获取高速气流。这时流速为

$$
\begin{aligned}
u_2 &= \sqrt{2\,\frac{k}{k-1}RT_0\left[1 - \left(\frac{p_2}{p_0}\right)^{(k-1)/k}\right]}\\
&= \sqrt{2 \times \frac{1.34}{0.34} \times 287.1 \times 1173 \times \left[1 - \left(\frac{0.1 \times 10^6}{0.8 \times 10^6}\right)^{0.34/1.34}\right]}\\
&= 1044(\mathrm{m \cdot s^{-1}})
\end{aligned}
$$

可见，其出口流速较渐缩形喷管的出口流速要高出很多。

11.6　喷射器

　　喷射器是利用一种流体（称为驱动流体或引射流体）的压力能在喷管中变成速度能，高速喷出以抽吸第二种流体（称为被引射流体），两者的混合物以一定速度进入扩压管，速度能又变成压力能的装置。实质上，喷射器排出的混合物的压力高于吸入室中的压力，因此喷射器是一种有效的真空发生装置。由于该设备内没有活动部件，处理量又相当大，在化学工业中有较广泛的应用，如用在真空蒸馏、蒸发和冷冻过程中以创造和维持真空条件，在空气调节中以此来循环二次空气等。此外，在蒸汽动力厂中，汽轮机乏气的冷凝器也是采用喷射器作为抽气设备以维持其真空状态，小型锅炉也用它作为给水设备。在以上的应用中，第一种流体通常是蒸汽或气体，在工业中常用的是水蒸气和空气。当然，第一种流体也可以是液体，通常用的是水。当工业冷却水使用深井水时，也可用这样的喷射泵来抽取。实验空中的真空吸滤，也常使用水喷射泵来创造及维持真空条件。特别是对某些高温和腐蚀性液体的处理和输送，也有采用喷射泵来完成的。

　　喷射器有一级，也有多级，视需要也可组合使用。现以单级喷射器为例进行讨论。一个喷射器包括下列四个主要部分：① 高压喷管，用于加速驱动流体；② 略有收缩的第二种

流体的进口截面,使被引射流体在抽吸前加速;③ 混合段,驱动流体和被引射流体在此相混合,使前者减速、后者加速;④ 扩压管,使混合流体减速以提高其压力。

现对一文丘里管型的单级喷射器的工作性能进行热力学分析。

如果驱动流体和被引射流体属于同样的流体,假设被引射流体的进口混合段间没有压降,这样的喷射器如图 11-11 所示。

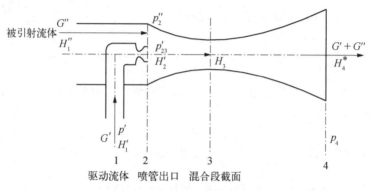

图 11-11 喷射器结构示意图

质量流量 G'(kg·s^{-1}) 的高压流体以 p'(kPa)通过喷管膨胀,而以压力 p'_{23}(kPa)进入混合截面。运用稳定流动的热力学第一定律,即式(11-13),在可逆绝热条件下喷射出口与进口间动能之差等于驱动流体在状态 1 与 2 之间的焓差。但在实际喷管中,由于存在不可逆的因素,不能使全部的焓差变为动能的增加,设喷管效率为 η'_{12},则

$$\text{膨胀过程中机械能的损失} = (1-\eta'_{12})(H'_1-H'_2)_S \tag{11-52}$$

被引射的流体在截面 2 处的压力为 p''_2,因为假设被引射流体在进口处和混合段间没有压力降,所以 $p''_2=p'_{23}$。 被引射流体的质量流速为 G''(kg·s^{-1}),一种流体与另一种流体相碰撞时也有能量损失,从而又要消耗驱动流体的动能,设在混合过程中能量转换的效率为 η'_{23},因此

$$\text{混合过程中机械能的损失} = (1-\eta'_{23})(H'_1-H'_2)_S \tag{11-53}$$

总的机械能损失应为膨胀过程和混合过程中两者损失的总和,即

$$\text{总机械能损失} = (2-\eta'_{12}-\eta'_{23})(H'_1-H'_2)_S \tag{11-54}$$

在截面 3 处混合流体中,膨胀后的驱动流体的真正焓值为

$$H'_3=(H'_2)_S+(2-\eta'_{12}-\eta'_{23})(H'_1-H'_2)_S \tag{11-55}$$

通过扩压管的混合流体的质量流速为 $G=G'+G''$,离开扩压管的压力为 p_4,在扩压管内速度动能转变为压力能。如果压缩效率为 η'_{34},则

$$\eta'_{34}=\frac{(H_4-H_3)_S}{H_4^*-H_3}=\frac{u_3^2-u_4^2}{2g(H_4^*-H_3)} \tag{11-56}$$

式中, H_4^* 为流出流体的真正焓, H_3 为混合流体在截面 3 处的焓值。

如果不计及流出流体的动能,在扩压管中混合流体焓的增加等于驱动流体在喷管和混合段内焓的损失,因此

$$(G'+G'')(H_4^* - H_3) = G'(H_1' - H_3') \qquad (11-57)$$

或

$$\frac{G'+G''}{G'} = \frac{H_1' - H_3'}{H_4^* - H_3} \qquad (11-58)$$

式中，H_3' 为引射流体在截面 3 处的焓值。从式(11-58)就可以计算 1 kg 高压流体可以压缩低压流体的量。如果忽略进口和出口的动能，对整个喷射器进行能量平衡，可得

$$G'H_1' + G''H_1'' = (G'+G'')H_4^* \qquad (11-59)$$

计算过程如下：当一个喷射器在特定的 p_1'，p_{23}' 和 p_4 的压力下操作，通过式(11-55)、式(11-58)，以及图解法求得质量流速的比例。先假设一系列 H_3，从式(11-56)计算出 H_4^*，再从式(11-58)计算 $\dfrac{G'+G''}{G'}$，然后由式(11-58)重新计算 H_4^*，通过试差法或图解法验证假设的 H_3，最后由式(11-56)求得 H_4^*。若此值与式(11-58)中 H_4^* 相符合，则将 H_4^* 代入式(11-58)即可求得两种流体质量流速的正确比例。

[例 11.8]　在一蒸汽喷射器中，驱动蒸汽为 785 kPa 的饱和蒸汽，被引射流体的饱和蒸汽为 0.28 kPa，两种流体混合后排出的压力为 101 kPa，如果混合在等压下进行，试求每引射 1 kg 低压水蒸气需要多少驱动蒸汽？设喷管效率 $\eta_{12}'=0.95$，混合效率 $\eta_{23}'=0.80$，压缩效率 $\eta_{34}'=0.90$。

解：从附录 3.1 的饱和水蒸气表查得：H_1'(p_1' 为 785 kPa 时的饱和蒸汽的焓) = 661 kcal·kg^{-1} = 2763 kJ·kg^{-1}，S_1(p_1' 为 785 kPa 时的饱和蒸汽的熵) = 1.59 kcal·kg^{-1}·K^{-1} = 6.65 kJ·kg^{-1}·K^{-1}，$(H_2')_S$(驱动蒸汽等熵膨胀到 28 kPa 时的焓) = 536 kcal·kg^{-1} = 2240 kJ·kg^{-1}。

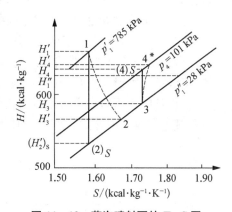

图 11-12　蒸汽喷射泵的 T-S 图

计算时可采用图解法求解，如图 11-12 所示。

由式(11-55)得

$$\begin{aligned}
H_3' &= (H_2')_S + (2 - \eta_{12}' - \eta_{23}')(H_1' - H_2')_S \\
&= 536 + (2 - 0.95 - 0.80) \times (661 - 536) \\
&= 567(\text{kcal·kg}^{-1}) = 2373(\text{kJ·kg}^{-1})
\end{aligned}$$

可用来压缩的机械能 = $H_1' - H_3'$ = 661 - 567 = 94(kcal·kg^{-1}) = 393(kJ·kg^{-1})

先假设在 0.28 kPa 下混合物的焓 H_3 = 587(kcal·kg^{-1}) = 2454(kJ·kg^{-1})，则等熵压缩到 101 kPa 时的混合物的焓 H_4 = 635.2(kcal·kg^{-1}) = 2658(kJ·kg^{-1})。

$$(H_4 - H_3)_S = 635.2 - 587 = 48.2(\text{kcal·kg}^{-1}) = 201.7(\text{kJ·kg}^{-1})$$

应用式(11-56)得

$$H_4^* - H_3 = \frac{(H_4 - H_3)_S}{\eta_{34}'} = \frac{48.2}{0.90} = 53.6(\text{kcal·kg}^{-1}) = 224(\text{kJ·kg}^{-1})$$

则

$$H_4^* = 587 + 53.6 = 640.6(\text{kcal·kg}^{-1}) = 2680(\text{kJ·kg}^{-1})$$

由式(11-58)得

$$\frac{G'+G''}{G'}=\frac{H_1'-H_3'}{H_4^*-H_3}=\frac{94}{53.6}=1.75$$

则

$$\frac{G''}{G'}=0.75$$

再从总的能量平衡来验证 H_3 的假设值是否正确。从查表或图得到在 28 kPa 时饱和蒸汽的焓 $H_1''=625$ kcal·kg^{-1}，从式(11-59)得

$$1.75H_4^*=1.0\times661+0.75\times625$$

解得

$$H_4^*=646\text{ kcal}\cdot\text{kg}^{-1}=2703\text{ kJ}\cdot\text{kg}^{-1}$$

该计算值与假设值相近,说明假设的 H_3 是正确的,表明 1 kg 高压驱动蒸汽可以引射 0.75 kg的低压蒸汽;换言之,每引射 1 kg 低压水蒸气需用 1.33 kg 的驱动蒸汽。

在蒸汽、空气喷射器的设计中,有的已完全图表化,通常只要驱动流体的入口压力、吸入压力和排出压力已知,并给定吸入气体流量,即可进行喷射器的设计计算。

工厂为了排除大量的气体(或蒸汽)和建立较高的真空度,可以把多个喷射器并联和串联使用,前者称为单级多个喷射器,后者称为多级单个喷射器。

单级多个喷射器由两个或多个喷射器并联组成,每一个喷射器的设计吸入压力均低于大气压,排出压力等于或高于大气压。这种喷射装置中每一个喷射器称为元件,整个装置为单级,视所需喷射器个数可称之为单级双喷射器、单级三喷射器等。

多级单个喷射器由两个或多个喷射器串联组成,串联系列中第一个和中间任何一个喷射器的设计吸入压力和排出压力均低于大气压,最后一个喷射器的排出压力等于或高于大气压,其串联组合的方式如图 11-13 所示。

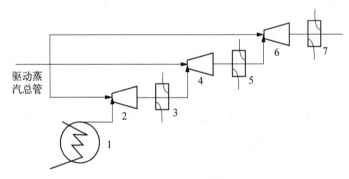

1—需要建立真空装置;2,4,6—分别为一、二、三级喷射器;
3,5,7—分别为一、二、三级冷却器。

图 11-13　多级单个喷射器示意图

习　题

11.1　一容积为 13 m³ 隔热良好的钢制容器,内装 0.1 MPa, 295 K 的空气。该容器和处于 0.5 MPa,

303 K 稳定状态下的压缩空气管路相连。初始时,容器和管路之间的阀门是关闭的。如果阀门开启足够长的时间,进入容器的空气将使容器内的压力达到 0.3 MPa。试就下述两种情况计算容器内的空气量和温度。(1) 容器壁和罐内气体的热交换非常迅速,以致容器壁和空气总是处于同样的温度;(2) 过程绝热(和气体没有热交换)。已知:钢制容器的质量为 1200 kg,钢的等压比热容为 448 J·kg^{-1}·K^{-1}。空气可视作理想气体,其等压摩尔比热容和等容摩尔比热容分别为 $c_p = 29.2$ J·mol^{-1}·K^{-1}, $c_V = 20.88$ J·mol^{-1}·K^{-1}。

11.2　某一 0.5 m^3 的储槽存有制冷剂氨,其初始状态为 40 ℃,0.8 MPa。储槽上有个漏孔,其以质量流率 0.04 kg·s^{-1} 向外界泄漏氨。假设此泄漏过程进行得非常缓慢,以致来自外界环境传热可保持储槽的温度不变。试计算当储槽里氨泄漏了一半时,所需要的时间(以 s 表示)以及此时储槽的压力。

11.3　容积为 3 m^3 的带有两个阀门的绝热槽盛有 20 ℃ 和 10.13×10^3 kPa 的空气。阀门打开以后,压力便迅速降至 354.64 kPa,试计算槽内残余空气的温度。

11.4　某冷凝器内的蒸汽压力为 5 kPa,蒸汽以 100 m·s^{-1} 的速度进入冷凝器,其焓为 2430.2 kJ·kg^{-1},蒸汽冷却成水以后,其焓为 137.8 kJ·kg^{-1},流出冷凝器时的速度为 10 m·s^{-1},计算每千克蒸汽在冷凝器中放出的热量。

11.5　水在绝热的混合器中与水蒸气混合而被加热。水流入混合器的压力为 200 kPa,温度为 20 ℃,焓值为 84 kJ·kg^{-1},流量为 100 kg·min^{-1}。水蒸气进入混合器时的压力为 200 kPa,温度 300 ℃下,焓值为 3072 kJ·kg^{-1}。混合物离开混合器时的压力为 200 kPa,温度为 100 ℃,焓值为 419 kJ·kg^{-1}。计算每分钟需要水蒸气的量。

11.6　有一水平铺设的热交换器,其进、出口的截面积相等,空气进入时的温度、压力和流速分别为 303 K, 0.103 MPa 和 10 m·s^{-1},离开时的温度和压力分别为 403 K 和 0.102 MPa。试计算当空气质量流量为 80 kg·h^{-1} 时,空气从热交换器吸收多少热量?若热交换器为垂直安装,高 6 m,空气自下而上流动,则空气离开热交换器时吸收的热量为多少?已知:空气的等压平均比热容为 1.005 kJ·kg^{-1}·K^{-1}。

11.7　1 kg 空气在压缩机内由 0.1034 MPa, 299.7 K 可逆绝热压缩到 0.517 MPa。设过程为稳定流动,且动能和位能的变化可忽略不计。空气是理想气体,其等容摩尔比热容 $c_V = 0.716$ kJ·kg^{-1}·K^{-1},等压摩尔比热容 $c_p = 1.005$ kJ·kg^{-1}·K^{-1},试求可逆压缩功。

11.8　接触法制硫酸的步骤之一是制备 SO$_3$:以 SO$_2$ 和空气的混合物通入转化炉内生成 SO$_3$,炉内催化剂管中盛有钒催化剂,混合气体于 653 K 通入炉内(此温度为反应开始以高速进行时的最低温度),催化剂层的温度因反应放热而升高,为避免 SO$_3$ 大量离解,需通入过量空气,以控制温度升高值不得超过 1000 K。试求每一体积 SO$_2$ 应与多少体积的空气混合?已知 SO$_2 + \dfrac{1}{2}$O$_2$(g) $\xrightarrow{653\ K}$ SO$_3$(g) $+ \Delta H$,

$\Delta H = -92114$ J·mol^{-1},并假定 97% 的 SO$_2$ 转化为 SO$_3$,与外界的热交换可忽略不计,各气体的等压摩尔比热容相等,并满足关系:$c_p = 27.22 + 0.0042\, T$(J·mol^{-1}·K^{-1})。

11.9　密度 $\rho = 1.13$ kg·m^{-3} 的空气,以 4 m·s^{-1} 的速度在进口截面为 0.2 m^2 的管道中稳定流动,出口处密度为 2.84 kg·m^{-3},计算:(1) 出口处气体的流量;(2) 出口速度为 6 m·s^{-1} 时,出口截面积为多少?

11.10　某理想气体(相对分子质量为 28)在 1089 K, 0.7091 MPa 下通过一透平机膨胀到 0.1013 MPa,透平机的排气以亚声速排出。进气的质量流量为 35.4 kg·h^{-1},输出功率为 4.2 kW,透平机的热损失为 6700 kJ·h^{-1}。透平机进、出口连接钢管的内径为 0.0160 m,气体的比热容为 1.005 kJ·kg^{-1}·K^{-1}(设与压力无关)。试求透平机排气的温度及速度。

11.11　压力为 1.62 MPa、温度为 593 K 的过热蒸汽以 24 m·s^{-1} 的流速进入喷嘴,流出喷嘴的蒸汽为 0.1013 MPa 的饱和蒸汽,试求喷嘴出口处蒸汽的流速。设蒸汽流动过程近似为绝热过程。

11.12　压力为 1 MPa、温度为 200 ℃ 的水蒸气以 20 m·s^{-1} 的速度在一绝热喷管内做稳定流动。喷管出口蒸汽压力为 0.5 MPa,温度为 160 ℃。计算:(1) 进出口管道截面积之比 A_1/A_2;(2) 出口处气流速度;(3) 当速度近似为零时,出口处速度及误差。已知:1 MPa, 200 ℃ 时 $H_1 = 2827.5$ kJ·kg^{-1}, $V_1 = 0.2059$ m^3·kg^{-1};0.5 MPa, 160 ℃ 时, $H_2 = 2767.4$ kJ·kg^{-1}, $V_2 = 0.3836$ m^3·kg^{-1}。

11.13　在压缩空气输气管上接有一渐缩形喷管,喷管前空气的压力可通过阀门调节,而空气的温度为 27 ℃,喷管出口的背压为 0.1 MPa。设喷管进口的压力为 0.15 MPa 及 0.25 MPa 时,试求喷管出口截面的流速和压力,以及两种情况下出口截面气流的马赫数。

11.14 设进入喷管的氦气的压力为 0.4 MPa,温度为 227 ℃,出口背压为 0.15 MPa,试选择喷管形状,并计算出口截面气体的压力、气流速度及马赫数。

11.15 基本概念题

(1) 绝热过程必是定熵过程( )。

A. 对   B. 错

(2) 理想气体流过节流阀,其参数变化为( )。

A. $\Delta T = 0,\ \Delta S = 0$ B. $\Delta T = 0,\ \Delta S > 0$

C. $\Delta T \neq 0,\ \Delta S > 0$ D. $\Delta T = 0,\ \Delta S < 0$

(3) 在 $\Delta H + g\Delta Z + \dfrac{1}{2}\Delta u^2 = Q - W_s$ 中,如果 u 的单位用 m·s^{-1},则 H 的单位为( )。

A. J·s^{-1} B. kJ·kg^{-1} C. J·kg^{-1} D. kJ·g^{-1}

11.16 简答题

(1) 改变气流速度起主要作用的是通道的形状,还是气流本身的状态变化?

(2) 当气流速度分别为亚声速和超声速时,下列形状的管道宜于作喷管还是宜于作扩压管?

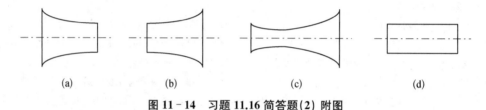

    (a)   (b)   (c)   (d)

图 11-14 习题 11.16 简答题(2) 附图

(3) 当有摩擦损耗时,喷管的流出速度同样可用计算,似乎与无摩擦损耗时相同。那么,摩擦损耗表现在哪里?

第 12 章

热力学第二定律及其
工程应用

内容概要和学习方法

　　热力学第一定律指出,各种不同形式的能量可以相互传递与转换;在传递转换的过程中,能量在总量上是守恒的。那么问题来了,各种不同形式的能量是否都可以无条件地相互转换呢? 答案并非如此。例如,功可以全部转换成热量,但热量却不能无条件地全部转换成功。又如,热量只能从高温物体传给低温物体,而不能自动地从低温物体传给高温物体。这些例子说明:功与热量、高温热量与低温热量之间都不能无方向性地相互转换。因此,能量除了有数量的多寡之外,还有质量(或品质)的高低。功与热量、高温热量与低温热量即使在数量上相等,但在品质上都不同,因此不能无方向性地相互转换。无数的经验和事实告诉我们:在使用过程中,虽然能量的数量是守恒的,但其质量却是下降的。能量在使用过程中不断地贬值、降级变废是目前能源危机的真正原因。为此,如何防止能量的无偿降级,仅仅用热力学第一定律还不能解释能量消耗的真正原因,也不能解决能量消耗的真正部位,必须结合热力学第二定律来研究和解决现实中的节能问题。

　　本章主要在前述通用衡算方程的基础上,导出表征热力学第二定律的定量关系式,即熵衡算方程和有效能衡算方程。重点介绍可递过程、完全可递过程、理想功、损耗功、有效能以及效率因子的基本概念和计算方法;学会采用熵衡算、有效能衡算的基本方法对热力过程、化工单元操作过程进行分析与评价;最后通过引入"㶲"的概念,对需要移走确定量的热量过程进行分析和优化,为今后学习非平衡态热力学提供一定的理论基础。

12.1　热力学第二定律的不同表述方法

　　热力学第二定律揭示了在自然界中,凡涉及热量传递现象的过程都具有方向性。在定性上,下面列出了热力学第二定律常用的六种不同的表述方法。

　　(1) 克劳修斯说法:不可能把热从低温物体传至高温物体而不引起其他的变化。

　　(2) 开尔文说法:不可能从单一热源吸取热量使之完全变为有用功而不产生其他的影响。

　　(3) 普朗克说法:不可能制造一个机器,使之在循环动作中把一重物体升高,而同时使一热源冷却。

（4）开尔文-普朗克说法：第二类永动机是不可能制造成功的。第二类永动机就是只利用大气、海洋或地壳作为热源，从这个单一热源汲取无穷的热量并转化为功的机器。

（5）卡诺定理：在两个不同温度的恒温热源间工作的所有热机，不可能有任何一种热机的效率比可逆热机的效率更高。

（6）孤立系统（或绝热系统）的熵增原理：孤立系统（或绝热系统）的熵可以增大或保持不变，但不可能减少。根据熵增原理，凡是使孤立系统（或绝热系统）熵减少的过程都是不可能发生的。

除了以上的六种说法之外，还有一些其他的表述方法，其本质上都是一样的。

12.1.1 可逆过程与不可逆过程

如 11.3.2 节所述，系统经历某一过程后，若在外界环境不发生任何变化的情况下能够恢复到初始状态，则此过程称为可逆过程；若在外界环境不发生变化的情况下不能恢复到系统的初始状态，则此过程称为不可逆过程。

由上述定义可知，对于不可逆过程，并不是说状态变化后不能恢复到初态，而是当状态恢复到初态时外界环境必然发生变化。在能量相互转换过程中，可逆过程具有最完善、无损耗的特点。实际发生的一切宏观过程都是不可逆的。可逆过程完全是一种"理想化"的过程，它是实际不可逆过程的一种极限情况，在实际应用中作为评价不可逆过程中技术设备、装置效率的标准。

12.1.2 熵

熵（entropy）是根据热力学第二定律与可逆过程推导出来的状态函数，简单地说是"系统内部分子无序热运动的度量"。如物理化学所介绍的那样，对于封闭系统，熵变必须满足如下关系：

$$dS \geqslant \frac{\delta Q}{T} \tag{12-1}$$

式中，对于可逆过程，取等号；对于不可逆过程，取大于号；T 指的是热源的温度或系统的温度。

由此可见，系统与外界环境的热量交换会引起系统熵的变化。此外，系统内部和外部的不可逆性也会引起系统熵的变化。

对于由热力系统及其外界环境所构成的孤立系统，其熵的变化为

$$dS_t = dS_{sys} + dS_{sur} \geqslant 0 \tag{12-2}$$

式中，可逆过程取等号；不可逆过程取大于号；下标 t 表示总量；sys 表示系统；sur 表示环境。式（12-2）也是孤立系统熵增原理的数学表达式，它反映了自然界过程具有方向性这一客观事实，说明"任何使孤立系统熵减少的过程是不可能发生的，一切实际的不可逆过程都要使孤立系统的熵增加，只有可逆过程才使孤立系统的熵保持不变"。

12.1.3　热源熵变与功源熵变

12.1.3.1　热源熵变

因热源(heat resource)与外界既无质量又无功交换,只有热量交换,可将它视为一封闭系统(closed system)。该系统的热容量无限大,以致在与外界环境换热时本身的温度保持恒定。在许多工程应用计算中,将所处周围的大气、海洋视为热源。从微观的角度来说,热源所具有的能量属于无序能,即物质分子进行无序热运动所具有的能量。

根据热源的定义,按照非流动过程封闭系统热力学第一定律,热源的熵变写为

$$\mathrm{d}S_\mathrm{h} = \frac{\delta Q}{T_\mathrm{h}} \qquad (12-3)$$

式中,下标 h 表示热源。

例如,若有较高温度 T_1 和较低温度 T_2 的两个恒温热源相互接触,就有热量 Q 直接从高温热源传递给低温热源。由于传热温差不是一个微分量,所以该传热过程是不可逆的。经该传热过程,高温热源的熵变为 $\dfrac{Q}{T_1}$,低温热源的熵变 $\dfrac{Q}{T_2}$。由两个热源组成的孤立系统总熵变为

$$\Delta S_\mathrm{t} = \frac{Q}{T_2} - \frac{Q}{T_1} = Q\left(\frac{1}{T_2} - \frac{1}{T_1}\right) = Q\frac{T_1 - T_2}{T_1 T_2} \qquad (12-4)$$

由于 Q 相同,而 $T_1 > T_2$,所以 $\Delta S_\mathrm{t} > 0$。可见在不可逆传热过程中,孤立系统的总熵变为正值,T_1 与 T_2 相差越大,即传热的不可逆程度越大,总熵变也越大。若改变 T_1 和 T_2,使它们逐渐无限接近,则传热过程逐渐趋近于可逆,即

$$\lim_{T_2 \to T_1} \Delta T = \lim_{T_2 \to T_1}(T_1 - T_2) = 0 \qquad (12-5)$$

这时,总熵变也将逐渐趋近于零,即 $\Delta S_\mathrm{t} \to 0$,这就是传热学中的可逆传热(reversible heat transportation)。

12.1.3.2　功源熵变

功源是一种对某系统做功或接受某系统功的装置。它与外界既无质量亦无热量交换,只有功交换。根据稳流过程的热力学第一定律[式(11-12)]知:$m_i = m_j = 0$,$Q = 0$,则有 $W_\mathrm{s} = 0$,因此

$$\Delta S_{\text{功源}} = 0 \qquad (12-6)$$

式(12-6)表明功源永远不可能有熵变。总而言之,在热力学中,熵变只与热量传递有关,与功无关。

12.2　熵衡算方程

12.2.1　封闭系统的熵衡算方程

对封闭系统,引起系统熵变化的因素有:外界环境的热源熵的变化 $\mathrm{d}S_\mathrm{h}$、过程变化中由

不可逆因素引起的熵变 dS_g。因此,由式(12-2)可得,封闭系统和热源的熵增量之和等于过程内部和外界环境的不可逆性引起的熵产量(quantity of entropy generation),此熵产量也是孤立系统的熵增量

$$dS + dS_h = dS_g = dS_t \qquad (12-7)$$

又

$$dS_h = \frac{\delta Q_h}{T_h} = \frac{-\delta Q}{T_h} \qquad (12-8)$$

式中,δQ 为系统的吸热量;T_h 为热源温度;δQ_h 为热源吸热量。将式(12-7)代入式(12-8),得

$$dS = \frac{\delta Q}{T_h} + dS_g \qquad (12-9)$$

式(12-9)就是封闭系统的熵衡算方程(balance equation of entropy for a closed system),它与式(12-1)相比,仅不等号右边增加一项,即加上因不可逆因素引起的熵产量后是相同的。需要强调的是,dS_g 仅仅与过程是否可逆有关。

对于可逆过程 $\qquad\qquad\qquad\qquad dS_g = 0$

对于不可逆过程 $\qquad\qquad\qquad\qquad dS_g > 0$

如果系统在状态变化过程中与多个热源进行热量交换,则式(12-9)应写为

$$dS = \sum_j \frac{\delta Q_j}{T_{h,j}} + dS_g \qquad (12-10)$$

12.2.2　敞开系统的熵衡算方程

对于如图 12-1 所示的敞开系统,系统不仅有多股热量自外界热源传入,还有多股物料流入和流出,系统对外界做功为 $\sum_i \delta W_{s,i}$。由外界热源传入系统引起的熵变 $dS_f = \sum_i \frac{dQ_i}{T_{h,i}}$,称为熵流。

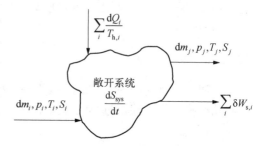

在 dt 时间内,仿照式(12-1)可写出下列关系:

图 12-1　敞开系统的熵衡算示意图

$$\frac{dS_{sys}}{dt} \geqslant \sum_i \frac{\delta Q_i}{T_{h,i}} + \sum_i (S_i dm_i) - \sum_j (S_j dm_j) \qquad (12-11)$$

式中,$\frac{dS_{sys}}{dt}$ 为 dt 时间内敞开系统熵变的累积量;$\frac{\delta Q_i}{T_{h,i}}$ 为热流熵变(或熵流),其中 δQ_i 为敞开系统吸收或放出的热量,吸热时 δQ_i 取正值,放热时 δQ_i 取负值;$\sum_i \frac{\delta Q_i}{T_{h,i}}$(或 dS_f)为伴随越过控制面的热量一并转移的熵流总和;S_i 为单位质量流体的熵;dm_i 为质量流量;

$\sum_i (S_i \mathrm{d}m_i)$ 为流入的熵；$\sum_j (S_j \mathrm{d}m_j)$ 为流出的熵。

式(12-11)也可写成积分式，即

$$\frac{\Delta S_{\mathrm{sys}}}{\Delta t} \geqslant \sum_i \int_0^{Q_i} \frac{\delta Q_i}{T_{\mathrm{h},i}} + \sum_i (m_i S_i) - \sum_j (m_j S_j) \qquad (12-12\mathrm{a})$$

或

$$\frac{\Delta S_{\mathrm{sys}}}{\Delta t} + \sum_j (m_j S_j) - \sum_i (m_i S_i) - \sum_i \int_0^{Q_i} \frac{\delta Q_i}{T_{\mathrm{h},i}} \geqslant 0 \qquad (12-12\mathrm{b})$$

式(12-11)、式(12-12a)和式(12-12b)即为敞开系统的热力学第二定律熵衡算方程式。对于可逆过程，取等号；对于不可逆过程，取大于号。若以 ΔS_{g} 表示由于不可逆性因素引起的熵产量，则式(12-12a)、式(12-12b)可分别写为

$$\frac{\Delta S_{\mathrm{sys}}}{\Delta t} = \sum_i \int_0^{Q_i} \frac{\delta Q_i}{T_{\mathrm{h},i}} + \sum_i (m_i S_i) - \sum_j (m_j S_j) + \Delta S_{\mathrm{g}} \qquad (12-13\mathrm{a})$$

或

$$\frac{\Delta S_{\mathrm{sys}}}{\Delta t} + \sum_j (m_j S_j) - \sum_i (m_i S_i) - \sum_i \int_0^{Q_i} \frac{\delta Q_i}{T_{\mathrm{h},i}} = \Delta S_{\mathrm{g}} \qquad (12-13\mathrm{b})$$

式(12-13a)、式(12-13b)为敞开系统熵衡算方程。当用于可逆过程时，$\Delta S_{\mathrm{g}}=0$；当用于不可逆过程时，$\Delta S_{\mathrm{g}}>0$，且该 ΔS_{g} 即为式(12-4)表达的孤立系统的总熵变 ΔS_{t}。

对于稳定流动的敞开系统，系统中熵的累积量等于零，即 $\dfrac{\Delta S_{\mathrm{sys}}}{\Delta t}=0$，式(12-13a)、式(12-13b)可进一步简化为

$$\sum_i \int_0^{Q_i} \frac{\delta Q_i}{T_{\mathrm{h},i}} + \sum_i (m_i S_i) - \sum_j (m_j S_j) + \Delta S_{\mathrm{g}} = 0 \qquad (12-14\mathrm{a})$$

或

$$\Delta S_{\mathrm{g}} = \sum_j (m_j S_j) - \sum_i (m_i S_i) - \sum_i \int_0^{Q_i} \frac{\delta Q_i}{T_{\mathrm{h},i}} \qquad (12-14\mathrm{b})$$

若定义 $\Delta S_{\mathrm{sys}} = \sum_j (m_j S_j) - \sum_i (m_i S_i)$，称为系统的熵变，其包括物流进出系统引起的熵变，以及由于温度、压力和组成变化引起的熵变两部分；定义 $\Delta S_{\mathrm{f}} = \sum_i \int_0^{Q_i} \frac{\delta Q_i}{T_{\mathrm{h},i}}$，称为熵流，则式(12-14a)、式(12-14b)可改为

$$-\Delta S_{\mathrm{sys}} + \Delta S_{\mathrm{f}} + \Delta S_{\mathrm{g}} = 0 \qquad (12-15\mathrm{a})$$

或

$$\Delta S_{\mathrm{g}} = \Delta S_{\mathrm{sys}} - \Delta S_{\mathrm{f}} \qquad (12-15\mathrm{b})$$

式(12-13a)~式(12-15b)就是稳定流动系统的熵衡算方程。

对于稳定流动可逆绝热过程，$\Delta S_{\mathrm{f}}=0$，$\Delta S_{\mathrm{g}}=0$，式(12-13a)可写为

$$\sum_j (m_j S_j) = \sum_i (m_i S_i) \qquad (12-16)$$

式(12-16)表明：稳流可逆绝热过程,敞开系统出口物流的总熵应该等于进口物流的总熵。对于稳流不可逆绝热过程,$\Delta S_f = 0$,$\Delta S_g > 0$,因此

$$\sum_j (m_j S_j) > \sum_i (m_i S_i) \qquad (12-17)$$

式(12-17)表明：出口物流总熵大于进口物流总熵。若稳流过程同时又有热量传递发生,那么出口物流总熵可能大于,也可能小于或等于进口物流的总熵。

此外,式(12-13a)还可运用式(11-3)直接推导出来,其中的熵的产生量 ΔS_g 为式(11-3)中的产生量(或称反应量)。

12.3 热机效率

热机是一种可以将热源提供的热量转变为功的循环操作装置。热机的成功研制在科学发展史上具有非常重要的意义。当前因能源危机问题和为了更有效地利用能源,人们需要不断地改进热机。为了测量热机的工作性能,提出了"热机效率"的概念,其定义为热机产生的净功 W_s 与向其提供的热量 Q_H 之比。若用 η_T 表示热机效率,可写为

$$\eta_T = \frac{W_s}{Q_H} \qquad (12-18)$$

式中,Q_H 表示高温热源向热机提供的热量($Q_H > 0$);Q_L 表示热机向低温热源排出的热量($Q_L < 0$);W_s 表示热机产生的净轴功($W_s > 0$)。依据热力学第一定律[式(11-13)],有

$$Q_H + Q_L = W_s \quad 或 \quad |Q_H| - |Q_L| = |W_s| \qquad (12-19)$$

将式(12-19)代入式(12-18),得

$$\eta_T = 1 - \frac{|Q_L|}{|Q_H|} \qquad (12-20)$$

式(12-20)无论对可逆过程或是不可逆过程都是适用的。

[**例 12.1**]　有一可逆热机在高温源温度 T_H 与低温源温度 T_L 之间进行操作,如图 12-2 所示,试推导可逆热机效率的表达式。

解: 取热机为系统,根据热力学第一定律有

$$|Q_H| - |Q_L| = |W_{s(R)}|$$

式中,$W_{s(R)}$ 为可逆热机做的轴功。

根据热力学第二定律,对于可逆过程,按式(12-2)应有

$$\Delta S_{sys} + \Delta S_{sur} = \Delta S_g = 0 \qquad (12-2)$$

由于热机是循环操作,因此 $\Delta S_{sys} = 0$,则

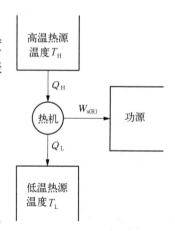

图 12-2 工作于两个热源之间的热机

$$\Delta S_{\text{sur}} = \Delta S_{\text{H}} + \Delta S_{\text{L}} + \Delta S_{\text{功源}} = 0 \tag{a}$$

$$\Delta S_{\text{H}} = \frac{Q_{\text{H}}}{T_{\text{H}}} \tag{b}$$

$$\Delta S_{\text{L}} = \frac{Q_{\text{L}}}{T_{\text{L}}} \tag{c}$$

$$\Delta S_{\text{功源}} = 0 \tag{d}$$

将式(b)、式(c)、式(d)代入式(a),得

$$\frac{-|Q_{\text{H}}|}{T_{\text{H}}} + \frac{|Q_{\text{L}}|}{T_{\text{L}}} = 0 \tag{e}$$

或

$$\frac{T_{\text{L}}}{T_{\text{H}}} = \frac{|Q_{\text{L}}|}{|Q_{\text{H}}|} \tag{f}$$

将式(f)代入式(12-20)可得可逆热机的效率为

$$\eta_{\text{T(R)}} = 1 - \frac{T_{\text{L}}}{T_{\text{H}}} \tag{12-21}$$

由此结果可见,可逆热机的效率永远小于 1,除非 T_{L} 等于绝对零度或 T_{H} 为绝对温度无穷大,而这两种情况是不可能实现的,因此即使是可逆热机,其效率亦不可能达到 1。式(12-21)还可写为

$$W_{\text{s(R)}} = |Q_{\text{H}}| \left(1 - \frac{T_{\text{L}}}{T_{\text{H}}}\right) \tag{12-22}$$

由式(12-22)可见, $W_{\text{s(R)}}$ 永远小于 Q_{H},这表明热量不可能连续不断地全部转化为功。这正符合开尔文-普朗克关于热力学第二定律的表述。

12.4　理想功、损耗功与热力学效率

12.4.1　理想功的概念

任何产功过程对于确定的状态变化都存在一个最大功;任何耗功过程,对于确定的状态变化都存在一个最小功。无论是产功还是耗功过程,就功的代数值而言,都存在一个最大值,它对应着最优功。此功在技术上是可以利用的,因此称其为最大有用功(available energy),也称为理想功(ideal work),用 W_{id} 表示。要获得理想功,系统的变化必须要在完全可逆的条件下进行。所谓的"完全可逆"是指:① 系统内部所有变化是可逆的,② 系统与温度为 $T^{\ominus}$ 的外界环境之间的热量交换过程也必须是可逆的。

理想功代表一个生产过程所能提供的最大有用功,是一切实际过程功耗大小的比较标准。理想功与实际功的比较可为生产工艺的技术革新提供依据。

12.4.2 稳定流动过程理想功计算

图 12-3 为一个稳定流动过程理想功计算示意图。处于状态 1 的流体进入设备装置，其温度、压力、焓与熵分别为 T_1，p_1，H_1，S_1；在可逆稳定流动过程中，推动机器产生可逆轴功 $W_{s(R)}$，同时向外界环境排出热量 Q；最后在状态 2，即流体的温度、压力、焓与熵分别为 T_2，p_2，H_2，S_2 的状态下离开设备装置。

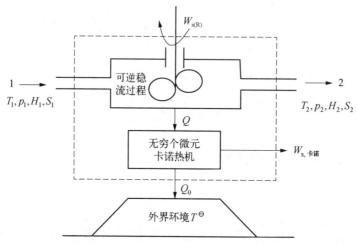

图 12-3 稳定流动过程理想功计算示意图

由于流体在稳定流动中从入口温度 T_1 降到出口温度 T_2，过程的温度是变化的，其排出热量 Q 时的温度也是变化的。为了对外界环境排出的热量 Q 进行充分利用，现设置无穷个微元卡诺热机将这部分热量转化为功，同时实现可逆传热过程。每一个微元卡诺热机向高温热源吸收微量热 δQ，做微元卡诺功 $\delta W_{s,卡诺}$，并向温度 $T^{\ominus}$ 的外界环境排出 δQ_0 的热量。由于微元卡诺热机的高温热源温度变化极小，可以近似为恒温热源，因此无数个微元卡诺热机向高温源吸收的总热量就是 Q，做出总的卡诺功为 $W_{s,卡诺}$，向外界环境排放总的热量则为 Q_0。

根据理想功的定义，该物流在稳定流动过程中的理想功应是可逆轴功 $W_{s(R)}$ 与卡诺功 $W_{s,卡诺}$ 之和

$$W_{id} = W_{s(R)} + W_{s,卡诺} \tag{12-23}$$

若选取包括卡诺热机在内的设备装置，如图 12-3 中虚线包围的部分作为研究对象，根据敞开系统稳定流动过程的热力学第二定律[式(12-15b)]，对于可逆过程，有 $\Delta S_g = 0$，则

$$S_2 - S_1 - \frac{Q_0}{T^{\ominus}} = 0 \tag{12-24}$$

因此

$$Q_0 = T^{\ominus}(S_2 - S_1) \tag{12-25}$$

根据稳定流动过程的热力学第一定律，即式(11-13)可得

$$H_2 - H_1 = Q_0 - (W_{s(R)} + W_{s,卡诺}) \qquad (12-26)$$

将式(12-25)、式(12-26)代入式(12-23),可得

$$W_{id} = -(H_2 - H_1) + T^{\ominus}(S_2 - S_1) \qquad (12-27a)$$

或

$$W_{id} = -\Delta H + T^{\ominus}\Delta S \qquad (12-27b)$$

式(12-27a)、式(12-27b)为稳定流动过程的理想功计算式。稳定流动过程的理想功是状态函数,其仅取决于流体的初态和终态,以及外界环境的温度 $T^{\ominus}$,与具体的变化过程无关。从热力学函数角度来看,它就是某种形式的系统吉布斯函数变化值 $\Delta G(T, p, n_i, T^{\ominus})$;从数学函数角度来看,它是系统状态($T, p$ 和组成)和环境温度($T^{\ominus}$)的函数。环境温度 $T^{\ominus}$ 一般为大气、天然水域或大地等周围环境的温度。

若流体对外界环境做功,则理想功为正值;反之,若外界环境对流体做功,则理想功为负值。需要注意的是,区分理想功与可逆轴功的概念与计算方法。第11章中提到的可逆轴功 ($W_{s(R)}$) 是指无摩擦损耗的轴功,即流体在通过设备装置时,其内部所有的变化都是可逆的,无任何耗散效应,此情况下提供的轴功即为可逆轴功 ($W_{s(R)}$)。而要获得理想功不仅要求设备装置内部是可逆的,还要求外部环境的内部变化也是可逆的,且系统与环境的热量交换过程也要可逆。这种情况只有借助于卡诺热机才能完成,所以理想功与可逆轴功之差值即为卡诺功 ($W_{s,卡诺}$)。卡诺功可为正值,也可为负值,因此理想功可大于,也可小于可逆轴功。绝热过程的卡诺功为零,因此绝热过程的理想功与可逆轴功相等,理想功就是可逆轴功。

式(12-27a)、式(12-27b)既适用于稳定流动过程,也适用于非流动过程,但必须要求过程的变化是可逆的。对于封闭系统的非流动过程,热力学第一定律为 $W = Q - \Delta U$,将式(12-25)代入,得

$$W_{s(R)} = T^{\ominus}\Delta S - \Delta U \qquad (12-28)$$

式中,$W_{s(R)}$ 为系统对外界环境所做的可逆功,包括在膨胀过程中对环境所做的体积功 $p^{\ominus}\Delta V$,在计算理想功时要予以扣除,其中 $p^{\ominus}$ 为环境压力。因此,非流动过程的封闭系统理想功计算式为

$$W_{id} = T^{\ominus}\Delta S - \Delta U - p^{\ominus}\Delta V \qquad (12-29)$$

式中,$\Delta U, \Delta S, \Delta V$ 分别为系统初终态的热力学能、熵和体积的变化量。

[例 12.2]　试计算在流动过程中从 1 kmol 氮气从温度为 800 K,压力为 4.0 MPa 到环境温度为 298.15 K 时所能给出的理想功,假设氮气为理想气体,其等压摩尔比热容为 $c_p = 3.5R$(kJ·kmol^{-1}·K^{-1})。

解:这里要求计算 1 kmol 氮气从初始状态(800 K, 4.0 MPa)膨胀到终态(298.15 K, 0.1013 MPa)时所能得到的理想功。应用式(12-27b),其中的 $\Delta S, \Delta H$ 分别指氮气的熵变和焓变。又已知氮气可视为理想气体,其熵变 ΔS、焓变 ΔH 的计算如下

$$\Delta S = \int_{T_1}^{T^{\ominus}} \frac{c_p}{T}dT - \int_{p_1}^{p^{\ominus}} \frac{R}{p}dp = \int_{800}^{298.15} \frac{3.5 \times 8.314}{T}dT - \int_{4.0}^{0.1013} \frac{8.314}{p}dp$$

$$= 1.84(\text{kJ·kmol}^{-1}\text{·K}^{-1})$$

$$\Delta H = \int_{T_1}^{T^\ominus} c_p \mathrm{d}T = \int_{800}^{298.15} (3.5 \times 8.314) \mathrm{d}T = -1.460 \times 10^4 (\mathrm{kJ \cdot kmol^{-1}})$$

将 ΔS，ΔH 计算结果代入式(12-27b)，得

$$W_{\mathrm{id}} = -\Delta H + T^\ominus \Delta S = -(-1.46 \times 10^4) + 298.15 \times 1.84 = 15149 (\mathrm{kJ \cdot kmol^{-1}})$$

12.4.3 损耗功的计算

损耗功的定义为系统在给定状态变化过程中所提供的理想功与所做实际轴功的差值。对于稳定流动过程，损耗功 W_{L} 计算式为

$$W_{\mathrm{L}} = W_{\mathrm{id}} - W_{\mathrm{s}} \tag{12-30}$$

分别将式(12-27b)和式(12-25)代入上式，得

$$W_{\mathrm{L}} = T^\ominus \Delta S - Q \tag{12-31}$$

式中，ΔS 为系统的熵变；Q 是系统与环境间的传热量。就环境而言，其得到的热量 Q_0 在数值上等同于 Q，但符号相反，即 $Q_0 = -Q$，那么环境热源的熵变为

$$\Delta S_0 = \frac{Q_0}{T^\ominus} \tag{12-32}$$

将式(12-32)代入式(12-31)，得

$$W_{\mathrm{L}} = T^\ominus (\Delta S + \Delta S_0) \tag{12-33a}$$

或

$$W_{\mathrm{L}} = T^\ominus \Delta S_{\mathrm{t}} = T^\ominus \Delta S_{\mathrm{g}} \tag{12-33b}$$

式(12-33a)、式(12-33b)就是损耗功的计算式。根据热力学第二定律，一切自然过程都朝着总熵增加的方向进行，其极限为可逆过程。由于 $\Delta S_{\mathrm{t}} \geqslant 0$，因此

$$W_{\mathrm{L}} \geqslant 0 \tag{12-34}$$

这里，损耗功(或不能利用来做功的那部分能量)永远是正值。当过程为可逆过程时，取等号，损耗功等于零；对于不可逆过程，取大于号。该结果的工程意义很明确，过程的不可逆性越大，过程的熵产量也越大，表明损耗功也越大，过程的不可逆性都是以能量的贬值，或能量级别的降低为代价的。

[例 12.3] 某厂有一输送 92 ℃ 热水的管道，由于保温不良，在使用时水温降至 67 ℃。计算每吨热水输送中由于散热而引起的损耗功。取环境温度 $T^\ominus$ 为 25 ℃。已知水的等压比热容为 4.1868 $\mathrm{kJ \cdot kg^{-1} \cdot K^{-1}}$。

解： 取 1 kg 水为计算基准。1 kg 水从 92 ℃ 降温至 67 ℃，放出热量为

$$Q_0 = \Delta H = c_{p,\text{水}}(T_2 - T_1) = 4.1868 \times (340 - 365) = -104.67 (\mathrm{kJ \cdot kg^{-1}})$$

此热量传给环境，引起环境的熵变为

$$\Delta S_{\mathrm{sur}} = \frac{Q_0}{T^\ominus} = \frac{104.67}{298} = 0.351 (\mathrm{kJ \cdot kg^{-1} \cdot K^{-1}})$$

水在等压下冷却,水的熵变为

$$\Delta S_{sys} = c_{p,水} \ln \frac{T_2}{T_1} = 4.1868 \times \ln \frac{340}{365} = -0.297 (\text{kJ} \cdot \text{kg}^{-1} \cdot \text{K}^{-1})$$

因此损耗功为

$$W_L = T^{\ominus}(\Delta S_{sys} + \Delta S_{sur}) = 298 \times (-0.297 + 0.351) = 16.1 (\text{kJ} \cdot \text{kg}^{-1})$$

那么每吨水的损耗功为

$$W_{L,t} = mW_L = 1000 \times 16.10 = 1.61 \times 10^4 (\text{kJ} \cdot \text{t}^{-1})$$

12.4.4　热力学效率

理想功是对确定的状态变化时所能提供的最大功。要获得理想功,过程要在完全可逆的条件下进行,由于一切实际过程都是不可逆的,因此实际过程所提供的功 W_s 必定小于理想功 W_{id},两者之差为损耗功,即式(12-30);两者之比就是热力学效率 η_{II},即

产功过程
$$\eta_{\mathrm{II}} = \frac{W_s}{W_{id}} = \frac{W_{id} - W_L}{W_{id}} \tag{12-35}$$

耗功过程
$$\eta_{\mathrm{II}} = \frac{W_{id}}{W_s} = \frac{W_{id}}{W_{id} - W_L} \tag{12-36}$$

显然,对于可逆过程, $\eta_{\mathrm{II}} = 1$;对于不可逆过程, $\eta_{\mathrm{II}} < 1$。 因此热力学效率 η_{II} 是过程热力学完善性或可逆程度的量度。热力学效率也就是后续要学的有效能利用率,两者在数值上是相等的。

[例 12.4]　某合成氨厂的甲烷蒸气转化工段有转化气量 5160 $m^3 \cdot t^{-1}$ NH$_3$(标准状态)。因工艺需要将转化气温度从 1273 K 降至 653 K,并用废热锅炉与透平机组回收余热。已知通过透平回收到的实际功为 283 kW · h · t^{-1} NH$_3$。 试求转化气降温过程的理想功,余热利用动力装置的热机效率与热力学效率。已知大气温度为 303 K,转化气降温过程压力不变;在 653 K 到 1273 K 之间的平均等压摩尔比热容为 $\overline{c_p} = 36$ kJ · kmol^{-1} · K^{-1};废热锅炉的热损失忽略不计。

解: (1) 求转化气降温过程的理想功

以每吨氨为计算基准,则生产每吨氨需转化气的物质的量为

$$n = \frac{5160}{22.4} = 230.4(\text{kmol})$$

$$\Delta H = n\overline{c_p}(T_2 - T_1) = 230.4 \times 36 \times (653 - 1273)$$
$$= -5.142 \times 10^6 (\text{kJ} \cdot \text{t}^{-1} \text{ NH}_3) = -1428.3(\text{kW} \cdot \text{h} \cdot \text{t}^{-1} \text{ NH}_3)$$

由于不计及废热锅炉的热损失,因此转化气降温过程的焓变等于供给废热锅炉的热量 Q_h。

$$\Delta S = n\overline{c_p} \ln \frac{T_2}{T_1} = 230.4 \times 36 \times \ln \frac{653}{1273} = -5537(\text{kJ} \cdot \text{t}^{-1} \text{ NH}_3 \cdot \text{K}^{-1})$$

$$= -1.538(\text{kW} \cdot \text{h} \cdot \text{t}^{-1} \text{ NH}_3 \cdot \text{K}^{-1})$$

$$W_{id} = -\Delta H + T^{\ominus}\Delta S = -(-1428.2) + 303 \times (-1.538) = 962.2(kW \cdot h \cdot t^{-1} NH_3)$$

（2）求余热利用动力装置的热机效率 η_T，依题意有

$$\eta_T = \frac{W_s}{Q_h} = \frac{283}{1428.2} = 0.1982$$

（3）求余热利用动力装置的热力学效率 $\eta_{\mathbb{I}}$

$$\eta_{\mathbb{I}} = \frac{W_s}{W_{id}} = \frac{283}{962.2} = 0.2941$$

从上例计算结果可知，热力学效率是代表高级能量（有效能）的利用率，分子分母为同类项。而热机效率即为热的利用率，分子分母为非同类项，它代表总能量的利用率。它们之间具有下述关系

$$\eta_T = \frac{W_s}{Q_h} = \frac{W_{id}}{Q_h}\frac{W_s}{W_{id}} = \eta_{卡诺}\eta_{\mathbb{I}} \tag{12-37}$$

式中，$\eta_{卡诺}$ 为可逆的卡诺热机效率，它只与卡诺热机的高温热源温度 T_H 与低温热源温度 T_L 有关。当高、低温热源温度确定后，由式(12-37)可见，提高总能量利用率的关键在于提高热力学效率 $\eta_{\mathbb{I}}$。

12.5　熵分析法在化工单元过程中的应用

众所周知，完全可逆的过程是推动力无限小和速度无限低的理想过程，在实际生产中是无法实现的。一切实际过程总是在一定的温度差 ΔT、压力差 Δp、浓度差 Δc_i、化学位差 $\Delta\mu_i$ 等推动力的作用下进行的，因此功损耗是不可避免的。本节仅对几个典型的化工单元过程，如流体流动、传热、混合与分离过程，从理想功、损耗功的计算（亦称为熵分析法），来分析各种不可逆因素引起的功损耗的部位、原因和大小，为提高过程热力学完善性的程度、提高能量利用效率提供依据和解决方案。

熵分析法的一般步骤如下：

（1）确定出入系统各物流量、热流量和功流量，以及各物流的状态参数；

（2）确定各物流的焓变和熵变；

（3）根据热力学第一定律，即式(11-13)对系统进行能量衡算；采用式(12-27b)计算系统变化过程的理想功；根据熵衡算方程，即式(12-15b)计算系统的熵产量 ΔS_g，依据式(12-33b)计算系统的损耗功；

（4）依据式(12-35)或式(12-36)计算过程的热力学效率 $\eta_{\mathbb{I}}$。

12.5.1　流体流动过程

设有一流体在管道里以绝热、无轴功交换的方式稳定流动，其满足 $Q=0$，$W_s=0$，忽略动能、位能的影响，根据热力学第一定律[式(11-14)]，知

$$dH = \delta Q - \delta W_s = 0 \qquad (12-38)$$

结合热力学基本方程[式(3-2)],得

$$\Delta S = \int_{p_1}^{p_2} \left(-\frac{V}{T} \right) dp \qquad (12-39)$$

根据热力学第二定律[式(12-15b)],因 $Q=0$, $\Delta S_f = 0$,故

$$\Delta S_g = \Delta S = \int_{p_1}^{p_2} \left(-\frac{V}{T} \right) dp \qquad (12-40)$$

$$W_L = T^\ominus \Delta S_g = T^\ominus \int_{p_1}^{p_2} \left(-\frac{V}{T} \right) dp \qquad (12-41)$$

若压力范围变化不大时,流体的摩尔体积变化也不显著,对式(12-41)积分,可得

$$W_L = \frac{T^\ominus}{T} V (p_1 - p_2) \qquad (12-42)$$

因压差 $(p_1 - p_2)$ 与流体在管道中的流速的平方 (u^2) 成正比,式(12-42)表明损耗功的大小将随流体在管道中流速与流量的增加、温度的降低而升高,尤其在低温环境操作时更应重视。

12.5.2　传热过程

设有热流体 A 和冷流体 B 在某一逆流换热器中的换热过程,如图 12-4 所示。为简化起见,假设该过程不存在流体的相变,整个换热过程没有热量损失。

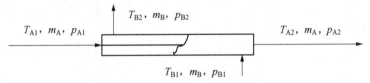

图 12-4　逆流换热器中的换热过程

12.5.2.1　热流体 A 对冷流体所做的理想功

对没有相变的流体,换热过程的压力降可忽略不计,其熵变和焓变分别为

$$\Delta S_A = m_A c_{p,A} \ln \frac{T_{A2}}{T_{A1}}, \quad \Delta H_A = m_A c_{p,A} (T_{A2} - T_{A1})$$

因此理想功为

$$W_{id,A} = -\Delta H_A + T^\ominus \Delta S_A = -m_A c_{p,A} (T_{A2} - T_{A1}) + T^\ominus m_A c_{p,A} \ln \frac{T_{A2}}{T_{A1}} \qquad (12-43)$$

这也是高温流体从 T_{A1} 到 T_{A2} 变化过程所做的理想功。

12.5.2.2　冷流体 B 所得到的理想功

冷流体吸收了高温流体所放出的热量,温度从 T_{B1} 变化到 T_{B2},其熵变、焓变和理想功

计算如下

$$\Delta S_B = m_B c_{p,B} \ln \frac{T_{B2}}{T_{B1}}, \ \Delta H_B = m_B c_{p,B}(T_{B2} - T_{B1})$$

$$W_{id,B} = -m_B c_{p,B}(T_{B2} - T_{B1}) + T^{\ominus} m_B c_{p,B} \ln \frac{T_{B2}}{T_{B1}} \tag{12-44}$$

12.5.2.3 换热过程的损耗功

换热过程的损耗功应等于高温流体所给出的理想功和低温流体所得到的理想功之差,也应等于换热过程的熵产量与环境温度的乘积,两者所得结果应该是一致的。现以后一种方法为例说明。

根据熵衡算方程式(12-13b),由于换热器无热损失,$Q=0$,$\Delta S_f = 0$,则

$$\Delta S_g = \Delta S_A + \Delta S_B = m_A c_{p,A} \ln \frac{T_{A2}}{T_{A1}} + m_B c_{p,B} \ln \frac{T_{B2}}{T_{B1}} \tag{12-45}$$

为计算方便,引入冷热流体间的换热总量 Q_t。依据热力学第一定律,由于 $W_s=0$,$Q=0$,则 $\Delta H = \Delta H_A + \Delta H_B = 0$,则有

$$Q_t = -m_A c_{p,A}(T_{A2} - T_{A1}) = m_B c_{p,B}(T_{B2} - T_{B1}) \tag{12-46}$$

结合式(12-45)、式(12-46)可得

$$\Delta S_g = -Q_t \left(\frac{\ln \frac{T_{A2}}{T_{A1}}}{T_{A2} - T_{A1}} - \frac{\ln \frac{T_{B2}}{T_{B1}}}{T_{B2} - T_{B1}} \right) \tag{12-47}$$

定义
$$T_{m,A} = \frac{T_{A2} - T_{A1}}{\ln \frac{T_{A2}}{T_{A1}}}, \ T_{m,B} = \frac{T_{B2} - T_{B1}}{\ln \frac{T_{B2}}{T_{B1}}} \tag{12-48a}$$

式中,$T_{m,A}$,$T_{m,B}$ 分别为热流体 A 和冷流体 B 的对数平均温度,将其代入式(12-47)得

$$\Delta S_g = Q_t \left(\frac{1}{T_{m,B}} - \frac{1}{T_{m,A}} \right) = Q_t \frac{T_{m,A} - T_{m,B}}{T_{m,A} T_{m,B}} \tag{12-48b}$$

将式(12-48b)与式(12-4)相比较发现,式(12-48b)只是将对数平均温度替代了相应的恒温热源温度,或者是说"引入对数平均温度的实质是将变温热源变成了相应的恒温热源"。因此由式(12-33b)得换热过程的损耗功为

$$W_L = T^{\ominus} Q_t \frac{T_{m,A} - T_{m,B}}{T_{m,A} T_{m,B}} \tag{12-49}$$

12.5.3 混合与分离过程

12.5.3.1 混合过程

设有两股纯物质流体 A 和 B,其温度、压力和摩尔流量分别为 T_A,p_A,n_A 和 T_B,p_B,

n_B，混合以后的温度、压力和摩尔流量分别为 T_m，p_m，n_m，混合过程不存在热损失，如图 12-5 所示。

$$T_A, p_A, n_A \qquad\qquad 混合器 \qquad\qquad T_m, p_m, n_m$$
$$T_B, p_B, n_B$$

图 12-5　纯物质流体混合过程

（1）理想功计算

取混合器为研究对象，因绝热，$Q=0$，$W_s=0$，根据热力学第一定律[式(11-13)]，有 $\Delta H = Q - W_s = 0$，因此

$$W_{id} = -\Delta H + T^\ominus \Delta S = T^\ominus \Delta S \qquad (12-50)$$

假定混合后为理想溶液，若混合前后温度、压力不同，为计算方便，将混合过程分为两步进行：

第 1 步，将系统温度、压力变化到混合器出口的温度与压力

$$\Delta S_1 = \Delta S_{A1} + \Delta S_{B1} = n_A\left(c_{p,A}\ln\frac{T_m}{T_A} - R\ln\frac{p_m}{p_A}\right) + n_B\left(c_{p,B}\ln\frac{T_m}{T_B} - R\ln\frac{p_m}{p_B}\right) \qquad (12-51)$$

第 2 步，同温同压下不同组分进行混合，即为理想溶液混合熵变

$$\Delta S_2 = -(n_A\ln y_A + n_B\ln y_B) \qquad (12-52)$$

则混合过程总熵变为以上二步熵变之和

$$\Delta S = \Delta S_1 + \Delta S_2 = n_A\left(c_{p,A}\ln\frac{T_m}{T_A} - R\ln\frac{y_A p_m}{p_A}\right) + n_B\left(c_{p,B}\ln\frac{T_m}{T_B} - R\ln\frac{y_B p_m}{p_B}\right) \qquad (12-53)$$

混合过程的理想功为

$$W_{id} = T^\ominus\left[n_A\left(c_{p,A}\ln\frac{T_m}{T_A} - R\ln\frac{y_A p_m}{p_A}\right) + n_B\left(c_{p,B}\ln\frac{T_m}{T_B} - R\ln\frac{y_B p_m}{p_B}\right)\right] \qquad (12-54)$$

对于多组分混合过程，其理想功可写为

$$W_{id} = T^\ominus\left(\sum_j n_j c_{p,j}\ln\frac{T_o}{T_{j,i}} - R\sum_j n_j\ln\frac{y_j p_o}{p_{j,i}}\right) \qquad (12-55)$$

式中，下标 j 代表混合物中的各个组分，下标 i，o 分别表示混合器的进、出口。

对于等温等压的混合过程，其理想功可简化为

$$W_{id} = -T^\ominus\sum n_j R\ln y_j = -RT^\ominus n_0\sum y_j\ln y_j \qquad (12-56)$$

式中，n_0 为混合器中总的物质的量。

（2）损耗功计算

根据熵衡算方程，式(12-33b)有

$$\Delta S_g = \Delta S = (n_A + n_B)S_m - (n_A S_A + n_B S_B) \qquad (12-57)$$

$$W_L = T^{\ominus}\Delta S_g = T^{\ominus}\Delta S = W_{id} \qquad (12-58)$$

式(12-58)说明混合过程的损耗功在数量上等于理想功,不能得到有效的利用。

12.5.3.2 分离过程

分离是混合的逆过程,为了得到高纯度的产品,需要将混合物中的各种杂质尽可能从产品中一一除去。实际上,分离过程的能耗是大型化工、石化企业中所占能耗比例最高的。

(1) 等温等压下混合物分离为纯度 100% 产品的过程

很明显,该条件下的分离过程为混合过程的逆过程。对理想气体,有

$$W_{id,分离} = -W_{id,混合} = RT^{\ominus}n_0\sum y_i \ln y_i \qquad (12-59)$$

(2) 等温等压下混合物分离为纯度非 100% 产品的过程

大多数实际所要分离的混合物纯度都低于 100%,该分离过程理想功可通过设计假想的分离路线计算得到的。

设含有 A,B 两种物质的混合物,其物质的量分别为 n_A,n_B,物质的量分数分别为 y_A,y_B;经分离后,所得产物 A 中含有少量的 B,其物质的量分别为 n_{A1},n_{B1},物质的量分数分别为 y_{A1},y_{B1};所得产物 B 中含有少量的 A,其物质的量分别为 n_{B2},n_{A2},物质的量分数分别为 y_{B2},y_{A2},该过程的理想功计算可通过设计如图 12-6 所示的路线来完成,其中 $W_{id2} = W_{id3} = 0$。

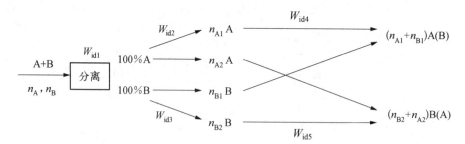

图 12-6 纯度低于 100% 的混合物分离理想功计算路线图

按图 12-6 的设计过程,该分离过程的理想功计算式为

$$\begin{aligned}
W_{id} &= W_{id1} + W_{id2} + W_{id3} + W_{id4} + W_{id5} = W_{id1} + W_{id4} + W_{id5} \\
&= RT^{\ominus}(n_A + n_B)\sum_i (y_i \ln y_i) - RT^{\ominus}(n_{A1} + n_{B1})\sum_{i=A,B}(y_{i1}\ln y_{i1}) \\
&\quad - RT^{\ominus}(n_{A2} + n_{B2})\sum_{i=A,B}(y_{i2}\ln y_{i2}) \qquad (12-60)
\end{aligned}$$

12.6 有效能及其计算方法

12.6.1 有效能的概念

理想功是定质量系统在状态变化时所能提供的最大功。然而,在实际节能工作中经常

需要知道物系处于某状态下的最大做功能力。例如，1.0 MPa 饱和水蒸气最大的做功能力是多少？1 t 煤最大的做功能力又是多少？为了确定物系处于某状态所具有的最大做功能力，就需要有效能的概念。

由热力学第二定律可知，在一切实际的不可逆过程中，均存在功的损耗，能量发生贬值，或称为"降级"，正是这种贬值导致能量变废损耗。因此，节能工作要解决的问题就是要确定一个衡量能量的质量指标，这也需要有效能的概念。

为了表达物系处于某状态的做功能力，先要确定一个基准态，并规定处于基准态的物系做功的能力为零。如同为了确定处于一定高度的物体做功能力——位能，要以海平面作为基准，即取海平面处物体的位能为零，$E_p = 0$（$H = 0$ m）一样。由于物系处于自然环境（如大气、天然水域、大地）之中，一切变化都是在环境中进行的，因此当物系的状态变化至与周围环境状态完全平衡时，物系就不再具有做功能力了。所谓的基准态就是物系与周围环境成平衡的状态。这种平衡包括热平衡（温度相同）、力平衡（压力相同）与化学平衡（组成相同）。任何物系只要与环境处于不平衡的状态，其就具有做功能力，且物系与环境状态差异越大，则其做功能力也就越大。物系由所处的状态到达基准态所提供的理想功称为该状态的有效能。

物系与环境仅有热平衡和力平衡而未达到化学平衡，这种平衡称为约束性平衡。平衡时物系与环境具有物理界限分隔，即物系与环境不相互混合，也不发生化学反应。只是物系的温度和压力与环境的温度 $T^{\ominus}$ 和压力 $p^{\ominus}$ 相等。倘若物系与环境既有热平衡、力平衡又有化学平衡，则称此种平衡为非约束性平衡，即除了物系的温度、压力和环境相等外，物系的组分还与环境物质相互混合或者发生化学反应。

热力学的环境状态：对理想的周围自然环境要求是其温度 $T^{\ominus}$、压力 $p^{\ominus}$ 以及构成物质的浓度 $c_i^{\ominus}$ 要保持恒定，且与构成环境的物质之间不发生化学反应，彼此处于热力学平衡状态。只有这样，构成环境的物质（称为基准物）的有效能才是零。

单位能量所含的有效能称为能级，用符号 Ω 表示。能级就是衡量能量质量（或品质）的指标。能级的大小代表物系能量品质的优劣。常温条件下，能级的数值处于 0 与 1 之间，即

$$0 \leqslant \Omega \leqslant 1 \tag{12-61}$$

机械能（动能、位能）、电能等高级能量的能级为 1；大气、大地或天然水域等环境吸收的热量，即僵态能的能级为 0；热能（温度大于 $T^{\ominus}$）等低级能量的能级大于 0 而小于 1。

12.6.2　有效能的组成

对于没有核、磁、电与表面张力效应的过程，稳定流动的流体（称为物系）的有效能由以下四部分组成。

12.6.2.1　机械能有效能 E_{Xm}

通常，机械能包括动能和位能两部分。

流体的动能可以全部转化成有效的功，因此流体的功能即为动能有效能 E_{Xk}。动能项中的线速度即为物系与地球表面的相对线速度。

流体的位能同样也可以全部转化成为有效的功，因此流体的位能也即为位能有效能

E_{Xp}。位能项中的高度高是以当地环境海平面为零作基准的。

因而,机械能有效能 $E_{Xm} = E_{Xk} + E_{Xp}$

12.6.2.2 热量有效能 E_{XQ}

温度为 T 的恒温热源的传递热量 Q 所能做的最大功量,可由工作在 T 和环境温度 $T^{\ominus}$ 间的卡诺热机来确定

$$W_{s(R)} = Q\left(1 - \frac{T^{\ominus}}{T}\right)$$

由有效能的定义知,热量 Q 的有效能为

$$E_{XQ} = Q\left(1 - \frac{T^{\ominus}}{T}\right) \tag{12-62}$$

式(12-62)表明,热能中仅有一部分是有效能。温度越接近于环境温度,有效能所占的比例就越小。

对于冷源,$T < T^{\ominus}$,但有效能仍为正值,因为,虽 $\left(1 - \frac{T^{\ominus}}{T}\right) < 0$,但相对于冷源来说,系统实际是放热的,所以 Q 亦为负值,即 $Q < 0$。

因此,热源的温度越高,或冷源的温度越低,其有效能越大,温度等于环境温度的热量有效能为零。对于变温热源,其传递的热量有效能亦可用式(12-62)计算,其中的 T 使用对数平均温度 T_m。

12.6.2.3 物理有效能 E_{Xph}

物系由所处状态(T, p)到达与环境($T^{\ominus}, p^{\ominus}$)成约束性平衡状态所提供的理想功为该物系的物理有效能。这也就是说,物系仅因温度和压力与环境的温度和压力不同所具有的有效能称为物理有效能。

12.6.2.4 化学有效能 E_{Xc}

物系与环境由约束性平衡状态到达非约束性平衡状态所提供的理想功即为该物系的化学有效能。也就是说,物系由于其组成与环境组成不同所具有的有效能称为化学有效能。

通常,物系由约束性平衡态到达非约束性平衡态要经过化学反应与物理扩散两个过程。化学反应是将原物系的物质转化成环境物质——基准物。物理扩散是将生成的基准物浓度调节或扩散至环境的浓度。

因此稳定流动的流体有效能由上述四部成分组成,即

$$E_X = E_{Xm} + E_{XQ} + E_{Xph} + E_{Xc} \tag{12-63}$$

通常稳定流动的流体经过某一敞开系统(指某设备装置)时,因进出口流体的动能与位能变化很小,动能有效能与位能有效能往往可以忽略不计。若进出口动能或位能变化很大,则动能有效能与位能有效能不能被忽略,需计及其影响。

12.6.3　有效能的计算

12.6.3.1　物理有效能

根据物理有效能的定义,稳定流动物系处于某状态的摩尔物理有效能应为

$$E_{Xph} = (H - H^{\ominus}) - T^{\ominus}(S - S^{\ominus}) \qquad (12-64)$$

式中,H 与 S 是物系处于某状态(T,p)的摩尔焓与摩尔熵;$H^{\ominus}$ 和 $S^{\ominus}$ 是物系处于基准态时的摩尔焓与摩尔熵。注意:此处的 $H^{\ominus}$ 和 $S^{\ominus}$ 与第 3 章中焓与熵的参考态不同,因为基准态做功能力为零,而参考态却无此约束。例如,水的基准态取温度为 298.15 K,压力为 0.1013 MPa;而参考态一般取 273 K 的饱和液态水。参考态的选取可以是任意的。当然对于某些物质也可能出现基准态与参考态完全一致的情况。焓与熵的计算方法在第 3 章已做过详细的介绍。另从热力学函数看,式(12-64)可表达为吉布斯函数的变化量,即 $E_{Xph} = \Delta G(T, p, n_i, T^{\ominus}, p^{\ominus})$。

物理有效能的计算也可通过查阅有关效力学图表,如 T-S 图、$\ln p$-H 图,或温度-有效能图、压力-有效能图等进行计算。例如,化工生产中常用的一些物质,如水蒸气、空气、氨、氟利昂及其代用品、氮等,可从相关数据手册上查到其热力学性质的图或表,代入式(12-64)直接进行计算。随着技术进步,这些图表已将被录入大型模拟软件,如 PRO/Ⅱ、Aspens-Plus 模拟软件的数据库,可通过计算机方便地调用。

[例 12.5]　某工厂有两种余热可以利用,一种是高温烟道气,其主要成分是 CO_2、N_2 和水蒸气,流量为 500 kg·h^{-1},温度为 800 ℃,平均等压比热容为 0.8 kJ·kg^{-1}·K^{-1};另一种是低温排水,其流量为 1348 kg·h^{-1},温度为 80 ℃,水的平均等压比热容为 4.18 kJ·kg^{-1}·K^{-1},假设环境温度为 298 K。问两种余热中的有效能各为多少?

解: 高温烟道气是高温、低压气体,可视为理想气体,由式(12-64)知

$$E_{Xph}(烟道气) = (H - H^{\ominus}) - T^{\ominus}(S - S^{\ominus})$$
$$= m\left[\int_{T^{\ominus}}^{T} \overline{c_p}(烟道气)dT - T^{\ominus}\int_{T^{\ominus}}^{T} \frac{\overline{c_p}(烟道气)}{T}dT\right]$$
$$= m\overline{c_p}(烟道气)\left[(T - T^{\ominus}) - T^{\ominus}\ln\frac{T}{T^{\ominus}}\right]$$
$$= 500 \times 0.8 \times \left[(1073 - 298) - 298 \times \ln\frac{1073}{298}\right]$$
$$= 157290(kJ·h^{-1})$$

高温烟道气从 800 ℃降低到环境温度 25 ℃放出的热量为

$$Q(烟道气) = mc_p(烟道气)(T - T^{\ominus}) = 500 \times 0.8 \times (1073 - 298) = 3.1 \times 10^5(kJ·h^{-1})$$

低温排水的有效能为

$$E_{Xph}(排水) = m\overline{c_p}(排水)\left[(T - T^{\ominus}) - T^{\ominus}\ln\frac{T}{T^{\ominus}}\right]$$
$$= 1348 \times 4.18 \times \left[(353 - 298) - 298 \times \ln\frac{353}{298}\right]$$
$$= 25505(kJ·h^{-1})$$

低温排水从 80 ℃降低到环境温度放出的热量为

$$Q(\text{排水}) = mc_p(\text{排水})(T - T^{\ominus}) = 1348 \times 4.18 \times (353 - 298) = 3.1 \times 10^5 (\text{kJ} \cdot \text{h}^{-1})$$

由上述计算结果可知,尽管低温排水的余热等于高温烟道气的余热,但是其有效能不足高温烟道气的 1/10,因此只有采用有效能才能正确评价余热资源。

12.6.3.2 化学有效能

(1) 环境模型

由化学有效能的定义可知,计算物质化学有效能需要确定环境中基准物的浓度及其所处的热力学状态。在实际环境中,两者都是变化的,这就给物质化学有效能的计算带来了困难。为了简化物质化学有效能的计算,很多学者提出了环境模型。这些环境模型都有一定的人为因素与实际的考虑。波兰的 J. Szargut、日本的龟山秀雄与吉田邦夫等学者提出了环境模型,其中龟山-吉田环境模型已列为日本计算物质化学有效能的国家标准,该模型为

① 环境温度 $T^{\ominus} = 298.15 \text{ K}$,环境压力 $p^{\ominus} = 0.101325 \text{ MPa}$。

② 环境由若干基准物构成。每一种元素都有其对应的基准物和基准反应。基准物的浓度取实际环境物质浓度的平均值。例如,C 元素的基准物是 CO_2,其基准反应为 $C + O_2 \longrightarrow CO_2$,环境中基准物的浓度为 0.0003(物质的量分数)。大气(饱和湿空气)环境模型,气态基准物的物质的量分数如表 12-1 所示。

表 12-1　龟山-吉田环境模型

成 分	N_2	O_2	H_2O	Ne	He	CO_2	Ar
物质的量分数	0.7560	0.2034	0.0312	0.000018	0.0000052	0.0003	0.0091

除以上 7 种物质外,其他元素均以在 $(T^{\ominus}, p^{\ominus})$ 下纯态最稳定的物质作为基准物。

(2) 元素标准化学有效能的计算

用环境模型计算的物质化学有效能称为标准化学有效能。前已提及,每一种元素都有其对应的基准物和基准反应,某些元素的基准反应与基准物以及基准物的浓度如表 12-2 所示。

表 12-2　某些元素的基准物、基准反应与基准物浓度

元 素	基 准 反 应	基准物	基准物浓度(物质的量分数)
C	$C + O_2 \longrightarrow CO_2(g)$	$CO_2(g)$	0.0003
H	$H_2 + \frac{1}{2}O_2 \longrightarrow H_2O(l)$	$H_2O(l)$	1
Fe	$Fe + \frac{3}{4}O_2 \longrightarrow \frac{1}{2}Fe_2O_3(s)$	$Fe_2O_3(s)$	1
Si	$Si + O_2 \longrightarrow SiO_2(s)$	$SiO_2(s)$	1
Ti	$Ti + O_2 \longrightarrow TiO_2(s)$	$TiO_2(s)$	1
Al	$Al + \frac{3}{4}O_2 \longrightarrow \frac{1}{2}Al_2O_3(s)$	$Al_2O_3(s)$	1

由于环境模型中的基准物化学有效能为零,因此,元素与环境物质进行化学反应变成基准物所提供的理想功就是该元素的化学有效能。若化学反应在规定的环境模型中进行,

则提供的理想功即为元素的标准化学有效能。

空气中所包含的组分如 O_2、CO_2、Ar、He、Ne 和 N_2 等气体化学有效能的确定是以 298.15 K，0.101325 MPa 的饱和湿空气作为基准物的。也就是说，取这些气体在 298.15 K 下达到饱和湿空气中相应的分压 $p_i^{\ominus}$ 时的化学有效能为零。因此，这些气体组分的标准化学有效能就等于由 0.101325 MPa 于 298.15 K 下等温膨胀到 p_i 时的理想功，即

$$E_{Xc,i}^{\ominus} = -298.15R\ln\frac{p_i}{p_i^{\ominus}} \qquad (12-65)$$

式中，$E_{Xc,i}^{\ominus}$ 为组分 i 的标准化学有效能。

对于液体与固体基准物，为方便起见，龟山-吉田环境模型将其浓度（或物质的量分数）都规定为 1。

[例 12.6]　采用龟山-吉田环境模型求碳（石墨）的标准化学有效能。

解：元素碳在环境中的稳定形式是 CO_2，物质的量分数是 0.0003，其基准反应为

$$C + O_2 \longrightarrow CO_2(g)$$

根据元素标准化学有效能的定义，C 的标准摩尔化学有效能 $E_{Xc}^{\ominus}(C)$ 应为

$$E_{Xc}^{\ominus}(C) = -\Delta H^{\ominus} + T^{\ominus}\Delta S^{\ominus} \qquad (a)$$

式中，$\Delta H^{\ominus}$，$\Delta S^{\ominus}$ 分别为反应过程中标准热效应和标准熵变化，其值为

$$\Delta H^{\ominus} = \Delta H_f^{\ominus}(CO_2) - \Delta H_f^{\ominus}(O_2) - \Delta H_f^{\ominus}(C) \qquad (b)$$

$$\Delta S^{\ominus} = S^{\ominus}(CO_2) - S^{\ominus}(O_2) - S_f^{\ominus}(C) \qquad (c)$$

式中，$\Delta H_f^{\ominus}(CO_2)$，$\Delta H_f^{\ominus}(C)$，$\Delta H_f^{\ominus}(O_2)$ 分别为 CO_2、C 和 O_2 的标准反应热；式（c）中 $S^{\ominus}(CO_2)$ 为 298.15 K，0.0000304 MPa 下二氧化碳的熵，$S^{\ominus}(O_2)$ 为 298.15 K，0.02061 MPa 下氧的熵，由于压力对固体熵无影响，$S_f^{\ominus}(C)$ 为碳的标准熵。$S^{\ominus}(CO_2)$ 与 $S^{\ominus}(O_2)$ 要根据标准熵进行校正。从相关物性数据手册中查得有关物质标准生成焓与标准熵，列于表 12-3。

表 12-3　碳、氧和二氧化碳的标准生成热与标准熵

	$\Delta H_{f,i}^{\ominus}/(kJ \cdot kmol^{-1})$	$S_{f,i}^{\ominus}/(kJ \cdot kmol^{-1} \cdot K^{-1})$
C(s)	0	5.69
O_2 (g)	0	205.03
CO_2 (g)	−393510	213.64

$$S^{\ominus}(CO_2) = S_f^{\ominus}(CO_2) - R\ln\frac{p_i^{\ominus}}{p^{\ominus}} = 213.64 - 8.314 \times \ln\frac{0.0000304}{0.101325} = 281.1(kJ \cdot kmol^{-1} \cdot K^{-1})$$

$$S^{\ominus}(O_2) = S_f^{\ominus}(O_2) - R\ln\frac{p_i^{\ominus}}{p^{\ominus}} = 205.03 - 8.314 \times \ln\frac{0.02061}{0.101325} = 218.3(kJ \cdot kmol^{-1} \cdot K^{-1})$$

将式（b）、式（c）代入式（a），并将上述的计算结果与有关标准生成热数据代入，得

$$E_{Xc}^{\ominus}(C) = -[\Delta H_f^{\ominus}(CO_2) - \Delta H_f^{\ominus}(O_2) - \Delta H_f^{\ominus}(C)] + T^{\ominus}[S^{\ominus}(CO_2) - S^{\ominus}(O_2) - S_f^{\ominus}(C)]$$

$$= (0 + 0 + 393510) + 298.15 \times (281.1 - 5.69 - 218.3) = 410537(kJ \cdot kmol^{-1})$$

$$= 410.54(kJ \cdot mol^{-1})$$

为了便于查用,已经有人用龟山-吉田环境模型将元素的标准摩尔化学有效能进行了计算,这些结果可从附录 7 或其他相关的物性数据手册中查到。

(3) 纯态化合物标准化学有效能计算

对于化学反应式

$$\sum_i \nu_i A_i (S_i) = 0$$

式中,ν_i 为化学反应的计量系数,对反应物取负号,对产物取正号。

在 298.15 K,0.101325 MPa 下,单质生成化合物时所提供的理想功为该物系标准生成自由焓变化的负值,即

$$W_{id} = -\Delta G_f^\ominus \qquad (12-66)$$

因此,化合物的标准摩尔化学有效能应等于组成化合物的单质标准摩尔化学有效能之和减去生成反应过程的理想功,即

$$E_{Xc, i}^\ominus = \sum_j \nu_j E_{Xc, j}^\ominus + \Delta G_{f, i}^\ominus \qquad (12-67)$$

式中,$E_{Xc, i}^\ominus$ 是化合物 i 的标准摩尔化学有效能;$E_{Xc, j}^\ominus$ 是单质 j 的标准摩尔化学有效能;$\Delta G_{f, i}^\ominus$ 是化合物 i 的标准生成自由焓,ν_j 是生成反应方程式中单质 j 的化学计量系数。

从式(12-66)可知,若 $\Delta G_{f, i}^\ominus$ 小于零,则说明生成反应过程的理想功大于零,即生成反应过程对外供能。这种情况下化合物的标准摩尔化学有效能小于单质的标准摩尔化学有效能之和。反之,若 $\Delta G_{f, i}^\ominus$ 大于零,则说明生成反应过程的理想功小于零,即生成反应过程外界对物系供能。这种情况下,化合物的标准摩尔化学有效能大于单质的标准摩尔化学有效能之和。

[例 12.7] 采用龟山-吉田环境模型求 $CH_4(g)$ 的标准化学有效能。

解:甲烷的生成反应方程式为 $C + 2H_2 \longrightarrow CH_4(g)$

由式(12-67)可求出 CH_4 的标准摩尔化学有效能,即

$$E_{Xc}^\ominus(CH_4) = E_{Xc}^\ominus(C) + 2E_{Xc}^\ominus(H) + \Delta G_f^\ominus(CH_4) \qquad (a)$$

式中,$\Delta G_f^\ominus(CH_4)$ 为 CH_4 的标准生成自由焓的变化值;$E_{Xc}^\ominus(C)$ 和 $E_{Xc}^\ominus(H)$ 分别是元素 C、元素 H 的标准摩尔化学有效能。查附录 7 及其他相关数据手册得

$$\Delta G_f^\ominus(CH_4) = -50.79 \text{ kJ} \cdot \text{mol}^{-1}, \quad E_{Xc}^\ominus(C) = 410.53 \text{ kJ} \cdot \text{mol}^{-1}, \quad E_{Xc}^\ominus(H) = 235.22 \text{ kJ} \cdot \text{mol}^{-1}$$

将上述数据代入式(a)得

$$E_{Xc}^\ominus(CH_4) = -50.79 + 410.53 + 2 \times 235.22 = 830.18 (\text{kJ} \cdot \text{mol}^{-1})$$

(4) 混合物的标准化学有效能的计算

理想气体混合物的标准摩尔化学有效能可由各纯组分的标准摩尔化学有效能及其混合物的组成来计算,即

$$E_{Xc, mix}^\ominus = \sum_i x_i E_{Xc, i}^\ominus + RT^\ominus \sum_i x_i \ln x_i \qquad (12-68)$$

式中,$E_{Xc, mix}^\ominus$ 是混合物的标准摩尔化学有效能,$E_{Xc, i}^\ominus$ 是纯组分 i 的标准摩尔化学有效能,

x_i 是组分 i 的物质的量分数。

对于液体混合物,假定其为理想溶液,则式(12－68)仍然适用。若为非理想溶液,则其标准摩尔化学有效能为

$$E_{Xc,\,mix}^{\ominus} = \sum_i x_i E_{Xc,\,i}^{\ominus} + RT^{\ominus} \sum_i x_i \ln \hat{a}_i \tag{12－69}$$

式中,$E_{Xc,\,mix}^{\ominus}$ 是液体混合物的标准摩尔化学有效能,$E_{Xc,\,i}^{\ominus}$ 是纯组分 i 液体的标准摩尔化学有效能,x_i 是组分 i 的物质的量分数,$\hat{a}_i$ 是组分 i 的活度,其值为活度系数 γ_i 与 x_i 的乘积,即 $\hat{a}_i = \gamma_i x_i$。

[例 12.8] 试求用天然气蒸气转化法制氨过程的理想功。已知天然气蒸气转化制氨的化学反应式为

$$\frac{23}{52}CH_4 + \frac{8}{13}H_2O(l) + \frac{100}{156}\overbrace{(0.78N_2 + 0.21O_2 + 0.1Ar)}^{\text{空气}} \longrightarrow NH_3(g) + \frac{23}{52}CO_2 + \frac{1}{156}Ar$$

解: 用标准化学有效能来求该化学反应过程的理想功是比较简便的。根据理想功的定义,在标准态下进行化学反应的理想功应该等于反应物标准化学有效能与产物的标准化学有效能之差,即

$$W_{id} = \sum_R \nu_R E_{Xc,\,R}^{\ominus} - \sum_P \nu_P E_{Xc,\,P}^{\ominus} \tag{a}$$

式中,$E_{Xc,\,R}^{\ominus}$ 是反应物的标准摩尔化学有效能;$E_{Xc,\,P}^{\ominus}$ 是产物的标准摩尔化学有效能;ν_R 与 ν_P 分别为反应物与产物的化学计量系数。

在天然气蒸汽转化制氨的化学反应式中,第二项为液体水,第三项为空气,这两项的化学有效能都等于零,则

$$E_{Xc,\,R}^{\ominus} = \frac{23}{52} E_{Xc}^{\ominus}(CH_4) \tag{b}$$

$$E_{Xc,\,P}^{\ominus} = E_{Xc}^{\ominus}[NH_3(g)] + \frac{23}{52} E_{Xc}^{\ominus}(CO_2) + \frac{1}{156} E_{Xc}^{\ominus}(Ar) \tag{c}$$

式中,$E_{Xc}^{\ominus}(CH_4)$,$E_{Xc}^{\ominus}[NH_3(g)]$,$E_{Xc}^{\ominus}(CO_2)$,$E_{Xc}^{\ominus}(Ar)$ 分别为甲烷、气态氨、二氧化碳和氩的标准化学有效能,其数值可查相关手册得到,分别为

$$E_{Xc}^{\ominus}(CH_4) = 830.19 \text{ kJ} \cdot \text{mol}^{-1}, \quad E_{Xc}^{\ominus}[NH_3(g)] = 336.68 \text{ kJ} \cdot \text{mol}^{-1},$$

$$E_{Xc}^{\ominus}(CO_2) = 20.13 \text{ kJ} \cdot \text{mol}^{-1}, \quad E_{Xc}^{\ominus}(Ar) = 11.67 \text{ kJ} \cdot \text{mol}^{-1}$$

将上述数据依次代入式(b)、式(c)并结合式(a)得

$$W_{id} = \frac{23}{52} \times 830.19 - 336.68 - \frac{23}{52} \times 20.13 - \frac{1}{156} \times 11.67 = 21.54[\text{kJ} \cdot \text{mol}^{-1} \text{ NH}_3(g)]$$

$$= 367[\text{kW} \cdot \text{t}^{-1} \text{ NH}_3(g)]$$

即在完全可逆的条件下,用天然气为原料蒸汽转化制氨气,每生产 1 t 氨气可以回收的电量为 367 kW · h。

12.6.4　无效能

在给定环境($T^{\ominus}$，$p^{\ominus}$)下，能量可转变为有用功的部分称为有效能(exergy)，余下的不能转变为有用功的部分称为无效能(anergy)。

对于恒温热量 Q，其有效能部分为

$$E_{XQ} = Q\left(1 - \frac{T^{\ominus}}{T}\right) \tag{12-62}$$

无效能部分则为

$$A_N = Q\frac{T^{\ominus}}{T} \tag{12-70}$$

当热量 Q 的温度降至环境温度 $T^{\ominus}$ 时，全部热量都变成无效能，即 $E_{XQ}=0$，$A_N=Q$。因此，环境温度 $T^{\ominus}$ 下的热量是不能转化为功的。

处于某状态的焓 H，可根据稳定流动过程的物系有效能计算式求取：

$$E_{Xph} = (H - H^{\ominus}) - T^{\ominus}(S - S^{\ominus}) \tag{12-71}$$

则其无效能为

$$A_N = H^{\ominus} + T^{\ominus}(S - S^{\ominus}) \tag{12-72}$$

系统的总能量 E 由有效能(E_X)与无效能(A_N)两部分组成，即

$$E = E_X + A_N \tag{12-73a}$$

根据热力学第一定律，系统的总能量是守恒的，因此

$$dE = d(E_X + A_N) = 0 \tag{12-73b}$$

根据热力学第二定律，对于不可逆过程，有效能要减少；只有可逆过程，有效能才是守恒的。不可逆过程总能量守恒而有效能减少，那么无效能必定要增加。有效能减少的量就是无效能增加的量，即

$$dE_X = -dA_N \tag{12-74}$$

为此，节能工作的正确意义应是节约有效能。

12.7　有效能衡算方程与有效能损失

12.7.1　有效能衡算方程

考虑体积微元空间为 δ 的控制体，在 dt 时间内物流、热流进入系统的总有效能分别为 $\sum\limits_i E_{X,i}$ 和 $\sum\limits_k E_{XQ,k}$，由物流带出的总有效能为 $\sum\limits_j E_{X,j}$，系统对外做的总轴功为 $\sum\limits_j W_{s,j}$，如图 12-7 所示。根据衡算方程[式(11-3)]可得

$$\Big(\sum_i E_{X,i} + \sum_k E_{XQ,k}\Big) - \Big(\sum_j E_{X,j} + \sum_j W_{s,j}\Big) - \sum_i W_{L,i} = \Big(\frac{dE_X}{dt}\Big)_\delta \quad (12-75)$$

式中，$\sum\limits_i E_{X,i}$，$\sum\limits_j E_{X,j}$ 分别为进出系统的物流有效能(包含物理有效能和化学有效能)；$\sum\limits_k E_{XQ,k}$，$\sum\limits_j W_{s,j}$ 分别为输入系统的热量有效能和系统对外界做轴功；$\sum\limits_i W_{L,i}$ 为有效能损失或总的损耗功；$\Big(\dfrac{dE_X}{dt}\Big)_\delta$ 为单位时间内系统有效能的累积量，对于稳定流动过程，$\Big(\dfrac{dE_X}{dt}\Big)_\delta = 0$。

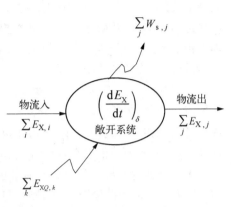

图 12-7　敞开系统有效能衡算示意图

(1) 对于稳定流动的可逆过程，$\sum\limits_i W_{L,i} = 0$，有效能是守恒的。

$$\sum_i E_{X,i} + \sum_k E_{XQ,k} = \sum_j E_{X,j} + \sum_j W_{s,j} \quad (12-76)$$

(2) 对于稳定流动的不可逆过程，$\sum\limits_i W_{L,i} > 0$，系统的总有效能减少，无效能增加。

$$\sum_i W_{L,i} = \sum_i E_{X,i} + \sum_k E_{XQ,k} - \sum_j E_{X,j} - \sum_j W_{s,j} \quad (12-77)$$

式(12-77)是稳定流动系统有效能衡算方程应用的目的和核心。

(3) 定义有效能效率 η_a 为

$$\eta_a = \frac{\sum\limits_j E_{X,j} + \sum\limits_j W_{s,j}}{\sum\limits_i E_{X,i} + \sum\limits_k E_{XQ,k}} = 1 - \frac{\sum\limits_i W_{L,i}}{\sum\limits_i E_{X,i} + \sum\limits_k E_{XQ,k}} \quad (12-78)$$

式中，$0 \leqslant \eta_a \leqslant 1$。当过程完全可逆时，$\eta_a = 1$；当过程完全不可逆时，$\eta_a = 0$。

(4) 有效能与理想功的关系为

$$W_{id} = -\Delta E_X \quad (12-79)$$

即任何两个状态间有效能变化的负值就是物系可提供的理想功。

12.7.2　有效能损失

将式(12-77)变形，可得

$$\sum_i E_{X,i} - \sum_j E_{X,j} = \Big(-\sum_k E_{XQ,k} + \sum_j W_{s,j}\Big) + \sum_i W_{L,i} \quad (12-80)$$

对于稳定流动的不可逆过程，引起进出控制体物流的有效能差是由两个因素引起的：一是系统与环境之间热与功的交换，二是过程不可逆性引起的有效能损失。

在热力学上，能量损失和有效能损失是完全不同的概念。由于能量是守恒量，因而简单、笼统地说能量损失是违反热力学第一定律的,是错误的。通常讨论的能量损失是指过程中某个系统的有效能和无效能总量的损失,是一种外部损失,又称排出损失,即通过各种途径散失和排放到环境介质的能量损失,如由排放系统的冷却水、废气、乏汽冷凝水、废渣等带走的能量,以及由于保温不良而损失的热量等。而有效能是非守恒量,系统的有效能损失包括下列两部分:① 内部损耗,即由系统内部各种不可逆因素造成的有效能损失。例如,直接接触式换热器中不同温度的两种流体间的温差传热;精馏塔中上升气流与下降液流在温差推动下的传热和在浓度差推动下的传质。各种实际的化学反应以及在压差推动下的流体流动(包括节流)都是不可逆因素,都会导致有效能损失。② 外部损失,即通过各种途径散失和排放到环境介质中去的有效能损失。例如,上述排放系统的冷却水、废气、乏汽冷凝水、废渣等携带的有效能,以及由散热造成的有效能损失。

工程上各种能源实际上就是有效能源,而环境介质中贮存的大量能量都不能被直接利用。因此,有些人往往将能量的概念与有效能的概念等同叙述,虽反映了实际工作的需要,但应特别区分。

12.8 化工过程能量分析方法及合理用能

化工过程能量分析的目标是用热力学的基本原理来分析和评价过程的能量利用情况,基本任务是:① 确定过程中能量损失或有效能损失的大小、原因及其分布;② 确定过程的效率。为制定节能措施、改进操作和工艺条件,以及为不同过程的评比,实现生产和设计的最优化提供依据。

化工过程能量分析的方法有多种,但主要有三种:一是能量衡算法,即第 11 章叙述的热力学第一定律的应用;二是熵衡算分析法;三是有效能衡算分析法。

12.8.1 能量衡算法

能量衡算法是根据能量守恒方程确定过程的能量损失和能量利用率的一种方法。

能量衡算法的主要计算步骤如下:

(1) 确定出入系统的各种物流量和状态参数、热流量和功流量;

(2) 确定过程的能量损失和热力学第一定律效率;

(3) 确定循环过程的热力学效率。

对不同的装置或系统,按所考察能量守恒的计算方式不同,有两种形式,即以进入系统的全部能量为基础的能量平衡和以供给系统的能量为基础的能量平衡。

12.8.1.1 以进入系统全部能量为基础的能量平衡法

进入系统的全部能量包括供给系统的一次能源(煤、油、天然气等)和二次能源(电、蒸汽、焦炭、煤气等)的供给能 $E_{供给}$、原料等带入系统的输入能 $E_{输入}$ (包括放热化学反应的反应热)。

从系统输出的能量包括由产品带出系统的输出能 $E_{输出}$(包括吸热反应热)和由离开系统的冷却水、废气、废液等带出的排出能 $E_{排出}$ 和回收能 $E_{回收}$ 等。

这种能量平衡的目的在于考察进入系统的全部能量的利用情况,特别是能量回收利用情况。它主要应用于石油、化工的生产装置。系统的能量衡算方程可写成如下形式:

$$E_{供给} + E_{输入} = E_{输出} + E_{排出} + E_{回收} \tag{12-81}$$

式(12-81)左端是为了达到预定目标必须供给系统的全部能量。右端是达到预定目标后排出系统的全部能量,其中输出能由两部分组成:一部分是产品带走的能量 $E_{产品}$;另一部分是供外界利用的能量 $E_{外供}$(如外供的电、蒸汽的能量)等,如图 12-8 所示。

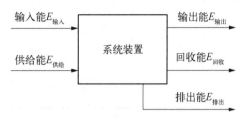

图 12-8　系统能量收支平衡图

这类能量平衡的技术经济指标有能量利用率 $\eta_{利用}$,还有能量回收率 $\eta_{回收}$、能量输出率 $\eta_{输出}$ 和能量排出率 $\eta_{排出}$,各项指标的定义和关系如下:

$$\eta_{回收} = \frac{E_{回收}}{E_{供给} + E_{输入}} \tag{12-82a}$$

$$\eta_{输出} = \frac{E_{输出}}{E_{供给} + E_{输入}} \tag{12-82b}$$

$$\eta_{排出} = \frac{E_{排出}}{E_{供给} + E_{输入}} \tag{12-82c}$$

$$\eta_{回收} + \eta_{输出} + \eta_{排出} = 1 \tag{12-82d}$$

$$\eta_{利用} = 1 - \eta_{排出} \tag{12-82e}$$

在实际应用中,应在现有技术上可能和经济上允许的条件下,制定各种排出物流能量的最小排放标准,$E_{排出,min}$(为目前技术经济条件下不可回收的能量),以 $E_{排出} - E_{排出,min}$ 为最大可能回收的能量目标函数,进行能量的优化使用。

12.8.1.2　以供给系统的能源能量为基础的能量平衡

能源能量包括一次能源和二次能源提供的能量。这种能量平衡的目的在于考察能源供给系统的能量利用情况。它主要用于各种动力循环、制冷和供热循环及锅炉、加热炉、干燥设备等单体设备。

[例 12.9]　设有合成氨厂二段炉出口高温转化气余热利用装置,见图 12-9。转化气进入及离开废热锅炉的温度分别为 1273 K 和 653 K,转化气流量为 5160 m³·t⁻¹ NH₃(标准状态)。产生压力为 4.0 MPa、温度为 703 K 的过热蒸汽。蒸汽通过透平做功,离开透平的乏汽压力 $p_3 = 0.0123$ MPa,$H_3 = 2557$ kJ·kg⁻¹。乏汽进入冷凝器用 303 K 的冷却水冷凝,冷凝水在温度为 323 K 时进入废热锅炉。试用能量平衡法计算此余热利用装置的热力学效率 η_{II}。已知转化气的平均等压摩尔比热容 $\overline{c_p} = 36$ kJ·kmol⁻¹·K⁻¹。

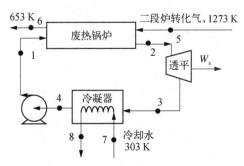

图 12-9　高温转化气余热利用装置

解：计算中以每吨氨为基准，并忽略装置的热损失和驱动水泵所需的轴功（$Q=0$，$H_1=H_4$，$S_1=S_4$）。查水蒸气表可得图12-9中各点的参数值如表12-4所示。

表12-4　各状态点水热力学性质表

状 态 点	p/MPa	T/K	H/(kJ·kg^{-1})	S/(kJ·kg^{-1}·K^{-1})
1	4.0	323	212.6	0.7035
2	4.0	703	3284.6	6.8729
3	0.0123	323	2557	7.9694
4	0.0123	323	212.6	0.7035
0（环境状态基准点）	0.10133	303	125.7	0.4365

（1）产汽量的计算

对废热锅炉忽略热损失，由稳定流动系统的热力学第一定律知

$$\Delta H_{废热}=0$$

因 Q（废热）$=0$，W_s（废热）$=0$，即

$$\Delta H（废热）=n\,\overline{c_p}（转化气）(T_6-T_5)+G(H_2-H_1)=0$$

式中，n，$\overline{c_p}$（转化气）分别为转化气的物质的量和平均等压摩尔比热容。因此

$$G=\frac{-n\,\overline{c_p}（转化气）(T_6-T_5)}{H_2-H_1}=\frac{-5160/22.4\times36\times(653-1273)}{3284.6-212.6}=1673.7（kg）$$

则水蒸气吸收的热量

$$Q（H_2O）=\Delta H（H_2O）=G(H_2-H_1)=1673.7\times(3284.6-212.6)=5.142\times10^6（kJ）$$

（2）冷却水的焓变

同样忽略热损失，则有

$$\Delta H（冷却）=-\Delta H（冷凝）=-G(H_4-H_3)=-1673.7\times(212.6-2557)=3.924\times10^6（kJ）$$

（3）透平做功

$$W_s=G(H_3-H_2)=1673.7\times(2557-3284.6)=-1.218\times10^6（kJ）$$

（4）热力学效率

$$\eta_{\text{II}}=\frac{-W_s}{Q（转化气）}=\frac{1.218\times10^6}{5.142\times10^6}=0.237$$

将结果汇总至表12-5。

表12-5　转化气余热回收能量平衡结果汇总表

	输 入		输 出	
	转化气流量/(kJ·t^{-1} NH$_3$)	η_{II}/%	转化气流量/(kJ·t^{-1} NH$_3$)	η_{II}/%
高温气余热	5.142×10^6	100		
做　功			1.218×10^6	23.7
冷却水带走热			3.924×10^6	86.3
合　计	5.142×10^6	100	5.142×10^6	100

12.8.2　有效能分析法

有效能分析法是通过由效能衡算方程,式 (12-77)确定过程的有效能损失和有效能效率,其分析步骤如下:

(1) 确定出入系统的各种物流量、热流量和功流量,各种物流的状态参数;

(2) 由有效能衡算方程,式 (12-77)确定过程的有效能损失;

(3) 确定热力学效率。

[例 12.10]　分别用熵分析法和有效能分析法确定例 12.9 中余热利用装置的热力学效率 η_{II} 和有效能效率 η_{a}。

解:(1) 熵分析法

① 计算转化气的理想功

$$W_{\mathrm{id}}(转化气) = -\Delta H(转化气) + T^{\ominus}\Delta S(转化气)$$

$$\Delta H(转化气) = n\overline{c_p}(转化气)(T_6 - T_5), \quad \Delta S(转化气) = n\overline{c_p}(转化气)\ln\frac{T_6}{T_5}$$

因此

$$W_{\mathrm{id}}(转化气) = -n\overline{c_p}(转化气)(T_6 - T_5) + T^{\ominus}n\overline{c_p}(转化气)\ln\frac{T_6}{T_5}$$

$$= -5160/22.4\times36\times\left[(653-1273)-303\times\ln\frac{653}{1273}\right]=3.464\times10^6(\mathrm{kJ})$$

② 计算过程的熵产量

取整个装置为系统,不计热损失,即 $Q=0$,由熵衡算方程,式(12-13)可得

$$\Delta S_{\mathrm{g}} = \Delta S(转化气) + \Delta S(冷却水) = n\overline{c_p}(转化气)\ln\frac{T_6}{T_5} + \frac{\Delta H(冷水)}{T^{\ominus}}$$

$$= 5160/22.4\times36\times\ln\frac{653}{1273} + \frac{3.924\times10^6}{303}$$

$$= 7414.6(\mathrm{kJ\cdot K^{-1}})$$

$$W_{\mathrm{L}} = T^{\ominus}\Delta S_{\mathrm{g}} = 303\times7414.6 = 2.247\times10^6(\mathrm{kJ})$$

③ 计算各单体设备的损耗功

废热锅炉熵产量:

$$\Delta S_{\mathrm{g}}(废热) = \Delta S(转化气) + \Delta S_{1\to2}(水) = n\overline{c_p}(转化气)\ln\frac{T_6}{T_5} + G(S_2 - S_1)$$

$$= 5160/22.4\times36\times\ln\frac{653}{1273} + 1673.7\times(6.8729-0.7035) = 4789.8(\mathrm{kJ\cdot K^{-1}})$$

$$W_{\mathrm{L}}(废热) = T^{\ominus}\Delta S_{\mathrm{g}}(废热) = 303\times4789.8 = 1.451\times10^6(\mathrm{kJ})$$

废热锅炉的理想功就是高温转化气的理想功,即 $W_{\mathrm{id}}(废热)=3.465\times10^6\ \mathrm{kJ}$。

$$\eta_{\mathrm{II}}(废热) = 1 - \frac{W_{\mathrm{L}}(废热)}{W_{\mathrm{id}}(废热)} = 1 - \frac{1.451\times10^6}{3.465\times10^6} = 0.581$$

387

透平熵产量：

$$\Delta S_{g}(透平) = G(S_3 - S_2) = 1673.7 \times (7.9694 - 6.8729) = 1835.2 (kJ \cdot K^{-1})$$

$$W_{L}(透平) = T^{\ominus} \Delta S_{g}(透平) = 303 \times 1835.2 = 5.561 \times 10^5 (kJ)$$

$$W_{id}(透平) = -\Delta H(透平) + T^{\ominus} \Delta S(透平) = G[-(H_3 - H_2) + T^{\ominus}(S_3 - S_2)]$$
$$= 1673.7 \times [-(2557 - 3284.6) + 303 \times (7.9694 - 6.8729)] = 1.774 \times 10^6 (kJ)$$

$$\eta_{II}(透平) = 1 - \frac{W_{L}(透平)}{W_{id}(透平)} = 1 - \frac{5.561 \times 10^5}{1.774 \times 10^6} = 0.687$$

冷凝器中熵产量：

$$\Delta S_{g}(冷却器) = \Delta S_{3 \to 4}(水) + \Delta S(冷却器) = G(S_4 - S_3) + \frac{\Delta H(冷却)}{T^{\ominus}}$$

$$= 1673.7 \times (0.7035 - 7.9694) + \frac{3.924 \times 10^6}{303}$$

$$= 789.6 (kJ \cdot K^{-1})$$

$$W_{L}(冷却器) = T^{\ominus} \Delta S_{g}(冷却器) = 303 \times 789.6 = 2.392 \times 10^5 (kJ)$$

$$W_{id}(冷却器) = -\Delta H(冷却器) + T^{\ominus} \Delta S(冷却器) = G[-(H_4 - H_3) + T^{\ominus}(S_4 - S_3)]$$
$$= 1673.7 \times [-(212.6 - 2557) + 303 \times (0.7035 - 7.9694)] = 2.392 \times 10^5 (kJ)$$

$$\eta_{II}(冷凝器) = 1 - \frac{W_{L}(冷凝器)}{W_{id}(冷凝器)} = 1 - \frac{2.392 \times 10^5}{2.392 \times 10^5} = 0$$

④ 热力学效率

$$\eta_{II} = 1 - \frac{W_{L}}{W_{id}} = 1 - \frac{2.247 \times 10^6}{3.465 \times 10^6} = 0.352$$

将结果汇总于表 12-6。

表 12-6 转化气余热回收装置用能熵分析法汇总表

		输　　入		输　　出		
		转化气流量 /(kJ·t^{-1} NH$_3$)	η_{II}/%	转化气流量 /(kJ·t^{-1} NH$_3$)	η_{II}/%	η_a/%
理想功		3.465×10^6	100			
输出功				1.218×10^6	35.2	
损耗功	W_{L}(废热)			1.451×10^6	41.9	64.6
	W_{L}(透平)			5.561×10^5	16.0	24.7
	W_{L}(冷却器)			2.392×10^5	6.9	10.7
	小　计			2.246×10^6	64.8	100
合　　计		3.465×10^6	100	3.465×10^6	100	

（2）有效能分析法

取 $p^{\ominus} = 0.10133$ MPa，$T^{\ominus} = 303$ K 的液态水为基准态,各点的有效能计算结果如表 12-7所示。

表 12-7　各状态点有效能计算结果汇总表

状态点	状　态	p/MPa	T/K	H/(kJ·kg^{-1})	S/(kJ·kg^{-1}·K^{-1})	E_X/(kJ·kg^{-1})
1	液态水	4.0	323	212.6	0.7035	5.999
2	过热蒸气	4.0	703	3284.6	6.8729	1209
3	湿蒸气	0.0123	323	2557	7.9694	148.8
4	液态水	0.0123	323	212.6	0.7035	5.999
0	基态水	0.10133	303	125.7	0.4365	0

设转化气视为理想气体,且不考虑压力降,其有效能可按式(12-64)计算,结果如下

$$E_X = n\left[(H - H^\ominus) - T^\ominus(S - S^\ominus)\right] = n\,\overline{c_p}(转化气)\left[(T - T^\ominus) - T^\ominus \ln\frac{T}{T^\ominus}\right]$$

因此

$$E_{X,5} = \frac{5160}{22.4} \times 36 \times \left[(1273 - 303) - 303 \times \ln\frac{1273}{303}\right] = 4.438 \times 10^6 (\text{kJ})$$

$$E_{X,6} = \frac{5160}{22.4} \times 36 \times \left[(653 - 303) - 303 \times \ln\frac{653}{303}\right] = 0.973 \times 10^6 (\text{kJ})$$

① 计算总有效能损失

取整个装置为系统,由式(12-77)得:$W_L = E_{XQ} + E_{X,5} - E_{X,6} - W_s$。 由于忽略散热损失,则 $E_{XQ} = 0$,冷凝器进出口冷却水所携带的热不可利用,亦可忽略,则

$$W_L = E_{X,5} - E_{X,6} - W_S = 4.438 \times 10^6 - 0.973 \times 10^6 - 1.218 \times 10^6 = 2.247 \times 10^6 (\text{kJ})$$

② 计算各单体设备的有效能损失

废热锅炉有效能损失和效率:

对废热锅炉,忽略热损失,即 $E_{XQ} = 0$,$W_s = 0$,则

$$\begin{aligned}
W_L(废热) &= E_{X,5} - E_{X,6} + E_{X,4} - E_{X,2} \\
&= 4.438 \times 10^6 - 0.973 \times 10^6 + 1673.7 \times (5.999 - 1209) \\
&= 1.451 \times 10^6 (\text{kJ})
\end{aligned}$$

$$\eta_a(废热) = \frac{E_{X,2} + E_{X,6}}{E_{X,4} + E_{X,5}} = \frac{0.973 \times 10^6 + 1673.7 \times 1209}{4.438 \times 10^6 + 1673.7 \times 5.999} = 0.674$$

透平有效能损失和效率:

对于透平,因绝热操作,产生轴功,则

$$W_L(透平) = E_{X,2} - E_{X,3} - W_s = 1673.7 \times (1209 - 148.8) - 1.218 \times 10^6 = 5.56 \times 10^5 (\text{kJ})$$

$$\eta_a(透平) = \frac{E_{X,3} + W_s}{E_{X,2}} = \frac{1.218 \times 10^6 + 1673.7 \times 148.8}{1673.7 \times 1209} = 0.725$$

冷凝器有效能损失和效率:

对于冷凝器,有 $E_{XQ} = 0$,$W_s = 0$

$$W_L(冷凝器) = E_{X,3} - E_{X,4} = 1673.7 \times (148.8 - 5.999) = 2.39 \times 10^5 (\text{kJ})$$

$$\eta_{\mathrm{a}}(\text{冷凝器})=\frac{E_{\mathrm{X},4}+E_{\mathrm{X},8}}{E_{\mathrm{X},3}+E_{\mathrm{X},7}}=\frac{1673.7\times5.999+0}{1673.7\times148.8+0}=0.040$$

③ 计算热力学效率 η_{II} 和有效能效率 η_{a}

$$\eta_{\text{II}}=\frac{W_{\mathrm{s}}}{W_{\mathrm{id}}}=\frac{W_{\mathrm{s}}}{-(E_{\mathrm{X},5}-E_{\mathrm{X},6})}=\frac{1.218\times10^{6}}{3.465\times10^{6}}=0.352$$

$$\eta_{\mathrm{a}}=\frac{E_{\mathrm{X},6}+W_{\mathrm{s}}}{E_{\mathrm{X},5}}=\frac{(0.973+1.218)\times10^{6}}{4.438\times10^{6}}=0.494$$

将结果汇总于表 12-8。

表 12-8 转化气余热回收装置有效能平衡表

		输　入		输　出	
		转化气流量 /(kJ·t^{-1} NH$_3$)	η_{a}/%	转化气流量 /(kJ·t^{-1} NH$_3$)	η_{a}/%
进口转化气		4.438×10^{6}	100		
输出轴功				1.218×10^{6}	27.4
出口转化气				0.973×10^{6}	21.9
不可逆功耗	$W_{\mathrm{L,废热}}$			1.451×10^{6}	32.7
	$W_{\mathrm{L,透平}}$			5.561×10^{5}	12.5
	$W_{\mathrm{L,冷却器}}$			2.392×10^{5}	5.5
	小　计			2.246×10^{6}	50.7
合　计		4.438×10^{6}	100	4.438×10^{6}	100

综合以上两种分析方法及例 12.10,可以看出,能量衡算法分析表明输入系统的高温转化气余热,有 86.3％被冷却水带走。所以,根据能量衡算法分析,节能的重点似乎在于降低这部分排出损耗。

熵分析法揭示能耗的主要原因是不可逆因素造成的有效能损失,节能的重点应在降低过程的不可逆损耗上。而从单体设备的热力学效率看,冷凝器的热力学效率等于零,似乎节能潜力最大,节能的薄弱环节是冷凝器,但实际上由于冷凝器的有效能损失仅占总损失的 10.9％,主要有效能损失部分在废热锅炉中。因此,节能应注意提高废热锅炉的热力学效率,即应降低其温差传热的不可逆性。

有效能分析结果指出废热锅炉排出物流(低温转化气)所携带的有效能占输入有效能的 21.9％,应注意回收利用。

有效能分析法与熵分析法得出的结果相同,但熵分析法只能依据实际过程的初态和终态求出过程的不可逆损耗功,因此不能确定排出的物流有效能和能流有效能的可用性,以及由此而造成的有效能损失。而有效能分析法只需知道物流和能流所处的状态即可进行计算,避免了熵分析法的这个缺陷。

12.8.3　合理用能准则

从能量利用的观点来看,一切化工过程都是能量的传递和转化过程。它们都在一定的热力学势差(温度差、压力差、电位差和化学位差)推动下进行,过程进行的速率与过程进行的推动力成正比。没有热力学势差,即没有推动力的过程,实际上是无法实现的。

任何热力学势差都是过程的不可逆因素,会导致过程的有效能损失。因此,能量有效利用的中心环节,是在技术条件、经济条件许可的前提下,采取各种措施减少不可逆因素引起的有效能损失。

正确使用能源是能量有效利用的首要问题,它的基本原则是"按质用能,按需供能"。

按质用能是根据输入能的能级确定其使用范围。按需供能则是根据用户对需求能的能级要求选择适当的输入能。两者的核心都是要尽量避免能量的无偿降级,实现能级匹配。例如,化工过程的能源主要是高能级的电力和化石燃料,希望燃料有效能应尽可能用于做功,可先用煤生产 3.5 MPa, 708 K 的过热蒸汽,通过背压透平发电机组发电,所产生的背压蒸汽(1.0 MPa 或 0.3 MPa)则供工艺使用。根据按需供能的原则,最好有多种背压或抽气压力,以满足不同工艺的要求,避免通过节流阀降压造成有效能损失。同时,还应根据用户对输入能的不同能级要求,使能源的能级逐次下降,对能量进行梯次或多次利用。

总之,在实际用能过程中,应注意以下几点:

(1) 防止能量无偿降级:用高温热源去加热低温物料,或者将高压蒸汽节流降温、降压使用,或者设备保温不良造成的热损失(或冷损失)等情况均属能量无偿降级现象,要尽可能避免。

(2) 采用最佳推动力的工艺方案:过程速率等于推动力除以阻力。推动力越大,过程进行的速率也越大,设备投资费用可以减少,但有效能损失增大,费用增加。反之,减小推动力,可减少有效能损耗,能耗费减少,但为了保证产量,只有增大设备,则投资费用增大。采用最佳推动力的原则,就是确定过程最佳的推动力,谋求合理解决这一矛盾,使总费用最小。

(3) 合理组织能量梯次利用:化工厂许多化学反应都是放热反应,放出的热量不仅数量大而且温度较高,这是化工过程的一项宝贵的余热资源。对于温度较高的反应热应通过废热锅炉产生高压蒸汽,然后将高压蒸汽先通过蒸汽透平做功或发电,最后用低压蒸汽作为加热热源使用,即先产功后用热的原则。对热量也要按其能级高低回收使用,例如,用高温热源加热高温物料,用中温热源加热中温物料,用低温热源加热低温物料,从而达到较高的能量利用率。现代大型化工、石油化工企业正是在这些概念上建立起来的综合用能体系。

12.9　㶲的概念及其在传热过程分析中的应用简介 *

12.9.1　㶲的基本概念

在热功转化的热力系统中,过程都是不可逆的,常以熵函数 S 来表达。一般情况下,对于所研究的系统,其内部熵的变化可表示为

$$dS = \left(\frac{\delta Q}{T}\right)_R$$

式中,Q 为热量,T 为温度,因此可见,熵是热量与温度倒数的乘积。对于不可逆的传热过程,其值主要由熵流和熵产量两部分构成,即

$$dS = \frac{\delta Q}{T} + dS_g$$

需要特别要注意的是,熵流和熵产量都是过程函数,且都涉及热功转化过程的热力学参数。在流动传热的研究领域中,将熵产最小原理,即可逆传热的概念应用于传热过程的优化。以数学关系表达就是

$$当 \Delta T \rightarrow 0 时, \Delta S_g \rightarrow 0, W_L \rightarrow 0 \tag{12-83}$$

即当系统的有效能损失最小时,熵产量最小,表示系统所涉及的流动传热过程的不可逆程度最小。采用熵产最小原理对流动传热过程优化的实质是以有效能损失最小为目标而进行的优化。但此方法有个本质上的缺陷,就是对于给定的传热量过程,若传热温差无穷小的话,所需要的热交换设备的传热面积将趋于无穷大,这在工程上是不切实际的,故称为"熵产悖论"。为此,对于给定传热量的热传递过程,需要采用其他的方法,对该过程进行优化,这个方法就是以㶲为极小值的原理进行优化的。

㶲 E_h(entranspy)的定义为

$$dE_h = \frac{1}{2}(T\delta Q)_R \tag{12-84}$$

将式(12-84)与式(12-1)相比,可知㶲与熵存在如下关系:

$$dE_h = \frac{1}{2}T^2 dS \tag{12-85}$$

从式(12-85)可以看出,㶲与熵两者之间存在正相关的关系,但所表示的意义并不相同。具体地说,熵反映的是热功转化过程的不可逆程度。针对一个传热系统,假设存在高温物体 A 与低温物体 B, A 与 B 之间的热量传递的快慢主要受两方面因素影响:一是两者之间的温度差,二是高温物体 A 自身的热容量。㶲的定义则表明,在换热过程中,热量传递的能力既与温度水平相关,又与物体本身的热容量相关。表 12-9 为对比电子学中的电量、电势、电流、电阻及电容间关系,以及热传递过程中的热流量、温度、热流密度、热阻及热量间关系的比较。

表 12-9 导热与导电对照比较中物理量及其单位的对应表

	物理量	电量 Q_e	电流 I	电阻 R_e	电容 $C_e = Q_e/U_e$
电子学	单 位	C	A	Ω	F
	物理量	电势 U_e	电流密度 $\dot{j}_e$	欧姆定律 $\dot{j}_e = -\kappa_e \frac{dU_e}{d\dot{x}}$	电能 $E_e = \frac{1}{2}Q_e U_e$
	单 位	V	A·m^{-2}	电导率 κ_e, S·m^{-1}	J
传热学	物理量	热量 Q_h	热流量 ϕ_h	热阻 R_h	热容 $C_h = Q_h/T$
	单 位	J	J·s^{-1}	K·s·J^{-1}	J·K^{-1}
	物理量	热势(温度) $U_h = T$	热流密度 $\dot{j}_h$	傅里叶定律 $\dot{j}_h = -\kappa_h \frac{dT}{d\dot{x}}$	㶲 $E_h = \frac{1}{2}Q_h T$
	单 位	K	J·m^{-2}·s^{-1}	导热系数 κ_h, W·m^{-1}·K^{-1}	J

从表 12-9 及式(12-84)中可以看出,㶲代表了以绝对零度作为基准时物体传递热量的能力,为物体在可逆条件下可输出的热量总量的传递能力。

12.9.2　㶲耗散与㶲衡算方程

热量在介质中的传递与流体通过管道、电流通过导电介质一样,是一个不可逆过程。流体流动因摩擦阻力耗散的是机械能,电阻耗散的是电能,而通过介质传递的热量耗散的则是㶲,即耗散的是"热势能"。对于无内热源的稳定导热过程,其热量衡算方程为

$$\rho c_V \frac{\partial T}{\partial t} = -\nabla \cdot \dot{j}_h = \nabla \cdot \left(\kappa_h \frac{\mathrm{d}T}{\mathrm{d}x} \right) \tag{12-86}$$

式(12-86)中,$\dot{j}_h$ 为热流密度矢量。在该方程两边同时乘以温度 T,有

$$\rho c_V T \frac{\partial T}{\partial t} = -\nabla \cdot (\dot{j}_h T) + \dot{j}_h \cdot \nabla T \tag{12-87}$$

式(12-87)左边项就是微元体中㶲随时间的变化率,右边第一项就是进入微元体的㶲,而第二项则是微元体中的㶲耗散。因此,式(12-87)可写为

$$\frac{\mathrm{d}E_h}{\partial t} = -\nabla \cdot (\dot{E}_h) - \Phi_h \tag{12-88}$$

式(12-88)即为㶲衡算方程,E_h 是单位体积中的㶲,而其中的耗散项

$$\Phi_h = -\dot{j}_h \cdot \nabla T = \kappa_h |\nabla T|^2 \tag{12-89}$$

式中,Φ_h 为耗散函数,κ_h 为导热系数,∇T 是温度梯度,其物理意义为单位时间单位体积内㶲的耗散,类似于流体流动中机械能的耗散函数(流动阻力的计算式)。

12.9.3　热量传递过程中的㶲传递效率

在前面引入了㶲和㶲耗散等物理量,在此,就可以讨论热量传递过程的效率问题了。依据热力学第一定律,在传递过程中能量总是守恒的,但㶲是要耗散的。因此,㶲存在着效率问题。定义㶲流密度的传递效率为输出、输入系统中的㶲之比。

$$\eta_{E_h} = \frac{(E_h)_{\mathrm{out}}}{(E_h)_{\mathrm{in}}} = 1 - \frac{\Phi_h}{(E_h)_{\mathrm{in}}} \tag{12-90}$$

12.9.4　㶲耗散极值原理和最小热阻原理

12.9.4.1　㶲耗散极值原理

通常,在基材中添加高导热材料总是能强化导热的性能,如同提高流体的流速总是能强化对流换热的性能一样。由于强化传热操作中的"投入""产出"不是同一类物理量,因此就谈不上所谓的效率问题,也就无法讨论优化问题。通过引入了"㶲"这一新的物理量,就

可以研究传热过程的优化问题了。将㶲及其㶲衡算方程应用于传热优化过程中,可形成基于温差表述的最小㶲耗散原理,以及基于热流表述的最大㶲耗散原理,两者统称为㶲耗散极值原理。

最小㶲耗散原理是指在导热热流给定的条件下,当物体中的㶲耗散最小时,导热温差值就最小。可用变分方程表达为

$$\phi\delta(\Delta T)=\delta\int_V \frac{1}{2}\kappa_h (\nabla T)^2 dV=0 \qquad (12-91)$$

式中,δ 是变分符号,ΔT 是温差,ϕ 是热流量。

最大㶲耗散原理是指在导热温差给定的条件下,当物体中的㶲耗散最大时,导热热流值就最大。也可用以变分方程表达为

$$\Delta T\delta(\phi)=\delta\int_V \frac{1}{2}\kappa_h (\nabla T)^2 dV=0 \qquad (12-92)$$

或者更通俗地来说,㶲耗散极值原理可表达为如下。

(1) 对于具有一定的约束条件并给定热流边界条件时,当㶲耗散最小,则传热能力最大,导热过程最优(温差最小),即式(12-91)所表达的一般性方程。

(2) 在给定温度边界时,㶲耗散最大,则传热能力最大,导热过程最优,热流最大,即式(12-92)所表达的一般性方程。

12.9.4.2 最小热阻原理

热传导过程的阻抗称为介质的热阻,它相当于温差除以热流量。实际上热阻的概念等同于电阻一样,只是在一维导热的情况下才具有严格的物理意义。在过去,对于多维导热,特别是对于非等温边界条件的传热问题,很难定义介质的热阻。现通过引入㶲耗散的概念,对于非等温边界条件或多维导热问题,定义其热阻则成为可能。对于一维导电过程,电能的耗散与电阻的关系为

$$\Phi_e=I^2 R_e=\frac{(\Delta U)^2}{R_e} \qquad (12-93)$$

式中,Φ_e 是电能耗散,ΔU 是电阻 R_e 两端的电势差。因此,有

$$R_e=\frac{(\Delta U)^2}{\Phi_e} \qquad (12-94)$$

对于只有两个等电势边界条件的多维导电或者非等电势边界条件的多维导电物质,可分别定义其当量电阻为

$$R_e=\frac{(\Delta U)^2}{\Phi_e}, \; R_e=\frac{(\Delta \overline{U})^2}{\Phi_e} \qquad (12-95)$$

对于给定电流的非一维导电问题,定义其当量电阻为

$$R_e=\frac{\Phi_e}{I^2} \qquad (12-96)$$

394

即电阻等于电能的耗散除以电流的平方。类似地,对于一维导热问题,㶲耗散与热阻的关系为

$$\Phi_{h} = \phi^{2} R_{h} = \frac{(\Delta T)^{2}}{R_{h}} \tag{12-97}$$

$$R_{h} = \frac{(\Delta T)^{2}}{\Phi_{h}} = \frac{\Phi_{h}}{\phi^{2}} \tag{12-98}$$

式中,Φ_{h} 为㶲耗散。对于只有两个等温边界条件的多维导热问题或者非等温边界条件的导热体,其当量热阻分别为

$$R_{h} = \frac{(\Delta T)^{2}}{\Phi_{h}}, \ R_{h} = \frac{(\Delta \overline{T})^{2}}{\Phi_{h}} \tag{12-99}$$

式中,$\Delta \overline{T}$ 是平均温差,即介质的热阻等于温差的平方除以㶲耗散。对于给定的热流边界条件的多维导热问题,物体的当量热阻为

$$R_{h} = \frac{\Phi_{h}}{\phi^{2}} \tag{12-100}$$

式中,ϕ 是边界上的总热流量。式(12-100)表示介质的热阻等于㶲的耗散除以热流量的平方。

　　建立了㶲的耗散和物体的当量热阻关系后,就可讨论㶲耗散极值原理的物理意义。从式(12-99)可以看出,对于温度边界条件给定的情况,当㶲耗散最大时,当量热阻最小。而从式(12-100)可看出,对于热流给定时,当㶲耗散最小时,当量热阻最小。因此,㶲耗散极值原理就可归结于最小热阻原理,并概括为:对于具有一定约束条件(如在基材中加入一定数量的高导热材料)的导热问题,若物体的当量热阻越小,则物体的导热性能最好。也就是说给定温差时,热流量最大;或者说给定热流量时,温差最小。

　　㶲及其㶲耗散效应是评价传热过程,以及热交换设备的重要理论、方法和手段,也是不可逆过程热力学的重要理论基础,对于更为复杂的定量关系表述,可参阅不可逆过程热力学书籍或文献资料。

习　　题

　　12.1　1 mol 理想气体,400 K 下在气缸内进行等温不可逆压缩,由 0.1013 MPa 压到 1.013 MPa。压缩过程中,由气体移出的热量流到一个 300 K 的蓄热器中,实际需要的功较同样情况下的可逆功大 20%。试计算气体的熵变、蓄热器的熵变以及压缩过程的 ΔS_{g}。

　　12.2　一热交换器用冷水来冷却油,水的流量为 10000 kg·h^{-1},进口温度为 21 ℃;油的流量为 5000 kg·h^{-1},进口温度为 150 ℃,出口温度为 66 ℃,油的平均等压比热容为 0.6 kJ·kg^{-1}·K^{-1}。假定无热量损失,试计算:(1) 油的熵变;(2) 整个热交换过程总熵变化。并分析此过程是否可逆。

　　12.3　计算等压下将 2 kg 90 ℃的液态水和 3 kg 10 ℃的液态水绝热混合过程所引起的总熵变。水的等压摩尔比热容 $c_{p} = 4.184$ J·mol^{-1}·K^{-1}。

　　12.4　用一冷却系统冷却海水,以 20 kg·s^{-1} 的速率把海水从 298 K 冷却到 258 K;并将热排至温度为 303 K 的大气中,求所需功率。已知系统的热力学效率为 0.2,海水的等压比热容为 3.5 kJ·kg^{-1}·K^{-1}。

12.5 一车间要利用 $26.7\,℃$，$6.9×10^5\,Pa$ 的空气和$-195.5\,℃$的液氮来产生 $20\,kg·s^{-1}$，$-162.05\,℃$，$1.38×10^5\,Pa$ 的低温空气。拟采取的方案有两个：(1) 空气先经节流阀节流膨胀到 $1.38×10^5\,Pa$，再冷却至所需温度$-162.05\,℃$；(2) 不采用节流膨胀，而是使空气先在等熵效率为 80% 的透平中膨胀做功，然后再进入换热器冷却。求(1)、(2)两个方案中冷却器的热负荷以及过程的 ΔS_g，并将它们进行比较。

12.6 试计算在 853 K，4.052 MPa 下 1 mol 氮气在非流动过程中变至 373 K，1.013 MPa 时可能做的理想功。大气的 $T^\ominus=293\,K$，$p^\ominus=0.1013\,MPa$。氮气的等压摩尔比热容为 $c_p=27.89+4.271×10^{-3}T$ $(J·mol^{-1}·K^{-1})$。若氮气是稳定流动过程，理想功又是多少？

12.7 某制冷机中采用氟利昂 134a 为制冷剂。以 25 ℃ 的饱和液体进入节流阀，离开阀的温度为$-20\,℃$，试求：(1) 节流过程的有效能损失；(2) 当节流过程中制冷剂从环境吸收 $4.2\,kJ·kg^{-1}$ 热量时，有效能的损耗。设 $p^\ominus=0.1\,MPa$，$T^\ominus=300\,K$。

12.8 1 kg 甲烷由 300 K，$9.80×10^4\,Pa$ 压缩后冷却至 300 K，$6.666×10^6\,Pa$，若实际压缩功耗为 1021.6 kJ，$T^\ominus=300\,K$，试求：(1) 冷却器中需要移走的热量；(2) 压缩与冷却过程的损耗功；(3) 该过程的理想功；(4) 该过程的热力学效率。

12.9 673 K，1.5 MPa 的过热蒸汽经渐缩喷嘴绝热膨胀至 0.1 MPa，其等熵效率为 90%。计算此过程中有效能的损耗和有效能效率。设环境条件为 $T^\ominus=298\,K$，$p^\ominus=1.013×10^5\,Pa$。

12.10 某厂有压力为 1.013 MPa，6.868 MPa，8.611 MPa 的饱和蒸汽以及 1.013 MPa，573 K 的过热蒸汽，若四种蒸汽都经过充分利用，最后排出 0.1013 MPa，298 K 的冷凝水。试比较每千克蒸汽的有效能和所能放出的热，并就计算结果对蒸汽的合理利用加以讨论。

12.11 有人设计一种程序，使得每千克温度为 373.15 K 的饱和水蒸气经过一系列的复杂步骤后，能连续地向 463.15 K 的高温储热器输送 1900 kJ 的热量，蒸汽最后在 $1.013×10^5\,Pa$，273.15 K 时冷凝为水并离开装置。假设可以无限制取得 273.15 K 的冷凝水，试从热力学观点分析，该过程是否可能？

12.12 试问以下稳流过程是否可能：空气在 $7×10^5\,Pa$，294 K 下进入到一个与环境绝热的设备中。由设备流出的空气一半为 $1×10^5\,Pa$，355 K；另一半为 $1×10^5\,Pa$，233 K。设备与环境没有功的交换。以上温度范围内假定空气为理想气体，并取其平均等压摩尔比热容 $\overline{c_p}=25.5\,J·mol^{-1}·K^{-1}$。

12.13 一个保温良好的换热器，热流体进出口温度分别为 423 K 和 308 K，流量为 $2.5\,kg·min^{-1}$，等压比热容为 $4.36\,kJ·kg^{-1}·K^{-1}$；冷流体进出口温度分别为 298 K 和 383 K，等压比热容为 $4.69\,kJ·kg^{-1}·K^{-1}$。试计算热、冷流体有效能的变化、有效能损失和有效能效率。已知环境温度为 298 K。

12.14 压缩机出口的空气状态为 $p_1=9.12\,MPa$，$T_1=300\,K$，如果进行下列两种膨胀，膨胀到 $p_2=0.203\,MPa$，试求两种膨胀后气体的温度、膨胀机的做功量及膨胀过程的损耗功：(1) 节流膨胀；(2) 做外功的绝热膨胀，已知膨胀机的等熵效率 $\eta_S=0.8$。环境温度取 298 K。

12.15 在蒸汽动力装置中，为调节输出功率，使从锅炉出来的压力 $p_1=2.5\,MPa$，温度 $T_1=490\,℃$ 的蒸汽，先经过节流阀，使之压力降为 $p_2=1.5\,MPa$，然后再进入汽轮机等熵膨胀至 40 kPa。设环境温度为 20 ℃，求：(1) 绝热节流后蒸汽的温度；(2) 节流过程熵变；(3) 节流的有效能损失，并将该过程表示在 $T-S$ 图上。

12.16 有 $1.570×10^6\,Pa$，757 K 的过热蒸汽驱动透平，乏汽压力为 $6.868×10^4\,Pa$。透平膨胀既不可逆也不绝热。已知实际功相当于等熵功的 80%。每千克蒸汽通过透平的散热损失为 11.50 kJ。环境温度设为 293 K，求此过程的理想功、损耗功及实际的热机效率。

12.17 有 0.6078 MPa，1 kmol 的空气，试求：(1) 等压下由 303 K 冷却至 101 K 时需移走的热量；(2) 等压下由 233 K 加热至 303 K 时所需之热量。冷却和加热时空气的有效能变化如何？

12.18 有一逆流式换热器，利用热氮气加热水使之成为蒸汽。0.1013 MPa 的饱和液态水进入换热器被加热为 0.1013 MPa，175 ℃ 的过热蒸汽，而流率为 $1\,kg·s^{-1}$ 的热氮气由 370 ℃ 被冷却到 120 ℃。假设每千克蒸汽生成的热损失为 100 kJ，试求每秒有多少蒸汽生成？当外界温度为 293 K 时，过程的总熵变为多少？假设氮气为理想气体，$c_p=\dfrac{7}{2}R$。

12.19　基本概念题

(1) 一个 50 Ω 的电阻器,载有 20 A 的恒定直流电源,并保持 100 ℃ 的恒定温度。电阻器放出的热量由外界空气带走,而空气仍保持 25 ℃ 的恒定温度。试问经历 2 h 后,孤立系统产生的熵是多少?(单位以 J·K^{-1} 计)

(2) 试在 T-S 图上指出气体、蒸汽、液体和汽液共存四个区的位置,并示意表达下列过程：① 气体等压冷却、冷凝成过冷液体；② 气体绝热可逆膨胀与绝热不可逆膨胀过程；③ 饱和蒸汽绝热可逆压缩与绝热不可逆缩过程；④ 饱和液体等焓膨胀与可逆绝热膨胀过程。

(3) 简述㶲的定义及㶲的耗散概念。

(4) 简述㶲耗散极值原理和最小热阻原理。

第13章

蒸汽动力循环与制冷循环

内容概要和学习方法

　　将热能转化为机械能等动力的装置称为热力原动机,简称热机(heat engine),化工厂与其他工业系统均离不开动力,交通工具也需要动力来驱动。热机的工作循环称为热动力循环过程。根据所用工质的不同,热机动力循环可分为蒸汽动力循环和燃气动力循环过程两大类。蒸汽机和汽轮机的工作循环过程属于前者,在火力发电厂及原子能发电厂,工质按蒸汽动力循环进行工作,将化石燃料和核燃料中的热能转化为电能并对外界输出。而汽车依靠燃气轮机前进、喷气式飞机依靠燃气轮机飞行,它们都属燃气动力循环。

　　制冷是获得并保持低于环境温度的操作。一般将制冷温度在－100 ℃以上的称为普冷,将制冷温度低于－100 ℃的称为深冷。日常生活所需的食品冷藏(如冰箱)或气温调节(如空调)等的制冷温度一般在－100 ℃以上,而化工厂除了大量需要普冷的环境进行低温反应、结晶分离外,有时也需要深冷以满足特殊的需要,如气体液化等。根据热力学第二定律,制冷过程是不能自发进行的,必须输入一定的外功才能实现将从低温环境吸收热量并排往高温环境。因此,通常将输入外功实现从低温环境吸收热量排向高温环境的循环称为制冷循环。

　　本章主要在热力学第一定律和热力学第二定律应用的基础上,针对热力学循环过程,探讨热力原动机、制冷机等热力过程中工质的状态变化与能量的相互转换规律,阐明能量转换的方向单一性,为提高能量的利用率及热力过程的分析与改进提供基础。

13.1　蒸汽动力循环——兰金循环过程分析

　　热力学第二定律表明:在相同的高低温热源间工作的热机,卡诺热机的热效率最大。如图 13 - 1 所示。

　　图 13 - 1(a)是卡诺循环的工作原理示意图,图 13 - 1(b)是其 T - S 图。卡诺循环在工作原理上包括两个等温可逆传热过程(过程 4 → 1 和过程 2 → 3)和两个等熵过程(过程 1 → 2 和过程 3 → 4)。仿照例 12.1 的结果,可导出卡诺热机的效率[式(12 - 21)]的结果,且表明卡诺热机的效率仅仅与高温热源和低温热源的温度有关,与工质的性质无关。尽管卡诺热机的效率在所有的热机中是最高的,但从图 13 - 1(b)中可看出,膨胀机的出口 2 和压缩

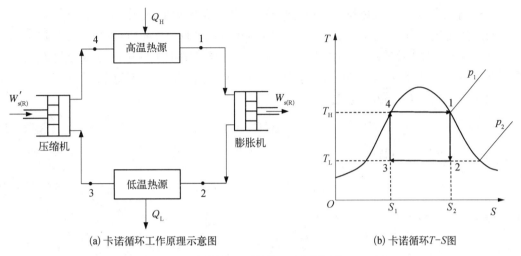

(a) 卡诺循环工作原理示意图　　　　(b) 卡诺循环$T\text{-}S$图

图 13‑1　卡诺循环工作原理示意图及其 $T\text{-}S$ 图

机的进口 1 均处于汽液两相区,运行中存在"气蚀"等应用上的问题与困难,因此这实际上是
不可能被使用的。工业上取而代之的是蒸汽动力循环,其中兰金循环是各种复杂动力循环
中最基本的循环过程。

13.1.1　兰金循环

　　兰金循环装置由锅炉(包括过热器)、汽轮机(或称为蒸汽透平)、冷凝器和水泵四个部
分组成。理想的兰金循环的工作过程包括两个等压过程和两个等熵过程。图 13‑2 为兰金
循环的工作原理和相应的 $T\text{-}S$ 图。图 13‑2(a)、(b)中所示的工质各状态点一一对应,循
环经历的各个过程如下:

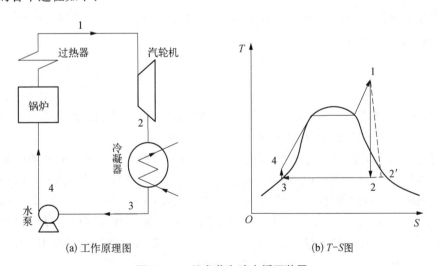

(a) 工作原理图　　　　　(b) $T\text{-}S$图

图 13‑2　兰金蒸汽动力循环装置

1→2 过热水蒸气在汽轮机内等熵膨胀,变成湿蒸汽,同时对外输出轴功;
2→3 湿蒸汽在冷凝器内等压(或等温)冷凝,变成饱和液体水;
3→4 冷凝水在水泵中等熵压缩,进回至锅炉;

4→1 水在锅炉中吸收热量,完成预热、汽化、过热阶段过程,变成过热水蒸气。

对上述各过程分别应用热力学第一定律,即式(11-13)进行分析,可得到各过程中单位质量工质与外界交换的热与功的数量。考虑到各个设备中工质发生的能量变化远大于工质在各个过程的动能、位能的变化,可忽略工质在循环过程中动能与位能的变化量。

汽轮机中工质对外做功量(过程1→2)为

$$-W_{s(R)} = \Delta H = H_2 - H_1 \tag{13-1}$$

冷凝器中工质对外放热量为

$$Q_L = \Delta H = H_3 - H_2 \tag{13-2}$$

水泵消耗的压缩功量为

$$-W_{s, pump} = \Delta H = H_4 - H_3 = V_3(p_4 - p_3) \tag{13-3}$$

工质从锅炉中吸收的热量为

$$Q_H = \Delta H = H_1 - H_4 \tag{13-4}$$

评价蒸汽动力循环的主要指标是热效率和汽耗率。热效率为

$$\eta_T = \frac{W_N}{Q_H} = \frac{|-W_{s(R)} + (-W_{s, pump})|}{Q_H} = \frac{|(H_2 - H_1) - (H_4 - H_3)|}{H_1 - H_4} \tag{13-5}$$

由于水泵的功耗 $W_{s, pump}$ 远小于汽轮机的做功量 $W_{s(R)}$,即 $W_{s(R)} \gg W_{s, pump}$,式(13-5)可简化为

$$\eta_T = \frac{|-W_{s(R)}|}{Q_H} \approx \frac{H_1 - H_2}{H_1 - H_4} \tag{13-6}$$

汽耗率是蒸汽动力装置中每输出 1 kW·h 的净功所消耗的蒸汽量,用 SSC(specific stream consumption)表示。

$$SSC = \frac{3600}{W_N} \tag{13-7}$$

显然,热效率越高,汽耗率就越低,表示循环越完善。以上各状态点物性可由水蒸气表(附录表 3.1~表 3.3)或水的 H-S 图查得。

上述讨论的是理想的兰金循环,实际上,由于各个过程不可避免地存在着摩擦损耗和一定的热损失,因此均为不可逆过程。汽轮机的不可逆性在于蒸汽经过汽轮机时由于过程的不完全绝热和气流内部的摩擦导致的熵增现象。因此,实际的兰金循环在 T-S 图上,如图 13-2(b) 中的曲线 1-2'-3-4-1 所示,此时工质所做的功 $W_s = H_1 - H_{2'}$。显然 $H_1 - H_{2'} < H_1 - H_2$。在蒸汽膨胀做功过程中,不可逆绝热膨胀过程的做功量 W_s 与可逆绝热过程的做功量 $W_{s(R)}$ 之比称为等熵效率,用 η_S 表示。

$$\eta_S = \frac{W_s}{W_{s(R)}} = \frac{H_1 - H_{2'}}{H_1 - H_2} \tag{13-8}$$

此时,兰金循环的热效率为

$$\eta_{\mathrm{T}}=\frac{(H_1-H_{2'})-(H_4-H_3)}{H_1-H_4}\approx\frac{(H_1-H_{2'})}{H_1-H_4} \tag{13-9}$$

[例 13.1] 某蒸汽动力循环操作条件如下：冷凝器出来的饱和水，由泵从 0.035 MPa 加压至 1.5 MPa 进入锅炉，蒸汽离开锅炉时被过热器加热至 280 ℃。求：（1）上述循环的最高效率；（2）在锅炉和冷凝器的压力的饱和温度之间运行的卡诺循环的效率，以及离开锅炉的过热蒸汽温度和冷凝器饱和温度之间运行的卡诺循环的效率；（3）若透平是不可逆绝热操作，其焓变是可逆过程的 80%，求此时的循环效率。

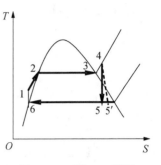

图 13-3　例 13.1 附图

解：（1）各状态点的热力学性质，可由附录表 3.1 饱和水蒸气表及表 3.2 过热水蒸气表查得。

$$H_6=303.46\ \mathrm{kJ\cdot kg^{-1}}$$

$$H_1-H_6=\int_{p_2}^{p_1}V\mathrm{d}p=V(p_1-p_2)=1.0245\times10^{-3}\times(1.5-0.035)\times10^6=1.5(\mathrm{kJ\cdot kg^{-1}})$$

$$H_1=303.46+1.5=304.96(\mathrm{kJ\cdot kg^{-1}})\text{（由于液体压力增加其焓增加很少，可以近似 }H_1=H_6）$$

$$H_4=2992.7\ \mathrm{kJ\cdot kg^{-1}},\ S_4=6.8381\ \mathrm{kJ\cdot kg^{-1}\cdot K^{-1}}$$

该循环透平机进行绝热可逆操作，增压泵也进行绝热可逆操作时效率最高。

$$S_5=S_4=6.8381\ \mathrm{kJ\cdot kg^{-1}\cdot K^{-1}}，由 0.035\ \mathrm{MPa}，查得$$

汽相　$S^{\mathrm{V}}=7.7153\ \mathrm{kJ\cdot kg^{-1}\cdot K^{-1}}$（查附录表 3.1 饱和蒸汽性质表）

液相　$S^{\mathrm{L}}=0.9852\ \mathrm{kJ\cdot kg^{-1}\cdot K^{-1}}$（由附录表 3.1 饱和水性质表得到）

设汽相含量为 x，则

$$S_5=xS^{\mathrm{V}}+(1-x)S^{\mathrm{L}}=7.7153x+0.9852(1-x)=6.8381，解得 x=0.87$$

$$H_5=xH^{\mathrm{V}}+(1-x)H^{\mathrm{L}}=0.87\times2631.4+(1-0.87)\times303.46=2328.77(\mathrm{kJ\cdot kg^{-1}})$$

$$\eta_{\mathrm{T}}=\frac{H_4-H_5}{H_4-H_1}=\frac{2992.7-2328.77}{2992.7-303.96}=0.247$$

（2）冷凝器压力 0.035 MPa，饱和温度为 72.69 ℃；锅炉压力 1.5 MPa，饱和温度为 198.32 ℃。若卡诺循环运行在此两温度之间，则卡诺循环效率为

$$\eta_{卡诺}=\frac{T_{\mathrm{H}}-T_{\mathrm{L}}}{T_{\mathrm{H}}}=\frac{198.32-72.69}{198.32+273}=0.267$$

若卡诺循环运行在实际的两个温度之间，则其效率为

$$\eta_{卡诺}=\frac{T_{\mathrm{H}}-T_{\mathrm{L}}}{T_{\mathrm{H}}}=\frac{280-72.69}{280+273}=0.375$$

（3）不可逆过程的焓差为 $0.80(H_4-H_5)$，而吸收的热仍为 (H_4-H_1)，因此热效率为

$$\eta_{\mathrm{T}}=\frac{0.80(H_4-H_5)}{H_4-H_1}=0.80\times0.247=0.198$$

卡诺热机循环热效率 $\left(\eta_{卡诺}=1-\dfrac{T_{\mathrm{L}}}{T_{\mathrm{H}}}\right)$ 是一切动力循环中效率最高的，因此提高兰金

循环热效率的基本途径是提高锅炉温度和降低冷凝器温度。然而,兰金循环工质吸热温度是变化的,为了便于分析,通常采用平均吸热温度的概念,即式(12-48a),以一个等效的卡诺循环代替兰金循环,如图13-4所示。

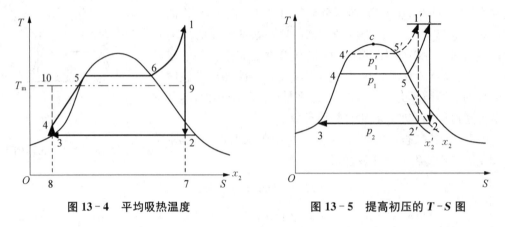

图 13-4 平均吸热温度   图 13-5 提高初压的 T-S 图

工质在锅炉中的吸热量 Q_H=面积 8-4-5-6-1-7-8=等效矩形面积 10-9-7-8-10,则

$$Q_H = \int_3^1 T\mathrm{d}S = T_m(S_7 - S_8)$$

因此,锅炉中水的平均吸热温度与相应的等效卡诺循环热效率为

$$T_m = \frac{\int_3^1 T\mathrm{d}S}{S_7 - S_8} \tag{13-10}$$

$$\eta_T = 1 - \frac{T_2}{T_m} \tag{13-11}$$

由式(13-11)可见,提高兰金循环热效率的措施之一是提高等效卡诺循环的平均吸热温度 T_m 及降低乏汽的温度 T_2。

提高平均吸热温度的直接方法是提高蒸汽的压力或过热温度,如图13-5所示,保持初始温度 t_3 及乏汽压力 p_2 不变,将初压由 p_1 提高到 p_1',从图13-5中可以看出,新循环 1'—2'—3—4'—5'—1' 的平均吸热温度提高了,则循环的热效率也提高了。然而,随着初压的提高,乏汽的干度将由 x_2 降低到 x_2'。汽轮机尾部水蒸气湿度太大会损坏叶轮,一般要求干度不低于 86%~88%。

与上述情况类似,亦可以保持初、终压力不变,而提高初始温度,同样会提高循环的热效率,在这种情况下,乏汽的干度会相应地提高。

通常的做法是采用同时提高蒸汽压力和过热温度的措施来提高循环的热效率,所以现代大容量的蒸汽动力装置都毫无例外地在高温、高压下操作。目前汽轮机初压为亚临界压力(16~17 MPa)的情况已很普遍,很多已经达到了超临界压力(24 MPa),此时初温可达560℃左右。高参数过热蒸汽的使用,对材料和制造工艺提出了更高的要求。

降低汽轮机的乏汽温度也可提高循环的热效率,但最终压力的数值主要取决于冷却水的温度,因而不能任意降低。目前可将汽轮机的终压降低到 4~5 kPa,已很接近于周边环境温度。

从上面分析可以看出,仅依靠兰金循环,以调整蒸汽参数来提高热效率,其潜力有限,已不是主要的发展方向。因此,在兰金循环的基础上发展了较为复杂的循环,如回热循环、再热循环等以提高蒸汽循环的热效率。

13.1.2　兰金循环的改进

13.1.2.1　回热循环

在兰金循环中,定压吸热过程(如图 13-2 中的过程 4→1)的平均吸热温度不高,主要是存在着液态水的预热过程温度较低。如能设法使吸热过程不包括这一段水的预热过程,那么平均吸热温度将会提高不少,循环的热效率也可得到相应的提高。基于这种考虑,可采用抽汽的回热循环。图 13-6 为一个采用二级抽汽回热蒸汽动力循环装置的原理图及其 T-S 图。

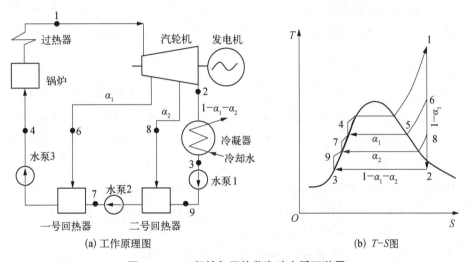

(a) 工作原理图　　　　　　　　　　(b) T-S 图

图 13-6　二级抽气回热蒸汽动力循环装置

设有 1 kg 过热蒸汽进入汽轮机膨胀做功。当压力降低到 p_6 时,由汽轮机内抽取 α_1 kg 蒸汽送入一号回热器,其余的 $(1-\alpha_1)$ kg 蒸汽在汽轮机内继续膨胀做功;当压力降到 p_8 时再抽出 α_2 kg 蒸汽送入二号回热器;汽轮机内残余 $(1-\alpha_1-\alpha_2)$ kg 蒸汽则继续膨胀做功,直到压力降到 p_2 时进入冷凝器。冷凝水离开冷凝器后,依次通过二号、一号回热器,在回热器内先后与两次抽汽混合加热,每次加热终了水温可达到相应抽汽压力下的饱和温度。图 13-6 所示的回热器为混合式,实际上,电厂都采用表面式回热器(蒸汽不与冷凝器水相混合)。还须指出,图 13-6(b)中有些图线不是代表 1 kg 工质,而是如图 13-6(a)中标出的部分工质的过程线。回热抽汽率 α_1,α_2 的计算,应以恰好将冷凝水加热到抽汽压力下的饱和温度为原则,可由回热器的能量平衡来确定,经推算可以得到

$$\alpha_1 = \frac{H_7 - H_9}{H_6 - H_9} \tag{13-12}$$

$$\alpha_2 = \frac{(1-\alpha_1)(H_9 - H_3)}{(H_8 - H_3)} \tag{13-13}$$

式中，H_6，H_8 分别为第一、第二次抽汽的焓；H_7，H_9 分别为第一、第二次抽汽压力下饱和水的焓；H_3 为乏汽压力下饱和液态冷凝水的焓。

二级回热循环热效率为

$$\eta_{\mathrm{T}}=\frac{W_{\mathrm{N}}}{Q_{\mathrm{H}}}=\frac{(H_1-H_6)+(1-\alpha_1)(H_6-H_8)+(1-\alpha_1-\alpha_2)(H_8-H_2)}{H_1-H_4}$$

$$(13-14)$$

式中，H_1，H_2 分别为汽轮机新汽与乏汽的焓。

[**例 13.2**] 某蒸汽动力装置采用二次抽汽回热循环，已知进入汽轮机的过热蒸汽的参数为 $p_1=14\ \mathrm{MPa}$，$t_1=560\ ℃$。第一次抽汽压力 2.0 MPa，第二次抽汽压力为 0.15 MPa，乏汽压力为 5 kPa，试计算此二次抽汽回热循环的热效率与汽耗率。

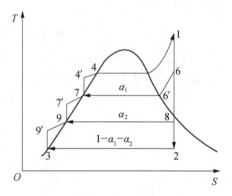

图 13-7　例 13.2 附图

解：此二次抽汽回热循环如图 13-7 所示。

查附录表 3.1、表 3.2 的相关水蒸气表，其各状态点的参数值为

状态点 1：$H_1=3486.0\ \mathrm{kJ\cdot kg^{-1}}$，$S_1=6.5941\ \mathrm{kJ\cdot kg^{-1}\cdot K^{-1}}$

状态点 6：查得 $p=2.0$ MPa 时，饱和蒸汽点 6′的 $S_{6'}=6.3409\ \mathrm{kJ\cdot kg^{-1}\cdot K^{-1}}<S_1$，因此状态 6 处于过热蒸汽状态，由内插法求得 $p=2.0$ MPa，$S_6=6.5941\ \mathrm{kJ\cdot kg^{-1}\cdot K^{-1}}$ 时，$H_6=2929.2\ \mathrm{kJ\cdot kg^{-1}}$。

与状态点 6 对应的饱和液态水点 7：$H_7=908.8\ \mathrm{kJ\cdot kg^{-1}}$，$V_7=0.001767\ \mathrm{m^3\cdot kg^{-1}}$

状态点 8：查 $p=0.15$ MPa 时，$H_8^{\mathrm{L}}=H_9=467.1\ \mathrm{kJ\cdot kg^{-1}}$，$H_8^{\mathrm{V}}=2693.6\ \mathrm{kJ\cdot kg^{-1}}$；$S_8^{\mathrm{L}}=1.4336\ \mathrm{kJ\cdot kg^{-1}\cdot K^{-1}}$，$S_8^{\mathrm{V}}=7.2233\ \mathrm{kJ\cdot kg^{-1}\cdot K^{-1}}$

因 $S_8^{\mathrm{V}}>S_1$，状态 8 处于湿蒸汽状态，设湿蒸汽的干度为 x_1，则 $x_1 S_8^{\mathrm{V}}+(1-x_1)S_8^{\mathrm{L}}=S_1$，即 $7.2233x_1+1.4336(1-x_1)=6.5941$，解得 $x_1=0.8913$，则

$$H_8=2693.6x_1+467.1(1-x_1)=2451.6(\mathrm{kJ\cdot kg^{-1}})$$

状态点 9：$H_9=467.1\ \mathrm{kJ\cdot kg^{-1}}$，$V_9=0.001053\ \mathrm{m^3\cdot kg^{-1}}$

状态点 2 处于湿蒸汽区：查 $p=5$ kPa 时，$H_3=121.5\ \mathrm{kJ\cdot kg^{-1}}$，$H_2^{\mathrm{V}}=2554.4\ \mathrm{kJ\cdot kg^{-1}}$；$S_3^{\mathrm{L}}=0.4718\ \mathrm{kJ\cdot kg^{-1}\cdot K^{-1}}$，$S_2^{\mathrm{V}}=8.4025\ \mathrm{kJ\cdot kg^{-1}\cdot K^{-1}}$。设湿蒸汽的干度为 x_2，则 $x_2 S_2^{\mathrm{V}}+(1-x_2)S_3=S_1$，即 $8.4025x_2+0.4718(1-x_2)=6.5941$，解得 $x_2=0.7720$，则

$$H_2=2554.4x_2+136.5(1-x_2)=1999.7(\mathrm{kJ\cdot kg^{-1}})$$

与状态点 2 对应的饱和液态水点 3：$H_3^{\mathrm{L}}=121.5\ \mathrm{kJ\cdot kg^{-1}}$，$V_3=0.001005\ \mathrm{m^3\cdot kg^{-1}}$

因此，状态点 4′：$H_{4'}=H_7+V_7\Delta p=908.8+0.001767\times(14-2)\times10^3=930.0(\mathrm{kJ\cdot kg^{-1}})$

状态点 7′：$H_{7'}=H_9+V_9\Delta p=467.1+0.001053\times(2-0.15)\times10^3=469.1(\mathrm{kJ\cdot kg^{-1}})$

状态点 9′：$H_{9'}=H_3+V_3\Delta p=121.5+0.001005\times(0.15-0.005)\times10^3=121.6(\mathrm{kJ\cdot kg^{-1}})$

第一次抽气量 α_1 的计算：

$$\alpha_1 = \frac{H_7 - H_{7'}}{H_6 - H_{7'}} = \frac{908.8 - 469.1}{2929.2 - 469.1} = 0.1787$$

第一次抽气量 α_2 的计算：

$$\alpha_2 = \frac{(1-\alpha_1)(H_9 - H_{9'})}{(H_8 - H_{9'})} = \frac{(1-0.1787)\times(467.1 - 121.6)}{(2451.6 - 121.6)} = 0.1218$$

二次抽气回热循环的热效率为

$$\eta_T = \frac{W_N}{Q_H} = \frac{(H_1 - H_6) + (1-\alpha_1)(H_6 - H_8) + (1-\alpha_1-\alpha_2)(H_8 - H_2)}{H_1 - H_{4'}}$$

$$= \frac{(3486.0 - 2929.2) + (1-0.1787)\times(2929.2 - 2451.6) + (1-0.1787-0.1218)\times(2451.6 - 1999.7)}{3486.0 - 930.0}$$

$$= 0.495$$

汽耗率为

$$SSC = \frac{3600}{W_N} = \frac{3600}{(H_1 - H_6) + (1-\alpha_1)(H_6 - H_8) + (1-\alpha_1-\alpha_2)(H_8 - H_2)}$$

$$= \frac{3600}{(3486.0 - 2929.2) + (1-0.1787)\times(2929.2 - 2451.6) + (1-0.1787-0.1218)\times(2451.6 - 1999.7)}$$

$$= 2.85(\text{kg} \cdot \text{kW}^{-1} \cdot \text{h}^{-1})$$

采用抽汽回热循环可以提高平均吸热温度,因此可以提高循环热效率。需要指出的是,虽然理论上抽汽回热次数越多,最佳给水温度越高,从而平均吸热温度越高,热效率也越高,但是级数越多,设备和管路就越复杂,而每增加一级抽汽的获益也就越少。因此,通常电厂回热级数为 3~8 级。

13.1.2.2　再热循环

最初采用再热循环的目的,是为了克服汽轮机尾部蒸汽湿度太大造成的危害。这种危害主要表现在使汽轮机的内部效率降低,以及最后几级叶片受到侵蚀。为避免这些后果,将汽轮机高压中膨胀到一定压力的蒸汽重新引到锅炉的中间加热器(称为再热器)加热升温,然后再送入汽轮机使之继续膨胀做功。这种循环称为中间再加热循环,简称再热循环,如图 13-8 所示。

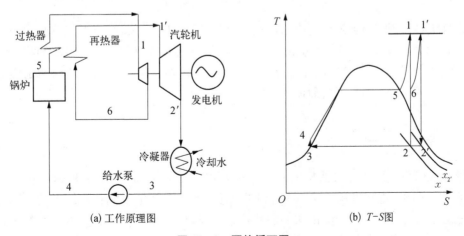

(a) 工作原理图　　　　(b) T-S图

图 13-8　再热循环图

从图 13-8(b)的 T-S 图上看,再热部分实际上相当于在原来兰金循环的基础上增加了一个新的循环 6—1′—2′—2—6。通常最有利的再热循环压力为 $(0.2 \sim 0.3) p_1$,只要再热过程的平均吸热温度高于原来循环的平均吸热温度,再热循环的热效率就可高于原来循环的热效率。因此,现代大型蒸汽动力循环采用再热的目的不只是解决膨胀终态湿度太大问题,而且也作为提高蒸汽循环热效率的途径之一。一般而言,采用再热循环后,循环热效率可提高 3% 左右。

图 13-8 所示的再热循环的热效率的计算方法如下:

工质在整个循环中获得的总热量为

$$Q_H = (H_1 - H_4) + (H_{1'} - H_6)$$

对外界的放热量为

$$Q_2 = H_{2'} - H_3$$

故再热循环的热效率

$$\eta_T = \frac{Q_H - Q_2}{Q_H} = \frac{(H_1 - H_4) + (H_{1'} - H_6) - (H_{2'} - H_3)}{(H_1 - H_4) + (H_{1'} - H_6)}$$

或

$$\eta_T = \frac{(H_1 - H_6) + (H_{1'} - H_{2'})}{(H_1 - H_4) + (H_{1'} - H_6)} \tag{13-15}$$

目前超高压(蒸汽初压为 13 MPa 和 24 MPa 或更高)的大型电厂几乎毫无例外地采用再热循环。根据蒸汽初参数的情况,一般进行一次或最多二次再热。我国自行设计制造的亚临界压力 3×10^5 kW·h 的汽轮发电机组即为一次中间再热式的,进汽初参数为 16.2 MPa,550 ℃,再热温度也为 550 ℃。

此外,为了提高热效率,采用热电循环也是一种可被采用的方式,具体可参阅其他方面有关资料。

13.2 内燃机热力过程分析 *

内燃机是使用气体或液体燃料,在汽缸中以燃烧时生成的燃气作为工质驱动循环的机械装置。活塞式内燃机按燃烧方式的不同,可分为点燃式内燃机(或称汽油机,gasoline engine)和压燃式内燃机(或称柴油机,diesel engine)。相应的内燃机循环分为定容加热循环、定压加热循环和混合加热循环。

13.2.1 定容加热循环

定容加热理想循环是汽油机实际工作循环的理想化,它是德国工程师奥托(Otto)于 1876 年提出来的,也称奥托循环。内燃机的实际工作循环可通过装在汽缸上的示功器将活塞在汽缸中的位置与工质压力的关系曲线描绘下来,即示功图。图 13-9(a)就是一个四冲程汽油机的实际工作循环的示功图。

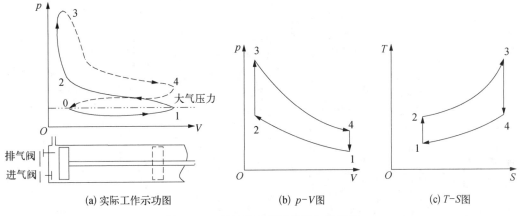

(a) 实际工作示功图　　　　　(b) p-V图　　　　　(c) T-S图

图 13-9　四冲程内燃机定容加热循环

图 13-9(a) 中,当活塞由上死点向下死点,即图中自左向右移动时,将燃料与空气的混合物经进气阀吸入气缸中,活塞的这一行程叫做吸气冲程,在示功图上以 0→1 表示。吸气过程中,气缸中的压力略低于大气压力。活塞到达下死点时,进气阀关闭,进气停止。活塞随即反向移动,气缸中的可燃气体被压缩升温,称为压缩冲程(1→2)。当活塞接近上死点时,点火装置将可燃气体点燃,气缸内瞬时间生成高温高压燃烧产物。因燃烧过程进行得极快,在燃烧的瞬间活塞的移动极小,可以认为工质在定容条件下被加热(2→3)。活塞到达上死点后,工质膨胀,推动活塞做功(3→4),称为工作冲程。膨胀终了时排气阀打开,废气开始排出。活塞从下死点返回时,继续将废气排出缸外,称为排气冲程(4→0)。至此,完成了一个工作循环,即四冲程定容加热循环。当活塞再度下行时,即进入一个新的循环。

由上可见,内燃机是一个敞开系统,每一个循环开始时都要从外界吸入工质,循环结束时又将废气排于外界。而蒸汽动力循环中,工质是循环使用的。按定容加热循环工作的内燃机所适合的燃用油品为汽油,因为汽油挥发性强,容易在气缸外预先制成可燃气体,所以这种内燃机常称汽油机或点燃式内燃机。汽油机广泛地应用在汽车、飞机等轻型发动机上。

13.2.2　定压加热循环

另一种内燃机循环燃料是在定压下燃烧,常称为狄塞尔(Diesel)循环,其理论示功图如图 13-10(a) 所示。活塞由上死点向下死点移动,将空气吸入气缸,为吸气冲程(0→1)。活塞从下死点返回,此时进气阀关闭,空气被绝热压缩到燃料的着火点以上,为压缩冲程(1→2)。随着活塞反行时,由装在气缸顶部的喷嘴将燃料喷入气缸,燃料的微粒遇到高温空气立即燃烧。随着活塞的移动,燃料不断喷入不断燃烧,这一燃烧过程(2→3)的压力基本保持不变。燃料喷射停止时,燃烧也随即结束,这时活塞靠高温高压燃烧产物的膨胀而继续被推向右方做功,形成工作冲程(3→4)。最后活塞反向移动,将废气排出气缸,称为排气冲程(4→0),从而完成一个循环。

这种形式发动机依靠被压缩后的高温空气使燃料着火燃烧,燃料可使用柴油,所以常

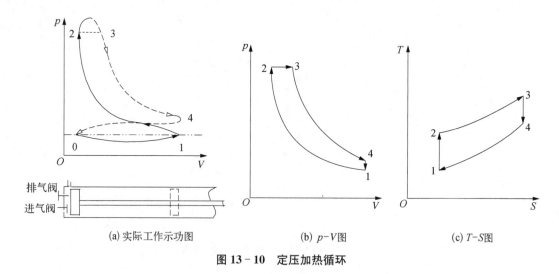

(a) 实际工作示功图　　　(b) $p-V$图　　　(c) $T-S$图

图 13 - 10　定压加热循环

称作柴油机或压燃式内燃机。但需要指出的是,现代高速柴油机并非单纯按定压加热循环来工作,而是按照一种既有定压加热又有定容加热的所谓混合加热循环来工作的。

13.3　燃气轮机过程分析

　　燃气轮机装置也是一种以空气及燃气为工质的旋转式热力发动机,它的结构类似于汽轮机,但它利用气体燃烧产物作为工质推动叶轮回转做功。燃气轮机装置的主要由三个部分组成:燃气轮机、压气机和燃烧室。

　　图 13 - 11(a)是燃气轮机装置的原理图,叶轮式压气机从外界吸入空气,压缩后送入燃烧室,同时油泵连续将燃料油喷入燃烧室与高温压缩空气混合,在定压下进行燃烧。生成的高温燃气进入燃气轮机膨胀做功,废气则排入大气。

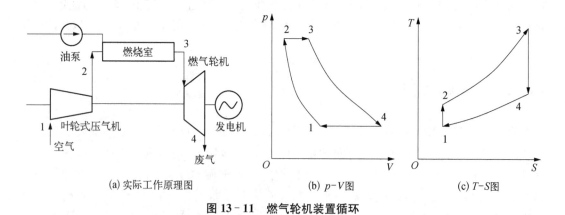

(a) 实际工作原理图　　　(b) $p-V$图　　　(c) $T-S$图

图 13 - 11　燃气轮机装置循环

　　为了便于分析,取 1 kg 理想气体在为工质,其理论循环如图 13 - 11(b)和(c)所示。图中 1→2 是工质在压气机中定熵压缩过程,2→3 是在燃烧室中的定压加热过程,3→4 是工质在燃气轮机中的定熵膨胀做功的过程,最后工质在定压下排热(4→1),该循环亦称为布雷敦(Brayton)循环。

工质的吸热热量 $\qquad\qquad Q_H = c_p(T_3 - T_2)$

工质的排放热量 $\qquad\qquad Q_L = c_p(T_4 - T_1)$

循环的热效率为

$$\eta_T = 1 - \frac{Q_L}{Q_H} = 1 - \frac{T_4 - T_1}{T_3 - T_2} = 1 - \frac{T_1\left(\dfrac{T_4}{T_1} - 1\right)}{T_2\left(\dfrac{T_3}{T_2} - 1\right)} \qquad (13-16)$$

由于过程 1→2、过程 3→4 为定熵过程,所以

$$\frac{T_2}{T_1} = \left(\frac{p_2}{p_1}\right)^{(k-1)/k}, \quad \frac{T_3}{T_4} = \left(\frac{p_3}{p_4}\right)^{(k-1)/k}$$

因为 $p_3 = p_2$,$p_1 = p_4$,所以

$$\frac{T_2}{T_1} = \frac{T_3}{T_4} \quad \text{或} \quad \frac{T_4}{T_1} = \frac{T_3}{T_2} \qquad (13-17)$$

令增压比 $\beta = \dfrac{p_2}{p_1}$,则

$$\frac{T_2}{T_1} = \left(\frac{p_2}{p_1}\right)^{(k-1)/k} = \beta^{(k-1)/k}$$

因此

$$\frac{T_1}{T_2} = \frac{1}{\beta^{(k-1)/k}} \qquad (13-18)$$

将式(13-17)、式(13-18)代入式(13-16),得

$$\eta_T = 1 - \frac{1}{\beta^{(k-1)/k}} \qquad (13-19)$$

由式(13-19)知:燃气轮机装置循环的热效率仅与增压比 β 有关。β 越大,热效率越高。一般燃气轮机装置增压比为 3~10。

在理论上,燃气轮机可以高速转动,其工质可以完全膨胀,因而具有体积小、功率大,且结构紧凑的优点,而且运行平稳,没有活塞式内燃机那样往复运动的结构。但是,燃气轮机的叶片长期在较高温度下工作,其材料要耐高温和高强度,此外,压气机消耗的功率也很大。目前燃气轮机装置主要用作机车、飞机、船舰的动力,以及作为固定动力厂的备用装置。

13.4 制冷循环原理与蒸汽压缩制冷过程分析

很多化工过程都需要制冷,如降温结晶过程、低温下汽液混合物的分离,低温下化学反应过程等。根据热力学第二定律,制冷循环过程实质上是利用输入的少量有用功,实现从低温热源吸热排向高温热源的过程。

13.4.1　逆卡诺循环

理想的压缩制冷循环称为逆卡诺循环。这个循环由如下四个步骤组成,如图 13-12 所示。其表观上可视为图 13-1 的卡诺循环的逆向运转。

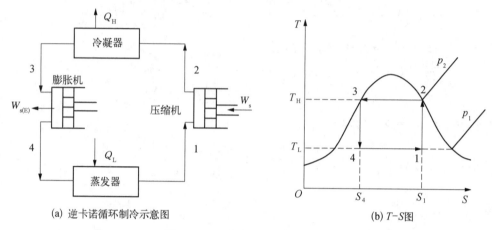

（a）逆卡诺循环制冷示意图　　（b）T-S图

图 13-12　逆卡诺循环制冷过程

（1）压缩：工质在压缩机内可逆绝热压缩,是一个等熵过程。因为压缩机消耗了功,工质的热力学能增大,其温度由 T_L 升到 T_H。这个过程在 T-S 图上是一条向上进行的垂直线 1→2,工质在点 2 是饱和蒸汽。压缩机消耗的轴功 $-W_s = \Delta H = H_2 - H_1$。

（2）冷凝：冷凝器中工质在等 T_H、等 p_2 下冷凝为饱和液体,放出热量 $Q_H = H_3 - H_2$ 或 $Q_H = T_H \Delta S_{4 \to 1}$,在 T-S 图上是由 3-2-S_1-S_4-3 所构成的面积,排出的热量由冷水带走。

（3）膨胀：工质在膨胀装置中可逆绝热膨胀,温度由 T_H 降至 T_L。在 T-S 图上是由上向下进行的垂直线 3→4。膨胀机可回收的功 $-W_{s(E)} = \Delta H = H_4 - H_3$。

（4）蒸发：蒸发器中工质在等 T_L、等 p_1 下蒸发,从被冷却的物料吸收热量 $Q_L = H_1 - H_4$ 或 $Q_L = T_L \Delta S_{1 \to 4}$,在 T-S 图上是由 4-1-S_1-S_4-4 所构成的面积。

这样,工质完成了一个循环,回到了初始状态 1。根据热力学第一定律,即式(11-13),$\Delta H = Q - W_s$,对于一个循环过程,$\Delta H = 0$,故 $Q = W_s$。

在整个循环过程中,只有过程(2)和过程(4)有热交换。因此

$$Q = Q_H + Q_L = T_H(S_4 - S_1) + T_L(S_1 - S_4) = (T_H - T_L)(S_4 - S_1) \quad (13-20)$$

在整个循环过程中,对工质所做的净功 W_N,为压缩机消耗的轴功与膨胀机可回收的功的代数和,数值上等于 Q。

$$W_N = Q = (T_H - T_L)(S_1 - S_4) \quad (13-21)$$

综上所述,通过循环,外界对工质做了净功 W_N,工质在低温 T_L 下从被冷却物料吸收热量 Q_L,在高温 T_H 下放出热量 Q_H 至冷却水。就是说,对工质做功的结果是把热量 Q_L 从低温转向高温,这就是压缩制冷的工作原理。要注意,Q_L 和 Q_H 是不相等的,Q_L 称为单位制冷

量或称制冷量,制冷量与消耗功的比值称为制冷系数(refrigeration coefficient),用 ε_C 表示,对逆卡诺循环,表达为

$$\varepsilon_C = \frac{Q_L}{-W_N} = \frac{T_L}{T_H - T_L} \qquad (13-22)$$

从式(13-22)可看出,卡诺循环的制冷系数 ε_C 与所使用的介质性质无关,仅取决于高温和低温热源的温度。

在理想的压缩制冷循环中,1→2 和 3→4 两个过程在实际应用中是有困难的,这是因为在湿蒸汽区域压缩和膨胀会在压缩机和膨胀机气缸中形成液滴,造成"气蚀"现象,容易损坏机器;同时压缩机气缸里液滴的迅速蒸发反而使压缩机的容积效率降低。

13.4.2　蒸汽压缩制冷循环

13.4.2.1　制冷原理

实际的制冷循环是对图 13-12 的逆卡诺压缩制冷循环的改进,如图 13-13 所示。

由图 13-13 可知,压缩过程(1→2)操作在过热蒸汽区,将等熵膨胀过程改为节流膨胀过程(3→4),另外,为了增加冷冻量 Q_L,使制冷工质流过冷凝器,不但工质全部冷凝成液体,温度还被过冷至低于饱和温度 T_H 的 $T_{3'}$。

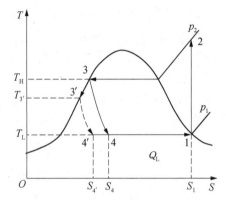

图 13-13　实际的冷冻循环原理图

13.4.2.2　制冷工质的制冷能力和压缩机功耗计算

蒸汽压缩制冷技术指标为制冷机的冷冻量 Q_L 和功耗 W_s 两个量,由图 13-13 的 T-S 图可知,单位质量冷冻工质的冷冻量 Q_L(kJ·kg^{-1})为

$$Q_L = H_1 - H_4 \qquad (13-23)$$

若制冷机的制冷能力为 Q_t(kJ·h^{-1}),则工质的循环量为

$$m = \frac{Q_t}{Q_L} \qquad (13-24)$$

由热力学第一定律知,压缩单位质量制冷剂时,压缩机所消耗的功

$$-W_s = H_2 - H_1 \qquad (13-25)$$

制冷机的制冷系数 ε_C 为

$$\varepsilon_C = \frac{Q_L}{-W_s} = \frac{H_1 - H_4}{H_2 - H_1} \qquad (13-26)$$

而制冷机所消耗的理论功率 N_T(kJ·s^{-1})为

$$N_T = \frac{m(-W_s)}{3600} \qquad (13-27)$$

411

在实际操作中,由于存在着各种损耗,如克服流动阻力所造成的节流损耗,克服机械摩擦力所造成的摩擦损耗,实际消耗的功率要比理论功率大一些。

蒸汽压缩制冷装置中常用的制冷工质有 NH_3 和氟利昂及其代用品等。NH_3 是一种良好的制冷剂,对应制冷温度范围有合适的压力,汽化时吸热能力大,但对金属有一定的腐蚀性,且有气味,应用场合受到一定的限制。氟利昂类制冷剂汽化时的吸热能力适中,性能稳定,种类繁多,能满足不同温度范围对制冷剂的要求。如空调工况下常用氟利昂 22（$CHClF_2$, Freon-R22）,而家用电冰箱常用氟利昂 12（CCl_2F_2, Freon-R12）等。因含氯的氟利昂类制冷剂,如氟利昂 12、氟利昂 11、氟利昂 113 等对大气臭氧层有破坏作用,世界范围内正逐步限制其生产和使用,而开发其相应的替代品,如氟利昂 134a（$CH_2F—CF_3$）或氟利昂 600a[$(CH_3)_2CH—CH_3$]代替氟利昂 12 作为冰箱、空调的制冷剂。

[例 13.3] 某一空气调节装置的制冷能力为 $4.18 \times 10^4 kJ \cdot h^{-1}$,采用氨蒸气压缩制冷循环。氨蒸发温度为 283 K。假定氨进入压缩机时为饱和蒸气,而离开冷凝器时是饱和液体,且压缩过程为可逆过程。求:(1) 循环氨的流量;(2) 在冷凝器中制冷剂放出的热量;(3) 压缩机的理论功率;(4) 理论制冷系数。

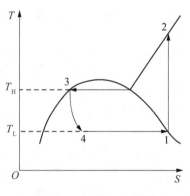

图 13-14 例 13.3 附图

解: 该制冷循环的 $T-S$ 图如图 13-14 所示,其中过程 3→4 为节流过程。查氨的 $\ln p-H$ 图知:

$$H_1 = 1475 \ kJ \cdot kg^{-1}, \ H_2 = 1610 \ kJ \cdot kg^{-1},$$
$$H_3 = H_4 = 390 \ kJ \cdot kg^{-1}$$

(1) $m = \dfrac{Q_t}{Q_L} = \dfrac{Q_t}{H_1 - H_4} = \dfrac{4.18 \times 10^4}{1475 - 390} = 38.5 (kg \cdot h^{-1})$

(2) $Q_H = m(H_2 - H_3) = 38.5 \times (1610 - 390) = 4.697 \times 10^4 (kJ \cdot h^{-1})$

(3) $-W_s = m(H_2 - H_1) = 38.5 \times (1610 - 1475) = 5198 (kJ \cdot h^{-1})$

(4) $\varepsilon_C = \dfrac{Q_L}{-W_s} = \dfrac{H_1 - H_4}{H_2 - H_1} = \dfrac{1475 - 390}{1610 - 1475} = 8.04$

13.5 其他制冷循环 *

13.5.1 蒸汽喷射制冷

蒸汽喷射制冷(steam jet refrigeration)循环的主要特点是用喷射器代替压缩机来进行压缩制冷,以消耗蒸汽的热能作为代价来实现制冷的目的。蒸汽喷射制冷循环主要由锅炉、喷射器、冷凝器、节流阀、蒸发器和水泵等组成,其中作为压缩机替代物的喷射器由喷管、混合室和扩压管三部分组成,其工作原理图及 $T-S$ 如图 13-15 所示。

图 13-15 流程说明:由锅炉出来的蒸汽(状态 $1'$)在喷射器的喷管中膨胀增速至状态 $2'$,在喷管出口的混合室形成低气压,将冷室蒸发器内的制冷蒸汽 1 不断吸入混合室。工作蒸汽与制冷蒸汽混合成一股气流变成状态 2,经过扩压管减速增压至状态 3(相当于压缩机

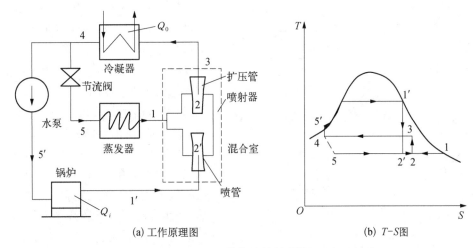

(a) 工作原理图　　　　　　(b) T-S图

图 13‑15　蒸汽喷射制冷循环

的压缩过程 2→3），然后在冷凝器中定压放热而凝结（过程 3→4）。由冷凝器流出的饱和液体分成两路：一路经水泵提高压力后（状态 5′）送入蒸汽锅炉再加热汽化变成压力较高的工作蒸汽（状态 1′），完成了工作蒸汽的循环 1′—2′—2—3—4—5′—1′；另一路作为制冷工质经节流阀降压、降温（过程 4→5），然后在冷室蒸发器中吸热汽化变成低温低压的蒸汽（状态 1），从而完成了制冷循环 1—2—3—4—5—1。循环中的工作蒸汽在锅炉中吸热，在冷凝器中将热量传给冷却水，以消耗燃料的热能为代价实现制冷循环。

蒸汽喷射制冷循环的经济性可用热能系数（heating coefficient）ε_H 来衡量，即：

$$\varepsilon_H = \frac{收益}{代价} = \frac{Q_L}{Q_H} \tag{13-28}$$

式中，Q_H 为工作蒸汽在锅炉中吸收的热量，$kJ \cdot h^{-1}$；Q_L 为从冷室吸取的热量，$kJ \cdot h^{-1}$。

蒸汽喷射制冷装置的优点是：不消耗机械功，而是直接消耗热能实现制冷；喷射器简单紧凑，允许通过较大的容积流量，可以利用低压水蒸气作为制冷剂。其缺点是：由于混合过程的不可逆损耗大，因而热能利用系数较低，制冷温度一般只能在 0 ℃以上，适合在中央空调工程中作为冷源。

13.5.2　吸收制冷

吸收制冷（absorption refrigeration）的特点也是直接利用热能制冷，且所需热源温度较低，可以充分利用低温热能，如工厂里的低压蒸汽、热水、烟道气以及某些工艺气体余热等低品位热能，也可以直接利用燃料热能，还可以利用太阳的辐射热，这对提高一次能源的利用率，减少废气排放和温室气体效应等造成的环境污染具有重要意义。吸收制冷是通过吸收（吸收器）和精馏装置（发生器）来完成循环过程的，采用溶液作为工质，如氨水溶液或溴化锂溶液。前者称为氨吸收制冷，通常用于低温系统，使用温度最低可达 208 K（−65 ℃），一般为 228 K（−45 ℃）以上；后者称为溴化锂吸收制冷，用于大型中央空气调节系统，使用温度不低于 273 K（0 ℃），一般在 278 K（5 ℃）以上。它的工作原理是：根据溶质（制冷剂）在溶剂（吸收剂）中的溶解度随温度变化的性质。例如，氨吸收制冷所用的工质为氨水溶

413

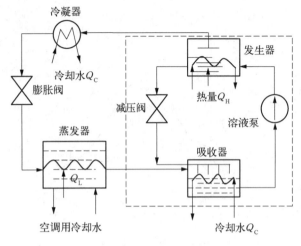

图 13 - 16　吸收制冷原理图

液,其中氨易挥发、汽化潜热大,用作制冷剂;水挥发小,用作吸收剂,利用制冷剂在较低温度和较低压力(蒸发压力)下被吸收以及在较高温度和较高压力下挥发起到压缩机的作用,再经过冷凝、节流、低温蒸发,达到制冷的目的。图 13 - 16 为氨水吸收制冷循环的工作原理图。

图 13 - 16 流程说明:吸收器中的浓氨水由溶液泵(又称氨水泵)升压后送入氨气发生器。浓氨水在发生器内被加热,产生较高温度和较高压力的氨气,氨气进入冷凝器并被凝结为液态氨。液氨经过膨胀节流阀,降温降压后进入蒸发器,从通过蒸发器的冷冻水(又称载冷剂)中吸热蒸发,而冷冻水送入空调系统作为冷源介质使用。发生器中残余的稀氨水通过减压阀减压后,送入吸收器进行喷淋,稀氨水在喷淋过程中吸收从蒸发器引来的低压氨蒸气而成为浓氨水,如此完成制冷循环。由于稀氨水对低压的氨气吸收是放热反应,为了使吸收过程能够持续、有效地进行,需要不断地从吸收器内排出热量。

如同蒸汽喷射制冷一样,吸收制冷循环的效率用热能利用系数表示:

$$\varepsilon_H = \frac{Q_L}{Q_H} \qquad\qquad (13 - 29)$$

式中,Q_L 为制冷量,$kJ \cdot h^{-1}$;Q_H 为发生器消耗的热量,$kJ \cdot h^{-1}$。

吸收式制冷循环装置的优点是设备简单,造价低廉,缺点是热能利用系数较小。

13.6　热泵及其应用

热泵(heat pump)实质上是一种能源采掘装置,它以消耗一部分高品质的能源(如机械能、电能或高温热能等)为代价,通过逆卡诺循环方式,把自然环境(水、空气等)或其他低温热源中贮存的能量加以利用,并转变成为高温的热量。显然,它的工作原理与制冷循环相同,但它们的工作范围和要求的效果有所不同。如图 13 - 17 所示,制冷循环的目的是将低温物体的热量传给自然环境,以造成和维持低温环境;热泵则从自然环境中吸收热量,并将它输送到人们所需的温度较高的物体中去。

图 13 - 18 所示为热泵的工作原理图和相应

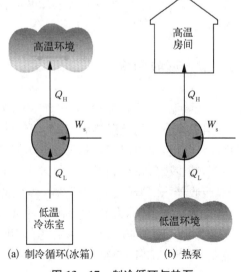

(a) 制冷循环(冰箱)　　　(b) 热泵

图 13 - 17　制冷循环与热泵

的 T-S 图。在蒸发器中工质吸收自然环境中或低温废水等的热量而蒸发,经压缩机压缩后的工质在冷凝器中释放热量或加热供热系统的回水,然后加热后的回水由循环泵送到用户用作采暖或热水供应等;在冷凝器中,工质凝结为饱和液体,经节流降压、降温后进入蒸发器,蒸发吸热、气化为干饱和蒸气,从而完成一个循环。热泵循环的经济性以消耗单位功所得到的单位供热量来衡量,称为供热系数,即

$$\varepsilon_{\mathrm{H}}=\frac{Q_{\mathrm{H}}}{W_{\mathrm{s}}} \tag{13-30}$$

式中,Q_{H} 为热泵的单位供热量,$kJ \cdot kg^{-1}$;W_{s} 为热泵消耗的单位功,$kJ \cdot kg^{-1}$。

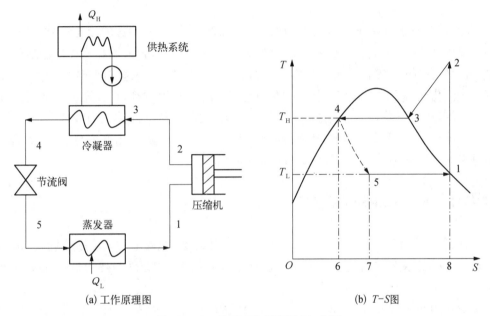

(a) 工作原理图　　　　(b) T-S图

图 13-18　热泵工作原理及 T-S 图

热泵循环向供热系统供热量 Q_{H} [见图 13-18(b)]为

$$Q_{\mathrm{H}}=Q_{\mathrm{L}}+W_{\mathrm{s}}=H_2-H_4=图围面积\ 2\text{-}3\text{-}4\text{-}6\text{-}8\text{-}2$$

因 $Q_{\mathrm{H}} > W_{\mathrm{s}}$,故 ε_{H} 总是大于 1。

供热系数与制冷系数的关系可以由下式分析得出,对制冷系数

$$\varepsilon_{\mathrm{H}}=\frac{Q_{\mathrm{H}}}{W_{\mathrm{s}}}=\frac{Q_{\mathrm{L}}+W_{\mathrm{s}}}{W_{\mathrm{s}}}=\varepsilon_{\mathrm{C}}+1 \tag{13-31}$$

由此可见,循环制冷系数越高,供热系数也越高。但实际上,对同一套装置,如热泵型空调,一般在夏天启用制冷功能,在冬天启用制热功能,但其在冬天和在夏天的工作温度是不相同的,因此其制热系数并不是简单的制冷系数加 1。

热泵以花费一部分高品质能源为代价(作为补偿条件),从自然环境或其他低温废热中获取能量,并连同所花费的高品质能量一起向用户供热,从而有效地利用了能级较低的热能。就热量获取装置而言,热泵是比较合理的供热装置,经过合理的设计,热泵可以使系统在不同的温差范围内运行。现在,市场上广泛销售的热泵型空调就是这样的一种装置,但

415

这并不意味着可以通过热泵循环从自然环境中获得有效能。事实上,就整个循环而言,过程的有效能还是降低的。热泵作为一种节能装置,近来在工业和民用领域获得了较为广泛的应用,工业上热泵所能提供的最高的制热温度可以达到150℃。在民用领域,除了热泵型空调外,以空气中蕴藏的热能为热源的空气源热泵型热水器近年来也得到了长足的发展,最高可提供的热水温度达到了60℃,和传统的储水型电热水器相比,提供同样的热水,可以节约3/4的电能。

13.7 深冷循环与气体液化*

工业生产、科学研究、医疗卫生等许多场合中需要使用一些特殊的液态物质。例如,核动力厂需要液态氢(H_2),某些医疗工作中要使用液态氮(N_2),超低温技术中广泛地使用液态氦(He)等。石油气及液化天然气等,也常以液态储存、输送。这些液态物质都是由相应的气体经液化而得到的。任何气体只要使其经历适当的热力过程,将其温度降低至临界温度以下,并保持其压力大于对应温度下的饱和压力,便可以从气体转化为液体。可以看出,为了使气体液化,最重要的是解决降温问题。由此,产生了许多液化方法与装置,下面仅介绍最基本的气体液化循环——Linde-Hampson循环。

13.7.1 Linde-Hampson系统工作原理

此法最先由 Linde 和 Hampson 用于大规模的空气液化中,主要是利用 Joule-Thompson 效应,使气体通过节流阀而降温液化。系统的工作原理与热力过程如图 13-19 所示。

被液化的气体以大约 2 MPa 的压力(以空气为例)进入定温压缩机,压缩至约 20 MPa 的高压[过程 2→3,参见图 13-19(b)],然后进入换热器,在其中被定压冷却(过程 3→4),使温度降低到最大回转温度以下。这时,使气体通过节流阀,由于 Joule-Thompson 效应,

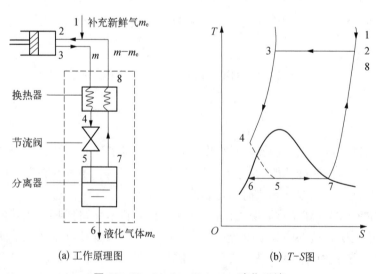

(a) 工作原理图　　　　　　　　　　(b) T-S图

图 13-19 Linde-Hampson 液化系统

气体的压力和温度均大大降低(例如,降至 2 MPa 与相应的饱和温度,过程 4→5),节流后的状态点 5 为湿蒸汽,流入分离器中使空气的饱和液体 6 和饱和蒸汽 7 分离开来,液体空气留在分离器中,而饱和蒸汽 7 被引入换热器去冷却从压缩机出来的高压气体,而自身被加热升温到状态点 8,然后与补充的新鲜空气 1 混合成状态 2,再进入压缩机重新进行液化循环。

13.7.2　系统的液化分数及压缩功耗

系统的液化分数和液化所需的压缩功是评价液化系统重要的两个性能参数。

假设流体在液化系统中的流动为稳定流动,进入压缩机的气体流量为 m kg·s^{-1},产生的液体流量 m_e kg·s^{-1}。取换热器、节流阀、分离器及其连接管路为系统[图 13-19(a)中的虚线部分,且图 13-19(b)中状态点 1,2,8 等价],如果不考虑系统中动能与位能的改变量,且系统与外界环境没有热量和轴功的交换,则根据热力学第一定律,即式(11-13),其能量衡算方程为

$$mH_3 - (m - m_e)H_1 - m_e H_6 = 0 \tag{13-32}$$

整理后,得到的液化气体分数 L 为

$$L = \frac{m_e}{m} = \frac{H_1 - H_3}{H_1 - H_6} \tag{13-33}$$

式中,L 表示了深冷装置可产生的液体量对被压缩气体量的比值。再取压缩机为研究对象,其能量平衡方程为

$$Q = \Delta H + W_s = m(H_3 - H_1) + W_s \tag{13-34}$$

对于等温压缩有

$$Q = mT_1(S_1 - S_3) \tag{13-35}$$

将式(13-35)代入式(13-34),经整理后得

$$\dot{W}_s = \frac{W_s}{m} = T_1(S_1 - S_3) + (H_1 - H_3) \tag{13-36}$$

式(13-36)中 $\dot{W}_s$ 为压缩单位质量气体所需要的功。深冷装置的冷冻量 Q_L(kJ·s^{-1}) 为

$$Q_L = m_e(H_1 - H_6) \tag{13-37}$$

[例 13.4]　用 Linde-Hampson 循环使空气液化。空气初温为 17 ℃,节流膨胀前压力 p_2 为 10 MPa,节流后压力 p_1 为 0.1 MPa,空气流量为 0.9 m^3·h^{-1}(标准状态)。求:(1)理想操作条件下空气液化率和每小时液化量;(2)若换热器热端温差为 10 ℃,由外界传入的热量为 3.3 kJ·kg^{-1},对液化量的影响如何? 空气的等压比热容 c_p = 1.0 kJ·kg^{-1}·K^{-1}。

解:Linde-Hampson 循环 T-S 图如图 13-20 所示。

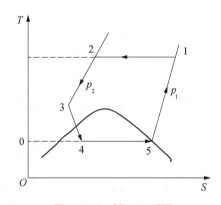

图 13-20　例 13.4 附图

从空气 T - S 图上查得的各状态点焓值为

状态点	状态特征	T/K	p/MPa	$H/(kJ \cdot kg^{-1})$
1	过热蒸汽	290	0.1	460
2	过热蒸汽	290	10	435
0	饱和液体		0.1	42

（1）理论液化分率　$L = \dfrac{H_1 - H_2}{H_1 - H_0} = \dfrac{460-435}{460-42} = \dfrac{25}{418} = 0.06$（kg 液体·kg^{-1} 空气）

空气流量　　　　$m = \dfrac{0.9 \times 10^3}{22.4} = 40.2$(mol·h^{-1})

液化量　　　　$m_e = mL = 40.2 \times 29 \times 0.06 = 70$(g·h^{-1})

（2）外界热量传入造成冷量损失　$Q_{冷损} = 3.3$ kJ·kg^{-1}

换热器热端温差造成热交换损失　$Q_{温损} = c_p \Delta T = 1.0 \times 10 = 10$(kJ·kg^{-1})

实际液化分数

$$L_实 = \frac{H_1 - H_2 - Q_{温损} - Q_{冷损}}{H_1 - H_0} = \frac{360-435-10-3.3}{460-42} = 0.028$$（kg 液体·kg^{-1} 空气）

实际液化量　　　$m_e = mL_实 = 40.2 \times 29 \times 0.028 = 32.6$(g·h^{-1})

习　题

13.1　某一理想的兰金循环，锅炉的压力为 4.0 MPa，冷凝器的压力为 0.005 MPa，冷凝温度为 32.56 ℃，求以下两种情况下，兰金循环的热效率与乏汽冷凝所放出的热量，并加以比较。（1）如果进入汽轮机的蒸汽是饱和蒸汽；（2）如果进入汽轮机的蒸汽是温度为 440 ℃的过热蒸汽。并要求将这两种蒸汽动力循环示意性表示在 T - S 图上。

13.2　兰金循环中水蒸汽进汽轮机的压力为 30×10^5 MPa，温度为 360 ℃，乏汽压力为 0.1×10^5 Pa，为了减少输出功率，采用锅炉出口的水蒸气先经过节流阀适当地降压后再送进汽轮机膨胀做功，如果要求输出的功量降至正常情况的 84%，问节流后进汽轮机前的蒸汽压力应控制到多少？示意性绘出此循环的 T - S 图。

13.3　某蒸汽动力装置采用二次抽汽回热方式操作，已知进入汽轮机的过热蒸汽的参数为 $p_1 = 3.5$ MPa，$t_1 = 440$ ℃，第一次抽气压力为 $p_A = 0.5$ MPa，第二次抽气压力为 $p_B = 0.1$ MPa，乏汽压力为 0.004 MPa。若忽略泵功，试求：（1）抽气量 m_A，m_B；（2）循环的吸热量；（3）循环的热效率及汽耗量；（4）与无回热方式的兰金循环相比较。

13.4　一台功率为 15000 kW 的汽轮机，其汽耗率为 3.2 kg·kW^{-1}·h^{-1}，汽轮机排气压力为 0.005 MPa，排出汽的干度为 0.85，在冷凝器中全部凝结为饱和水，已知冷却水进入冷凝器的温度为 10 ℃，出冷凝器的温度为 18 ℃，水的定压比质量热容为 4.187 kJ·kg^{-1}·K^{-1}，求冷却水的流量。

13.5　某蒸汽动力装置，进汽轮机的过热蒸汽的压力为 1.1 MPa，温度为 250 ℃，汽轮机做等熵膨胀，排汽压力为 0.28 MPa，然后再等容降压至 0.35 kPa。排出汽进入冷凝器，在冷凝器中冷凝成饱和水。此饱和水用泵输送返回锅炉。试求：（1）将此循环示意性表示在 p - V 图及 T - S 图上；（2）此循环的汽耗率（以 kg·kW^{-1}·h^{-1} 表示）；（3）兰金循环的热效率；（4）相同温度区间的卡诺循环热效率。

13.6　在 T - S 图上描述下列过程的特点及画出所经途径：（1）饱和液体的连续节流；（2）将过热蒸汽定压冷凝为过冷液体；（3）饱和蒸汽的可逆绝热压缩；（4）处于 p_1，T_1 的过热蒸汽的绝热节流；（5）处于某压力 p 下饱和液体的绝热节流；（6）定容加热饱和蒸汽；（7）定容加热饱和液体。

13.7　某蒸汽压缩制冷循环用 CH_3Cl(氯甲烷)作为制冷剂,压缩机从蒸发器中吸入压力为 177 kPa 的干饱和蒸气,离开压缩机的过热蒸气的压力为 967 kPa,温度为 102 ℃,氯甲烷蒸气在冷凝器中凝结并过冷,液体制冷剂离开冷凝器的温度为 35 ℃。液体氯甲烷的等压比热容为 1.62 kJ·kg⁻¹·K⁻¹,假定氯甲烷的过热蒸气可看作理想气体,其比热 c_p^{ig} 为定值,此冷凝装置的制冷能力为 $12×10^3$ kJ·h⁻¹。试求:(1)循环的制冷系数;(2)制冷剂的质量流量(以 kg·h⁻¹ 表示);(3)若冷凝器用冷却水冷却,冷却水温升为 12 ℃,每小时需要的冷却水的数量。

氯甲烷的热力学性质如下:

t/℃	p/Pa	V/ (m³·kg⁻¹)		S/ (kJ·kg⁻¹·K⁻¹)		H/ (kJ·kg⁻¹)	
		V^L	V^G	S^L	S^G	H^L	H^G
−10	$1.77×10^5$	0.00102	0.223	0.183	1.762	45.4	460.7
45	$9.67×10^5$	0.00115	0.046	0.485	1.587	133.0	483.6

13.8　(1)某蒸汽压缩制冷循环,采用 Freon - R12 为制冷剂,其操作参数如下:蒸发温度-20 ℃,冷凝压力为 $9×10^5$ Pa,制冷剂质量流量为 3 kg·min⁻¹,试计算该装置的制冷系数与制冷能力;(2)如果考虑蒸发器与冷凝器的不可逆传热,蒸发温度要求−30 ℃,冷凝器压力提高到 $12×10^5$ Pa,则制冷系数与制冷能力的数值变化有多少?

13.9　采用氨作为制冷剂的蒸气压缩制冷循环,液体氨在−50 ℃下蒸发。由于冷损失,设进入压缩机的氨气温度为−45 ℃(过热 5 ℃),冷凝器用冷却水冷却,水温为 25 ℃,如果冷凝传热温差为 5 ℃,假设压缩过程为等熵过程,制冷剂的质量流量为 85 kg·h⁻¹。(1)画出该制冷循环的 T-S 图和 $\ln p$-H 图;(2)计算压缩机所消耗的功率;(3)单位制冷量与制冷系数。

13.10　制冷装置采用冷却水冷却,冷却水的流量为 6200 kg·h⁻¹,冷却水进口及出口的温度分别为 15 ℃ 及 32 ℃,驱动压缩机消耗的功率为 12 kW,假定压缩机做可逆绝热压缩,试计算:(1)该制冷剂的制冷量(以 kJ·s⁻¹ 表示);(2)制冷系数。

13.11　以氨作为制冷剂的某一制冷装置,蒸发器与冷凝器的压力分别为 140 kPa 及 1240 kPa,干饱和蒸气进入压缩机,出压缩机的蒸气温度为 135 ℃,离开冷凝器的制冷剂是温度为 25 ℃ 的液体。当冷凝装置的制冷量为 70 kJ·s⁻¹ 时,流经压缩机外壳之冷却水的吸热率为 270 kJ·min⁻¹。(1)判断此压缩过程是否可逆;(2)计算压缩机的输入功率。

13.12　某制冷装置采用氨作制冷剂,蒸发室温度为−10 ℃,冷凝室温度为 38 ℃,制冷量为 $10×10^5$ kJ·h⁻¹,试求:(1)压缩机消耗的功率;(2)制冷剂的流量;(3)制冷系数。

13.13　在理想的蒸气压缩制冷循环中,蒸汽的冷凝温度为 45 ℃,蒸发室温度为−15 ℃。计算工质为 Freon - 134a 和氨的循环制冷系数和有效能效率。设环境温度为 $T^\ominus = 300$ K。

13.14　一台小型热泵装置用于对供热网的水加热。假设该装置用 Freon - 134a 作工质,并按理想的制冷循环运行,蒸发室温度为−15 ℃,冷凝温度为 55 ℃。若制冷剂流量为 0.1 kg·s⁻¹。计算由于用热泵代替直接加热而节约的能量。

13.15　冬天室内取暖采用热泵。将 Freon - 134a 蒸气压缩制冷机改为热泵,此时蒸发器放在室外,冷凝器放在室内。制冷机工作时可从室外大气环境中吸收热量 Q_L,Freon - 134a 蒸气经压缩后在冷凝器中凝结为液体并放出热量 Q_H,供室内取暖。设蒸发器中 Freon - 134a 的温度为−10 ℃,冷凝器中 Freon - 134a 蒸气的冷凝温度为 30 ℃,试求:(1)热泵的供热系数;(2)室内供热热量为 100000 kJ·h⁻¹ 时,用以带动热泵所需的理论功率;(3)当用电炉直接供热(热量仍为 100000 kJ·h⁻¹)时电炉的功率应为多少?

13.16　用 Linde - Hampson 制冷装置液化空气,空气的温度为 30 ℃,最初压力 $p_1 = 100$ kPa,经压缩后压力 $p_2 = 200×10^5$ Pa,设压缩机的等温压缩效率为 0.59,试计算以下两种情况下的液化分数与每千克空气液化所消耗的功。(1)理想操作(不计温度损失与冷量损失);(2)实际操作,换热器热端温差 $\Delta t = 5$ ℃,冷量损失 $Q_0 = 5.77$ kJ·kg⁻¹(加工气体)。

附　　录

1　某些纯物质的物理性质表

1.1　正常沸点、临界参数和偏心因子

物　质	T_b/ K	T_c/ K	p_c/ MPa	Z_c	ω
甲烷	111.63	190.58	4.604	0.228	0.011
乙烷	184.55	305.33	4.870	0.284	0.099
丙烷	231.05	369.85	4.249	0.280	0.152
正丁烷	272.65	425.40	3.797	0.274	0.193
异丁烷	261.30	408.10	3.648	0.283	0.176
丙烯	225.46	364.80	4.610	0.275	0.148
苯	353.24	562.16	4.898	0.271	0.211
甲苯	383.78	591.79	4.104	0.264	0.264
甲醇	337.70	512.64	8.092	0.224	0.564
乙醇	351.44	516.25	6.379	0.240	0.635
丙酮	329.35	508.10	4.700	0.232	0.309
碳酸二甲酯	363.35	539.0	4.6306	0.258	0.462
Ar	87.3	150.8	4.235	0.291	−0.004
O_2	90.18	154.58	5.043	0.289	0.019
N_2	77.35	126.2	3.394	0.287	0.040
H_2	20.39	33.19	1.297	0.305	−0.220
CO_2	185.10	304.19	7.381	0.274	0.225
H_2O	373.15	647.30	22.064	0.230	0.344
NH_3	239.82	405.45	11.318	0.242	0.255
$R12(CCl_2F_2)$	243.40	385.00	4.124	0.280	0.176
$R22(CHClF_2)$	232.40	369.20	4.975	0.267	0.215
R134a	246.65	374.26	4.068	0.275	0.2433
R152a	248.45	386.44	4.520	0.2536	0.2525

1.2　安托万方程常数：$\ln p^S = A - \dfrac{B}{T+C}$（$p^S$/MPa；$T$/K）

物　质	常　数			温 度 范 围	
	A	B	C	T_{min}	T_{max}
甲烷	6.3015	897.84	−7.16	93	120
乙烷	6.7709	1520.15	−16.76	130	230
丙烷	6.8635	1892.47	−24.33	180	280
正丁烷	6.8146	2151.63	−36.24	220	310
异丁烷	6.5253	1989.35	−36.31	210	310
丙烯	6.8012	1821.01	−24.90	180	270
苯	6.9419	2769.42	−53.26	300	400
甲苯	7.0580	3076.65	−54.65	330	430
甲醇	9.4138	3477.90	−40.53	290	380
乙醇	9.6417	3615.06	−48.60	300	380
异丙醇	9.7702	3640.20	−53.54	273	374
丙酮	7.5917	2850.59	−40.82	290	370
碳酸二甲酯	11.9366	3253.55	−44.25	287	428
O_2	6.4847	734.55	−6.45	190	230
N_2	6.0296	588.72	−6.60	54	90
H_2	4.7105	164.90	3.19	14	25
CO_2	4.7443	3103.39	−0.16	154	204
H_2O	9.3876	3826.36	−45.47	290	500
NH_3	8.2674	2227.37	−28.74	200	270
$R22(CHClF_2)$	25.5602	1704.80	−41.30	225	240

1.3 修正的雷克特方程：$V^{SL} = (RT_c/p_c)[\alpha + \beta(1-T_r)]^{1+(1-T_r)^{2/7}}$

物 质	α	β	物 质	α	β
甲烷	0.2884	0.0016	丙酮	0.2429	0.0046
乙烷	0.2814	−0.0016	O_2	0.2904	−0.0027
丙烷	0.2758	0.0005	N_2	0.2907	−0.0034
正丁烷	0.2726	0.0003	H_2	0.3133	0.0155
异丁烷	0.2820	0.0000	CO_2	0.2747	−0.0118
丙烯	0.2786	−0.0036	H_2O	0.2251	0.0321
苯	0.2697	−0.0003	NH_3	0.2463	0.0027
甲苯	0.2645	−0.0003	R12(CCl_2F_2)	0.2800	0.0000
甲醇	0.2273	0.0219	R22($CHClF_2$)	0.2670	0.0000
乙醇	0.2437	0.0244			

1.4 某些物质的理想气体等压摩尔比热容：$c_p^{ig} = a + bT + cT^2 + dT^3$ $[c_p^{ig}/(J \cdot mol^{-1} \cdot K^{-1})$；$T/K]$，适用的温度范围：$250\,K < T < 1500\,K$

物 质	a	b	c	d
甲烷	2.328×10^1	3.520×10^{-2}	3.270×10^{-5}	-1.836×10^{-8}
乙烷	8.582	1.669×10^{-1}	-5.779×10^{-5}	4.851×10^{-9}
丙烷	1.837	2.816×10^{-1}	-1.319×10^{-4}	2.316×10^{-8}
正丁烷	1.034×10^1	3.354×10^{-1}	-1.203×10^{-4}	1.394×10^{-9}
异丁烷	-5.677	4.112×10^{-1}	-2.287×10^{-4}	5.102×10^{-8}
丙烯	8.256	2.174×10^{-1}	-9.692×10^{-5}	1.548×10^{-8}
苯	-3.283×10^1	4.711×10^{-1}	-3.005×10^{-4}	7.253×10^{-8}
甲苯	-2.742×10^1	5.343×10^{-1}	-3.183×10^{-4}	7.205×10^{-8}
甲醇	2.114×10^1	7.084×10^{-2}	2.586×10^{-5}	-2.850×10^{-8}
乙醇	1.332×10^1	1.971×10^{-1}	-6.454×10^{-5}	-5.224×10^{-9}
丙酮	1.352×10^1	2.386×10^{-1}	-1.057×10^{-4}	1.606×10^{-8}
O_2	2.866×10^1	-2.380×10^{-3}	2.008×10^{-5}	-1.150×10^{-8}
N_2	3.081×10^1	-1.255×10^{-2}	2.575×10^{-5}	-1.133×10^{-8}
H_2	2.836×10^1	4.943×10^{-3}	-9.201×10^{-6}	6.142×10^{-9}
CO_2	1.973×10^1	7.356×10^{-2}	-5.618×10^{-5}	1.722×10^{-8}
H_2O	3.224×10^1	1.908×10^{-3}	1.057×10^{-5}	-3.602×10^{-9}
NH_3	2.873×10^1	1.798×10^{-2}	2.394×10^{-5}	-1.424×10^{-8}
R12(CCl_2F_2)	3.155×10^1	1.779×10^{-1}	-1.506×10^{-4}	4.335×10^{-8}
R22($CHClF_2$)	1.727×10^1	1.616×10^{-1}	-1.168×10^{-4}	3.053×10^{-8}

2 三参数对应态普遍化热力学性质表

性 质 表	计 算 式
2.1 压缩因子	$Z = Z^{(0)} + \omega Z^{(1)}$
2.2 残余焓	$-\dfrac{H-H^{ig}}{RT} = -\left(\dfrac{H-H^{ig}}{RT}\right)^{(0)} - \omega\left(\dfrac{H-H^{ig}}{RT}\right)^{(1)}$
2.3 残余熵	$-\dfrac{S-S_{p^{\ominus}=p}^{ig}}{R} = -\left(\dfrac{S-S_{p^{\ominus}=p}^{ig}}{R}\right)^{(0)} - \omega\left(\dfrac{S-S_{p^{\ominus}=p}^{ig}}{R}\right)^{(1)}$
2.4 逸度	$\lg\left(\dfrac{f}{p}\right) = \lg\left(\dfrac{f}{p}\right)^{(0)} + \omega\lg\left(\dfrac{f}{p}\right)^{(1)}$

2.1.1　压缩因子 $Z^{(0)}$

T_r	\multicolumn{15}{c}{p_r}
	0.010	0.050	0.100	0.200	0.400	0.600	0.800	1.000	1.200	1.500	2.000	3.000	5.000	7.000	10.000
0.30	0.0029	0.0145	0.0290	0.0579	0.1158	0.1737	0.2315	0.2892	0.3470	0.4335	0.5775	0.8648	1.4366	2.0048	2.8507
0.35	0.0026	0.0130	0.0261	0.0522	0.1043	0.1564	0.2084	0.2604	0.3123	0.3901	0.5195	0.7775	1.2902	1.7987	2.5539
0.40	0.0024	0.0119	0.0239	0.0477	0.0953	0.1429	0.1904	0.2379	0.2853	0.3563	0.4744	0.7095	1.1758	1.6373	2.3211
0.45	0.0022	0.0110	0.0221	0.0442	0.0882	0.1322	0.1762	0.2200	0.2638	0.3294	0.4384	0.6551	1.0841	1.5077	2.1338
0.50	0.0021	0.0103	0.0207	0.0413	0.0825	0.1236	0.1647	0.2056	0.2465	0.3077	0.4092	0.6110	1.0094	1.4017	1.9801
0.55	0.9804	0.0098	0.0195	0.0390	0.0778	0.1166	0.1553	0.1939	0.2323	0.2899	0.3853	0.5747	0.9475	1.3137	1.8520
0.60	0.9849	0.0093	0.0186	0.0371	0.0741	0.1109	0.1476	0.1842	0.2207	0.2753	0.3657	0.5446	0.8959	1.2398	1.7440
0.65	0.9881	0.9377	0.0178	0.0356	0.0710	0.1063	0.1415	0.1765	0.2113	0.2634	0.3495	0.5197	0.8526	1.1773	1.6519
0.70	0.9904	0.9504	0.8958	0.0344	0.0687	0.1027	0.1366	0.1703	0.2038	0.2538	0.3364	0.4991	0.8161	1.1241	1.5729
0.75	0.9922	0.9598	0.9165	0.0336	0.0670	0.1001	0.1330	0.1656	0.1981	0.2464	0.3260	0.4823	0.7854	1.0787	1.5047
0.80	0.9935	0.9669	0.9319	0.8539	0.0661	0.0985	0.1307	0.1626	0.1942	0.2411	0.3182	0.4690	0.7598	1.0400	1.4456
0.85	0.9946	0.9725	0.9436	0.8810	0.0661	0.0983	0.1301	0.1614	0.1924	0.2382	0.3132	0.4591	0.7388	1.0071	1.3943
0.90	0.9954	0.9768	0.9528	0.9015	0.7800	0.1006	0.1321	0.1630	0.1935	0.2383	0.3114	0.4527	0.7220	0.9793	1.3496
0.93	0.9959	0.9790	0.9573	0.9115	0.8059	0.6635	0.1359	0.1664	0.1963	0.2405	0.3122	0.4507	0.7138	0.9648	1.3257
0.95	0.9961	0.9803	0.9600	0.9174	0.8206	0.6967	0.1410	0.1705	0.1998	0.2432	0.3138	0.4501	0.7092	0.9561	1.3108
0.97	0.9963	0.9815	0.9625	0.9227	0.8338	0.7240	0.5580	0.1779	0.2055	0.2474	0.3164	0.4504	0.7052	0.9480	1.2968
0.98	0.9965	0.9821	0.9637	0.9253	0.8398	0.7360	0.5887	0.1844	0.2097	0.2503	0.3182	0.4508	0.7035	0.9442	1.2901
0.99	0.9966	0.9826	0.9648	0.9277	0.8455	0.7471	0.6138	0.1959	0.2154	0.2538	0.3204	0.4514	0.7018	0.9406	1.2835
1.00	0.9967	0.9832	0.9659	0.9300	0.8509	0.7574	0.6353	0.2919	0.2237	0.2583	0.3229	0.4522	0.7004	0.9372	1.2772
1.01	0.9968	0.9837	0.9669	0.9322	0.8561	0.7671	0.6542	0.4648	0.2370	0.2640	0.3260	0.4533	0.6991	0.9339	1.2710
1.02	0.9969	0.9842	0.9679	0.9343	0.8610	0.7761	0.6710	0.5146	0.2629	0.2715	0.3297	0.4547	0.6980	0.9307	1.2650
1.05	0.9971	0.9855	0.9707	0.9401	0.8743	0.8002	0.7130	0.6026	0.4437	0.3131	0.3452	0.4604	0.6956	0.9222	1.2481
1.10	0.9975	0.9874	0.9747	0.9485	0.8930	0.8323	0.7649	0.6880	0.5984	0.4580	0.3953	0.4770	0.6950	0.9110	1.2232
1.15	0.9978	0.9891	0.9780	0.9554	0.9081	0.8576	0.8032	0.7443	0.6803	0.5798	0.4760	0.5042	0.6987	0.9033	1.2021
1.20	0.9981	0.9904	0.9808	0.9611	0.9205	0.8779	0.8330	0.7858	0.7363	0.6605	0.5605	0.5425	0.7069	0.8990	1.1844
1.30	0.9985	0.9926	0.9852	0.9702	0.9396	0.9083	0.8764	0.8438	0.8111	0.7624	0.6908	0.6344	0.7358	0.8998	1.1580
1.40	0.9988	0.9942	0.9884	0.9768	0.9534	0.9298	0.9062	0.8827	0.8595	0.8256	0.7753	0.7202	0.7761	0.9112	1.1419
1.50	0.9991	0.9954	0.9909	0.9818	0.9636	0.9456	0.9278	0.9103	0.8933	0.8689	0.8328	0.7887	0.8200	0.9297	1.1339
1.60	0.9993	0.9964	0.9928	0.9856	0.9714	0.9575	0.9439	0.9308	0.9180	0.9000	0.8738	0.8410	0.8617	0.9518	1.1320
1.70	0.9994	0.9971	0.9943	0.9886	0.9775	0.9667	0.9563	0.9463	0.9367	0.9234	0.9043	0.8809	0.8984	0.9745	1.1343
1.80	0.9995	0.9977	0.9955	0.9910	0.9823	0.9739	0.9659	0.9583	0.9511	0.9413	0.9275	0.9118	0.9297	0.9961	1.1391
1.90	0.9996	0.9982	0.9964	0.9929	0.9861	0.9796	0.9735	0.9678	0.9624	0.9552	0.9456	0.9359	0.9557	1.0157	1.1452
2.00	0.9997	0.9986	0.9972	0.9944	0.9892	0.9842	0.9796	0.9754	0.9715	0.9664	0.9599	0.9550	0.9772	1.0328	1.1516
2.20	0.9998	0.9992	0.9983	0.9967	0.9937	0.9910	0.9886	0.9865	0.9847	0.9826	0.9806	0.9827	1.0094	1.0600	1.1635
2.40	0.9999	0.9996	0.9991	0.9983	0.9969	0.9957	0.9948	0.9941	0.9936	0.9935	0.9945	1.0011	1.0313	1.0793	1.1728
2.60	1.0000	0.9998	0.9997	0.9994	0.9991	0.9990	0.9990	0.9993	0.9998	1.0010	1.0040	1.0137	1.0463	1.0926	1.1792
2.80	1.0000	1.0000	1.0001	1.0002	1.0007	1.0013	1.0021	1.0031	1.0042	1.0063	1.0106	1.0223	1.0565	1.1016	1.1830
3.00	1.0000	1.0002	1.0004	1.0008	1.0018	1.0030	1.0043	1.0057	1.0074	1.0101	1.0153	1.0284	1.0635	1.1075	1.1848
3.50	1.0001	1.0004	1.0008	1.0017	1.0035	1.0055	1.0075	1.0097	1.0120	1.0156	1.0221	1.0368	1.0723	1.1138	1.1834
4.00	1.0001	1.0005	1.0010	1.0021	1.0043	1.0066	1.0090	1.0115	1.0140	1.0179	1.0249	1.0401	1.0747	1.1136	1.1773

2.1.2　压缩因子 $Z^{(1)}$

T_r	0.010	0.050	0.100	0.200	0.400	0.600	0.800	1.000	1.200	1.500	2.000	3.000	5.000	7.000	10.000
														p_r	
0.30	-0.0008	-0.0040	-0.0081	-0.0161	-0.0323	-0.0484	-0.0645	-0.0806	-0.0966	-0.1207	-0.1608	-0.2407	-0.3996	-0.5572	-0.7915
0.35	-0.0009	-0.0046	-0.0093	-0.0185	-0.0370	-0.0554	-0.0738	-0.0921	-0.1105	-0.1379	-0.1834	-0.2738	-0.4523	-0.6279	-0.8863
0.40	-0.0010	-0.0048	-0.0095	-0.0190	-0.0380	-0.0570	-0.0758	-0.0946	-0.1134	-0.1414	-0.1879	-0.2799	-0.4603	-0.6365	-0.8936
0.45	-0.0009	-0.0047	-0.0094	-0.0187	-0.0374	-0.0560	-0.0745	-0.0929	-0.1113	-0.1387	-0.1840	-0.2734	-0.4475	-0.6162	-0.8606
0.50	-0.0009	-0.0045	-0.0090	-0.0181	-0.0360	-0.0539	-0.0716	-0.0893	-0.1069	-0.1330	-0.1762	-0.2611	-0.4253	-0.5831	-0.8099
0.55	-0.0314	-0.0043	-0.0086	-0.0172	-0.0343	-0.0513	-0.0682	-0.0849	-0.1015	-0.1263	-0.1669	-0.2465	-0.3991	-0.5446	-0.7521
0.60	-0.0205	-0.0041	-0.0082	-0.0164	-0.0326	-0.0487	-0.0646	-0.0803	-0.0960	-0.1192	-0.1572	-0.2312	-0.3718	-0.5047	-0.6929
0.65	-0.0137	-0.0772	-0.0078	-0.0156	-0.0309	-0.0461	-0.0611	-0.0759	-0.0906	-0.1123	-0.1476	-0.2160	-0.3447	-0.4653	-0.6346
0.70	-0.0093	-0.0507	-0.1161	-0.0148	-0.0294	-0.0438	-0.0579	-0.0718	-0.0855	-0.1057	-0.1385	-0.2013	-0.3184	-0.4270	-0.5785
0.75	-0.0064	-0.0339	-0.0744	-0.0143	-0.0282	-0.0417	-0.0550	-0.0681	-0.0808	-0.0996	-0.1298	-0.1872	-0.2929	-0.3901	-0.5250
0.80	-0.0044	-0.0228	-0.0487	-0.1160	-0.0272	-0.0401	-0.0526	-0.0648	-0.0767	-0.0940	-0.1217	-0.1736	-0.2682	-0.3545	-0.4740
0.85	-0.0029	-0.0152	-0.0319	-0.0715	-0.0268	-0.0391	-0.0509	-0.0622	-0.0731	-0.0888	-0.1138	-0.1602	-0.2439	-0.3201	-0.4254
0.90	-0.0019	-0.0099	-0.0205	-0.0442	-0.1118	-0.0396	-0.0503	-0.0604	-0.0701	-0.0840	-0.1059	-0.1463	-0.2195	-0.2862	-0.3788
0.93	-0.0015	-0.0075	-0.0154	-0.0326	-0.0763	-0.1662	-0.0514	-0.0602	-0.0687	-0.0810	-0.1007	-0.1374	-0.2045	-0.2661	-0.3516
0.95	-0.0012	-0.0062	-0.0126	-0.0262	-0.0589	-0.1110	-0.0540	-0.0607	-0.0678	-0.0788	-0.0967	-0.1310	-0.1943	-0.2526	-0.3339
0.97	-0.0010	-0.0050	-0.0101	-0.0208	-0.0450	-0.0770	-0.1647	-0.0623	-0.0669	-0.0759	-0.0921	-0.1240	-0.1837	-0.2391	-0.3163
0.98	-0.0009	-0.0044	-0.0090	-0.0184	-0.0390	-0.0641	-0.1100	-0.0641	-0.0661	-0.0740	-0.0893	-0.1202	-0.1783	-0.2322	-0.3075
0.99	-0.0008	-0.0039	-0.0079	-0.0161	-0.0335	-0.0531	-0.0796	-0.0680	-0.0646	-0.0715	-0.0861	-0.1162	-0.1728	-0.2254	-0.2989
1.00	-0.0007	-0.0034	-0.0069	-0.0140	-0.0285	-0.0435	-0.0588	-0.0792	-0.0609	-0.0678	-0.0824	-0.1118	-0.1672	-0.2185	-0.2902
1.01	-0.0006	-0.0030	-0.0060	-0.0120	-0.0240	-0.0351	-0.0429	-0.0223	-0.0473	-0.0621	-0.0778	-0.1072	-0.1615	-0.2116	-0.2816
1.02	-0.0005	-0.0026	-0.0051	-0.0102	-0.0198	-0.0277	-0.0303	-0.0062	0.0227	-0.0524	-0.0722	-0.1021	-0.1556	-0.2047	-0.2731
1.05	-0.0003	-0.0015	-0.0029	-0.0054	-0.0092	-0.0097	-0.0032	0.0220	0.1059	0.0451	-0.0432	-0.0838	-0.1370	-0.1835	-0.2476
1.10	-0.0000	0.0000	0.0001	0.0007	0.0038	0.0106	0.0236	0.0476	0.0897	0.1630	0.0698	-0.0373	-0.1021	-0.1469	-0.2056
1.15	0.0002	0.0011	0.0023	0.0052	0.0127	0.0237	0.0396	0.0625	0.0943	0.1548	0.1667	0.0332	-0.0611	-0.1084	-0.1642
1.20	0.0004	0.0019	0.0040	0.0084	0.0190	0.0326	0.0499	0.0719	0.0991	0.1477	0.1990	0.1095	-0.0141	-0.0678	-0.1231
1.30	0.0006	0.0030	0.0061	0.0125	0.0267	0.0429	0.0612	0.0819	0.1048	0.1420	0.1991	0.2079	0.0875	0.0176	-0.0423
1.40	0.0007	0.0036	0.0072	0.0147	0.0306	0.0477	0.0661	0.0857	0.1063	0.1383	0.1894	0.2397	0.1737	0.1008	0.0350
1.50	0.0008	0.0039	0.0078	0.0158	0.0323	0.0497	0.0677	0.0864	0.1055	0.1345	0.1806	0.2433	0.2309	0.1717	0.1058
1.60	0.0008	0.0040	0.0080	0.0162	0.0330	0.0501	0.0677	0.0855	0.1035	0.1303	0.1729	0.2381	0.2631	0.2255	0.1673
1.70	0.0008	0.0040	0.0081	0.0163	0.0329	0.0497	0.0667	0.0838	0.1008	0.1259	0.1658	0.2305	0.2788	0.2628	0.2179
1.80	0.0008	0.0040	0.0081	0.0162	0.0325	0.0488	0.0652	0.0816	0.0978	0.1216	0.1593	0.2224	0.2846	0.2871	0.2576
1.90	0.0008	0.0040	0.0079	0.0159	0.0318	0.0477	0.0635	0.0792	0.0947	0.1173	0.1532	0.2144	0.2848	0.3017	0.2876
2.00	0.0008	0.0039	0.0078	0.0155	0.0310	0.0464	0.0617	0.0767	0.0916	0.1133	0.1476	0.2069	0.2820	0.3097	0.3096
2.20	0.0007	0.0037	0.0074	0.0147	0.0293	0.0437	0.0580	0.0719	0.0857	0.1057	0.1374	0.1932	0.2720	0.3135	0.3355
2.40	0.0007	0.0035	0.0070	0.0139	0.0276	0.0411	0.0544	0.0675	0.0803	0.0989	0.1285	0.1812	0.2602	0.3089	0.3459
2.60	0.0007	0.0033	0.0066	0.0131	0.0260	0.0387	0.0512	0.0634	0.0754	0.0929	0.1207	0.1706	0.2484	0.3009	0.3475
2.80	0.0006	0.0031	0.0062	0.0124	0.0245	0.0365	0.0483	0.0598	0.0711	0.0876	0.1138	0.1613	0.2372	0.2915	0.3443
3.00	0.0006	0.0029	0.0059	0.0117	0.0232	0.0345	0.0456	0.0565	0.0672	0.0828	0.1076	0.1529	0.2268	0.2817	0.3385
3.50	0.0005	0.0026	0.0052	0.0103	0.0204	0.0303	0.0401	0.0497	0.0591	0.0728	0.0949	0.1356	0.2042	0.2584	0.3194
4.00	0.0005	0.0023	0.0046	0.0091	0.0182	0.0270	0.0357	0.0443	0.0527	0.0651	0.0849	0.1219	0.1857	0.2378	0.2994

2.2.1 残余焓 $-\left(\dfrac{H-H^{ig}}{RT_c}\right)^{(0)}$

T_r	\ p_r 0.010	0.050	0.100	0.200	0.400	0.600	0.800	1.000	1.200	1.500	2.000	3.000	5.000	7.000	10.000
0.30	6.045	6.043	6.040	6.034	6.022	6.011	5.999	5.987	5.975	5.957	5.927	5.868	5.748	5.628	5.446
0.35	5.906	5.904	5.901	5.895	5.882	5.870	5.858	5.845	5.833	5.814	5.783	5.721	5.595	5.469	5.278
0.40	5.763	5.761	5.757	5.751	5.738	5.726	5.713	5.700	5.687	5.668	5.636	5.572	5.442	5.311	5.113
0.45	5.615	5.612	5.609	5.603	5.590	5.577	5.564	5.551	5.538	5.519	5.486	5.420	5.288	5.154	4.950
0.50	5.465	5.462	5.459	5.453	5.440	5.427	5.414	5.401	5.388	5.369	5.336	5.270	5.135	4.999	4.491
0.55	0.032	5.312	5.309	5.303	5.290	5.277	5.265	5.252	5.239	5.220	5.187	5.121	4.986	4.849	4.638
0.60	0.027	5.162	5.159	5.153	5.141	5.129	5.116	5.104	5.091	5.073	5.041	4.976	4.842	4.704	4.492
0.65	0.023	0.118	5.008	5.002	4.991	4.980	4.968	4.956	4.945	4.927	4.896	4.833	4.702	4.565	4.353
0.70	0.020	0.101	0.213	4.848	4.839	4.828	4.818	4.808	4.797	4.781	4.752	4.693	4.566	4.432	4.221
0.75	0.017	0.088	0.183	4.687	4.679	4.672	4.664	4.655	4.646	4.632	4.607	4.554	4.434	4.303	4.095
0.80	0.015	0.078	0.160	0.345	4.507	4.504	4.499	4.494	4.488	4.478	4.459	4.413	4.303	4.178	3.974
0.85	0.014	0.069	0.141	0.300	4.308	4.313	4.316	4.316	4.316	4.312	4.302	4.269	4.173	4.056	3.857
0.90	0.012	0.062	0.126	0.264	0.596	4.074	4.094	4.108	4.118	4.127	4.132	4.119	4.043	3.935	3.744
0.93	0.011	0.058	0.118	0.246	0.545	0.960	3.920	3.953	3.976	4.000	4.020	4.024	3.963	3.863	3.678
0.95	0.011	0.056	0.113	0.235	0.516	0.885	3.763	3.825	3.865	3.904	3.939	3.958	3.910	3.815	3.634
0.97	0.011	0.054	0.109	0.225	0.490	0.824	1.356	3.658	3.732	3.796	3.853	3.890	3.856	3.767	3.591
0.98	0.010	0.053	0.107	0.221	0.478	0.797	1.273	3.544	3.652	3.736	3.806	3.854	3.829	3.743	3.569
0.99	0.010	0.052	0.105	0.216	0.466	0.773	1.206	3.376	3.558	3.670	3.758	3.818	3.801	3.719	3.548
1.00	0.010	0.051	0.103	0.212	0.455	0.750	1.151	2.573	3.441	3.598	3.706	3.782	3.774	3.695	3.526
1.01	0.010	0.050	0.101	0.208	0.445	0.728	1.102	1.796	3.283	3.516	3.652	3.744	3.746	3.671	3.505
1.02	0.010	0.049	0.099	0.203	0.434	0.708	1.060	1.627	3.039	3.422	3.595	3.705	3.718	3.647	3.484
1.05	0.009	0.046	0.094	0.192	0.407	0.654	0.955	1.359	2.034	3.030	3.398	3.583	3.632	3.575	3.420
1.10	0.008	0.042	0.086	0.175	0.367	0.581	0.827	1.120	1.487	2.203	2.965	3.353	3.484	3.453	3.315
1.15	0.008	0.039	0.079	0.160	0.334	0.523	0.732	0.968	1.239	1.719	2.479	3.091	3.329	3.329	3.211
1.20	0.007	0.036	0.073	0.148	0.305	0.474	0.657	0.857	1.076	1.443	2.079	2.807	3.166	3.202	3.107
1.30	0.006	0.031	0.063	0.127	0.259	0.399	0.545	0.698	0.860	1.116	1.560	2.274	2.825	2.942	2.899
1.40	0.005	0.027	0.055	0.110	0.224	0.341	0.463	0.588	0.716	0.915	1.253	1.857	2.486	2.679	2.692
1.50	0.005	0.024	0.048	0.097	0.196	0.297	0.400	0.505	0.611	0.774	1.046	1.549	2.175	2.421	2.486
1.60	0.004	0.021	0.043	0.086	0.173	0.261	0.350	0.440	0.531	0.667	0.894	1.318	1.904	2.177	2.285
1.70	0.004	0.019	0.038	0.076	0.153	0.231	0.309	0.387	0.466	0.583	0.777	1.139	1.672	1.953	2.091
1.80	0.003	0.017	0.034	0.068	0.137	0.206	0.275	0.344	0.413	0.515	0.683	0.996	1.476	1.751	1.908
1.90	0.003	0.015	0.031	0.062	0.123	0.185	0.246	0.307	0.368	0.458	0.606	0.880	1.309	1.571	1.736
2.00	0.003	0.014	0.028	0.056	0.111	0.167	0.222	0.276	0.330	0.411	0.541	0.782	1.167	1.411	1.577
2.20	0.002	0.012	0.023	0.046	0.092	0.137	0.182	0.226	0.269	0.334	0.437	0.629	0.937	1.143	1.295
2.40	0.002	0.010	0.019	0.038	0.076	0.114	0.150	0.187	0.222	0.275	0.359	0.513	0.761	0.929	1.058
2.60	0.002	0.008	0.016	0.032	0.064	0.095	0.125	0.155	0.185	0.228	0.297	0.422	0.621	0.756	0.858
2.80	0.001	0.007	0.014	0.027	0.054	0.080	0.105	0.130	0.154	0.190	0.246	0.348	0.508	0.614	0.689
3.00	0.001	0.006	0.011	0.023	0.045	0.067	0.088	0.109	0.129	0.159	0.205	0.288	0.415	0.495	0.545
3.50	0.001	0.004	0.007	0.015	0.029	0.043	0.056	0.069	0.081	0.099	0.127	0.174	0.239	0.270	0.264
4.00	0.000	0.002	0.005	0.009	0.017	0.026	0.033	0.041	0.048	0.058	0.072	0.095	0.116	0.110	0.061

2.2.2　残余焓　$-\left(\dfrac{H-H^{ig}}{RT_c}\right)^{(1)}$

T_r	0.010	0.050	0.100	0.200	0.400	0.600	0.800	1.000	1.200	1.500	2.000	3.000	5.000	7.000	10.000
0.30	11.101	11.100	11.098	11.095	11.088	11.081	11.074	11.067	11.061	11.051	11.034	11.001	10.936	10.873	10.782
0.35	10.652	10.651	10.651	10.649	10.646	10.643	10.640	10.637	10.634	10.630	10.623	10.610	10.584	10.561	10.529
0.40	10.120	10.120	10.120	10.120	10.120	10.120	10.120	10.120	10.120	10.120	10.121	10.122	10.127	10.135	10.150
0.45	9.513	9.514	9.514	9.515	9.518	9.520	9.522	9.525	9.527	9.531	9.537	9.550	9.579	9.611	9.663
0.50	8.867	8.868	8.869	8.871	8.875	8.879	8.883	8.887	8.891	8.897	8.908	8.931	8.979	9.030	9.111
0.55	0.080	8.213	8.214	8.216	8.222	8.227	8.232	8.238	8.243	8.252	8.266	8.296	8.359	8.426	8.531
0.60	0.059	7.568	7.570	7.573	7.579	7.585	7.592	7.598	7.605	7.615	7.632	7.668	7.744	7.825	7.950
0.65	0.045	0.247	6.949	6.952	6.959	6.966	6.973	6.980	6.987	6.999	7.018	7.059	7.147	7.239	7.383
0.70	0.034	0.185	0.415	6.360	6.366	6.373	6.381	6.388	6.396	6.408	6.430	6.475	6.573	6.677	6.837
0.75	0.027	0.142	0.306	5.796	5.803	5.809	5.816	5.824	5.832	5.845	5.868	5.918	6.027	6.141	6.317
0.80	0.021	0.110	0.234	0.542	5.266	5.271	5.277	5.285	5.292	5.306	5.330	5.384	5.506	5.632	5.824
0.85	0.017	0.087	0.182	0.401	4.753	4.754	4.758	4.763	4.771	4.784	4.810	4.871	5.008	5.149	5.358
0.90	0.014	0.070	0.144	0.308	0.751	4.254	4.248	4.249	4.255	4.268	4.298	4.371	4.530	4.688	4.916
0.93	0.012	0.061	0.126	0.265	0.612	1.236	3.941	3.934	3.937	3.951	3.987	4.073	4.251	4.422	4.662
0.95	0.011	0.056	0.115	0.241	0.542	0.994	3.737	3.713	3.713	3.730	3.773	3.873	4.068	4.248	4.498
0.97	0.010	0.052	0.105	0.219	0.483	0.837	1.616	3.471	3.467	3.492	3.551	3.670	3.886	4.077	4.336
0.98	0.010	0.050	0.101	0.209	0.457	0.776	1.324	3.332	3.327	3.363	3.434	3.568	3.795	3.992	4.257
0.99	0.009	0.048	0.097	0.200	0.433	0.722	1.154	3.164	3.164	3.222	3.313	3.464	3.705	3.908	4.178
1.00	0.009	0.046	0.093	0.191	0.410	0.675	1.034	2.385	2.952	3.065	3.186	3.358	3.615	3.825	4.100
1.01	0.009	0.044	0.089	0.183	0.389	0.632	0.940	1.375	2.595	2.880	3.051	3.251	3.525	3.743	4.023
1.02	0.008	0.042	0.085	0.175	0.370	0.594	0.863	1.180	1.723	2.650	2.906	3.142	3.435	3.660	3.947
1.05	0.007	0.037	0.075	0.153	0.318	0.498	0.691	0.877	0.878	1.496	2.381	2.800	3.167	3.418	3.722
1.10	0.006	0.030	0.061	0.123	0.251	0.381	0.507	0.617	0.673	0.617	1.261	2.167	2.720	3.023	3.362
1.15	0.005	0.025	0.050	0.099	0.199	0.296	0.385	0.459	0.503	0.487	0.604	1.497	2.275	2.641	3.019
1.20	0.004	0.020	0.040	0.080	0.158	0.232	0.297	0.349	0.381	0.381	0.361	0.934	1.840	2.273	2.692
1.30	0.003	0.013	0.026	0.052	0.100	0.142	0.177	0.203	0.218	0.218	0.178	0.300	1.066	1.592	2.086
1.40	0.002	0.008	0.016	0.032	0.060	0.083	0.100	0.111	0.115	0.108	0.070	0.044	0.504	1.012	1.547
1.50	0.001	0.005	0.009	0.018	0.032	0.042	0.048	0.049	0.046	0.032	−0.008	−0.078	0.142	0.556	1.080
1.60	0.000	0.002	0.004	0.007	0.012	0.013	0.011	0.005	−0.004	−0.023	−0.065	−0.151	−0.082	0.217	0.689
1.70	0.000	0.000	0.000	−0.000	−0.003	−0.009	−0.017	−0.027	−0.040	−0.063	−0.109	−0.202	−0.223	−0.028	0.369
1.80	−0.000	−0.001	−0.003	−0.006	−0.015	−0.025	−0.037	−0.051	−0.067	−0.094	−0.143	−0.241	−0.317	−0.203	0.112
1.90	−0.001	−0.003	−0.005	−0.011	−0.023	−0.037	−0.053	−0.070	−0.088	−0.117	−0.169	−0.271	−0.381	−0.330	−0.092
2.00	−0.001	−0.004	−0.007	−0.015	−0.030	−0.047	−0.065	−0.085	−0.105	−0.136	−0.190	−0.295	−0.428	−0.424	−0.255
2.20	−0.001	−0.005	−0.010	−0.020	−0.040	−0.062	−0.083	−0.106	−0.128	−0.163	−0.221	−0.331	−0.493	−0.551	−0.489
2.40	−0.001	−0.006	−0.012	−0.023	−0.047	−0.071	−0.095	−0.120	−0.144	−0.181	−0.242	−0.357	−0.535	−0.631	−0.645
2.60	−0.001	−0.006	−0.013	−0.026	−0.052	−0.078	−0.104	−0.130	−0.156	−0.194	−0.257	−0.376	−0.567	−0.687	−0.754
2.80	−0.001	−0.007	−0.014	−0.027	−0.055	−0.082	−0.110	−0.137	−0.164	−0.204	−0.269	−0.391	−0.591	−0.729	−0.836
3.00	−0.001	−0.007	−0.014	−0.029	−0.058	−0.086	−0.114	−0.142	−0.170	−0.211	−0.278	−0.403	−0.611	−0.763	−0.899
3.50	−0.002	−0.008	−0.016	−0.031	−0.062	−0.092	−0.122	−0.152	−0.181	−0.224	−0.294	−0.425	−0.650	−0.827	−1.015
4.00	−0.002	−0.008	−0.016	−0.032	−0.064	−0.096	−0.127	−0.158	−0.188	−0.233	−0.306	−0.442	−0.680	−0.874	−1.097

2.3.1　残余熵　$-\left(\dfrac{S-S^{ig}_{p_0=p}}{R}\right)^{(0)}$

T_r	p_r														
	0.010	0.050	0.100	0.200	0.400	0.600	0.800	1.000	1.200	1.500	2.000	3.000	5.000	7.000	10.000
0.30	11.613	10.008	9.319	8.635	7.961	7.574	7.304	7.099	6.935	6.740	6.497	6.182	5.847	5.683	5.578
0.35	11.185	9.579	8.890	8.205	7.529	7.140	6.869	6.663	6.497	6.299	6.052	5.728	5.376	5.194	5.060
0.40	10.802	9.196	8.506	7.821	7.144	6.755	6.483	6.275	6.109	5.909	5.660	5.330	4.967	4.772	4.619
0.45	10.453	8.847	8.158	7.472	6.795	6.405	6.132	5.924	5.757	5.557	5.306	4.974	4.603	4.401	4.234
0.50	10.137	8.531	7.842	7.156	6.479	6.089	5.816	5.608	5.441	5.240	4.989	4.656	4.282	4.074	3.899
0.55	0.038	8.245	7.555	6.870	6.193	5.803	5.531	5.324	5.157	4.956	4.706	4.373	3.998	3.788	3.607
0.60	0.029	7.983	7.294	6.610	5.933	5.544	5.273	5.066	4.900	4.700	4.451	4.120	3.747	3.537	3.353
0.65	0.023	0.122	7.052	6.368	5.694	5.306	5.036	4.830	4.665	4.467	4.220	3.892	3.523	3.315	3.131
0.70	0.018	0.096	0.206	6.140	5.467	5.082	4.814	4.610	4.446	4.250	4.007	3.684	3.322	3.117	2.935
0.75	0.015	0.078	0.164	5.917	5.248	4.866	4.600	4.399	4.238	4.046	3.807	3.491	3.138	2.939	2.761
0.80	0.013	0.064	0.134	0.294	5.026	4.649	4.388	4.191	4.034	3.846	3.615	3.310	2.970	2.777	2.605
0.85	0.011	0.054	0.111	0.239	4.785	4.418	4.166	3.976	3.825	3.646	3.425	3.135	2.812	2.629	2.463
0.90	0.009	0.046	0.094	0.199	0.463	4.145	3.912	3.738	3.599	3.434	3.231	2.964	2.663	2.491	2.334
0.93	0.008	0.042	0.085	0.179	0.408	0.750	3.723	3.569	3.444	3.295	3.108	2.860	2.577	2.412	2.262
0.95	0.008	0.039	0.080	0.168	0.377	0.671	3.556	3.433	3.326	3.193	3.023	2.790	2.520	2.361	2.215
0.97	0.007	0.037	0.075	0.157	0.350	0.607	1.056	3.259	3.188	3.081	2.932	2.719	2.463	2.312	2.170
0.98	0.007	0.036	0.073	0.153	0.337	0.580	0.971	3.142	3.106	3.019	2.884	2.682	2.436	2.287	2.148
0.99	0.007	0.035	0.071	0.148	0.326	0.555	0.903	2.972	3.010	2.953	2.835	2.646	2.408	2.263	2.126
1.00	0.007	0.034	0.069	0.144	0.315	0.532	0.847	2.167	2.893	2.879	2.784	2.609	2.380	2.239	2.105
1.01	0.007	0.033	0.067	0.139	0.304	0.510	0.799	1.391	2.736	2.798	2.730	2.571	2.352	2.215	2.083
1.02	0.006	0.032	0.065	0.135	0.294	0.491	0.757	1.225	2.495	2.706	2.673	2.533	2.325	2.191	2.062
1.05	0.006	0.030	0.060	0.124	0.267	0.439	0.656	0.965	1.523	2.328	2.483	2.415	2.242	2.121	2.001
1.10	0.005	0.026	0.053	0.108	0.230	0.371	0.537	0.742	1.012	1.557	2.081	2.202	2.104	2.007	1.903
1.15	0.005	0.023	0.047	0.096	0.201	0.319	0.452	0.607	0.790	1.126	1.649	1.968	1.966	1.897	1.810
1.20	0.004	0.021	0.042	0.085	0.177	0.277	0.389	0.512	0.651	0.890	1.308	1.727	1.827	1.789	1.722
1.30	0.003	0.017	0.033	0.068	0.140	0.217	0.298	0.385	0.478	0.628	0.891	1.299	1.554	1.581	1.556
1.40	0.003	0.014	0.027	0.056	0.114	0.174	0.237	0.303	0.372	0.478	0.663	0.990	1.303	1.386	1.402
1.50	0.002	0.011	0.023	0.046	0.094	0.143	0.194	0.246	0.299	0.381	0.520	0.777	1.088	1.208	1.260
1.60	0.002	0.010	0.019	0.039	0.079	0.120	0.162	0.204	0.247	0.312	0.421	0.628	0.913	1.050	1.130
1.70	0.002	0.008	0.017	0.033	0.067	0.102	0.137	0.172	0.208	0.261	0.350	0.519	0.773	0.915	1.013
1.80	0.001	0.007	0.014	0.029	0.058	0.088	0.117	0.147	0.177	0.222	0.296	0.438	0.661	0.799	0.908
1.90	0.001	0.006	0.013	0.025	0.051	0.076	0.102	0.127	0.153	0.191	0.255	0.375	0.570	0.702	0.815
2.00	0.001	0.006	0.011	0.022	0.044	0.067	0.089	0.111	0.134	0.167	0.221	0.325	0.497	0.620	0.733
2.20	0.001	0.004	0.009	0.018	0.035	0.053	0.070	0.087	0.105	0.130	0.172	0.251	0.388	0.492	0.599
2.40	0.001	0.004	0.007	0.014	0.028	0.042	0.056	0.070	0.084	0.104	0.138	0.201	0.311	0.399	0.496
2.60	0.001	0.003	0.006	0.012	0.023	0.035	0.046	0.058	0.069	0.086	0.113	0.164	0.255	0.329	0.416
2.80	0.000	0.002	0.005	0.010	0.020	0.029	0.039	0.048	0.058	0.072	0.094	0.137	0.213	0.277	0.353
3.00	0.000	0.002	0.004	0.008	0.017	0.025	0.033	0.041	0.049	0.061	0.080	0.116	0.181	0.236	0.303
3.50	0.000	0.001	0.003	0.006	0.012	0.017	0.023	0.029	0.034	0.042	0.056	0.081	0.126	0.166	0.216
4.00	0.000	0.001	0.002	0.004	0.009	0.013	0.017	0.021	0.025	0.031	0.041	0.059	0.093	0.123	0.162

2.3.2 残余熵 $-\left(\dfrac{S-S_{p_0=p}^{\text{ig}}}{R}\right)^{(1)}$

T_r	p_r 0.010	0.050	0.100	0.200	0.400	0.600	0.800	1.000	1.200	1.500	2.000	3.000	5.000	7.000	10.000
0.30	16.790	16.783	16.773	16.753	16.714	16.675	16.637	16.598	16.559	16.501	16.405	16.214	15.838	15.469	14.927
0.35	15.408	15.402	15.395	15.382	15.355	15.328	15.301	15.274	15.248	15.208	15.142	15.012	14.757	14.511	14.154
0.40	13.989	13.985	13.980	13.971	13.951	13.932	13.914	13.895	13.876	13.848	13.803	13.713	13.540	13.376	13.144
0.45	12.562	12.559	12.556	12.549	12.535	12.521	12.508	12.494	12.481	12.462	12.429	12.367	12.251	12.144	11.998
0.50	11.201	11.198	11.196	11.191	11.181	11.171	11.161	11.151	11.142	11.128	11.105	11.063	10.986	10.920	10.836
0.55	0.115	9.949	9.947	9.943	9.936	9.928	9.921	9.914	9.907	9.894	9.881	9.853	9.806	9.770	9.732
0.60	0.078	8.828	8.827	8.823	8.817	8.811	8.806	8.800	8.795	8.788	8.777	8.759	8.735	8.723	8.720
0.65	0.055	0.309	7.832	7.829	7.824	7.819	7.815	7.810	7.807	7.801	7.794	7.784	7.778	7.785	7.811
0.70	0.040	0.216	0.491	6.951	6.946	6.941	6.937	6.933	6.930	6.926	6.922	6.919	6.928	6.952	7.002
0.75	0.029	0.156	0.340	6.173	6.167	6.162	6.158	6.155	6.152	6.149	6.146	6.149	6.174	6.213	6.285
0.80	0.022	0.116	0.246	0.578	5.474	5.467	5.462	5.458	5.455	5.452	5.452	5.461	5.501	5.555	5.648
0.85	0.017	0.088	0.183	0.408	4.853	4.841	4.832	4.826	4.822	4.822	4.822	4.839	4.898	4.969	5.083
0.90	0.013	0.068	0.140	0.301	0.744	4.269	4.250	4.238	4.232	4.230	4.236	4.267	4.351	4.442	4.578
0.93	0.011	0.058	0.120	0.254	0.593	1.219	3.914	3.893	3.885	3.883	3.896	3.941	4.046	4.151	4.300
0.95	0.010	0.053	0.109	0.228	0.517	0.961	3.697	3.658	3.647	3.648	3.669	3.728	3.851	3.966	4.125
0.97	0.010	0.048	0.099	0.206	0.456	0.797	1.570	3.406	3.391	3.401	3.437	3.517	3.661	3.788	3.957
0.98	0.009	0.046	0.094	0.196	0.429	0.734	1.270	3.264	3.247	3.268	3.318	3.412	3.569	3.701	3.875
0.99	0.009	0.044	0.090	0.186	0.405	0.680	1.098	3.093	3.082	3.126	3.195	3.306	3.477	3.616	3.795
1.00	0.008	0.042	0.086	0.177	0.382	0.632	0.977	2.313	2.868	2.967	3.067	3.200	3.387	3.532	3.717
1.01	0.008	0.040	0.082	0.169	0.361	0.590	0.883	1.306	2.513	2.784	2.933	3.094	3.297	3.450	3.640
1.02	0.008	0.039	0.078	0.161	0.342	0.552	0.807	1.113	1.655	2.557	2.790	2.986	3.209	3.369	3.565
1.05	0.007	0.034	0.069	0.140	0.292	0.460	0.642	0.820	0.831	1.443	2.283	2.655	2.949	3.134	3.348
1.10	0.005	0.028	0.055	0.112	0.229	0.350	0.470	0.577	0.640	0.618	1.241	2.067	2.534	2.767	3.013
1.15	0.005	0.023	0.045	0.091	0.183	0.275	0.361	0.437	0.489	0.502	0.654	1.471	2.138	2.428	2.708
1.20	0.004	0.019	0.037	0.075	0.149	0.220	0.286	0.343	0.385	0.412	0.447	0.991	1.767	2.115	2.430
1.30	0.003	0.013	0.026	0.052	0.102	0.148	0.190	0.226	0.254	0.282	0.300	0.481	1.147	1.569	1.944
1.40	0.002	0.010	0.019	0.037	0.072	0.104	0.133	0.158	0.178	0.200	0.220	0.290	0.730	1.138	1.544
1.50	0.001	0.007	0.014	0.027	0.053	0.076	0.097	0.115	0.130	0.147	0.166	0.206	0.479	0.823	1.222
1.60	0.001	0.005	0.011	0.021	0.040	0.057	0.073	0.086	0.098	0.112	0.129	0.159	0.334	0.604	0.969
1.70	0.001	0.004	0.008	0.016	0.031	0.044	0.056	0.067	0.076	0.087	0.102	0.127	0.248	0.456	0.775
1.80	0.001	0.003	0.006	0.013	0.024	0.035	0.044	0.053	0.060	0.070	0.083	0.105	0.195	0.355	0.628
1.90	0.001	0.003	0.005	0.010	0.019	0.028	0.036	0.043	0.049	0.057	0.069	0.089	0.160	0.286	0.518
2.00	0.000	0.002	0.004	0.008	0.016	0.023	0.029	0.035	0.040	0.048	0.058	0.077	0.136	0.238	0.434
2.20	0.000	0.001	0.003	0.006	0.011	0.016	0.021	0.025	0.029	0.035	0.043	0.060	0.105	0.178	0.322
2.40	0.000	0.001	0.002	0.004	0.008	0.012	0.015	0.019	0.022	0.027	0.034	0.048	0.086	0.142	0.254
2.60	0.000	0.001	0.002	0.003	0.006	0.009	0.012	0.015	0.018	0.021	0.028	0.041	0.074	0.120	0.210
2.80	0.000	0.001	0.001	0.003	0.005	0.008	0.010	0.012	0.014	0.018	0.023	0.035	0.065	0.104	0.180
3.00	0.000	0.001	0.001	0.002	0.004	0.006	0.008	0.010	0.012	0.015	0.020	0.031	0.058	0.093	0.158
3.50	0.000	0.000	0.001	0.001	0.003	0.004	0.006	0.007	0.009	0.011	0.015	0.024	0.046	0.073	0.122
4.00	0.000	0.000	0.001	0.001	0.002	0.003	0.005	0.006	0.007	0.009	0.012	0.020	0.038	0.060	0.100

2.4.1 逸度 $\lg\left(\dfrac{f}{p}\right)^{(0)}$

T_r	p_r 0.010	0.050	0.100	0.200	0.400	0.600	0.800	1.000	1.200	1.500	2.000	3.000	5.000	7.000	10.000
0.30	−3.708	−4.402	−4.697	−4.985	−5.261	−5.412	−5.512	−5.584	−5.638	−5.697	−5.759	−5.810	−5.782	−5.679	−5.462
0.35	−2.472	−3.166	−3.461	−3.751	−4.029	−4.183	−4.285	−4.359	−4.416	−4.479	−4.548	−4.611	−4.608	−4.531	−4.352
0.40	−1.566	−2.261	−2.557	−2.847	−3.128	−3.283	−3.387	−3.464	−3.522	−3.588	−3.661	−3.735	−3.752	−3.694	−3.545
0.45	−0.879	−1.574	−1.871	−2.162	−2.444	−2.601	−2.707	−2.784	−2.845	−2.913	−2.990	−3.071	−3.104	−3.062	−2.938
0.50	−0.344	−1.040	−1.336	−1.628	−1.911	−2.070	−2.177	−2.256	−2.317	−2.387	−2.468	−2.555	−2.601	−2.572	−2.468
0.55	−0.008	−0.614	−0.911	−1.204	−1.488	−1.647	−1.755	−1.835	−1.897	−1.969	−2.052	−2.145	−2.201	−2.183	−2.095
0.60	−0.007	−0.269	−0.566	−0.859	−1.144	−1.304	−1.413	−1.494	−1.557	−1.630	−1.715	−1.812	−1.878	−1.869	−1.795
0.65	−0.005	−0.026	−0.283	−0.577	−0.862	−1.023	−1.132	−1.214	−1.278	−1.352	−1.439	−1.539	−1.612	−1.611	−1.549
0.70	−0.004	−0.021	−0.043	−0.341	−0.627	−0.789	−0.899	−0.981	−1.045	−1.120	−1.208	−1.312	−1.391	−1.396	−1.344
0.75	−0.003	−0.017	−0.035	−0.144	−0.430	−0.592	−0.703	−0.785	−0.850	−0.925	−1.015	−1.121	−1.204	−1.215	−1.172
0.80	−0.003	−0.014	−0.029	−0.059	−0.264	−0.426	−0.537	−0.619	−0.684	−0.760	−0.851	−0.958	−1.046	−1.062	−1.026
0.85	−0.002	−0.012	−0.024	−0.049	−0.123	−0.285	−0.396	−0.479	−0.544	−0.620	−0.711	−0.820	−0.911	−0.930	−0.901
0.90	−0.002	−0.010	−0.020	−0.041	−0.086	−0.166	−0.276	−0.359	−0.424	−0.500	−0.591	−0.700	−0.794	−0.817	−0.793
0.93	−0.002	−0.009	−0.018	−0.037	−0.077	−0.122	−0.214	−0.296	−0.361	−0.437	−0.527	−0.637	−0.732	−0.756	−0.735
0.95	−0.002	−0.008	−0.017	−0.035	−0.072	−0.113	−0.176	−0.258	−0.322	−0.398	−0.488	−0.598	−0.693	−0.719	−0.699
0.97	−0.002	−0.008	−0.016	−0.033	−0.067	−0.105	−0.148	−0.223	−0.287	−0.362	−0.452	−0.561	−0.657	−0.683	−0.665
0.98	−0.002	−0.008	−0.016	−0.032	−0.065	−0.101	−0.142	−0.206	−0.270	−0.344	−0.434	−0.543	−0.639	−0.666	−0.649
0.99	−0.001	−0.007	−0.015	−0.031	−0.063	−0.098	−0.137	−0.191	−0.254	−0.328	−0.417	−0.526	−0.622	−0.649	−0.633
1.00	−0.001	−0.007	−0.015	−0.030	−0.061	−0.095	−0.132	−0.176	−0.238	−0.312	−0.401	−0.509	−0.605	−0.633	−0.617
1.01	−0.001	−0.007	−0.014	−0.029	−0.059	−0.091	−0.127	−0.168	−0.224	−0.297	−0.385	−0.493	−0.589	−0.617	−0.602
1.02	−0.001	−0.007	−0.014	−0.028	−0.057	−0.088	−0.122	−0.161	−0.210	−0.282	−0.370	−0.477	−0.573	−0.601	−0.588
1.05	−0.001	−0.006	−0.013	−0.025	−0.052	−0.080	−0.110	−0.143	−0.180	−0.242	−0.327	−0.433	−0.529	−0.557	−0.546
1.10	−0.001	−0.005	−0.011	−0.022	−0.045	−0.069	−0.093	−0.120	−0.148	−0.193	−0.267	−0.368	−0.462	−0.491	−0.482
1.15	−0.001	−0.005	−0.009	−0.019	−0.039	−0.059	−0.080	−0.102	−0.125	−0.160	−0.220	−0.312	−0.403	−0.433	−0.426
1.20	−0.001	−0.004	−0.008	−0.017	−0.034	−0.051	−0.069	−0.088	−0.106	−0.135	−0.184	−0.266	−0.352	−0.382	−0.377
1.30	−0.001	−0.003	−0.006	−0.013	−0.026	−0.039	−0.052	−0.066	−0.080	−0.100	−0.134	−0.195	−0.269	−0.296	−0.293
1.40	−0.000	−0.003	−0.005	−0.010	−0.020	−0.030	−0.040	−0.051	−0.061	−0.076	−0.101	−0.146	−0.205	−0.229	−0.226
1.50	−0.000	−0.002	−0.004	−0.008	−0.016	−0.024	−0.032	−0.039	−0.047	−0.059	−0.077	−0.111	−0.157	−0.176	−0.173
1.60	−0.000	−0.002	−0.003	−0.006	−0.012	−0.019	−0.025	−0.031	−0.037	−0.046	−0.060	−0.085	−0.120	−0.135	−0.129
1.70	−0.000	−0.001	−0.002	−0.005	−0.010	−0.015	−0.020	−0.024	−0.029	−0.036	−0.046	−0.065	−0.092	−0.102	−0.094
1.80	−0.000	−0.001	−0.002	−0.004	−0.008	−0.012	−0.015	−0.019	−0.023	−0.028	−0.036	−0.050	−0.069	−0.075	−0.066
1.90	−0.000	−0.001	−0.002	−0.003	−0.006	−0.009	−0.012	−0.015	−0.018	−0.022	−0.028	−0.038	−0.052	−0.054	−0.043
2.00	−0.000	−0.001	−0.001	−0.002	−0.005	−0.007	−0.009	−0.012	−0.014	−0.017	−0.021	−0.029	−0.037	−0.037	−0.024
2.20	−0.000	−0.000	−0.001	−0.001	−0.003	−0.004	−0.005	−0.007	−0.008	−0.009	−0.012	−0.015	−0.017	−0.012	0.004
2.40	−0.000	−0.000	−0.000	−0.001	−0.001	−0.002	−0.003	−0.003	−0.004	−0.004	−0.005	−0.006	−0.003	0.005	0.024
2.60	−0.000	−0.000	−0.000	−0.000	−0.000	−0.001	−0.001	−0.001	−0.001	−0.001	−0.001	0.001	0.007	0.017	0.037
2.80	0.000	0.000	0.000	0.000	0.000	0.000	0.001	0.002	0.003	0.002	0.003	0.005	0.014	0.025	0.046
3.00	0.000	0.000	0.000	0.000	0.001	0.001	0.002	0.003	0.005	0.006	0.005	0.009	0.018	0.031	0.053
3.50	0.000	0.000	0.000	0.001	0.001	0.002	0.003	0.004	0.005	0.006	0.008	0.013	0.025	0.038	0.061
4.00	0.000	0.000	0.000	0.001	0.002	0.003	0.004	0.005	0.006	0.007	0.010	0.016	0.028	0.041	0.064

2.4.2　逸度　$\lg\left(\dfrac{f}{p}\right)$[1]

p_r

T_r	0.010	0.050	0.100	0.200	0.400	0.600	0.800	1.000	1.200	1.500	2.000	3.000	5.000	7.000	10.000
0.30	-8.779	-8.780	-8.782	-8.785	-8.792	-8.799	-8.806	-8.813	-8.820	-8.831	-8.848	-8.883	-8.953	-9.022	-9.126
0.35	-6.526	-6.528	-6.530	-6.534	-6.542	-6.550	-6.558	-6.566	-6.574	-6.586	-6.606	-6.645	-6.724	-6.802	-6.919
0.40	-4.912	-4.914	-4.916	-4.920	-4.928	-4.936	-4.945	-4.953	-4.961	-4.973	-4.994	-5.034	-5.115	-5.194	-5.312
0.45	-3.726	-3.727	-3.729	-3.734	-3.742	-3.750	-3.758	-3.766	-3.774	-3.786	-3.806	-3.846	-3.924	-4.001	-4.115
0.50	-2.838	-2.839	-2.841	-2.845	-2.853	-2.861	-2.868	-2.876	-2.884	-2.896	-2.915	-2.953	-3.027	-3.101	-3.208
0.55	-0.013	-2.164	-2.166	-2.170	-2.177	-2.184	-2.192	-2.199	-2.207	-2.218	-2.236	-2.272	-2.342	-2.411	-2.510
0.60	-0.009	-1.644	-1.646	-1.650	-1.657	-1.664	-1.671	-1.678	-1.685	-1.695	-1.712	-1.746	-1.812	-1.875	-1.967
0.65	-0.006	-0.031	-1.241	-1.245	-1.252	-1.258	-1.265	-1.272	-1.278	-1.288	-1.304	-1.336	-1.397	-1.456	-1.540
0.70	-0.004	-0.021	-0.044	-0.927	-0.933	-0.940	-0.946	-0.952	-0.959	-0.968	-0.983	-1.013	-1.069	-1.123	-1.201
0.75	-0.003	-0.014	-0.030	-0.675	-0.682	-0.688	-0.694	-0.700	-0.705	-0.712	-0.728	-0.756	-0.809	-0.858	-0.929
0.80	-0.002	-0.010	-0.020	-0.043	-0.481	-0.487	-0.493	-0.498	-0.504	-0.512	-0.526	-0.551	-0.600	-0.645	-0.709
0.85	-0.001	-0.006	-0.013	-0.028	-0.321	-0.327	-0.332	-0.338	-0.343	-0.351	-0.364	-0.388	-0.432	-0.473	-0.530
0.90	-0.001	-0.004	-0.009	-0.018	-0.039	-0.199	-0.204	-0.210	-0.215	-0.222	-0.234	-0.256	-0.296	-0.333	-0.384
0.93	-0.001	-0.003	-0.007	-0.013	-0.029	-0.048	-0.141	-0.146	-0.151	-0.158	-0.170	-0.191	-0.228	-0.262	-0.310
0.95	-0.001	-0.003	-0.005	-0.011	-0.023	-0.037	-0.103	-0.108	-0.114	-0.121	-0.132	-0.151	-0.187	-0.219	-0.265
0.97	-0.000	-0.002	-0.004	-0.009	-0.018	-0.029	-0.042	-0.075	-0.080	-0.087	-0.097	-0.116	-0.150	-0.180	-0.223
0.98	-0.000	-0.002	-0.004	-0.008	-0.016	-0.025	-0.035	-0.059	-0.064	-0.071	-0.081	-0.099	-0.132	-0.162	-0.203
0.99	-0.000	-0.002	-0.003	-0.007	-0.014	-0.021	-0.030	-0.044	-0.050	-0.056	-0.066	-0.084	-0.115	-0.144	-0.184
1.00	-0.000	-0.001	-0.003	-0.006	-0.012	-0.018	-0.025	-0.031	-0.036	-0.042	-0.052	-0.069	-0.099	-0.127	-0.166
1.01	-0.000	-0.001	-0.003	-0.005	-0.010	-0.016	-0.021	-0.024	-0.024	-0.030	-0.038	-0.054	-0.084	-0.111	-0.149
1.02	-0.000	-0.001	-0.002	-0.004	-0.009	-0.013	-0.017	-0.019	-0.015	-0.018	-0.026	-0.041	-0.069	-0.095	-0.132
1.05	-0.000	-0.001	-0.001	-0.002	-0.005	-0.006	-0.007	-0.007	-0.002	0.008	0.007	-0.005	-0.029	-0.052	-0.085
1.10	-0.000	-0.000	0.000	0.000	0.001	0.002	0.004	0.007	0.012	0.025	0.041	0.042	0.026	0.008	-0.019
1.15	0.000	0.000	0.001	0.002	0.005	0.008	0.011	0.016	0.022	0.034	0.056	0.074	0.069	0.057	0.036
1.20	0.000	0.001	0.002	0.003	0.007	0.012	0.017	0.023	0.029	0.041	0.064	0.093	0.102	0.096	0.081
1.30	0.000	0.001	0.003	0.005	0.011	0.017	0.023	0.030	0.038	0.049	0.071	0.109	0.142	0.150	0.148
1.40	0.000	0.002	0.003	0.006	0.013	0.020	0.027	0.034	0.041	0.053	0.074	0.112	0.161	0.181	0.191
1.50	0.000	0.002	0.003	0.007	0.014	0.021	0.028	0.036	0.043	0.055	0.074	0.112	0.167	0.197	0.218
1.60	0.000	0.002	0.003	0.007	0.014	0.021	0.029	0.036	0.043	0.055	0.074	0.110	0.167	0.204	0.234
1.70	0.000	0.002	0.004	0.007	0.014	0.021	0.029	0.036	0.043	0.054	0.072	0.107	0.165	0.205	0.242
1.80	0.000	0.002	0.003	0.007	0.014	0.021	0.028	0.035	0.042	0.053	0.070	0.104	0.161	0.203	0.246
1.90	0.000	0.002	0.003	0.007	0.014	0.021	0.028	0.034	0.041	0.052	0.068	0.101	0.157	0.200	0.246
2.00	0.000	0.002	0.003	0.007	0.013	0.020	0.027	0.034	0.040	0.050	0.066	0.097	0.152	0.196	0.244
2.20	0.000	0.002	0.003	0.006	0.013	0.019	0.025	0.032	0.038	0.047	0.062	0.091	0.143	0.186	0.236
2.40	0.000	0.002	0.003	0.006	0.012	0.018	0.024	0.030	0.036	0.044	0.058	0.086	0.134	0.176	0.227
2.60	0.000	0.001	0.003	0.006	0.011	0.017	0.023	0.028	0.034	0.042	0.055	0.080	0.127	0.167	0.217
2.80	0.000	0.001	0.003	0.005	0.011	0.016	0.021	0.027	0.032	0.039	0.052	0.076	0.120	0.158	0.208
3.00	0.000	0.001	0.003	0.005	0.010	0.015	0.020	0.025	0.030	0.037	0.049	0.072	0.114	0.151	0.199
3.50	0.000	0.001	0.002	0.004	0.009	0.013	0.018	0.022	0.026	0.033	0.043	0.063	0.101	0.134	0.179
4.00	0.000	0.001	0.002	0.004	0.008	0.012	0.016	0.020	0.023	0.029	0.038	0.057	0.090	0.121	0.163

3 水的性质表

3.1 饱和水(参考态是 0 ℃的饱和液相)

$t/℃$	$p\times10^5$ $/Pa$	$V/(cm^3\cdot g^{-1})$ 饱和液体	饱和蒸汽	$U/(J\cdot g^{-1})$ 饱和液体	饱和蒸汽	$H/(J\cdot g^{-1})$ 饱和液体	潜热	饱和蒸汽	$S/(J\cdot g^{-1}\cdot K^{-1})$ 饱和液体	饱和蒸汽
0	0.00611	1.0002	206278	−0.03	2375.4	−0.02	2501.4	2501.3	−0.0001	9.1565
5	0.00872	1.0001	147120	20.97	2382.3	20.98	2489.6	2510.6	0.0761	9.0257
10	0.01228	1.0004	106379	42.00	2389.2	42.01	2477.7	2519.8	0.1510	8.9008
15	0.01705	1.0009	77926	62.99	2396.1	62.99	2465.9	2528.9	0.2245	8.7814
20	0.02339	1.0018	57791	83.95	2402.9	83.96	2454.1	2538.1	0.2966	8.6672
25	0.03169	1.0029	43360	104.88	2409.8	104.89	2442.3	2547.2	0.3674	8.5580
30	0.04246	1.0043	32894	125.78	2416.6	125.79	2430.5	2556.3	0.4369	8.4533
35	0.05628	1.0060	25216	146.67	2423.4	146.68	2418.6	2565.3	0.5053	8.3531
40	0.07384	1.0078	19523	167.56	2430.1	167.57	2406.7	2574.3	0.5725	8.2570
45	0.09593	1.0099	15258	188.44	2436.8	188.45	2394.8	2583.2	0.6387	8.1648
50	0.1235	1.0121	12032	209.32	2443.5	209.33	2382.7	2592.1	0.7038	8.0763
55	0.1576	1.0146	9568	230.21	2450.1	230.23	2370.7	2600.9	0.7679	7.9913
60	0.1994	1.0172	7671	251.11	2456.6	251.13	2358.5	2609.6	0.8312	7.9096
65	0.2503	1.0199	6197	272.02	2463.1	272.06	2346.2	2618.3	0.8935	7.8310
70	0.3119	1.0228	5042	292.95	2469.6	292.98	2333.8	2626.8	0.9549	7.7553
75	0.3858	1.0259	4131	313.90	2475.9	313.93	2321.4	2635.3	1.0155	7.6824
80	0.4739	1.0291	3407	334.86	2482.2	334.91	2308.8	2643.7	1.0753	7.6122
85	0.5783	1.0325	2828	355.84	2488.4	355.90	2296.0	2651.9	1.1343	7.5445
90	0.7014	1.0360	2361	376.85	2494.5	376.92	2283.2	2660.1	1.1925	7.4791
95	0.8455	1.0397	1982	397.88	2500.6	397.96	2270.2	2668.1	1.2500	7.4159
100	1.014	1.0435	1673.0	418.94	2506.5	419.04	2257.0	2676.1	1.3069	7.3549
110	1.433	1.0516	1210.0	461.14	2518.1	461.30	2230.2	2691.5	1.4185	7.2387
120	1.985	1.0603	891.9	503.50	2529.3	503.71	2202.6	2706.3	1.5276	7.1296
130	2.701	1.0697	668.5	546.02	2539.9	546.31	2174.2	2720.5	1.6344	7.0269
140	3.613	1.0797	508.9	588.74	2550.0	589.13	2144.7	2733.9	1.7391	6.9299
150	4.758	1.0905	392.8	631.68	2559.5	632.20	2114.3	2764.5	1.8418	6.8379
160	6.178	1.1020	307.1	674.86	2568.4	675.55	2082.6	2758.1	1.9427	6.7502
170	7.917	1.1143	242.8	718.33	2576.5	719.21	2049.5	2768.7	2.0419	6.6663
180	10.02	1.1274	194.1	762.09	2583.7	763.22	2015.0	2778.2	2.1396	6.5857
190	12.54	1.1414	156.5	806.19	2590.0	807.62	1978.8	2786.4	2.2359	6.5079
200	15.54	1.1565	127.4	850.65	2595.3	852.45	1940.7	2793.2	2.3309	6.4323
210	19.06	1.1726	104.4	895.53	2599.5	897.76	1900.7	2798.5	2.4248	6.3585
220	23.18	1.1900	86.19	940.87	2602.4	943.62	1858.5	2802.1	2.5178	6.2861
230	27.95	1.2088	71.58	986.74	2603.9	990.12	1813.8	2804.0	2.6099	6.2146
240	33.44	1.2291	59.76	1033.2	2604.0	1037.3	1766.5	2803.8	2.7015	6.1437
250	39.73	1.2512	50.13	1080.4	2602.4	1085.4	1716.2	2801.5	2.7927	6.0730
260	46.88	1.2755	42.21	1128.4	2599.0	1134.4	1662.5	2796.9	2.8838	6.0019
270	54.99	1.3023	35.64	1177.4	2593.7	1184.5	1605.2	2789.7	2.9751	5.9301
280	64.12	1.3321	30.17	1227.5	2586.1	1236.0	1543.6	2779.6	3.0668	5.8571
290	74.36	1.3656	25.57	1278.9	2576.0	1289.1	1477.1	2766.2	3.1594	5.7821
300	85.81	1.4036	21.67	1332.0	2563.0	1344.0	1404.9	2749.0	3.2534	5.7045
320	112.7	1.4988	15.49	1444.6	2525.5	1461.5	1238.6	2700.1	3.4480	5.5362
340	145.9	1.6379	10.80	1570.3	2464.6	1594.2	1027.9	2622.0	3.6594	5.3357
360	186.5	1.8925	6.945	1725.2	2351.5	1760.5	720.5	2481.0	3.9147	5.0526
374.14	220.9	3.155	3.155	2029.6	2029.6	2090.3	0	2099.3	4.4298	4.4298

3.2　过热蒸汽表

t/℃	V /(cm³·g⁻¹)	U /(J·g⁻¹)	H /(J·g⁻¹)	S /(J·g⁻¹·K⁻¹)	V /(cm³·g⁻¹)	U /(J·g⁻¹)	H /(J·g⁻¹)	S /(J·g⁻¹·K⁻¹)
	0.06×10^5 Pa(36.16 ℃)				0.35×10^5 Pa(72.69 ℃)			
饱和蒸汽	23739	2425.0	2546.4	8.3304	4526	2473.0	2631.4	7.7153
80	27132	2487.3	2650.1	8.5804	4625	2483.7	2645.6	7.7564
120	30219	2544.7	2726.0	8.7840	5163	2542.4	2723.1	7.9644
160	33302	2602.7	2802.5	8.9693	5696	2601.2	2800.6	8.1519
200	36383	2661.4	2879.7	9.1398	6228	2660.4	2878.4	8.3237
240	39462	2721.0	2957.8	9.2982	6758	2720.3	2956.8	8.4828
280	42540	2781.5	3036.8	9.4464	7287	2780.9	3036.0	8.6314
320	45618	2843.0	3116.7	9.5859	7815	2842.5	3116.1	8.7712
360	48696	2905.5	3197.7	9.7180	8344	2905.1	3197.1	8.9034
400	51774	2969.0	3279.6	9.8435	8872	2968.6	3270.2	9.0291
440	54851	3033.5	3362.6	9.9633	9400	3033.2	3362.2	9.1490
500	59467	3132.3	3489.1	10.134	10192	3132.1	3488.8	9.3194
	0.70×10^5 Pa(89.95 ℃)				1.0×10^5 Pa(99.63 ℃)			
饱和蒸汽	2365	2494.5	2660.0	7.4797	1694	2506.1	2675.5	7.3594
100	2434	3509.7	2680.0	7.5341	1696	2506.7	2676.2	7.3614
120	2571	2539.7	2719.6	7.6375	1793	2537.3	2716.6	7.4668
160	2841	2599.4	2798.2	7.8279	1984	2597.8	2796.2	7.6597
200	3108	2659.1	2876.7	8.0012	2172	2658.1	2875.3	7.8343
240	3374	2719.3	2955.5	8.1611	2359	2718.5	2954.5	7.9949
280	3640	2780.2	3035.0	8.3162	2546	2779.6	3034.2	8.1445
320	3005	2842.0	3115.3	8.4504	2732	2841.5	3114.6	8.2849
360	4170	2904.6	3196.5	8.5828	2917	2904.2	3195.9	8.4175
400	4434	2968.2	3278.6	8.7086	3103	2967.9	3278.2	8.5435
440	4698	3032.9	3361.8	8.8286	3288	3032.6	3361.4	8.6636
500	5095	3131.8	3488.5	8.9991	3565	3131.6	3488.1	8.8342
	1.5×10^5 Pa(111.37 ℃)				3.0×10^5 Pa(133.55 ℃)			
饱和蒸汽	1159	2519.7	2693.6	7.2233	606	2543.6	2725.3	6.9919
120	1188	2533.3	2711.4	7.2693				
160	1317	2595.2	2792.8	7.4665	651	2587.1	2782.3	7.1276
200	1444	2656.2	2872.9	7.6433	716	2650.7	2865.5	7.3115
240	1570	2717.2	2952.7	7.8052	781	2731.1	2947.3	7.4774
280	1695	2778.6	3032.8	7.9555	844	2775.4	3028.6	7.6299
320	1819	2840.6	3113.5	8.0964	907	2838.1	3110.1	7.7722
360	1943	2903.5	3195.0	8.2293	969	2901.4	3192.2	7.9061
400	2067	2967.3	3277.4	8.3555	1032	2965.6	3275.0	8.0330
440	2191	3032.1	3360.7	8.4757	1094	3030.6	3358.7	8.1538
500	2376	3131.2	3487.6	8.6466	1187	3130.0	3486.0	8.3251
600	2685	3301.7	3704.3	8.9101	1341	3300.8	3703.2	8.5892
	5.0×10^5 Pa(151.86 ℃)				7.0×10^5 Pa(164.97 ℃)			
饱和蒸汽	374.9	2561.2	2748.7	6.8213	272.9	2572.5	2763.5	6.7080
180	404.9	2609.7	2812.0	6.9656	284.7	2599.8	2799.1	6.7880
200	424.9	2642.9	2855.4	7.0592	299.9	2634.8	2844.8	6.8865
240	464.6	2707.6	2939.9	7.2307	329.2	2701.8	2932.2	7.0641
280	503.4	2771.2	3022.9	7.3865	357.4	2766.9	3017.1	7.2233
320	541.6	2834.7	3105.6	7.5308	385.2	2831.3	3100.9	7.3697
360	579.6	2898.7	3188.4	7.6660	412.6	2895.8	3184.7	7.5063
400	617.3	2963.2	3271.9	7.7938	439.7	2960.9	3268.7	7.6350
440	654.8	3028.6	3356.0	7.9152	466.7	3026.6	3353.3	7.7571
500	710.9	3128.4	3483.9	8.0873	507.0	3126.8	3481.7	7.9299
600	804.1	3299.6	3701.7	8.3522	573.8	3298.5	3700.2	8.1956
700	896.9	3477.5	3925.9	8.5952	640.3	3476.6	3924.8	8.4391
	10.0×10^5 Pa(179.91 ℃)				15×10^5 Pa(198.32 ℃)			
饱和蒸汽	194.4	2583.6	2778.1	6.5865	131.8	2594.5	2792.2	6.4448
200	206.6	2621.9	2827.9	6.6940	132.5	2598.1	2796.8	6.4546
240	227.5	2692.9	2920.4	6.8817	148.3	2676.9	2899.3	6.6628
280	248.0	2760.2	3008.2	7.0465	162.7	2748.6	2992.7	6.8381
320	267.8	2826.1	3093.9	7.1962	176.5	2817.1	3081.9	6.9938
360	287.3	2891.6	3178.9	7.3349	189.9	2884.4	3169.2	7.1363
400	306.6	2957.3	3263.9	7.4651	203.0	2951.3	3255.8	7.2690
440	325.7	3023.6	3349.3	7.5883	216.0	3018.5	3342.5	7.3940
500	354.1	3124.4	3478.5	7.7622	235.2	3120.3	3473.1	7.5698
540	372.9	3192.6	3565.6	7.8720	247.8	3189.1	3560.9	7.6805
600	401.1	3296.8	3697.9	8.0290	266.8	3293.9	3694.0	7.8385
640	419.8	3367.4	3787.2	8.1290	279.3	3364.8	3783.8	7.9391

$t/°C$	V /(cm³·g⁻¹)	U /(J·g⁻¹)	H /(J·g⁻¹)	S /(J·g⁻¹·K⁻¹)	V /(cm³·g⁻¹)	U /(J·g⁻¹)	H /(J·g⁻¹)	S /(J·g⁻¹·K⁻¹)
	$20.0×10^5$ Pa(212.42 ℃)				$30.0×10^5$ Pa(233.90 ℃)			
饱和蒸汽	99.6	2600.3	2799.5	6.3409	66.7	2604.1	2804.2	6.1869
240	108.5	2659.6	2876.5	6.4952	68.2	2619.7	2824.3	6.2265
280	120.0	2736.4	2976.4	6.6828	77.1	2709.9	2941.3	6.4462
320	130.8	2807.9	3069.5	6.8452	85.0	2788.4	3043.4	6.6245
360	141.1	2877.0	3159.3	6.9917	92.3	2861.7	3138.7	6.7801
400	151.2	2945.2	3247.6	7.1271	99.4	2932.8	3230.9	6.9212
440	161.1	3013.4	3335.5	7.2540	106.2	3002.9	3321.5	7.0520
500	175.7	3116.2	3467.6	7.4317	116.2	3108.0	3456.5	7.2338
540	185.3	3185.6	3556.1	7.5434	122.7	3178.4	3546.6	7.3474
600	199.6	3290.9	3690.1	7.7024	132.4	3285.0	3682.3	7.5085
640	209.1	3262.2	3780.4	7.8035	138.8	3357.0	3773.5	7.6106
700	223.2	3470.9	3917.4	7.9487	148.4	3466.5	3911.7	7.7571
	$40×10^5$ Pa(250.40 ℃)				$60×10^5$ Pa(275.64 ℃)			
饱和蒸汽	49.78	2602.3	2801.4	6.0701	32.44	2589.7	2784.3	5.8892
280	55.46	2680.0	2901.8	6.2568	33.17	2605.2	2804.2	5.9252
320	61.99	2767.4	3015.4	6.4553	38.76	2720.0	2952.6	6.1846
360	67.88	2845.7	3117.2	6.6215	43.31	2811.2	3071.1	6.3782
400	73.41	2919.9	3213.6	6.7690	47.39	2892.9	3177.2	6.5408
440	78.72	2992.2	3307.1	6.9041	51.22	2970.0	3277.3	6.6853
500	86.43	3099.5	3445.3	7.0901	56.65	3082.2	3422.2	6.8803
540	91.45	3171.1	3536.9	7.2056	60.15	3156.1	3517.0	6.9999
600	98.85	3279.1	3674.4	7.3688	65.25	3266.9	3658.4	7.1677
640	103.7	3351.8	3766.6	7.4720	68.59	3341.0	3752.6	7.2731
700	111.0	3462.1	3905.9	7.6198	73.52	3453.1	3894.1	7.4234
740	115.7	3536.6	3999.6	7.7141	76.77	3528.3	3989.2	7.5190
	$80×10^5$ Pa(295.06 ℃)				$100×10^5$ Pa(311.06 ℃)			
饱和蒸汽	23.52	2569.8	2758.0	5.7432	18.03	2544.4	2724.7	5.6141
320	26.82	2662.7	2877.2	5.9489	19.25	2588.8	2781.3	5.7103
360	30.89	2772.7	3019.8	6.1819	23.31	2729.1	2962.1	6.0060
400	34.32	2863.8	3138.3	6.3634	26.41	2832.4	3096.5	6.2120
440	37.42	2946.7	3246.1	6.5190	29.11	2922.1	3213.2	6.3805
480	40.34	3025.7	3348.4	6.6586	31.60	3005.4	3321.1	6.5282
520	43.13	3102.7	3447.7	6.7871	33.94	3085.6	3425.1	6.6622
560	45.82	3178.7	3545.3	6.9072	36.19	3164.1	3526.0	6.7864
600	48.45	3254.4	3642.0	7.0206	38.37	3241.7	3625.3	6.9029
640	51.02	3330.1	3738.3	7.1283	40.48	3318.9	3723.7	7.0131
700	54.81	3443.9	3882.4	7.2812	43.58	3434.7	3870.5	7.1687
740	57.29	3520.4	3978.4	7.3782	45.60	3512.1	3968.1	7.2670
	$120×10^5$ Pa(324.75 ℃)				$140×10^5$ Pa(336.75 ℃)			
饱和蒸汽	14.26	2513.7	2684.9	5.4924	11.49	2476.8	2637.6	5.3717
360	18.11	2678.4	2895.7	5.8361	14.22	2617.4	2816.5	5.6602
400	21.08	2798.3	3051.3	6.0747	17.22	2760.9	3001.9	5.9448
440	23.55	2896.1	3178.7	6.2586	19.54	2868.6	3142.2	6.1474
480	25.76	2984.4	3293.5	6.4154	21.57	2962.5	3264.5	6.3143
520	27.81	3068.0	3401.8	6.5555	23.43	3049.8	3377.8	6.4610
560	29.77	3149.0	3506.2	6.6840	25.17	3133.6	3486.0	6.5941
600	31.64	3228.7	3608.3	6.8037	26.83	3215.4	3591.1	6.7172
640	33.45	3307.5	3709.0	6.9164	28.43	3296.0	3694.1	6.8326
700	36.10	3425.2	3858.4	7.0749	30.75	3415.7	3846.2	6.9939
740	37.81	3503.7	3957.4	7.1746	35.25	3495.2	3946.7	7.0952
	$160×10^5$ Pa(347.44 ℃)				$180×10^5$ Pa(357.06 ℃)			
饱和蒸汽	9.31	2431.7	2580.6	5.2455	7.49	2374.3	2509.1	5.1044
360	11.05	2539.0	2715.8	5.4614	8.09	2418.9	2564.5	5.1922
400	14.26	2719.4	2947.3	5.8175	11.90	2672.8	2887.0	5.6887
440	16.52	2839.4	3103.7	6.0429	14.14	2808.2	3062.8	5.9428
480	18.42	2939.7	3234.4	6.2215	15.96	2915.9	3203.2	6.1345
520	20.13	3031.1	3353.3	6.3752	17.57	3011.8	3378.0	6.2960
560	21.72	3117.6	3465.4	6.5132	19.04	3101.7	3444.4	6.4392
600	23.23	3201.8	3573.5	6.6399	20.42	3188.0	3555.6	6.5696
640	24.67	3284.2	3678.9	6.7580	21.74	3272.3	3663.6	6.6905
700	26.74	3406.0	3833.9	6.9224	23.62	3396.3	3821.5	6.8580
740	28.08	3486.7	3935.9	7.0251	24.83	3478.0	3925.0	6.9623

$t/℃$	V /(cm³·g⁻¹)	U /(J·g⁻¹)	H /(J·g⁻¹)	S /(J·g⁻¹·K⁻¹)	V /(cm³·g⁻¹)	U /(J·g⁻¹)	H /(J·g⁻¹)	S /(J·g⁻¹·K⁻¹)
	200×10⁵ Pa(365.81 ℃)				240×10⁵ Pa			
饱和蒸汽	5.83	2293.0	2409.7	4.9269				
400	9.94	2619.3	2818.1	5.5540	6.73	2477.8	2639.4	5.2393
440	12.22	2774.9	3019.4	5.8450	9.29	2700.6	2923.4	5.6506
480	13.99	2891.2	3170.8	6.0518	11.00	2838.3	3102.3	5.8950
520	15.51	2992.0	3302.2	6.2218	12.41	2950.5	3248.5	6.0842
560	16.89	3085.2	3423.0	6.3705	13.66	3051.1	3379.0	6.2448
600	18.18	3174.0	3537.6	6.5048	14.81	3145.2	3500.7	6.3875
640	19.40	3260.2	3648.1	6.6286	15.88	3235.5	2616.7	6.5174
700	21.13	3386.4	3809.0	6.7993	17.39	3366.4	3783.8	6.6947
740	22.24	3469.3	3914.1	6.9052	18.35	3451.7	3892.1	6.8038
800	23.85	3592.7	4069.7	7.0544	19.74	3578.0	4051.6	6.9567
	280×10⁵ Pa				320×10⁵ Pa			
400	3.83	2223.5	2330.7	4.7494	2.36	1980.4	2055.9	4.3239
440	7.12	2613.2	2812.6	5.4494	5.44	2509.0	2683.0	5.2327
480	8.35	2780.8	3028.5	5.7446	7.22	2718.1	2949.2	5.5968
520	10.20	2906.8	3192.3	5.9566	8.53	2860.7	3133.7	5.8357
560	11.36	3015.7	3333.7	6.1307	9.63	2979.0	3287.2	6.0246
600	12.41	3115.6	3463.0	6.2823	10.01	3085.3	3424.6	6.1858
640	13.38	3210.3	3584.8	6.4187	11.50	3184.5	3552.5	6.3290
700	14.73	3346.1	3758.4	6.6029	12.73	3325.4	3732.8	6.5203
740	15.58	3433.9	3870.0	6.7153	13.50	3415.9	3847.8	6.6361
800	16.80	3563.1	4033.4	6.8720	14.60	3548.0	4015.1	6.7966
900	18.73	3774.3	4298.8	7.1084	16.33	3762.7	4285.1	7.0372

3.3　过冷液体水(参考态是 0 ℃的饱和液相)

$t/℃$	V /(cm·g⁻¹)	U /(J·g⁻¹)	H /(J·g⁻¹)	S /(J·g⁻¹·K⁻¹)	V /(cm·g⁻¹)	U /(J·g⁻¹)	H /(J·g⁻¹)	S /(J·g⁻¹·K⁻¹)
	25×10⁵ Pa(223.99 ℃)				50×10⁵ Pa(263.99 ℃)			
20	1.0006	83.80	86.30	0.2961	0.9995	83.65	88.65	0.2956
40	1.0067	167.25	169.77	0.5715	1.0056	166.95	171.97	0.5705
80	1.0280	334.29	336.86	1.0737	1.0268	333.72	338.85	1.0720
120	1.0590	502.68	505.33	1.5255	1.0576	501.80	507.09	1.5233
160	1.1006	673.90	676.65	1.0404	1.0988	672.62	678.12	1.9375
200	1.1555	859.9	852.8	2.3294	1.1530	848.1	848.1	2.3255
220	1.1898	940.7	943.7	2.5174	1.1866	938.4	944.4	2.5128
饱和液相	1.1973	959.1	962.1	2.5546	1.2859	1147.8	1154.2	2.9202
	75×10⁵ Pa(290.59 ℃)				100×10⁵ Pa(311.06 ℃)			
20	0.9984	83.50	90.99	0.2950	0.9972	83.36	93.33	0.2945
40	1.0045	166.64	174.18	0.5696	1.0034	166.35	176.38	0.5686
80	1.0256	333.15	340.84	1.0704	1.0245	332.59	342.83	1.0688
100	1.0397	416.81	424.62	1.3011	1.0385	416.12	425.50	1.2992
140	1.0752	585.72	593.78	1.7317	1.0737	584.68	595.42	1.7292
180	1.1219	758.13	766.55	2.1308	1.1199	756.65	767.84	2.1275
220	1.1835	936.2	945.1	2.5083	1.1805	934.1	945.9	2.5039
260	1.2696	1124.4	1134.0	2.8763	1.2645	1121.1	1133.7	2.8699
饱和液相	1.3677	1282.0	1292.2	3.1649	1.4524	1393.0	1407.6	3.3596
	150×10⁵ Pa(342.24 ℃)				200×10⁵ Pa(365.81 ℃)			
20	0.9950	83.06	97.99	0.2934	0.9928	82.77	102.62	0.2923
40	1.0013	165.76	180.78	0.5666	0.9992	165.17	185.16	0.5646
100	1.0361	414.75	430.28	1.2955	1.0337	413.39	434.06	1.2917
180	1.1159	753.76	770.50	2.1210	1.1120	750.95	773.20	2.1147
220	1.1748	929.9	947.5	2.4953	1.1693	925.9	949.3	2.4870
260	1.2550	1114.6	1133.4	2.8576	1.2462	1108.6	1133.5	2.8459
300	1.3770	1316.6	1337.3	3.2260	1.3596	1306.1	1333.3	3.2071
饱和液相	1.6581	1585.6	1610.5	3.6848	2.036	1785.6	1826.3	4.0139
	250×10⁵ Pa				300×10⁵ Pa			
20	0.9907	82.47	107.24	0.2911	0.5886	82.17	111.84	0.2899
40	0.9971	164.60	189.52	0.5626	0.9951	164.04	193.89	0.5607
100	1.0313	412.08	437.85	1.2881	1.0290	410.78	441.66	1.2844
200	1.1344	834.5	862.8	2.2961	1.1302	831.4	865.3	2.2893
300	1.3442	1296.6	1330.2	3.1900	1.3304	1287.9	1327.8	3.1741

4 Freon－134a 热力学性质表

4.1 Freon－134a 饱和热力学性质表(以温度为基准)

t	p^S	V^V	V^L	H^V	H^L	S^V	S^L	E_X^V	E_X^L
℃	kPa	$(m^3 \cdot kg^{-1}) \times 10^{-3}$		kJ $\cdot$ kg^{-1}		kJ $\cdot$ kg^{-1} $\cdot$ K^{-1}		kJ $\cdot$ kg^{-1}	
−85.00	2.56	5899.997	0.64884	345.37	94.12	1.8702	0.5348	−112.877	34.014
−80.00	3.87	4045.366	0.65501	348.41	99.89	1.8535	0.5668	−104.855	30.243
−75.00	5.72	2816.477	0.66106	351.48	105.68	1.8379	0.5974	−97.131	26.914
−70.00	8.27	2004.070	0.66719	354.57	111.46	1.8239	0.6272	−89.867	23.818
−65.00	11.72	1442.296	0.67327	357.68	117.38	1.8107	0.6562	−82.815	21.091
−60.00	16.29	1055.363	0.67947	360.81	123.37	1.7987	0.6847	−76.104	18.584
−55.00	22.24	785.161	0.68583	363.95	129.42	1.7878	0.7127	−69.740	16.266
−50.00	29.90	593.412	0.69238	367.10	135.54	1.7782	0.7405	−63.706	14.122
−45.00	39.58	454.926	0.69916	370.25	141.72	1.7695	0.7678	−57.971	12.145
−40.00	51.69	353.529	0.70619	373.40	147.96	1.7618	0.7949	−52.521	10.329
−35.00	66.63	278.087	0.71348	376.54	154.26	1.7549	0.8216	−47.328	8.671
−30.00	84.85	221.302	0.72105	379.67	160.62	1.7488	0.8479	−42.382	7.168
−25.00	106.86	177.937	0.72892	382.79	167.04	1.7434	0.8740	−37.656	5.815
−20.00	133.18	144.450	0.73712	385.89	173.52	1.7387	0.8997	−33.138	4.611
−15.00	164.36	118.481	0.74572	388.97	180.04	1.7346	0.9253	−28.847	3.528
−10.00	201.00	97.832	0.75463	392.01	186.63	1.7309	0.9504	−24.704	2.614
−5.00	243.71	81.304	0.76388	395.01	193.29	1.7276	0.9753	−20.709	1.858
0.00	293.14	68.164	0.77365	397.98	200.00	1.7248	1.0000	−16.915	1.203
5.00	349.96	57.470	0.78384	400.90	206.78	1.7223	1.0244	−13.258	0.701
10.00	414.88	48.721	0.79453	403.76	213.63	1.7201	1.0486	−9.740	0.331
15.00	488.60	41.532	0.80577	406.57	220.55	1.7182	1.0727	−6.363	0.091
20.00	571.88	35.576	0.81762	409.30	227.55	1.7165	1.0965	−3.120	−0.018
25.00	665.49	30.603	0.83017	411.96	234.63	1.7149	1.1202	−0.001	0.000
30.00	770.21	26.424	0.84347	414.52	241.80	1.7135	1.1437	2.995	0.148
35.00	886.87	22.899	0.85768	416.99	249.07	1.7121	1.1672	5.868	0.419
40.00	1016.32	19.893	0.87284	419.34	256.44	1.7108	1.1906	8.629	0.828
45.00	1159.45	17.320	0.88919	421.55	263.94	1.7003	1.2139	11.274	1.364
50.00	1317.19	15.112	0.90694	423.62	271.57	1.7078	1.2373	13.795	2.031
55.00	1490.52	13.203	0.92634	425.51	279.36	1.7061	1.2607	16.195	2.834
60.00	1680.47	11.538	0.94775	427.18	287.33	1.7041	1.2842	18.471	3.780
65.00	1888.17	10.080	0.97175	428.61	295.51	1.7016	1.3080	20.612	4.869
70.00	2114.81	8.788	0.99902	429.70	303.94	1.6986	1.3321	22.609	6.119
75.00	2361.75	7.638	1.03073	430.38	312.71	1.6948	1.3568	24.440	7.539
80.00	2630.48	6.601	1.06869	430.53	321.92	1.6898	1.3822	26.073	9.158
85.00	2922.80	5.647	1.11621	429.86	331.74	1.6829	1.4089	27.454	11.014
90.00	3240.89	4.751	1.18024	427.99	342.54	1.6732	1.4379	28.483	13.189
95.00	3587.80	3.851	1.27926	423.70	355.23	1.6574	1.4714	28.900	15.883
100.00	3969.25	2.779	1.53410	412.19	375.04	1.6230	1.5234	27.656	20.192
101.00	4051.31	2.382	1.96810	404.50	392.88	1.6018	1.5707	26.276	23.917
101.15	4064.00	1.969	1.96850	393.07	393.07	1.5712	1.5712	23.976	23.976

4.2　Freon-134a 饱和热力学性质表(以压力为基准)

p^S	t	V^V	V^L	H^V	H^L	S^V	S^L	E_X^V	E_X^L
kPa	℃								
kPa	℃	$(\mathrm{m^3 \cdot kg^{-1}})\times10^{-3}$		$\mathrm{kJ \cdot kg^{-1}}$		$\mathrm{kJ \cdot kg^{-1} \cdot K^{-1}}$		$\mathrm{kJ \cdot kg^{-1}}$	
10.00	−67.32	1676.284	0.67044	356.24	114.63	1.8166	0.6428	−86.039	22.331
20.00	−56.74	868.908	0.683529	362.86	127.30	1.7915	0.7030	−71.922	17.053
30.00	−49.94	591.338	0.69247	367.14	135.62	1.7780	0.7408	−63.631	14.095
40.00	−44.81	450.539	0.69942	370.37	141.95	1.7692	0.7688	−57.762	12.074
50.00	−40.64	364.782	0.70527	373.00	147.16	1.7627	0.7914	−53.199	10.553
60.00	−37.08	306.836	0.71041	375.24	151.64	1.7577	0.8105	−49.457	9.342
80.00	−31.25	234.033	0.71913	378.90	159.04	1.7503	0.8414	−43.593	7.528
100.00	−26.45	189.737	0.72667	381.89	165.15	1.7451	0.8665	−39.050	6.157
120.00	−22.37	159.324	0.73319	384.42	170.43	1.7409	0.8875	−35.262	5.165
140.00	−18.82	137.972	0.73920	386.63	175.04	1.7378	0.9059	−32.146	4.306
160.00	−15.64	121.490	0.74461	388.58	179.20	1.7351	0.9220	−29.390	3.654
180.00	−12.79	108.637	0.74955	390.31	182.95	1.7328	0.9364	−26.969	3.130
200.00	−10.14	98.326	0.75138	391.93	186.45	1.7310	0.9497	−24.813	2.636
250.00	−4.35	79.485	0.76517	395.41	194.16	1.7273	0.9786	−20.221	1.750
300.00	0.63	66.694	0.77492	398.36	200.85	1.7245	1.0031	−16.447	1.132
350.00	5.00	57.477	0.78383	400.90	206.77	1.7223	1.0244	−13.260	0.701
400.00	8.93	50.444	0.79220	403.16	212.16	1.7206	1.0435	−10.478	0.399
450.00	12.44	45.016	0.79992	405.14	217.00	1.7191	1.0604	−8.064	0.205
500.00	15.72	40.612	0.80744	406.96	221.55	1.7180	1.0761	−5.892	0.066
550.00	18.75	36.955	0.81461	408.62	225.79	1.7169	1.0906	−3.914	−0.003
600.00	21.55	33.870	0.82129	410.11	229.74	1.7158	1.1038	−2.104	0.006
650.00	24.21	31.327	0.82813	411.54	233.50	1.7152	1.1164	−0.483	−0.012
700.00	26.72	29.081	0.83465	412.82	237.09	1.7144	1.1283	1.045	0.038
800.00	31.32	25.428	0.84714	415.18	243.71	1.7131	1.1500	3.771	0.208
900.00	35.50	22.569	0.85911	417.22	249.80	1.7120	1.1695	6.154	0.459
1000.00	39.39	20.228	0.87091	419.05	255.53	1.7109	1.1877	8.303	0.773
1200.00	46.31	16.708	0.89371	422.11	265.93	1.7089	1.2201	11.948	1.526
1400.00	52.48	14.130	0.91633	424.58	275.42	1.7069	1.2489	15.002	2.413
1600.00	57.94	12.198	0.93864	426.52	284.01	1.7049	1.2745	17.547	3.371
1800.00	62.92	10.664	0.96140	428.04	292.07	1.7027	1.2981	19.737	4.396
2000.00	67.56	9.398	0.98526	429.21	299.80	1.7002	1.3203	21.656	5.490
2200.00	71.74	8.375	1.00948	429.99	306.95	1.6974	1.3406	23.265	6.592
2400.00	75.72	7.482	1.03576	430.45	314.01	1.6941	1.3604	24.689	7.761
2600.00	79.42	6.714	1.06391	430.54	320.83	1.6904	1.3792	25.896	8.960
2800.00	82.93	6.036	1.09510	430.28	327.59	1.6861	1.3977	26.919	10.214
3000.00	86.25	5.421	1.13032	429.55	334.34	1.6809	1.4159	27.752	11.525
3200.00	89.39	4.860	1.17107	428.32	341.14	1.6746	1.4342	28.381	12.900
3400.00	92.33	4.340	1.21992	426.45	348.12	1.6670	1.4527	28.784	14.357
4064.00	101.15	1.960	1.96850	393.07	393.07	1.5712	1.5712	23.976	23.976

此表来源同附表 1.3。

4.3　Freon - 134a 过热蒸汽热力学性质表

	$p=0.05$ MPa($t_s=-40.64$ ℃)			$p=0.10$ MPa($t_s=-26.45$ ℃)		
t	V	H	S	V	H	S
℃	$m^3 \cdot kg^{-1}$	$kJ \cdot kg^{-1}$	$kJ \cdot kg^{-1} \cdot K^{-1}$	$m^3 \cdot kg^{-1}$	$kJ \cdot kg^{-1}$	$kJ \cdot kg^{-1} \cdot K^{-1}$
−20.0	0.40477	388.69	1.8282	0.19379	383.10	1.7510
−10.0	0.42195	396.49	1.8584	0.20742	395.08	1.7975
0.0	0.43898	404.43	1.8880	0.21633	403.20	1.8282
10.0	0.45586	412.53	1.9171	0.22508	411.44	1.8578
20.0	0.47273	420.79	1.9458	0.23379	419.81	1.8868
30.0	0.48945	429.21	1.9740	0.24242	428.32	1.9154
40.0	0.50617	437.79	2.0019	0.25094	436.98	1.9435
50.0	0.52281	446.53	2.0294	0.25945	445.79	1.9712
60.0	0.53945	455.43	2.0565	0.26793	454.76	1.9985
70.0	0.55602	464.50	2.0833	0.27637	463.88	2.0255
80.0	0.57258	473.73	2.1098	0.28477	473.15	2.0521
90.0	0.58906	483.12	2.1360	0.29313	482.58	2.0784

	$p=0.15$ MPa($t_s=-17.20$ ℃)			$p=0.20$ MPa($t_s=-10.14$ ℃)		
t	V	H	S	V	H	S
℃	$m^3 \cdot kg^{-1}$	$kJ \cdot kg^{-1}$	$kJ \cdot kg^{-1} \cdot K^{-1}$	$m^3 \cdot kg^{-1}$	$kJ \cdot kg^{-1}$	$kJ \cdot kg^{-1} \cdot K^{-1}$
−10.0	0.13584	393.63	1.7607	0.09998	392.14	1.7329
0.0	0.14203	401.93	1.7916	0.10486	400.63	1.7646
10.0	0.14813	410.32	1.8218	0.10961	409.17	1.7953
20.0	0.15410	418.81	1.8512	0.11426	417.79	1.8252
30.0	0.16002	427.42	1.8801	0.11881	426.51	1.8545
40.0	0.16586	436.17	1.9085	0.12332	435.34	1.8831
50.0	0.17168	445.05	1.9365	0.12775	444.30	1.9113
60.0	0.17742	454.08	1.9640	0.13215	453.39	1.9390
70.0	0.18313	463.25	1.9911	0.13652	462.62	1.9663
80.0	0.18883	472.57	2.0179	0.14086	471.98	1.9932
90.0	0.19449	482.04	2.0443	0.14516	481.50	2.0197
100.0	0.20016	491.66	2.0704	0.14945	491.15	2.0460

	$p=0.25$ MPa($t_s=-4.35$ ℃)			$p=0.30$ MPa($t_s=0.63$ ℃)		
t	V	H	S	V	H	S
℃	$m^3 \cdot kg^{-1}$	$kJ \cdot kg^{-1}$	$kJ \cdot kg^{-1} \cdot K^{-1}$	$m^3 \cdot kg^{-1}$	$kJ \cdot kg^{-1}$	$kJ \cdot kg^{-1} \cdot K^{-1}$
0.0	0.08253	399.30	1.7427			
10.0	0.08647	408.00	1.7740	0.07103	406.81	1.7560
20.0	0.09031	416.76	1.8044	0.07434	415.70	1.7868
30.0	0.09406	425.58	1.8340	0.07756	424.64	1.8168
40.0	0.09777	434.51	1.8630	0.08072	433.66	1.8461
50.0	0.10141	443.54	1.8914	0.08381	442.77	1.8747
60.0	0.10498	452.69	1.9192	0.08688	451.99	1.9028
70.0	0.10854	461.98	1.9467	0.08989	461.33	1.9305
80.0	0.11207	471.39	1.9738	0.09288	470.80	1.9576
90.0	0.11557	480.95	2.0004	0.09583	480.40	1.9844
100.0	0.11904	490.64	2.0268	0.09875	490.13	2.0109
110.0	0.12250	500.48	2.0528	0.10168	500.00	2.0370

	$p=0.40$ MPa($t_s=8.93$ ℃)			$p=0.50$ MPa($t_s=15.72$ ℃)		
t	V	H	S	V	H	S
℃	$m^3 \cdot kg^{-1}$	$kJ \cdot kg^{-1}$	$kJ \cdot kg^{-1} \cdot K^{-1}$	$m^3 \cdot kg^{-1}$	$kJ \cdot kg^{-1}$	$kJ \cdot kg^{-1} \cdot K^{-1}$
20.0	0.05433	413.51	1.7578	0.04227	411.22	1.7336
30.0	0.05689	422.70	1.7886	0.04445	420.68	1.7653
40.0	0.05939	431.92	1.8185	0.04656	430.12	1.7960
50.0	0.06183	441.20	1.8477	0.04860	439.58	1.8257
60.0	0.06420	450.56	1.8762	0.05059	449.09	1.8547
70.0	0.06655	460.02	1.9042	0.05253	458.68	1.8830
80.0	0.06886	469.59	1.9316	0.05444	468.36	1.9108
90.0	0.07114	479.28	1.9587	0.05632	478.14	1.9382
100.0	0.07341	489.09	1.9854	0.05817	488.04	1.9651
110.0	0.07564	499.03	2.0117	0.06000	498.05	1.9915
120.0	0.07786	509.11	2.0376	0.06183	508.19	2.0177
130.0	0.08006	519.31	2.0632	0.06363	518.46	2.0435

	$p=0.60$ MPa($t_s=21.55$ ℃)			$p=0.70$ MPa($t_s=26.72$ ℃)		
t	V	H	S	V	H	S
℃	$m^3 \cdot kg^{-1}$	$kJ \cdot kg^{-1}$	$kJ \cdot kg^{-1} \cdot K^{-1}$	$m^3 \cdot kg^{-1}$	$kJ \cdot kg^{-1}$	$kJ \cdot kg^{-1} \cdot K^{-1}$
30.0	0.03613	418.58	1.7452	0.03013	416.37	1.7270
40.0	0.03798	428.26	1.7766	0.03183	426.32	1.7593
50.0	0.03977	437.91	1.8070	0.03344	436.19	1.7904
60.0	0.04149	447.58	1.8364	0.03498	446.04	1.8204
70.0	0.04317	457.31	1.8652	0.03648	455.91	1.8496
80.0	0.04482	467.10	1.8933	0.03794	465.82	1.8780
90.0	0.04644	476.99	1.9209	0.03936	475.81	1.9059
100.0	0.04802	486.97	1.9480	0.04076	485.89	1.9333
110.0	0.04959	497.06	1.9747	0.04213	496.06	1.9602
120.0	0.05113	507.27	2.0010	0.04348	506.33	1.9867
130.0	0.05266	517.59	2.0270	0.04483	516.72	2.0128
140.0	0.05417	528.04	2.0526	0.04615	527.23	2.0385

	$p=0.80$ MPa($t_s=31.32$ ℃)			$p=0.90$ MPa($t_s=35.50$ ℃)		
t	V	H	S	V	H	S
℃	$m^3 \cdot kg^{-1}$	$kJ \cdot kg^{-1}$	$kJ \cdot kg^{-1} \cdot K^{-1}$	$m^3 \cdot kg^{-1}$	$kJ \cdot kg^{-1}$	$kJ \cdot kg^{-1} \cdot K^{-1}$
40.0	0.02718	424.31	1.7435	0.02355	422.19	1.7287
50.0	0.02867	434.41	1.7753	0.02494	432.57	1.7613
60.0	0.03009	444.45	1.8059	0.02626	442.81	1.7925
70.0	0.03145	454.47	1.8355	0.02752	453.00	1.8227
80.0	0.03277	464.52	1.8644	0.02874	463.19	1.8519
90.0	0.03406	474.62	1.8926	0.02992	473.40	1.8804
100.0	0.03531	484.79	1.9202	0.03106	483.67	1.9083
110.0	0.03654	495.04	1.9473	0.03219	494.01	1.9375
120.0	0.03775	505.39	1.9740	0.03329	504.43	1.9625
130.0	0.03895	515.84	2.0002	0.03438	514.95	1.9889
140.0	0.04013	526.40	2.0261	0.03544	525.57	2.0150

	$p=1.0$ MPa($t_s=39.39$ ℃)			$p=1.1$ MPa($t_s=42.99$ ℃)		
t	V	H	S	V	H	S
℃	$m^3 \cdot kg^{-1}$	$kJ \cdot kg^{-1}$	$kJ \cdot kg^{-1} \cdot K^{-1}$	$m^3 \cdot kg^{-1}$	$kJ \cdot kg^{-1}$	$kJ \cdot kg^{-1} \cdot K^{-1}$
40.0	0.02061	419.97	1.7145			
50.0	0.02194	430.64	1.7481	0.01947	428.64	1.7355
60.0	0.02319	441.12	1.7800	0.02066	439.37	1.7682
70.0	0.02437	451.49	1.8107	0.02178	449.93	1.7994
80.0	0.02551	461.82	1.8404	0.02285	460.42	1.8296
90.0	0.02660	472.16	1.8692	0.02388	470.89	1.8588
100.0	0.02766	482.53	1.8974	0.02488	481.37	1.8873
110.0	0.02870	492.96	1.9250	0.02584	491.89	1.9151
120.0	0.02971	503.46	1.9520	0.02679	502.48	1.9424
130.0	0.03071	514.05	1.9787	0.02771	513.14	1.9692
140.0	0.03169	524.73	2.0048	0.02862	523.88	1.9955
150.0	0.03265	535.52	2.0306	0.02951	534.72	2.0214

	$p=1.2$ MPa($t_s=46.31$ ℃)			$p=1.3$ MPa($t_s=49.44$ ℃)		
t	V	H	S	V	H	S
℃	$m^3 \cdot kg^{-1}$	$kJ \cdot kg^{-1}$	$kJ \cdot kg^{-1} \cdot K^{-1}$	$m^3 \cdot kg^{-1}$	$kJ \cdot kg^{-1}$	$kJ \cdot kg^{-1} \cdot K^{-1}$
50.0	0.01739	426.53	1.7233	0.01559	424.30	1.7113
60.0	0.01854	437.55	1.7569	0.01673	435.65	1.7459
70.0	0.01962	448.33	1.7888	0.01778	446.68	1.7785
80.0	0.02064	458.99	1.8194	0.01875	457.52	1.8096
90.0	0.02161	469.60	1.8490	0.01968	468.28	1.8397
100.0	0.02255	480.19	1.8778	0.02057	478.99	1.8688
110.0	0.02346	490.81	1.9059	0.02144	489.72	1.8972
120.0	0.02434	501.48	1.9334	0.02227	500.47	1.9249
130.0	0.02521	512.21	1.9603	0.02309	511.28	1.9520
140.0	0.02606	523.02	1.9868	0.02388	522.16	1.9787
150.0	0.02689	533.92	2.0129	0.02467	533.12	2.0049

	$p=1.4$ MPa($t_s=52.48$ ℃)			$p=1.5$ MPa($t_s=55.23$ ℃)		
t	V	H	S	V	H	S
℃	$m^3 \cdot kg^{-1}$	$kJ \cdot kg^{-1}$	$kJ \cdot kg^{-1} \cdot K^{-1}$	$m^3 \cdot kg^{-1}$	$kJ \cdot kg^{-1}$	$kJ \cdot kg^{-1} \cdot K^{-1}$
60.0	0.01516	433.66	1.7351	0.01379	431.57	1.7245
70.0	0.01618	444.96	1.7685	0.01479	443.17	1.7588
80.0	0.01713	456.01	1.8003	0.01572	454.45	1.7912
90.0	0.01802	466.92	1.8308	0.01658	465.54	1.8222
100.0	0.01888	477.77	1.8602	0.01741	476.52	1.8520
110.0	0.01970	488.60	1.8889	0.01819	487.47	1.8810
120.0	0.02050	499.46	1.9168	0.01895	498.41	1.9092
130.0	0.02127	510.34	1.9442	0.01969	509.38	1.9367
140.0	0.02202	521.28	1.9710	0.02041	520.40	1.9637
150.0	0.02276	532.30	1.9973	0.02111	531.48	1.9902

	$p=1.6\ \mathrm{MPa}(t_s=57.94\ ℃)$			$p=1.7\ \mathrm{MPa}(t_s=60.45\ ℃)$		
t	V	H	S	V	H	S
℃	$\mathrm{m^3 \cdot kg^{-1}}$	$\mathrm{kJ \cdot kg^{-1}}$	$\mathrm{kJ \cdot kg^{-1} \cdot K^{-1}}$	$\mathrm{m^3 \cdot kg^{-1}}$	$\mathrm{kJ \cdot kg^{-1}}$	$\mathrm{kJ \cdot kg^{-1} \cdot K^{-1}}$
60.0	0.01256	429.36	1.7139			
70.0	0.01356	441.32	1.7493	0.01247	439.37	1.7398
80.0	0.01447	452.84	1.7824	0.01336	451.17	1.7738
90.0	0.01532	464.11	1.8139	0.01419	462.65	1.8058
100.0	0.01611	475.25	1.8441	0.01497	473.94	1.8365
110.0	0.01687	486.31	1.8734	0.01570	485.14	1.8661
120.0	0.01760	497.36	1.9018	0.01641	496.29	1.8948
130.0	0.01831	508.41	1.9296	0.01709	507.43	1.9228
140.0	0.01900	519.50	1.9568	0.01775	518.60	1.9502
150.0	0.01966	530.65	1.9834	0.01839	529.81	1.9770

	$p=2.0\ \mathrm{MPa}(t_s=67.57\ ℃)$			$p=3.0\ \mathrm{MPa}(t_s=86.26\ ℃)$		
t	V	H	S	V	H	S
℃	$\mathrm{m^3 \cdot kg^{-1}}$	$\mathrm{kJ \cdot kg^{-1}}$	$\mathrm{kJ \cdot kg^{-1} \cdot K^{-1}}$	$\mathrm{m^3 \cdot kg^{-1}}$	$\mathrm{kJ \cdot kg^{-1}}$	$\mathrm{kJ \cdot kg^{-1} \cdot K^{-1}}$
70.0	0.00975	432.85	1.7112			
80.0	0.01065	445.76	1.7483			
90.0	0.01146	457.99	1.7824	0.00585	436.84	1.7011
100.0	0.01219	469.84	1.8146	0.00669	452.92	1.7448
110.0	0.01288	481.47	1.8454	0.00737	467.11	1.7824
120.0	0.01352	492.97	1.8750	0.00796	480.41	1.8166
130.0	0.01415	504.40	1.9037	0.00850	493.22	1.8488
140.0	0.01474	515.82	1.9317	0.00899	505.72	1.8794
150.0	0.01532	527.24	1.9590	0.00946	518.04	1.9089

	$p=4.0\ \mathrm{MPa}(t_s=100.35\ ℃)$			$p=5.0\ \mathrm{MPa}$		
t	V	H	S	V	H	S
℃	$\mathrm{m^3 \cdot kg^{-1}}$	$\mathrm{kJ \cdot kg^{-1}}$	$\mathrm{kJ \cdot kg^{-1} \cdot K^{-1}}$	$\mathrm{m^3 \cdot kg^{-1}}$	$\mathrm{kJ \cdot kg^{-1}}$	$\mathrm{kJ \cdot kg^{-1} \cdot K^{-1}}$
60.0				0.00092	285.68	1.2700
70.0				0.00096	301.31	1.3163
80.0				0.00100	317.85	1.3638
90.0				0.00108	335.94	1.4143
100.0				0.00122	357.51	1.4728
110.0	0.00424	445.56	1.7112	0.00171	394.74	1.5711
120.0	0.00498	463.93	1.7586	0.00289	437.91	1.6825
130.0	0.00554	479.52	1.7977	0.00363	461.41	1.7416
140.0	0.00603	493.90	1.8330	0.00417	479.51	1.7859
150.0	0.00647	507.59	1.8657	0.00462	495.48	1.8241
160.0	0.00687	520.87	1.8967	0.00502	510.34	1.8588
170.0	0.00725	533.88	1.9264	0.00537	524.53	1.8912

5 R12、R22、NH₃ 和空气的热力学性质图

5.1 R12(CCl₂F₂)的 ln p − H 图

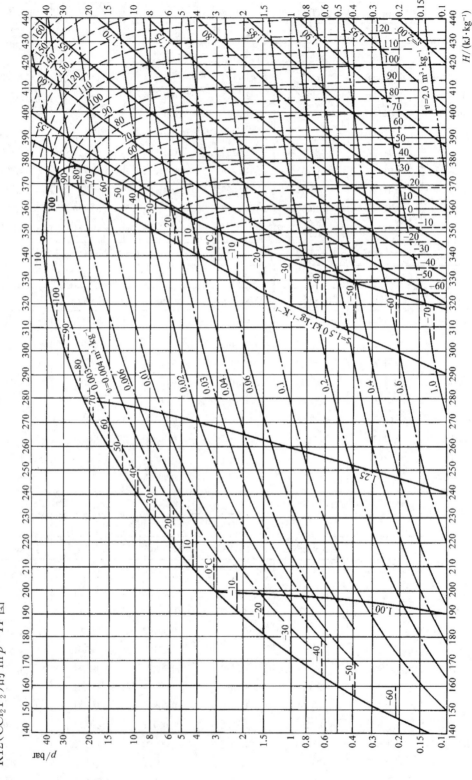

附图 5.1　R12(CCl₂F₂)的 ln p − H 图

5.2　R22(CHClF$_2$)的 ln p – H 图

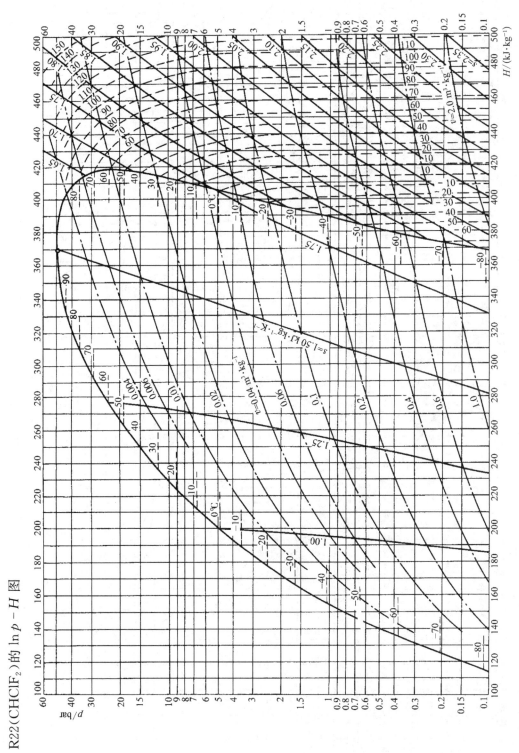

附图 5.2　R22(CHClF$_2$)的 ln p – H 图

5.3 NH₃ 的 ln p – H 图

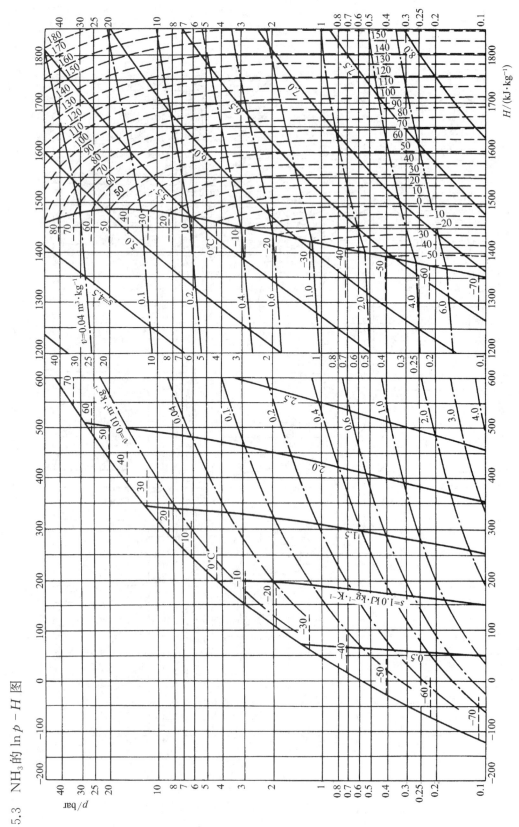

附图 5.3 NH₃ 的 ln p – H 图

5.4　空气的 T-S 图

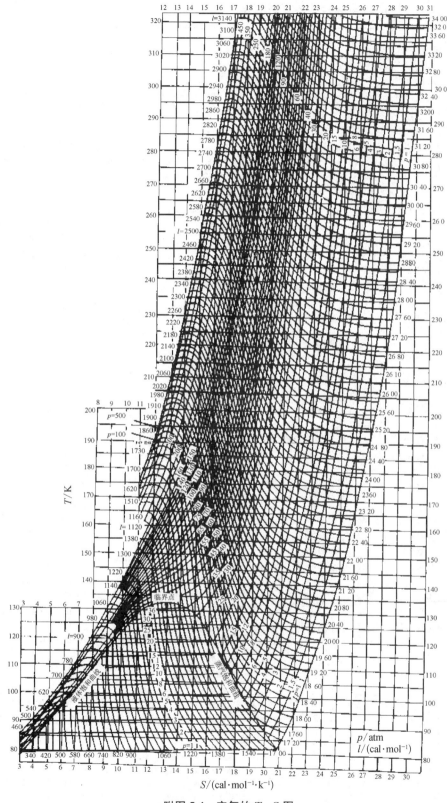

附图 5.4　空气的 T-S 图

6 UNIFAC 基团贡献法参数表

6.1 UNIFAC 基团体积参数和表面积参数

主基团	从属基团	编号	R_k	Q_k	基团划分示例	
1	CH_3	1	0.9011	0.848	己烷	$2\ CH_3$，$4\ CH_2$
CH_2	CH_2	2	0.6744	0.540	2-甲基丙烷	$3\ CH_3$，$1\ CH$
	CH	3	0.4469	0.228	2,2-二甲基丙烷	$4\ CH_3$，$1\ C$
	C	4	0.2195	0.000		
2	$CH_2{=}CH$	5	1.3454	1.176	1-己烯	$1\ CH_3$，$3\ CH_2$，$1\ CH_2{=}CH$
$C{=}C$	$CH{=}CH$	6	1.1167	0.867	2-己烯	$2\ CH_3$，$2\ CH_2$，$1\ CH{=}CH$
	$CH_2{=}C$	7	1.1173	0.988	2-甲基-1-丁烯	$2\ CH_3$，$1\ CH_2$，$1\ CH_2{=}C$
	$CH{=}C$	8	0.8886	0.676	1-甲基-2-丁烯	$3\ CH_3$，$1\ CH{=}C$
	$C{=}C$	9	0.6605	0.485	2,3-二甲基丁烯-2	$4\ CH_3$，$1\ C{=}C$
3	ACH	10	0.5313	0.400	苯	$6\ ACH$
ACH	AC	11	0.3652	0.120	苯乙烯	$1\ CH_2{-}CH$，$5\ ACH$，$1\ AC$
4	$ACCH_3$	12	1.2663	0.968	甲苯	$5\ ACH$，$1\ ACCH_2$
$ACCH_2$	$ACCH_2$	13	1.0396	0.660	乙苯	$1\ CH_3$，$5\ ACH$，$1\ ACCH_2$
	$ACCH$	14	0.8121	0.348	异丙苯	$2\ CH_3$，$5\ ACH$，$1\ ACCH$
5	OH	15	1.000	1.200	2-丙醇	$2\ CH_3$，$1\ CH$，$1\ OH$
OH						
6	CH_3OH	16	1.4311	1.432	甲醇	$1\ CH_3OH$
CH_2OH						
7	H_2O	17	0.92	1.40	水	$1\ H_2O$
H_2O						
8	$ACOH$	18	0.8952	0.680	苯酚	$5\ ACH$，$1\ ACOH$
$ACOH$						
9	CH_3CO	19	1.6724	1.488	酮基团是第二个碳：2-丁酮	$1\ CH_3$，$1\ CH_2$，$1CH_3CO$
CH_2CO						
	CH_2CO	20	1.4457	1.180	酮基团是任何另外的碳：3-戊酮	$2\ CH_3$，$1\ CH_2$，$1\ CH_2CO$
10	CHO	21	0.9980	0.948	乙醛	$1\ CH_3$，$1\ CHO$
CHO						
11	CH_3COO	22	1.9031	1.728	乙酸丁酯	$1\ CH_3$，$3\ CH_2$，$1\ CH_3COO$
$CCOO$	CH_2COO	23	1.6764	1.420	丙酸丁酯	$2\ CH_3$，$3\ CH_2$，$1\ CH_2COO$
12	$HCOO$	24	1.2420	1.188	甲酸乙酯	$1\ CH_3$，$1\ CH_2$，$1\ HCOO$
13	CH_3O	25	1.1450	1.088	二甲醚	$1\ CH_3$，$2\ CH_3O$
CH_2O	CH_2O	26	0.9183	0.780	乙醚	$2\ CH_3$，$1\ CH_2$，$1\ CH_3O$
	$CH{-}O$	27	0.6908	0.468	二异丙醚	$4\ CH_3$，$1\ CH$，$1\ CH{-}O$
	FCH_2O	28	0.9183	1.1	四氢呋喃	$3\ CH_2$，$1\ FCH_2O$
14	CH_3NH_2	29	1.5959	1.544	甲胺	$1\ CH_3NH_2$
CNH_2	CH_2NH_2	30	1.3692	1.236	丙胺	$1\ CH_3$，$1\ CH_2$，$1\ CH_2NH_2$
	$CHNH_2$	31	1.1417	0.924	异丙胺	$2\ CH_3$，$1\ CHNH_2$
15	CH_3NH	32	1.4337	1.244	二甲胺	$1\ CH_3$，$1\ CH_3NH$
CNH	CH_2NH	33	1.2070	0.936	二乙胺	$2\ CH_3$，$1\ CH_2$，$1\ CH_2NH$
	$CHNH$	34	0.9795	0.624	二异丙胺	$4\ CH_3$，$1\ CH$，$1\ CHNH$
16						
$(C)_3N$	CH_3N	35	1.1865	0.940	三甲胺	$2\ CH_3$，$1\ CH_3N$
	CH_3N	36	0.9597	0.632	三乙胺	$3\ CH_3$，$2\ CH_2$，$1\ CH_2N$
17						
$ACNH_2$	$ACNH_2$	37	1.0600	0.816	苯胺	$5\ ACH$，$1\ ACNH_2$
18	C_5H_5N	38	2.9993	2.113	吡啶	$1\ C_5H_5N$
pyridine	C_5H_4N	39	2.8332	1.833	3-甲基吡啶	$1\ CH_3$，$1\ C_5H_4N$
	C_5H_3N	40	2.667	1.553	2,3-二甲基吡啶	$2\ CH_3$，$1\ C_5H_3N$

主基团	从属基团	编号	R_k	Q_k	基团划分示例	
19 CCN	CH_3CN	41	1.8701	1.724	乙腈	1 CH_3CN
	CH_2CN	42	1.6434	1.416	丙腈	1 CH_3，1 CH_2CN
20 COOH	COOH	43	1.3013	1.224	乙酸	1 CH_3，1 COOH
	HCOOH	44	1.5280	1.532	甲酸	1 HCOOH
21 CCl	CH_2Cl	45	1.4654	1.264	1-氯丁烷	1 CH_3，2 CH_2，1 CH_2Cl
	CHCl	46	1.2380	0.952	2-氯丙烷	2 CH_3，1 CHCl
	CCl	47	1.0060	0.724	2-氯-2-甲基丙烷	3 CH_3，1 CCl
22 CCl_2	CH_2Cl_2	48	2.2564	1.988	二氯甲烷	1 CH_2Cl_2
	$CHCl_2$	49	2.0606	1.684	1,1-二氯乙烷	1 CH_3，1 $CHCl_2$
	CCl_2	50	1.8016	1.448	2,2-二氯丙烷	2 CH_3，1 CCl_2
23 CCl_3	$CHCl_3$	51	2.8700	2.410	三氯甲烷	1 $CHCl_3$
	CCl_3	52	2.6401	2.184	1,1.1-三氯乙烷	1 CH_3，1 CCl_3
24 CCl_4	CCl_4	53	3.3900	2.910	四氯化碳	1 CCl_4
25 ACCl	ACCl	54	1.1562	0.844	氯苯	5 ACH，1 ACCl
26 CNO_2	CH_3NO_2	55	2.0086	1.868	硝基甲烷	1 CH_2NO_2
	CH_2NO_2	56	1.7818	1.560	1-硝基丙烷	1 CH_3，1 CH_2，1 CH_3NO_2
	$CHNO_2$	57	1.5544	1.248	2-硝基丙烷	2 CH_3，1 $CHNO_2$
27 $ACNO_2$	$ACNO_2$	58	1.4199	1.104	硝基苯	5 ACH，1 $ACNO_2$
28 CS_2	CS_2	59	2.057	1.65	二硫化碳	1 CS_2
29 CH_3SH	CH_3SH	60	1.8770	1.676	甲硫醇	1 CH_2SH
	CH_2SH	61	1.6510	1.368	乙硫醇	1 CH_3，1 CH_2SH
30 furfural	furfural	62	3.1680	2.481	糠醛	1 furfural
31 DOH	$(CH_2OH)_2$	63	2.4088	2.248	1,2-乙二醇	1$(CH_2OH)_2$
32 I	I	64	1.2640	0.992	1-碘乙烷	1 CH_3，1 CH_2 1I
33 Br	Br	65	0.9492	0.832	1-溴乙烷	1 CH_3，1 CH_2，1 Br
34 $C\equiv C$	$CH\equiv C$	66	1.2920	1.088	1-己炔	1 CH_3，3 CH_2，1 $CH\equiv C$
	$C\equiv C$	67	1.0613	0.784	2-己炔	2 CH_3，2 CH_2，1 $C\equiv C$
35 Me_2SO	Me_2SO	68	2.8266	2.472	二甲亚砜	1 Me_2SO
36 ACRY	ACRY	69	2.3144	2.052	丙烯腈	1 ACRY
37 ClCC	$Cl(C\equiv C)$	70	0.7910	0.724	三氯乙烯	1 $CH\equiv C$，3 $Cl(C\equiv C)$
38 ACF	ACF	71	0.6948	0.524	六氟苯	6 ACF
39 DMF	DMF-1	72	3.0856	2.736	二甲基甲酰胺	1 DMF-1
	DMF-2	72	2.6322	2.120	二乙基甲酰胺	2 CH_2，1 DMF-2
40 CF_2	CF_3	74	1.4060	1.380	全氟己烷	2 CF_3，4 CF_2
	CF_2	75	1.0105	0.920		
	CF	76	0.6150	0.460	全氟甲基环己烷	1 CH_3，5 CH_2，1 CF

6.2 UNIFAC 基团相互作用参数

	1	2	3	4	5	6	7	8	9	10
1 CH₂	0.0	-200.0	61.13	76.50	986.5	697.2	1318.0	1333.0	476.4	677.0
2 C=C	2520.0	0.0	340.7	4102.0	693.9	1509.0	634.2	547.4	524.5	n.a.
3 ACH	-11.12	-94.78	0.0	167.0	636.1	637.3	903.8	1329.0	25.77	n.a.
4 ACCH₂	-69.70	-269.7	-146.8	0.0	803.2	603.2	5695.0	884.9	-52.10	n.a.
5 OH	156.4	8694.0	89.60	25.82	0.0	-137.1	353.5	-259.7	84.00	441.8
6 CH₃OH	16.51	-52.39	-50.00	-44.50	249.1	0.0	-181.0	-101.7	23.39	306.4
7 H₂O	300.0	692.7	362.3	377.6	-229.1	289.6	0.0	324.5	-195.4	-257.3
8 ACOH	275.8	1665.0	25.34	244.2	-451.6	-265.2	-601.8	0.0	-356.1	n.a.
9 CH₂CO	26.76	-82.92	140.1	365.8	164.5	108.7	472.5	-133.1	0.0	-37.36
10 CHO	505.7	n.a.	85.84	-170.0	-404.8	-340.2	232.7	-36.72	128.0	0.0
11 CCOO	114.8	269.3	85.84	-170.0	245.4	249.6	10000.0	n.a.	372.2	n.a.
12 HCOO	90.49	91.65	n.a.	n.a.	191.2	155.7	n.a.	n.a.	n.a.	n.a.
13 CH₂O	83.36	76.44	52.13	65.69	237.7	339.7	-314.7	n.a.	52.38	-7.838
14 CNH₂	-30.48	79.40	-44.85	n.a.	-164.0	-481.7	-330.4	n.a.	n.a.	n.a.
15 CNH	65.33	-41.32	-22.31	223.0	-150.0	-500.4	-448.2	n.a.	n.a.	n.a.
16 (C)₃N	-83.98	-188.0	-223.9	109.9	28.60	-406.8	-598.8	n.a.	n.a.	n.a.
17 ACNH₂	5339.0	n.a.	650.4	979.8	529.0	5.182	-339.5	n.a.	-399.1	n.a.
18 吡啶	-101.6	n.a.	31.87	49.80	-132.3	-378.2	-332.9	-341.6	-51.54	n.a.
19 CCN	24.82	34.78	-22.97	-138.4	185.4	157.8	242.8	n.a.	-287.5	n.a.
20 COOH	315.3	349.2	62.32	268.2	-151.0	1020.0	-66.17	n.a.	-297.8	n.a.
21 CCl	91.46	-24.36	4.680	122.9	562.2	529.0	698.2	n.a.	286.3	-47.51
22 CCl₂	34.01	-52.71	121.3	33.61	747.7	669.9	708.7	n.a.	423.2	n.a.
23 CCl₃	36.70	-185.1	288.5	134.7	742.1	649.1	826.7	n.a.	552.1	n.a.
24 CCl₄	-78.45	-293.7	-4.700	375.5	856.3	860.1	1201.0	10000	372.0	n.a.
25 ACCl	-141.3	-203.2	-237.7	-97.05	246.9	661.6	920.4	n.a.	128.1	n.a.
26 CNO₂	-32.69	-49.92	10.38	-127.8	341.7	252.6	417.9	n.a.	-142.6	n.a.
27 ACNO₂	5541.0	n.a.	1824.0	n.a.	561.6	n.a.	360.7	n.a.	n.a.	n.a.
28 CS₂	-52.65	16.62	21.50	40.68	823.5	914.2	1081.0	n.a.	303.7	n.a.
29 CH₄SH	-7.481	n.a.	28.41	n.a.	461.6	382.8	23.48	n.a.	160.6	n.a.
30 糠醛	-25.31	n.a.	157.3	404.3	521.6	n.a.	0.0	n.a.	317.5	n.a.
31 DOH	140.0	n.a.	221.4	150.6	267.6	n.a.	838.4	n.a.	n.a.	n.a.
32 I	128.0	n.a.	58.68	n.a.	501.3	n.a.	n.a.	n.a.	138.0	n.a.
33 Br	-31.52	-184.4	155.6	291.1	721.9	n.a.	n.a.	n.a.	-142.6	n.a.
34 C≡C	-72.88	n.a.	n.a.	n.a.	n.a.	n.a.	-240.0	n.a.	443.6	n.a.
35 Me₂SO	50.49	n.a.	-2.504	-143.2	-25.87	695.0	n.a.	n.a.	110.4	n.a.
36 ACRY	-165.9	-3.167	n.a.	n.a.	640.9	726.7	386.6	n.a.	-8.671	n.a.
37 ClCC	41.90	n.a.	-75.67	-157.3	649.7	645.9	n.a.	n.a.	97.04	n.a.
38 ACF	-5.132	n.a.	-237.2	n.a.	64.16	172.2	-287.1	n.a.	n.a.	n.a.
39 DMF	-31.95	37.70	-133.9	240.2	n.a.	n.a.	n.a.	n.a.	n.a.	n.a.
40 CF₂	147.3	n.a.	n.a.	n.a.	n.a.	n.a.	n.a.	n.a.	n.a.	n.a.

续　表

	11	12	13	14	15	16	17	18	19	20
1 CH$_2$	232.1	741.4	251.5	391.5	255.7	206.6	1245.0	287.7	597.0	663.5
2 C=C	71.23	468.7	289.3	396.0	273.6	658.8	668.2	n.a.	405.9	730.4
3 ACH	5.994	n.a.	32.14	161.7	122.8	90.49	764.7	-4.449	212.5	537.4
4 ACCH$_2$	5688.0	193.1	213.1	n.a.	-49.29	23.50	-348.2	52.80	6096.0	603.8
5 OH	101.1	193.4	28.06	83.02	42.70	-323.0	-335.5	170.0	6.712	199.0
6 CH$_3$OH	-10.72	n.a.	-180.6	359.3	266.0	53.90	213.0	580.5	36.23	-289.5
7 H$_2$O	14.42	n.a.	540.5	48.89	168.0	304.0	n.a.	459.0	112.6	-14.09
8 ACOH	-449.4	n.a.	n.a.	n.a.	n.a.	n.a.	937.9	-305.5	n.a.	n.a.
9 CH$_2$CO	213.7	n.a.	5.202	n.a.	n.a.	n.a.	n.a.	165.1	481.7	669.4
10 CHO	n.a.	372.9	304.1	n.a.	-73.50	n.a.	n.a.	n.a.	n.a.	660.2
11 CCOO	0.0	0.0	-235.7	n.a.	n.a.	n.a.	n.a.	n.a.	494.6	-356.3
12 HCOO	-261.1	n.a.	0.0	n.a.	141.7	n.a.	n.a.	n.a.	n.a.	664.6
13 CH$_2$O	461.3	n.a.	n.a.	0.0	63.72	-41.11	0.0	n.a.	n.a.	n.a.
14 CNH$_2$	n.a.	n.a.	n.a.	108.8	0.0	-189.2	n.a.	n.a.	n.a.	n.a.
15 CNH	136.0	n.a.	-49.30	38.89	865.9	0.0	n.a.	n.a.	n.a.	n.a.
16 (C)$_3$N	n.a.	n.a.	n.a.	n.a.	n.a.	0.0	n.a.	0.0	-216.8	n.a.
17 ACNH$_2$	n.a.	n.a.	n.a.	n.a.	n.a.	n.a.	0.0	n.a.	-169.7	-153.7
18 吡啶	n.a.	n.a.	n.a.	n.a.	n.a.	n.a.	617.1	134.3	n.a.	n.a.
19 CCN	-266.6	312.5	-338.5	n.a.	n.a.	n.a.	n.a.	n.a.	0.0	0.0
20 COOH	-256.3	n.a.	225.4	106.7	n.a.	n.a.	n.a.	-313.5	n.a.	n.a.
21 CCl	n.a.	n.a.	-197.7	n.a.	n.a.	-141.4	n.a.	n.a.	n.a.	326.4
22 CCl$_2$	-132.9	n.a.	-20.93	n.a.	n.a.	-293.7	n.a.	n.a.	n.a.	1821.0
23 CCl$_3$	176.5	488.9	113.9	261.1	91.13	-126.0	1301.0	587.3	74.04	1346.0
24 CCl$_4$	129.5	n.a.	n.a.	203.5	-108.4	1088.0	323.3	18.98	492.0	889.0
25 ACCl	-246.3	n.a.	-94.49	n.a.	n.a.	n.a.	5250.0	309.2	356.9	n.a.
26 CNO$_2$	n.a.	n.a.	n.a.	n.a.	n.a.	n.a.	n.a.	n.a.	n.a.	n.a.
27 ACNO$_2$	n.a.	n.a.	n.a.	n.a.	n.a.	n.a.	n.a.	n.a.	n.a.	n.a.
28 CS$_2$	243.8	n.a.	112.4	n.a.	n.a.	n.a.	n.a.	n.a.	n.a.	n.a.
29 CH$_3$SH	n.a.	239.8	63.71	n.a.	n.a.	n.a.	n.a.	n.a.	n.a.	n.a.
30 糠醛	-146.3	n.a.	n.a.	n.a.	n.a.	n.a.	164.4	n.a.	335.7	n.a.
31 DOH	152.0	n.a.	476.6	n.a.	n.a.	n.a.	n.a.	n.a.	125.7	n.a.
32 I	21.92	n.a.	736.4	n.a.	n.a.	n.a.	n.a.	n.a.	n.a.	n.a.
33 Br	n.a.	n.a.	n.a.	n.a.	n.a.	n.a.	n.a.	n.a.	329.1	n.a.
34 C≡C	n.a.	n.a.	n.a.	n.a.	n.a.	n.a.	n.a.	n.a.	n.a.	n.a.
35 Me$_2$SO	41.57	n.a.	-122.1	n.a.	n.a.	n.a.	n.a.	n.a.	n.a.	n.a.
36 ACRY	n.a.	n.a.	n.a.	n.a.	n.a.	n.a.	n.a.	n.a.	-42.31	n.a.
37 ClCC	-18.87	n.a.	-209.3	n.a.	n.a.	n.a.	n.a.	n.a.	298.4	2344.0
38 ACF	n.a.	n.a.	n.a.	n.a.	n.a.	n.a.	n.a.	n.a.	n.a.	n.a.
39 DMF	n.a.	n.a.	-158.2	n.a.	n.a.	n.a.	335.6	n.a.	n.a.	n.a.
40 CF$_2$	n.a.	n.a.	n.a.	n.a.	n.a.	n.a.	n.a.	n.a.	n.a.	n.a.

续 表

组	21	22	23	24	25	26	27	28	29	30
1 CH₂	35.93	53.76	24.90	104.3	321.5	661.5	543.0	153.6	184.4	354.5
2 C=C	99.61	337.1	4584.0	5831.0	959.7	542.1	n.a.	76.30	n.a.	n.a.
3 ACH	−18.81	−144.4	−231.9	3.000	538.2	168.0	194.9	52.07	−10.43	−64.69
4 ACCH₂	−114.1	n.a.	−12.14	−141.3	−126.9	3629.0	4448.0	−9.451	n.a.	−20.36
5 OH	75.62	−112.1	−98.12	143.1	287.8	61.11	157.1	477.0	147.5	−120.5
6 CH₃OH	−38.32	−102.5	−139.4	−67.80	17.12	75.14	n.a.	−31.09	37.84	n.a.
7 H₂O	325.4	370.4	353.7	497.5	678.2	220.6	399.5	887.1	n.a.	188.0
8 ACOH	−191.7	−284.0	−354.6	1827.0	n.a.	137.5	n.a.	216.1	−46.28	n.a.
9 CH₂CO	751.9	n.a.	−209.7	−39.20	174.5	n.a.	n.a.	183.0	n.a.	−163.7
10 CHO	n.a.	108.9	−287.2	54.47	629.0	n.a.	n.a.	n.a.	4.339	202.3
11 CCOO	n.a.	n.a.	−154.3	47.67	n.a.	n.a.	n.a.	140.9	−8.538	n.a.
12 HCOO	301.1	137.8	n.a.	−99.81	n.a.	95.18	n.a.	n.a.	−70.14	n.a.
13 CH₂O	n.a.	n.a.	−352.9	71.23	68.81	n.a.	n.a.	n.a.	n.a.	n.a.
14 CNH₂	n.a.	−73.85	n.a.	−8.283	4350.0	n.a.	n.a.	n.a.	n.a.	n.a.
15 CNH	n.a.	n.a.	−114.7	8455.0	−86.36	n.a.	n.a.	n.a.	n.a.	n.a.
16 (C)₃N	n.a.	−351.6	−15.62	−165.1	699.1	n.a.	−62.73	n.a.	n.a.	n.a.
17 ACNH₂	n.a.	n.a.	n.a.	−54.86	n.a.	n.a.	n.a.	n.a.	n.a.	n.a.
18 吡啶	44.42	−183.4	76.75	212.7	52.31	n.a.	n.a.	230.9	21.37	n.a.
19 CCN	0.0	108.3	249.2	62.42	464.4	n.a.	n.a.	450.1	59.02	n.a.
20 COOH	−84.53	0.0	0.0	56.33	n.a.	n.a.	n.a.	116.6	n.a.	−64.38
21 CCl	−157.1	0.0	0.0	−30.10	475.8	490.9	534.7	132.2	n.a.	546.7
22 CCl₂	11.80	17.97	51.90	0.0	0.0	−154.5	n.a.	n.a.	n.a.	n.a.
23 CCl₃	−314.9	n.a.	n.a.	−255.4	794.4	0.0	533.2	n.a.	n.a.	n.a.
24 CCl₄	n.a.	n.a.	−26.06	−34.68	n.a.	−86.12	0.0	0.0	0.0	0.0
25 ACCl	n.a.	n.a.	n.a.	514.6	n.a.	n.a.	n.a.	n.a.	n.a.	n.a.
26 CNO₂	n.a.	n.a.	n.a.	−60.71	n.a.	n.a.	n.a.	n.a.	n.a.	n.a.
27 ACNO₂	−73.09	−26.06	n.a.	−133.1	n.a.	n.a.	n.a.	n.a.	n.a.	n.a.
28 CS₂	−27.94	n.a.	n.a.	n.a.	n.a.	n.a.	n.a.	n.a.	n.a.	n.a.
29 CH₂SH	n.a.	48.48	48.48	n.a.	n.a.	0.0	0.0	0.0	0.0	0.0
30 糠醛	n.a.	n.a.	n.a.	n.a.	n.a.	n.a.	n.a.	n.a.	n.a.	n.a.
31 DOH	1169.0	−40.82	21.76	48.49	481.3	481.3	n.a.	n.a.	n.a.	n.a.
32 I	n.a.	n.a.	21.76	225.8	64.28	64.28	n.a.	n.a.	n.a.	n.a.
33 Br	n.a.	−215.0	−343.6	−58.43	224.0	125.3	n.a.	n.a.	n.a.	n.a.
34 C≡C	n.a.	n.a.	85.32	143.2	n.a.	174.4	n.a.	n.a.	85.70	n.a.
35 Me₂SO	201.7	n.a.	n.a.	−124.6	n.a.	313.8	n.a.	167.9	n.a.	n.a.
36 ACRY	n.a.	n.a.	n.a.	−186.7	n.a.	n.a.	n.a.	n.a.	n.a.	n.a.
37 ClCC	n.a.	n.a.	n.a.	n.a.	n.a.	n.a.	n.a.	n.a.	n.a.	n.a.
38 ACF	n.a.	n.a.	n.a.	n.a.	n.a.	n.a.	n.a.	n.a.	n.a.	n.a.
39 DMF	n.a.	n.a.	n.a.	n.a.	n.a.	n.a.	n.a.	n.a.	−71.00	n.a.
40 CF₂	n.a.	n.a.	n.a.	n.a.	n.a.	n.a.	n.a.	n.a.	n.a.	n.a.

续　表

	31	32	33	34	35	36	37	38	39	40
1 CH₂	3025.0	335.8	479.5	298.9	526.5	689.0	−0.505	125.8	485.3	−2.859
2 C=C	n.a.	n.a.	n.a.	523.6	n.a.	n.a.	237.3	n.a.	320.4	n.a.
3 ACH	210.4	113.3	−13.59	n.a.	169.9	n.a.	69.11	389.3	245.6	n.a.
4 ACCH₂	4975.0	n.a.	−171.3	n.a.	4284.0	n.a.	n.a.	101.4	5629.0	n.a.
5 OH	−318.9	313.5	133.4	n.a.	−202.1	n.a.	253.9	44.78	−143.9	n.a.
6 CH₃OH	n.a.	n.a.	n.a.	n.a.	−399.3	160.8	−21.22	−48.25	−172.4	n.a.
7 H₂O	0.0	n.a.	n.a.	n.a.	−139.0	n.a.	n.a.	n.a.	319.0	n.a.
8 ACOH	−687.1	n.a.	245.2	−246.6	−44.58	n.a.	−44.42	n.a.	n.a.	n.a.
9 CH₂CO	n.a.	53.59	n.a.	n.a.	n.a.	n.a.	n.a.	n.a.	−61.70	n.a.
10 CHO	−101.7	n.a.	n.a.	n.a.	52.08	n.a.	−23.30	n.a.	n.a.	n.a.
11 CCOO	n.a.	148.3	n.a.	n.a.	172.1	n.a.	n.a.	n.a.	n.a.	n.a.
12 HCOO	−20.11	n.a.	−202.3	n.a.	n.a.	n.a.	145.6	n.a.	254.8	n.a.
13 CH₂O	n.a.	−149.5	n.a.	n.a.	n.a.	n.a.	n.a.	n.a.	n.a.	n.a.
14 CNH₂	n.a.	n.a.	n.a.	n.a.	n.a.	n.a.	n.a.	n.a.	n.a.	n.a.
15 CNH	n.a.	n.a.	n.a.	n.a.	n.a.	n.a.	n.a.	n.a.	n.a.	n.a.
16 (C)₃N	125.3	n.a.	n.a.	n.a.	n.a.	n.a.	n.a.	n.a.	n.a.	n.a.
17 ACNH₂	n.a.	n.a.	n.a.	n.a.	n.a.	n.a.	n.a.	n.a.	−293.1	n.a.
18 吡啶	n.a.	n.a.	n.a.	−203.0	n.a.	n.a.	n.a.	n.a.	n.a.	n.a.
19 CCN	n.a.	n.a.	n.a.	n.a.	n.a.	81.57	−19.14	n.a.	n.a.	n.a.
20 COOH	n.a.	n.a.	−125.9	n.a.	n.a.	n.a.	−90.87	n.a.	n.a.	n.a.
21 CCl	n.a.	177.6	n.a.	n.a.	215.0	n.a.	−58.77	n.a.	n.a.	n.a.
22 CCl₂	n.a.	86.40	n.a.	n.a.	363.7	n.a.	n.a.	n.a.	n.a.	n.a.
23 CCl₃	n.a.	247.8	41.94	n.a.	337.7	n.a.	−79.54	n.a.	n.a.	n.a.
24 CCl₄	n.a.	n.a.	−60.70	n.a.	n.a.	n.a.	−86.85	215.2	498.6	n.a.
25 ACCl	139.8	n.a.	10.17	n.a.	n.a.	n.a.	n.a.	n.a.	n.a.	n.a.
26 CNO₂	n.a.	304.3	n.a.	−27.70	n.a.	n.a.	48.40	n.a.	n.a.	n.a.
27 ACNO₂	n.a.	n.a.	n.a.	n.a.	n.a.	n.a.	n.a.	n.a.	n.a.	n.a.
28 CS₂	n.a.	n.a.	n.a.	n.a.	31.66	n.a.	−47.37	n.a.	n.a.	n.a.
29 CH₂SH	n.a.	n.a.	n.a.	n.a.	n.a.	n.a.	n.a.	n.a.	78.92	n.a.
30 糠醛	n.a.	n.a.	n.a.	n.a.	−417.2	n.a.	n.a.	n.a.	n.a.	n.a.
31 DOH	0.0	n.a.	n.a.	n.a.	n.a.	n.a.	n.a.	n.a.	302.2	n.a.
32 I	n.a.	0.0	n.a.	n.a.	n.a.	n.a.	n.a.	n.a.	n.a.	n.a.
33 Br	n.a.	n.a.	0.0	0.0	n.a.	n.a.	n.a.	n.a.	n.a.	n.a.
34 C≡C	n.a.	n.a.	n.a.	n.a.	n.a.	n.a.	n.a.	n.a.	n.a.	n.a.
35 Me₂SO	535.8	n.a.	n.a.	n.a.	0.0	n.a.	n.a.	n.a.	−119.8	n.a.
36 ACRY	n.a.	n.a.	n.a.	n.a.	n.a.	0.0	n.a.	n.a.	−97.71	n.a.
37 ClCC	n.a.	n.a.	n.a.	n.a.	n.a.	n.a.	0.0	n.a.	0.0	n.a.
38 ACF	n.a.	n.a.	n.a.	n.a.	n.a.	n.a.	n.a.	0.0	0.0	n.a.
39 DMF	−191.7	n.a.	n.a.	6.699	136.6	n.a.	n.a.	n.a.	0.0	n.a.
40 CF₂	n.a.	n.a.	n.a.	n.a.	n.a.	n.a.	n.a.	n.a.	n.a.	0.0

注：n.a.指没有可用的。

6.2.1 对 ACOH 相互作用的 UNIFAC 参数

主基团,m	$a_{m,\text{AcOH}},K$	$a_{\text{AcOH},m},K$	主基团,m	$a_{m,\text{AcOH}},K$	$a_{\text{AcOH},m},K$
CH_2	1333.0	275.8	H_2O	324.5	−601.8
C=C	547.4	1665.0	CH_2CO	−133.1	−356.1
ACH	1329.0	25.34	CCOO	−36.72	−449.4
$ACCH_2$	884.9	244.2	吡啶	−341.6	−305.5
OH	−259.7	−451.6	CCl_4	10000.0	1827.0
CH_2OH	−101.7	−265.2	DOH	838.4	−687.1

6.2.2 对早已存在的基团的 UNITAC 基团相互作用参数,a_{mn},K（以前注明"n.a.，Non-available"）

主基团 m	主基团 n	a_{mn},K	a_{nm},K	主基团 m	主基团 n	a_{mn},K	a_{nm},K
C=C	CCOO	71.23	269.3	CH_2O	Br	−202.3	736.4
C=C	HCOO	468.7	91.65	CNH_2	(C)$_3$N	−41.11	38.99
C=C	ACCl	959.7	−203.2	CNH_2	CCl_4	−99.81	261.1
ACH	CCl_2	−144.4	121.3	CNH	(C)$_3$N	−189.2	865.9
$ACCH_2$	(C)$_3$N	23.50	109.9	$ACNH_2$	CCN	−216.8	617.1
$ACCH_2$	$ACNO_2$	4448.0	−127.8	$ACNH_2$	ACCl	699.1	323.3
OH	$ACNO_2$	157.1	561.6	吡啶	COOH	−163.7	−313.5
CH_3OH	(C)$_3$N	53.90	−406.8	吡啶	CCl_2	−351.8	587.3
CH_3OH	$ACNH_2$	335.5	5.182	吡啶	CCl_4	−165.1	309.2
CH_2OH	ACCl	17.12	661.6	CCN	ACCl	52.31	356.9
CH_2CO	$ACNH_2$	937.8	−399.1	COOH	CCl_3	76.75	1346.0
CH_2CO	吡啶	165.1	−51.54	CCl	ACCl	464.4	−314.9
CH_2CO	ACCl	174.5	128.1	CNO_2	$ACNO_2$	533.2	−85.12
CHO	CH_2O	304.1	−7.838	CNO_2	I	304.3	64.28
CCOO	DOH	−101.7	152.0	H_2O	DOH	0.0	0.0
HCOO	CCl_3	−287.2	488.9	OH	CH_3SH	147.5①	461.6
CH_2O	DOH	−20.11	9.20				

注：① 这一参数在 Skjold-Jφrgenson 等(1979)中未打印出来。

6.2.3 对新基团的 UNIFAC 基团相互作用参数

主基团 m	主基团 n	a_{mn},K	a_{nm},K	主基团 m	主基团 n	a_{mn},K	a_{nm},K
CH_2	C≡C	298.9	−72.88	CH_2CO	Me_2SO	−44.58	110.4
C=C	C≡C	523.6	−184.4	CCOO	Me_2SO	52.08	41.57
CH_2CO	C≡C	−246.6	443.6	CH_2O	Me_2SO	172.1	−122.1
CCN	C≡C	−203.0	329.1	CCl_2	Me_2SO	215.0	−215.0
CNO_2	C≡C	−27.70	174.4	CCl_3	Me_2SO	363.7	−343.6
CH_2	Me_2SO	526.5	50.49	CCl_4	Me_2SO	337.7	−58.43
ACH	Me_2SO	169.9	−2.504	CH_3SH	Me_2SO	31.66	85.70
$ACCH_2$	Me_2SO	4284.	−143.2	DOH	Me_2SO	−417.2	535.8
OH	Me_2SO	−202.1	−25.87	CH_2	ACRY	689.0	−165.9
CH_3OH	Me_2SO	−399.3	695.0	H_2O	ACRY	160.8	386.6
H_2O	Me_2SO	−139.0	−240.0	CCN	ACRY	81.57	−42.31
CH_2	ClCC	−0.505	41.90	CH_3OH	ACF	−48.25	645.9

续　表

主基团 m	主基团 n	a_{mn},K	a_{nm},K	主基团 m	主基团 n	a_{mn},K	a_{nm},K
C=C	ClCC	237.3	−3.167	CCl_4	ACF	215.2	−124.6
ACH	ClCC	69.11	−75.67	CH_2	DMF	485.3	−31.95
OH	ClCC	253.9	640.9	C=C	DMF	320.4	37.70
CH_3OH	ClCC	−21.22	726.7	ACH	DMF	245.6	−133.9
CH_2CO	ClCC	−44.42	−8.671	$ACCH_2$	DMF	5629.0	−240.2
CCOO	ClCC	−23.30	−18.87	OH	DMF	−143.9	64.16
CH_2O	ClCC	145.6	−209.3	CH_3OH	DMF	−172.4	172.2
CCN	ClCC	−19.14	298.4	H_2O	DMF	319.0	−287.1
COOH	ClCC	−90.87	2344	CH_2CO	DMF	−61.70	97.04
CCl	ClCC	−58.77	201.7	CH_2O	DMF	−254.8	−158.2
CCl_3	ClCC		85.32	$ACNH_2$	DMF	−293.1	335.6
CCl_4	ClCC	−86.85	143.2	CCl_4	DMF	498.6	−186.7
CNO_2	ClCC	48.40	313.8	CH_3SH	DMF	78.92	−71.00
CS_2	ClCC	−47.37	167.9	DOH	DMF	302.2	−191.7
CH_2	ACF	125.8	−5.132	C≡C	DMF	−119.8	6.699
ACH	ACF	389.3	−237.2	Me_2SO	DMF	−97.71	136.6
$ACCH_2$	ACF	101.4	−157.3	CH_2	CF_3	−2.859	147.3
OH	ACF	44.78	649.7				

有估算的参数值 ■

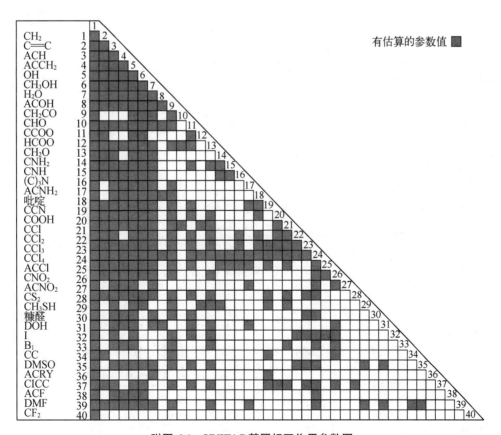

附图 6.1　UNIFAC 基团相互作用参数图

451

7 主要无机化合物和有机化合物的摩尔标准化学有效能 $E_{Xc}^{\ominus}$

7.1 主要无机化合物的标准摩尔化学有效能 $E_{Xc}^{\ominus}$($E_{Xc}^{\ominus}$ 用龟山-吉田环境模型计算)

化学分子式(状态)	$E_{Xc}^{\ominus}/(\text{kJ·mol}^{-1})$	化学分子式(状态)	$E_{Xc}^{\ominus}/(\text{kJ·mol}^{-1})$
$AlCl_3$	229.83	HCl(气)	45.77
$Al_2(SO_4)_3$	308.36	Na_2S	962.86
Ar	11.67	$NaHCO_3$	44.69
BaO	261.04	MgO	50.79
$BaSO_4$	32.55	$MgCl_2$	73.39
$BaCO_3$	63.01	$MgCO_3$	22.59
C	410.53	$MgSO_4$	58.24
CaO	110.33	MnO	100.29
$Ca(OH)_2$	63.01	Mn_2O_3	47.24
$CaCl_2$	11.25	Mn_3O_4	108.37
$CaOSiO_2$	21.34	N_2	0.71
$CaOAl_2O_3$	88.03	Ne	27.07
CO	275.35	NO	88.91
CO_2	20.13	NH_3(气)	336.69
Fe	368.15	Na_2O	346.98
FeO	118.66	$NaCl$	0
Fe_3O_4	96.90	Na_2SO_4	62.89
$Fe(OH)_3$	30.29	Na_2CO_3	89.96
Fe_2SiO_4	220.41	$NaAlF_4$	581.95
$FeAl_2O_4$	103.18	SO_2(气)	306.52
H_2	235.22	SO_3(气)	239.70
H_2O(气)	8.62	H_2S(气)	804.46
He	30.12	ZnO	21.09
HF	152.42	$ZnSO_4$	73.68
O_2	3.93	$ZnCO_3$	22.34

7.2 主要有机化合物的摩尔标准化学有效能 $E_{Xc}^{\ominus}$

物质(状态)	化学分子式	$E_{Xc}^{\ominus}/(\text{kJ·mol}^{-1})$	物质(状态)	化学分子式	$E_{Xc}^{\ominus}/(\text{kJ·mol}^{-1})$
甲烷(气)	CH_4(气)	830.15	十一烷(液)	$C_{11}H_{24}$(液)	7361.33
乙烷(气)	C_2H_6(气)	1493.77	十二烷(液)	$C_{12}H_{26}$(液)	8013.03
丙烷(气)	C_3H_8(气)	2148.99	甲苯(液)	$CH_3C_6H_5$(液)	3928.36
丁烷(气)	C_4H_{10}(气)	2801.06	甲醇(液)	CH_3OH(液)	716.72
丁烷(液)	C_4H_{10}(液)	2803.20	乙醇(液)	C_2H_5OH(液)	1354.57
戊烷(气)	C_5H_{12}(气)	3455.61	丙醇(液)	C_3H_7OH(液)	2003.76
戊烷(液)	C_5H_{12}(液)	3454.52	丁醇(液)	C_6H_9OH(液)	2659.10
己烷(气)	C_6H_{12}(气)	4109.48	戊醇(液)	$C_5H_{11}OH$(液)	3304.69
己烷(液)	C_6H_{14}(液)	4105.38	甲醛(气)	$HCHO$(气)	537.81
庚烷(气)	C_7H_{16}(气)	4763.14	乙醛(气)	CH_3CHO(气)	1160.18
庚烷(液)	C_7H_{16}(液)	4756.45	丙酮(液)	$(CH_3)_2CO$(液)	1783.85
乙烯(气)	C_2H_4(气)	1359.63	甲酸(液)	$HCOOH$(液)	288.24
丙烯(气)	C_3H_6(气)	1999.85	醋酸(液)	CH_3COOH(液)	903.58
1-丁烯(气)	$CH_2CHCH_2CH_3$(气)	2654.29	苯酚(固)	C_6H_5OH(固)	3120.43
乙炔(气)	C_2H_2(气)	1265.49	苯酸(固)	C_6H_5COOH(固)	3338.08
丙炔(气)	C_3H_4(气)	1896.48	甲酸甲酯(气)	$HCOOCH_3$(气)	998.26
环戊烷(液)	C_5H_{10}(液)	3265.11	醋酸乙酯(液)	$CH_3COOC_2H_5$(液)	2254.28
环己烷(液)	C_6H_{12}(液)	3901.18	甲醚(气)	$(CH_3)_2O$(气)	1415.78
苯(液)	C_6H_6(液)	3293.18	乙醚(液)	$(C_2H_5)_2O$(液)	2697.26
环辛烷(液)	C_8H_{16}(液)	5243.89	氯代甲烷(气)	CH_3Cl(气)	723.98
环丁烯(气)	C_4H_6(气)	2522.53	二氯代甲烷(液)	CH_2Cl_2(液)	622.29
乙苯(液)	C_8H_{10}(液)	4580.10	四氯化碳(液)	CCl_4(液)	441.79
辛烷(液)	C_8H_{18}(液)	5407.78	α-D-半乳糖(固)	$C_6H_{12}O_6$(固)	2966.92
壬烷(液)	C_9H_{20}(液)	6058.81	β-乳糖(固)	$C_{12}H_{22}O_{11}$(固)	5968.52
癸烷(液)	$C_{10}H_{22}$(液)	6710.05	尿素(固)	$(NH_2)_2CO$(固)	686.47

参考文献

［1］朱自强,徐迅.化工热力学[M].2 版.北京：化学工业出版社,1991.

［2］陈新志,蔡振云,胡望明.化工热力学[M].2 版.北京：化学工业出版社,2001.

［3］陈钟秀,顾飞燕,胡望明.化工热力学[M].2 版.北京：化学工业出版社,2001.

［4］骆赞椿,徐讯.化工节能热力学原理[M].北京：烃加工出版社,1990.

［5］史密斯 J M,范奈司 H C.化工热力学导论[M].3 版.北京：化学工业出版社,1982.

［6］朱明善.绿色环保制冷剂 HFC － 134a 热物理性质[M].北京：科学出版社,1995.

［7］Smith J M, Van Ness H C, Abbott M M. Introduction to chemical engineering thermo-dynamics［M］. 6th Ed. McGraw － Hill Education. 北京：化学工业出版社,2002.

［8］马沛生.化工热力学(通用型)[M].北京：化学工业出版社,2005.

［9］郑丹星.流体与过程热力学[M].北京：化学工业出版社,2005.